全国计算机技术与软件专业技术资格(水平)考试指定用书

系统集成项目管理工程师教程

第2版

谭志彬　柳纯录　主编

清华大学出版社
北京

内 容 简 介

本书是全国计算机专业技术资格考试办公室组织编写的考试指定用书。本书根据《系统集成项目管理工程师考试大纲（第2版）》编写，对系统集成项目管理工程师（项目经理）岗位所要求的主要知识以及应用技术做了阐述。

本书主要内容包括信息化知识、信息系统集成及服务管理、信息系统集成专业技术知识、项目管理一般知识、项目立项管理、项目整体管理、项目范围管理、项目进度管理、项目成本管理、项目质量管理、项目人力资源管理、项目沟通管理和干系人管理、项目合同管理、项目采购管理、信息（文档）和配置管理、变更管理、信息系统安全管理、项目风险管理、项目收尾管理等，还包括知识产权管理、有关的法律法规和标准规范、职业道德规范和一些项目管理的案例分析。

本书是参加系统集成项目管理工程师考试应试者的必读教材，也可以作为信息化教育的培训和辅导用书，还可以作为高等院校信息管理专业的教学和参考用书。由于书中提供的一些技术、工具和方法具有较强的实践性，本书也能够作为在职人员工作时的工具用书。

图书在版编目（CIP）数据

系统集成项目管理工程师教程/谭志彬，柳纯录主编. —2 版. —北京：清华大学出版社，2016（2024.2 重印）

全国计算机技术与软件专业技术资格（水平）考试指定用书

ISBN 978-7-302-43934-9

Ⅰ. ①系… Ⅱ. ①谭… ②柳… Ⅲ. ①系统集成技术–项目管理–资格考试–自学参考资料 Ⅳ. ①TP311.5

中国版本图书馆 CIP 数据核字（2016）第 111120 号

责任编辑： 杨如林　柴文强
封面设计： 何凤霞
责任校对： 徐俊伟
责任印制： 从怀宇

出版发行： 清华大学出版社
　　网　　址： https://www.tup.com.cn，https://www.wqxuetang.com
　　地　　址： 北京清华大学学研大厦 A 座　　**邮　　编：** 100084
　　社 总 机： 010-83470000　　**邮　　购：** 010-62786544
　　投稿与读者服务： 010-62776969，c-service@tup.tsinghua.edu.cn
　　质 量 反 馈： 010-62772015，zhiliang@tup.tsinghua.edu.cn
印 装 者： 三河市人民印务有限公司
经　　销： 全国新华书店
开　　本： 185mm×230mm　**印　张：** 42.25　**防伪页：** 1　**字　　数：** 931 千字
版　　次： 2009 年 3 月第 1 版　　2016 年 6 月第 2 版　　**印　　次：** 2024 年 2 月第 31 次印刷
定　　价： 108.00 元

产品编号：070142-04

序　言

由人力资源和社会保障部、工业和信息化部共同组织的“全国计算机技术与软件专业技术资格（水平）考试”（简称软考），肩负着科学评价选拔软件专业技术人才的光荣使命，肩负着正确引导软件行业专业技术人员潜心钻研、提高能力、加强创新的光荣使命，肩负着加强软件行业专业技术人才队伍建设的光荣使命。自 1991 年开考以来，软考坚持专业化、国际化、品牌化的发展方向，全国累计报名人数 330 万人，培养选拔软件行业专业技术人才 64 万人，部分考试标准与日本、韩国互认，为全国计算机和软件专业技术人员（包括香港、澳门和台湾地区来大陆就业的人员）提供了科学的评价体系和评价机制，为推动“两化”深度融合，提高工业信息化水平，走新型工业化道路提供了有力支撑。

党中央、国务院一直高度重视信息技术产业发展。以 2000 年的《国务院关于印发鼓励软件产业和集成电路产业发展的若干政策的通知》（国发[2000]18 号文件）和 2011 年的《国务院关于印发进一步鼓励软件产业和集成电路产业发展的若干政策的通知》（国发[2011]4 号文件）为重要标志的一系列政策措施，为软件产业和集成电路产业乃至整个信息技术产业发展提供了强劲动力。2011 年，我国软件产业实现业务收入超过 1.84 万亿元，产业规模是 2005 年的 4.7 倍，同比增长 32.4%，超过“十一五”期间平均增速 4.4 个百分点，实现了“十二五”的良好开局。软件产业占电子信息产业比重从 2000 年的 5.8% 上升到 19.9%。软件企业数量超过 3 万家，从业人数超过 300 万人。2012 年上半年，我国软件产业实现软件业务收入 10988 亿元，同比增长 26.2%。软件和信息服务业的持续快速发展，国民经济和社会信息化建设的深入开展，使软件人才和信息技术人才供给不足的问题依旧突出。按照国发[2011]4 号文件提出的“努力培养国际化、复合型、实用性人才”的要求，工业和信息化部教育与考试中心组织一批理论水平高、实践经验丰富的专家学者和业界精英，结合考试大纲和软件产业技术发展趋势，对原有的“全国计算机技术与软件专业技术资格（水平）考试教材和辅导用书”进行了更新，为广大软件行业从业人员提高学习能力、实践能力、创新能力和职业道德水平提供了依据。

当前，我国正处在全面建成小康社会的决定性阶段。坚持走中国特色新型工业化、信息化、城镇化、农业现代化道路，推动信息化和工业化深度融合、工业化和城镇化良性互动、城镇化和农业现代化相互协调，促进工业化、信息化、城镇化、农业现代化同步发展，是党中央的重要战略部署。造就规模宏大、素质优良的人才队伍，推动我国由人才大国迈向人才强国，既是构成这一重要战略部署的紧迫任务，也是实施这一重要战略部署的关键措施。从现在起至全面建成小康社会的这一历史时期，信息技术仍然是走中国特色新型工业化、信息化、城镇化、农业现代化道路的先导性技术；全国计算机技术与软件专业技术资格（水平）考试也应该看做是落实党的十八大关于“推进各类人才队伍建设，实施重大人才工程，加大创新创业人才培养支持力度，重视实用人才培养”指示的重要组成部分。好雨知时节，当春乃发生——我相信，全国计算机技术与软件专业技术资格（水平）考试教材和辅导用书的及时更新必将为我国信息技术人才队伍发展壮大、为软件和信息服务产业做大做强、为服务经济转型升级做出更大的贡献；同时我们也要注意到，近年来，以云计算、物联网、移动互联网和大数据技术等为热点的新一代信息技术，正在对软件和信息服务产业带来一系列深刻变化，也对软件和信息技术在各个领域的应用产生重要影响，我希望，在保持这套教材和辅导用书在一个时期内相对稳定的同时，也要注意及时反映信息技术的新变化、新进展，以跟上软件和信息服务产业蓬勃发展的需要，跟上信息化以及新型工业化、城镇化和农业现代化建设蓬勃发展的需要。

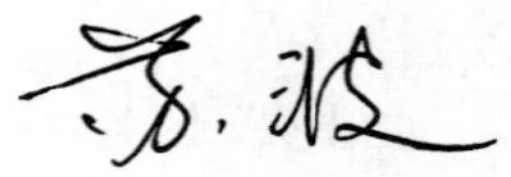

前　言

计算机技术与软件专业技术资格（水平）考试（以下简称软考）中的系统集成项目管理工程师岗位自2009年开考以来，截止到2015年底，累计培养了4.3万名中级项目管理人员，这些技术管理类的专业技术人才在信息系统建设、应用、运维等方面发挥了重要作用，为保证项目建设质量和提高IT企业项目管理水平做出了贡献。

采用现代管理理论作为计划、设计、控制的方法论，将硬件、软件、数据库、网络等部件按照规划的结构和秩序，有机地整合到一个有清晰边界的信息系统中，以到达预定的系统目标，这个过程称为信息系统集成。综合运用相关知识、技能、工具和技术在一定的时间、成本、质量等要求下为实现预定的系统目标而进行的系统集成项目的策划、设计、开发、实施、运维等方面的管理称为信息系统集成项目管理。实施项目管理的项目管理工程师（项目经理）岗位已经成为信息化建设过程中不可或缺的重要岗位，对这个岗位的人才选拔和评价是行业人才队伍建设的重要组成部分。

在信息技术的推动下，人类社会已经并正在加速进入全新发展时期，基于智能、网络和大数据的新经济业态正在形成，信息系统项目管理将面临新的行业背景和形势。而在信息化的历程中，项目管理的知识、方法和技术也有相当程度的发展。2015年，为适应当前信息技术和项目管理技术的发展现状，全国计算机技术与软件专业技术资格（水平）考试办公室广泛吸纳当前最新的研究成果，在原大纲的基础上，组织专家对系统集成项目管理工程师考试大纲进行了较大幅度的修改，增加了云计算、物联网、大数据、智慧城市、“互联网+”等方面的要求，对项目管理的知识体系重新进行了梳理，并按照项目管理过程组的要求，完善和丰富了应用技术科目的考试内容，更新了有关标准的版本。

2016年初，依据新修订的系统集成项目管理工程师考试大纲，工业和信息化部教育与考试中心依托原系统集成项目管理工程师教程（简称教程）编写组，组织专家对教程进行了修订。修订的教程在论述项目管理知识体系时尽量做到体例一致，叙述方式及逻辑一致，专业用语一致；述及的方法、工具和技术，与实际工作开展结合紧密，可以直接在信息系统项目管理的实践中运用。我们认为，在信息领域实施项目管理，项目管理工程师（项目经理）具有丰富的行业知识对项目的成功无疑是至关重要的，因此修订教程用了较大篇幅概括了信息和信息化知识，特别是增加了关于新一代信息技术及其应用、国家信息化发展规划、电子商务发展规划、智慧城市规划等方面的阐述，这些行业知识、行业政策以及相关应用项目是广大专业技术人员在“十三五”期间开展系统集成工作时要经常面对的。另外，为了便于初次参加软考的专业技术人员复习应考，修订教程还补充了一些应用技术科目的案例分析。

第 1 章信息化知识由谭志彬、柳纯录编写，第 2 章信息系统集成及服务管理由杨满荣、朱晓丽编写，第 3 章信息系统集成专业技术知识由宋丹、郑豪编写，第 4 章项目管理一般知识、第 11 章项目人力资源管理和第 14 章项目采购管理由高章舜编写，第 5 章项目立项管理、第 19 章项目收尾管理和第 22 章职业道德规范由曹济编写，第 6 章项目整体管理由韩春生编写，高章舜审稿，第 7 章项目范围管理和第 18 章项目风险管理由周涛、占丰舜编写，韩春生编辑，高章舜审稿，第 8 章项目进度管理由耿洪彪、张淑德编写，第 9 章项目成本管理由柳芳、王启斌编写，第 10 章项目质量管理由张树玲、杨阳、朱晓丽和刘红标编写，第 12 章项目沟通管理和干系人管理由张觉新、高章舜编写，第 13 章项目合同管理由胡光超、宋丹编写，第 15 章信息（文档）和配置管理由耿洪彪编写，第 16 章变更管理由温丽编写，第 17 章信息系统安全管理由谢灵群编写，第 20 章知识产权管理由刘俊平、吴宝辉编写，第 21 章法律法规和标准规范由王安和刘沛春编写，第 23 章案例分析由耿洪彪和谭志彬编写。

高章舜、朱晓丽、韩春生、彭晓楠等参加了部分章节的审校，杜刚为本书部分章节绘制了插图，谭志彬和柳纯录依据考试大纲对全书做了内容统筹、章节结构设计和统稿。清华大学出版社的柴文强为本书的编写做了大量的组织管理工作，在此表示感谢。另外，由衷地感谢工业和信息化部教育与考试中心徐玉彬主任对本书编写工作的大力支持和帮助。

由于编者水平所限，书中难免有不当之处，恳请读者不吝赐教并提出宝贵意见，相信读者的反馈将会为未来本书再次修订提供良好的帮助。

编　者

2016 年 5 月

目　录

第 1 章　信息化知识

1.1　信息与信息化

20 世纪 90 年代以来，信息技术不断创新，信息产业持续发展，信息网络广泛普及，信息化成为全球经济社会发展的显著特征，并逐步向一场全方位的社会变革演进。进入 21 世纪，信息化对经济社会发展的影响更加深刻。广泛应用、高度渗透的信息技术正孕育着新的重大突破。信息资源日益成为重要生产要素、无形资产和社会财富，被认为是与土地、能源、材料同等重要的战略资源。互联网开辟了无限广阔的信息空间，成为信息传播和知识扩散的崭新的重要载体，同时也加剧了各种文化、思想的相互交流和融合。电子政务在提高行政效率、改善政府效能、扩大民主参与等方面的作用日益显著。智慧城市的建设使城市的管理和服务更加智能和有效。信息安全的重要性与日俱增，成为各国面临的共同挑战。信息化使现代战争形态发生重大变化，是世界新军事变革的核心内容。全球数字鸿沟呈现扩大趋势，发展失衡现象日趋严重。发达国家信息化程度高，发展目标清晰，已经步入了信息化社会；越来越多的发展中国家跨越鸿沟，主动迎接信息化发展带来的新机遇，逐渐跟上信息时代的节奏，实现技术发展同步。

在信息技术的推动下，人类社会已经并正在加速进入全新发展时期，基于智能、网络和大数据的新经济业态正在形成，而“融合”是这个时期的主要特征，表现为信息技术和工业制造深度融合、人和机器的融合、信息资源和材料资源的融合，在这个形势下，世界政治、经济、产业、文化和军事发展模式的竞争新格局必将重塑。而诸如教育、医疗、公共服务、社会交往等社会生活的方方面面开始从局部智能走向全局智能，极大地改变了人们的生活方式和行为模式。

在充满前所未有的创新活力的同时，信息化正以更快地速度推进生产力的发展，围绕智能制造、云计算、网络空间、移动互联、工业互联、大数据、信息安全等领域的竞争态势和展现出的技术水平，代表着一个国家的信息能力。加快信息化的融合发展，已经成为世界各国的共同选择，信息产业已经成为影响国家核心竞争力的战略制高点。

1.1.1　信息

1．关于信息的基本概念

信息（information）是客观事物状态和运动特征的一种普遍形式，客观世界中大量地存在、产生和传递着以这些方式表示出来的各种各样的信息。

各种文献中有许多对于信息的不同理解和表述，其中最值得注意的是以下几种。控制论的创始人维纳（Norbert Wiener）认为：信息就是信息，既不是物质也不是能量。这个论述第一次把信息与物质和能量相提并论。

信息论的奠基者香农（Claude E. Shannon）认为：信息就是能够用来消除不确定性的东西。这个论述第一次阐明了信息的功能和用途。比较流行的另一种说法认为：信息是事先不知道的报导。还有，哲学界认为：信息是事物普遍联系的方式。

不难发现，以上这些说法不完全一致。维纳的说法和哲学界的说法是从客观的角度给出的表述，香农的说法和另一种流行说法是从信息接收者主观的角度给出的判断。

总的来说，信息的概念存在两个基本的层次，即本体论层次和认识论层次。前者是纯客观的层次，只与客体本身的因素有关，与主体的因素无关；后者则是从主体立场来考察的信息层次，既与客体因素有关，也与主体因素有关。本体论层次的信息概念因为它的纯客观性而成为最基本的概念，认识论层次的信息概念则因为考虑了主体因素而成为最适用的概念。

2．本体论信息概念

事物的本体论信息，就是事物的运动状态和状态变化方式的自我表述。按照这个定义，所谓得到了某个事物的本体论信息，就是知道了这个事物处在什么样的运动状态，以及这个运动状态会按照什么方式发生变化。

这里所说的“事物”既可以是外部世界的物质客体，也可以是主观领域的精神现象；“运动”是泛指一切意义上的变化或过程；“状态”是指事物运动过程中呈现出来的相对稳定的形态；“状态变化方式”是指事物运动的动态变化情形。由此可见，哪里有事物和事物的运动，哪里就必然有本体论信息的存在。世间事物无处不在，本体论信息无处不有，本体论信息是取之不尽用之不竭的信息源泉。

3．认识论信息概念

主体关于某个事物的认识论信息，就是主体对于该事物的运动状态以及状态变化方式的具体描述，包括对于它的“状态和方式”的形式、含义和价值的描述。由于引入了主体的因素，认识论信息的内涵变得比本体论信息更丰富了。按照这个定义，所谓得到了某个事物的认识论信息，就是不仅知道了这个事物的运动状态和状态变化方式的表现形式，而且知道了这种“状态和方式”的含义以及它们对主体的价值。

因此，如果获得了足够的认识论信息，就可以根据它的形式、含义和价值做出恰当的判断和决策。反之，没有充分的认识论信息，人们的决策就可能带上盲目性。这就是认识论信息在认识论意义上的巨大作用。

从上面给出的定义可以看出，认识论信息与本体论信息是相通的，它们共同的核心都是“事物运动的状态和状态变化的方式”。不仅如此，两者之间还可以相互转化。转化的基本条件就是主体因素：引入主体因素，本体论信息就转化为认识论信息；去除主体因素，认识论信息就转化为本体论信息。人类认识世界的任务和先决条件之一，就是要把本体论信息恰如其分地转化为认识论信息，为其后的决策提供依据。

4．信息的定量描述

香农被称为是“信息论之父”。人们通常将香农于 1948 年 10 月发表的论文《通信的数学理论》（A Mathematical Theory of Communication）作为现代信息论研究的开端。香农用概率来定量描述信息，给出了如下公式：

$$H(X) = -\sum_{i} p_i \log p_i$$

$H(x)$表示事件 X 的信息熵，p_i 是事件出现第 i 种状态的概率，在二进制的情况下，对数的底是 2，此时信息熵可以作为信息的度量，称为信息量，单位是比特（bit）。在没有任何先验知识的基础上，人们对明天是否刮风，风力最大有多大是完全未知的，假如风力定义为从 0 级一直到 7 级，那么明天刮风这一事件的信息量是多大呢？由于没有先验知识，所以明天刮风出现最大风力为任何一个风力级别的概率是一样的，都是 1/8，根据上述公式可以计算出明天刮风这一事件的信息量是 3bit。为便于计算机处理，可以用 3 位二进制数来表示，即可用 000，001，010，011，100，101，110，111 来描述明天的刮风事件。当明天没有来临时，刮风事件具有不确定性，这个不确定性定义为信息，而明天刮风事件一旦发生了，这种不确定性就消除了，因此信息还可以理解为消除不确定性的一种度量。

5．信息的传输模型

信息是有价值的一种客观存在。信息技术主要为解决信息的采集、加工、存储、传输、处理、计算、转换、表现等问题而不断繁荣发展。信息只有流动起来，才能体现其价值，因此信息的传输技术（通常指通信、网络等）是信息技术的核心。信息的传输模型如图 1-1 所示。

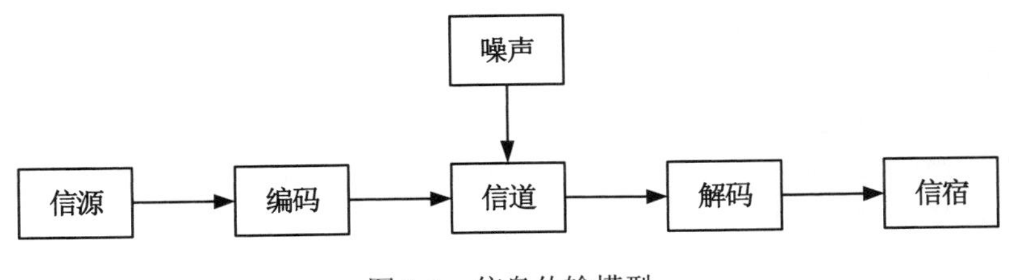

图 1-1　信息传输模型

（1）信源：产生信息的实体，信息产生后，由这个实体向外传播。如 QQ 使用者，他通过键盘录入的文字（如：你好！）是需要传播的信息。

（2）信宿：信息的归宿或接受者，如使用 QQ 的另一方（当然这一方也是信源），他透过电脑屏幕接收 QQ 使用者发送的文字（如：你好！）。

（3）信道：传送信息的通道，如 TCP/IP 网络。信道可以从逻辑上理解为抽象信道，也可以是具有物理意义的实际传送通道。TCP/IP 网络是一个逻辑上的概念，这个网络的物理通道可以是光纤、同轴电缆、双绞线，也可以是 4G 网络，甚至是卫星或者微波。

（4）编码器：在信息论中是泛指所有变换信号的设备，实际上就是终端机的发送部分。它包括从信源到信道的所有设备，如量化器、压缩编码器、调制器等，使信源输出的信号转换成适于信道传送的信号。在 QQ 应用中，键盘敲击会使键盘由不确定状态转换为某种确定状态，此时信息产生了，通过一系列的信号采集、加工、转换、编码，信息最终被封装为 TCP/IP 包，推入 TCP/IP 网络，开始传播之旅。从信息安全的角度出发，编码器还可以包括加密设备，加密设备利用密码学的知识，对编码信息进行加密再编码。

（5）译码器：是编码器的逆变换设备，把信道上送来的信号（原始信息与噪声的叠加）转换成信宿能接受的信号，可包括解调器、译码器、数模转换器等。在上述 QQ 应用中，TCP/IP 包被解析，信息将显示在信宿的电脑屏幕上，发送者传送信息的不确定性消除了。

（6）噪声：噪声可以理解为干扰，干扰可以来自于信息系统分层结构的任何一层，当噪声携带的信息大到一定程度的时候，在信道中传输的信息可以被噪声淹没导致传输失败。

当信源和信宿已给定、信道也已选定后，决定信息系统性能就在于编码器和译码器。设计一个信息系统时，除了选择信道和设计其附属设施外，主要工作也就是设计编、译码器。一般情况下，信息系统的主要性能指标是它的有效性和可靠性。有效性就是在系统中传送尽可能多的信息；而可靠性是要求信宿收到的信息尽可能地与信源发出的信息一致，或者说失真尽可能小。为了提高可靠性，在信息编码时，可以增加冗余编码，犹如“重要的话说三遍”，恰当的冗余编码可以在信息受到噪声侵扰时被恢复，而过量的冗余编码将降低信道的有效性和信息传输速率。

概括起来，信息系统的基本规律应包括信息的度量、信源特性和信源编码、信道特性和信道编码、检测理论、估计理论以及密码学。

6．信息的质量属性

信息反映的是事物或者事件确定的状态，具有客观性、普遍性等特点，由于获取信息满足了人们消除不确定性的需求，因此信息具有价值，而价值的大小取决于信息的质量，这就要求信息满足一定的质量属性，包括：

（1）精确性，对事物状态描述的精准程度。

（2）完整性，对事物状态描述的全面程度，完整信息应包括所有重要事实。

（3）可靠性，指信息的来源、采集方法、传输过程是可以信任的，符合预期。

（4）及时性，指获得信息的时刻与事件发生时刻的间隔长短。昨天的天气信息不论怎样精确、完整，对指导明天的穿衣并无帮助，从这个角度出发，这个信息的价值为零。

（5）经济性，指信息获取、传输带来的成本在可以接受的范围之内。

（6）可验证性，指信息的主要质量属性可以被证实或者证伪的程度。

（7）安全性，指在信息的生命周期中，信息可以被非授权访问的可能性，可能性越低，安全性越高。

1.1.2　信息系统

1．系统的基本概念

系统是指由一系列相互影响、相互联系的若干组成部件，在规则的约束下构成的有机整体，这个整体具有其各个组成部件所没有的新的性质和功能，并可以和其他系统或者外部环境发生交互作用。系统在接受外部信息，并向系统外部输出信息或对外部环境发生作用的过程中所表现出来的效能或者特征，就是系统的功能。

系统的各组成部分之间、组成部分与整体之间，以及整体与环境之间，存在着一定的有机联系，从而在系统的内部和外部形成一定的结构和秩序。系统的形成、发展、变化的动态过程可以分解为活动。一般而言，系统具有以下几个特点：

（1）目的性。定义一个系统、组成一个系统或者抽象出一个系统，都有明确的目标或者目的，目标性决定了系统的功能。

（2）可嵌套性。系统可以包括若干子系统，系统之间也能够耦合成一个更大的系统。换句话说，组成系统的部件也可以是系统。这个特点便于对系统进行分层、分部管理、研究或者建设。

（3）稳定性。系统的稳定性是指：受规则的约束，系统的内部结构和秩序应是可以预见的；系统的状态以及演化路径有限并能被预测；系统的功能发生作用导致的后果也是可以预估的。稳定性强的系统使得系统在受到外部作用的同时，内部结构和秩序仍然能够保持。

（4）开放性。系统的开放性是指系统的可访问性。这个特性决定了系统可以被外部环境识别，外部环境或者其他系统可以按照预定的方法，使用系统的功能或者影响系统的行为。系统的开放性体现在系统有可以清晰描述并被准确识别、理解的所谓接口层面上。

（5）脆弱性。这个特性与系统的稳定性相对应，即系统可能存在着丧失结构、功能、秩序的特性，这个特性往往是隐藏不易被外界感知的。脆弱性差的系统，一旦被侵入，整体性会被破坏，甚至面临崩溃，系统瓦解。

（6）健壮性。当系统面临干扰、输入错误、入侵等因素时，系统可能会出现非预期的状态而丧失原有功能、出现错误甚至表现出破坏功能。系统具有的能够抵御出现非预期状态的特性称为健壮性，也叫鲁棒性（robustness）。要求具有高可用性的信息系统，会采取冗余技术、容错技术、身份识别技术、可靠性技术等来抵御系统出现非预期的状态，保持系统的稳定性。

2．信息系统的定义

信息系统是一种以处理信息为目的的专门的系统类型。信息系统可以是手工的，也可以是计算机化的，本书中讨论的信息系统是计算机化的信息系统。信息系统的组成部件包括硬件、软件、数据库、网络、存储设备、感知设备、外设、人员以及把数据处理成信息的规程等。

硬件由执行输入、处理和输出行为的计算机设备组成。输入设备包括键盘、自动扫描设备、语音识别设备等。

软件由管理计算机运行的程序构成。包括设备驱动程序、系统软件、数据库管理系统、中间件、应用软件等。

数据库是经过机构化、规范化组织后的事实和信息的集合。数据库是信息系统中最有价值和最重要的部分之一。

网络负责信息在信息系统各个部件之间有序流动、负责信息在信息系统之间有序流动。有时候把网络中的链路层（信息用比特表达）和物理层（信息以电气状态存在）又称为通信子系统。连接信息系统内部主要部件的网络称为内部网（Intranet），连接不同信息系统的网络称为网间网（internet）。系统的开放性特点要求信息系统互联要遵从一致的协议、统一的命名规则和地址空间，而互联网（Internet）就是目前连接全球绝大数商用信息系统的网间网，遵从的网络协议是 TCP/IP。

人是信息系统中最重要的因素。信息系统人员中包括所有管理、运行、编写和维护系统的人。

规程包括战略、政策、方法、制度和使用信息系统的规则。

从用途类型来划分，信息系统一般包括电子商务系统、事务处理系统、管理信息系统、生产制造系统、电子政务系统、决策支持系统等。

采用现代管理理论（例如，软件工程、项目管理等）作为计划、设计、控制的方法论，将硬件、软件、数据库、网络等部件按照规划的结构和秩序，有机地整合到一个有清晰边界的信息系统中，以到达既定系统的目标，这个过程称为信息系统集成。

3．信息系统的生命周期

信息系统是面向现实世界人类生产、生活中的具体应用的，是为了提高人类活动的质量、效率而存在的。信息系统的目的、性能、内部结构和秩序、外部接口和部件组成等等由人来规划，它的产生、建设、运行、完善构成一个循环的过程，这个过程遵循一定的规律，为了工程化的需要，有必要把这个过程划分为一些具有典型特点的阶段，每个阶段有不同的目标、工作方法，阶段中的任务也由不同类型的人员来负责。这个过程称为信息系统的生命周期。

软件在信息系统中属于较复杂的部件，可以借用软件的生命周期来表示信息系统的生命周期，软件的生命周期通常包括：可行性分析与项目开发计划、需求分析、概要设计、详细设计、编码、测试、维护等阶段，信息系统的生命周期可以简化为系统规划（可行性分析与项目开发计划）、系统分析（需求分析）、系统设计（概要设计、详细设计）、系统实施（编码、测试）、运行维护等阶段，为了便于论述针对信息系统的项目管理，信息系统的生命周期还可以简化为立项（系统规划）、开发（系统分析、系统设计、系统实施）、运维及消亡四个阶段，在开发阶段不仅包括系统分析、系统设计、系统实施，还包括系统验收等工作。详见“3.1.1 信息系统的生命周期”。如果从项目管理的角度来看，项目的生命周期又划分为启动、计划、执行和收尾等 4 个典型的阶段。

1.1.3　信息化

所谓信息化（Informatization）在不同的语境中有不同的含义。用作名词，通常指现代信息技术应用，特别是促成应用对象或领域（比如政府、企业或社会）发生转变的过程。例如，“企业信息化”不仅指在企业中应用信息技术，更重要的是通过深入应用信息技术，促成企业的业务模式、组织架构乃至经营战略发生革新或转变。“信息化”用作形容词时，常指对象或领域因信息技术的深入应用所达成的新形态或状态。例如，“信息化社会”指信息技术应用到一定程度后达成的社会形态，它包含许多只有在充分应用现代信息技术之后才能达成的新特征。

信息化是推动经济社会发展转型的一个历史性过程。在这个过程中，综合利用各种信息技术，改造、支撑人类的各项政治、经济、社会活动，并把贯穿于这些活动中的各种数据有效、可靠地进行管理，经过符合业务需求的数据处理，形成信息资源，通过信息资源的整合、融合，促进信息交流和知识共享，形成新的经济形态，提高经济增长质量。

信息化从“小”到“大”分成以下 5 个层次：

（1）产品信息化。产品信息化是信息化的基础，有两个含义。一是指传统产品中越来越多地融合了计算机化（智能化）器件，使产品具有处理信息的能力，如智能电视、智能灯具等；另一个含义是产品携带了更多的信息，这些信息是数字化的，便于被计算机设备识别读取或被信息系统管理，如集成了车载电脑系统的小轿车。

（2）企业信息化。企业信息化是指企业在产品的设计、开发、生产、管理、经营等多个环节中广泛利用信息技术，辅助生产制造，优化工作流程，管理客户关系，建设企业信息管理系统，培养信息化人才并建设完善信息化管理制度的过程。企业信息化是国民经济信息化的基础，涉及生产制造系统、ERP、CRM、SCM 等（详见 1.4.1 节）。

（3）产业信息化。指农业、工业、交通运输业、生产制造业、服务业等传统产业广泛利用信息技术来完成工艺、产品的信息化，进一步提高生产力水平；建立各种类型的数据库和网络，大力开发和利用信息资源，实现产业内各种资源、要素的优化与重组，从而实现产业的升级。

（4）国民经济信息化。指在经济大系统内实现统一的信息大流动，使金融、贸易、投资、计划、通关、营销等组成一个信息大系统，使生产、流通、分配、消费等经济的四个环节通过信息进一步联成一个整体。

（5）社会生活信息化。指包括商务、教育、政务、公共服务、交通、日常生活等在内的整个社会体系采用先进的信息技术，融合各种信息网络，大力开发有关人们日常生活的信息服务，丰富人们的物质、精神生活，拓展人们的活动时空，提升人们生活、工作的质量。目前正在兴起的智慧城市（详见 1.6.4 节）、互联网金融等是社会生活信息化的体现和重要发展方向。

信息化的核心是要通过全体社会成员的共同努力，在经济和社会各个领域充分应用基于现代信息技术的先进社会生产工具（表现为各种信息系统或软硬件产品），创建信息时代社会生产力，并推动生产关系和上层建筑的改革（表现为法律、法规、制度、规范、标准、组织结构等），使国家的综合实力、社会的文明素质和人民的生活质量全面提升。

信息化的基本内涵启示我们：信息化的主体是全体社会成员，包括政府、企业、事业、团体和个人；它的时域是一个长期的过程；它的空域是政治、经济、文化、军事和社会的一切领域；它的手段是基于现代信息技术的先进社会生产工具；它的途径是创建信息时代的社会生产力，推动社会生产关系及社会上层建筑的改革；它的目标是使国家的综合实力、社会的文明素质和人民的生活质量全面提升。

1.1.4 国家信息化体系要素

我国大规模开展信息化工作已经 20 多年，信息系统已成为保障国家安全、支撑政府行政职能、维护社会和谐稳定、促进民生经济发展等各大战略层面的重要支柱。二十多年来，我国陆续建成了以“两网、一站、四库、十二金”工程为代表的国家级信息系统，形成了以信息系统为核心支撑的国家信息化运行体系。“十二五”期间，“智慧城市”作为新兴的国家级战略规划，其建设成效又将直接影响我国各大城市在国际社会的竞争力和影响力。

（1）“两网”，是指政务内网和政务外网。

（2）“一站”，是指政府门户网站。

（3）“四库”，即建立人口、法人单位、空间地理和自然资源、宏观经济等四个基础数据库。

（4）“十二金”，是指以“金”字冠名的 12 个重点业务系统。分为 3 类，一类是对加强监管、提高效率和推进公共服务起到核心作用的办公业务资源系统、宏观经济管理系统建设（金宏）；第二类是增强政府收入能力、保证公共支出合理性的金税、金关、金财、金融监管（含金卡）、金审等 5 个业务系统建设；第三类是保障社会秩序、为国民经济和社会发展打下坚实基础的金盾、金保、金农、金水、金质等 5 个业务系统建设。

在国家信息化的过程中，出台了一些规范、指导信息系统建设的通用体系模型，其中，1997 年由国务院信息化工作领导小组发布的《国家信息化“九五”规划和 2010 年远景目标纲要》中提出的国家信息化体系对我国信息化建设具有深远影响。

国家信息化体系包括信息技术应用、信息资源、信息网络、信息技术和产业、信息化人才、信息化法规政策和标准规范 6 个要素，这 6 个要素按照图 1-2 所示的关系构成了一个有机的整体。

1．信息技术应用

信息技术应用是指把信息技术广泛应用于经济和社会各个领域。信息技术应用是信息化体系 6 要素中的龙头，是国家信息化建设的主阵地，集中体现了国家信息化建设的需求和效益。信息技术应用工作量大、涉及面广，直接关系到国民经济整体素质、效益和人民生活质量的提高。信息技术应用向其他 5 个要素提出需求，而其他 5 个要素又反过来支持信息技术应用。推进国民经济信息化的进程，就是在国民经济各行各业广泛应用现代信息技术，深入开发和有效利用信息资源，提高管理水平、劳动效率和经济效益，提升产业结构和素质，推进国民经济更加迅速、健康的发展，从而加速实现国家现代化的进程。

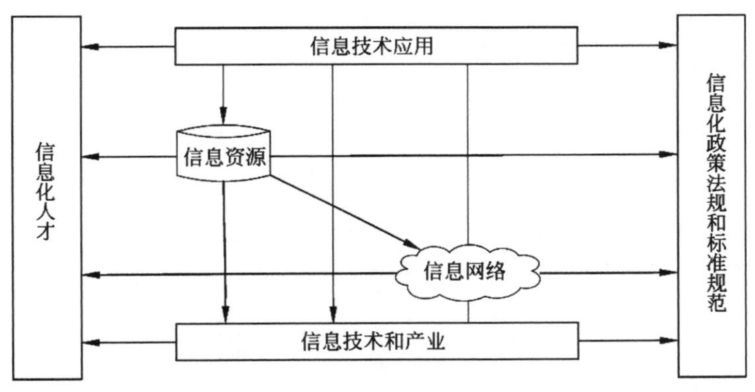

图 1-2　国家信息化体系 6 要素关系图

传统的信息技术包括计算工程、软件工程、网络工程、数据工程、信息安全等，而新一代信息技术诸如云计算、大数据、人工智能、物联网、移动互联等已经在两化融合、智能制造、智慧城市、电子商务等领域有了较为成熟和广泛的应用，极大地推动了国民经济发展。2016 年 3 月，基于人工智能技术的 AlphaGo 系统在与九段围棋棋手李世石对弈中 4:1 获胜（见图 1-3），“中国围棋是最后一项电脑无论如何也无法战胜人类”的说法成为了过去，这标志着人工智能又取得了一个新的发展里程碑。

图 1-3　顶尖棋手在与人工智能系统对弈（图片来源：Internet）

2．信息资源

信息资源、材料资源和能源共同构成了国民经济和社会发展的三大战略资源。信息资源的开发利用是国家信息化的核心任务，是国家信息化建设取得实效的关键，也是我国信息化的薄弱环节。信息资源开发和利用的程度是衡量国家信息化水平的一个重要标志。信息资源在满足信息技术应用提出的需求的同时，对其他 4 个要素提出需求。图 1-4 显示了信息资源在信息系统中的核心地位，以及大数据时代数据管理工程师岗位的重要性。

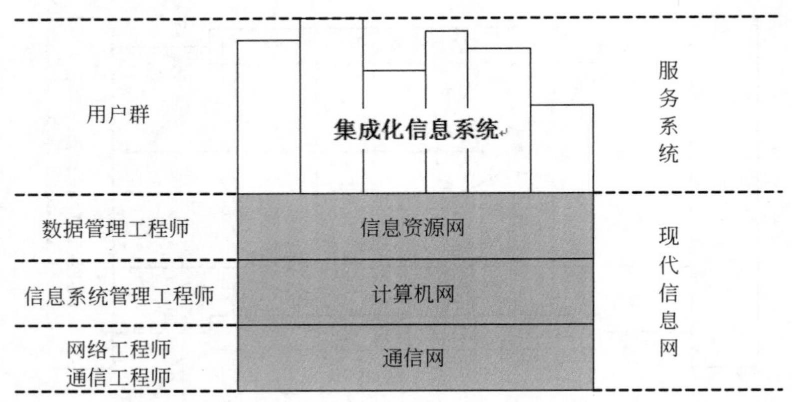

图 1-4 信息资源网承载的信息资源处于信息系统的核心

在人类赖以生存和发展的自然界，可以开发利用的材料资源和能源资源是有限的，绝大多数又是不可再生、不可共享的。而且，对材料资源和能源资源的开发利用必然产生对环境的污染和对自然界的破坏。与此相反，信息资源是无限的、可再生的、可共享的，其开发利用不但很少产生新的污染，而且会大大减少材料和能源的消耗，从而相应地减少了污染。

信息资源与自然资源、物质资源相比，具有以下 7 个特点：

（1）能够重复使用，其价值在使用中得到体现；

（2）信息资源的利用具有很强的目标导向，不同的信息在不同的用户中体现不同的价值；

（3）具有广泛性。人们对其检索和利用，不受时间、空间、语言、地域和行业的制约；

（4）是社会公共财富，也是商品，可以被交易或者交换；

（5）具有流动性，通过信息网可以快速传输；

（6）多态性，信息资源可以以数字、文字、图像、声音、视频等多种形态存在；

（7）融合性，整合不同的信息资源并分析、挖掘，可以得到新的知识，取得比分散信息资源更高的价值。

3. 信息网络

信息网络是信息资源开发利用和信息技术应用的基础，是信息传输、交换和共享的必要手段。只有建设先进的信息网络，才能充分发挥信息化的整体效益。信息网络是现代化国家的重要基础设施。信息网络在满足信息技术应用和信息资源分布处理所需的传输与通信功能的同时，对其他 3 个要素提出需求。

目前，人们通常将信息网络分为电信网、广播电视网和计算机网。这 3 种网络有各自的形成过程、服务对象、发展模式。3 种网络的功能有所交叉，又互为补充。3 种网络的发展方向是：互相融通，取长补短，逐步实现三网融合。

从技术上看，三网融合是指电信网、广播电视网、计算机网在向宽带通信网、数字电视网、下一代互联网演进过程中，三大网络通过技术改造，其技术功能趋于一致，业务范围趋于相同，网络互联互通、资源共享，能为用户提供语音、数据和广播电视等多种服务。三网融合并不意味着三大网络的物理合一，而主要是指高层业务应用的融合。三网融合应用广泛，遍及智能交通、环境保护、政府工作、公共安全、平安家居等多个领域。

工业和信息化部发布的《通信业“十二五”发展规划》指出，将推动广电、电信业务双向进入。积极推动落实国务院三网融合有关要求，向符合许可条件的企业颁发相应的业务经营许可。组织对试点地区实施效果进行总结评估，重点评估试点业务种类、运营方式、配套措施等实施情况。根据试点情况，在总结评估基础上，逐步扩大试点广度和范围，推进广电、电信业务双向进入。

目前，我国三网融合已经取得了较大进展，例如：移动电话可以看电视、上网，智能电视可以浏览网页、运行微信等网络应用，电脑也可以打电话、看电视。三者之间相互交叉，形成“你中有我、我中有你”的格局。

4. 信息技术和产业

信息技术和产业是我国进行信息化建设的基础。我国是一个大国，又是发展中国家，不可能也不应该过多依靠从国外购买信息技术和装备来实现信息化。我国的国家信息化必须立足于自主发展。为了国家的主权和安全，关键的信息技术和装备必须由我们自己研究、制造、供应。所以，我们必须大力发展自主的信息产业，才能满足信息技术应用、信息资源开发利用和信息网络建设的需求。随着我国国民经济快速持续的发展和信息化进程的不断加快，各行各业对信息基础设施、信息产品与软件产品、信息技术和信息服务的需求急剧增长，这也为信息产业的发展提供了巨大的市场空间，从而带动我国信息产业的高速发展。如图 1-5 所示是 2010～2015 年我国电子信息产业的增长情况。

过去 20 年，我国的信息化产业取得了巨大的发展和进步。2015 年，我国规模以上电子信息产业企业个数 6.08 万家，其中电子信息制造企业 1.99 万家，软件和信息技术服务企业 4.09 万家。全年完成销售收入总规模达到 15.4 万亿元，同比增长 10.4%；其中，电子信息制造业实现主营业务收入 11.1 万亿元，同比增长 7.6%；软件和信息技术服务业实现软件业务收入4.3万亿元，同比增长16.6%（数据来源：工业和信息化部《2015年电子信息产业统计公报》）。

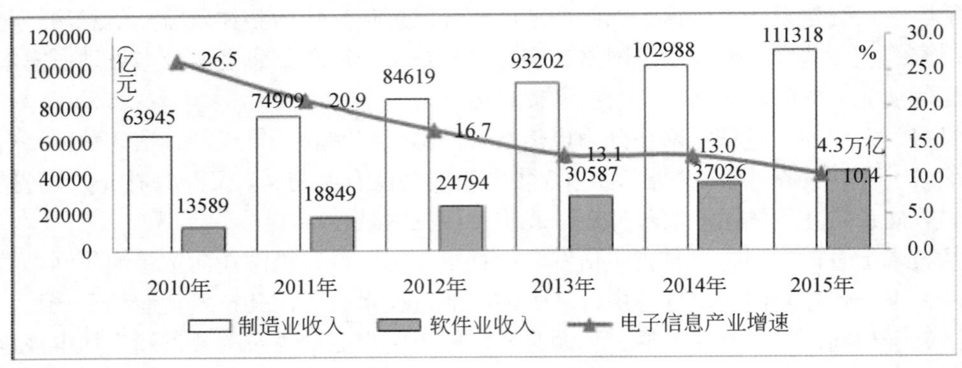

图1-5 2010～2015年我国电子信息产业增长情况

5．信息化人才

信息化人才是国家信息化成功之本，对其他各要素的发展速度和质量有着决定性的影响，是信息化建设的关键。只有尽快建立结构合理、高素质的研究、开发、生产、应用和管理队伍，才能适应国家信息化建设的需要。信息化体系各要素都需要多门类、多层次、高水平人才的支持。要充分利用学校教育、继续教育、成人教育、普及教育、社会化培训等多种途径，以及函授教育、电视教育、网络教育、人才评价选拔等多种手段，加快各类信息化人才的培养，增强专业人才的素质和水平。要长期坚持不懈地在广大人民群众中普及信息化知识和提高信息化意识，加强政府机构和企事业单位的信息化职业培训工作，还要重视建立精干的信息化管理队伍的工作。

软件和信息技术服务业作为知识和技术密集型产业，其竞争的根本是人才的竞争，其发展在很大程度上取决于人才的素质与结构。经过多年的发展，我国目前已经形成了以普通高等院校、软件学院、职业技术学院、社会培训机构为施教主体的学历教育和职业教育相结合的人才培养体系；以计算机技术与软件专业技术资格（水平）考试为代表的专业技术人员职业资格证书制度和企业专业工程师认证相结合的人才选拔体系。

伴随着软件和信息技术服务业的高速发展，软件和信息技术服务人才队伍也逐渐发展壮大。已经形成一支涵盖研发、集成、管理、销售和服务等多个环节、多层次的从业人员队伍。2015年的1～11月，软件和信息技术服务从业人员平均人数552万人（数据来源：工业和信息化部《2015年1～11月软件业经济运行情况》）。

信息化人才队伍建设的总体思路是：以能力建设为核心，以高层次人才、复合型人才的培养、选拔和引进为重点，调整人才结构，全面提高人才综合素质。加快培养一支专业水平高、创新能力强的高素质专业技术人才队伍；大力培养一批符合产业结构优化升级要求、技艺精湛的高技能人才，为推动软件和信息技术服务业由大变强提供坚强的智力支持和人才保证。总体目标是：人才总量与行业增长适应，队伍结构进一步调整优化，人才效能显著提高，人才的专业性、适用性显著增强，注重基础研发人才的开发和引进。努力培养造就一支与我国软件与服务业发展相适应，规模适度、结构合理、素质优良的人才队伍，培养大量适应新经济、新产业，面向大数据应用、信息安全和互联网+业态的高水平的专业技术人才和高技能人才；形成产业和教育培养密切衔接，产、学、研、用平衡配套的人才培养使用机制和继续教育机制；面向应用，丰富和完善以国家专业技术人员职业资格证书制度为主的人才选拔评价机制；以人为本，进一步完善人才市场服务体系，有利于人才的职业发展和合理流动。

6．信息化政策法规和标准规范

信息化政策法规和标准规范用于规范和协调信息化体系各要素之间关系，是国家信息化快速、持续、有序、健康发展的根本保障。

为适应国家信息化发展的需要，我国针对知识产权保护、信息安全、互联网应用等方面制定和出台了各种法规及配套的管理条例，形成了较为完善的法规体系，营造了一个公平、合理、有序的竞争环境；针对软件工程、信息处理、系统开发维护、过程管理等方面形成了完备和成熟的标准规范；在信息系统开发建设时，我国从遵从有关的国际技术标准，到参与国际技术标准的制订，再到制订发布国际技术标准，我国在全球信息化过程中逐渐取得了较重的话语权。

有关内容详见本书第 21 章。

1.1.5　信息技术发展及趋势

我国在“十三五”规划纲要中，将培育人工智能、移动智能终端、第五代移动通信（5G）、先进传感器等作为新一代信息技术产业创新重点发展，拓展新兴产业发展空间。

当前，信息技术发展的总趋势是从典型的技术驱动发展模式向应用驱动与技术驱动相结合的模式转变，信息技术发展趋势和新技术应用主要包括以下 10 个方面：

1．高速度大容量

速度和容量是紧密联系的，鉴于海量信息四处充斥的现状，处理高速、传输和存储要求大容量就成为必然趋势。而电子元器件、集成电路、存储器件的高速化、微型化、廉价化的快速发展，又使信息的种类、规模以更高的速度膨胀，其空间分布也表现为“无处不在”，在时间维度上，信息可以整合到信息系统初建的 80 年代。

2．集成化和平台化

以行业应用为基础的，综合领域应用模型（算法）、云计算、大数据分析、海量存储、信息安全、依托移动互联的集成化信息技术的综合应用是目前的发展趋势。信息技术和信息的普及促进了信息系统平台化的发展，各种信息服务的访问结果和表现形式，与访问途径和访问路径无关，与访问设备无关，信息服务部署灵活，共享便利。信息系统集成化和平台化的特点，使得信息消费更注重良好的用户体验，而不必关心信息技术细节。

3．智能化

随着工业和信息化的深度融合成为我国目前乃至今后相当长的一段时期的产业政策和资金投入的主导方向，以“智能制造”为标签的各种软硬件应用将为各行各业的各类产品带来“换代式”的飞跃甚至是“革命”，成为拉动行业产值的主要方向。“智慧地球”“智慧城市”等基于位置的应用模式的成熟和推广，本质上是信息技术和现代管理理念向环境治理、交通管理、城市治理等领域的有机渗透。

4．虚拟计算

在计算机领域，虚拟化（Virtualization）这种资源管理技术，是将计算机的各种实体资源，如服务器、网络、内存及存储等，抽象、封装、规范化并呈现出来，打破实体结构间的不可切割的障碍，使用户可以比原本的组态更好的方式来使用这些资源。这些虚拟资源不受现有资源的地域、物理组态和部署方式的限制。一般所指的虚拟化资源包括计算能力和数据存储能力。通常所说的虚拟计算，是一种以虚拟化、网络、云计算等技术的融合为核心的一种计算平台、存储平台和应用系统的共享管理技术。虚拟化已成为企业IT部署不可或缺的组成部分。一般来看，虚拟化技术主要包括服务器虚拟化、内存虚拟化、存储虚拟化、网络虚拟化、应用虚拟化及桌面虚拟化。

在实际的生产环境中，虚拟化技术主要用来解决高性能的物理硬件产能过剩和老的旧的硬件产能过低的重组重用，透明化底层物理硬件，从而最大化地利用物理硬件。由于实际物理部署的资源由专业的技术团队集中管理，虚拟计算可以带来更低的运维成本，同时，虚拟计算的消费者可以获得更加专业的信息管理服务。虚拟计算应用于互联网上，是云计算的基础，也是云计算应用的一个主要表现，这已经是当今和未来信息系统架构的主要模式。

5．通信技术

随着数字化技术的发展，通信传输向高速、大容量、长距离发展，光纤传输的激光波长从1.3微米发展到1.55微米并普遍应用。波分复用技术已经进入成熟应用阶段，光放大器代替光电转换中继器已经实用；相干光通信、光孤子通信已经取得重大进展。4G无线网络和基于无线数据服务的移动互联网已经深入社会生活的方方面面，并在电子商务、社区交流、信息传播、知识共享、远程教育等领域发挥了巨大的作用，极大地影响了人们的工作和生活方式，成为了经济活动中最具发展创新活力的引擎。

6．遥感和传感技术

感测与识别技术的作用是仿真人类感觉器官的功能，扩展信息系统（或信息设备）快速、准确获取信息的途径。它包括信息识别、信息获取、信息检测等技术。能够自动检测信息并传输的设备一般称之为传感器。传感技术同计算机技术与通信技术一起被称为信息技术的三大支柱。从仿生学观点，如果把计算机看成处理和识别信息的“大脑”，把通信系统看成传递信息的“神经系统”的话，那么传感器就是“感觉器官”。传感技术是关于从自然信源获取信息，并对之进行处理（变换）和识别的一门多学科交叉的现代科学与工程技术，它涉及传感器、信息处理和识别的设计、开发、制造、测试、应用及评价改进等活动。获取信息靠各类传感器，包括检测物理量（如重量、压力、长度、温度、速度、障碍等）、化学量（烟雾、污染、颜色等）或生物量（声音、指纹、心跳、体温等）的传感器。信息处理包括信号的预处理、后置处理、特征提取与选择等。识别的主要任务是对经过处理信息进行辨识与分类。它利用被识别（或诊断）对象与特征信息间的关联关系模型对输入的特征信息集进行辨识、比较、分类和判断。

计算机网络、通信设备、智能手机、智能电视以及基于这些信息技术和信息平台的交互方式时刻都在传送着难以计量的巨大数据，这些数据的来源，从根本上看都是由各式各样的传感器产生并“输入”到庞大的数据通讯网络中，传感与交互技术的发展程度，直接影响着信息的来源和处理的效率。随着信息技术的进步和信息产业的发展，传感与交互控制在工业、交通、医疗、农业、环保等方面的应用将更加广泛和深入。传感器与计算机结合，形成了具有分析和综合判断能力的智能传感器；传感器与交互控制技术的进步，广泛地应用于水情监测、精细农业、远程医疗等领域；传感器与无线通信、互联网的结合，使得物联网成为一个新兴产业。可以说，传感和识别技术是物联网应用的重要基础，而物联网应用目前和未来将遍及国民经济和日常生活的方方面面，成为计算机软件服务行业的应用重点，也是工业和信息化深度融合的关键技术之一。

传感的本质是进行能量或信号转换，通常传感器的构成由敏感元件、放大转换电路、数据处理等部分构成。传感器所要检测的信号可以是由待测物质自身发出的（如 RFID），也可以是物体之外的信号与物体相互作用以后发生的（如条码扫描等）。通常根据基本感知功能将敏感元件分为热敏元件、光敏元件、气敏元件、力敏元件、磁敏元件、湿敏元件、声敏元件、放射线敏感元件、色敏元件、味敏元件等。根据传感的对象划分，常用的传感器有位移传感器、加速度传感器、压力传感器、温度传感器。

由于纳米和微纳加工技术的进步，传感器呈现出小型化、集成化、智能化、网络化、多传感器融合的趋势，使得传感技术在人、机交互控制方面的应用得以实用。无论是人机之间的语音交互控制技术、手势交互控制技术、多点触屏控制技术，还是以机器人为代表的机器与机器、机器与环境之间的交互控制技术，都得到了实用性的发展。

RFID（Radio Frequency Identification）技术作为构建“物联网”的关键技术近年来受到人们的关注。RFID 使用专用的 RFID 读写器及专门的可附着于目标物的 RFID 标签（图 1-6），利用频率信号将信息由 RFID 标签传送至 RFID 读写器。射频标签是产品电子代码（EPC）的物理载体，附着于可跟踪的物品上，可全球流通并能对其进行识别和读写。射频识别（RFID）是一种无线通信技术，可以通过无线电讯号识别特定目标并读写相关数据，而无需识别系统与特定目标之间建立机械或者光学接触。无线电的信号是通过调成无线电频率的电磁场，把数据从附着在物品上的标签上传送出去，以自动辨识与追踪该物品。某些标签在识别时从识别器发出的电磁场中就可以得到能量，并不需要电池；也有标签本身拥有电源，并可以主动发出无线电波（调成无线电频率的电磁场）。标签包含了电子存储的信息，数米之内都可以识别。与条形码不同的是，射频标签不需要处在识别器视线之内，也可以嵌入被追踪物体之内。

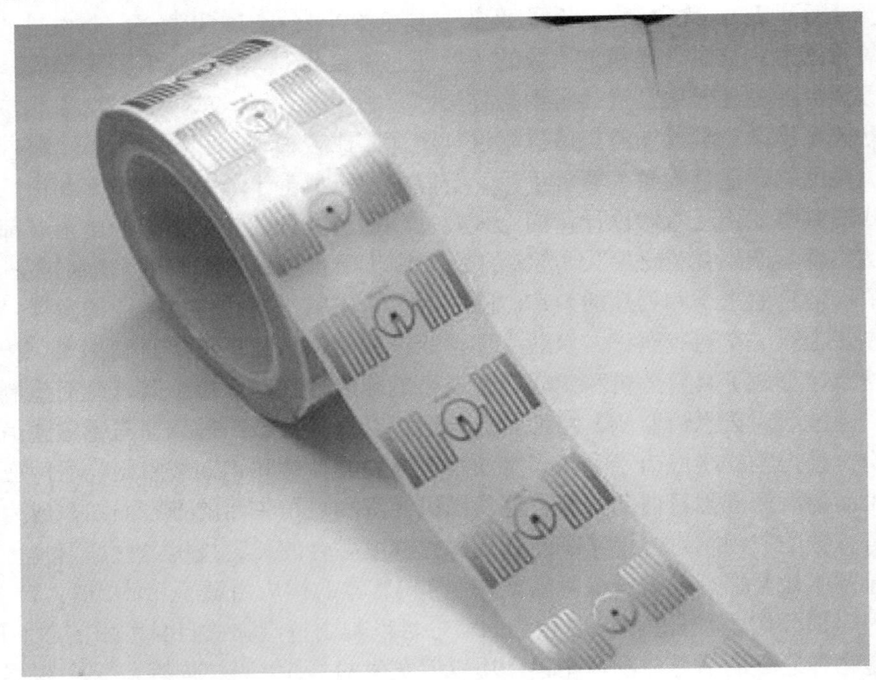

图 1-6　RFID 标签（图片来源：Internet）

更多的传感器例子以及关于物联网的相关知识，参见本书 3.8.2 节。

7. 移动智能终端

自 2007 年美国苹果公司推出 iPhone 以来，智能手机以及相关平板电脑设备等移动智能终端开始飞速发展。特别是在“十二五”时期，随着四核甚至八核并行移动处理器、flash-Rom 等核心配件的发展及其在手机上的应用，手机的信息处理能力与传统个人电脑相比已不相上下；移动 4G 技术、WiFi 等无线数据通信方式的全面普及，使手机的数据传输速度和能力也越来越高，智能手机完全具备了移动智能终端的处理能力。目前，除了基本通话模块、数据传输模块、网络模块、图像处理模块和并行处理操作系统外，手机上集成了麦克风、摄像头、陀螺仪、加速度计、光线传感器、距离传感器、重力传感器、指纹识别以及用于定位的 GPS（全球卫星定位系统）模块，这些传感器为手机感受位移，旋转等运动状态，进行语音识别和图像识别，确定自身位置信息提供了硬件支持。而强大的存储和计算能力，使得手机可以对这些信息进行数据融合和综合判断。在数据交换方面，手机可作为一个 TCP/IP 终端节点通过 WiFi、4G 接入本地的互联网，还可以通过红外传输和蓝牙技术与其他设备进行通信。智能手机逐渐成为人们通信、文档管理、社交、学习、出行、娱乐、医疗保健、金融支付等方面的便捷、高效的工具。如图 1-7 所示即移动互联网的体系结构，智能手机的普及、良好用户体验应用的丰富和网络用户规模的不断扩大，使得移动互联网产业发展迅猛，而安全与隐私保护是移动互联网面临的重大课题。

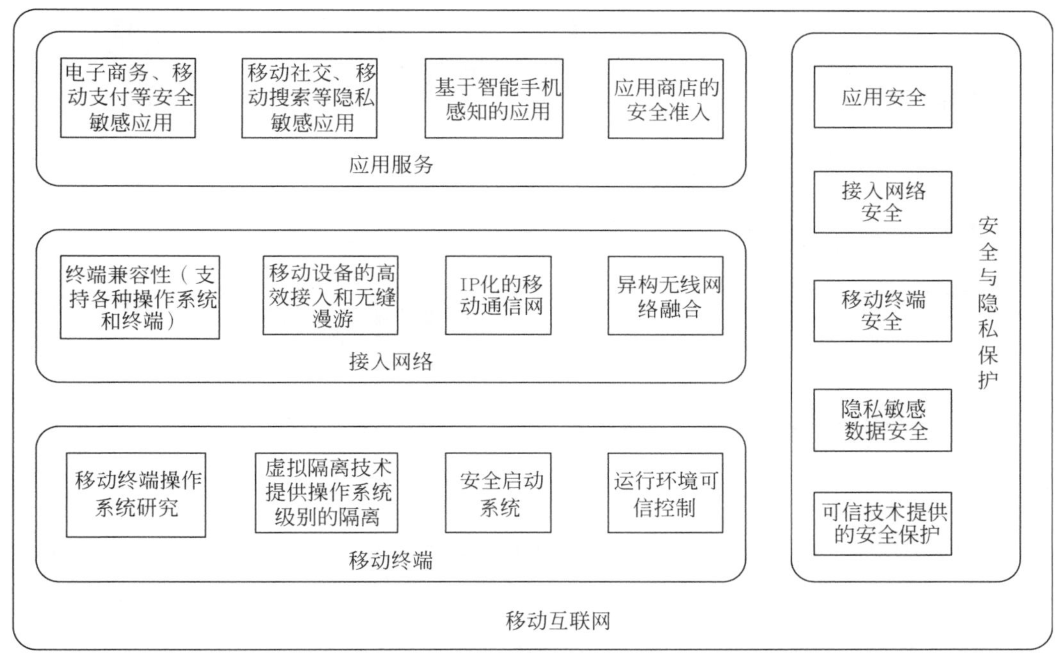

图 1-7　移动互联网体系结构

移动互联网的实现技术和应用状况，参见本书 3.8.3 节。

8．以人为本

信息技术不再是专家和工程师才能掌握和操纵的高科技，而开始真正地面向普通公众，为人所用。如图 1-8 所示，信息表达形式和信息系统与人的交互超越了传统的文字、图像和声音，机器或者设备感知视觉、听觉、触觉、语言、姿态甚至思维等技术或者手段已经在各种信息系统中大量出现，人在使用各类信息系统时可以完全模仿人与真实世界的交互方式，获得非常完美的用户体验。

9．信息安全

在信息化社会中，计算机和网络在军事、政治、金融、工业、商业、人们的生活和工作等方面的应用越来越广泛，社会对计算机和网络的依赖越来越大，如果计算机和网络系统的信息安全受到危害，将导致社会的混乱并造成巨大损失。信息安全关系到国家的国防安全、政治安全、经济安全、社会安全，是国家安全的重要组成部分。

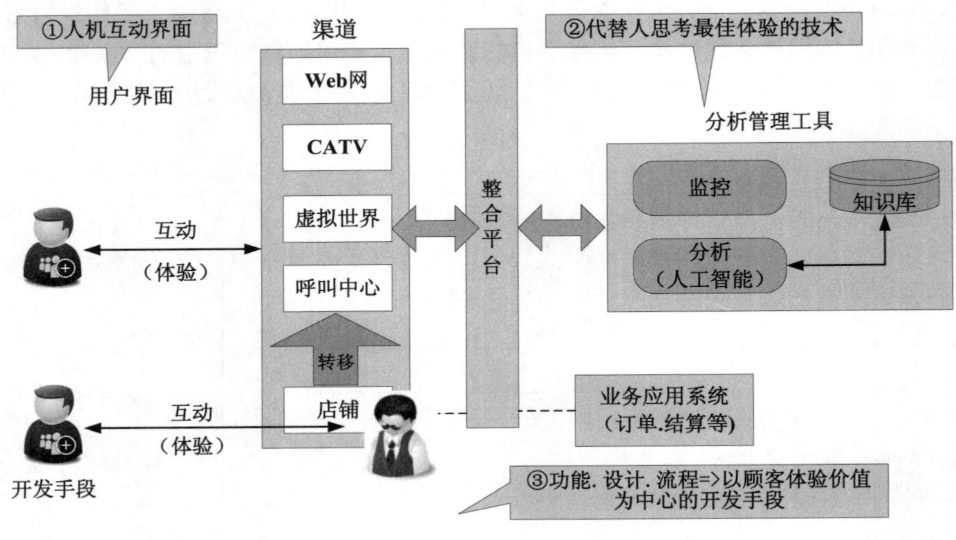

图 1-8　信息系统注重用户体验

因此，信息的获取、传输、处理及其安全保障能力成为一个国家综合国力和经济竞争力的重要组成部分，信息安全已成为影响国家安全、社会稳定和经济发展的决定性因素之一。信息安全已成为世人关注的社会问题和信息科学与技术领域的研究热点。

我国正处在建设有中国特色社会主义现代化强国的关键时期，必须采取措施确保我国的信息安全。

我国政府高度重视信息安全。2014 年 2 月，中央网络安全和信息化领导小组宣告成立，集中领导和规划我国的信息化发展和信息安全保障，这标志着网络信息安全已经上升到关乎国家安全战略的高度。新设立的中央网络安全和信息化领导小组将着眼国家安全和长远发展，统筹协调涉及经济、政治、文化、社会及军事等各个领域的网络安全和信息化重大问题，研究制定网络安全和信息化发展战略、宏观规划和重大政策，推动国家网络安全和信息化法治建设，不断增强安全保障能力。

信息安全技术的自主研发也进入了一个新的阶段。2006 年我国政府公布了自己的商用密码算法。而在密码协议的理论、设计思想、设计方法和应用方面都有较大的发展和创新，同时，为适应云计算、移动互联网、物联网等领域的要求，可信云计算和其他可信计算也已进入实用。

建设网络强国要向着网络基础设施基本普及、自主创新能力增强、信息经济全面发展、网络安全保障有力的目标不断前进。围绕“建设网络强国”，我国要重点发力以下任务：要有自己的技术，有过硬的技术；要有丰富全面的信息服务，繁荣发展的网络文化；要有良好的信息基础设施，形成实力雄厚的信息经济；要有高素质的网络安全和信息化人才队伍；要积极开展双边、多边的互联网国际交流合作。

信息系统安全管理是对信息系统生命周期全过程实施符合安全等级责任要求的管理。在信息系统集成项目实施的过程中，信息系统安全管理也是项目管理过程中需要重点关注的主题，具体内容详见第 17 章。

10．两化融合

两化融合是指电子信息技术广泛应用到工业生产的各个环节，信息化成为工业企业经营管理的常规手段。信息化进程和工业化进程不再相互独立进行，不再是单方的带动和促进关系，而是两者在技术、产品、管理等各个层面相互交融，彼此不可分割，并催生工业电子、工业软件、工业信息服务业等新产业。两化融合是工业化和信息化发展到一定阶段的必然产物。

工业化与信息化“两化融合”的含义是：一是指信息化与工业化发展战略的融合，即信息化发展战略与工业化发展战略要协调一致，信息化发展模式与工业化发展模式要高度匹配，信息化规划与工业化发展规划、计划要密切配合；二是指信息资源与材料、能源等工业资源的融合，能极大节约材料、能源等不可再生资源；三是指虚拟经济与工业实体经济融合，孕育新一代经济的产生，极大促进信息经济、知识经济的形成与发展；四是指信息技术与工业技术、IT 设备与工业装备的融合，产生新的科技成果，形成新的生产力。

当前，发达国家纷纷实施“再工业化”和“制造业回归”战略，着力打造信息化背景下国家制造业竞争的新优势。我国已成为全球制造业第一大国，但工业大而不强，在核心技术、产品附加值、产品质量、生产效率、能源资源利用和环境保护等方面，与发达国家先进水平相比还存在较大的差距。同时，我国经济发展已进入一个新阶段，中高速、优结构、多挑战、新动力成为“新常态”的突出特点。加快转变发展方式、走新型工业化道路，大力推进两化深度融合，推进工业转型升级，已是势在必行。

近年来，两化融合在我国取得了积极成效。但也要看到，两化深度融合推进中还面临不少矛盾和问题。主要是，社会对两化融合必要性、紧迫性、艰巨性以及推动两化深度融合的方向、重点、路径、方法仍存在很多不同认识和看法；产业基础薄弱，标准和知识产权缺失、关键器件依赖进口、集成服务能力弱、核心技术受制于人等问题突出；体制机制障碍较多，促进新技术新应用发展的法律法规亟待完善，政策措施协调配套不足、支持力度不大。对此，我们必须高度重视，积极推动解决。

党的十八大报告指出，要坚持“四化同步发展，两化深度融合”，明确了两化深度融合成为我国工业经济转型和发展的重要举措之一。2013 年，为落实十八大精神，转变经济发展方式，工业和信息化部发布《信息化和工业化深度融合专项行动计划（2013—

2018)》以全面提高工业发展质量和效益。

大力推进信息化和工业化深度融合（详见 1.4 节），是党中央准确把握全球新一轮科技革命和产业变革趋势，站在历史和现实的高度，统筹经济社会发展全局作出的重大战略决策，对于新时期推动我国经济转型升级、重塑国际竞争新优势具有重大战略意义。

1.2 国家信息化战略和规划

1.2.1 国家信息化战略目标

根据《2006—2020 年国家信息化发展战略》，2006～2020 年期间，我国信息化发展的战略目标是：综合信息基础设施基本普及，信息技术自主创新能力显著增强，信息产业结构全面优化，国家信息安全保障水平大幅提高，国民经济和社会信息化取得明显成效，新型工业化发展模式初步确立，国家信息化发展的制度环境和政策体系基本完善，国民信息技术应用能力显著提高，为迈向信息社会奠定坚实基础。具体目标是：

（1）促进经济增长方式的根本转变。广泛应用信息技术，改造和提升传统产业，发展信息服务业，推动经济结构战略性调整。深化应用信息技术，努力降低单位产品能耗、物耗，加大对环境污染的监控和治理，服务循环经济发展。充分利用信息技术，促进我国经济增长方式由主要依靠资本和资源投入向主要依靠科技进步和提高劳动者素质转变，提高经济增长的质量和效益。

（2）实现信息技术自主创新、信息产业发展的跨越。有效利用国际国内两个市场、两种资源，增强对引进技术的消化吸收，突破一批关键技术，掌握一批核心技术，实现信息技术从跟踪、引进到自主创新的跨越，实现信息产业由大变强的跨越。

（3）提升网络普及水平、信息资源开发利用水平和信息安全保障水平。抓住网络技术转型的机遇，基本建成国际领先、多网融合、安全可靠的综合信息基础设施。确立科学的信息资源观，把信息资源提升到与能源、材料同等重要的地位，为发展知识密集型产业创造条件。信息安全的长效机制基本形成，国家信息安全保障体系较为完善，信息安全保障能力显著增强。

（4）增强政府公共服务能力、社会主义先进文化传播能力、中国特色的军事变革能力和国民信息技术应用能力。电子政务应用和服务体系日臻完善，社会管理与公共服务密切结合，网络化公共服务能力显著增强。网络成为先进文化传播的重要渠道，社会主义先进文化的感召力和中华民族优秀文化的国际影响力显著增强。国防和军队信息化建设取得重大进展，信息化条件下的防卫作战能力显著增强。人民群众受教育水平和信息技术应用技能水平显著提高，为建设学习型社会奠定基础。

1.2.2　信息化的指导思想和基本原则

我国正处在加快转变经济发展方式和全面建设小康社会的关键时期。推动信息化深入发展，对拉动有效投资和消费需求，加快推动经济结构调整和发展方式转变，不断改善民生具有重要意义。

近年来，我国信息化发展取得长足进展，经济社会信息化水平全面提升。农村信息服务体系基本建成；信息化和工业化融合迈出坚实步伐；中小企业信息化服务体系逐步建立，电子商务蓬勃发展；各级政府业务信息化覆盖率大幅提高，信息基础设施不断完善；信息技术发明专利申请量占全国发明专利申请量的 43.5%（2013 年数据），具有自主知识产权的第三代移动通信技术 TD-SCDMA 实现大规模商用，长期演进技术 TD-LTE 成为新一代移动通信国际标准；网络与信息安全保障体系不断健全。与此同时，我国信息化发展还存在一些薄弱环节和突出问题，主要是网络、技术、产业与应用的统筹协调有待加强，宽带信息基础设施建设滞后，部分核心关键技术受制于人，信息资源开发利用和共享水平不高，一些领域存在低水平重复建设现象，数字鸿沟扩大，信息安全形势更趋复杂严峻，信息化发展体制机制有待健全等。

当前，围绕促进技术创新和产业转型升级，全球再次掀起加快信息化发展的浪潮，主要国家纷纷加快推进信息技术研发和应用，综合信息网络向宽带、融合、泛在方向演进，信息技术、产品、内容、网络和平台等加速融合发展，新的经济增长点不断催生，以互联网为代表的信息技术快速扩散，对国际政治、经济、社会和文化产生了深刻影响。

在上述背景下，根据《2006—2020 年国家信息化发展战略》，工业和信息化部会同国务院有关部门于 2013 年 9 月编制了《信息化发展规划》，作为指导今后一个时期加快推动我国信息化发展的行动纲领。

在《信息化发展规划》中，提出了我国未来信息化发展的指导思想和基本原则。

1．指导思想

我国信息化发展的指导思想是：以邓小平理论、“三个代表”重要思想和科学发展观为指导，把加快信息化建设作为促进发展方式转变的重要途径，把扩大信息技术应用作为构建现代产业体系的重大举措，把提高信息服务能力作为保障和改善民生的有力支撑。加强统筹规划，坚持科学发展，以企业为主体，以市场为导向，积极推进下一代信息基础设施建设，推动信息化与工业化深度融合，着力突破技术和产业瓶颈，切实增强信息安全保障能力，大幅提升信息化水平，为促进经济社会持续发展作出贡献。

2．基本原则

（1）统筹发展，有序推进。推动信息技术在经济社会中的广泛覆盖和深度集成应用，支撑现代农业发展，带动工业转型升级，加快服务业现代化进程，提高社会事业信息化水平，加快建设惠及全民的信息服务体系，推动社会管理和公共服务水平提高。加强统筹规划，根据实际需求以及技术和产业基础等，突出行业和区域特色，有重点有步骤地推进信息化发展。加强信息资源的整合协同，提高资源利用效率，避免重复建设。

（2）需求牵引，市场导向。立足于促进经济发展方式转变、服务群众生活和维护国家安全，适应国际信息化发展趋势，发挥信息化对科学高效配置资源的支撑和服务功能，积极推动信息技术推广应用和信息产业发展。坚持企业主体地位和市场配置资源的基础性作用，在竞争性领域坚持信息技术推广应用的市场化，在社会管理和公共服务领域积极引入市场机制，增强信息化发展的内生动力。

（3）完善机制，创新驱动。深化对信息化发展规律的认识，健全法规标准，完善配套政策，加强绩效评估，形成有效的激励约束机制，提高信息化发展的质量和效益。营造有利于创新的良好环境，引导创新要素向企业聚集，促进产学研用协同互动，鼓励技术创新、商业模式创新和管理创新，加快创新成果的产业化、商业化和推广应用。

（4）加强管理，保障安全。坚持积极利用、科学发展、依法管理、确保安全，完善网络与信息安全管理制度，狠抓能力建设，强化信息资源和个人信息保护，健全安全防护体系。加强信息教育，强化安全意识，提高国民信息技能。推进军民融合，鼓励军民两用信息技术相互转化应用。着力突破核心和关键技术，全面提高信息化装备的安全可控水平。

1.2.3 我国信息化发展的主要任务和发展重点

1. 促进工业领域信息化深度应用

围绕促进工业转型升级的要求，全方位、多层次推动信息技术在工业领域的覆盖渗透、应用集成和融合创新。

（1）推进信息技术在工业领域全面普及。深化信息技术在企业生产经营管理各环节的应用，大力推广数字化研发设计工具，促进研发流程变革和模式转型，实现多专业、跨企业研发协同创新。加快生产装备数字化和生产过程智能化，推广原材料工业集约化、装备制造业智能化、消费品工业精准化生产方式。全面普及企业资源计划、供应链、客户关系等管理信息系统，加快推动经营管理现代化进程。

（2）推动综合集成应用和业务协同创新。促进研发、生产、经营管理各环节信息集成和业务协同，推动企业从单项业务应用向多业务综合集成转变。以集成应用支撑业务流程优化，促进组织结构合理化、运营一体化和决策科学化。推动信息化应用从单一企业向全产业链协同创新转变。

（3）加快制造业服务化进程。推动制造企业完善研发设计、生产制造、市场营销、售后服务、回收处理的产品全生命周期信息集成和跟踪服务，面向客户提供个性化产品设计和整体解决方案，加强备品备件管理、在线实时监测、远程故障诊断、工控系统安全监控、网上支付结算等增值服务。继续深化制造业信息化科技工程，为制造业转型升级提供支撑。

（4）推广节能减排信息技术。推动重点行业节能减排信息技术的普及和深入应用，提高绿色研发设计能力，加大主要耗能、耗材设备和工艺流程的数字化、网络化和智能化改造。建立健全资源能源综合利用效率监测和评价体系，改进资源能源需求侧管理，提升资源能源供需双向调节水平。大力发展环保装备专用测控一体化技术，建立健全符合行业发展和区域生产力布局特点的主要污染物排放监测和固体废弃物综合利用信息管理系统，完善污染治理监督管理体系。

（5）建立两化融合服务支撑体系。完善企业信息化和工业化融合水平评估认定体系，推广行业评估规范，指导中介机构开展重点行业和企业两化融合发展水平评估，健全企业信息化水平评价工作机制。建立国家级信息化和工业化融合促进中心，支持面向具体行业的信息化公共服务平台发展。加强国家新型工业化产业示范基地、国家级信息化和工业化融合试验区建设，支持地方开展两化融合评估和监测，完善区域信息化服务体系。

2．加快推进服务业信息化

适应服务业发展和居民消费结构升级的需要，深化信息技术在服务业的应用，积极培育新型服务业态，推动现代服务业发展。

（1）引导电子商务健康发展。鼓励工业和商贸流通领域骨干企业开展网络采购和销售，加强供应链协同运作。推动中小微企业普及电子商务应用。鼓励电子商务服务平台向涵盖信息流、物流、资金流的全流程服务方向发展。丰富网络商品和服务，拓展网络购物渠道，满足不同层次消费需求。支持开展移动电子商务创新，支持境内企业开展跨境电子商务应用。完善安全、信用、金融、物流和标准等支撑体系，构建与电子商务发展相配套的服务体系。组织开展国家电子商务示范城市创建工作，积极营造有利于促进电子商务健康发展的政策环境，探索适应电子商务发展的监管模式，加快建立规范有序的电子商务市场秩序。

（2）提升物流信息化水平。促进信息技术应用与现代物流发展的融合创新，提高物流基础设施的信息化水平，鼓励发展新型物流业态和服务模式。加强跨行业的物流信息共享，建立完善行业性、区域性的公共物流信息服务体系。推动电子商务和物流信息化集成发展。

（3）提高服务业重点领域信息化水平。加快推动银行业、证券业和保险业信息共享，提高金融宏观调控和综合监管能力；运用信息技术推进金融产品和服务创新，促进消费金融发展；围绕增强普遍服务能力，提高面向中小微企业和农业农村的金融信息化服务水平。引导工业设计走专业化、高端化、网络化发展道路，建设一批实用、高效的工业设计公共服务平台。发展信息系统集成服务、互联网增值服务、信息安全服务和数字内容服务，发展地理信息产业。推动旅游、人力资源开发、餐饮、新闻出版、休闲娱乐和社区服务等服务行业采用信息技术创新服务品种和方式，完善服务体系，提升服务能力。

3．积极提高中小企业信息化应用水平

完善中小企业信息化服务体系，为中小企业信息化建设提供支持与服务，推动中小企业在核心业务环节深化信息技术应用。

（1）深化中小企业信息技术应用。加强适应不同行业中小企业特点和需求的研发工具、智能装备、过程控制系统和管理信息系统的研究开发和推广应用。提高网络环境下中小企业的协作配套能力，支持中小企业参与以行业骨干企业为核心的产业链协作。

（2）继续实施中小企业信息化推进工程。发展和完善面向产业集群和中小企业集聚区的信息化服务平台，重点支持面向中小企业提供云计算服务的公共服务平台发展，提供研发设计、经营管理、质量检验检测等服务。加快发展面向中小企业信息化的方案设计、监理实施、运行维护等第三方服务，不断完善中小企业信息化服务体系。

4. 协力推进农业农村信息化

把推进农业农村信息化放在社会主义新农村建设的突出位置，充分发挥信息化在加快转变农业发展方式、改善农民生活、统筹城乡发展中的重要作用，加快信息强农惠农。

（1）完善农村综合信息服务体系。建立全国农业综合信息服务平台。按照政府主导、社会参与、资源整合、多方共建的原则，加快农村基层信息服务站和信息员队伍建设，形成村为节点、县为基础、省为平台、全国统筹的农村综合信息服务体系。

（2）加强涉农信息资源整合。科学规划各级政府部门涉农信息资源建设，集约建设涉农信息系统、服务平台和农业综合基础数据库。发展专业性信息资源服务平台，丰富农村信息服务内容。大力推进信息技术在农业生产、经营、管理和服务各环节的应用，引导农业生产经营向精准化、集约化、智能化方向发展。推进农业信息化试点示范，促进形成具有地方特色的农业信息化应用模式。

5. 全面深化电子政务应用

加强顶层设计，继续深化电子政务应用，推进政府组织结构优化，提高公共服务能力。

（1）推进信息技术与政务工作深度融合。适应新时期保障和改善民生的新要求，优先支持教育、医疗卫生、就业和社会保障、住房等业务系统建设。深化财政、税收、工商、质检、海关、金融监管、价格、能源、工业经济运行等业务系统应用，寓管理于服务，提高市场监管和公共服务能力。继续加强审计监管、公共安全、国土资源、食品药品安全、安全生产、国防科技工业等信息系统建设，提高政府依法履职能力。加快党委系统电子政务建设，为推行党内公开、提高各级党委工作效率提供技术保障。鼓励电子政务应用向云计算模式迁移，全面提升电子政务服务能力。

（2）提升基层电子政务服务能力。综合运用电信网、广播电视网和互联网，不断丰富电子政务公共服务手段。充分利用已有电子政务基础设施，支持开展电子政务集约建设和应用服务，更加注重推动电子政务服务向街道、社区和农村延伸。加强社区信息化建设，为公众培训、就业、社会保障、就医、计划生育、家政、出行等提供综合信息服务，为残疾人、老年人、低保家庭提供专项信息服务。鼓励基层电子政务应用模式创新，支持基层政府开展以企业和公众为中心的电子政务服务模式创新试点示范。

（3）提高社会管理信息化水平。建立人口信息共享机制，支持实施实有人口动态管理。建立全面覆盖、动态跟踪、信息共享、功能齐全的社会管理综合信息系统，形成以政府主导、社会参与、服务全局的社会管理信息化体系。加强和完善信息网络管理，提高对虚拟社会的管理水平。运用信息技术开展舆情分析，健全网上舆论动态引导机制，确保社会信息采集和处理快捷高效。运用信息化手段改进信访工作方式，建设公众诉求信息管理平台，健全社会稳定风险评估体系。

6．稳步提高社会事业信息化水平

以促进基本公共服务均等化为目标，不断提高教育、医疗卫生、就业和社会保障等领域的信息化水平，为加快社会事业现代化提供坚实支撑。

（1）大力提高教育信息化水平。加快学校宽带网络建设，发展现代远程教育和网络教育，推进优质教育资源普及共享。加大中小学、各类职业院校和培训机构教师的信息素养和信息技术应用能力培训力度。加快开放公共数字化教学资源，构建面向全民的终身学习网络和服务平台。

（2）加快医疗卫生信息化建设。围绕健全医疗服务体系的需要，完善医疗服务与管理信息系统，加快建立居民电子健康档案和电子病历，为开展远程医疗、远程救治和推进优质医疗资源共享打下基础。完善疾病和公共卫生事件直报系统和疾控管理信息系统，促进建立覆盖疾控发源地、传染链、病源谱和预防救治的应急响应体系。在中西部尤其是边远地区，有计划、有步骤地开展网络化医疗辅导和诊断救治服务。逐步建立农村医疗急救信息网络。扩大新型农村合作医疗管理和信息服务系统的覆盖范围，为实现参合人口异地就医和即时结报提供技术保障。

（3）构建覆盖城乡居民的就业和社会保障信息服务体系。开展公共就业服务信息发布、需求预测、跟踪监测和失业预警，推动就业信息全国联网，完善就业和社会保障信息服务体系，推动信息服务向街道、社区和乡镇延伸。促进跨区域就业和社会保障信息共享，为养老、医疗、失业等社会保险关系的转移接续，异地居住退休人员管理，参保人员异地就医和结算等提供支撑。全面发行和应用社会保障卡，扩大社会保障覆盖范围。推进就业和社会保障信息服务体系覆盖农村劳动力转移就业、农村养老保险、减灾救灾、社会救助、社会福利、最低生活保障、慈善事业等农村就业和社会保障领域。加快推进残疾人人口综合信息与就业和社会保障信息的共享，提高面向残疾人的信息无障碍服务能力。

7．统筹城镇化与信息化互动发展

发挥信息化在创新城市管理模式和提升城市服务能力方面的重要作用，为破解城市发展难题、实现精确高效管理提供有力支撑。

（1）提高城市运行管理的智能化水平。立足城市功能和空间生产力布局，依托信息网络基础设施，深化空间地理信息应用，推动各类城市管理信息的共享和协同。运用感知、传输、智能计算和处理技术，增强城市空间要素的可感知度，推广网格化管理模式，实现精细化管理，提高城市运行、管理和公共服务的信息化水平，引导智慧城市建设健康发展。

（2）推进社区信息化。推动社区网络和信息资源整合，鼓励建立覆盖区（县、市）或更大范围的社区综合信息管理和服务平台，实现数据一次采集、资源多方共享，优化区（县、市）、街道、社区等面向社会公众和企事业单位提供服务的流程，为逐步实现行政管理、社会事务、便民服务等社区管理服务一体化，健全新型社区管理和服务模式提供支撑。加快建设家庭服务业公益性信息服务平台，推动智能社区和智能家庭建设，推广普及智能建筑和智能家居。

（3）提高公共安全信息化管理水平。深入推进公共安全领域信息化建设，加强对公共场所、重大危险源、危险化学品的智能监管，建立健全安全生产监管信息化体系。开展重大自然灾害的预测预警，扩大监控监测覆盖面，加大对维稳、反恐、打击犯罪、治安防控等信息的综合应用，提高信息资源共享水平，完善社会治安防控信息体系。健全公共突发事件的信息报送、发布、应急响应和灾难救助机制。

8. 加强信息资源开发利用

继续推动政务信息资源共享，不断增强公益性信息服务能力，提高信息资源开发利用水平。

（1）提高政务信息资源共享能力。强化人口、法人、金融、税收和空间地理等基础性信息资源的开发利用，加快建设统计信息资源开发利用工程，完善国民经济预测预警监测体系，建立健全应对气候变化、发展战略性新兴产业的统计、监测信息发布体系，提升政务信息资源的决策支持能力和社会化服务水平。按照加快推进社会信用体系建设的要求，利用人口和法人基础信息库，依托各部门业务信息系统，完善公民和法人的信贷、纳税、履约、生产、交易、服务、工程建设、参保缴费、审判执行等信用记录，实现信用信息的跨部门共享。以公民身份证号码为唯一身份标识，完善以居民身份证信息为基础、相关职能部门业务信息为补充的人口信息资源库，建立信息共享和校核机制，为创新社会管理提供支撑。

（2）加大公益性信息资源利用力度。建立公益性信息资源开发与利用的长效机制，加强农业、科技、教育、文化、卫生、人口和计划生育、就业和社会保障、法制、国土资源等重点领域信息资源的公益性开发利用。引导公益性信息服务机构发展，鼓励企业、公众和其他社会力量采取多种方式提供公益性信息服务。

（3）发展先进网络文化。实施先进网络文化发展工程，鼓励开发具有中国特色和自主知识产权的数字文化产品，推动网络知识的创造、整合与传播，增强信息化时代中华文化的国际影响力。加强重点新闻网站建设，规范管理综合性商业网站，构建积极健康的网络传播新秩序。积极推进数字图书馆、数字档案馆、数字博物馆、数字文化馆等公益性文化信息基础设施建设，完善公共文化信息服务体系。

（4）壮大数字内容产业。加快推进信息技术与文化内容的融合，引导数字内容资源制作、传播和利用，提高数字内容商品和服务的供给能力。建设数字内容公共服务平台，积极培育数字出版、数字视听、游戏动漫等新兴产业。促进数字内容与新型终端、互联网服务的结合，扩展数字内容产业链，创新经营模式和服务模式，提高数字内容产业附加值。培育壮大数字内容与网络文化产业骨干企业，鼓励创新商业模式。

9．构建下一代国家综合信息基础设施

把握信息网络演进升级的机遇，实施宽带中国战略，以宽带普及提速和网络融合为重点，加快构建宽带、融合、安全、泛在的下一代国家信息基础设施。

（1）加快宽带网络优化升级和区域协调发展。优化骨干网络架构，完善业务节点国际布局，提升国家骨干网传输能力。采用多种技术推进光纤向用户端延伸，扩大无线宽带网络覆盖，提升用户端接入能力。优化互联网数据中心空间布局，实现互联网信息源高速接入。支持东部地区积极利用光纤和新一代移动通信技术、下一代广播电视网技术，全面提升宽带网络速度与性能，基本实现城市光纤到楼入户，缩小与发达国家差距。支持中西部地区增加光缆路由，提升网络容量，扩大接入网络覆盖范围；引导大型云计算数据中心落户中西部条件适宜的地区。因地制宜采用光纤、铜线、同轴电缆、3G/LTE、微波、卫星等多种技术手段加快宽带网络从乡镇向行政村、自然村延伸，推进农村宽带进乡入村。

（2）促进下一代互联网规模商用和前沿布局。加快部署下一代互联网，抓紧开展 IPv6 商用试点，适时推动 IPv6 大规模部署和商用，加快推进 IPv4 向 IPv6 的网络过渡、业务迁移与商业运营，在设备制造、软件开发、运营服务等环节形成较完善的产业和协同创新链条。完善互联网国家顶层架构，升级骨干网络，实现高速度高质量互联互通，提升网络安全性、可靠性和效率。推动我国互联网国际互联架构优化，提升互联层次和流量转接水平。加快未来网络技术研发和战略布局，建设面向未来互联网创新发展的示范平台，开展新型架构及创新技术的试验和示范，突破关键核心技术，推动形成系列国际标准。

（3）建设安全可靠的信息应用基础设施。综合考虑业务需求、设施配套、信息安全保障等因素，引导形成布局合理、安全可靠的互联网数据中心基础设施，推进互联网数据中心的规模化、集约化、节能化、绿色化升级。加强统筹管理，逐步形成技术先进、安全可靠的内容分发网络（CDN）。

（4）加快推进三网融合。组织实施三网融合全面推广工作，在全国范围内推动广电、电信业务双向进入，加快网络基础设施建设和统筹规划，加快建立适应三网融合的标准体系，加大资源开发和业务创新力度，大力发展新兴融合型业务，培育壮大文化产业、信息内容产业和信息服务业。加强三网融合法制建设，强化网络信息和文化安全监管，建设可管可控的安全保障体系。

（5）优化国际通信网络布局。统筹规划海底光缆建设，完善跨境陆地光缆，与有条件的周边国家实现互联。丰富到亚太、北美、欧洲的国际路由，增加到非洲、南美的国际海底光缆。加快部署海外业务接入点和国际数据中心，提升为驻外机构和企业提供信息网络服务的能力。

10．促进重要领域基础设施智能化改造升级

加快能源、交通运输、水利、环境资源等领域的数字化、网络化、智能化改造升级，促进重要基础设施的精准管理和高效运行。

（1）加快建设智能电网。提高发电、输电、变电、配电等环节的信息化和智能化水平，实现电力流、信息流、业务流高度一体化。根据发展风电、太阳能等可再生能源的需要，建设具有自动平衡和优化输配能力的智能电网调度体系，实现可再生能源发电并网接入标准化和运行控制智能化。

（2）提高综合交通运输体系智能化水平。提高交通运输信息化、智能化水平，建设综合交通运输公共信息平台，逐步建立各种运输方式之间的信息采集、交换和共享机制。积极推动客货运输票务、单证等的联程联网系统建设，逐步完善高速公路全国监控、公路联网和不停车收费系统。建设以旅客为中心的开放式民航运输信息系统，推进航空运输企业深化电子商务应用。提高铁路通信信号现代化水平，完善高速铁路、繁忙干线调度集中系统，加快推进铁路客运服务电子化、网络化。提高航运信息化管理和服务水平。

（3）提升基础性资源信息化管理水平。加快推进水资源管理信息化、智能化进程，构建布局合理、动态监测、信息共享和科学决策的水利智能应用体系，强化水资源信息资源共享。建立健全环境资源监测系统，建立土地、矿产资源、森林等基础性资源全程动态监测、污染源控制、生态保护信息系统，提高国土资源和环境保护领域的预警、决策和执法能力。

11．着力提高国民信息能力

（1）积极开展国民信息技术教育和培训。完善中小学信息化学习环境，加快普及信息知识和信息技术教育。加强高等院校与政府、企业的合作，加大信息教育培训力度，提升高素质人才的信息技术应用和创新能力。加快向信息基础薄弱的地区和人群提供信息化知识和技能服务。开展国民信息素质状况动态监测和定期评估，有针对性地促进国民信息教育水平和信息能力提高。

（2）培养信息化人才队伍。构建以学校教育为基础，基础教育、高等教育、职业教育与继续教育相结合，政府引导与市场培训互为补充的信息化人才培养体系。通过高等教育、继续教育等多种途径和方式，加快培养创新型、专业技术型、技能型信息化人才。

12．加强网络与信息安全保障体系建设

（1）确保基础信息网络和重要信息系统安全。强化顶层设计和工作协调机制建设，加快建立以防为主、软硬结合的网络与信息安全保障体系。基础信息网络和重要信息系统要同步规划、同步建设、同步运行安全防护设施，提升防攻击、防病毒、防篡改、防瘫痪、防窃密能力。加强无线电安全管理和重要信息系统的无线电频率保障。加强互联网网站、地址、域名和接入服务单位的管理。建立信息安全审查制度，加强重要领域工业控制系统安全防护和管理，建立安全测评和风险评估制度。推进政府部门互联网安全接入防护工作，加强政府网站安全管理。强化电子文件的安全管理。加快涉密信息系统安全保密防护设施建设，完善保密机制，加强保密审查。加强国家网络空间战略预警和积极防御建设，增强网络信息安全的态势感知、监测预警、应急处理和执法能力。

（2）强化信息安全基础。加强信息安全技术攻关，集中力量攻克一批关键技术，突破芯片、关键元器件、基础软件和关键网络设备等核心技术瓶颈，提高信息技术装备安全可控水平，支持信息安全产业发展。建立完善信息资源和个人信息保护制度。加强信息安全风险评估、等级保护、信息安全通报、信息安全产品认证认可、信息安全应急处置等工作。加快推进网络信任体系建设和密码保障工作，规范电子认证服务，大力推广电子签名应用。完善信息安全基础设施，提高信息安全监管和执法能力。支持信息安全专业骨干队伍和应急技术支撑队伍建设，加强重要产品和系统安全漏洞分析评估。

（3）加强信息内容安全管理。加强互联网基础数据管理、新技术新业务准入管理和新业务安全评估。建立与信息网络新技术、新业务发展相适应的信息内容安全监管手段。加强网络侦查技术手段建设，严厉打击各类网络犯罪。加强重点新闻网站建设，规范管理综合商业网站，构建健康的网络传播秩序。以维护信息安全为目标，大力推进驻外机构、企业等采用国内通信运营商提供的服务。

1.3　电子政务

1.3.1　电子政务的概念和内容

1．电子政务的概念

电子政务是指政府机构在其管理和服务职能中运用现代信息技术，实现政府组织结构和工作流程的重组优化，超越时间、空间和部门分隔的制约，建成一个精简、高效、廉洁、公平的政府运作模式。电子政务模型可简单概括为两方面：政府部门内部利用先进的网络信息技术实现办公自动化、管理信息化、决策科学化；政府部门与社会各界利用网络信息平台充分进行信息共享与服务、加强群众监督、提高办事效率及促进政务公开，等等。

2001 年 12 月，国家信息化工作领导小组召开第一次会议，将电子政务建设列为国家信息化的首要工作。至此，我国的电子政务建设开始进入全面推进时期。2002 年 1 月，国务院信息化工作办公室和国家标准化管理委员会联合成立了电子政务标准化总体组，全面启动电子政务标准化工作。《电子政务标准化指南》的印发，标志着我国电子政务标准化工作已经正式启动。我国电子政务进入实质性应用阶段。

2002 年 11 月，中国共产党第十六次全国代表大会明确提出要“推行电子政务，提高行政效率，降低行政成本，形成行为规范、运转协调、公正透明、廉洁高效的行政管理体制”，以电子政务带动政府管理体制改革。

《国家电子政务“十二五”规划》中指出：大力推进国家电子政务发展是国家“十二五”的重要任务，是落实科学发展观、深化改革开放、加快转变经济发展方式的必然要求，是党委、人大、政府、政协、法院、检察院系统各级政务部门政务工作的组成部分，是政务部门提升履行职责能力和水平的重要途径，也是深化行政管理体制改革和建设人民满意的服务型政府的战略举措。据此，电子政务涵盖的部门除了政府外，还明确包括了党委、人大、政府、政协、法院、检察院系统各级政务部门等。

2. 电子政务的内容

电子政务的内容非常广泛，国内外也有不同的内容规范，根据国家政府所规划的项目来看，电子政务主要包括如下4个方面。

（1）政府间的电子政务（G2G）。

（2）政府对企业的电子政务（G2B）。

（3）政府对公众的电子政务（G2C）。

（4）政府对公务员（G2E）。

当然，政府部门的内部网络除支持政府内部业务之外，更是电子政务的网络基础。

1.3.2 我国电子政务开展的现状

“十一五”以来，我国电子政务快速发展，电子政务在改善公共服务、加强社会管理、强化综合监管、完善宏观调控等方面发挥了重要作用，促进了政府职能转变，已成为提升党的执政能力和建设服务型政府不可或缺的有效手段。

地方和部门电子政务建设普遍开展，组织体系不断健全，专业技术队伍建设不断加强。推动电子政务发展的政策、制度和标准规范继续完善，许多地方制定了相关法规。围绕经济和社会发展的需要，电子政务应用深入推进，富有成效的典型应用不断涌现。金关、金税、金盾、金审等一批国家电子政务重要业务信息系统应用进一步深化，取得更大的经济和社会效益。宏观经济管理、财政管理、进出口业务管理等宏观调控信息系统在有效应对国际金融危机冲击、保持经济平稳较快发展方面发挥了重要作用。教育、医疗、就业、社会保障、行政审批和电子监察等方面电子政务积极推进，改善和增强了政府为社会公众提供服务的能力和水平。食品药品安全、社会治安、安全生产、环境保护、城市管理、质量监管、人口和法人管理等方面电子政务应用持续普及，加强和提升了社会管理能力和水平。县级以上政务部门普遍建立政府网站，积极开展政府信息公开、网上办事和政民互动等服务。电子政务基础设施建设取得成效，国家电子政务网络初步满足党委、人大、政府、政协、法院、检察院各系统推进业务应用的需要，技术支撑能力明显提高。电子政务信息安全保障系统普遍建立，管理制度规范逐步健全，网络与信息安全保障能力明显提升。

近些年，电子政务依托的信息技术手段发生重大变革，超高速宽带网络、新一代移动通信技术、云计算、物联网等新技术、新产业、新应用不断涌现，深刻改变了电子政务发展技术环境及条件。经济社会发展需求和技术创新为国家电子政务发展提供了难得的历史机遇。

1.3.3　电子政务建设的指导思想和发展方针

1．指导思想

我国电子政务建设的指导思想是：以邓小平理论和“三个代表”重要思想为指导，深入贯彻落实科学发展观，紧紧围绕全面建设小康社会的总目标，以电子政务科学发展为主题，以深化应用和注重成效为主线，转变电子政务发展方式，充分发挥电子政务应用成效，服务经济结构战略性调整，服务保障和改善民生，服务加强和创新社会管理，促进服务型政府、责任政府、法治政府和廉洁政府建设，走一条立足国情、讲求实效、面向未来的电子政务发展道路。

2．发展方针

（1）必须坚持将科学发展观贯穿电子政务发展全过程。加快转变电子政务发展方式，坚持统筹规划，抓好顶层设计，强调政务与技术深度融合，深化电子政务应用，突出发展质量，注重可持续全面协调发展。

（2）必须坚持把以人为本和构建和谐社会作为电子政务发展的出发点和落脚点。以服务社会公众为中心，围绕解决经济社会重大问题和突出矛盾，把保障和改善民生、促进社会和谐稳定、保持经济平稳较快发展作为发展重点，加快服务向基层延伸，提升服务效率和质量，使电子政务惠及全民。

（3）必须坚持把深化应用和突出成效作为电子政务发展的根本要求。切实以提高各级政务部门履行职责能力为目标，优化业务流程，创新服务模式，强化应用推广，加大政务信息资源开发、利用和管理力度，大力推动信息共享和业务协同，突出建设集约化、应用平台化、服务整体化，进一步提高电子政务的经济和社会效益。

（4）必须坚持创新发展和加强管理的有机统一。积极探索新技术在电子政务中的应用，构建互联互通和高效服务的技术应用体系。顺应发展形势需要，进一步健全管理体制机制，加强建设、运行和服务管理，开展考核评估，加大安全可靠产品的研发和应用力度，带动信息产业发展，提升信息安全保障能力。

1.3.4　电子政务建设的发展方向和应用重点

1．加快推动重要政务应用发展

（1）推进业务应用协同发展。坚持统筹协调，充分发挥电子政务基础设施作用，围绕解决经济和社会发展的重点难点问题，优先推进经济运行、财政管理、综合治税、强农惠农、城市管理、国土管理、住房管理、应急指挥、信用监管等一批重要协同业务应用。加大行业与地方应用发展的条块结合统筹力度，努力构建基础统一与应用协同的电子政务应用整体发展格局。兼顾行业与地方业务应用发展，行业业务应用发展纵向部署要充分考虑地方实际，加强与地方应用建设和发展衔接。地方要加强行业与当地应用的统筹协调，建设内容纳入当地电子政务规划和年度计划，做好配套工作，满足行业业务应用要求，确保纵向互联互通的行业电子政务应用整体发展。

（2）推进部门业务应用发展。围绕信息化环境下提升执政和履职能力需要，加强统筹规划和顶层设计，统筹推进政务部门业务应用发展，全面支持社会主义经济建设、政治建设、文化建设、社会建设以及生态文明建设发展。加强重要信息系统建设，不断扩大应用规模，逐步实现应用全业务、全流程和全覆盖，推动政务与技术深度融合，充分发挥应用成效。加强国民经济预测预警应用功能建设，提高信息分析和利用能力，创新分析研判的方式和手段，提高各类突发事件的应急应对能力，提升宏观调控和科学决策水平。推进法规、规章、政策制定和实施管理，加强实施情况信息采集和落实成效分析评估，支持动态调整，增强科学决策能力。加强信息综合利用，强化信息分析研判，提高宏观调控的科学性和预见性，增强针对性和灵活性。推进国家级全民健康保障、住房保障、社会保障、药品安全监管、食品安全监管、能源安全、安全生产监管、市场价格监管、金融监管、社会信用体系等重点工程建设。

（3）强化政府网站应用服务。加强政府网站建设和管理，促进政府信息公开，推动网上办事服务，加强政民互动。加大政府网站信息公开力度，不断丰富公开信息内容，提高公开信息质量，增强信息公开的主动性、及时性和准确性。大力提升政府网站网上办事能力，以社会公众为中心，扩大网上办事服务事项，优化办事流程，不断提高网上办事事项的办事指南、表格下载、网上咨询、网上申请、结果反馈等五项服务功能覆盖率，提高便捷性和实效性。推进政府网站政民互动服务发展，建立健全公众意见及问题的受理、处理及反馈工作机制，实现网上信访、领导信箱、在线访谈等互动栏目的制度化和规范化，注重民意收集与信息反馈，保障人民的知情权、参与权、表达权、监督权。加强政府网站服务保障和运行维护保障，建立相关制度，明确各方责任，加大管理力度，开展绩效评估和考核，大力提高政府网站服务能力。

2．加强保障和改善民生应用

（1）深化保障和改善民生应用。加快推进劳动就业、社会保障、医疗卫生、教育、文化等应用服务，促进基本公共服务体系建设发展。加快推进劳动就业应用，提供公共就业信息发布、需求预测、跟踪监测和失业预警等服务，促进构建和谐劳动关系。统筹推进城乡社会保障应用，覆盖社会保险、社会救助、社会福利等社会保障业务。完善医疗卫生应用，健全覆盖城乡居民的基本医疗和药品供应服务体系，拓展新型农村合作医疗服务覆盖面。完善重大疾病防控等专业公共卫生业务应用，提高重大突发公共卫生事件的处置能力。完善教育和文化行政管理信息化应用，促进教育公平，为公众提供优秀文化资源服务。推进交通运输管理应用，促进综合交通运输体系不断完善。加强水资源管理应用，提高水量水质监测能力，确保水资源安全。

（2）加强县级政府和基层政务服务应用。加大县级政府政务公开和政务服务应用推进力度，不断创新政务服务方式和手段，促进基本公共服务体系建设的应用发展。依托县级政府电子政务公共基础设施，开展民政、计生、劳动、教育、卫生、公安、农业等政务服务应用，增加服务内容，扩大服务范围，加强业务应用系统互联互通，推进信息共享和业务协同，提高服务水平。深化政务服务中心和各类政务服务窗口等多种渠道服务应用，充分利用已有的基层为民场所和服务设施，推进基层政务服务窗口的应用服务环境建设，配备服务终端、自助终端和辅助设备，加快推进政务服务应用向乡镇（街道）和社区（行政村）的延伸。不断提升基层政务工作人员电子政务应用能力，开展"一站式"服务，为社会公众提供方便优质、多方式全方位的服务，提高基层服务水平，促进基本公共服务均等化。

3．加强创新社会管理应用

（1）深化社会管理应用。加快推进维护社会秩序、促进社会和谐、保障人民安居乐业的电子政务应用建设，电子政务要在协调社会关系、规范社会行为、解决社会问题、化解社会矛盾、促进社会公正、应对社会风险、保持社会稳定等方面发挥作用。以解决影响社会和谐稳定突出问题为突破口，深化社会管理应用，逐步建立覆盖全面、跟踪动态、信息共享、功能齐全的社会管理应用服务体系，促进社会管理水平提高。推进实有人口和流动人口管理服务应用，保障人民安居乐业。推进基层社会管理和服务应用，强化基础工作，促进社区和谐稳定。推进公共安全、食品药品安全监管、安全生产监管、应急处置管理等应用，为人民群众提供安全稳定的生活环境。加强生态环境保护应用，确保国家生态安全。推进非公有制经济组织、社会组织管理等应用，推动社会组织健康有序发展。推进信息网络管理应用，提高对虚拟社会的管理水平。大力推进政务公开和权力阳光运行应用，完善权力网上公开运行和电子监察应用，推进公共权力运行、公共资金使用和公共资源交易等领域的综合监控应用，促进行政行为的公开公正和透明廉洁。

（2）促进城镇社会管理创新。加大城镇社会管理应用推进力度，进一步创新管理模式，不断提高社会管理科学化水平。加强城镇人口管理和服务应用，支持"以证管人、以房管人、以业管人"新模式，提高管理服务水平。推进社会治安防控应用，实现城镇社会治安有效防控。推进城镇基层社会管理和服务应用，强化城镇社区自治和服务功能，改善自我管理，提升自我教育，强化自我监督。加强突发事件应急处置和管理应用，提升自然灾害和公共突发事件的预测预警、分析评估、应急处置等能力和水平。推进城镇基础设施服务管理应用，建设文明、卫生、宜人、宜居城镇。加快推进依托电子政务平台促进城镇基层社会管理和服务应用向街道和社区延伸，提高社区自治和服务功能，实现城市网格划分、管理联动，构建城市综合管理格局。

4．强化政务信息资源开发利用

（1）建设高质量政务信息资源。推进政务部门依据职能建设政务信息资源，逐步覆盖业务活动中产生和获取的各类政务信息。加强政务信息资源建设规划和计划的制定，梳理信息内容，明确程序，建立制度，落实责任，提高质量。大力推进基础信息资源建设，完善基础信息资源体系，动态完善地理、人口、法人、金融、税收、统计等基础信息资源，规范信息采集，保证信息质量，推动应用服务。围绕促进经济平稳较快发展的需要，加强宏观经济、财政、土地、投资、工业经济、科技创新、贸易、商品市场、房地产市场、现代农业、服务业等宏观调控信息资源建设。围绕促进社会和谐稳定的需要，加强食品药品监管、环境保护、公共安全、流动人口、安全生产监管、质量监管、城镇综合管理、网络舆情等社会管理信息资源建设。围绕保障和改善民生的需要，加强劳动就业、教育文化、社会保障、医疗卫生、社会救助等公共服务信息资源建设。

（2）加强政务信息资源管理。建立健全政务信息资源管理制度，提高政务信息资源管理能力，明确政务信息管理要求，提升政务信息资源管理水平。加强政务信息资源专业管理队伍建设，建立政务信息资源产生、传输、存储、管理、维护、服务等环节的管理规范和标准，加强政务信息资源管理系统运行维护，保障信息安全，强化信息服务，提高政务信息资源利用成效。加强政务信息资源准确性管理，明确信息来源，建立实时动态更新机制，确保信息及时准确。加强政务信息资源可靠性管理，明确信息管理要求，建立授权信息使用制度，加强信息防篡改和可恢复管理，确保信息安全可靠。加强政务信息资源可用性管理，确保信息真实、准确和完整。加强国家电子文件管理，确保电子文件的真实、完整、可用和安全，保存国家历史记录。

（3）大力推动信息共享和政务信息资源社会化利用。积极推进跨地区、跨部门、跨层级信息共享，丰富信息共享内容，扩大信息共享覆盖面，提高信息共享使用成效。加强信息共享规划和计划制定，建立跨地区、跨部门、跨层级的信息共享推进机制，以协同业务需求为导向，明确共享信息内容和程序，确定信息共享部门责任，制定信息共享制度，建立信息共享基础设施，保障共享信息安全，进一步完善信息共享管理和服务。重点推进地理、人口、法人、金融、税收、统计等基础信息资源共享，推进宏观经济、财政、国土、投资、工业经济、科技创新、贸易、房地产、现代农业等宏观调控信息共享，推进食品药品监管、环境保护、公共安全、流动人口、安全生产监管、质量监管、社会信用、城镇综合管理等社会管理信息共享，推进劳动就业、教育、文化、社会保障、医疗卫生、社会救助等公共服务信息共享。围绕地市和县级政府深化社会管理和公共服务应用需要，汇聚在国家、省级集中管理的各类基础信息资源和重要业务信息，要采取多种方式和手段，为地市和县级政府深化电子政务应用提供跨层级、跨部门信息共享服务，促进地方政府社会管理和服务水平持续提高。加快推进国家级电子政务信息共享平台建设，为各级政务部门开展跨地区、跨部门、跨层级信息共享和业务协同提供支撑服务。建立完善有利于社会化、市场化利用政务信息资源的机制。

5．建设完善电子政务公共平台

（1）完成以云计算为基础的电子政务公共平台顶层设计。积极研究云计算模式在电子政务发展中的作用，全面分析新技术对电子政务公共平台发展的影响和全方位业务协同、信息资源共享及信息安全保障对电子政务公共平台发展的需求，适时开展以云计算为基础的电子政务公共平台顶层设计试点，在此基础上开展国家电子政务公共平台顶层设计，充分发挥既有资源的作用和新一代信息技术潜能，加快电子政务发展创新，为减少重复浪费、避免各自为政、信息孤岛创建技术系统。

（2）全面提升电子政务技术服务能力。鼓励地方在国家电子政务规划和顶层设计指导下，在现有基础上建设集中统一的区域性电子政务云平台，降低电子政务建设和运维成本，提高电子政务发展质量，增强电子政务安全保障能力。鼓励电子政务建设的运行维护走市场化、专业化的道路。系统集成资质管理和电子政务管理密切结合，将建设和运维安全可靠、复杂大系统的能力和绩效作为系统集成资质评价的重要内容。

（3）制定电子政务云计算标准规范。加快研究制定基于云计算的电子政务标准规范，主要包括系统架构、技术标准等技术性标准规范，应用分类服务标准、应用迁移标准、数据管理标准等服务性标准规范，公共平台安全规范、应用安全规范、信息安全规范、服务安全规范等信息安全保障标准规范，绩效评价标准、平台和信息管理标准、技术服务管理规范等管理性标准规范。

（4）鼓励向云计算模式迁移。以效果为导向，推行“云计算服务优先”模式，制定电子政务公共平台建设和应用行动计划，明确相关部门的职责和分工，共同推动电子政务公共平台运行和服务。在满足安全需求、遵从法律法规和业务准备的基础上，推动政务部门业务应用系统向云计算服务模式的电子政务公共平台迁移，先期重点推进新建、升级改造的业务信息系统在电子政务公共平台上部署运行，提高基础资源利用率和应用服务成效。开展电子政务公共平台应用试点示范工作，总结推广应用服务成功做法和有益经验。

6．提高政府信息系统的信息安全保障能力

（1）建设完善信息安全保障体系。加强信息安全防护体系建设，建立电子政务网络信任体系、应急处置体系和监管体系。加强政府网站安全管理，实施政务部门互联网安全接入防护工程。按照国家等级保护和涉密信息系统分级保护的有关要求，建立完善等级保护工作机制，落实涉密信息系统分级保护制度，规范涉密信息系统使用管理。

（2）制定电子政务安全可靠的标准规范。按照安全可靠的要求，保护政府信息系统不被攻破和信息不被窃取泄漏，研究制定政府信息系统的信息安全标准规范。推进安全存储、数据备份与恢复、主动防护、安全事件监控、恶意代码防范等信息安全保障。加大电子政务安全可靠软硬件产品的研制力度，建立应用评估机制，建设安全可靠的电子政务应用。

（3）进一步加强政府信息系统安全管理。建立完善政府信息系统安全管理制度规范，制定政务部门计算机安全配置和审计制度，建立信息系统安全检查制度，加强信息安全检查工作力度，加强对政务部门使用信息技术外包服务的安全管理，不断提高电子政务信息安全保障水平。

1.4 企业信息化和两化深度融合

1.4.1 企业信息化概述

《中共中央关于制定国民经济和社会发展第十三个五年规划的建议》（以下简称“建议”）中把“拓展网络经济空间”作为“坚持创新发展，着力提高发展质量和效益”的重要内容之一，建议指出：实施“互联网+”行动计划，发展物联网技术和应用，发展分享经济，促进互联网和经济社会融合发展。实施国家大数据战略，推进数据资源开放共享。完善电信普遍服务机制，开展网络提速降费行动，超前布局下一代互联网。推进产业组织、商业模式、供应链、物流链创新，支持基于互联网的各类创新。

“建议”在规划“构建产业新体系”中着重指出：

加快建设制造强国，实施《中国制造 2025》。引导制造业朝着分工细化、协作紧密方向发展，促进信息技术向市场、设计、生产等环节渗透，推动生产方式向柔性、智能、精细转变；实施智能制造工程，构建新型制造体系，促进新一代信息通信技术、高档数控机床和机器人、航空航天装备、海洋工程装备及高技术船舶、先进轨道交通装备、节能与新能源汽车、电力装备、农机装备、新材料、生物医药及高性能医疗器械等产业发展壮大。

企业信息化是产业升级转型的重要举措之一，而以“两化深度融合”“智能制造”“互联网+”为特点的产业信息化是未来企业信息化继续发展的方向。大力推进企业信息化，对于我国信息化建设，促进“十三五”期间国民经济发展，具有十分重要的现实意义和历史意义。

企业信息化就是用现代信息技术来实现企业经营战略、行为规范和业务流程。企业信息化大大拓宽了企业活动的时空范围，在时间上，企业信息化以客户需求为中心实施敏捷制造；在空间上，企业信息化以虚拟形态将全球聚合在荧屏上。真正实现了运筹帷幄之中，决胜千里之外。

1. 企业信息化内涵

从历史唯物主义的视角观察，企业信息化是劳动工具的技术进步。1945 年以来，随着电子技术的发展，以计算机、网络、数据库管理为核心的信息技术逐步渗透并彻底改造了企业的产品研发、制造、办公、经营管理和销售，使传统的人工作业工具发展成智能化、自动化作业工具。所以，以 60 多年的历史为坐标轴观察企业信息化，沿轴是信息技术逐步改造传统生产方式的过程，在某一轴点上是信息技术应用的形态。

1）企业信息化结构

- 产品（服务）层；
- 作业层；

- 管理层；
- 决策层。

2）企业信息化概念

概括地说，企业信息化就是：“在企业作业、管理、决策的各个层面，科学计算、过程控制、事务处理、经营管理的各个领域，引进和使用现代信息技术，全面改革管理体制和机制，从而大幅度提高企业工作效率、市场竞争能力和经济效益。”

2．从两化融合到中国制造 2025，企业信息化发展之路

铜器替代石器，铁器替代铜器，人类社会的前进总是由生产工具的进步推动的。一个不以企业意志为转移的事实是：信息技术作为崭新的工具已经或正在改变着企业的生产方式，改变着企业的生存环境。

企业生存环境变化的基本特征是信息的丰富性、流动性和价值化，企业的经营活动越来越需要围绕着信息的获取、传递、共享和应用来展开。企业只有运用信息技术提升传统的生产方式和管理方式，增强信息处理能力，使人、技术和过程三者协调发展，才能不断发展和强化其核心能力，赢得和保持竞争优势。

发达国家在 100 年前已完成工业化，其企业信息化也已经达到较高的水平，而我国企业信息化技术的应用总体上处于起步阶段，在产品设计、制造以及组织管理上与发达国家存在着很大的差距。就好像使用石器工具的民族去和使用铜器工具的民族竞争一样，输赢是不言而喻的。

但是，我们不能等工业化完成后才开始信息化或停下工业化只搞信息化，而是应该抓住网络革命的机遇，通过信息化促进工业化，通过工业化为信息化打基础，走信息化和工业化并举、融合、互动、互相促进、共同发展之路。

制造业是工业体系的基石和核心，是国民经济的主体，是立国之本、兴国之器、强国之基。十八世纪中叶开启工业文明以来，世界强国的兴衰史和中华民族的奋斗史一再证明，没有强大的制造业，就没有国家和民族的强盛。打造具有国际竞争力的制造业，是我国提升综合国力、保障国家安全、建设世界强国的必由之路。

新中国成立尤其是改革开放以来，我国制造业持续快速发展，建成了门类齐全、独立完整的产业体系，有力推动工业化和现代化进程，显著增强综合国力，支撑我世界大国地位。然而，与世界先进水平相比，我国制造业仍然大而不强，在自主创新能力、资源利用效率、产业结构水平、信息化程度、质量效益等方面差距明显，转型升级和跨越发展的任务紧迫而艰巨。

当前，新一轮科技革命和产业变革与我国加快转变经济发展方式形成历史性交汇，国际产业分工格局正在重塑。必须紧紧抓住这一重大历史机遇，按照“四个全面”战略布局要求，实施制造强国战略，加强统筹规划和前瞻部署，力争通过三个十年的努力，到新中国成立一百年时，把我国建设成为引领世界制造业发展的制造强国，为实现中华民族伟大复兴的中国梦打下坚实基础。

我国的企业信息化经历了产品信息化、生产信息化、流程信息化、管理信息化、决策信息化、商务信息化等过程，而实施两化深度融合是企业落实《中国制造2025》战略规划的重要途径。

电子信息制造业具有集聚创新资源与要素的特征，是当前全球创新最活跃、带动性最强、渗透性最广的领域，已经成为当今世界经济社会发展的重要驱动力。实施“中国制造 2025”，促进两化深度融合，加快从制造大国转向制造强国，需要电子信息产业有力支撑，大力发展新一代信息技术，加快发展智能制造和工业互联网；制定“互联网+”行动计划，推动移动互联网、云计算、大数据、物联网等应用，需要产业密切跟踪信息技术变革趋势，探索新技术、新模式、新业态，构建以互联网为基础的产业新生态体系。实施国家信息安全战略，需要尽快突破芯片、整机、操作系统等核心技术，大力加强网络信息安全技术能力体系建设，在信息对抗中争取主动权。

与此同时，信息产业各行业边界逐渐模糊，信息技术在各类终端产品中应用日益广泛，云计算、物联网、移动互联网、大数据、3D打印等新兴领域蓬勃发展。价值链重点环节发生转移，组装制造环节附加值日趋减少，国际领先企业纷纷立足内容及服务环节加快产业链整合，以争夺产业链主导权。制造业、软件业、运营业与内容服务业加速融合，新技术、新产品、新模式不断涌现，对传统产业体系带来猛烈冲击，推动产业格局发生重大变革，既为我国带来发展的新机遇、新空间，也使我国面临着新一轮技术及市场垄断的严峻挑战。

3．实施企业信息化的意义

1）有利于形成现代企业制度和WTO形势下提高企业竞争力

现代企业制度的主要内涵是产权清晰、权责明确、政企分开、管理科学，健全决策、执行和监督体系，使企业成为自主经营、自负盈亏的法人实体和市场主体。企业信息化和建立现代企业制度是互动关系，彼此相辅相成，互为促进，没有企业信息化就没有企业现代化，也不可能建立现代企业制度。

WTO是一柄双刃剑，一方面，中国加入WTO，可以享受多边贸易体制协议框架下的各种权利和最惠国待遇，平等地参与国际商贸合作。另一方面，国外跨国公司将进入国内市场，我国企业将直接面对国外跨国公司在国内外市场上的激烈竞争。推行企业信息化，可以提高企业在市场竞争中的快速反应能力，进而提高市场生存能力和市场竞争能力，在激烈的市场竞争中立于不败之地。

2）有利于形成规模生产和供应链的完善

企业信息化建设的重要作用之一是能够促进企业的规模化生产。一方面，企业通过推广应用CAD、CAM和CIMS等先进电子信息技术，大幅度提升企业在产品设计、制造、检测、销售、物料供应等方面的自动化水平和生产能力，生产效率明显提高，从而实现规模化生产。另一方面，企业通过信息化网络建设，增强了企业与客户、企业与市场的信息沟通，客户的需求和市场的起伏能迅速反馈到企业，使企业能够争取到更多的订单，提高企业的市场应变能力。

推行企业信息化，企业可以把经营过程中的各有关方面如供应商、制造工厂、分销网络和客户等纳入一个紧密的供应链中，可以有效地安排企业的产、供、销活动，满足企业利用全社会一切资源快速高效地进行生产经营的需求。因此，过去单一企业间的竞争已转变为企业供应链之间的竞争，供应链管理已成为企业管理的一个重要内容。企业通过 ERP、CRM 等系统的开发与应用，实现了产成品的整个营销过程的管理，包括市场活动、营销过程与售后服务三大环节的管理，促进企业信息流、资金流和物流的快速流动，有利于完善企业供应链。

3）有利于企业面向市场和更好地服务于市场

在经济全球化的经济环境中，企业竞争中的“大”吃“小”正在转向“快”吃“慢”。传统的企业组织结构存在多等级、多层次、机构臃肿、横向沟通困难、信息传递失真、缺乏活力、对外界变化反应迟缓等弊端。而信息技术的飞速发展，从根本上改变了组织收集、处理、利用信息的方式，从而导致组织形式的巨大变革，推动了业务流程再造（Business Process Reengineering，BPR）乃至组织结构的重构。原有的塔型结构被精良、敏捷、具有创新精神的扁平化“动态网络”结构所取代，使信息沟通畅通、及时，使市场和周围的信息同决策层的反馈更为迅速，提高企业对市场的快速反应能力。

4）有利于加速工业化进程

推行企业信息化，用信息化带动工业化，是我国国民经济发展的重要步骤之一。我国在现阶段推行企业信息化是一种跨跃式的发展，是一个具有中国特色的战略举措。与西方发达国家相比，我国的情况呈现出极大不相同的特征，主要表现在前者为先工业化后信息化，而我国的企业是工业化与信息化并进发展，在信息化的同时完成工业化进程。这种两步并作一步的举措，能使企业获得更多的内在发展动力，对企业完成工业化，实现现代化将产生积极的推动作用。

5）加快工业转型升级

过去二十年，中国电子信息产业实现了持续快速发展，产业规模稳步扩大，关键技术不断取得突破，骨干企业实力逐步壮大，国际地位显著增长。电子信息产业已经成为国民经济的战略性、基础性和先导性支柱产业，对于促进社会就业、拉动经济增长、调整产业结构、转变发展方式具有重要作用。但应该注意到，我国电子信息产业核心技术受制于人、自主创新能力较弱、产业结构不合理等深层次问题仍很突出，为产业可持续发展以及支撑服务中国制造 2025 造成较大压力。强化自主创新，加快突破核心技术环节，构建现代信息技术体系，对加快工业转型升级，实现“中国制造 2025”的战略目标，具有重要的战略意义。

4．我国企业信息化发展的战略要点

1）以信息化带动工业化

在推进企业信息化时，把工业化与信息化密切结合，注重以信息化带动工业化，发挥后发优势，坚持将信息化与工业化融为一体，相互促进，共同发展，加速产业升级和产业结构调整，实现经济结构的战略性转变，使国民经济健康发展。

2）信息化与企业业务全过程的融合、渗透

注重信息技术的高渗透性，使信息技术渗透到企业生产、经营和管理的各个方面，并与企业的整个业务流程高度融合，甚至就成为业务本身。

3）信息产业发展与企业信息化良性互动

企业信息化不可能从国外买来，必须主要依靠我们自己的信息产业，包括信息产品制造业、软件业、信息服务业和咨询业的强有力的支撑；同时企业信息化的全面推进，又为信息产业创造了巨大的市场需求，带来了新的发展机遇。因此，推进企业信息化，要与我国信息产业互相促进、共同发展。

4）充分发挥政府的引导作用

企业信息化面临着诸多政策环境问题，政府必须采取措施加以改善和解决。应发挥政府的指导、扶植及宏观调控作用，通过政策的制定、统筹规划及协调、资金投向的引导、重点项目的支持、规范市场竞争等，营造企业信息化的良好环境。

5）高度重视信息安全

信息化程度越高，信息安全问题越是重要和突出。信息化社会信息安全问题关系国家安全与稳定，关系到每一个企业切身利益。企业信息化必须高度重视信息安全问题。

6）企业信息化与企业的改组改造和形成现代企业制度有机结合

信息技术作为当代的先进生产力，必然要求与之相适应的生产关系。现代企业制度和科学管理是信息技术得以开花结果的肥沃土壤。失去了它们，信息化建设内在动力不足，容易出现投资浪费、利用率低，甚至系统闲置的现象。

要充分认识企业信息化建设只是企业现代化建设的一种手段和工具，它的主要作用就是对企业各种信息实行高度集成和快速处理，为企业供应链管理、产品设计制造和科学决策等提供重要支持。因此，企业信息化建设必须纳入企业现代化建设总体规划之中，从企业整体优化、系统工程和信息集成的角度出发，统筹兼顾，相辅相成，互为作用。

7）“因地制宜”推进企业信息化

我国的企业信息化要注意充分发挥后发优势和比较优势，不盲目仿效发达国家的发展道路和发展模式。充分考虑各区域、行业以及企业间发展的不平衡和各自特点，分类指导有效推进企业信息化进程，企业信息化推进的速度不能强求一律，信息化不仅要与本区域和领域的自身发展相协调，互为促进，而且要与国家信息化进程协调发展。

根据中央西部大开发的战略部署，西部地区企业信息化建设要服务并促进西部的经济和社会发展与进步。

5．推进企业信息化的指导思想和原则

1）推进企业信息化的指导思想

政府推动，统筹规划，企业行为，政策支持，分步实施。以信息资源的开发利用和提高信息资源的共享程度为重点，以重点企业信息化示范工程为龙头，扩大信息技术在企业经营中的应用和服务，提高企业管理水平和增强竞争实力。

通过政府引导，明确企业信息化的方针目标，帮助企业管理者转变观念、树立信息化意识，增强信息化建设的紧迫感和责任感。

2）推进企业信息化发展过程中应遵循以下原则

（1）效益原则

企业信息化应该以提高企业的经济效益和竞争力为目标。在社会主义市场经济条件下，企业以追求利润最大化为目的，企业信息化是政府推动下的企业行为，只有坚持以经济效益和提高竞争力为目标，企业才会有动力，才能推动企业信息化工作的全面开展。

（2）“一把手”原则

企业信息化实施过程中必须坚持企业最高负责人负责制，就是坚持企业信息化建设过程中的“一把手”亲自抓的原则，成立有企业高层领导参加的信息化建设机构，负责总体设计及日常事务处理。企业信息化过程中的业务流程重组，不可避免地要涉及到企业内部利益再分配问题，是一个深层次的管理问题，没有企业高层领导的参与，单靠信息技术部门推进信息化将是很困难的。

（3）中长期与短期建设相结合原则

企业信息化系统建设周期长、见效慢、投资大，是企业一项长期发展的任务。企业要近期、中远期目标相结合，针对企业信息化的关键环节和制约企业发展的关键因素，合理运用资金，逐步进行建设和完善。

（4）规范化和标准化原则

信息和信息处理的规范和标准是企业信息化的一个重要方面，信息流程规范化，数据标准化，是关系到企业信息化发展的重要环节，对此企业在信息化建设中要给予足够重视，要为企业信息化的进一步推进奠定良好的基础。

（5）以人为本的原则

以人为本在企业信息化建设过程中显得尤为重要，企业信息化成功与否，最终取决于人的素质，取决于企业是否建立了一支稳定的高水平的信息化人才队伍，是否具备运用现代信息技术的本领和能力，是否能够运用信息技术为企业现代生产、管理和经营服务。企业在信息化过程中，要形成高水平、稳定的信息化人才队伍，建立和完善信息化人才激励机制。

6．推进信息化与工业化深度融合

加快推动新一代信息技术与制造技术融合发展，把智能制造作为两化深度融合的主攻方向；着力发展智能装备和智能产品，推进生产过程智能化，培育新型生产方式，全面提升企业研发、生产、管理和服务的智能化水平。

研究制定智能制造发展战略。编制智能制造发展规划，明确发展目标、重点任务和重大布局。加快制定智能制造技术标准，建立完善智能制造和两化融合管理标准体系。

强化应用牵引，建立智能制造产业联盟，协同推动智能装备和产品研发、系统集成创新与产业化。促进工业互联网、云计算、大数据在企业研发设计、生产制造、经营管理、销售服务等全流程和全产业链的综合集成应用。加强智能制造工业控制系统网络安全保障能力建设，健全综合保障体系。

加快发展智能制造装备和产品。组织研发具有深度感知、智慧决策、自动执行功能的高档数控机床、工业机器人、增材制造装备等智能制造装备以及智能化生产线，突破新型传感器、智能测量仪表、工业控制系统、伺服电机及驱动器和减速器等智能核心装置，推进工程化和产业化。加快机械、航空、船舶、汽车、轻工、纺织、食品、电子等行业生产设备的智能化改造，提高精准制造、敏捷制造能力。统筹布局和推动智能交通工具、智能工程机械、服务机器人、智能家电、智能照明电器、可穿戴设备等产品研发和产业化。

推进制造过程智能化。在重点领域试点建设智能工厂/数字化车间，加快人机智能交互、工业机器人、智能物流管理、增材制造等技术和装备在生产过程中的应用，促进制造工艺的仿真优化、数字化控制、状态信息实时监测和自适应控制。加快产品全生命周期管理、客户关系管理、供应链管理系统的推广应用，促进集团管控、设计与制造、产供销一体、业务和财务衔接等关键环节集成，实现智能管控。加快民用爆炸物品、危险化学品、食品、印染、稀土、农药等重点行业智能检测监管体系建设，提高智能化水平。

深化互联网在制造领域的应用。制定互联网与制造业融合发展的路线图，明确发展方向、目标和路径。发展基于互联网的个性化定制、众包设计、云制造等新型制造模式，推动形成基于消费需求动态感知的研发、制造和产业组织方式。建立优势互补、合作共赢的开放型产业生态体系。加快开展物联网技术研发和应用示范，培育智能监测、远程诊断管理、全产业链追溯等工业互联网新应用。实施工业云及工业大数据创新应用试点，建设一批高质量的工业云服务和工业大数据平台，推动软件与服务、设计与制造资源、关键技术与标准的开放共享。

加强互联网基础设施建设。加强工业互联网基础设施建设规划与布局，建设低时延、高可靠、广覆盖的工业互联网。加快制造业集聚区光纤网、移动通信网和无线局域网的部署和建设，实现信息网络宽带升级，提高企业宽带接入能力。针对信息物理系统网络研发及应用需求，组织开发智能控制系统、工业应用软件、故障诊断软件和相关工具、传感和通信系统协议，实现人、设备与产品的实时联通、精确识别、有效交互与智能控制。

有关我国当前企业信息化的主要任务和发展重点，请参考本书“1.2.3 我国信息化发展的主要任务和发展重点”有关段落。

1.4.2 企业资源计划

1．演进中的企业资源计划（Enterprise Resource Planning，ERP）系统

ERP 概念由美国 Gartner Group 公司于 20 世纪 90 年代提出，它是由 MRP 逐步演变并结合计算机技术的快速发展而来的，大致经历了基本 MRP、闭环 MRP 、MRPⅡ和 ERP 这 4 个阶段。

1）20 世纪 60 年代的基本 MRP（Materials Requirement Planning，物料需求计划）

基本 MRP 是由美国生产与库存管理协会（The Association for Operations Management，APICS）于 20 世纪 60 年代初提出的。基本 MRP 聚焦于相关物资需求问题，根据主生产计划、物料清单、库存信息，制定出相关物资的需求时间表，从而即时采购所需物资，降低库存。

MRP 借助先进的计算机技术和管理软件进行物料需求量的计算，与传统的手工方式相比，计算的时间大大缩短，计算的准确度也相应地得到大幅度的提高。

2）20 世纪 70 年代的闭环 MRP

20 世纪 60 年代时段的 MRP 能根据有关数据计算出相关物料需求的准确时间与数量，但其缺陷是没有考虑到生产企业现有的生产能力和采购的有关条件的约束，也缺乏根据计划实施情况的反馈信息对计划进行调整的功能。为此，MRP 系统在 20 世纪 70 年代发展为闭环 MRP 系统。闭环 MRP 系统除了编制资源需求计划外，还要编制能力需求计划（Capacity Requirement Planning，CRP），并将生产能力需求计划、车间作业计划和采购作业计划与物料需求计划一起纳入 MRP。MRP 系统的正常运行，需要有一个现实可行的主生产计划。它除了要反映市场需求和合同订单以外，还必须满足企业的生产能力约束条件。为了保证实现计划，MRP 使用派工单来控制加工的优先级，用采购单来控制采购的优先级。这样，基本 MRP 系统进一步发展，把能力需求计划和计划的执行及控制功能也包括进来，形成一个环形回路，称为闭环 MRP。闭环 MRP 的基本目标是满足客户和市场的需求。能力需求计划的运算过程就是把物料需求计划定单换算成能力需求数量，生成能力需求报表。当然，在计划时段中也有可能出现能力需求超过负荷或低于负荷的情况。闭环 MRP 能力计划通常是通过报表的形式（直方图是常用工具）向计划人员报告，但是尚不能进行能力负荷的自动平衡，这个工作由计划人员人工完成。接下来，闭环 MRP 将客观生产活动进行的状况及时反馈到系统中，以便根据实际情况进行调整与控制，以使各种资源既能合理利用又能按期完成各项订单任务。闭环 MRP 在基本 MRP 的基础上，增加了生产能力计划、车间作业计划和采购作业计划，将整个生产管理过程纳入计划；并且在计划执行中根据反馈信息平衡和调整计划，使得生产的各个方面协调统一。

3）20 世纪 80 年代的 MRPⅡ

（1）MRPⅡ结构

20 世纪 70 年代闭环 MRP 系统的出现，使生产活动方面的各种子系统得到了统一。但这显然还不够，因为在企业的管理中，生产管理只是一个方面，它所涉及的仅仅是物流，而与物流密切相关的还有资金流。这在许多企业中是由财会人员另行管理的，这就造成了数据的重复录入与存储，甚至造成数据的不一致性。于是，在 20 世纪 80 年代，人们把生产、财务、销售、工程技术和采购等各个子系统集成为一个一体化的系统，称为制造资源计划系统。由于制造资源计划（Manufacturing Resource Planning）的英文缩写还是MRP，为了与表示与物料需求计划的MRP相区别，而记为MRPⅡ。MRPⅡ的基本思想就是把企业作为一个有机整体，从整体最优的角度出发，通过运用科学方法对企业各种制造资源和产、供、销、财各个环节进行有效组织、管理和控制，从而使各部充分发挥作用，整体协调发展。MRPⅡ的逻辑流程图如图1-9所示。

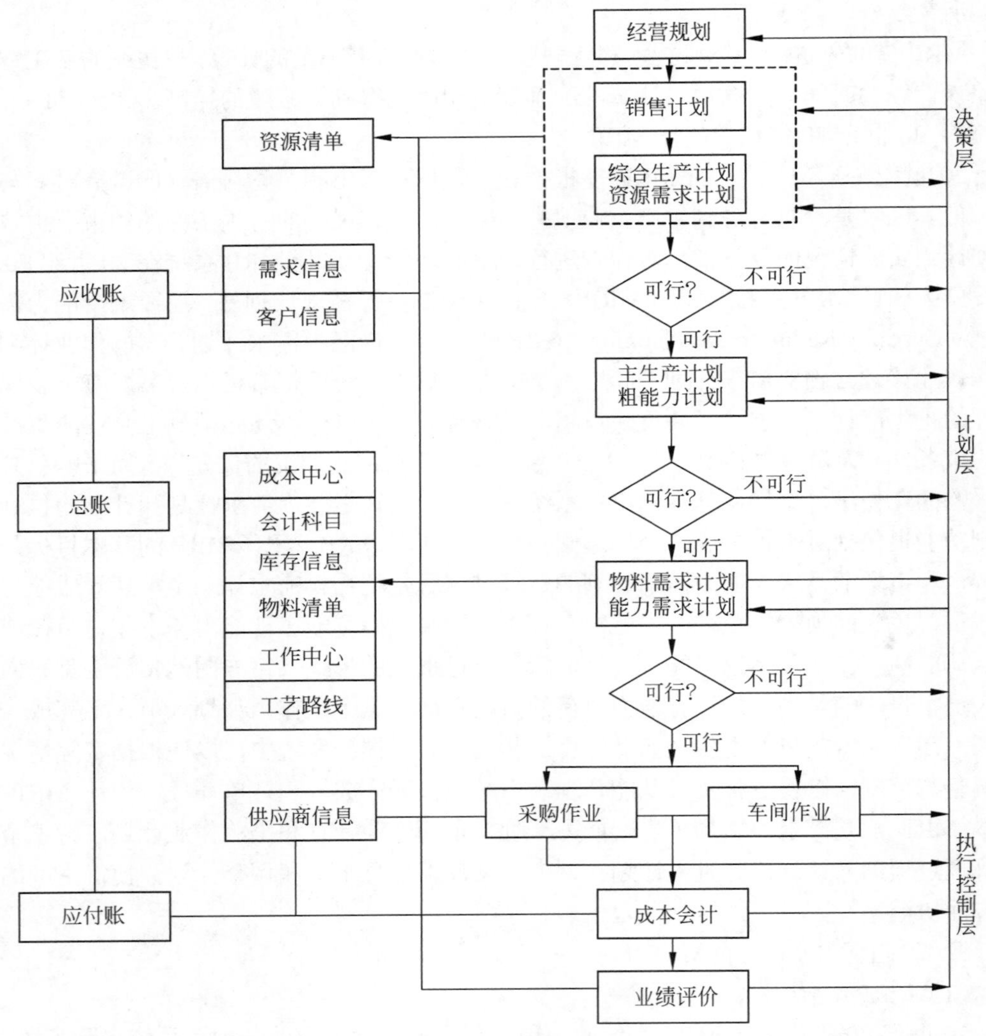

图1-9 MRPⅡ逻辑流程图

在流程图的右侧是计划与控制的流程，它包括了决策层、计划层和执行控制层，可以理解为经营计划管理的流程；中间是基础数据，存储在计算机系统的数据库中，并且反复调用。这些数据信息的集成，把企业各个部门的业务沟通起来，可以理解为计算机数据库系统；左侧是主要的财务系统，这里只列出应收账、总账和应付账。各个连线表明信息的流向及相互之间的集成关系。

（2）MRP Ⅱ的特点

MRP Ⅱ的特点可以从以下几个方面来说明，每一项特点都含有管理模式的变革和人员素质或行为变革两方面，这些特点是相辅相成的。

① 计划的一致性和可行性

MRP Ⅱ是一种计划主导型管理模式，但始终保证与企业经营战略目标一致。MRP Ⅱ把通常的计划决策、计划制定和计划执行这三级计划管理统一起来，从宏观到微观、从战略到技术、由粗到细逐层优化，计划下达前反复验证和平衡生产能力，车间班组只能执行计划、调度和反馈信息，计划制定层和计划决策层根据反馈信息及时调整，处理好供需矛盾，从而保证计划的一致性和可执行性。

② 管理的系统性

MRP Ⅱ是一项系统工程，它把企业所有与生产经营直接相关部门的工作联结成一个整体，各部门都从系统整体出发做好本职工作，每个员工都知道自己的工作质量同其他职能部门的关系，改变了条块分割、各行其是的局面，团队精神得到弘扬。

③ 数据共享性

MRP Ⅱ是一种制造企业管理信息系统，企业各部门都依据统一数据信息进行管理，任何一种数据变动都能及时地反映给所有部门，做到数据共享。在统一的数据库支持下，按照规范化的处理程序进行管理和决策，改变了过去经常出现的那种信息不通、情况不明、盲目决策、相互矛盾的状况。

④ 动态应变性

MRP Ⅱ是一个闭环系统，它要求跟踪、控制和反馈瞬息万变的实际情况，管理人员可随时根据企业内外环境条件的变化迅速做出响应，及时应对，保证生产正常进行。

⑤ 模拟预见性

MRP Ⅱ具有模拟功能。它可以解决“如果怎样……将会怎样”的问题，可以预见在相当长的计划期内可能发生的问题，事先采取措施消除隐患，而不是等问题已经发生了再花几倍的精力去处理。

⑥ 物流、资金流的统一

MRP Ⅱ包含了成本会计和财务功能，可以由生产活动直接产生财务数据，把实物形态的物料流动直接转换为价值形态的资金流动，保证生产和财务数据一致。财务部门及时得到资金信息用于控制成本，通过资金流动状况反映物料和经营情况，随时分析企业的经济效益，为企业经营管理层指导和控制经营生产活动提供有价值的决策参考。

以上几个方面的特点表明，MRP Ⅱ是一个比较完整的生产经营管理计划体系，是实现制造业企业整体效益的有效管理模式。

4）20世纪90年代的ERP系统

进入20世纪90年代，随着市场竞争加剧和信息技术的飞跃进步，20世纪80年代MRPⅡ主要面向企业内部资源全面计划管理的思想逐步发展为20世纪90年代怎样有效利用和管理整体资源的管理思想——企业资源计划应运而生。

（1）管理范围向整个供应链延伸

在资源管理范围方面，MRPⅡ主要侧重对本企业内部人、财、物等资源的管理，ERP系统在MRPⅡ的基础上扩展了管理范围，它把客户需求和企业内部的制造活动以及供应商的制造资源整合在一起，形成一个完整的供应链并对供应链上所有环节如订单、采购、库存、计划、生产制造、质量控制、运输、分销、服务与维护、财务管理、人事管理、实验室管理、项目管理、配方管理等进行有效管理。

（2）可同期管理企业的多种生产方式

在生产方式管理方面，MRPⅡ系统把企业归类为几种典型的生产方式进行管理，对每一种类型都有一套管理标准。在20世纪80年代末、90年代初期，为了紧跟市场的变化，多品种、小批量生产以及看板式生产等则是企业主要采用的生产方式，由单一的生产方式向混合型生产发展，ERP则能很好地支持和管理混合型制造环境，满足了企业的这种多角化经营需求。

（3）在多方面扩充了管理功能

在管理功能方面，ERP除了MRPⅡ系统的制造、分销、财务管理功能外，还增加了支持整个供应链上物料流通体系中供、产、需各个环节之间的运输管理和仓库管理；支持生产保障体系的质量管理、实验室管理、设备维修和备品备件管理；支持对工作流（业务处理流程）的管理。

（4）支持在线分析处理

在事务处理控制方面，MRPⅡ的生产过程控制的实时性较差，一般只能实现事中控制。而ERP系统支持在线分析处理（On Line Analytical Processing，OLAP），强调企业的事前控制能力，它可以将设计、制造、运输和销售等通过集成来并行地进行各种相关的作业，为企业提供了对质量、应变、客户满意度和绩效等关键问题的实时分析能力。

（5）财务计划和价值控制

在MRPⅡ中，财务系统的功能是将供、产、销中的数量信息转变为价值信息，是物流的价值反映。而ERP系统则将财务计划和价值控制功能集成到了整个供应链上。现代企业内部各个组织单元之间、企业与外部的业务单元之间的协调变得越来越多和越来越重要，ERP系统应用完整的组织架构，从而可以支持跨国经营的多国家地区、多工厂、多语种、多币制应用需求。

信息技术和网络通信技术的飞速发展和广泛应用，使得ERP系统得以实现对整个供应链信息进行集成管理。ERP 系统采用客户/服务器、浏览器/服务器体系结构和分布式数据处理技术，支持 Internet/Intranet/Extranet、电子商务（eBusiness、eCommerce）和电子数据交换（EDI）。

2．ERP 系统概念及特点

1）ERP 系统概念

如前所述，20 世纪 90 年代，随着计算机技术和管理理论的发展，在 MRP 中引入质量管理、设备管理、财务管理和人力资源管理，形成了统一的企业资源计划，即 ERP。一般来说，ERP 是一个以财务会计为核心的信息系统，用来识别和规划企业资源，对采购、生产、成本、库存、销售、运输、财务和人力资源等进行规划和优化，从而达到最佳资源组合，使企业利润最大化。

从计算机技术的角度来看，ERP 系统是一种软件工具，是一套复杂的信息管理系统。ERP 系统综合运用数据库、面向对象、图形用户界面（GUI）和网络通信等计算机技术，实现系统化的企业管理。企业资源包括硬资源和软资源，硬资源包括厂房、生产线、加工设备、检测设备和运输工具等；软资源则包括人力、管理、信誉、融资能力、组织结构和员工的劳动热情等。企业的运营过程就是这些资源相互作用和相互转化的过程。通过 ERP 系统管理企业资源，使得企业能够合理分配和使用企业资源，最大限度地发挥这些资源的作用，提高企业运行的效率，加强企业的竞争力。ERP 系统集信息技术与先进的管理思想于一身，成为现代企业运营的重要基础，反映了信息时代对企业合理调配资源、最大化地创造社会财富的要求，成为企业在信息时代生存和发展的基石。

ERP 系统经过十余年的发展，一些主流品牌系统的功能已经相当完善和强大，覆盖企业生产经营管理的各个方面。典型的 ERP 系统一般包括系统管理、生产数据管理、生产计划管理、作业计划管理、车间管理、质量管理、动力管理、总账管理、应收账管理、固定资产管理、工资管理、现金管理、成本核算、采购管理、销售管理、库存管理、分销管理、设备管理、人力资源、办公自动化、领导查询、运输管理、工程管理、档案管理等基本功能模块。企业可以根据自身情况灵活地选择和集成这些模块，提高管理和运营效率。

2）ERP 系统特点

（1）ERP 是统一的集成系统

ERP 系统作为整个企业的信息系统，必须统一企业的各种数据和信息。ERP 系统的统一性突出地表现在系统使用一个集中的数据库、数据仓库，每个子系统都在这个中心数据库上运行。通过数据的集中统一，使得各部门的信息可以有效地共享和传递。

（2）ERP 是面向业务流程的系统

ERP 系统和企业的业务流程紧密相关。企业实施 ERP 系统，不是简单地通过计算机技术将企业现行业务流程固化，而是要按照建成现代化企业的目标将企业现行业务流程优化重组，并且让 ERP 系统支持优化重组了的业务流程，从而达到提高管理水平和运营效率的目的，这就要求 ERP 必须是面向企业的业务流程的，可以实现先进的 ERP 技术与业务流程优化重组之间的互动。

（3）ERP是模块化可配置的

系统企业具有不同的规模、不同的部门设置和不同的业务流程。企业之间千差万别，但又同时具有一些相同的基本业务。ERP厂商通常做法是：开发一些通用的基本模块以支持诸多企业的大致相同的基本业务；再分别开发针对企业的不同需求的个性化定制软件模块，然后根据企业的实际需求，将所选择的通用模块和定制模块进行组合，构造适合本企业需要的ERP系统。

（4）ERP是开放的系统

任何一个企业都不是孤立存在的，企业的运营必然与供应商、客户和合作伙伴发生联系。ERP系统也不能仅仅局限于一个企业的高墙之内，必须将企业的外部相关信息，较为突出的是供应链管理和电子商务等方面的信息，纳入ERP系统的处理范围。

3．ERP系统的功能

1）财会管理

ERP中的财务模块与一般的财务软件不同，作为ERP系统中的一部分，它和系统的其他模块有相应的接口，能够相互集成，例如，它可将由生产活动、采购活动输入的信息自动计入财务模块生成总账、会计报表，取消了以往的凭证输入之类的手工操作。一般的ERP软件的财务部分分为会计核算与财务管理两大块。

（1）会计核算。会计核算主要是记录、核算、反映和分析资金在企业经济活动中的变动过程及其结果。它由总账、应收账、应付账、现金、固定资产和多币制等部分构成。

- 总账模块：其功能是处理记账凭证输入、登记，输出日记账、一般明细账及总分类账，编制主要会计报表。它是整个会计核算的核心，应收账、应付账、固定资产核算、现金管理、工资核算、多币制等各模块都以其为中心来互相传递信息。
- 应收账模块：该模块用于处理企业应收的由于商品赊销而产生的正常客户欠款账。它包括发票管理、客户管理、付款管理和账龄分析等功能。它和客户订单、发票处理业务相联系，同时将各项事件自动生成记账凭证，导入总账。
- 应付账模块：会计里的应付账是指企业应付购货款等账，它包括了发票管理、供应商管理、支票管理和账龄分析等。它能够和采购模块、库存模块完全集成以替代过去烦琐的手工操作。
- 现金管理模块：该模块用于对现金流入流出的控制以及零用现金及银行存款的核算。它包括了对硬币、纸币、支票、汇票和银行存款的管理。在ERP中提供了票据维护、票据打印、付款维护、银行清单打印、付款查询、银行查询和支票查询等与现金有关的功能。此外，它还和应收账、应付账、总账等模块集成，自动产生凭证，过入总账。
- 固定资产核算模块：该模块用于完成对固定资产的增减变动以及折旧、有关基金计提和分配的核算工作。它能够帮助管理者对目前固定资产的现状有所了解，并能通过该模块提供的各种方法来管理资产，以及进行相应的会计处理。它的具体功能有：登录固定资产卡片和明细账，计算折旧，编制报表，以及自动编制转账凭证并转入总账。它和应付账、成本和总账模块集成。

- 多币制模块：该模块是为了适应当今企业的国际化经营、对外币结算业务的要求增多而产生的。多币制将整个财务系统的各项功能以各种币制来表示和结算，且客户订单、库存管理及采购管理等也能使用多币制进行交易管理。多币制和应收账、应付账、总账、客户订单和采购等各模块都有接口，可自动生成所需数据。
- 工资核算模块：该模块用于自动进行企业员工的工资结算、分配、核算以及各项相关经费的计提，它能够登录工资、打印工资清单及各类汇总报表，计算计提各项与工资有关的费用，自动做出凭证，导入总账。这一模块是和总账、成本模块集成的。
- 成本模块：该模块将依据产品结构、工作中心、工序和采购等信息进行产品的各种成本的计算，以便进行成本分析和规划。还能用标准成本或平均成本法按地点维护成本。

（2）财务管理。财务管理的功能主要是基于会计核算的数据，再加以分析，从而进行相应的预测、管理和控制活动，它主要包括财务计划、控制、分析和预测。其中，财务计划是根据前期财务分析做出下期的财务计划、预算等；财务分析提供查询功能和通过用户定义的差异数据的图形显示进行财务绩效评估，账户分析等；财务决策是财务管理的核心部分，中心内容是做出有关资金的决策，包括资金筹集、投放及资金管理。

2）生产控制管理

生产控制管理功能是 ERP 系统的核心所在，它将企业的整个生产过程有机地结合在一起，使得企业能够有效地降低库存，提高效率；同时使得生产流程能够自动前后连贯地进行，而不会出现生产脱节，耽误生产交货时间。生产控制管理是一个以计划为导向的先进的生产、管理方法。首先，企业确定它的一个总生产计划，再经过系统层层细分后，下达到各部门去执行。即生产部门以此为依据进行生产，采购部门以此为依据进行采购等。

（1）主生产计划。主生产计划根据生产计划、预测和客户订单的输入来安排将来各周期的工作任务，包括产品种类和数量等。它将生产计划转为产品计划，在平衡了物料和能力的需要后，精确到时间、数量的详细进度计划，是企业在一段时期内的总活动安排，是一个稳定的计划。

（2）物料需求计划。在主生产计划决定生产多少最终产品后，再根据物料清单，把整个企业要生产的产品的数量转变为所需生产的零部件的数量，并对照现有的库存量，可得到还需加工多少、采购多少的最终数量。

（3）能力需求计划。它是在得出初步的物料需求计划之后，将所有工作中心的总工作负荷与工作中心的能力进行平衡后产生的详细工作计划，用以确定生成的物料需求计划是否是企业生产能力上可行的需求计划。能力需求计划是一种短期的、当前实际应用的计划。

（4）车间控制。这是随时间变化的动态作业计划，是将作业分配到具体各个车间，再进行作业排序、作业管理和作业监控。

（5）制造标准。在编制计划中需要许多生产基本信息，制造标准就是重要的基本信息，包括零件、产品结构、工序和工作中心，都用唯一的代码在计算机中识别。

3）物流管理

（1）销售管理

销售管理是从产品的销售计划开始，对其销售产品、销售地区和销售客户等各种信息的管理和统计，并可对销售数量、金额、利润、绩效、客户服务做出全面的分析。在销售管理模块中大致有三方面的功能。

- 对于客户信息的管理和服务。
- 对于销售订单的管理。
- 对于销售的统计与分析。

（2）库存控制

库存控制用来控制存储物料的数量，以保证稳定的物流支持正常的生产，但又最小限度地占用资本。它是一种相关的、动态的、真实的库存控制系统。它能够精确地反映库存现状，满足相关部门的需求，随时间变化动态地调整库存。其功能涉及以下三方面。

- 为所有的物料建立库存，作为采购部门采购、生产部门编制生产计划的依据。
- 收到订购物料，经过质量检验入库；生产的产品也同样要经过检验入库。
- 收发料的日常业务处理工作。

（3）采购管理

确定合理的定货量、优秀的供应商和保持最佳的安全储备。能够随时提供定购、验收的信息，跟踪和催促外购或委外加工的物料，保证货物及时到达。

建立供应商的档案，用最新的成本信息来调整库存的成本。

4）人力资源管理

早期的ERP系统基本上都是以生产制造及销售过程（供应链）为中心的。但近年来，企业内部的人力资源，开始越来越受到企业的关注，被视为企业的资源之本。相应地，人力资源管理作为一个独立的模块被加入到了ERP系统中来。这使得ERP系统更加充实和丰富，也使得传统方式下的人事管理发生了变革。

（1）人力资源规划的辅助决策

对于企业人员、组织结构编制的多种方案，进行模拟比较和运行分析，并辅之以图形的直观评估，辅助管理者做出最终决策。

制定职务模型，根据该职位要求、升迁路径、培训计划与该职位任职员工的具体情况，系统会提出相应的培训、职位变动建议或升迁建议。

进行人员成本分析，并通过 ERP 集成环境，为企业成本分析提供依据。

（2）招聘管理

优化招聘过程，减少招聘业务工作量。

对招聘的成本进行科学管理，从而降低招聘成本。

为选择聘用人员的岗位提供辅助信息，并有效地帮助企业进行人才资源的挖掘。

（3）工资核算

能根据公司跨地区、跨部门、跨工种的不同薪资结构及处理流程，制定与之相适应的薪资核算方法。

自动根据要求调整薪资结构及数据。

与工时管理集成，实现对员工的薪资核算动态化。

（4）工时管理

安排企业的运作时间以及员工作息时间表。

运用远端考勤系统，可以将员工的实际出勤状况记录到主系统中，并把与员工薪资、奖金有关的时间数据导入薪资系统和成本核算中。

（5）差旅核算

系统能够自动控制从差旅申请、差旅批准到差旅报销的整个流程，并且通过集成环境将核算数据导进财务成本核算模块中去。

1.4.3　客户关系管理

任何一个企业都是依赖于客户而生存的。毫无疑问，客户是企业发展的基础，是企业实现赢利的关键因素。因此，企业在从自身角度不断提高核心竞争力的同时，也越来越关注企业客户满意度与忠诚度的提升。随着计算机和网络技术的发展，企业与客户之间的交互模式包括顾客的购买方式和企业的销售模式，发生着日新月异的变化，直接导致企业经营模式从产品中心制向客户中心制转变，企业管理人员日益重视将客户需求、客户定制、客户服务和直销经营方式等业务纳入企业一体化信息管理，探索差异化竞争的新方式。客户关系管理（Customer Relationship Management，CRM）系统就是在这样的背景下产生的。本小节将主要围绕 CRM 概念、CRM 体系结构和 CRM 在企业的应用等方面展开对 CRM 的探讨。

1. CRM 概述

1）企业关系管理

在介绍客户关系管理概念之前，本段先引入企业关系管理概念，并且勾画出企业关系管理与客户关系管理两者之间关系。

客户的英文是 customer，它既有“客户”的含义，也有“顾客”的含义。从狭义的角度来说，客户仅指企业产品或服务的使用者，或者指为企业提供经济来源的群体；但是从广义的角度来说，一个企业的客户还可能包括他的员工、合作伙伴乃至于竞争对手。

从这个意义上说，一个企业的客户关系管理将被纳入企业关系管理（Enterprise Relationship Management，ERM）。本书严格地区分CRM和ERM，但是，为更准确地理解CRM，有必要先对ERM有一个基本的了解。ERM相比CRM涵盖了更大范围内的管理对象，可以认为CRM是ERM的一部分。事实上，现在社会复杂多变的市场环境决定了与企业相关的各个角色之间的界限模糊性。企业今日的员工很有可能成为明日的企业产品购买者或竞争者，而今天的竞争者很有可能成为明日的合作伙伴。所以，不可将ERM与CRM割裂开来考虑，而ERM的实现与CRM的实现有密切的内在联系。图1-10画出了ERM所涉及到的管理对象。

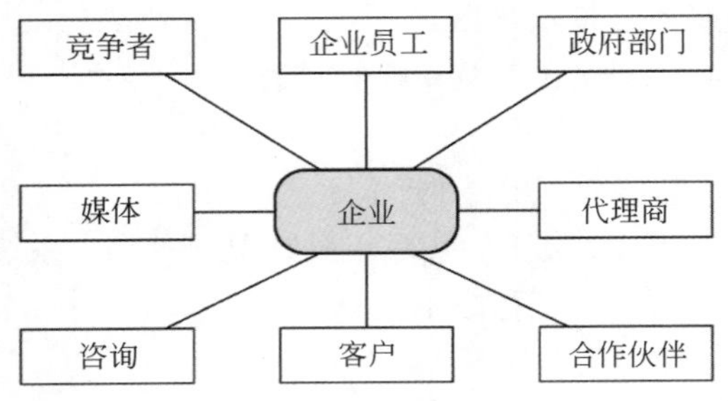

图1-10 ERM的管理对象

2）客户关系管理的构成和定义

本段先介绍CRM概念的三个要点——客户、关系以及管理，然后给出客户关系管理的定义。

（1）客户

CRM中的C代表的含义是客户，是指企业产品或者服务所面对的对象，既包括去商场购物而最终获取企业产品的常规意义上的那类顾客，也包括了很多企业级的客户、分销商和相关事业单位等。客户按照不同的标准可以划分成为不同的类型。

按照客户与企业的关系，可以把客户划分成为现有客户和潜在客户。现有客户主要包括过去曾经或者现在正在购买企业产品或者服务的群体；而潜在客户的范围异常广大，包括目前还没有购买，但是很有可能在今后购买企业产品和服务的个人或者组织。

按照客户与企业合作时间的长短，可以把客户分为新客户和老客户。前者可能刚刚开始接触到这个企业的产品、服务以及企业文化等；而后者则已经与该企业建立起了长期的合作关系，对企业的产品线和服务特征深有了解。

CRM的核心，就是企业必须清楚地认识到目前所拥有的客户群体中，哪一种个人或者组织最有可能为本企业带来利润，这部分是最有希望的客户；同时还必须清楚地认识到哪些客户很有可能流失而成为竞争对手的客户。在分清楚了客户群体的不同之后，本企业可以对他们采取不同的关系管理手段，以达到最好的管理效果。总的来说，获得一个新客户比留住一个老客户需要更高的成本；客户离开以后希望通过某种手段将他们再度吸引过来比一开始就留给他们一个好印象需要更多的成本；将企业的新产品推销给新的客户比推销给老的客户需要更多的成本。从这些事实可以看出，有些客户对本企业而言是利益攸关的，有些则不然。为了使得企业能够降低市场营销费用、减少由于客户离去和无效的营销策略而产生的浪费，从而获得最大利润，科学的客户关系管理方法显得迫在眉睫。为实现客户关系管理，客户信息成了首要条件。

（2）关系

关系（relationship）字面的意义是指两个个体之间，或者组织之间，或者组织与个体之间的某种性质的联系，包括一方对另外一方的感觉以及一方行为对另外一方所产生的影响。在 CRM 中，关系专门针对企业和客户之间的联系，包括企业行为对客户产生的影响以及客户对企业的满意度和信任度等。图 1-11 很清楚地展示了 CRM 中的关系。

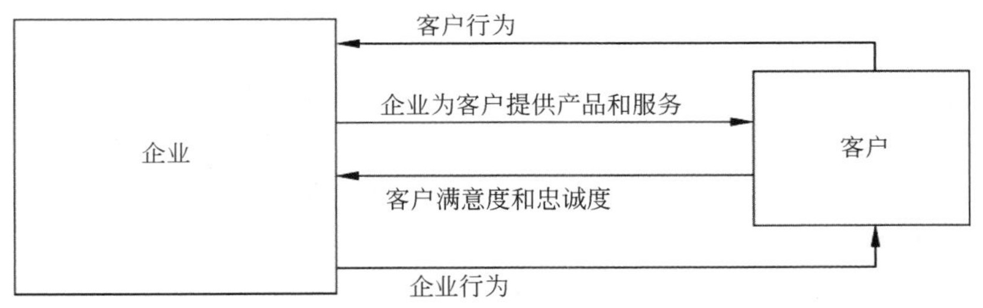

图 1-11　CRM 中的关系

关系在 CRM 中扮演着核心的角色。如果一个企业可以使自己的客户对自己具有比较高的满意度和忠诚度，那么无疑会触发相应的购买行为；而一旦一个企业成功地与某些客户群体建立起良好的客户关系之后，新客户将转变成为老客户，同时还可以通过他们引入更多的客户群体。反之，如果一个企业使得某些客户群体对自己的企业行为不满，那么所导致的后果是直接或者间接的客户流失。值得注意的是，企业与客户之间的关系是两个方向的，无论是企业对客户的态度还是客户对企业的态度都同等重要。但是，在很多情况下，我们说到客户关系的时候，针对的是企业和其现有客户之间的关系；企业与没有购买行为的客户（即便是潜在客户）之间的关系一般不作为企业发展规划中的重点。

（3）管理

管理（management），字面上是指对资源的有效控制和分配，以实现最优的资源配置和最高的团队工作效率。在 CRM 中，管理的对象是客户与企业之间的双向关系，使得这种关系可以最大程度地帮助企业实现他所确定的经营目标。在企业对其客户关系进行管理的过程中，必须注意的是：首先，这种双向关系的建立有一个自己的生命周期，即一个关系要经历建立、发展和维系的时间跨度。企业在试图与客户拉近关系的同时，一定要有充分的耐心对其进行培养。其次，关系的维系的重要性甚至高于关系的建立和发展。任何企业都希望有自己固定的客户群体，因为去重新建立和发展一个新的客户所需要付出的成本往往要大大高于维系一个已经存在的客户关系的成本。与此同时，与老客户建立长期合作关系也是吸引新客户的一个有效手段。最后，企业在 CRM 管理中所扮演的角色永远都应该是积极的而不是消极的。因为目前的市场经济很可能导致很多企业和机构同时去竞争同一个很有吸引力的消费群体，那么这个客户很有可能同时面对来自多方面的青睐，如果这个时候企业不能主动地去建立、发展和维护这个客户关系，那么客户流失将成为必然。

（4）CRM 的概念和定义

对 CRM 的三个要素有了认识之后，现在来看一下什么是企业客户关系管理。目前比较主流的 CRM 定义为：CRM 系统是基于方法学、软件和因特网的以有组织的方式帮助企业管理客户关系的信息系统。

CRM 是一个集成化的信息管理系统，它存储了企业现有和潜在客户的信息，并且对这些信息进行自动的处理从而产生更人性化的市场管理策略。但是，CRM 的定义绝对不仅仅是一套计算机系统那么简单。我们认为 CRM 所涵盖的要素主要有：第一， CRM 以信息技术为手段，但是 CRM 绝不仅仅是某种信息技术的应用，它更是一种以客户为中心的商业策略，CRM 注重的是与客户的交流，企业的经营是以客户为中心，而不是传统的以产品或以市场为中心。第二，CRM 在注重提高客户的满意度的同时，一定要把帮助企业提高获取利润的能力作为重要指标。第三，CRM 的实施要求企业对其业务功能进行重新设计，并对工作流程进行重组（Business Process Reengineering，BPR），将业务的中心转移到客户，同时要针对不同的客户群体有重点地采取不同的策略。

2．CRM 的体系结构

1）CRM 三角模型

目前比较流行的一种直观表示 CRM 组成的是 CRM 三角模型，如图 1-12 所示。

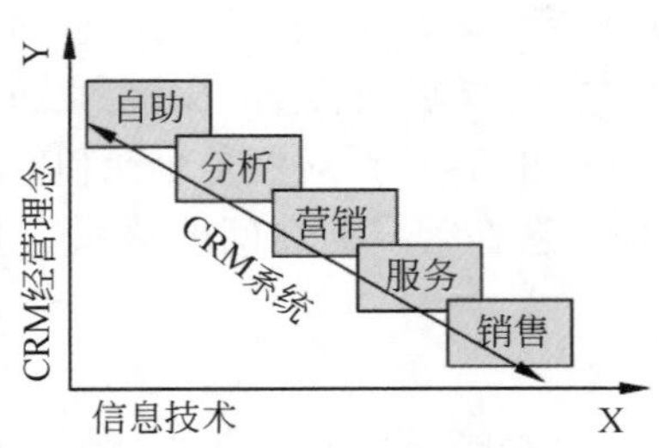

图 1-12 CRM 三角模型

该模型由信息技术、CRM 应用系统以及 CRM 经营理念三条边组成，很大程度上反映了三者之间紧密的联系。纵轴代表 CRM 理念，是 CRM 体系结构的主导，也是 CRM

存在的意义。企业根据客户给自己带来利润的能力的大小，充分调配可用资源以达到最大程度上获取利润的目的。正是基于这个出发点，CRM 才有了存在的价值。与此同时，整个 CRM 的运行周期都要受到企业 CRM 经营理念的影响，一旦后者发生改变，那么前者也要相应地做出调整。横轴代表的信息技术是 CRM 体系结构的基础，它构成了 CRM 的基本框架。斜边是计算机工程师和技术人员们利用信息技术，结合 CRM 的理念和宗旨，从企业营销、销售和客户服务等方面出发设计和开发出来的服务于企业的信息系统。由此可见，CRM 系统是前两者的结合，它的存在与前两者都有着密切的关系。

2）CRM 的结构和功能

（1）CRM 系统的体系结构

CRM 系统的体系结构如图 1-13 所示。

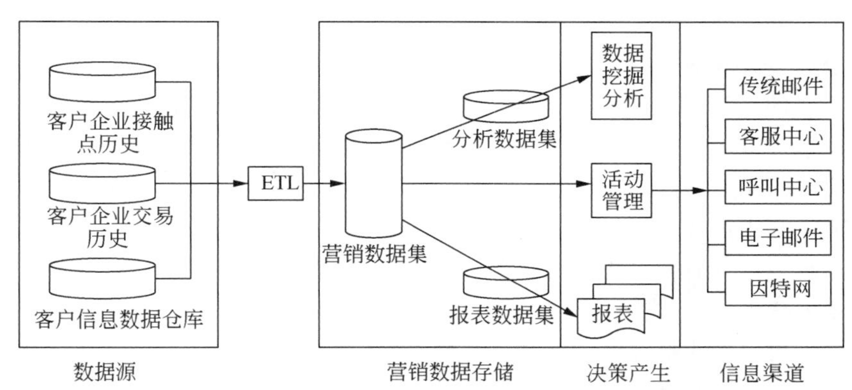

图 1-13　典型的 CRM 体系结构

（2）CRM 系统的功能

CRM 系统具备以下的功能。

① 有一个统一的以客户为中心的数据库。客户信息是企业最重要的资产之一，同时也是 CRM 系统的基础。企业对客户信息进行全方位的统一管理。

② 具有整合各种客户联系渠道的能力。客户与企业联系的方式有很多，例如一个客户可以通过电子邮件、电话、传真、传统邮件和 Internet 等诸多方式与企业获得联系；相应地，企业也正是通过这些方式多角度地获取客户信息。但是，随之产生的问题就是如何对这些渠道进行整合。我们定义企业与客户接触和交互的事件为“接触点（touch point）”，接触点是企业获得客户信息的最基本来源，但是企业必须通过某种手段来整合这些接触点的信息，同时做到无遗漏和无重复。

③ 能够提供销售、客户服务和营销三个业务的自动化工具，并且在这三者之间实现通信接口，使得其中一项业务模块的事件可以触发另外一个业务模块中的响应。

④ 具备从大量数据中提取有用信息的能力，即这个系统必须实现基本的数据挖掘模块，从而使其具有一定的商业智能。英特尔公司主席格鲁夫说：“今天，我们不得不生

存在全球化和信息革命影响下的世界。我们只有两个选择：适应它，或者被它抛弃。”那么如何才可以适应信息大爆炸时代下的市场竞争呢？首先，信息在企业发展中的关键地位得到越来越多的关注，赢家往往是那些能成功地收集、分析、理解信息并根据信息制定决策的企业。目前很多企业面临的问题是，他们收集和存储了关于客户、供应商和其他商业伙伴的宝贵数据，但是，同时缺乏发现隐含在数据中的有用信息的能力，所以他们无法将数据转化成为知识。在 CRM 的管理过程中，自动地从庞大的数据堆中找出好的预测客户购买行为的模式对企业管理人员具有很大的意义。营销人员可以通过数据挖掘模块的输出有科学依据地找出现有的和潜在的可以给企业带来高利润的客户，然后策划和实现促销活动以进一步影响客户的行为。

⑤ 系统应该具有良好的可扩展性和可复用性，即可以实现与其他相应的企业应用系统之间的无缝整合。

3．CRM 应用设计

正像所有的计算机应用设计一样，CRM 应用软件的设计同样也要遵循软件工程的方法论。在本节中，我们将主要介绍 CRM 应用系统设计的基础知识、所使用的开发平台和应该集成的相应基础功能。

1）CRM 应用设计基础

（1）客户数据的有效采集和消费

什么是客户数据

客户数据可以分为描述性、促销性和交易性数据三大类。

- 关于描述性数据：这类数据是客户的基本信息，如果是个人客户，一定要涵盖客户的姓名、年龄、ID 和联系方式等；如果是企业客户，一定要涵盖企业的名称、规模、联系人和法人代表等。
- 关于促销性数据：这类数据是体现企业曾经为客户提供的产品和服务的历史数据，主要包括用户产品使用情况调查的数据、促销活动记录数据、客服人员的建议数据和广告数据等。
- 关于交易性数据：这类数据是反映客户对企业做出的回馈的数据，包括历史购买记录数据、投诉数据、请求提供咨询及其他服务的相关数据、客户建议数据等。

如何有效地采集客户数据

企业为了全方位地了解并且掌握客户的动态，有效地通过多个渠道获取客户信息显得尤为重要。获取客户信息的主要方式如下。

- 客户自身会通过诸如电子邮件、电话和传真等多种方式向企业提供数据。
- 企业还可以通过分布在企业内部的各个部门、员工以及 ERP 系统等渠道获得前面所提到的促销性和交易性数据。
- 社会大环境也是企业不可忽视的一个获取客户信息的来源，例如各种媒体对客户的相关报道，客户关系网向企业直接或者间接提供的数据等。

企业不应该坐等客户把相关数据送上门来，而是应该主动地从多个渠道获得客户数据。图 1-14 展示了客户数据的几个主要来源。

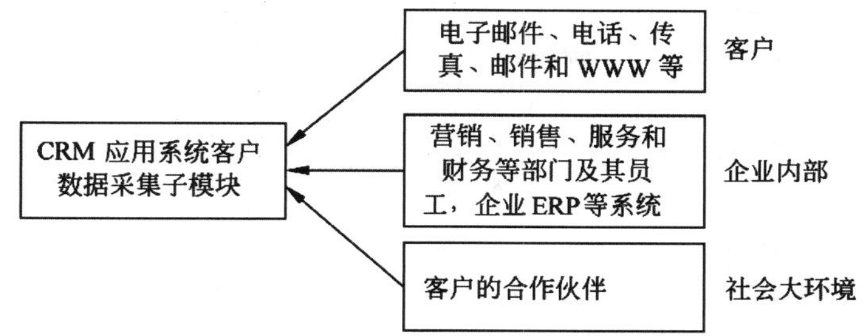

图 1-14　主要客户数据来源

如何有效地消费客户数据

什么是数据的消费？商品的消费是消费者获得商品的最终目的，同理，数据的消费是我们获得数据的最终目的。企业采取一切可能措施获取客户数据的目的就在于通过一定的手段从这些数据中提取出对企业有帮助的信息，然后利用这些信息制定具体的客户策略。那么如何才可以有效地从这些数据中提取出信息呢？我们知道，在信息量急剧增长的今天，庞大的客户数据是摆在任何一个企业面前的问题，人工地整合客户数据已经变得非常不现实。

（2）CRM 应用设计特点

可伸缩性

由于 CRM 技术目前尚不成熟，对于 CRM 应用的范围至今无清晰界定。这些不确定因素决定了在搭建 CRM 应用系统的时候，一定要为其留有足够的可扩展余地，即系统的可伸缩性。

可移植性

这个特点主要是针对系统组件而言的。今天，软件产品开发已实现了组件化和集成化，为了加快软件开发周期，我们需要将产品做成很多组件集成在一块的形式，其中每一个组件还可以继续被复用和移植。

2）CRM 应用功能的设计

从目前的市场状况来看，CRM 应用系统的实现还没有一个统一的标准，但是，合格的 CRM 系统至少需要包括以下几个比较基本的功能模块。

（1）自动化的销售

销售的自动化，顾名思义，即把销售人员以及销售管理人员每天所从事的各种销售活动尽可能地“信息化”和“标准化”，提高销售环节的工作效率和业绩。销售自动化主要面向的对象是销售人员和销售管理人员，其主要需要覆盖的业务操作功能包括客户账户管理、联系人管理、销售机会管理、销售活动管理、销售预测管理以及报表管理等。除此之外，一个自动化的销售模块还需要集成一些信息源以供销售人员使用，例如产品的价格和目录、购买记录、服务记录、存活情况、促销文本资料以及信用记录等。同时，一个完善的客户友好的销售自动化模块还应该集成一些相关的应用，以便为使用者提供一个方便的全面的视图，使得他们不必为了使用某项具体功能而再去重新打开某些相关的窗口。这些应用往往包括电子邮件客户端、传真、常用办公软件、促销管理模块、浏览器和客户联络中心等。

（2）自动化的市场营销

人们很容易混淆市场营销的概念与销售的概念，但实际上，市场营销是一个企业获取利润的"发动机"，它主要把企业的营销信息以合适的渠道（如广告、促销活动等）向合适的社会群体传递的方式来扩大企业的影响力、提高企业形象、扩大企业的客户群体从而达到获取最大市场份额的目的。从这个意义上讲，市场营销模块还要建立在智能分析模块的基础之上。市场营销模块面向的对象主要是市场营销人员，这些人员主要包括了参与电话直销、邮件直销、各种促销活动策划和实施的工作和管理人员。主要的业务操作功能涵盖了促销项目管理、促销活动管理、促销评估管理、潜在客户管理和活动开支管理等。同样地，该模块也需要集成一些基本的信息，如相关商业智能信息、客户信息和产品信息等。另外，正像前面所提到的，为了给使用者建立一个良好的接口，该模块需要集成一些相关的应用，如报告软件集成、商业智能应用集成等。

（3）自动化的客户服务

在市场经济为主导、市场竞争日益加剧的今天，在企业经营已经由以产品为中心转为以客户为中心的今天，一个企业立足的根本前提是最大程度地拥有稳定的客户群体。同时值得注意的是，在高科技迅猛发展、物质急剧膨胀的今天，企业之间生产技术水平之间的差异趋于缩小，企业若想比竞争对手更有竞争力以获得更多的客户，必须要在客户服务上面下工夫。客户服务主要包括了售前服务、现场服务和售后服务。

售前服务主要涵盖了前期的企业宣传、广告和市场调研等，该模块主要面向的对象是企业广告宣传策划人员等，前面提到的市场营销模块可以被认为是售前服务模块的子模块。

现场服务是 CRM 客户服务功能的重要组成部分，它面向的主要用户是设备技术人员、工程师以及服务经理等。现场服务主要的业务功能包括资产管理、服务合同管理、预防维护管理、维修管理、活动管理、订单和发票管理、技术人员管理和产品质量管理等。另外，从使用者的角度来说，该模块还应该集成客户信息、联系人信息和客户购买历史信息等。

售后服务是 CRM 客户管理中另外一个关键环节，是留住已有客户群体的重要手段。售后服务涵盖的方面很多，包括客户信息管理、客户回馈信息管理和客户抱怨管理等。

4．CRM 与数据挖掘

1）数据挖掘简述

（1）数据挖掘的对象

首先讨论一下在什么样的数据上进行挖掘。数据挖掘技术不可能对原始的没有经过任何处理的数据进行处理，这样是非常不科学的。完整的数据挖掘过程必须包括数据的清理与集成、数据的选择与变换、数据挖掘以及最后的知识评估与表示。而数据挖掘的直接对象一般包括关系数据库、数据仓库、事务数据库以及一些新型的高级数据库。

（2）数据挖掘的任务

可以把数据挖掘的任务分成两项：描述，分类和预测。

① 描述。描述的主要任务是挖掘出数据中的一般特性。描述一般包括特征化和区分。数据特征化是用一种格式化的方法来描述目标类数据的一般特征或特性，它的输出一般为一些图表，例如饼图、条图和曲线等。而数据区分的任务是将目标对象的一般特征与一个或多个对比类的一般特征进行比较，其输出的形式与数据特征化的输出类似。

② 分类和预测。数据挖掘的另外一大任务是分类和预测。分类的主要思想可以理解为：所有的样本都有类属性和类标号。首先，从已有的样本集合中抽取一部分作为训练样本集合，然后用这些样本去训练出一个模型，然后再用这个模型去预测新的数据的类标号。当然，还可以另外引进一个测试样本集合来测试训练出的模型的准确性。分类的主要方法有分类规则、判定树、数学公式和神经网络等。预测与分类的思想非常类似，不同在于预测往往去预测一个未知的数值，而不是某种类标号。说得通俗一点就是，预测可以针对连续值，而分类往往是离散的。常用的预测方法有线性回归和非线性回归和最小二乘法等，当然，神经网络也可以作为一种有效的预测方法。

2）数据挖掘在客户关系管理中的作用

客户管理的中心工作是对企业与客户之间的交互进行管理，在企业决策管理过程中占有非常重要的地位。而数据挖掘技术的运用可以使得这一过程更具目的性和智能性。具体地说来，第一步，CRM 要帮助企业客户管理人员实现对市场的分割，找出现有的客户和可能给企业带来利润甚至高利润的潜在的客户，这时，市场工作人员会面临大量的数据，而他们必须能够从中筛选出有价值的信息。CRM 数据挖掘模块就是要完成自动地从庞大的数据堆中找出好的预测客户购买行为的模式的功能。然后策划和实施促销活动以影响客户的行为。第二步，在得到了客户购买行为的模式以后，企业又应该如何利用它们呢？在进行完数据挖掘之后，市场人员必须把结果输入到促销活动管理软件中，从而可以有指导地进行促销活动的管理。

① 数据挖掘可以辅助销售人员展开推销。由于数据挖掘可以模拟任何客户行为，从而能够帮助销售人员更为准确地定位销售活动，提高活动的响应率、交叉销售以及投资收回率。

② 数据挖掘可以增加客户在生命周期中的价值。由于数据挖掘技术可以追踪客户响应率以及客户的行为变化，从而可以把最能给企业带来利益的那一部分人群从客户群体中区分出来，对他们采取相应的客户策略，从而达到最大程度上提高客户生命周期价

值的目的。

1.4.4 供应链管理

1．供应链管理（Supply Chain Management，SCM）概述

1）供应链管理的诞生和发展

企业间的竞争，在20世纪60年代主要体现在企业的生产成本上，70年代主要体现在其产品质量上，80年代以后则主要看其对市场、客户的响应时间。对于现在的企业来说，市场机会稍纵即逝，留给企业用于抉择的时间极为有限。因此，缩短产品的开发、生产周期，在尽可能短的时间内满足客户要求，这种市场环境客观上极大地促进了供应链管理理论的诞生和发展。从企业自身的角度看，企业组织结构的变化，包括管理的扁平化等，以及企业运营规则的改变、质量观念与服务方式的变化，都使得企业需要从自身的角度来进行改革，从而为供应链管理在微观上提供了产生、发展的动力。

供应链管理的应用大致分为三个阶段： 初级萌芽阶段、形成阶段和成熟阶段。

（1）初级萌芽阶段

20世纪80年代初到20世纪90年代初，企业内部的供应链信息能够迅速准确地在企业各部门之间传递，为完整的供应链系统奠定了基础。同时，企业也开始加强对员工的供应链管理培训。在这个阶段，大多数企业主要着眼于企业内部的供应链运作，尚未实现跨企业的供应链整体运作，供应链管理的绩效低下。因此，这个阶段的供应链管理是基于企业内部管理的初级阶段。

（2）形成阶段

从20世纪90年代初开始，在第一阶段的企业内部供应链管理整合完成后，包括供应商和分销商在内的整条供应链开始进行整合。ERP系统得到广泛应用的同时，供应链的运作也不断地发展成熟。由于合作伙伴之间信息交流、相互联系的加强，企业之间建立以一个核心企业为依托的新的数据分享和决策支持方式渐成大势所趋。供应链成员相互协调，制订相关联的最佳销售和运营计划行动方案，公司决策和计划也朝着跨职能部门的一体化方向发展。

（3）成熟阶段

进入 21 世纪之后，供应链管理的发展进入了成熟阶段。这个时期，以一家企业为核心的单一供应链管理，往往不能覆盖企业的所有供求关系。实际上，一个企业往往生存在一个与众多供应商和分销商构成的网络之中，于是发展基于供应链网络的整体优化模式便自然而然地成为企业的必然选择。此外，基于因特网的供应链系统和电子商务系统彻底地改变了供应链网络的原有商业模式。此阶段的供应链管理特别强调在计划和决策上的实时可视性、可预见性以及供应链流程管理和时间管理的能力。供应链上的可视性和可预见性能够合理地确定链上业务的优先级，优化定位所需资源，考虑可能的资源替代，评估风险和给下游价值链所造成的影响并给出应对策略；而供应链流程管理和时间管理的能力将使整个供应链最大限度地减少不测事件所造成的不良影响或者提高利用该事件所创造的机会，对出现的问题进行快速响应、迅速调整和加以补救。

2）供应链的概念与结构

（1）供应链的概念

关于供应链的传统概念认为供应链描述的是企业间的采购、供应关系，这种观点仅仅局限于制造商和供应商之间的关系，忽略了与外部供应链成员的联系。

关于供应链的现代概念，有如下 3 个要点。

关于核心企业

一般来说，供应链系统中都会有一个企业在系统中处于核心地位，对网链中的信息流、资金流和物流的调度等工作起协调中心的作用，被称为核心企业。供应链的现代概念更加注重围绕核心企业的网链关系，如核心企业与供应商、供应商的供应商以及与一切前向的关系，核心企业与用户、用户的用户以及一切后向的关系。一些大公司都是从网链的角度来理解和实施供应链的。

关于战略伙伴关系

早期的供应链（被称为自发供应链）上的各个企业大都是各自为战，往往缺乏共同目标。现在，供应链上的各个企业更加注重建立供应链中的战略伙伴关系，都积极地寻找有效方法，与重要的供应商和用户更有效地协同开展工作，以便对供应链这一复杂系统进行有效的管理控制，进而从整体上降低产品或者服务的成本，取得更好的绩效。

关于增值链

供应链也是一条增值链，在整个供应链过程中物料会增加价值，给相关企业带来收益。

（2）供应链的结构

供应链是一个范围很大的企业结构模式，包含了所有参与的节点企业，从原材料开始，经过各个环节，直到最终用户。图 1-15 表示产品的生产和消费的全过程，覆盖了从原材料供应商、零部件供应商、产品制造商、分销商、零售商直至最终客户的整个过程。

（3）供应链的特征

供应链是一个网链结构，由围绕在核心企业周围的以各种关系联系起来的供应商和用户组成。每个企业都是一个节点，节点企业之间是一种需求与供应关系。供应链的特征主要有以下 5 点。

① 交叉性。节点企业是这个供应链的成员，同时也可以是另外一个供应链的成员。众多的供应链通过具有多重参与性的节点企业形成错综复杂的网状交叉结构。

② 动态性。供应链管理因为企业战略和适应市场需求变化的需要，节点企业需要动态地更新，供应链中各种信息流、资金流和物流信息都需要实时更新，从而使得供应链具有了显著的动态性质。

③ 存在核心企业。由供应链的概念即可看到，供应链中是存在核心企业的，核心

企业是供应链中各个企业信息、资金、物流运转的核心。

④ 复杂性。因为供应链中各个节点企业组成的层次不同，供应链往往是由许多类型的企业构成的，所以供应链中的结构比一般单个的企业内部的结构复杂。

⑤ 面向用户。供应链中的一切行为都是基于市场需求而发生的，供应链中的信息流、资金流和物流等都要根据用户的需求而作变化，也是由用户需求来驱动的。

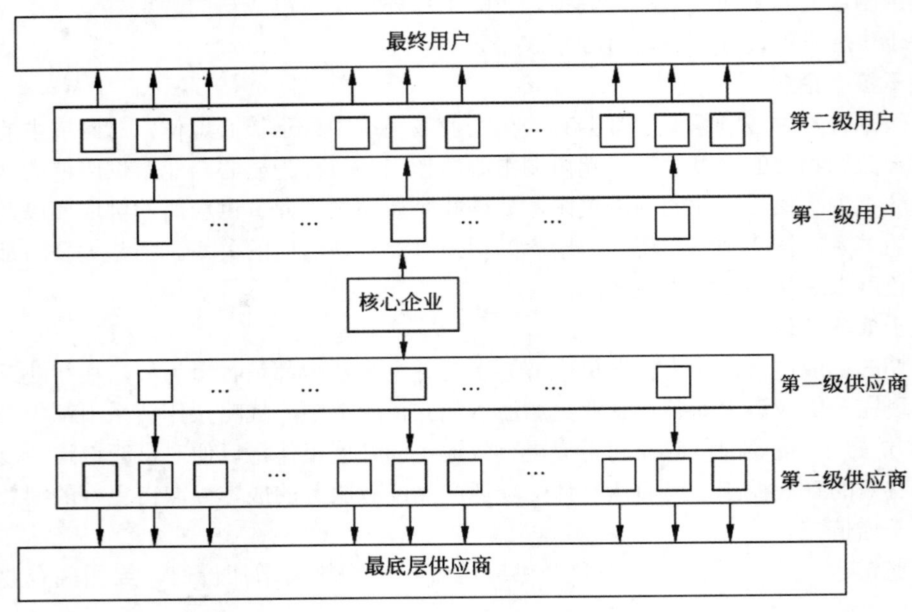

图 1-15 供应链结构图

3）供应链管理的概念

供应链管理是一种集成的管理思想和方法，是在满足服务水平要求的同时，为了使系统成本达到最低而采用的将供应商、制造商、仓库和商店有效地结合成一体来生产商品，有效地控制和管理各种信息流、资金流和物流，并把正确数量的商品在正确的时间配送到正确的地点的一套管理方法。下面具体讨论这个概念。

（1）以客户为中心。供应链管理是以客户为中心的。整个供应链管理追求的目标，首先是满足客户的需求。衡量供应链管理绩效的最重要的指标就是客户满意度。降低供应链的成本、提高供应链的响应速度等，都要以满足客户需求为前提。

（2）集成化管理。供应链管理的本质在于集成化管理。既包括在供应链中各节点企业之间的集成化管理，也包括供应链中每个节点企业自身利用信息技术对业务进行重组，建立和运行各层次、各部门一体化管理的信息系统。

（3）扩展性管理。传统企业管理范围局限于企业内部各个部门的管理；现代的供应链管理使传统的企业向扩展性企业（extended enterprise）发展，对传统的企业管理进行了前后拓展，把供应链上的各个企业作为一个不可分割的整体，通过分析用户需求，制定相应的整体目标，由供应链上各个企业分担采购、生产、分销和零售的职能，通过影响乃至管理包括供应商、制造商等在内的供应链上的各个企业而产生良好的绩效。

（4）合作管理。供应链管理非常强调企业之间的合作。供应链管理要求打破传统的封闭的经营意识，通过供应链中各个节点企业之间建立起新型的合作关系，来提高整个供应链的经营效率，实现对客户需求的快速反应，最终提高用户满意度。供应链管理非常关注企业之间的合作机制和关系的研究，以实现利益一体化。还有的学者认为，供应链上的两个或多个企业进入一个相互信任和帮助的新时代，它们之间共享信息，提升物流过程的控制潜力。

（5）多层次管理。供应链管理是多层次的管理，包括公司战略层次、战术层次和作业层次上的活动，其主要目标是通过系统的观点，对多个职能和各个层次的供应商进行整合，让供应商的物流与满足客户要求之间协调统一，让企业内各个部门及各业务部门之间、各企业之间的职能从整个供应链进行系统的、战略性的协调，以提高供应链即每个企业的长期收益。

4）供应链管理的分类

可以从供应链管理的对象、网状结构和产品类别三个角度对供应链管理进行分类。

（1）根据供应链管理的对象对供应链管理进行分类

供应链管理的对象是指供应链所涉及的企业及其产品、企业的活动、参与的成员和部门。根据供应链管理的对象，可将供应链分为 3 种类型。

- 企业供应链：是就单个公司所提出的含有多个产品的供应链管理。这里的单个公司多是供应链中的核心企业，在整个供应链起关键作用，处于主导地位。
- 产品供应链：是与某一特定产品或项目相关的供应链。基于产品的供应链管理，是由特定产品的客户需求所拉动的、对整个产品供应链运作的全过程的系统管理。
- 基于供应链契约的供应链：供应链契约关系主要是针对这些职能成员间的合作进行管理。供应链上的成员通过建立契约关系来协调买方和卖方的利益。

（2）根据网状结构特点对供应链管理进行分类

供应链根据其网状结构特点划分有发散型的供应链网（V 型供应链）、会聚型的供应链网（A 型供应链）和介于上述两种模式之间的供应链网（T 型供应链）之分。

- V 型供应链：供应链网状结构中最基础的结构。例如石油、化工、造纸和纺织企业等。生产中间产品的企业的客户往往要多于供应商，呈发散状。为了保证满足客户服务需求，企业需要库存作为缓冲。这种供应链常常出现在本地业务而不是全球战略中。
- A 型供应链：当核心企业为供应链网络上的终端客户服务时，其业务本质是由订单和客户驱动的。为了满足少数的客户需求和客户订单，需要从大量的供应商手中采购大量的物料。这是一种典型的会聚型的供应链网络，例如航空、汽车和重工业企业。这些企业拥有由所预测的需求量决定的公用件、标准件仓库。

- T型供应链：介于上述两种模式间的就是许多企业通常结成的T型供应链。这种供应链中的企业根据已经确定的订单确定通用件。在接近最终客户的行业中普遍存在，在那些为总公司提供零部件的公司中也同样存在。T型供应链在供应链管理中是最为复杂的，这种网络需要企业投入大量的资金并尽可能限制提前期以使供应链稳定有效。

（3）根据产品类别对供应链管理进行分类

根据产品的生命周期、需求稳定程度及可预测程度等可将产品分为两大类：功能性产品，生命周期较长、需求较稳定、可预测；创新性产品，生命周期较短、需求不稳定、不可预测。

- 功能型供应链：由于功能性产品市场需求稳定，所以其供求平衡比较容易达到，其重点在于降低生产运输库存等方面的费用，以最低的成本将原材料转化为成品。
- 创新型供应链：由于创新型供应链的产品很大程度上取决于对市场信息的把握，因此这类供应链应该多考虑供应链的响应速度和柔性，来适应多变的市场需求，其次再考虑其实施中发生的费用问题。

2．供应链管理的设计

1）供应链系统设计的原则

（1）自顶向下和自底向上相结合的设计原则

自顶向下和自底向上的方法是系统建模方法中两种最基本最常用的建模方法。自顶向下的方法是从全局走向局部的方法，自底向上的方法是一种从局部走向全局的方法；自上而下是系统分解的过程，而自下而上则是一种集成的过程。在设计一个供应链系统时，往往是先由主管高层根据市场需求和企业发展规划做出战略规划与决策，然后由下层部门实施；而战略规划与决策是根据基层第一线实际情况制定的，而且基层第一线要及时向高层反馈战略规划与决策的实施情况，等等。

（2）简洁性原则

为了使供应链能够灵活快速地适应市场，供应链的每个节点都应是精简而具有活力的，能实现业务流程的快速组合。例如供应商的选择就应按照少而精的原则，通过和少数的供应商建立战略伙伴关系，降低采购成本，推动实施JIT采购法和准时生产。生产系统的设计更是应以精益思想（lean thinking）为指导，努力实现从精益制造模式到精益供应链这一目标。

（3）取长补短原则

供应链的各个节点的选择应遵循强强联合、优势互补、取长补短的原则，达到实现资源有效使用的目的。每个企业则集中精力致力于各自的核心业务过程中。这些小企业具有自我组织、自我优化、面向目标、动态运行和充满活力的特点，能够实现供应链业务的快速重组。

（4）动态性原则

不确定性在供应链中随处可见。要预见各种不确定因素对供应链运作的影响，减少信息传递过程中的信息延迟和失真。增加透明性，减少不必要的中间环节，提高预测的精度和时效性，对降低不确定性的影响都是极为重要的。

（5）合作性原则

供应链业绩好坏取决于供应链合作伙伴关系是否和谐，因此建立战略伙伴关系的合作企业关系模型是实现供应链最佳效能的保证。有人认为和谐描述系统是否形成了充分发挥系统成员的能动性、合作精神、创造性及系统与环境的总体协调性。只有充分合作的系统才能发挥最佳的效能。

（6）创新性原则

创新性原则是供应链系统设计的重要原则。供应链创新性设计中要注意以下 5 点。

① 没有创新性思维，就不可能有创新的管理模式。

② 创新必须在企业发展战略的指导下进行，并与总体目标保持一致。

③ 从市场需求的角度出发，综合运用企业的资源、能力和优势。

④ 充分发挥企业各类人员的创造性和集体智慧，并与其他企业共同协作，发挥供应链整体优势。

⑤ 建立科学的供应链评价体系和组织管理体系，进行技术经济分析和可行性论证。

（7）战略性原则

供应链管理系统的建模应有战略性观点。通过战略性选择减少不确定因素的影响；充分体现供应链发展的长远规划和预见性；供应链的系统的战略发展应和企业的战略规划保持一致，并在企业战略指导、帮助、支持下继续进行。

2）供应链系统设计的设计策略和设计步骤

目前常见的供应链设计策略主要有基于产品的供应链设计策略、基于成本核算的供应链设计策略和基于多代理的集成供应链设计策略。其中基于产品的供应链设计策略是最基本的，下面简要介绍基于产品的供应链设计策略和设计步骤。

（1）基于产品的供应链设计策略

菲舍尔认为，供应链的设计要以产品为中心，产品生命周期、需求预测、产品多样性、提前期和服务的市场标准等都是影响供应链设计的重要因素。必须设计出与产品特性一致的供应链。不同的产品类型对设计供应链有不同的要求，高边际利润、不稳定需求的革新性产品的供应链设计就不同于低边际利润、有稳定需求的功能性产品。必须在产品开发设计的早期就开始同时考虑供应链的设计问题，以获得最大化的潜在利益。

（2）基于产品的供应链设计步骤

产品供应链可以归纳为如下 8 个步骤。

① 分析市场需求和竞争环境，目的在于使供应链更有效。这一步骤的输出是每一产品的按重要性排列的市场特征和对于市场的不确定性的分析和评价。

② 总结分析企业现状。

③ 针对存在的问题提出供应链设计项目，论证其必要性和可行性。

④ 根据产品的供应链设计策略提出供应链设计的目标。

⑤ 分析供应链的构成。

⑥ 分析评价供应链设计的技术可行性。

⑦ 设计供应链。

⑧ 检验供应链。如果检验发现问题，则从第④步开始重新实施第④～⑧步，直至确认无误。图 1-16 是基于产品的供应链设计步骤示意图。

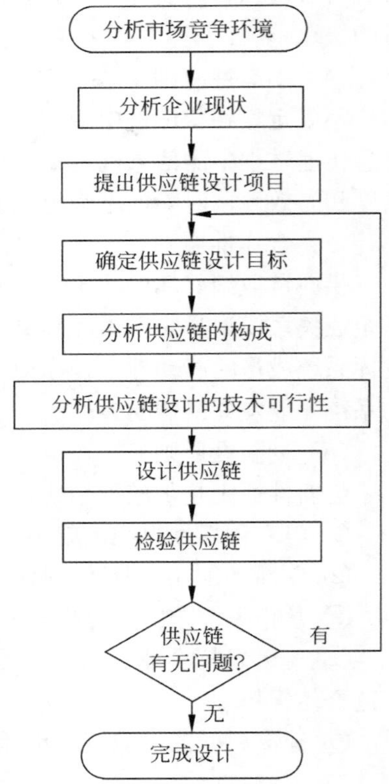

图 1-16 供应链设计步骤示意图

（3）供应链的优化方法

为了适应市场的变化和供应链节点企业成员的变化，提高供应链运行的绩效，增加市场的竞争力，需要对供应链进行重构和优化。首先，应当明确重构优化的目标，例如缩短订货周期、提高服务水平等；然后进行企业的诊断和重构优化策略的研究。需要强调的是重构优化策略的选择。必须根据企业诊断的结构来选择重构优化，是跃进的还是渐进的。重构的结果都应该获得价值增值和用户满意度的显著提高。图 1-17 为供应链重构优化流程图。

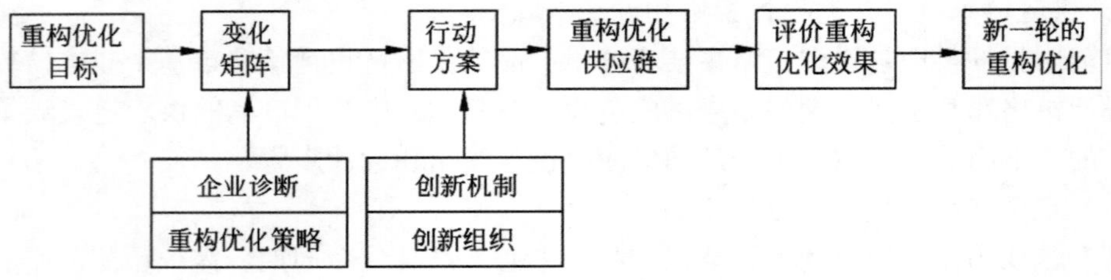

图 1-17 供应链重构优化流程图

3）供应链设计中需要注意的要点

（1）注意供应链的整体性

供应链系统的整体功能取决于供应链中各节点企业或企业部门间的协调关系；各个

企业或者部门系统一致，结构良好，那么作为一个整体的供应链系统才会具有良好的功能。另一方面，供应链系统追求供应链中节点企业整体利益最大化，此应成为包括中心企业在内的各节点企业的奋斗目标和行动准则。

（2）注意供应链具有相关性

供应链内部的各个企业或者部门之间相互影响、相互依赖，形成了特定的关系。供应链的性质和功能更多地受到组成供应链各个企业之间关系的影响。这种战略联盟关系的强弱决定了供应链的特性，表现出供应链的相关性。

（3）注意供应链的结构性和有序性

供应链是按照供需关系组成的核心企业与供应商之间、供应商的供应商之间等组成的层次分布的网络结构。供应链的结构不是杂乱无章的，它呈现出有序的特性。

（4）注意供应链的动态性

供应链内部的信息流、资金流和物流都具有动态性，供应链的节点企业自身在动态地壮大或者缩小。此外，正如前面分析的那样，供应链的产生就是为了增强供应链中企业群体的竞争力，一旦供应链中的企业认为在这个供应链中或者这个联盟中不再具有利益或者意义的时候，他们就有可能退出，供应链就有可能重组，所以，供应链上的节点企业数目及其相互关联也在不断地变化。

（5）注意供应链具有一定的环境适应性

供应链在设计中也许会考虑十分周全，但是在应用中环境因素在变化，所以并不一定按照预想那样起作用。因此，要用发展的、变化的眼光来设计和构建一个供应链；供应链在运行中也应能自我调整，以适应外部条件的变化。

3．敏捷供应链管理

1）敏捷供应链的概念

在传统的竞争中，企业的主要优势往往是低成本、高质量的产品和服务。进入 21 世纪后，竞争越来越激烈，企业的低成本、高质量产品或服务的竞争优势不再明显，企业对于竞争优势的关注更多地集中在企业的敏捷性上，也就是如何动态地、可重构地、快速地响应市场变化和需求变化，以及快速地生产出满足市场需求的产品，于是产生了敏捷供应链的概念。

敏捷供应链区别于一般供应链系统的特点如下。

（1）支持供应链中跨企业的生产方式的快速重组，有助于促进企业间的合作和合作的优化，从而实现对市场变化的快速响应，对市场需求的快速理解，对新产品或服务的快速研发、生产和供应。

（2）不仅支持企业内信息系统的调整、重构和信息共享，而且支持供应链中跨企业信息系统的集成、调整、重构和信息共享。

（3）敏捷供应链中各个企业能根据敏捷化要求方便地进行组织、管理的调整和企业生产模式的转变。

2）敏捷供应链的体系结构

在供应链管理系统中，最核心的研究内容之一是供应链管理系统的重构。随着合作联盟的组成和解散，怎样快速地完成系统的重构？这显然将要求各联盟企业的信息系统也进行重构。如何采用有效的方法和技术，以尽可能高的效率、尽可能低的成本代价，实现对现有企业信息系统的集成和重构，保证他们和联盟企业的其他信息系统之间的信息畅通、兼容和一定的信息安全，是供应链管理系统要重点解决的问题。供应链管理系统的另一项重要研究领域是多种异构资源的优化利用。在跨企业的供应链中，在生产计划调度和资源流、信息流、资金流方面，供应链内各个企业的信息系统往往是异构的。如何有效地利用这些资源，支持他们之间进行有效地协同工作，是供应链管理系统必须解决的关键问题。而敏捷供应链管理体系能够有效地解决这个问题。图1-18显示了一个不依赖于特定的计算机平台的、可重构的敏捷供应链体系结构。

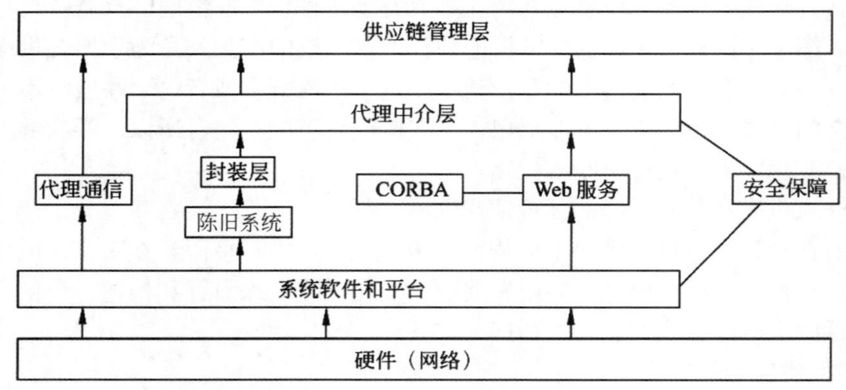

图1-18　敏捷供应链的体系结构图

从图1-18可以看出，敏捷供应链系统通过CORBA、Web和代理技术的结合运用来解决异构平台之间的异地合作问题。系统通过基于中介代理的封装可以兼容不同的陈旧系统。把不同陈旧系统提供的功能看作是可重构体系中的基本功能体。通过中介代理的封装，构成有着标准功能和接口的软件代理。通信代理和安全代理负责不同的软件代理之间的通信和信息交换。通过对不同陈旧系统的封装和不同软件代理的组合来实现供应链系统的重构目标。这个体系结构重点强调系统的可重构特性和对现有系统的快速封装能力，系统的重构是通过对中介代理的不同配置来实现的。

代理通信建筑在CORBA和Web技术之上，可以满足异构集成的需要。通过中介代理对陈旧系统的封装实现企业现有陈旧系统不变的目标。这一中性、对等的体系结构实现了结盟企业对等协作的需要。

敏捷供应链系统的体系结构是以基本功能体为核心的，辅助以各种工具，通过这些工具的应用方便地对系统进行配置，从而实现系统的快速动态可重构性、快速适应性和敏捷性。

1.4.5　电子商务

加快发展电子商务，是企业降低成本、提高效率、拓展市场和创新经营模式的有效手段，是提升产业和资源的组织化程度、转变经济发展方式、提高经济运行质量和增强国际竞争力的重要途径，对于优化产业结构、支撑战略性新兴产业发展和形成新的经济增长点具有非常重要的作用，对于满足和提升消费需求、改善民生和带动就业具有十分重要的意义，对于经济和社会可持续发展具有愈加深远的影响。

1．电子商务的概念

对于电子商务至今尚无统一定义。根据电子商务发展历程，电子商务概念可分为原始电子商务与现代电子商务。

1）原始电子商务概念

使用电子信息技术工具进行商务活动。凡使用了诸如电报、电话、广播、电视、传真以及计算机、计算机网络等手段、工具和技术进行商务活动，都可以称之为电子商务。

2）现代电子商务概念

电子商务通常是指在网络环境下，买卖双方不需见面，实现网上（线上）交易、在线支付（或者货到付款）、智能配送以及相关综合服务的一切活动，是完全创新的或者在一定程度上模拟传统商务流程的一种以信息化手段应用为典型特征的商业运营模式。

可以认为 EDI（电子数据交换）是连接原始电子商务和现代电子商务的纽带。

2．电子商务的功能

电子商务本质上是依靠信息技术，将贸易（交易）中涉及的信息流、资金流、物流、服务评价管理、售后管理、客户管理等整合在网络之上的业务集合。主要功能包括：

广告宣传、咨询洽谈、网上订购、网上支付、交易管理、商品推送、商户管理、账户管理、供应链管理等等。

电子商务应该具有以下基本特征：

- 普遍性。电子商务作为一种新型的交易方式，将生产企业、流通企业、消费者以及金融企业和监管者集成到了数字化的网络经济中。
- 便利性。参与电子商务的各方不受地域、环境、交易时间的限制，能以非常简洁的方式完成传统上较为繁杂的商务活动。
- 整体性。电子商务能够规范事务处理的工作流程，将人工操作和电子信息处理集成为一个不可分割的整体，保证交易过程的规范和严谨。
- 安全性。与传统的商务活动不同，电子商务必须采取诸如加密、身份认证、防入侵、数字签名、防病毒等技术手段确保交易活动的安全性。
- 协调性。商务活动本身是一种磋商、协调的过程，客户与企业之间、企业与企业之间、客户与金融服务部门之间、企业与金融服务部门之间、企业与配送部门之间等需要有序地协作，共同配合来完成交易。

3．电子商务系统的结构和要点

电子商务不仅包括信息技术，还包括交易规则、法律法规和各种技术规范。电子商务系统的结构如图1-19所示。

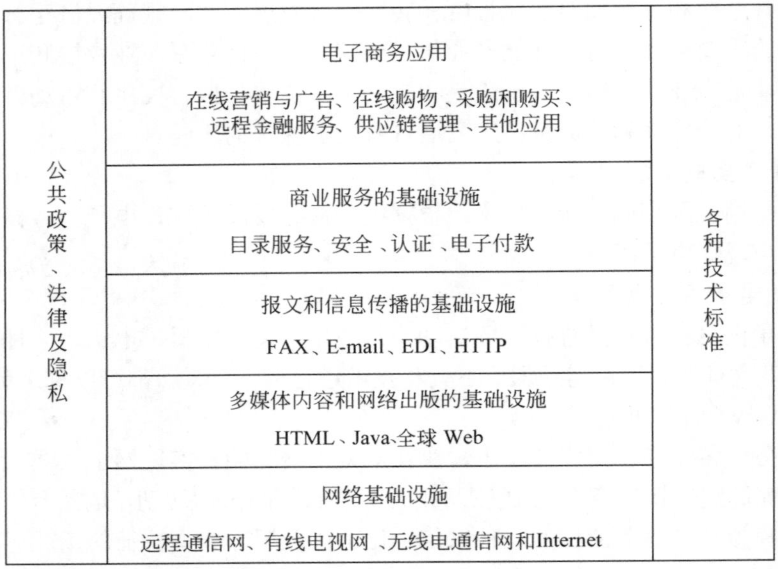

公共政策、法律及隐私	电子商务应用 在线营销与广告、在线购物、采购和购买、远程金融服务、供应链管理、其他应用	各种技术标准
	商业服务的基础设施 目录服务、安全、认证、电子付款	
	报文和信息传播的基础设施 FAX、E-mail、EDI、HTTP	
	多媒体内容和网络出版的基础设施 HTML、Java、全球Web	
	网络基础设施 远程通信网、有线电视网、无线电通信网和Internet	

图1-19 电子商务系统架构

电子商务的基础设施包括四个，即网络基础设施、多媒体内容和网络出版的基础设施、报文和信息传播的基础设施、商业服务的基础设施。此外，技术标准，政策、法律等是电子商务系统的重要保障和应用环境。

1）网络基础设施

网络基础设施主要是信息传输平台，这个信息传输平台主要运行TCP/IP网络协议，承载在电信通信网、有线电视网、专线网络之上，接入方式除了传统计算机有线网络之外，无线网络（4G或WiFi）也是非常便利和普及的接入技术。

2）多媒体内容和网络出版的基础设施

多媒体内容和网络出版的基础设施主要负责管理电子商务活动涉及的各种信息，包括文字、语音、图像、视频等，采用的信息技术主要包括：

- 数据库及数据库管理系统，负责多媒体信息的存储和管理；
- Web服务器系统，负责信息的发布和展示，提供客户与电子商务系统交互的接口；
- 搜索工具，便于客户快速准确地找到有关信息；
- 内容和出版管理工具，负责网页内容的编辑和组织。

3）报文和信息传播的基础设施

报文和信息传播的基础设施负责提供传播信息的工具和方式，包括电子邮件系统、在线交流系统、基于 HTTP 或 HTTPS 的信息传输系统、流媒体播放系统等。

4）商业服务的基础设施

商业服务的基础设施负责提供实现标准的网上商务活动的服务，包括：商品目录和价格目录、电子支付网关、安全认证等。

5）技术标准

技术标准是信息发布和传递的基础，是网上信息一致性的保证。技术标准定义了用户接口、传输协议、信息发布标准、安全协议等技术细节。

6）政策和法律

政策包括围绕电子商务的税收制度、信用管理及收费、隐私问题等由政府制定的规章或制度。

电子商务相关法律包括消费者权益保护、隐私保护、电子商务交易真实性认定、知识产权保护等方面的立法或法规。

电子商务作为一门综合性的新兴商务活动，涉及面相当广泛，包括信息技术、金融、法律和市场等多种领域，这就决定了与电子商务相关的标准体系十分庞杂，几乎涵盖了现代信息技术的全部标准范围及尚待进一步规范的网络环境下的交易规则。安全、认证、支付和接口等标准是亟待制定和完善的内容。

4．电子商务的类型

按照依托网络类型来划分，电子商务分为 EDI（电子数据交换）商务、Internet（互联网）商务、Intranet（企业内部网）商务和 Extranet（企业外部网）商务。

按照交易的内容，电子商务可以分为直接电子商务和间接电子商务。直接电子商务向客户提供无形商品和各种服务，如电子书、软件、在线读物、视频、证券、期货、旅游产品等等，这些产品和服务可以直接通过网络向客户交付。间接电子商务包括向客户提供实体商品（有形商品）及有关服务，由于要求在广泛地域和严格时限内送达，一般会将商品和服务交由现代物流配送公司和专业服务机构去完成配送工作。

按照交易对象，电子商务模式包括：企业与企业之间的电子商务（B2B）、商业企业与消费者之间的电子商务（B2C）、消费者与消费者之间的电子商务（C2C）。

电子商务与线下实体店有机结合向消费者提供商品和服务，称为 O2O 模式。

（1）B2B 模式即 Business To Business，就是企业和企业之间通过互联网进行产品、服务及信息的交换，其发展经过了电子数据交换（EDI）、基本的电子商务（Basic e-commerce）、电子交易集市和协同商务等 4 个阶段。阿里巴巴（alibaba.com）是典型的 B2B 电子商务企业。

（2）B2C 即 Business To Consumer，就是企业和消费者个人之间的电子商务，一般以零售业为主，企业向消费者提供网上购物环境，消费者通过 Internet 访问相关网站进行咨询、购买活动。京东、当当、苏宁等是典型的B2C电子商务企业。

（3）C2C即Consumer To Consumer，就是消费者和消费者之间通过电子商务交易平台进行交易的一种商务模式，由于是个人与个人的交易，大众化成了C2C的最大特点。诚信在这种模式中对买卖行为影响巨大，并具有很高的商业价值，而假货问题是监管的重点。淘宝、易趣等是典型的C2C电子商务交易平台，电子交易平台不仅提供交易的网络环境，还扮演着管理者的角色。

（4）O2O即Online To Offline，含义是线上购买线下的商品和服务，实体店提货或者享受服务。O2O平台在网上把线下实体店的团购、优惠的信息推送给互联网用户，从而将这些用户转换为实体店的线下客户。借助O2O，能够迅速地促进门店销售，特别适合餐饮、院线、会所等服务类连锁企业，并且通过网络能够迅速掌控消费者的最新反馈，进行个性化服务和获取高粘度重复消费。

5. 电子商务对国民经济和社会发展的意义和作用

1）推动国民经济增长方式转变

电子商务是国民经济和社会信息化的重要组成部分，正在成为推动国民经济发展的新动力。发展电子商务是以信息化带动工业化、促进我国产业结构调整、推动经济增长方式由粗放型向集约型转变、提高国民经济运行质量和效率、走新型工业化道路的重大举措，对实现全面建设小康社会的宏伟目标具有十分重要的意义。

2）迎接经济全球化的机遇和挑战

加快电子商务发展是应对经济全球化带来的机遇和挑战、把握发展主动权、提高国际竞争力的必然选择，有利于提高我国在全球范围内配置资源的能力，提升我国经济的国际地位。

3）促进社会主义市场经济体制走向完善

电子商务发展将有力地促进商品和各种生产生活要素的流动，削弱妨碍公平竞争的制约因素，降低交易成本，推动全国统一市场的形成与完善，更好地实现市场对资源的基础性配置作用。

6. 我国电子商务现状和特点

近些年，我国电子商务保持了持续快速发展的良好态势，电子商务不断普及和深化。电子商务在我国工业、农业、商贸流通、交通运输、金融、旅游和城乡消费等各个领域的应用不断得到拓展，应用水平不断提高，正在形成与实体经济深入融合的发展态势，截至2013年底，中国电子商务市场交易规模突破10万亿元，而2014年，中国电子商务市场交易规模达13.4万亿元，同比增长31.4%。其中，B2B电子商务市场交易额达10万亿元，同比增长21.9%，网络零售市场交易规模达2.82万亿元，同比增长49.7%（《2014年度中国电子商务市场数据监测报告》）。跨境电子商务活动日益频繁，移动电子商务成为发展亮点。大型企业网上采购和销售的比重逐年上升，部分企业的电子商务正在向与研发设计、生产制造和经营管理等业务集成协同的方向发展。电子商务在中小企业中的应用普及率迅速提高，网络零售交易额迅速增长，占社会消费品零售总额比重逐年上升，成为拉动需求、优化消费结构的重要途径。

电子商务支撑水平快速提高，电子商务平台服务、信用服务、电子支付、现代物流和电子认证等支撑体系加快完善。围绕电子商务信息、交易和技术等的服务企业不断涌现。电子商务信息和交易平台正在向专业化和集成化的方向发展。社会信用环境不断改善，为电子商务的诚信交易创造了有利的条件。网上支付、移动支付、电话支付等新兴支付服务发展迅猛。现代物流业快速发展，对电子商务的支撑能力不断增强，特别是网络零售带动了快递服务的迅速发展，2015 年全年，全国快递服务企业业务量累计完成 206.7 亿件，同比增长 48%，业务收入累计完成 2769.6 亿元，同比增长 35.4%。通信运营商、软硬件及服务提供商等纷纷涉足电子商务，为用户提供相关服务。截止 2014 年 12 月，电子商务服务企业直接从业人员超过 250 万人。目前由电子商务间接带动的就业人数，已超过 1800 万人。随着电子商务规模的不断扩大，各地政府大力推进电商发展，电子商务对于快递等上下游行业都有很强的带动作用，由此衍生出来的就业市场大幅增加。随之而来的客服、配送、技术等岗位供不应求。根据《国务院关于促进快递业发展的若干意见》，到 2020 年，我国快递市场规模稳居世界首位，快递年业务量达到 500 亿件，年业务收入达到 8000 亿元，年均新增就业岗位约 20 万个，全年支撑网络零售交易额突破 10 万亿元，日均服务用户 2.7 亿人次以上，有效降低商品流通成本。

电子商务发展环境不断改善。网络用户规模快速增长，2015 年互联网普及率达 50.3%，网民规模达到 6.88 亿（数据来源：中国互联网络信息中心），移动电话用户总数达13.06亿户，移动电话用户普及率达95.5部/百人，其中，4G移动电话用户总数达38622.5 万户，在移动电话用户中的渗透率达到 29.6%（工业和信息化部，2015 年通信运营业统计公报）。网络服务能力不断提升，资费水平不断降低。全社会电子商务应用意识不断增强，应用技能得到有效提高。电子商务国际交流与合作日益广泛。相关部门协同推进电子商务发展的工作机制初步建立，围绕促进发展、电子认证、网络购物、网上交易和支付服务等主题，出台了一系列政策、规章和标准规范，为构建适合国情和发展规律的电子商务制度环境进行了积极探索。

总体而言，中国经济发展“电商化”趋势日益明显，电商交易规模和创新应用再创历史新高，网络交易量直线上升，电子商务的大发展大繁荣，对于中国经济无疑是一个新的增长点。同时，电子商务已在深刻影响传统 IT 市场和传统产业，业务模式和商业模式的变革已在进行，正在对零售、教育、医疗、汽车、农业、化工、环保、能源等行业产生深刻影响，对传统行业的升级换代起到重要作用。

7．加快电子商务发展的指导思想和基本原则

1）加快电子商务发展的指导思想

按照科学发展观的要求，紧紧围绕转变经济增长方式、提高综合竞争力的中心任务，实行体制创新，着力营造电子商务发展的良好环境，积极推进企业信息化建设，推广电子商务应用，加速国民经济和社会信息化进程，实施跨越式发展战略，走中国特色的电子商务发展道路。

2）加快电子商务发展的基本原则

（1）企业主体，政府推动。充分发挥企业在电子商务发展中的主体作用，坚持市场导向，运用市场机制优化资源配置。处理好政府与市场的关系，创建更加有利于电子商务发展的制度环境，综合运用政策、服务、资金等多种手段推进电子商务发展。

（2）统筹兼顾，虚实结合。坚持网络经济与实体经济紧密结合发展的主流方向，全面拓展电子商务在各领域的应用，提高电子商务及相关服务水平，努力营造全方位的电子商务发展环境，推动区域间电子商务协调发展。

（3）着力创新，注重实效。推动电子商务应用、服务、技术和集成创新，着重提高电子商务创新发展能力。立足需求导向，坚持务实创新，选准切入点，注重应用性和实效性，避免盲目跟风和炒作。

（4）规范发展，保障安全。正确处理电子商务发展与规范的关系，在发展中求规范，以规范促发展。以网络运行环境安全可靠为基础，促进网络交易主体与客体的真实有效、交易过程的可鉴证，加强对失信行为的惩戒力度，形成电子商务可信环境。

8. 建立和完善电子商务发展的支撑保障体系

1）法律法规体系

认真贯彻实施《中华人民共和国电子签名法》，抓紧研究电子交易、信用管理、安全认证、在线支付、税收、市场准入、隐私权保护和信息资源管理等方面的法律法规问题，尽快提出制定相关法律法规的意见；积极研究第三方支付服务的相关法规；根据电子商务健康有序发展的要求，抓紧研究并及时修订相关法律法规；加快制订在网上开展相关业务的管理办法；推动网络仲裁、网络公证等法律服务与保障体系建设；打击电子商务领域的非法经营以及危害国家安全、损害人民群众切身利益的违法犯罪活动，保障电子商务的正常秩序。

2）标准规范体系

建立并完善电子商务国家标准规范体系。提高标准化意识，充分调动各方面积极性，抓紧完善电子商务的国家标准体系；鼓励以企业为主体，联合高校和科研机构研究制定电子商务关键技术标准和规范，参与国际标准的制订和修正，积极推进电子商务标准化进程。

3）安全认证体系

建立健全安全认证体系。按照有关法律规定，制定电子商务安全认证管理办法，进一步规范密钥、证书、认证机构的管理，注重责任体系建设，发展和采用自主知识产权的加密与认证技术；整合现有资源，完善安全认证基础设施，建立布局合理的安全认证体系，实现行业、地方等安全认证机构的交叉认证，为社会提供可靠的电子商务安全认证服务。

4）信用体系

加快信用体系建设。加强政府监管、行业自律以及部门间的协调与联合，鼓励企业积极参与，按照完善法规、特许经营、商业运作、专业服务的方向，建立科学、合理、权威、公正的信用服务机构；建立健全相关部门信用信息资源的共享机制，建设在线信用信息服务平台，实现信用数据的动态采集、处理、交换；严格信用监督和失信惩戒机制，逐步形成既符合我国国情又与国际接轨的信用服务体系。

5）在线支付体系

推进在线支付体系建设。加强制订在线支付业务规范和相关技术标准；引导商业银行、中国银联等机构建设安全、快捷、方便的在线支付平台，大力推广使用银行卡、网上银行等在线支付工具；进一步完善在线资金清算体系，推动在线支付业务规范化、标准化并与国际接轨。

6）现代物流体系

大力发展现代物流体系。充分利用铁道、交通、民航、邮政、仓储和商业网点等现有物流资源，完善物流基础设施建设；广泛采用先进的物流技术与装备，优化业务流程，提升物流业信息化水平，提高现代物流基础设施与装备的使用效率和经济效益；发挥电子商务与现代物流的整合优势，大力发展第三方物流，有效支撑电子商务的广泛应用。

7）技术装备体系

发展电子商务相关技术装备和软件。积极引进、消化和吸收国外先进适用的电子商务应用技术，鼓励技术创新，加快具有自主知识产权的电子商务硬件和软件产业化进程，提高电子商务平台软件、应用软件和终端设备等关键产品的自主开发能力和装备能力。

8）服务体系

推动电子商务服务体系建设。充分利用现有资源，发挥中介机构的作用，加强网络化、系统化、社会化的服务体系建设，开展电子商务工程技术研究、成果转化、咨询服务和工程监理等服务工作。

9）运行监控体系

研究风险防范措施，加强业务监督和风险控制；逐步建立和完善电子商务统计和评价体系，推动电子商务服务业健康发展。

9．发展电子商务重点任务

1）提高大型企业电子商务水平

发挥大型企业电子商务主力军的作用，进一步促进企业电子商务应用系统的规模发展和品牌建设，提高网络集中采购水平和透明化程度，提升企业营销能力。深化大型工业企业电子商务应用，促进实体购销渠道和网络购销渠道互动发展，提高供应链和商务协同水平。推动大型商贸流通企业通过电子商务提高流通效率，扩展流通渠道和市场空间。鼓励有条件的大型企业电子商务平台向行业电子商务平台转化。

2）推动中小企业普及电子商务

鼓励中小企业应用第三方电子商务平台，开展在线销售、采购等活动，提高生产经营和流通效率。引导中小企业积极融入龙头企业的电子商务购销体系，发挥中小企业在产业链中的专业化生产、协作配套作用。鼓励有条件的中小企业自主发展电子商务，创新经营模式，扩展发展空间，提高市场反应能力。鼓励面向产业集群和区域特色产业的第三方电子商务平台发展，帮助中小企业通过电子商务提高竞争力。稳健推进各类专业市场发展电子商务，促进网上市场与实体市场的互动发展，为中小企业应用电子商务提供良好条件。

3）促进重点行业电子商务发展

积极发展农业电子商务，促进农资和农产品流通体系的发展，拓宽农民致富渠道。着力推进工业电子商务，促进工业从生产型制造向服务型制造转变。深化商贸流通领域电子商务应用，促进传统商贸流通业转型升级。鼓励综合性和行业性信息服务平台深度挖掘产业信息资源，拓展服务功能，创新服务产品，提高信息服务水平。促进大宗商品电子交易平台规范发展，创新商业模式，形成与实体交易互动发展的服务形式。推动交通运输、铁路、邮政、文化、旅游、教育、医疗和金融等行业应用电子商务，促进行业服务方式的转变。

4）推动网络零售规模化发展

鼓励生产、流通和服务企业发展网络零售，积极开发适宜的商品和服务。培育一批信誉好、运作规范的网络零售骨干企业。发展交易安全、服务完善、管理规范和竞争有序的网络零售商城。整合社区商业服务资源，发展社区电子商务。促进网络购物群体快速成长。拓展网络零售商品和服务种类，拓宽网络零售渠道，满足不同层次消费需求。发展个人间的电子商务，为开展二手物品交易、获取日常生活服务等提供便利。

5）提高政府采购电子商务水平

积极推进政府采购信息化建设，加快建设全国统一的电子化政府采购管理交易平台，探索利用政府采购交易平台实现政府采购管理和操作执行各个环节的协调联动，逐步实现政府采购业务交易信息共享和全流程电子化操作，进一步规范政府采购行为，提高政府采购资金的使用效率。

6）促进跨境电子商务协同发展

鼓励有条件的大型企业“走出去”，面向全球资源市场，积极开展跨境电子商务，参与全球市场竞争，促进产品、服务质量提升和品牌建设，更紧密地融入全球产业体系。鼓励国内企业加强区域间电子商务合作，推动区域经济合作向纵深方向发展。鼓励商贸服务企业通过电子商务拓展进出口代理业务，创新服务功能，帮助中小企业提高国际竞争能力。

7）持续推进移动电子商务发展

鼓励各类主体加强合作，拓展基于新一代移动通信、物联网等新技术的移动电子商务应用。推动移动电子商务应用从生活服务和公共服务领域向工农业生产和生产性服务业领域延伸，积极推动移动电子商务在“三农”等重点领域的示范和推广。加强移动电子商务技术与装备的研发力度，完善移动电子商务技术体系。加快制定和完善移动电子商务相关技术标准和业务规范。

8）促进电子商务支撑体系协调发展

探索建立网上和网下交易活动的合同履约信用记录，促进在线信用服务的发展。加快建设适应电子商务发展需要的社会化物流体系，优化物流公共配送中心、中转分拨场站、社区集散网点等物流设施的规划布局，积极探索区域性、行业性物流信息平台的发展模式。鼓励支付机构创新支付服务，丰富支付产品，推动移动支付、电话支付、预付卡支付等新兴电子支付业务健康有序发展，满足电子商务活动中多元化、个性化的支付需求。推动完善电子支付业务规则、技术标准，引导和督促支付机构规范运营。鼓励发展国际结算服务，提高对跨境电子商务发展的支撑能力。鼓励电子商务企业与相关支撑企业加强合作，促进物流、支付、信用、融资、保险、检测和认证等服务协同发展。

9）提高电子商务的安全保障和技术支撑能力

认真贯彻《电子签名法》，进一步发展可靠的电子签名与认证服务体系，提高认证服务质量，创新服务模式，推动可靠电子签名、电子认证和电子合同在电子商务中的实际应用，在统一的证书策略体系框架下推进电子签名认证证书的互认互操作，发挥电子签名的保障作用，提高电子交易的安全性和效率。鼓励软硬件及系统集成企业通过云服务等模式，为电子商务用户提供硬件、软件、应用和安全服务。鼓励通信运营商加强宽带信息基础设施建设，提高新一代通信网络的覆盖范围和服务水平，为电子商务用户提供接入、服务托管及商务应用解决方案等服务。发挥国家科技计划的引领和支撑作用，加大对电子商务基础性研究、关键共性技术的支持力度，积极开展成果转化、咨询培训等工作。

1.5 商业智能

1. 商业智能基本概念

商业智能（Business Intelligence，BI）通常被理解为将组织中现有的数据转化为知识，帮助组织做出明智的业务经营决策。这里所谈的数据包括来自组织业务系统的订单、库存、交易账目、客户和供应商等方面的数据，来自组织所处行业和竞争对手的数据以及来自组织所处的其他外部环境中的各种数据。而商业智能能够辅助组织的业务经营决策，既可以是操作层的，也可以是战术层和战略层的决策。为了将数据转化为知识，需要利用数据仓库、联机分析处理（On-Line Analytics Process，OLAP）工具和数据挖掘等技术。因此，从技术层面上讲，商业智能不是什么新技术，它只是数据仓库、OLAP 和数据挖掘等技术的综合运用。

商业智能的概念于 1996 年最早由高德纳集团（Gartner Group）提出，高德纳集团将商业智能定义为：商业智能描述了一系列的概念和方法，通过应用基于事实的支持系统来辅助商业决策的制定。商业智能技术提供使企业迅速分析数据的技术和方法，包括收集、管理和分析数据，将这些数据转化为有用的信息，然后分发到企业各处。

概括地说，商业智能的实现涉及到软件、硬件、咨询服务及应用，是对商业信息的搜集、管理和分析过程，目的是使企业的各级决策者获得知识或洞察力（insight），促使他们做出对企业更有利的决策。商业智能一般由数据仓库、联机分析处理、数据挖掘、数据备份和恢复等部分组成。

因此，把商业智能看成是一种解决方案应该比较恰当。商业智能的关键是从来自组织的许多不同的运作系统的数据中提取出有用的数据并进行清理，以保证数据的正确性，然后经过抽取（extraction）、转换（transformation）和装载（load），即 ETL 过程，合并到一个组织级的数据仓库里，从而得到组织数据的一个全局视图，在此基础上利用合适的查询和分析工具、数据挖掘工具、OLAP 工具等对其进行分析和处理（这时信息变为辅助决策的知识），最后将知识呈现给管理者，为管理者的决策过程提供支持，如图 1-20 所示。

2．商业智能系统应具有的主要功能

（1）数据仓库：高效的数据存储和访问方式。提供结构化和非结构化的数据存储，容量大，运行稳定，维护成本低，支持元数据管理，支持多种结构，例如中心式数据仓库和分布式数据仓库等。存储介质能够支持近线式和二级存储器，能够很好地支持容灾和备份方案。

（2）数据 ETL：数据 ETL 支持多平台、多数据存储格式（多数据源、多格式数据文件、多维数据库等）的数据组织，要求能自动地根据描述或者规则进行数据查找和理解。减少海量、复杂数据与全局决策数据之间的差距。帮助形成支撑决策要求的参考内容。

（3）数据统计输出（报表）：报表能快速地完成数据统计的设计和展示，其中包括了统计数据表样式和统计图展示，可以很好地输出给其他应用程序或者以 Html 形式表现和保存。对于自定义设计部分要提供简单易用的设计方案，支持灵活的数据填报和针对非技术人员设计的解决方案。能自动地完成输出内容的发布。

（4）分析功能：可以通过业务规则形成分析内容，并且展示样式丰富，具有一定的交互要求，例如预警或者趋势分析等。要支持多维度的 OLAP，实现维度变化、旋转、数据切片和数据钻取等，以帮助做出正确的判断和决策。

3．商业智能的三个层次

经过几年的积累，大部分中大型的企事业单位已经建立了比较完善的 CRM、ERP 和 OA 等基础信息化系统。这些系统的统一特点是：业务人员或者用户对数据库进行大量的增加、修改和删除等操作，即联机事务处理（Online Transaction Process，OLTP）。系统运行了一段时间以后，必然帮助企事业单位收集大量的历史数据。但是，在数据库中分散、独立存在的大量数据对于业务人员来说，只是一些无法看懂的天书。此时，如何把数据转化为业务人员（包括管理者）能够看懂的有用信息，充分掌握、利用这些信息，并且辅助决策，就是商业智能要解决的主要问题。

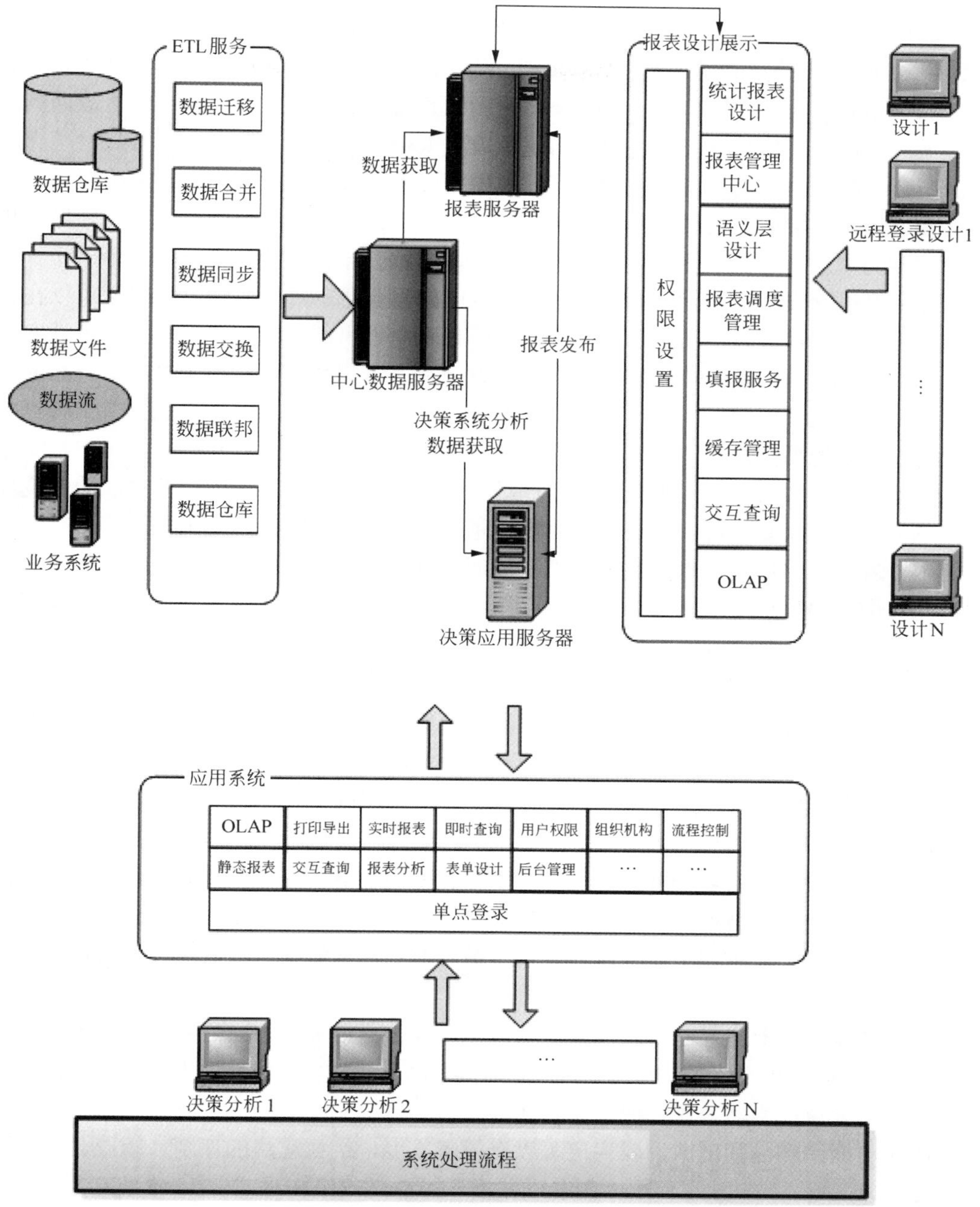

图 1-20　作为一种解决方案的商业智能

商业智能的实现有三个层次：数据报表、多维数据分析和数据挖掘。

1）数据报表

如何把数据库中存在的数据转变为业务人员需要的信息？大部分的答案是报表系统。简单地说，报表系统是BI的低端实现。传统的报表系统技术上已经相当成熟，大家熟悉的Excel、水晶报表和Reporting Service等都已经被广泛使用。但是，随着数据的增多，需求的提高，传统报表系统面临的挑战也越来越多。

（1）数据太多，信息太少。密密麻麻的表格堆砌了大量数据，到底有多少业务人员仔细看过每一个数据？到底这些数据代表了什么信息、什么趋势？级别越高的领导，越需要简明的信息。

（2）难以交互分析、了解各种组合。定制好的报表过于死板。例如，我们可以在一张表中列出不同地区、不同产品的销量，另一张表中列出不同地区、不同年龄段顾客的销量。但是，这两张表无法回答诸如“华北地区中青年顾客购买数码相机类型产品的情况”等问题。业务问题经常需要多个角度的交互分析。

（3）难以挖掘出潜在的规则。报表系统列出的往往是表面上的数据信息，但是海量数据深处含有哪些潜在规则呢？什么客户对我们价值最大？产品之间相互关联的程度如何？越是深层的规则，对于决策支持的价值越大，但是，也越难挖掘出来。

（4）难以追溯历史，形成数据孤岛。长期运行中产生的数据往往存在于不同地方，太旧的数据（例如一年前的数据）可能已被业务系统备份出去，导致宏观分析、长期历史分析难度很大。

显然，随着时代的发展，传统报表系统已经不能满足日益增长的业务需求了，企业期待着新的技术。数据分析和数据挖掘的时代正在来临。值得注意的是，数据分析和数据挖掘系统的目的是带给我们更多的决策支持价值，并不是取代数据报表。报表系统依然有其不可取代的优势，并且将会长期与数据分析、挖掘系统一起并存下去。

2）多维数据分析

如果说在线事务处理（OLTP）侧重于对数据库进行增加、修改和删除等日常事务操作，在线分析处理则侧重于针对宏观问题全面分析数据，获得有价值的信息。

为了达到OLAP的目的，传统的关系型数据库已经不够了，需要一种新的技术叫做多维数据库。

多维数据库的概念并不复杂。举一个例子，我们想描述2003年4月份可乐在北部地区销售额10万元时，涉及到几个角度：时间、产品和地区。这些叫做维度。至于销售额，叫做度量值。当然，还有成本、利润等。

除了时间、产品和地区，我们还可以有很多维度，例如客户的性别、职业、销售部门和促销方式等。实际上，使用中的多维数据库可能是一个8维或者15维的立方体。虽然结构上15维的立方体很复杂，但是概念上非常简单。

数据分析系统的总体架构分为4个部分：源系统、数据仓库、多维数据库和客户端。

① 源系统：包括现有的所有 OLTP 系统，搭建 BI 系统并不需要更改现有系统。

② 数据仓库：数据大集中，通过数据抽取，把数据从源系统源源不断地抽取出来，可能每天一次，或者每 3 个小时一次，当然是自动的。数据仓库依然建立在关系型数据库上，往往符合“星型结构”模型。

③ 多维数据库：数据仓库的数据经过多维建模，形成了立方体结构。每一个立方体描述了一个业务主题，例如销售、库存或者财务。

④ 客户端：好的客户端软件可以把多维立方体中的信息丰富多彩地展现给用户。

3）数据挖掘

广义上说，任何从数据库中挖掘信息的过程都叫做数据挖掘。从这点看来，数据挖掘就是 BI。但从技术术语上说，数据挖掘（Data Mining）指的是：源数据经过清洗和转换等成为适合于挖掘的数据集。数据挖掘在这种具有固定形式的数据集上完成知识的提炼，最后以合适的知识模式用于进一步分析决策工作。从这种狭义的观点上，我们可以定义：数据挖掘是从特定形式的数据集中提炼知识的过程。数据挖掘往往针对特定的数据、特定的问题，选择一种或者多种挖掘算法，找到数据下面隐藏的规律，这些规律往往被用来预测、支持决策。

现举一个关联销售的案例。美国的超市有这样的系统：当你采购了一车商品结账时，售货员小姐扫描完了你的产品后，计算机上会显示出一些信息，然后售货员会友好地问你：我们有一种一次性纸杯正在促销，位于 F6 货架上，您要购买吗?这句话绝不是一般的促销。因为计算机系统早就算好了，如果你的购物车中有餐巾纸、大瓶可乐和沙拉，则 86%的可能性你要买一次性纸杯。结果是你说：“啊，谢谢你，我刚才一直没找到纸杯。”

这不是什么神奇的科学算命，而是利用数据挖掘中的关联规则算法实现的系统。

每天，新的销售数据会进入挖掘模型，与过去 N 天的历史数据一起被挖掘模型处理，得到当前最有价值的关联规则。同样的算法，分析网上书店的销售业绩，计算机可以发现产品之间的关联以及关联的强弱。

4．商业智能的软件工具集合

1）终端用户查询和报告工具

专门用来支持初级用户的原始数据访问，不包括适应于专业人士的成品报告生成工具。

2）数据仓库（Data Warehouse）和数据集市（Data Mart）产品

包括数据转换、管理和存取等方面的预配置软件，通常还包括一些业务模型，如财务分析模型。

3）数据挖掘（Data Mining）软件

使用诸如神经网络、规则归纳等技术，用来发现数据之间的关系，做出基于数据的推断。

4）OLAP 工具

（1）OLAP 的概念

OLAP 的概念最早是由关系数据库之父 E.F.Codd 于 1993 年提出的，他同时提出了关于 OLAP 的 12 条准则。OLAP 的提出引起了很大的反响，OLAP 作为一类产品同 OLTP 明显区分开来：OLTP 属于传统的关系型数据库的一个主要应用，主要用于基本的、日常的事务处理，例如银行交易；OLAP 是数据仓库系统的一个主要应用，支持复杂的分析操作，侧重决策支持，并且提供直观易懂的查询结果。OLAP 提供多维数据管理环境，其典型的应用是对商业问题的建模与商业数据分析。OLAP 也被称为多维分析。

（2）"维"的概念

OLAP 的目标是满足决策支持或者满足在多维环境下特定的查询和报表需求，它的技术核心是"维"这个概念。

OLAP 工具是针对特定问题的联机数据访问与分析。它通过多维的方式对数据进行分析、查询和报表。"维"是人们观察数据的特定角度。通过把一个实体的多项重要的属性定义为多个维（dimension），使用户能对不同维上的数据进行比较。例如，一个企业在考虑产品的销售情况时，通常从时间、地区和产品的不同角度来深入观察产品的销售情况。这里的时间、地区和产品就是维。而这些维的不同组合和所考察的度量指标构成的多维数组则是 OLAP 分析的基础，可形式化表示为（维 1，维 2，…，维 *n*，度量指标），如（地区，时间，产品，…，销售额）。多维分析是指对以多维形式组织起来的数据采取切片（slice）、切块（dice）、钻取（drill-down 和 roll-up）和旋转（pivot）等各种分析动作，以求剖析数据，使用户能从多个角度、多侧面地观察数据库中的数据，从而深入理解包含在数据中的信息。因此 OLAP 也可以说是多维数据分析工具的集合。

OLAP 的基本多维分析操作有钻取、切片和切块以及旋转、drill across 和 drill through 等。

钻取是改变维的层次，变换分析的粒度。它包括向上钻取和向下钻取。roll up 是在某一维上将低层次的细节数据概括到高层次的汇总数据，或者减少维数；而 drill down 则相反，它从汇总数据深入到细节数据进行观察或增加新维。

切片和切块是在一部分维上选定值后，关心度量数据在剩余维上的分布。如果剩余的维只有两个，则是切片；如果有三个，则是切块。

旋转是变换维的方向，即在表格中重新安排维的放置（例如行列互换）。

（3）OLAP 的实现方法

OLAP 有多种实现方法，根据存储数据的方式不同可以分为 ROLAP（Relational OLAP）、MOLAP（Multidimensional OLAP）和 HOLAP（Hybrid OLAP）。

ROLAP 表示基于关系数据库的 OLAP 实现。以关系数据库为核心，以关系型结构进行多维数据的表示和存储。ROLAP 将多维数据库的多维结构划分为两类表：一类是事实表，用来存储数据和维关键字；另一类是维表，即对每个维至少使用一个表来存放维的层次、成员类别等维的描述信息。维表和事实表通过主关键字和外关键字联系在一起，形成了“星型模式”。对于层次复杂的维，为避免冗余数据占用过大的存储空间，可以使用多个表来描述，这种星型模式的扩展称为“雪花模式”。

MOLAP 表示基于多维数据组织的 OLAP 实现。以多维数据组织方式为核心，也就是说，MOLAP 使用多维数组存储数据。多维数据在存储中将形成“立方块（Cube）”的结构，在 MOLAP 中对“立方块”的“旋转”、“切块”和“切片”是产生多维数据报表的主要技术。

HOLAP 表示基于混合数据组织的 OLAP 实现。如低层是关系型的，高层是多维矩阵型的。这种方式具有更好的灵活性。

还有其他的一些实现 OLAP 的方法，如提供一个专用的 SQL Server，对某些存储模式（如星型、雪片型）提供对 SQL 查询的特殊支持，等等。

主流的商业智能工具包括 BO、COGNOS 和 BRIO。一些国内的软件工具平台也集成了一些基本的商业智能工具。

5. 实施商业智能的步骤

实施商业智能系统是一项复杂的系统工程，整个项目涉及企业管理、运作管理、信息系统、数据仓库、数据挖掘和统计分析等众多门类的知识，因此用户除了要选择合适的商业智能软件工具外，还必须遵循正确的实施方法才能保证项目得以成功。商业智能项目的实施步骤可分为如下 6 步。

1）需求分析

需求分析是商业智能实施的第一步，在其他活动开展之前必须明确地定义组织对商业智能的期望和需求，包括需要分析的主题、查看各主题的角度（维度）和需要发现组织的哪些方面的规律等。

2）数据仓库建模

通过对企业需求的分析，建立企业数据仓库的逻辑模型和物理模型，并规划好系统的应用架构，将企业各类数据按照分析主题进行组织和归类。

3）数据抽取

数据仓库建立后必须将数据从业务系统中抽取到数据仓库中，在抽取的过程中还必须将数据进行转换、清洗，以适应分析的需要。

4）建立商业智能分析报表

商业智能分析报表需要专业人员按照用户制订的格式进行开发，用户也可自行开发（开发方式简单，快捷）。

5）用户培训和数据模拟测试

对于开发-使用分离型的商业智能系统，最终用户的使用是相当简单的，只需要单击操作就可针对特定的商业问题进行分析。

6）系统改进和完善

任何系统的实施都必须是不断完善的，商业智能系统更是如此。在用户使用一段时间后可能会提出更多、更具体的要求，这时需要再按照上述步骤对系统进行重构或完善。

1.6 新一代信息技术对产业的推动

战略性新兴产业是以重大技术突破和重大发展需求为基础，对经济社会全局和长远发展具有重大引领带动作用，知识技术密集、物质资源消耗少、成长潜力大、综合效益好的产业。加快培育和发展战略性新兴产业对推进我国现代化建设具有重要战略意义。依据《国务院关于加快培育和发展战略性新兴产业的决定》（国发[2010]32 号），新一代信息技术属于现阶段我国七个战略性新兴产业，要重点培育和发展。到 2020 年，新一代信息技术与节能环保、生物、高端装备制造产业等将成为国民经济的支柱产业。

新一代信息技术产业包括：加快建设宽带、泛在、融合、安全的信息网络基础设施，推动新一代移动通信、下一代互联网核心设备和智能终端的研发及产业化，加快推进三网融合，促进物联网、云计算的研发和示范应用。着力发展集成电路、新型显示、高端软件、高端服务器等核心基础产业。提升软件服务、网络增值服务等信息服务能力，加快重要基础设施智能化改造。大力发展数字虚拟等技术，促进文化创意产业发展。

2015 年 10 月，中央通过了《中共中央关于制定十三五规划的建议》，这份编制“十三五”规划的指导性文件中指出信息通信行业发展的目标是“拓展网络经济空间”，具体是：实施“互联网+”行动计划，发展物联网技术和应用，发展分享经济，促进互联网和经济社会融合发展。实施国家大数据战略，推进数据资源开放共享。完善电信普遍服务机制，开展网络提速降费行动，超前布局下一代互联网。推进产业组织、商业模式、供应链、物流链创新，支持基于互联网的各类创新。

大数据、云计算、互联网+、智慧城市等是新一代信息技术与信息资源充分利用的全新业态，是信息化发展的主要趋势，也是信息系统集成行业今后面临的主要业务范畴。

1.6.1 大数据

1. 大数据概念

软硬件技术的高速发展，带动各种信息系统特别是互联网应用的全面应用推广以及系统之间的相互整合、融合；同时，传感技术的普及和存储技术的网络化使得数据生产、采集、处理、传输具有泛在化特点，信息系统面临着分析处理“大数据”的任务。大数据（big data）是指无法在可承受的时间范围内用常规软件工具进行捕捉、管理和处理的数据集合，是需要采用新处理模式才能获取很多智能的、深入的、有价值的信息，以期得到更强的决策力、洞察力和流程优化能力的海量、高增长率和多样化的信息资源。针对大数据的分析处理，不能用随机分析法（抽样调查），而要针对所有数据进行分析处理。大数据具有 5V 特点：Volume（大量）、Velocity（高速）、Variety（多样）、Value（价值）

和 Veracity（真实性）。

大数据是以容量大、类型多、存取速度快、应用价值高为主要特征的数据集合，正快速发展为对数量巨大、来源分散、格式多样的数据进行采集、存储和关联分析，从中发现新知识、创造新价值、提升新能力的新一代信息技术和服务业态。坚持创新驱动发展，加快大数据部署，深化大数据应用，已成为稳增长、促改革、调结构、惠民生和推动政府治理能力现代化的内在需要和必然选择。

大数据是具有体量大、结构多样、时效性强等特征的数据，处理大数据需要采用新型计算架构和智能算法等新技术。大数据从数据源经过分析挖掘到最终获得价值一般需要经过 5 个主要环节，包括数据准备、数据存储与管理、计算处理、数据分析和知识展现。大数据技术涉及到的数据模型、处理模型、计算理论，与之相关的分布计算、分布存储平台技术、数据清洗和挖掘技术，流式计算、增量处理技术，数据质量控制等方面的研究和开发成果丰硕，大数据技术产品也已经进入商用阶段。有关大数据技术架构请参考图 1-21。

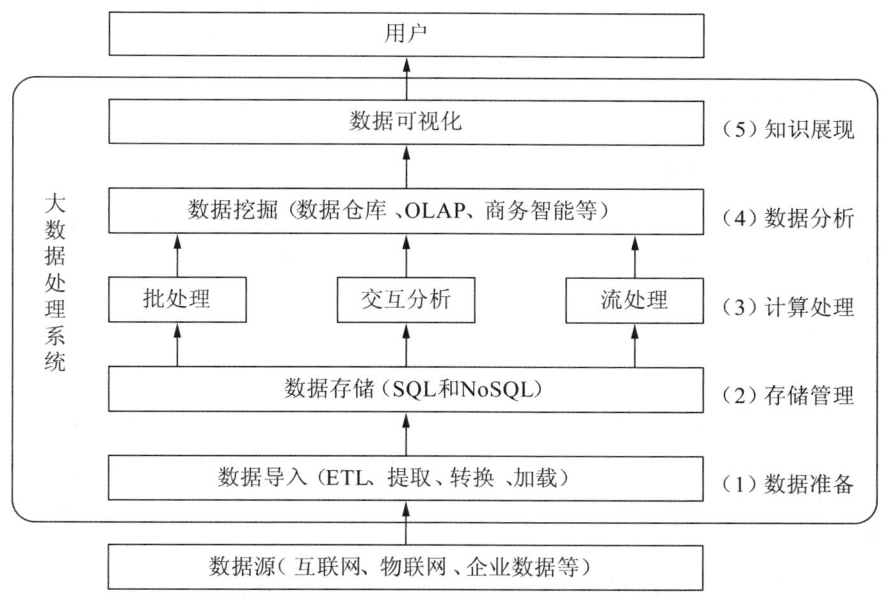

图 1-21　大数据技术框架

2．大数据关键技术

（1）大数据存储管理技术。大数据存储技术首先需要解决的是数据海量化和快速增长需求。存储的硬件架构和文件系统的性价比要大大高于传统技术，存储容量计划应可以无限制扩展，且要求有很强的容错能力和并发读写能力。目前，谷歌文件系统（GFS）和 Hadoop 的分布式文件系统 HDFS 奠定了大数据存储技术的基础。大数据存储技术第二个要解决的是处理格式多样化的数据，这要求大数据存储管理系统能够对各种非结构化数据进行高效管理，代表产品如：谷歌 BigTable 和 HadoopHbase 等非关系型数据库（NoSQL）。

（2）大数据并行分析技术。大数据的分析挖掘是数据密集型计算，需要巨大的计算能力，对计算单元和存储单元的数据吞吐率要求极高，并要求计算系统有非常好的扩展性和性价比。谷歌的 MapReduce 是主要的大数据分布式并行计算技术之一，而开源的分布式并行计算技术 Apache HadoopMapReduce，已经成为应用最广泛的大数据计算软件平台。

（3）大数据分析技术。大数据分析技术的发展需要在两个方面取得突破，一是对规模非常庞大的结构化数据和半结构化数据进行高效的深度分析；二是对非结构化数据进行分析，将海量复杂多源的语音、图像和视频数据转化为机器可识别的、具有明确语义的信息，获取隐性的知识。大数据分析的技术路线主要是通过建立人工智能系统，使用大量样本数据进行训练，让机器模仿人工，获得从数据中提取知识的能力。2006 年，科学家根据人脑认知过程的分层特性，提出增加人工神经网络层数和神经元节点数量，加大机器学习的规模，构建深度神经网络，可以提高训练效果，使得神经网络技术成为机器学习分析技术的热点，并在语音识别和图像识别方面取得了很好的效果。

有关大数据关键技术和应用更详细的论述参见本书 3.8.4 节。

3．大数据的应用领域

如图 1-22 所示，随着信息化和信息系统应用的深入，各种数据增长非常迅速，特别是由于智能传感器广泛部署和数据分析技术的高效，使得大数据的应用可以再现“现实世界模型”，并具有较好的实时性。

（1）互联网行业应用。互联网访问的行为包括：访问的网站和页面，访问内容，停留时间，访问网页的关联性，购买行为，兴趣点，位置信息，社交信息等等。通过对互联网访问行为的监测分析，可以向访问者提供个性化的商业推荐，精确投放广告；还可以对互联网推广商品的市场行情进行监测；利用网站动态数据对网络状态实时监控，并针对流量、安全进行预警；通过综合分析，向公众提供诸如流行疾病的预警、节假日客运流量预告等服务。

（2）传统领域的应用。大数据应用起源于互联网，正在向以数据生产、流通和利用为核心的金融、零售、电信、公共管理、医疗卫生等领域渗透。例如，金融机构通过收集互联网用户的微博数据、社交数据、历史交易数据来评估用户的信用级别和消费级别；零售企业通过互联网用户数据分析商品销售趋势、用户偏好。基于大数据的智慧城市（详见 1.6.4 节）也是大数据应用的重要领域，可整合来自经济、统计、民政、教育、卫生、人力等政府部门内部数据和来自物联网、移动互联网等网络数据，开通智慧医疗、智慧教育、智能物流、智能环保等应用。

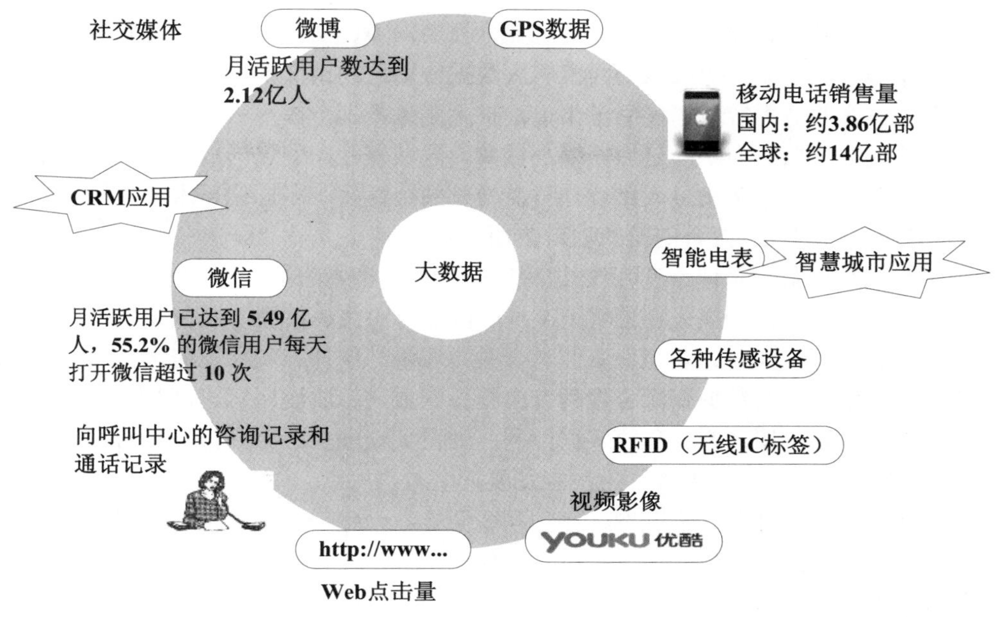

图 1-22　基于大数据的应用

4．大数据发展应用的目标

为全面推进我国大数据发展和应用，加快建设数据强国，2015 年，国务院印发了《促进大数据发展行动纲要》。纲要提出了立足我国国情和现实需要，推动大数据发展和应用在未来 5～10 年逐步实现以下目标：

1）打造精准治理、多方协作的社会治理新模式

将大数据作为提升政府治理能力的重要手段，通过高效采集、有效整合、深化应用政府数据和社会数据，提升政府决策和风险防范水平，提高社会治理的精准性和有效性，增强乡村社会治理能力；助力简政放权，支持从事前审批向事中事后监管转变，推动商事制度改革；促进政府监管和社会监督有机结合，有效调动社会力量参与社会治理的积极性。2017 年底前形成跨部门数据资源共享共用格局。

2）建立运行平稳、安全高效的经济运行新机制

充分运用大数据，不断提升信用、财政、金融、税收、农业、统计、进出口、资源环境、产品质量、企业登记监管等领域数据资源的获取和利用能力，丰富经济统计数据来源，实现对经济运行更为准确的监测、分析、预测、预警，提高决策的针对性、科学性和时效性，提升宏观调控以及产业发展、信用体系、市场监管等方面管理效能，保障供需平衡，促进经济平稳运行。

3）构建以人为本、惠及全民的民生服务新体系

围绕服务型政府建设，在公用事业、市政管理、城乡环境、农村生活、健康医疗、

减灾救灾、社会救助、养老服务、劳动就业、社会保障、文化教育、交通旅游、质量安全、消费维权、社区服务等领域全面推广大数据应用，利用大数据洞察民生需求，优化资源配置，丰富服务内容，拓展服务渠道，扩大服务范围，提高服务质量，提升城市辐射能力，推动公共服务向基层延伸，缩小城乡、区域差距，促进形成公平普惠、便捷高效的民生服务体系，不断满足人民群众日益增长的个性化、多样化需求。

4）开启大众创业、万众创新的创新驱动新格局

形成公共数据资源合理适度开放共享的法规制度和政策体系，2018 年底前建成国家政府数据统一开放平台，率先在信用、交通、医疗、卫生、就业、社保、地理、文化、教育、科技、资源、农业、环境、安监、金融、质量、统计、气象、海洋、企业登记监管等重要领域实现公共数据资源合理适度向社会开放，带动社会公众开展大数据增值性、公益性开发和创新应用，充分释放数据红利，激发大众创业、万众创新活力。

5）培育高端智能、新兴繁荣的产业发展新生态

推动大数据与云计算、物联网、移动互联网等新一代信息技术融合发展，探索大数据与传统产业协同发展的新业态、新模式，促进传统产业转型升级和新兴产业发展，培育新的经济增长点。形成一批满足大数据重大应用需求的产品、系统和解决方案，建立安全可信的大数据技术体系，大数据产品和服务达到国际先进水平，国内市场占有率显著提高。培育一批面向全球的骨干企业和特色鲜明的创新型中小企业。构建形成政产学研用多方联动、协调发展的大数据产业生态体系。

5. 大数据发展应用的主要任务

1）加快政府数据开放共享，推动资源整合，提升治理能力

（1）大力推动政府部门数据共享。加强顶层设计和统筹规划，明确各部门数据共享的范围边界和使用方式，厘清各部门数据管理及共享的义务和权利，依托政府数据统一共享交换平台，大力推进国家人口基础信息库、法人单位信息资源库、自然资源和空间地理基础信息库等国家基础数据资源，以及金税、金关、金财、金审、金盾、金宏、金保、金土、金农、金水、金质等信息系统跨部门、跨区域共享。加快各地区、各部门、各有关企事业单位及社会组织信用信息系统的互联互通和信息共享，丰富面向公众的信用信息服务，提高政府服务和监管水平。结合信息惠民工程实施和智慧城市建设，推动中央部门与地方政府条块结合、联合试点，实现公共服务的多方数据共享、制度对接和协同配合。

（2）稳步推动公共数据资源开放。在依法加强安全保障和隐私保护的前提下，稳步推动公共数据资源开放。推动建立政府部门和事业单位等公共机构数据资源清单，按照“增量先行”的方式，加强对政府部门数据的国家统筹管理，加快建设国家政府数据统一开放平台。制定公共机构数据开放计划，落实数据开放和维护责任，推进公共机构数据资源统一汇聚和集中向社会开放，提升政府数据开放共享标准化程度，优先推动信用、交通、医疗、卫生、就业、社保、地理、文化、教育、科技、资源、农业、环境、安监、

金融、质量、统计、气象、海洋、企业登记监管等民生保障服务相关领域的政府数据集向社会开放。建立政府和社会互动的大数据采集形成机制，制定政府数据共享开放目录。通过政务数据公开共享，引导企业、行业协会、科研机构、社会组织等主动采集并开放数据。

（3）统筹规划大数据基础设施建设。结合国家政务信息化工程建设规划，统筹政务数据资源和社会数据资源，布局国家大数据平台、数据中心等基础设施。加快完善国家人口基础信息库、法人单位信息资源库、自然资源和空间地理基础信息库等基础信息资源和健康、就业、社保、能源、信用、统计、质量、国土、农业、城乡建设、企业登记监管等重要领域信息资源，加强与社会大数据的汇聚整合和关联分析。推动国民经济动员大数据应用。加强军民信息资源共享。充分利用现有企业、政府等数据资源和平台设施，注重对现有数据中心及服务器资源的改造和利用，建设绿色环保、低成本、高效率、基于云计算的大数据基础设施和区域性、行业性数据汇聚平台，避免盲目建设和重复投资。加强对互联网重要数据资源的备份及保护。

（4）支持宏观调控科学化。建立国家宏观调控数据体系，及时发布有关统计指标和数据，强化互联网数据资源利用和信息服务，加强与政务数据资源的关联分析和融合利用，为政府开展金融、税收、审计、统计、农业、规划、消费、投资、进出口、城乡建设、劳动就业、收入分配、电力及产业运行、质量安全、节能减排等领域运行动态监测、产业安全预测预警以及转变发展方式分析决策提供信息支持，提高宏观调控的科学性、预见性和有效性。

（5）推动政府治理精准化。在企业监管、质量安全、节能降耗、环境保护、食品安全、安全生产、信用体系建设、旅游服务等领域，推动有关政府部门和企事业单位将市场监管、检验检测、违法失信、企业生产经营、销售物流、投诉举报、消费维权等数据进行汇聚整合和关联分析，统一公示企业信用信息，预警企业不正当行为，提升政府决策和风险防范能力，支持加强事中事后监管和服务，提高监管和服务的针对性、有效性。推动改进政府管理和公共治理方式，借助大数据实现政府负面清单、权力清单和责任清单的透明化管理，完善大数据监督和技术反腐体系，促进政府简政放权、依法行政。

（6）推进商事服务便捷化。加快建立公民、法人和其他组织统一社会信用代码制度，依托全国统一的信用信息共享交换平台，建设企业信用信息公示系统和“信用中国”网站，共享整合各地区、各领域信用信息，为社会公众提供查询注册登记、行政许可、行政处罚等各类信用信息的一站式服务。在全面实行工商营业执照、组织机构代码证和税务登记证“三证合一”“一照一码”登记制度改革中，积极运用大数据手段，简化办理程序。建立项目并联审批平台，形成网上审批大数据资源库，实现跨部门、跨层级项目审批、核准、备案的统一受理、同步审查、信息共享、透明公开。鼓励政府部门高效采集、有效整合并充分运用政府数据和社会数据，掌握企业需求，推动行政管理流程优化再造，在注册登记、市场准入等商事服务中提供更加便捷有效、更有针对性的服务。利用大数据等手段，密切跟踪中小微企业特别是新设小微企业运行情况，为完善相关政策提供支持。

（7）促进安全保障高效化。加强有关执法部门间的数据流通，在法律许可和确保安全的前提下，加强对社会治理相关领域数据的归集、发掘及关联分析，强化对妥善应对和处理重大突发公共事件的数据支持，提高公共安全保障能力，推动构建智能防控、综合治理的公共安全体系，维护国家安全和社会安定。

（8）加快民生服务普惠化。结合新型城镇化发展、信息惠民工程实施和智慧城市建设，以优化提升民生服务、激发社会活力、促进大数据应用市场化服务为重点，引导鼓励企业和社会机构开展创新应用研究，深入发掘公共服务数据，在城乡建设、人居环境、健康医疗、社会救助、养老服务、劳动就业、社会保障、质量安全、文化教育、交通旅游、消费维权、城乡服务等领域开展大数据应用示范，推动传统公共服务数据与互联网、移动互联网、可穿戴设备等数据的汇聚整合，开发各类便民应用，优化公共资源配置，提升公共服务水平。

2）推动产业创新发展，培育新兴业态，助力经济转型

（1）发展工业大数据。推动大数据在工业研发设计、生产制造、经营管理、市场营销、售后服务等产品全生命周期、产业链全流程各环节的应用，分析感知用户需求，提升产品附加价值，打造智能工厂。建立面向不同行业、不同环节的工业大数据资源聚合和分析应用平台。抓住互联网跨界融合机遇，促进大数据、物联网、云计算和三维（3D）打印技术、个性化定制等在制造业全产业链集成运用，推动制造模式变革和工业转型升级。

（2）发展新兴产业大数据。大力培育互联网金融、数据服务、数据探矿、数据化学、数据材料、数据制药等新业态，提升相关产业大数据资源的采集获取和分析利用能力，充分发掘数据资源支撑创新的潜力，带动技术研发体系创新、管理方式变革、商业模式创新和产业价值链体系重构，推动跨领域、跨行业的数据融合和协同创新，促进战略性新兴产业发展、服务业创新发展和信息消费扩大，探索形成协同发展的新业态、新模式，培育新的经济增长点。

（3）发展农业农村大数据。构建面向农业农村的综合信息服务体系，为农民生产生活提供综合、高效、便捷的信息服务，缩小城乡数字鸿沟，促进城乡发展一体化。加强农业农村经济大数据建设，完善村、县相关数据采集、传输、共享基础设施，建立农业农村数据采集、运算、应用、服务体系，强化农村生态环境治理，增强乡村社会治理能力。统筹国内国际农业数据资源，强化农业资源要素数据的集聚利用，提升预测预警能力。整合构建国家涉农大数据中心，推进各地区、各行业、各领域涉农数据资源的共享开放，加强数据资源发掘运用。加快农业大数据关键技术研发，加大示范力度，提升生产智能化、经营网络化、管理高效化、服务便捷化能力和水平。

（4）发展万众创新大数据。适应国家创新驱动发展战略，实施大数据创新行动计划，鼓励企业和公众发掘利用开放数据资源，激发创新创业活力，促进创新链和产业链深度

融合，推动大数据发展与科研创新有机结合，形成大数据驱动型的科研创新模式，打通科技创新和经济社会发展之间的通道，推动万众创新、开放创新和联动创新。

（5）推进基础研究和核心技术攻关。围绕数据科学理论体系、大数据计算系统与分析理论、大数据驱动的颠覆性应用模型探索等重大基础研究进行前瞻布局，开展数据科学研究，引导和鼓励在大数据理论、方法及关键应用技术等方面展开探索。采取政产学研用相结合的协同创新模式和基于开源社区的开放创新模式，加强海量数据存储、数据清洗、数据分析发掘、数据可视化、信息安全与隐私保护等领域关键技术攻关，形成安全可靠的大数据技术体系。支持自然语言理解、机器学习、深度学习等人工智能技术创新，提升数据分析处理能力、知识发现能力和辅助决策能力。

（6）形成大数据产品体系。围绕数据采集、整理、分析、发掘、展现、应用等环节，支持大型通用海量数据存储与管理软件、大数据分析发掘软件、数据可视化软件等软件产品和海量数据存储设备、大数据一体机等硬件产品发展，带动芯片、操作系统等信息技术核心基础产品发展，打造较为健全的大数据产品体系。大力发展与重点行业领域业务流程及数据应用需求深度融合的大数据解决方案。

（7）完善大数据产业链。支持企业开展基于大数据的第三方数据分析发掘服务、技术外包服务和知识流程外包服务。鼓励企业根据数据资源基础和业务特色，积极发展互联网金融和移动金融等新业态。推动大数据与移动互联网、物联网、云计算的深度融合，深化大数据在各行业的创新应用，积极探索创新协作共赢的应用模式和商业模式。加强大数据应用创新能力建设，建立政产学研用联动、大中小企业协调发展的大数据产业体系。建立和完善大数据产业公共服务支撑体系，组建大数据开源社区和产业联盟，促进协同创新，加快计量、标准化、检验检测和认证认可等大数据产业质量技术基础建设，加速大数据应用普及。

3）强化安全保障，提高管理水平，促进健康发展

（1）健全大数据安全保障体系。加强大数据环境下的网络安全问题研究和基于大数据的网络安全技术研究，落实信息安全等级保护、风险评估等网络安全制度，建立健全大数据安全保障体系。建立大数据安全评估体系。切实加强关键信息基础设施安全防护，做好大数据平台及服务商的可靠性及安全性评测、应用安全评测、监测预警和风险评估。明确数据采集、传输、存储、使用、开放等各环节保障网络安全的范围边界、责任主体和具体要求，切实加强对涉及国家利益、公共安全、商业秘密、个人隐私、军工科研生产等信息的保护。妥善处理发展创新与保障安全的关系，审慎监管，保护创新，探索完善安全保密管理规范措施，切实保障数据安全。

（2）强化安全支撑。采用安全可信产品和服务，提升基础设施关键设备安全可靠水平。建设国家网络安全信息汇聚共享和关联分析平台，促进网络安全相关数据融合和资源合理分配，提升重大网络安全事件应急处理能力；深化网络安全防护体系和态势感知能力建设，增强网络空间安全防护和安全事件识别能力。开展安全监测和预警通报工作，

加强大数据环境下防攻击、防泄露、防窃取的监测、预警、控制和应急处置能力建设。

1.6.2 云计算

云计算是推动信息技术能力实现按需供给、促进信息技术和数据资源充分利用的全新业态，是信息化发展的重大变革和必然趋势。发展云计算，有利于分享信息知识和创新资源，降低全社会创业成本，培育形成新产业和新消费热点，对稳增长、调结构、惠民生和建设创新型国家具有重要意义。

1．云计算概念

云计算（Cloud Computing），是一种基于互联网的计算方式，通过这种方式，在网络上配置为共享的软件资源、计算资源、存储资源和信息资源可以按需求提供给网上终端设备和终端用户。所谓“云”是一种抽象的比喻，表示用网络包裹服务或者资源而隐蔽服务或资源共享的实现细节以及资源位置的一种状态。云计算是继大型机-终端计算模式转变为客户端-服务器计算模式的之后的又一种计算模式的转变。在这种模式下，用户不再需要了解“云”中基础设施的细节，也不必具有相应的专业知识，更无需直接进行控制，可以将信息系统的运行维护完全交给“云”平台的管理者。云计算通常通过互联网来提供动态易扩展而且经常是虚拟化的资源，并且计算能力也可作为一种资源通过互联网流通。

云计算的主要特点包括：一是宽带网络连接，用户需要通过宽带网络接入“云”中并获得有关的服务，“云”内节点之间也通过内部的高速网络相连；二是快速、按需、弹性的服务，用户可以按照实际需求迅速获取或释放资源，并可以根据需求对资源进行动态扩展。

2．云计算服务的类型

按照云计算服务提供的资源层次，可以分为IaaS、PaaS和SaaS等三种服务类型。

（1）IaaS（基础设施即服务），向用户提供计算机能力、存储空间等基础设施方面的服务。这种服务模式需要较大的基础设施投入和长期运营管理经验，但IaaS服务单纯出租资源，盈利能力有限。

（2）PaaS（平台即服务），向用户提供虚拟的操作系统、数据库管理系统、Web应用等平台化的服务。PaaS服务的重点不在于直接的经济效益，而更注重构建和形成紧密的产业生态。

（3）SaaS（软件即服务），向用户提供应用软件（如CRM、办公软件等）、组件、工作流等虚拟化软件的服务，SaaS一般采用Web技术和SOA架构，通过Internet向用户提供多租户、可定制的应用能力，大大缩短了软件产业的渠道链条，减少了软件升级、定制和运行维护的复杂程度，并使软件提供商从软件产品的生产者转变为应用服务的运营者。

具体实现例子参见本书3.8.1节。

3. 云计算关键技术

云计算技术架构包括云计算基础设施和云计算操作系统，其中云计算基础设施由数据中心基础设施和信息网络存储资源组成，云计算操作系统负责调度、管理和控制相关资源，支持对外提供 IaaS、PaaS、SaaS 等服务，如图 1-23 所示。

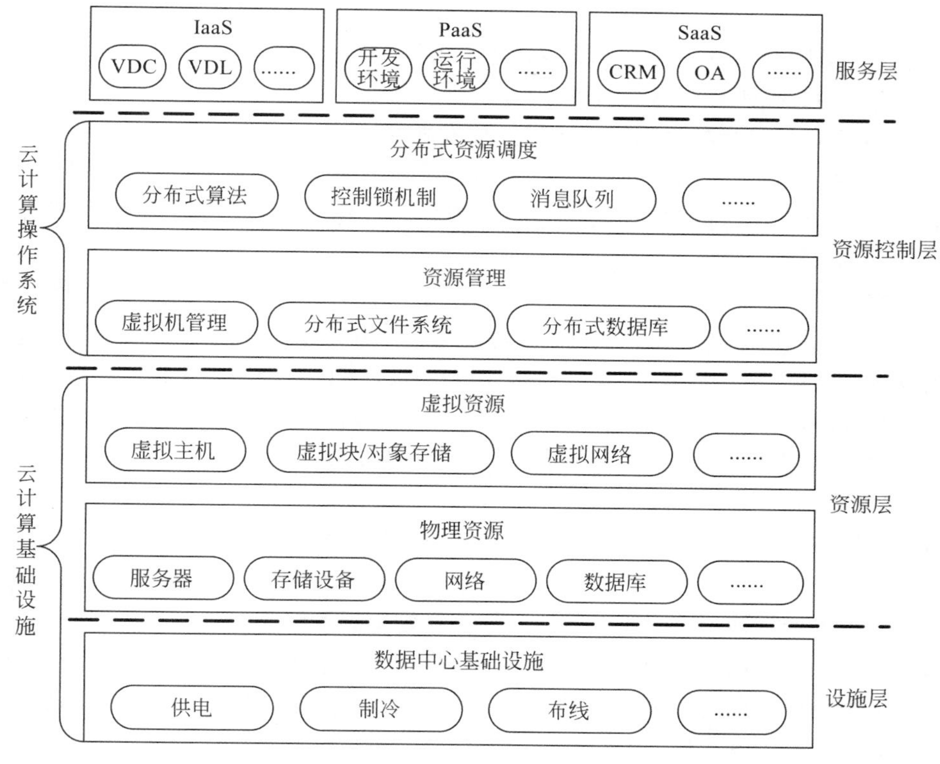

图 1-23　云计算技术架构

1）基础设施关键技术

云计算基础设施关键技术包括服务器、网络和数据中心相关技术。为了实现云计算的成本目标，云计算系统中多采用 X86 系列刀片式服务器，通过虚拟化形成统一的服务器资源。高速网络连接是确保成千上万服务器高效协调运行的关键，同时，网络技术还应支持节点的在线维护和更换，支持自动节点故障检测和新节点的发现、注册，还要确保服务器节点之间、服务器节点和数据存储节点访问的管理一致性。数据中心的低能耗和绿色环保是发展方向，应主要围绕 IT 设备、制冷系统和供配电系统采用有效的节能技术。

2）操作系统关键技术

云计算操作系统的主要关键技术包括资源池管理技术和向用户提供大规模存储、计算能力的分布式任务和数据管理技术。

资源池管理技术主要实现对物理资源、虚拟资源的统一管理，并根据用户需求实现虚拟资源的自动化生成、分配和迁移。当局部物理主机发生故障或需要进行维护时，运行在此主机上的虚拟机应该可以动态地迁移到其他物理主机（即“热迁移”技术），并保证用户业务连续。

分布式任务管理技术实现基于大规模硬件资源上的分布式海量计算，并支持对结构化与非结构化的数据进行存储与管理。

4．发展云计算的指导思想、基本原则和发展目标

2015 年初，《国务院关于促进云计算创新发展培育信息产业新业态的意见》（国发[2015]5 号）发布，在这份文件中指出了我国发展云计算的指导思想、基本原则和目标。

1）指导思想

适应推进新型工业化、信息化、城镇化、农业现代化和国家治理能力现代化的需要，以全面深化改革为动力，以提升能力、深化应用为主线，完善发展环境，培育骨干企业，创新服务模式，扩展应用领域，强化技术支撑，保障信息安全，优化设施布局，促进云计算创新发展，培育信息产业新业态，使信息资源得到高效利用，为促进创业兴业、释放创新活力提供有力支持，为经济社会持续健康发展注入新的动力。

2）基本原则

（1）市场主导。发挥市场在资源配置中的决定性作用，完善市场准入制度，减少行政干预，鼓励企业根据市场需求丰富服务种类，提升服务能力，对接应用市场。建立公平开放透明的市场规则，完善监管政策，维护良好市场秩序。

（2）统筹协调。以需求为牵引，加强分类指导，推进重点领域的应用、服务和产品协同发展。引导地方根据实际需求合理确定云计算发展定位，避免政府资金盲目投资建设数据中心和相关园区。加强信息技术资源整合，避免行业信息化系统成为信息孤岛。优化云计算基础设施布局，促进区域协调发展。

（3）创新驱动。以企业为主体，加强产学研用合作，强化云计算关键技术和服务模式创新，提升自主创新能力。积极探索加强国际合作，推动云计算开放式创新和国际化发展。加强管理创新，鼓励新业态发展。

（4）保障安全。在现有信息安全保障体系基础上，结合云计算特点完善相关信息安全制度，强化安全管理和数据隐私保护，增强安全技术支撑和服务能力，建立健全安全防护体系，切实保障云计算信息安全。充分运用云计算的大数据处理能力，带动相关安全技术和服务发展。

3）发展目标

到 2017 年，云计算在重点领域的应用得到深化，产业链条基本健全，初步形成安全保障有力，服务创新、技术创新和管理创新协同推进的云计算发展格局，带动相关产业快速发展。

（1）服务能力大幅提升。形成若干具有较强创新能力的公共云计算骨干服务企业。面向中小微企业和个人的云计算服务种类丰富，实现规模化运营。云计算系统集成能力显著提升。

（2）创新能力明显增强。增强原始创新和基础创新能力，突破云计算平台软件、艾字节（EB，约为 2^{60} 字节）级云存储系统、大数据挖掘分析等一批关键技术与产品，云计算技术接近国际先进水平，云计算标准体系基本建立。服务创新对技术创新的带动作用显著增强，产学研用协同发展水平大幅提高。

（3）应用示范成效显著。在社会效益明显、产业带动性强、示范作用突出的若干重点领域推动公共数据开放、信息技术资源整合和政府采购服务改革，充分利用公共云计算服务资源开展百项云计算和大数据应用示范工程，在降低创业门槛、服务民生、培育新业态、探索电子政务建设新模式等方面取得积极成效，政府自建数据中心数量减少 5%以上。

（4）基础设施不断优化。云计算数据中心区域布局初步优化，新建大型云计算数据中心能源利用效率（PUE）值优于 1.5。宽带发展政策环境逐步完善，初步建成满足云计算发展需求的宽带网络基础设施。

（5）安全保障基本健全。初步建立适应云计算发展需求的信息安全监管制度和标准规范体系，云计算安全关键技术产品的产业化水平和网络安全防护能力明显提升，云计算发展环境更加安全可靠。

到 2020 年，云计算应用基本普及，云计算服务能力达到国际先进水平，掌握云计算关键技术，形成若干具有较强国际竞争力的云计算骨干企业。云计算信息安全监管体系和法规体系健全。大数据挖掘分析能力显著提升。云计算成为我国信息化重要形态和建设网络强国的重要支撑，推动经济社会各领域信息化水平大幅提高。

5．发展云计算的主要任务

1）增强云计算服务能力

大力发展公共云计算服务，实施云计算工程，支持信息技术企业加快向云计算产品和服务提供商转型。大力发展计算、存储资源租用和应用软件开发部署平台服务，以及企业经营管理、研发设计等在线应用服务，降低企业信息化门槛和创新成本，支持中小微企业发展和创业活动。积极发展基于云计算的个人信息存储、在线工具、学习娱乐等服务，培育信息消费。发展安全可信的云计算外包服务，推动政府业务外包。支持云计算与物联网、移动互联网、互联网金融、电子商务等技术和服务的融合发展与创新应用，积极培育新业态、新模式。鼓励大企业开放平台资源，打造协作共赢的云计算服务生态环境。引导专有云有序发展，鼓励企业创新信息化建设思路，在充分利用公共云计算服务资源的基础上，立足自身需求，利用安全可靠的专有云解决方案，整合信息资源，优化业务流程，提升经营管理水平。大力发展面向云计算的信息系统规划咨询、方案设计、系统集成和测试评估等服务。

2）提升云计算自主创新能力

加强云计算相关基础研究、应用研究、技术研发、市场培育和产业政策的紧密衔接与统筹协调。发挥企业创新主体作用，以服务创新带动技术创新，增强原始创新能力，着力突破云计算平台大规模资源管理与调度、运行监控与安全保障、艾字节级数据存储与处理、大数据挖掘分析等关键技术，提高相关软硬件产品研发及产业化水平。加强核心电子器件、高端通用芯片及基础软件产品等科技专项成果与云计算产业需求对接，积极推动安全可靠的云计算产品和解决方案在各领域的应用。充分整合利用国内外创新资源，加强云计算相关技术研发实验室、工程中心和企业技术中心建设。建立产业创新联盟，发挥骨干企业的引领作用，培育一批特色鲜明的创新型中小企业，健全产业生态系统。完善云计算公共支撑体系，加强知识产权保护利用、标准制定和相关评估测评等工作，促进协同创新。

3）探索电子政务云计算发展新模式

鼓励应用云计算技术整合改造现有电子政务信息系统，实现各领域政务信息系统整体部署和共建共用，大幅减少政府自建数据中心的数量。新建电子政务系统须经严格论证并按程序进行审批。政府部门要加大采购云计算服务的力度，积极开展试点示范，探索基于云计算的政务信息化建设运行新机制，推动政务信息资源共享和业务协同，促进简政放权，加强事中事后监管，为云计算创造更大市场空间，带动云计算产业快速发展。

4）加强大数据开发与利用

充分发挥云计算对数据资源的集聚作用，实现数据资源的融合共享，推动大数据挖掘、分析、应用和服务。开展公共数据开放利用改革试点，出台政府机构数据开放管理规定，在保障信息安全和个人隐私的前提下，积极探索地理、人口、知识产权及其他有关管理机构数据资源向社会开放，推动政府部门间数据共享，提升社会管理和公共服务能力。重点在公共安全、疾病防治、灾害预防、就业和社会保障、交通物流、教育科研、电子商务等领域，开展基于云计算的大数据应用示范，支持政府机构和企业创新大数据服务模式。充分发挥云计算、大数据在智慧城市建设中的服务支撑作用，加强推广应用，挖掘市场潜力，服务城市经济社会发展。

5）统筹布局云计算基础设施

加强全国数据中心建设的统筹规划，引导大型云计算数据中心优先在能源充足、气候适宜、自然灾害较少的地区部署，以实时应用为主的中小型数据中心在靠近用户所在地、电力保障稳定的地区灵活部署。地方政府和有关企业要合理确定云计算发展定位，杜绝盲目建设数据中心和相关园区。加快推进实施“宽带中国”战略，结合云计算发展布局优化网络结构，加快网络基础设施建设升级，优化互联网网间互联架构，提升互联互通质量，降低带宽租费水平。支持采用可再生能源和节能减排技术建设绿色云计算中心。

6）提升安全保障能力

研究完善云计算和大数据环境下个人和企业信息保护、网络信息安全相关法规与制度，制定信息收集、存储、转移、删除、跨境流动等管理规则，加快信息安全立法进程。加强云计算服务网络安全防护管理，加大云计算服务安全评估力度，建立完善党政机关云计算服务安全管理制度。落实国家信息安全等级保护制度，开展定级备案和测评等工作。完善云计算安全态势感知、安全事件预警预防及应急处置机制，加强对党政机关和金融、交通、能源等重要信息系统的安全评估和监测。支持云计算安全软硬件技术产品的研发生产、试点示范和推广应用，加快云计算安全专业化服务队伍建设。

1.6.3　互联网+

1．"互联网+"是经济发展的新形态

"互联网+"是互联网思维的进一步实践成果，它代表一种先进的生产力，推动经济形态不断的发生演变。从而带动社会经济实体的生命力，为改革、创新、发展提供广阔的网络平台。

"互联网+"是把互联网的创新成果与经济社会各领域深度融合，推动技术进步、效率提升和组织变革，提升实体经济创新力和生产力，形成更广泛的以互联网为基础设施和创新要素的经济社会发展新形态。在全球新一轮科技革命和产业变革中，互联网与各领域的融合发展具有广阔前景和无限潜力，已成为不可阻挡的时代潮流，正对各国经济社会发展产生着战略性和全局性的影响。

通俗来说，"互联网+"就是"互联网+各个传统行业"，但这并不是简单的两者相加，而是利用信息通信技术以及互联网平台，让互联网与传统行业进行深度融合，创造新的发展生态。它代表一种新的社会形态，即充分发挥互联网在社会资源配置中的优化和集成作用，将互联网的创新成果深度融合于经济、社会各域之中，提升全社会的创新力和生产力，形成更广泛的以互联网为基础设施和实现工具的经济发展新形态。几十年来，"互联网+"已经改造影响了多个行业，当前大众耳熟能详的电子商务、互联网金融（ITFIN）、在线旅游、在线影视、在线房产等行业都是"互联网+"的杰作。

积极发挥我国互联网已经形成的比较优势，把握机遇，增强信心，加快推进"互联网+"发展，有利于重塑创新体系、激发创新活力、培育新兴业态和创新公共服务模式，对打造大众创业、万众创新和增加公共产品、公共服务"双引擎"，主动适应和引领经济发展新常态，形成经济发展新动能，实现中国经济提质增效升级具有重要意义。

2．"互联网+"行动

近年来，我国在互联网技术、产业、应用以及跨界融合等方面取得了积极进展，已具备加快推进"互联网+"发展的坚实基础，但也存在传统企业运用互联网的意识和能力不足、互联网企业对传统产业理解不够深入、新业态发展面临体制机制障碍、跨界融合型人才严重匮乏等问题，亟待加以解决。为加快推动互联网与各领域深入融合和创新发展，充分发挥“互联网+”对稳增长、促改革、调结构、惠民生、防风险的重要作用，2015 年，国务院发布了《关于积极推进“互联网+”行动的指导意见》。

1）总体思路

顺应世界“互联网+”发展趋势，充分发挥我国互联网的规模优势和应用优势，推动互联网由消费领域向生产领域拓展，加速提升产业发展水平，增强各行业创新能力，构筑经济社会发展新优势和新动能。坚持改革创新和市场需求导向，突出企业的主体作用，大力拓展互联网与经济社会各领域融合的广度和深度。着力深化体制机制改革，释放发展潜力和活力；着力做优存量，推动经济提质增效和转型升级；着力做大增量，培育新兴业态，打造新的增长点；着力创新政府服务模式，夯实网络发展基础，营造安全网络环境，提升公共服务水平。

2）基本原则

（1）坚持开放共享。营造开放包容的发展环境，将互联网作为生产生活要素共享的重要平台，最大限度优化资源配置，加快形成以开放、共享为特征的经济社会运行新模式。

（2）坚持融合创新。鼓励传统产业树立互联网思维，积极与“互联网+”相结合。推动互联网向经济社会各领域加速渗透，以融合促创新，最大程度汇聚各类市场要素的创新力量，推动融合性新兴产业成为经济发展新动力和新支柱。

（3）坚持变革转型。充分发挥互联网在促进产业升级以及信息化和工业化深度融合中的平台作用，引导要素资源向实体经济集聚，推动生产方式和发展模式变革。创新网络化公共服务模式，大幅提升公共服务能力。

（4）坚持引领跨越。巩固提升我国互联网发展优势，加强重点领域前瞻性布局，以互联网融合创新为突破口，培育壮大新兴产业，引领新一轮科技革命和产业变革，实现跨越式发展。

（5）坚持安全有序。完善互联网融合标准规范和法律法规，增强安全意识，强化安全管理和防护，保障网络安全。建立科学有效的市场监管方式，促进市场有序发展，保护公平竞争，防止形成行业垄断和市场壁垒。

3）发展目标

到 2018 年，互联网与经济社会各领域的融合发展进一步深化，基于互联网的新业态成为新的经济增长动力，互联网支撑大众创业、万众创新的作用进一步增强，互联网成为提供公共服务的重要手段，网络经济与实体经济协同互动的发展格局基本形成。

（1）经济发展进一步提质增效。互联网在促进制造业、农业、能源、环保等产业转型升级方面取得积极成效，劳动生产率进一步提高。基于互联网的新兴业态不断涌现，电子商务、互联网金融快速发展，对经济提质增效的促进作用更加凸显。

（2）社会服务进一步便捷普惠。健康医疗、教育、交通等民生领域互联网应用更加丰富，公共服务更加多元，线上线下结合更加紧密。社会服务资源配置不断优化，公众享受到更加公平、高效、优质、便捷的服务。

（3）基础支撑进一步夯实提升。网络设施和产业基础得到有效巩固加强，应用支撑和安全保障能力明显增强。固定宽带网络、新一代移动通信网和下一代互联网加快发展，物联网、云计算等新型基础设施更加完备。人工智能等技术及其产业化能力显著增强。

（4）发展环境进一步开放包容。全社会对互联网融合创新的认识不断深入，互联网融合发展面临的体制机制障碍有效破除，公共数据资源开放取得实质性进展，相关标准规范、信用体系和法律法规逐步完善。

到 2025 年，网络化、智能化、服务化、协同化的“互联网+”产业生态体系基本完善，“互联网+”新经济形态初步形成，“互联网+”成为经济社会创新发展的重要驱动力量。

1.6.4　智慧城市

随着信息技术的迅猛发展，城市智慧化已成为继工业化、电气化、信息化之后的“第四次浪潮”。智慧城市是新一轮信息技术变革和知识经济进一步发展的产物，是工业化、城市化与信息化深度融合的必然趋势。

1. 智慧城市的内涵和意义

国际电工委员会（IEC）对智慧城市的定义是：智慧城市是城市发展的新理念，是推动政府职能转变、推进社会管理创新的新方法，目标是使得基础设施更加智能、公共服务更加便捷、社会管理更加精细、生态环境更加宜居、产业体系更加优化。

智慧城市是利用新一代信息技术来感知、监测、分析、整合城市资源，对各种需求做出迅速、灵活、准确反应，为公众创造绿色、和谐环境，提供泛在、便捷、高效服务的城市形态。通过对新一代信息技术的创新应用来建设和发展智慧城市，是我国社会实现工业化、城镇化、信息化发展目标的重要举措，也是破解城市发展难题、提升公共服务能力、转变经济发展方式的必然要求。新一代信息技术包括云计算、大数据、物联网、地理信息、人工智能、移动计算等，是“互联网+”在现代城市管理的综合应用，是“数字城市”发展的必然和全面跃升。

智慧城市已经成为全球城市发展关注的热点，随着信息技术迅速发展和深入应用，城市信息化发展向更高阶段的智慧化发展已成为必然趋势。在此背景下，世界主要发达国家的主要城市如东京、伦敦、巴黎、首尔等等纷纷启动智慧城市战略，以增强城市综合竞争力。

我国政府高度重视对智慧城市建设及发展的指导。2014 年 3 月国务院印发《国家新型城镇化规划（2014—2020 年）》，2014 年 7 月，经国务院同意，国家发展改革委、工业和信息化部等八部委印发《关于促进智慧城市健康发展的指导意见》，为建设智慧城市给出了方向性、规范性和原则性的建议。北京、南京、沈阳、上海、杭州、宁波、无锡等城市结合了城市区域内自身定位和发展需求，陆续出台了智慧城市发展规划，涉及社会管理、应用服务、基础设施、智慧产业、安全保障、建设模式、标准体系等内容，这些规划在发展目标、重点等方面各有特色，在城市普遍面临的诸如人口拥挤、资源短缺、环境污染、交通堵塞等各类“通病”和关键问题上有一定共识，例如：智慧城市建设成败的关键不再是数字城市建设中建设大量 IT 系统，而是如何有效推进城市范围内数据资源的融合，通过数据和 IT 系统的融合来实现跨部门的协同共享、行业的行动协调、城市的精细化运行管理等。

2．智慧城市参考模型

智慧城市建设主要包括以下几部分：首先，通过传感器或信息采集设备全方位地获取城市系统数据；其次，通过网络将城市数据关联、融合、处理、分析为信息；第三，通过充分共享、智能挖掘将信息变成知识；最后，结合信息技术，把知识应用到各行各业形成智慧。

智慧城市建设参考模型包括有依赖关系的 5 层和对建设有约束关系的 3 个支撑体系。如图 1-24 所示。

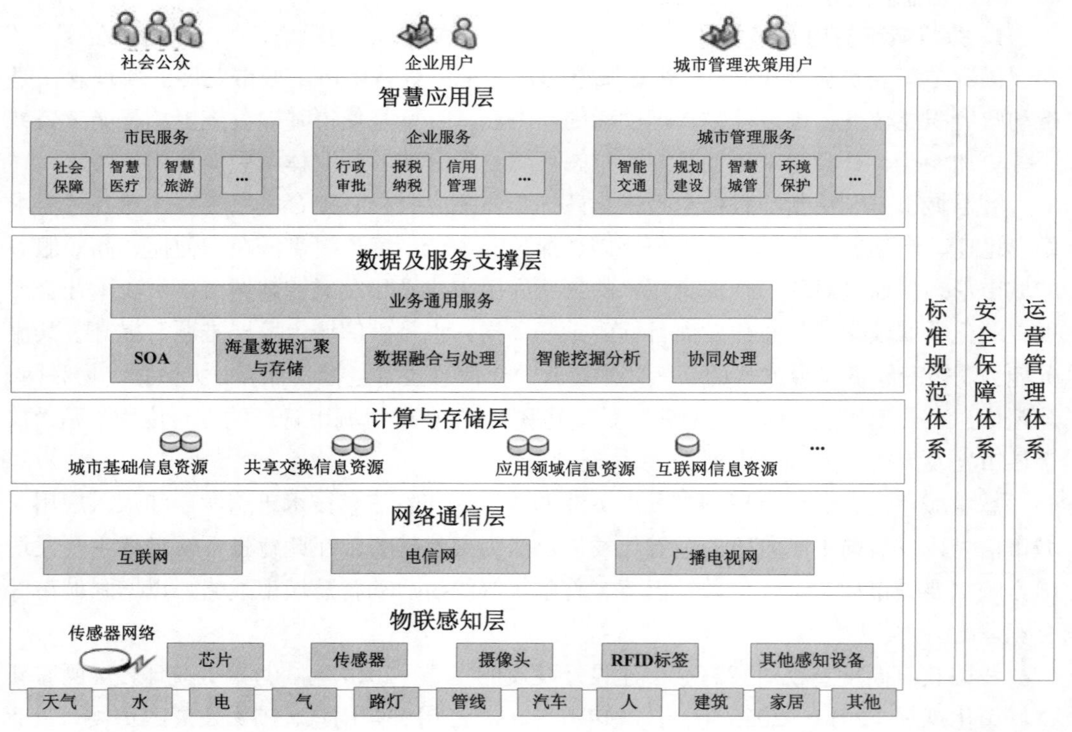

图 1-24　智慧城市建设参考模型

1）功能层

（1）物联感知层：提供对城市环境的智能感知能力，通过各种信息采集设备、各类传感器、监控摄像机、GPS 终端等实现对城市范围内的基础设施、大气环境、交通、公共安全等方面信息采集、识别和监测。

（2）通信网络层：广泛互联，以互联网、电信网、广播电视网以及传输介质为光纤的城市专用网作为骨干传输网络，以覆盖全城的无线网络（如 WiFi）、移动 4G 为主要接入网，组成网络通信基础设施。

图 1-25 是位于北京延庆的 GPS 卫星信号接收基站，通过计算 GPS 信号的延迟，可以监测地壳形变和大气水汽的变化，精度可以到毫米级，数据通过网络实时传送到管理中心，综合其他信息，对城市天气预报和城市防震减灾有辅助决策作用。

图 1-25　GPS 接收基站，用于监测地壳形变和大气水汽变化，数据通过网络实时传送到管理中心

（3）计算与存储层：包括软件资源、计算资源和存储资源，为智慧城市提供数据存

储和计算，保障上层对于数据汇聚的相关需求。

（4）数据及服务支撑层：利用 SOA（面向服务的体系架构）、云计算、大数据等技术，通过数据和服务的融合，支撑承载智慧应用层中的相关应用，提供应用所需的各种服务和共享资源。

（5）智慧应用层：各种基于行业或领域的智慧应用及应用整合，如智慧交通、智慧家政、智慧园区、智慧社区、智慧政务、智慧旅游、智慧环保等，为社会公众、企业、城市管理者等提供整体的信息化应用和服务。

2）支撑体系

（1）安全保障体系：为智慧城市建设构建统一的安全平台，实现统一入口、统一认证、统一授权、日志记录服务。

（2）建设和运营管理体系：为智慧城市建设提供整体的运维管理机制，确保智慧城市整体建设管理和可持续运行。

（3）标准规范体系：标准规范体系用于指导和支撑我国各地城市信息化用户、各行业智慧应用信息系统的总体规划和工程建设，同时规范和引导我国智慧城市相关 IT 产业的发展，为智慧城市建设、管理和运行维护提供统一规范，便于互联、共享、互操作和扩展。

3．智慧城市建设的指导思想、基本原则和主要目标

1）指导思想

按照走集约、智能、绿色、低碳的新型城镇化道路的总体要求，发挥市场在资源配置中的决定性作用，加强和完善政府引导，统筹物质、信息和智力资源，推动新一代信息技术创新应用，加强城市管理和服务体系智能化建设，积极发展民生服务智慧应用，强化网络安全保障，有效提高城市综合承载能力和居民幸福感受，促进城镇化发展质量和水平全面提升。

2）基本原则

（1）以人为本，务实推进。智慧城市建设要突出为民、便民、惠民，推动创新城市管理和公共服务方式，向城市居民提供广覆盖、多层次、差异化、高质量的公共服务，避免重建设、轻实效，使公众分享智慧城市建设成果。

（2）因地制宜，科学有序。以城市发展需求为导向，根据城市地理区位、历史文化、资源禀赋、产业特色、信息化基础等，应用先进适用技术科学推进智慧城市建设。在综合条件较好的区域或重点领域先行先试，有序推动智慧城市发展，避免贪大求全、重复建设。

（3）市场为主，协同创新。积极探索智慧城市的发展路径、管理方式、推进模式和保障机制。鼓励建设和运营模式创新，注重激发市场活力，建立可持续发展机制。鼓励社会资本参与建设投资和运营，杜绝政府大包大揽和不必要的行政干预。

（4）可管可控，确保安全。落实国家信息安全等级保护制度，强化网络和信息安全管理，落实责任机制，健全网络和信息安全标准体系，加大依法管理网络和保护个人信息的力度，加强要害信息系统和信息基础设施安全保障，确保安全可控。

3）主要目标

到 2020 年，建成一批特色鲜明的智慧城市，聚集和辐射带动作用大幅增强，综合竞争优势明显提高，在保障和改善民生服务、创新社会管理、维护网络安全等方面取得显著成效。

（1）公共服务便捷化。在教育文化、医疗卫生、计划生育、劳动就业、社会保障、住房保障、环境保护、交通出行、防灾减灾、检验检测等公共服务领域，基本建成覆盖城乡居民、农民工及其随迁家属的信息服务体系，公众获取基本公共服务更加方便、及时、高效。

（2）城市管理精细化。市政管理、人口管理、交通管理、公共安全、应急管理、社会诚信、市场监管、检验检疫、食品药品安全、饮用水安全等社会管理领域的信息化体系基本形成，统筹数字化城市管理信息系统、城市地理空间信息及建（构）筑物数据库等资源，实现城市规划和城市基础设施管理的数字化、精准化水平大幅提升，推动政府行政效能和城市管理水平大幅提升。

（3）生活环境宜居化。居民生活数字化水平显著提高，水、大气、噪声、土壤和自然植被环境智能监测体系和污染物排放、能源消耗在线防控体系基本建成，促进城市人居环境得到改善。

（4）基础设施智能化。宽带、融合、安全、泛在的下一代信息基础设施基本建成。电力、燃气、交通、水务、物流等公用基础设施的智能化水平大幅提升，运行管理实现精准化、协同化、一体化。工业化与信息化深度融合，信息服务业加快发展。

（5）网络安全长效化。城市网络安全保障体系和管理制度基本建立，基础网络和要害信息系统安全可控，重要信息资源安全得到切实保障，居民、企业和政府的信息得到有效保护。

4．智慧城市建设的关键

1）科学制定智慧城市建设顶层设计

（1）加强顶层设计。城市人民政府要从城市发展的战略全局出发研究制定智慧城市建设方案。方案要突出为人服务，深化重点领域智慧化应用，提供更加便捷、高效、低成本的社会服务；要明确推进信息资源共享和社会化开发利用、强化信息安全、保障信息准确可靠以及同步加强信用环境建设、完善法规标准等的具体措施；要加强与国民经济和社会发展总体规划、主体功能区规划、相关行业发展规划、区域规划、城乡规划以及有关专项规划的衔接，做好统筹城乡发展布局。

（2）推动构建普惠化公共服务体系。加快实施信息惠民工程。推进智慧医院、远程医疗建设，普及应用电子病历和健康档案，促进优质医疗资源纵向流动。建设具有随时看护、远程关爱等功能的养老信息化服务体系。建立公共就业信息服务平台，加快推进就业信息全国联网。加快社会保障经办信息化体系建设，推进医保费用跨市即时结算。推进社会保障卡、金融 IC 卡、市民服务卡、居民健康卡、交通卡等公共服务卡的应用集成和跨市一卡通用。围绕促进教育公平、提高教育质量和满足市民终身学习需求，建设完善教育信息化基础设施，构建利用信息化手段扩大优质教育资源覆盖面的有效机制，推进优质教育资源共享与服务。加强数字图书馆、数字档案馆、数字博物馆等公益设施建设。鼓励发展基于移动互联网的旅游服务系统和旅游管理信息平台。

（3）支撑建立精细化社会管理体系。建立全面设防、一体运作、精确定位、有效管控的社会治安防控体系。整合各类视频图像信息资源，推进公共安全视频联网应用。完善社会化、网络化、网格化的城乡公共安全保障体系，构建反应及时、恢复迅速、支援有力的应急保障体系。在食品药品、消费品安全、检验检疫等领域，建设完善具有溯源追查、社会监督等功能的市场监管信息服务体系，推进药品阳光采购。整合信贷、纳税、履约、产品质量、参保缴费和违法违纪等信用信息记录，加快征信信息系统建设。完善群众诉求表达和受理信访的网络平台，推进政府办事网上公开。

（4）促进宜居化生活环境建设。建立环境信息智能分析系统、预警应急系统和环境质量管理公共服务系统，对重点地区、重点企业和污染源实施智能化远程监测。依托城市统一公共服务信息平台建设社区公共服务信息系统，拓展社会管理和服务功能，发展面向家政、养老、社区照料和病患陪护的信息服务体系，为社区居民提供便捷的综合信息服务。推广智慧家庭，鼓励将医疗、教育、安防、政务等社会公共服务设施和服务资源接入家庭，提升家庭信息化服务水平。

（5）建立现代化产业发展体系。运用现代信息化手段，加快建立城市物流配送体系和城市消费需求与农产品供给紧密衔接的新型农业生产经营体系。加速工业化与信息化深度融合，推进大型工业企业深化信息技术的综合集成应用，建设完善中小企业公共信息服务平台，积极培育发展工业互联网等新兴业态。加快发展信息服务业，鼓励信息系统服务外包。建设完善电子商务基础设施，积极培育电子商务服务业，促进电子商务向旅游、餐饮、文化娱乐、家庭服务、养老服务、社区服务以及工业设计、文化创意等领域发展。

（6）加快建设智能化基础设施。加快构建城乡一体的宽带网络，推进下一代互联网和广播电视网建设，全面推广三网融合。推动城市公用设施、建筑等智能化改造，完善建筑数据库、房屋管理等信息系统和服务平台。加快智能电网建设。健全防灾减灾预报预警信息平台，建设全过程智能水务管理系统和饮用水安全电子监控系统。建设交通诱导、出行信息服务、公共交通、综合客运枢纽、综合运行协调指挥等智能系统，推进北斗导航卫星地基增强系统建设，发展差异化交通信息增值服务。建设智能物流信息平台和仓储式物流平台枢纽，加强港口、航运、陆运等物流信息的开发共享和社会化应用。

2）切实加大信息资源开发共享力度

（1）加快推进信息资源共享与更新。统筹城市地理空间信息及建（构）筑物数据库等资源，加快智慧城市公共信息平台和应用体系建设。建立促进信息共享的跨部门协调机制，完善信息更新机制，进一步加强政务部门信息共享和信息更新管理。各政务部门应根据职能分工，将本部门建设管理的信息资源授权有需要的部门无偿使用，共享部门应按授权范围合理使用信息资源。以城市统一的地理空间框架和人口、法人等信息资源为基础，叠加各部门、各行业相关业务信息，加快促进跨部门协同应用。整合已建政务信息系统，统筹新建系统，建设信息资源共享设施，实现基础信息资源和业务信息资源的集约化采集、网络化汇聚和统一化管理。

（2）深化重点领域信息资源开发利用。城市人民政府要将提高信息资源开发利用水平作为提升城市综合竞争力的重要手段，大力推动政府部门将企业信用、产品质量、食品药品安全、综合交通、公用设施、环境质量等信息资源向社会开放，鼓励市政公用企事业单位、公共服务事业单位等机构将教育、医疗、就业、旅游、生活等信息资源向社会开放。支持社会力量应用信息资源发展便民、惠民、实用的新型信息服务。鼓励发展以信息知识加工和创新为主的数据挖掘、商业分析等新型服务，加速信息知识向产品、资产及效益转化。

3）积极运用新技术新业态

（1）加快重点领域物联网应用

支持物联网在高耗能行业的应用，促进生产制造、经营管理和能源利用智能化。鼓励物联网在农产品生产流通等领域应用。加快物联网在城市管理、交通运输、节能减排、食品药品安全、社会保障、医疗卫生、民生服务、公共安全、产品质量等领域的推广应用，提高城市管理精细化水平，逐步形成全面感知、广泛互联的城市智能管理和服务体系。

（2）促进云计算和大数据健康发展

鼓励电子政务系统向云计算模式迁移。在教育、医疗卫生、劳动就业、社会保障等重点民生领域，推广低成本、高质量、广覆盖的云服务，支持各类企业充分利用公共云计算服务资源。加强基于云计算的大数据开发与利用，在电子商务、工业设计、科学研究、交通运输等领域，创新大数据商业模式，服务城市经济社会发展。

（3）推动信息技术集成应用

面向公众实际需要，重点在交通运输联程联运、城市共同配送、灾害防范与应急处置、家居智能管理、居家看护与健康管理、集中养老与远程医疗、智能建筑与智慧社区、室内外统一位置服务、旅游娱乐消费等领域，加强移动互联网、遥感遥测、北斗导航、地理信息等技术的集成应用，创新服务模式，为城市居民提供方便、实用的新型服务。

4）着力加强网络信息安全管理和能力建设

（1）严格全流程网络安全管理

城市人民政府在推进智慧城市建设中要同步加强网络安全保障工作。在重要信息系统设计阶段，要合理确定安全保护等级，同步设计安全防护方案；在实施阶段，要加强对技术、设备和服务提供商的安全审查，同步建设安全防护手段；在运行阶段，要加强管理，定期开展检查、等级评测和风险评估，认真排查安全风险隐患，增强日常监测和应急响应处置恢复能力。

（2）加强要害信息设施和信息资源安全防护

加大对党政军、金融、能源、交通、电信、公共安全、公用事业等重要信息系统和涉密信息系统的安全防护，确保安全可控。完善网络安全设施，重点提高网络管理、态势预警、应急处理和信任服务能力。统筹建设容灾备份体系，推行联合灾备和异地灾备。建立重要信息使用管理和安全评价机制。严格落实国家有关法律法规及标准，加强行业和企业自律，切实加强个人信息保护。

（3）强化安全责任和安全意识

建立网络安全责任制，明确城市人民政府及有关部门负责人、要害信息系统运营单位负责人的网络信息安全责任，建立责任追究机制。加大宣传教育力度，提高智慧城市规划、建设、管理、维护等各环节工作人员的网络信息安全风险意识、责任意识、工作技能和管理水平。鼓励发展专业化、社会化的信息安全认证服务，为保障智慧城市网络信息安全提供支持。

5. 智慧城市典型应用

（1）公用事业智能化。运用物联网、云计算等新一代信息技术，以水、电、气、热及地下管线等市政公共基础设施的信息采集、信息网络和数据中心建设为重点，建设智能供水、供电、供暖、供气和城市地下管线综合管理体系，提高公用事业智能化运行水平。

（2）城市智能交通。实现对车辆、道路、泊位等交通信息的精确采集、及时发布与共享，提高调度管理智能化水平。图1-26所示的交通流量监测系统，通过随车的移动终端上的交通软件，实时获取道路流量信息和车辆速度信息，经过计算平台的综合分析，可以获得城市主要道路、路口的交通实时信息并做出交通预测。

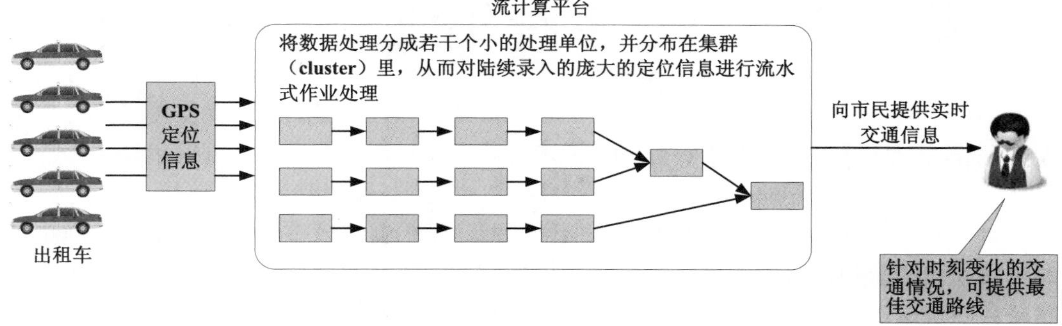

图 1-26 交通流量监测系统

（3）城市应急联动。共享应急救助资源，增强应急指挥调度协同能力，形成统一指挥、反应灵敏、运转高效的应急联动体系，提高城市应急处置水平。

第 2 章　信息系统集成及服务管理

2.1　信息系统集成及服务管理体系

自 1993 年以来，在我国多年发展信息产业、推广信息技术应用的基础上，开始全面启动国民经济和社会信息化建设。随着信息技术的飞速发展，信息系统也越来越深入到社会各阶层。这些年来我国在信息系统建设和信息产业发展方面也相应取得了巨大成绩，积累了宝贵经验，主流是健康的。但是，信息系统建设随后也陆续暴露出各种问题，虽然不是主流，但也不容忽视。随着我国信息化建设的逐步推进，对信息系统集成及服务的引导和管理，逐渐形成了我国自有的信息系统集成及服务管理体系。

2.1.1　信息系统集成及服务管理的内容

信息系统集成及服务是一个范围相当广泛的概念，所有以满足企业和机构的业务发展所带来的信息化需求为目的，基于信息技术和信息化理念而提供的专业信息技术咨询服务、系统集成服务、技术支持服务、运行维护服务等工作，都属于信息系统集成及服务的范畴。其中信息技术咨询服务是信息系统集成及服务的前端环节，为企业提供信息化建设规划和解决方案。而根据信息化建设方案选择合适的软硬件产品搭建信息化平台，根据企业的业务流程和管理要求进行软件和应用开发，以及系统建成后的长期维护和升级换代等，属于信息系统集成及服务的中间及下游环节，是信息系统集成及服务在不同时期、不同阶段的具体表现，覆盖了各行各业信息化建设的全过程。

在我国的信息化建设过程中，信息系统集成及服务存在诸多问题，普遍存在的主要问题如下：

（1）系统质量不能满足应用的基本需求；

（2）工程进度拖后延期；

（3）项目资金使用不合理或严重超出预算；

（4）项目文档不全甚至严重缺失；

（5）在项目实施过程中系统业务需求一变再变；

（6）在项目实施过程中经常出现扯皮、推诿现象；

（7）系统存在着安全漏洞和隐患；

（8）重硬件轻软件，重开发轻维护，重建设轻应用；

（9）信息系统服务企业缺乏规范的流程和能力管理；

（10）信息系统建设普遍存在产品化与个性化需求的矛盾；

（11）开放性要求高，而标准和规范更新快。

这些问题严重阻碍着信息化建设进程，存在重复建设和资金浪费的现象，甚至产生了令人痛心的豆腐渣工程。有些项目，虽然资金投入了，系统却没有建起来；或者，虽然系统建立了，却不能发挥信息系统应有的作用，等等。于是导致投资见不到效果，见不到效益，使国家和用户单位蒙受极大经济损失。

究其原因，自然要具体问题具体分析，而且不同项目之间也往往存在着差异，但概括起来，主要有以下 5 点：

（1）不具备技术实力的系统集成商搅乱信息系统集成及服务市场；

（2）一些建设单位在选择项目承建商和进行业务需求分析方面经验不足；

（3）信息系统集成及服务企业自身建设有待加强；

（4）缺乏相应的机制和制度；

（5）企业能力建设缺乏相关的指导标准。

我国信息产业与信息化建设的主管部门和领导机构，在积极推进信息化建设的过程中对所产生的问题予以密切关注并且逐步采取了有效措施，各省、自治区、直辖市、计划单列市等地方政府的信息产业及信息化主管部门也积极参与并且发挥创造性，进行了有益的探索。

为了保证信息系统工程项目投资、质量、进度及效果各方面处于良好的可控状态，在针对出现的问题不断采取相应措施的探索过程中，逐步形成了中国特色的信息系统集成及服务管理体系，主要内容如下：

（1）信息系统集成、运维服务和信息系统监理资质管理；

（2）信息系统集成、运维服务和信息系统监理相关人员管理；

（3）国家计划（投资）部门对规范的、具备信息系统项目管理能力的企业和人员的建议性要求；

（4）信息系统用户对规范的、具备信息系统项目管理能力的企业和人员市场性需求。

在市场经济条件下，政府主管部门的作用是加强“引导、规范、监管、服务”，而信息系统集成及服务工程的突出特点是投资和风险都很巨大，因此政府主管部门对其进行合理规范与监管显得尤为重要。但是，我们也清醒地认识到这些制度需要与时俱进，同时也要考虑发挥市场经济中市场的力量，因此，研究与探讨国际上 IT 治理与管理的先进经验，规范信息化建设市场的秩序，保证信息系统集成及服务工程的质量，降低风险，提高信息系统集成及服务的效率与效益，培育高素质的中介服务机构和从业人员，是加快推进我国信息化建设步伐的一项重要工作。政府主管部门也在不断探索，逐步引入和推行如信息技术服务标准（ITSS）评估、IT 服务管理体系（ITSMS）认证、信息安全管理体系（ISMS）认证、IT 审计、IT 治理等制度。

2.1.2 信息系统集成及服务管理的推进

我国信息系统集成及服务管理体系的形成，可以说是在解决问题的过程中逐步推进产生的，在此，介绍一下我国现行几种信息系统集成及服务管理内容的形成和推进过程。

1. 实施信息系统集成及服务资质管理制度

1）推荐优秀系统集成商

针对 1993 年以后开展“金”系列工程中出现的少数单位鱼目混珠、搅乱信息系统集成市场的问题，1996 年 7 月，由原电子工业部“金”系列工程办公室主办，中国软件评测中心承办，开展了“全国优秀系统集成商推荐活动”。此次共评选出内资优秀系统集成企业、外资优秀系统集成企业、技术最强系统集成企业、最佳增值服务系统集成企业、最受用户欢迎系统集成企业、最佳经营系统集成企业、最佳售后服务系统集成企业七大类 40 家优秀系统集成企业，共收集这些公司及另外一些公司的系统集成案例 125 个。这次活动架起了企业和用户之间的桥梁，为信息系统的建设单位选择承建商创造了条件，为产业主管部门制订相关政策提供了参考依据，也为后来开展信息系统集成及服务资质认证工作积累了经验。

2）对信息系统集成企业进行资质认证

1998 年原信息产业部成立后，便开始酝酿推行信息系统集成资质认证制度，并将其列为 1999 年重点工作之一。经过将近一年的调查研究、文件起草等筹备过程，1999 年 11 月原信息产业部发出了《计算机信息系统集成资质管理办法（试行）》（信部规[1999]1047 号文，以下简称 1047 号文），决定从 2000 年 1 月 1 日起实施计算机信息系统集成资质认证制度。1047 号文明确界定：计算机信息系统集成是指从事计算机应用系统工程和网络系统工程的总体策划、设计、开发、实施、服务及保障；计算机信息系统集成的资质是指从事计算机信息系统集成的综合能力，包括技术水平、管理水平、服务水平、质量保证能力、技术装备、系统建设质量、人员构成与素质、经营业绩、资产状况等要素；计算机信息系统集成资质等级从高到低依次为一、二、三、四级。

与此同时，《计算机信息系统集成资质等级评定条件（试行）》也已完成起草工作，并且在首批申请资质的 21 个企业中试行，经修改后于 2000 年 9 月发布《关于发布计算机信息系统集成资质等级评定条件的通知》（信部规[2000] 821 号文，以下简称 821 号文）。

经过 3 年多的系统集成资质认证评审实践，证明 821 号文所发布的等级条件是切实可行的。但是，随着计算机信息系统集成事业的不断发展和计算机信息系统集成企业综合能力的不断提高，需要对 821 号文规定的等级条件进行相应调整。为此，原信息产业部于 2003 年 10 月颁布了《关于发布计算机信息系统集成资质等级评定条件（修订版）的通知》（参见信部规[2003]440 号文，以下简称 440 号文）。

为完善计算机信息系统集成企业资质管理工作，进一步规范信息系统集成行业，促进市场健康和良性发展，推动软件和信息技术服务业做大做强，工业和信息化部计算机信息系统集成资质认证工作办公室对原信息产业部《计算机信息系统集成资质等级评定条件（修定版）》（信部规[2003]440 号）再次进行了修订，2012 年 5 月，颁布了《计算机信息系统集成企业资质等级评定条件（2012 年修定版）》（工信计资［2012］6 号），同时出台的还有《计算机信息系统集成企业资质等级评定条件实施细则》。

随着《国务院关于取消和下放一批行政审批项目的决定》（国发〔2014〕5 号）的发布，为充分发挥市场机制的作用，进一步调动企业积极性，有效行使政府行业监管职能，进一步提高信息技术服务能力和水平，计算机信息系统集成企业资质等信息技术服务资质资格认定由相关行业组织自律管理，行业主管部门做好事中事后监管工作。工业和信息化部自 2014 年 2 月 15 日起，停止计算机信息系统集成企业和人员资质认定行政审批，信息系统集成及服务资质认定工作由中国电子信息行业联合会负责实施。各省、自治区、直辖市及计划单列市、新疆生产建设兵团工业和信息化主管部门也停止资质认定行政审批相关工作。

自 2000 年 9 月 11 日公布首批获得计算机信息系统集成资质证书名单（共 21 家企业）开始，2015 年 7 月该证书更名为信息系统集成及服务资质证书，至 2015 年 12 月止，已有 6157 家企业获得信息系统集成及服务资质证书，其中：一级 251 家；二级 706 家；三级 3469 家；四级 1731 家。

信息系统集成及服务资质认证工作开展以来，成绩显著，影响巨大，主要表现在以下几个方面。

（1）认证工作及结果被各级政府和社会各界广泛认同，例如：

2000 年 12 月 28 日发布的北京市人民政府令（第 67 号）第十条规定："未经资质认证的单位，不得承揽或者以其他单位名义承揽信息化工程"；第十一条规定："建设单位不得将信息化工程项目发包给不具备相关资质等级的单位"。

2001 年 9 月 12 日国家保密局发出的《关于印发（涉及国家秘密的计算机信息系统集成资质管理办法（试行））的通知》中，把"具有信息产业部颁发的《计算机信息系统集成资质证书》（一级或二级）"作为"涉密系统集成单位"的必要条件。

2002 年 9 月 18 日《国务院办公厅转发国务院信息化工作办公室关于振兴软件产业行动纲要的通知》（国办发[2002]47 号文）要求：认真贯彻执行《振兴软件产业行动纲要》。在该行动纲要中要求："对国家重大信息化工程实行招标制、工程监理制，承担单位实行资质认证"；而且，行动纲要明确规定："利用财政性资金建设的信息化工程，用于购买软件产品和服务的资金原则上不得低于总投资的 30%"。这就进一步加大了信息产业部信部规[2000]821 号文中关于信息系统集成项目中关于"软件费用应占工程项目总值的 30%以上"这一要求的贯彻力度。

现在，企业的信息系统集成及服务资质已成为信息系统建设单位在选择承建商时的重要依据，或者说成为系统集成商承揽信息系统工程特别是重大信息系统工程的必要条件。

（2）资质认证过程中要对企业的软件开发和系统集成的人员队伍、环境设备、质保体系、客服体系、培训体系、软件成果及所占比例、注册资本及财务状况、营业规模及业绩、项目质量、单位信誉等各方面进行严格审查，还要进行每年一次年度数据填报和每四年进行一次换证等检查。这一方面使系统集成企业受到严格的社会监督，另一方面也使得企业的综合实力和素质有了显著提高。

（3）有效地规范了信息系统集成市场，使皮包商钻空子和搅乱市场秩序的状况得到控制。

（4）信息系统工程质量显著提高。

（5）对于广大用户为支持软件与系统集成业发展创造良好环境起到引导作用。例如，过去普遍重视硬件轻视软件，现在逐步提高了对软件价值、系统集成价值和运行维护价值的认识。

2．推行项目经理制度

信息系统建设等都是以项目的形式提供服务。信息系统的建设单位，不仅关心信息系统承建商的资质等级，还关心企业最终委派哪些人投入到该项目，特别是由哪一位出任项目经理。如果项目经理不够格，用户还是难于对该项目的完成建立信心，当然也难于对承建单位放心满意。所以，实行项目经理制是系统集成及服务资质认证深入开展的必然结果，是保证信息系统工程质量的必要措施。

为此，信息产业部从2001年初就开始实施计算机信息系统集成项目经理制进行调研和相关文件起草的工作。在此过程中得到了社会各界特别是广大信息系统集成企业的大力支持。

2002年8月28日，信息产业部发出《关于发布<计算机信息系统集成项目经理资质管理办法（试行）>的通知》（信部规[2002] 382号文）（以下简称为《项目经理管理办法》），决定在计算机信息系统集成行业推行项目经理制度。

- 《项目经理管理办法》首先界定了此处所指的项目经理的含义，指出：计算机信息系统集成项目经理是指从事计算机信息系统集成业务的企、事业单位法定代表人在计算机信息系统集成项目中的代表人，是受系统集成企、事业单位法定代表人委托对系统集成项目全面负责的项目管理者。
- 《项目经理管理办法》将系统集成项目经理分为项目经理、高级项目经理两个级别，并且分别列出了这两个级别的评定条件。
- 《项目经理管理办法》对系统集成项目经理的职责和职业范围提出了明确要求，对其资质的申请及审批流程做出了明确规定，并且就系统集成项目经理的监督管理做出了较为详细的具体规定。

2015年7月由中国电子信息行业联合会发布《信息系统集成及服务项目管理人员登记管理办法（暂行）》对项目经理和高级项目经理实施企业聘任制度。

截止2015年12月止，已有40010人获得系统集成项目经理资质证书，14194人获得系统集成高级项目经理资质证书。

3．推出 ITSS 标准及评估服务

2009 年 4 月 15 日，国务院正式发布《电子信息产业调整和振兴规划》（以下简称：规划），在强化自主创新能力建设方面明确提出“加快制定信息技术服务标准和规范”。为了贯彻落实规划要求，2009 年 4 月 23 日，工业和信息化部软件服务业司成立了信息技术服务标准工作组（以下简称：工作组），负责研究并建立信息技术服务标准体系，制定信息技术服务领域的相关标准，彻底改变信息系统服务领域标准缺乏，概念混乱，业务划分不清的问题。并按照信息服务生命周期推出一套完整的 IT 服务标准体系 ITSS（Information Technology Service Standards，信息技术服务标准），包含了 IT 服务的规划设计、部署实施、服务运营、持续改进和监督管理等全生命周期阶段应遵循的标准，涉及信息系统建设、运行维护、服务管理、治理及外包等业务领域，是一套体系化的信息技术服务标准库。

2012 年首先推出《信息技术服务 分类与代码》（GB/T 29264-2012）；《信息技术服务 运行维护 第 1 部分：通用要求》（GB/T 28827.1-2012）；《信息技术服务 运行维护 第 2 部分：交付规范》（GB/T 28827.2-2012）；《信息技术服务 运行维护 第 3 部分：应急响应规范》（GB/T 28827.3-2012），并于 2013 年 6 月由“中国电子工业标准化技术协会信息技术服务分会”发布 18 家第一批通过《信息技术服务 运行维护 第 1 部分：通用要求》（GB/T 28827.1-2012）符合性评估的企业。

为进一步推动运维企业管理水平的提高，基于《信息技术服务 运行维护 第 1 部分：通用要求》（GB/T 28827.1-2012）；《信息技术服务 运行维护 第 2 部分：交付规范》（GB/T 28827.2-2012）；《信息技术服务 运行维护 第 3 部分：应急响应规范》（GB/T 28827.3-2012），于 2014 年 2 月由“中国电子工业标准化技术协会信息技术服务分会”发布《信息技术服务 运行维护服务能力成熟度模型》ITSS.1-2015。该模型把运维企业按照成熟度分为四级，一级最高，四级最低。截止到 2015 年 12 月通过运维标准符合性评估单位 323 家（其中用户单位 5 家）。

2.2　信息系统集成及服务资质管理

2.2.1　信息系统集成及服务资质管理的必要性和意义

这些年系统集成及服务业的发展主流是健康的。但是，也确实存在着一些问题，不容忽视。首先，一个重要问题是用户在选择集成商的时候缺少依据和标准，特别是在重大项目招标和实施过程中，缺少必要的监督、检查；此外，有些重大工程项目中的一些流程，包括软件、程序、存档材料，缺少标准，也比较乱，也给项目中软件升级方面造成不少困难。第二个问题是：由于国家信息系统工程建设要求参与竞标的企业有资质和业绩，而我们当时还没有给企业确认资质等级，所以相当多的企业在参与国际竞争中有困难。第三个问题是：少数不具备承建信息系统工程能力的单位甚至个人，搅乱市场秩序，破坏“游戏规则”，通过各种各样关系，采用不正当手段，拿到了项目，又不能很好完成这些项目，信息工程完成之日，也是这个项目死亡之时，没有很好发挥作用，为国家和用户部门造成极大经济损失，产生了很坏的社会影响。一些地区和行业主管部门陆续向我们反映这样的情况，已经引起了当时的电子工业部的领导同志的重视，认识到开展计算机信息系统集成企业资质认证工作确实是迫在眉睫，势在必行。1996 年 7 月，由当时的电子工业部计算机与信息化推进司暨金系列工程办公室主办，中国软件评测中心承办，开展了“全国优秀系统集成商评选推荐活动”。这次共评选出技术最强系统集成企业、最佳增值服务系统集成企业等七大类 40 家优秀系统集成企业，共收集系统集成案例 125 个。应该说这次活动为企业和用户之间架起了一个桥梁，为日后信息系统相关政策制定提供了参考依据，为信息系统的主建单位选择承建单位创造了条件，是为日后开展计算机信息系统集成企业资质认证工作进行的有益探索。1998 年信息产业部一成立，便将信息系统企业资质认证列入正式工作日程，并组织有关单位，做了大量调查研究和各项准备工作，于 1999 年 11 月份发出了《计算机信息系统集成资质管理办法（试行）》（信部规［1999］1047 号文件），决定从 2000 年 1 月 1 日起开始做试点工作。资质认证工作至少有如下意义：

（1）有利于系统集成及服务企业展示自身实力，参与市场竞争；按照等级条件，加强自身建设。

（2）有利于规范信息系统集成及服务市场。

（3）有利于保证信息系统及服务工程质量。

2.2.2 信息系统集成及服务资质管理办法

中国电子信息行业联合会（以下简称电子联合会）根据国务院关于标准化改革工作的有关要求，组织制定了《信息系统集成及服务资质认定管理办法（暂行）》，自 2015 年 7 月 1 日起实行，管理办法分为 7 章，分别为总则，工作机构，资质设定，资质申请与认定，资质证书管理，监督管理及投诉、申诉和罚则，附则。

1．工作机构

电子联合会设立信息系统集成资质工作委员会（以下称电子联合会资质工作委员会），负责协调、管理资质认定工作，对资质认定结果进行审定。电子联合会资质工作委员会下设信息系统集成资质工作办公室（以下称电子联合会资质办）作为电子联合会资质工作委员会的日常办事机构，负责具体组织实施资质认定工作。根据资质认定工作的需要，电子联合会资质办可在获证企业数量较多或有必要的地区设立地方信息系统集成资质服务中心（以下称地方服务中心）。地方服务中心依照电子联合会资质办的委托在本地区开展资质认定服务工作。信息系统集成资质评审机构（以下称评审机构）负责在电子联合会资质办认定的范围内开展资质评审工作，包括对资质申报材料的完整性、真实性、有效性及与资质等级评定条件的符合性等方面进行独立审核，并出具评审报告。评审机构分为 A 级和 B 级。A 级评审机构可在全国各地区开展资质评审工作。B 级评审机构可在本地区开展资质评审工作。为确保评审机构的评审工作公平、公正，并提升评审工作质量，电子联合会资质办可委托见证机构对评审机构的现场评审过程进行见证，并出具见证报告。

2．资质设定

信息系统集成及服务资质是对企业从事信息系统集成及服务综合能力和水平的客观评价，集成资质分为一级、二级、三级和四级四个等级，其中一级最高。为适应信息技术发展和市场的需求，电子联合会将适时开展针对信息系统集成及服务不同环节设定的分项资质及针对市场特定需要而专门设定的专项资质的认定工作。分项资质和专项资质的认定，原则上遵守本办法的相关规定，具体管理办法和资质等级评定条件由电子联合会另行制定发布。电子联合会对信息系统集成项目管理人员（以下称项目管理人员）实施登记管理。

3．资质申请与认定

凡从事信息系统集成及服务的企业，可根据电子联合会发布的资质等级评定条件和自身能力水平情况，自愿申请相应类别和级别的资质认定。资质认定根据评审与审定分离的原则，按照先由评审机构评审，再由电子联合会审定的程序进行。资质认定分为新申报和换证申报，除特别规定的事项外，新申报和换证申报的评定条件及认定程序相同。

申请资质认定的企业（以下称申请企业）应具备下列基本条件：

（1）是在中华人民共和国境内注册的企业法人；

（2）能够提供与资质等级评定条件相关的证明材料；

（3）承诺并遵守行业公约，并认同《信息系统集成及服务资质认定管理办法（暂行）》。

资质认定程序如下：

（1）申请企业自主选择符合条件的评审机构并向其提交申报材料。其中，申请一级、二级集成资质的企业应向 A 级评审机构提交申报材料，申请三级、四级集成资质的企业可向注册所在地的 B 级评审机构提交申报材料，或向 A 级评审机构提交申报材料。

（2）评审机构接收申报材料后，组织实施文件评审和现场评审并出具评审报告。其中，一级、二级集成资质的现场评审，应由见证机构进行见证并出具见证报告。

（3）评审机构在出具同意意见的评审报告后，将申请企业的申报材料和评审报告提交至电子联合会资质办或申请企业注册所在地的地方服务中心。

（4）电子联合会资质办审查申报材料和评审报告，并组织召开资质评审会。对通过评审会的集成一级、二级资质新申报企业，电子联合会资质办在工作网站公示 10 天。

（5）电子联合会资质办将资质评审会及公示结果报电子联合会资质工作委员会审定，并向通过审定的企业颁发资质证书。

4．资质证书管理

资质证书有效期四年，分为正本和副本，正本和副本具有同等效力。在资质证书有效期内，持证企业每年应按时向电子联合会资质办提交年度数据信息，不能按时提交年度数据信息的企业，视为其自动放弃资质证书。在资质证书有效期期满前，持证企业应按时完成换证申报认定，未按时完成换证申报认定的企业，其资质证书视为自动失效。持证企业资质证书记载事项发生变更的，应在变更发生后 30 日内，向电子联合会资质办或注册所在地的地方服务中心提交资质证书变更申请材料，电子联合会资质办核实无误后，换发资质证书。持证企业遗失资质证书，应按电子联合会资质办要求发布遗失声明后，向电子联合会资质办或注册所在地的地方服务中心提交资质证书遗失补发申请，电子联合会资质办核实无误后，补发资质证书。

2.2.3 信息系统集成资质等级条件

根据国务院关于标准化改革工作的有关要求，电子联合会组织制定了《信息系统集成资质等级评定条件（暂行）》，自 2015 年 7 月 1 日起实行。系统集成资质等级评定条件主要由综合条件、财务状况、信誉、业绩、管理能力、技术实力、人才实力 7 个方面描述的。

1．综合条件

综合条件从企业的从业年限、获取低一级资质年数、主业是否为系统集成、注册资金等基本情况来衡量。注册资金数目在一定程度上反映了企业的经济实力和承担风险的能力。不同级别要求注册资金大小的差异，表明高级别资质能力更强。

2．财务状况

系统集成企业要求财务状况良好。如果企业近三年中连续两年亏损，或虽只有一年亏损，但亏损额较大则反映其财务状况不佳。

注意，企业的财务状况应由有资质的审计机构提供的财务数据说明，或以其他方式证明企业所提供的财务数据是可信的。

3．信誉

企业必须从提高自身的综合实力和提高对客户的服务水平及效果上下功夫以提高并保持其信誉度。

企业必须重视来自客户的意见反馈。只要有客户投诉，就应该认真调查。

4．业绩

业绩要求主要从企业近三年完成的系统集成项目额、项目规模、项目的技术含量、项目的软件费用比例、项目的实施质量、企业所完成项目在主要业务领域的水平等方面衡量。

不同级别的主要差别，不仅体现在其项目的数量上，而且也体现在项目的规模、技术含量、完成的质量上。

请注意，此处要求一定是“完成”了的项目才能计入业绩，不包括正在进行中的项目。也就是说，经过建设单位签字、验收了的项目才算完成，这也表明建设单位对项目质量的认可。

5．管理能力

管理能力要求主要从质量管理、客户服务、企业的信息管理系统、企业负责人以及技术、财务负责人等方面能力衡量。

1）质量管理体系

对不同级别的系统集成企业都要求建立有质量管理体系并能有效实施。对高级资质还要求要通过第三方认证机构的认证，且不同级别还从取得认证的时间上有不同的要求。

注意，条件中要求有效实施是指：

① 企业在运作过程中严格执行单位制度文件和质量体系文件。

② 有详细完整的实施记录。

③ 有可视化的实施效果。

2）客户服务管理

对不同级别的系统集成企业要求建立有客户服务制度，并配备专门客服部门和客服人员。越高级别要求越高。

6．技术实力

各级别的技术实力要求主要从企业在某些业务领域的实力、软件研发能力、开发环境、研发投入等方面衡量。

1）业务领域

对不同级别的系统集成企业都要求有明确或主要的业务领域，而且在主要的业务领域上技术实力、市场占有率有不同的要求。

2）软件开发能力

主要从企业自主开发的软件平台、软件产品的情况衡量，同时也要求所开发的软件应应用到系统集成项目上。同时开发能力也体现在开发环境和研发投入费用上。

7．人才实力

各级别的人才实力要求主要从工程技术人员、本科以上人员比例、项目经理数目、培训体系和人力资源管理水平等方面衡量。

项目经理数量是最能体现企业对系统集成项目实施和管理能力的指标。

2.3　ITIL 与 IT 服务管理、ITSS 与信息技术服务、信息系统审计

2.3.1　ITIL 与 IT 服务管理

1．ITIL 的概念及其发展

1）ITIL 概念

ITIL 的全称是 Information Technology Infrastructure Library（信息技术基础架构库），

是 CCTA（英国国家计算机和电信局）于 20 世纪 80 年代末开发的一套 IT 服务管理规范库。

ITIL 最初是为了提高英国政府部门 IT 服务质量而开发，但它很快在英国的各个企业中得到了广泛的应用和认可。随之 ITIL 把英国各个行业在 IT 管理方面的最佳实践归纳起来形成规范，旨在提高 IT 资源的利用率和服务质量。目前 ITIL 已经成为业界通用的事实标准，是目前业界普遍采用的一系类 IT 服务管理的实际标准及最佳实践指南。

ITIL 包含着如何管理 IT 基础设施的流程描述，以流程为向导、以客户为中心，通过整合 IT 服务与企业服务，提高企业的 IT 服务提供和服务支持的能力和水平。

2）ITIL 的发展

ITIL 到目前为止，已经经历了 3 个主要版本：

（1）V1：1989～1995 年出版，包含 31 本书，内容覆盖 IT 服务提供的所有方面。

（2）V2：2000～2004 年出版，共有 7 本书，包含服务支持、服务提供、实施服务管理规划、应用管理、安全管理、基础架构管理及 ITIL 的业务前景 7 个体系。

（3）V3：2007 年出版，提出 IT 服务生命周期概念，整合了 V1 和 V2 的精华，融入了 IT 服务管理领域当前的最佳实践。V3 的核心为 5 本书（服务战略、服务设计、服务转换、服务运营、服务持续改进），强调 ITIL 最佳实践的执行支持，以及在改进过程中需要注意的细节。

（4）ITIL 2011：为 V3 的更新版本，不是全新改版，更新版纠正了一些错误，更新了一些术语，阐述了整个服务生命周期中各生命周期间的接口及输入输出，提升了内容的清晰程度和整体知识结构。

2．IT 服务管理（ITSM）

ITSM（IT Service Management，IT 服务管理）起源于 ITIL，其结合了高质量服务不可缺少的过程、人员和技术这三大要素，通过集成 IT 服务和业务，协助企业提高其 IT 服务提供和支持能力，能够帮助企业对 IT 系统的规划、研发、实施和运营进行有效管理。

基于不同的出发点和侧重点，人们提出了各种各样的有关 IT 服务管理的定义。国际 IT 领域的权威研究机构高德纳（Gartner）认为，ITSM 是一套通过服务级别协议（SLA）来保证 IT 服务质量的协同流程，它融合了系统管理、网络管理、系统开发管理等管理活动和变更管理、资产管理、问题管理等许多流程的理论和实践。而 ITSM 领域的国际权威组织 itSMF 则认为 ITSM 是一种以流程为导向、以客户为中心的方法，它通过整合 IT 服务与组织业务，提高组织在 IT 服务提供和服务支持方面的能力及其水平。

1）ITSM 的核心思想

ITSM 的核心思想是，IT 组织，不管它是企业内部的还是外部的，都是 IT 服务提供者，其主要工作就是提供低成本、高质量的 IT 服务。而 IT 服务的质量和成本则需从 IT

服务的客户（购买 IT 服务的）和用户（使用 IT 服务的）方加以判断。ITSM 也是一种 IT 管理。不过与传统的 IT 管理不同，它是一种以服务为中心的 IT 管理。

我们也可以形象地把 ITSM 称作是 IT 管理的"ERP 解决方案"。从组织层面上来看，它将企业的 IT 部门从成本中心转化为服务中心和利润中心；从具体 IT 运营层面上来看，它不是传统的以职能为中心的 IT 管理方式，而是以流程为中心，从复杂的 IT 管理活动中梳理出那些核心的流程，比如事件管理、问题管理和配置管理，将这些流程规范化、标准化，明确定义各个流程的目标和范围、成本和效益、运营步骤、关键成功因素和绩效指标、有关人员的责权利，以及各个流程之间的关系。

实施 ITSM 的根本目标有以下三个。

（1）以客户为中心提供 IT 服务。

（2）提供高质量、低成本的服务。

（3）提供的服务是可准确计价的。

2）ITSM 的基本原理

ITSM 的基本原理可简单地用"二次转换"来概括，第一次是"梳理"，第二次是"打包"，如图 2-1 所示。

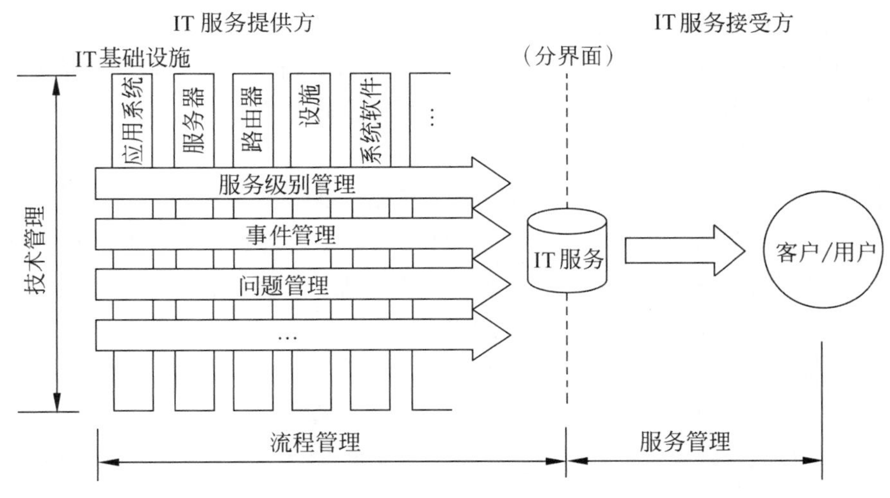

图 2-1　ITSM 的基本原理图

首先，将纵向的各种技术管理工作（这是传统 IT 管理的重点），如服务器管理、网络管理和系统软件管理等，进行"梳理"，形成典型的流程，比如 ITIL 中的 10 个流程。这是第一次转换。流程主要是 IT 服务提供方内部使用的，客户对他们并不感兴趣。仅有这些流程并不能保证服务质量而让客户满意，还需将这些流程按需"打包"成特定的 IT 服务，然后提供给客户。这是第二次转换。第一次转换将技术管理转化为流程管理，第二次转换将流程管理转化为服务管理。

之所以要进行这样的转换，有多方面的原因。从客户的角度说，IT 只是其运营业务流程的一种手段，不是目的，需要的是 IT 所实现的功能；客户没有必要，也不可能对 IT 有太多的了解，他和 IT 部门之间的交流，应该使用“商业语言”，而不是“技术语言”，IT 技术对客户应该是透明的。为此，我们需要提供 IT 服务。为了灵活、及时和有效地提供这些 IT 服务，并保证服务质量、准确计算有关成本，服务提供商就必须事先对服务进行一定程度上的分类和“固化”。流程管理是满足这些要求的一种比较理想的方式。

3）ITSM 的范围

ITSM 适用于 IT 管理而不是企业的业务管理。清楚这点非常重要，因为它明确划分了 ITSM 与 ERP、CRM 和 SCM 等管理方法和软件之间的界限，这个界限是：前者面向 IT 管理，后者面向业务管理。

ITSM 不是通用的 IT 规划方法。ITSM 的重点是 IT 的运营和管理，而不是 IT 的战略规划。如果把组织的业务过程比作安排一辆汽车去完成一趟运输任务，那么 IT 规划的任务相当于为这次旅行选定正确的路线、合适的汽车和司机。而 ITSM 的任务则是确保汽车行驶过程中司机遵循操作规程和交通规则，对汽车进行必要的维修和保养，尽量避免其出现故障；一旦出现故障也能很快修复；并且当汽车到达目的地时，整个行驶过程中的所有费用都可以准确地计算出来，这便于衡量成本效益，为做出有关调整提供决策依据。简单地说，IT 规划关注的是组织的 IT 方面的战略问题，而 ITSM 是确保 IT 战略得到有效执行的战术性和运营性活动。

虽然技术管理是 ITSM 的重要组成部分，但 ITSM 的主要目标不是管理技术。有关 IT 的技术管理是系统管理和网络管理的任务，ITSM 的主要任务是管理客户和用户的 IT 需求。这有点像营销管理。营销管理的本质是需求管理，其目标在于如何让组织生产的最终产品或提供的服务满足市场（客户）的需求。同样，在 ITSM 中，IT 部门或 IT 外包商是 IT 服务的提供者，业务部门是 IT 部门或 IT 外包商的客户，如何有效地利用 IT 资源恰当地满足业务部门的需求就成了 ITSM 的最终使命。换个角度说，对客户而言，业务部门只需关心 IT 服务有没有满足其要求，至于 IT 服务本身能不能或者怎样满足要求，业务部门作为客户不用也没有必要关心。

关于这一点，可以用下面的例子说明。某个用户急需打印一份页数较多的文件，但恰好此时打印机出现故障，那么用户传统的处理方式是通知和等待 IT 部门修复打印机，然后从感情上表达不满，而“ITSM 式”的处理方式是，对 IT 部门说：“我需下午 5:00 前使用该机打印文档，OK？”至于打印工作是怎样完成的，比如是通过修复或换一台打印机，那是 IT 部门的事，业务部门只需为服务本身付费。这就是 ITSM 与传统的 IT 管理的本质不同之处。

4）ITSM 的价值

作为 IT 管理的“ERP 解决方案”，IT 服务管理给实施它的企业、企业员工及其他利益相关者提供多方面的价值。《IT 服务管理实施规划》将这些价值归纳为商业价值、财务价值、创新价值和内部价值、员工利益。

（1）商业价值。IT 在商业中扮演着越来越重要的角色，通过实施 IT 服务管理，可以获取多方面的商业价值，例如：

① 确保 IT 流程支撑业务流程，整体上提高了业务运营的质量。

② 通过事件管理流程、变更管理流程和服务台等提供了更可靠的业务支持。

③ 客户对 IT 有更合理的期望，并更加清楚为达到这些期望他们所需要的付出。

④ 提高了客户和业务人员的生产率。

⑤ 提供更加及时有效的业务持续性服务。

⑥ 客户和 IT 服务提供者之间建立更加融洽的工作关系。

⑦ 提高了客户满意度。

（2）财务价值。IT 服务管理不但提供商业价值，而且使企业在财务上直接受益，例如：

① 降低了实施变更的成本。

② 当软件或硬件不再使用时，可以及时取消对其的维护合同。

③“量体裁衣”的能力，即根据实际需要提供适当的能力，如磁盘容量。

④ 恰当的服务持续性费用。

（3）内部价值和创新价值。IT 服务管理提供的内部价值和创新价值包括：

① IT 服务提供方更为清楚地理解客户的需求，确保 IT 服务有效支撑业务流程。

② 更多地了解当前提供的 IT 服务的有关信息。

③ 改进 IT 支持，使业务部门能够更加灵活地使用 IT。

④ 提高了服务的灵活性和可适应性。

⑤ 提高了预知未来发展趋势的能力，从而能够更加迅速地采用新的服务需求和进行相应的市场开发。

（4）员工利益。IT 服务管理也使服务人员多方面受益，例如：

① IT 人员更加清楚了解对他们的期望，并有合适的流程和相应的培训以确保他们能够实现这些期望。

② 提高 IT 人员的生产率。

③ 提高了 IT 人员的士气和工作满意度。

④ 使 IT 部门的价值得到更好的体现，从而提高了员工的工作积极性。

2.3.2　ITSS 与信息技术服务

1. ITSS 简介

1）ITSS 基本概念

ITSS（Information Technology Service Standards，信息技术服务标准，简称 ITSS）

是一套成体系和综合配套的信息技术服务标准库，全面规范了 IT 服务产品及其组成要素，用于指导实施标准化和可信赖的 IT 服务。

2）ITSS 来源

ITSS 是在工业和信息化部、国家标准化管理委员会的联合指导下，由国家信息技术服务标准工作组（以下简称：ITSS 工作组）组织研究制定的，是我国 IT 服务行业最佳实践的总结和提升，也是我国从事 IT 服务研发、供应、推广和应用等各类组织自主创新成果的固化。

3）ITSS 原理

ITSS 充分借鉴了质量管理原理和过程改进方法的精髓，规定了 IT 服务的组成要素和生命周期，并对其进行标准化，如图 2-2 所示。

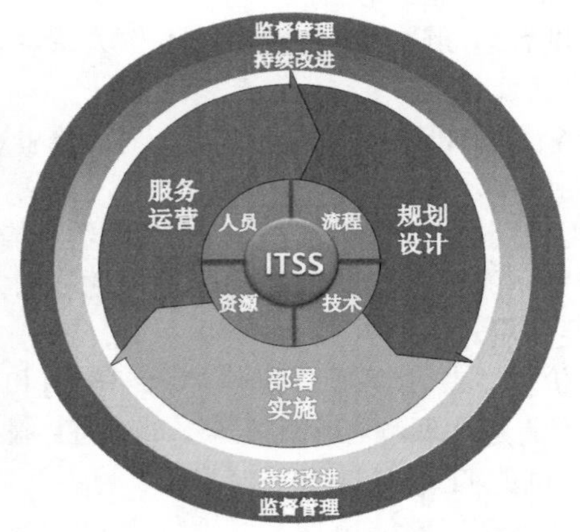

图 2-2 ITSS 原理

（1）组成要素。IT 服务由人员（People）、流程（Process）、技术 （Technology）和资源（Resource）组成，简称 PPTR。其中：

- 人员：指提供 IT 服务所需的人员及其知识、经验和技能要求；
- 流程：指提供 IT 服务时，合理利用必要的资源，将输入转化为输出的一组相互关联和结构化的活动；
- 技术：指交付满足质量要求的 IT 服务应使用的技术或应具备的技术能力；
- 资源：指提供 IT 服务所依存和产生的有形及无形资产。

（2）生命周期。IT 服务生命周期由规划设计（Planning & Design）、部署实施（Implementing）、服务运营（Operation）、持续改进（Improvement）和监督管理（Supervision）5 个阶段组成，简称 PIOIS。其中：

- 规划设计：从客户业务战略出发，以需求为中心，参照 ITSS 对 IT 服务进行全面系统的战略规划和设计，为 IT 服务的部署实施做好准备，以确保提供满足客户需求的 IT 服务；

- 部署实施：在规划设计基础上，依据 ITSS 建立管理体系、部署专用工具及服务解决方案；
- 服务运营：根据服务部署情况，依据 ITSS，采用过程方法，全面管理基础设施、服务流程、人员和业务连续性，实现业务运营与 IT 服务运营融合；
- 持续改进：根据服务运营的实际情况，定期评审 IT 服务满足业务运营的情况，以及 IT 服务本身存在的缺陷，提出改进策略和方案，并对 IT 服务进行重新规划设计和部署实施，以提高 IT 服务质量；
- 监督管理：本阶段主要依据 ITSS 对 IT 服务服务质量进行评价，并对服务供方的服务过程、交付结果实施监督和绩效评估。

2．ITSS 与信息技术服务

1）信息技术服务概念

信息技术服务：是指供方为需方提供如何开发、应用信息技术的服务，以及供方以信息技术为手段提供支持需方业务活动的服务。常见服务形态有信息技术咨询服务、设计与开发服务、信息系统集成服务、数据处理和运营服务及其他信息技术服务。

2）信息技术服务核心要素

ITSS 定义了 IT 服务的核心要素由人员、过程、技术和资源组成，并对这些 IT 服务的组成要素进行标准化，如图 2-3 所示。对这四个要素及其关系可以概括为：正确选择人员遵从过程规范，正确使用技术，并合理运用资源，向客户提供 IT 服务。

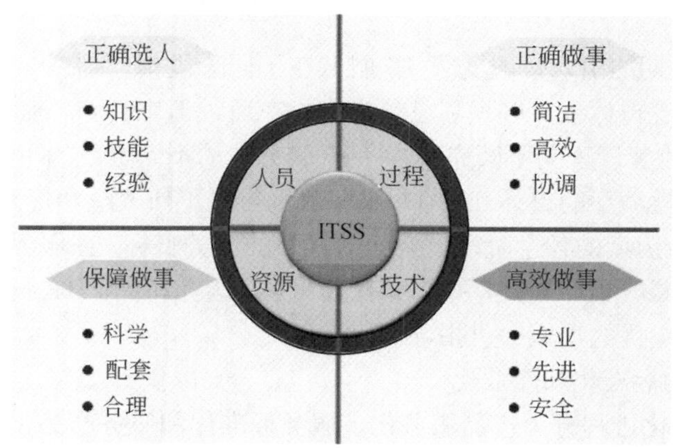

图 2-3　IT 服务组成

3）信息技术服务生命周期

ITSS 定义的 IT 服务生命周期由规划设计、部署实施、服务运营、持续改进和监督管理五个阶段组成，并规定了 IT 服务生命周期各阶段应遵循的标准，涉及咨询设计、集成实施、运行维护及运营服务等领域。如图 2-4 所示。

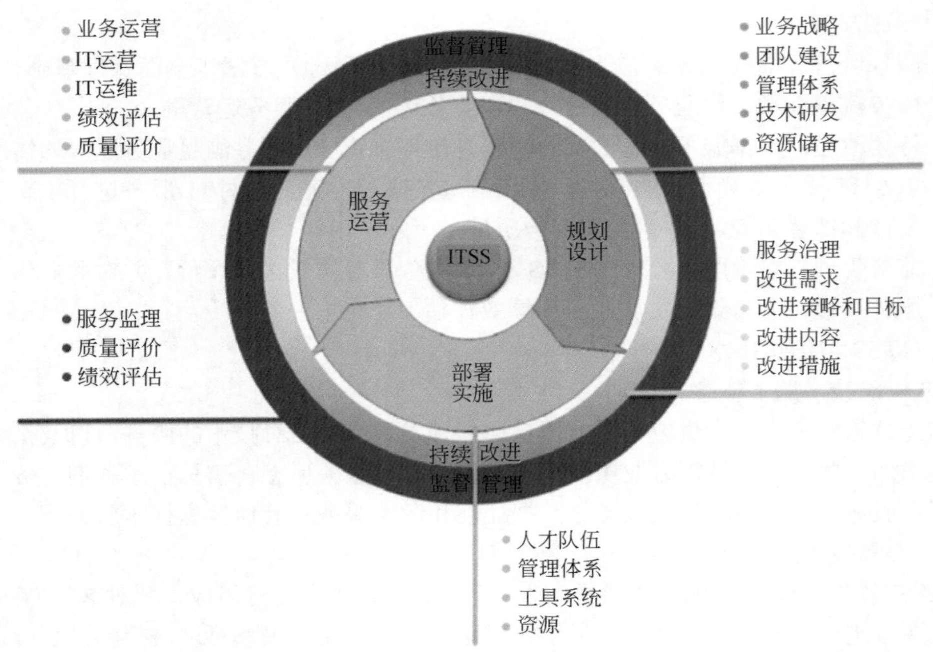

图 2-4　ITSS 定义的 IT 服务生命周期

IT 服务生命周期的引入，改变了 IT 服务在不同阶段相互割裂、独立实施的局面。同时，通过连贯的逻辑体系，以规划设计为指导，通过部署实施、服务运营，直至持续改进，同时伴随着监督管理的不断完善，将 IT 服务中的不同阶段的不同过程有机整合为一个井然有序、良性循环的整体，使 IT 服务质量得以不断改进和提升。IT 服务的供需双方在 IT 服务生命周期的各个阶段设定面向客户的服务目标，在服务质量、运营效率和业务连续性方面不断改进和提升，并能够有效识别、选择和优化 IT 服务的有效性，提高绩效，为组织做出更优的决策提供指导。

4）信息技术的标准化和产业化

IT 服务的产业化进程分为产品服务化、服务标准化和服务产品化 3 个阶段，其中：

- 产品服务化：软件服务化已成为软件产业发展的主要方向之一，特别是云计算、物联网、移动互联网等新模式新技术的不断出现，改变了软件的生产和销售模式，软件即服务（SaaS）、平台即服务（PaaS）、基础设施即服务（IaaS）等业务形态的出现，促使软件企业以产品为基础向服务转型。
- 服务标准化：标准化是确保服务实现专业化、规模化生产的前提，也是规范服务市场的重要手段。在服务标准化的过程中，ITSS 的核心作用是确定 IT 服务的范围和内容，规范组成服务的人员、过程、技术及资源等要素，从而为 IT 服务的规划化生产和消费奠定基础。

- 服务产品化：产品化是实现产业化的前提和基础，只有用户对市场中存在的服务产品达到一致认识的前提下，服务的规模化生产和消费才能成为可能。总的来说，产品服务化是前提，服务标准化是保障，服务产品化是趋势。三者之间的关系如图 2-5 所示。

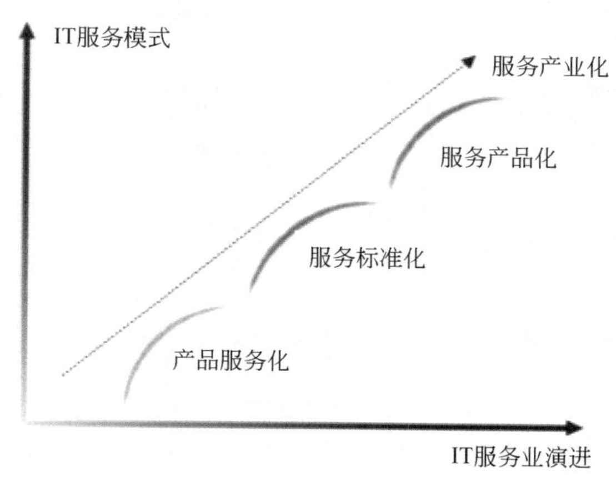

图 2-5　ITSS 与 IT 服务之间的关系

3．ITSS 主要内容

1）ITSS 体系框架

标准体系是标准化系统为了实现本系统的目标而必须具备一整套具有内在联系的、科学的、由标准组成的有机整体。标准体系是一个概念系统，是人为组织制定的标准而形成的人工系统。

ITSS 体系的提出主要从业务分类、服务管控、服务安全、服务业务、外包、对象、和行业等几个方面考虑，分为基础标准、服务管控标准、服务外包标准、业务标准、安全标准、行业应用标准 6 大类。ITSS 体系框架如图 2-6 所示。

ITSS 主要内容包括：

- 基础标准旨在阐述信息技术服务的业务分类、服务级别协议、服务质量评价方法、服务人员能力要求等；
- 服务管控标准是指通过对信息技术服务的治理、管理和监理活动，以确保信息技术服务的经济有效；
- 业务标准按业务类型分为面向 IT 的服务标准（咨询设计标准、集成实施标准和运行维护标准）和IT驱动的服务标准（服务运营标准），按标准编写目的分为通用要求、服务规范和实施指南，其中通用要求是对各业务类型的基本能力要素的要求，服务规范是对服务内容和行为的规范，实施指南是对服务的落地指导；

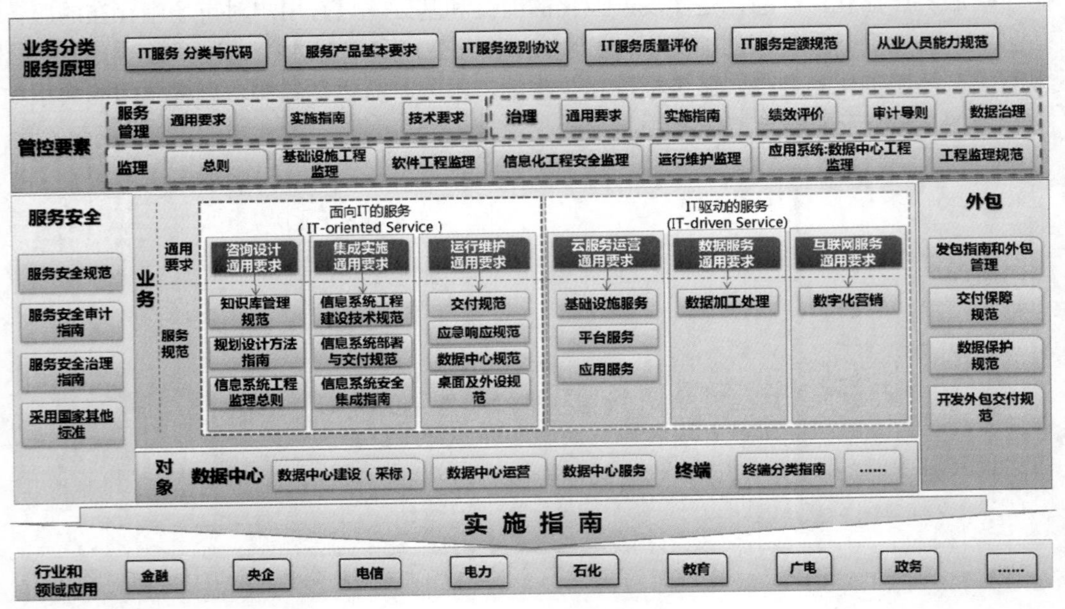

图2-6 ITSS体系框架

- 服务外包标准是对信息技术服务采用外包方式时的通用要求及规范；
- 服务安全标准重点规定事前预防、事中控制、事后审计服务安全以及整个过程的持续改进，并提出组织的服务安全治理规范，以确保服务安全可控；
- 行业应用标准是对各行业进行定制化应用落地的实施指南。

信息技术服务标准体系是动态发展的，与信息技术服务相关的技术和产业发展紧密相关，同时也与标准化工作的目标和定位紧密相关。

2）ITSS核心价值

在信息技术服务产业，主要的利益相关方包括服务需方和服务供方，服务需方主要是各行业用户，服务供方主要是提供相应软件、硬件、服务或人员的服务供应商。除此之外，还有监管机构（工业和信息化部、国家标准化管理委员会、国家认证认可监督管理委员会等）、行业协会、认证/咨询等中介机构、教育培训机构和从业人员等。信息技术服务产业的生命力来源于各行业用户的信息技术服务需求，而在行业用户中包括IT部门、业务部门、CIO等不同角色或主体。ITSS重点考虑了服务标准化对于服务需方内部各个主体的价值。信息技术服务各利益相关方如图2-7所示。

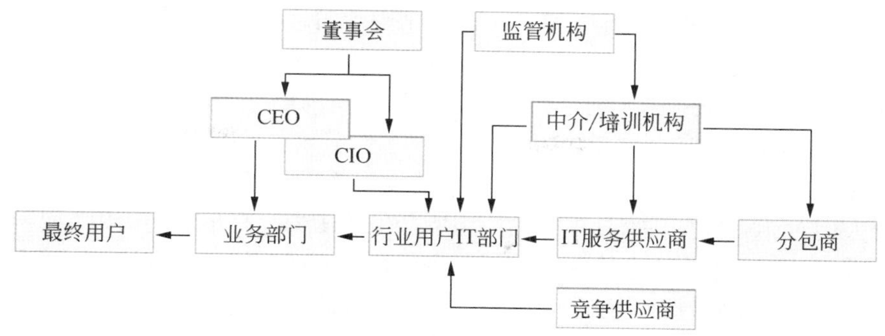

图 2-7　信息技术服务利益相关方关系图

ITSS 为不同组织所能带来的价值侧重点各有不同，而不同组织对于 ITSS 所能带来价值的期望也有所差异。如行业用户可以通过采用 ITSS 来规范外包工作，选择恰当的供应商；而服务供应商可以采用 ITSS 来持续提升服务质量，确保客户满意度和财务收益。

2.3.3　信息系统审计

1. 信息系统审计概念

信息系统审计是全部审计过程的一个部分，信息系统审计（IS audit）目前还没有固定通用的定义，美国信息系统审计的权威专家 Ron Weber 将它定义为"收集并评估证据以决定一个计算机系统（信息系统）是否有效做到保护资产、维护数据完整、完成组织目标，同时最经济地使用资源"。

信息系统审计的目的是评估并提供反馈、保证及建议。其关注之处可被分为如下 3 类。

- 可用性：商业高度依赖的信息系统能否在任何需要的时刻提供服务？信息系统是否被完好保护以应对各种损失和灾难？
- 保密性：系统保存的信息是否仅对需要这些信息的人员开放，而不对其他任何人开放？
- 完整性：信息系统提供的信息是否始终保持正确、可信、及时？能否防止未授权的对系统数据和软件的修改？

2. 信息系统审计产生动因及其发展

1）信息系统审计产生动因分析

关于信息系统审计的产生动因，目前国际上存在两种观点：一种观点认为是从会计审计发展到计算机审计再发展到信息系统审计（计算机审计的范围扩展，最后涵盖整个信息系统）演变过来的；另外一种认为由于信息系统尤其是大型信息系统的建设是一项庞大的系统工程，它投资大、周期长、高技术、高风险，在系统的建设过程中，对工程进行严格、规范的管理和控制至关重要。而正是由于信息系统工程所具有的这些特点，建设单位往往由于技术力量有限，无力对项目的技术、设备、进度、质量和风险进行控制，无法保证项目的实施成功。所以需要有第三方进行独立审计。

2）信息系统审计在国际上的发展

信息系统审计的发展是伴随着信息技术的发展而发展的。在数据处理电算化的初期，由于人们对计算机在数据处理中的应用所产生的影响没有足够的认识，认为计算机处理数据准确可靠，不会出现错弊，因而很少对数据处理系统进行审计，主要是对计算机打印出的一部分资料进行传统的手工审计。随着计算机在数据处理系统中应用的逐步扩大，利用计算机犯罪的案件不断出现，使审计人员认识到要应用计算机辅助审计技术对电子数据处理系统本身进行审计，即EDI审计。同时随着社会经济的发展，审计对象、范围越来越大，审计业务也越来越复杂，利用传统的手工方法已不能及时完成审计任务，必须应用计算机辅助审计技术（CAATs）进行审计。20世纪八九十年代信息技术的进一步发展与普及，使得企业越来越依赖信息及产生信息的信息系统。人们开始更多地关注信息系统的安全性、保密性、完整性及其实现企业目标的效率、效果，真正意义的信息系统审计才出现。随着电子商务的全球普及，信息系统的审计对象、范围及内容将逐渐扩大，采用的技术也将日益复杂。到目前为止，信息系统审计在全球来看，还是一个新的业务，从美国五大会计师事务所的数据看1990年拥有信息系统审计师12名到近百名，1995年已有500名，到2000年时，所拥有的信息系统审计师人数正以每年40%～50%的速度增加，说明信息系统审计正逐渐受到重视。

美国在计算机进入实用阶段时就开始提出系统审计（SYSTEM AUDIT），从成立电子数据处理审计协会（EDPAA后更名为ISACA）以来，从事系统审计活动已有30多年历史，成为信息系统审计的主要推动者，在全球建有一百多个分会，推出了一系列信息系统审计准则、职业道德准则等规范性文件，并开展了大量的理论研究，IT控制的开放式标准COBIT（Control Objectives for Information and Related Technology）已出版了五版。

3）信息系统审计在国内的发展

目前国内有学者提出计算机审计、电算化审计，但基本上停留在对会计信息系统的审计上，只是延伸手工会计信息系统审计，尚未全面探讨信息时代给审计业务带来的深刻变化。以我国在1999年颁布的独立审计准则第20号——计算机信息系统环境下的审计为例，其更多关注的是会计信息系统。在信息时代，面对加入WTO后全球一体化市场，我国IT服务业面临巨大的挑战，开展信息系统审计业务不失为推动我国IT服务业发展的一次机会。

3．信息系统审计的理论基础

信息系统审计不仅仅是传统审计业务的简单扩展，信息技术不单影响传统审计人员执行鉴证业务的能力，更重要的是公司和信息系统管理者都认识到信息资产是组织最有价值的资产，和传统资产一样需要控制，组织同时需要审计人员提供对信息资产控制的评价。因此信息系统审计是一门边缘性学科，跨越多学科领域。

信息系统审计是建立在以下 4 个理论基础之上的。

1）传统审计理论

传统审计理论为信息系统审计提供了丰富的内部控制理论与实践经验，以保证所有交易数据都被正确处理。同时收集并评价证据的方法论也在信息系统审计中广泛应用，最为重要的是传统审计给信息系统审计带来的控制哲学，即用谨慎的眼光审视信息系统在保护资产安全、保证信息完整，并能有效地实现企业目标的能力。

2）信息系统管理理论

信息系统管理理论是一门关于如何更好地管理信息系统的开发与运行过程的理论，它的发展提高了系统保护资产安全、保证信息完整，并能有效地实现企业目标的能力。

3）行为科学理论

人是信息系统安全最薄弱的环节，信息系统有时会因为人的问题而失败，比如对系统不满的用户故意破坏系统及其控制。因此审计人员必须了解哪些行为因素可能导致系统失败。这方面行为科学特别是组织学理论解释了组织中产生的“人的问题”。

4）计算机科学

计算机科学本身的发展也在关注如何保护资产安全、保证信息完整，并能有效地实现企业目标。但是技术是一把双刃剑，计算机科学的发展可以使审计人员降低对系统组件可靠性的关注，信息技术的进步也可能启发犯罪，例如一个重要的问题是信息技术在会计制度中的应用是否给罪犯提供了较多缓冲时间？如果是，那么今天网络犯罪产生的社会威胁较以往任何时候都要大。

4．信息系统审计的基本业务和依据

1）信息系统审计的基本业务

信息系统审计业务将随着信息技术的发展而发展，为满足信息使用者不断变化的需要而增加新的服务内容，目前其基本业务如下。

（1）系统开发审计，包括开发过程的审计、开发方法的审计，为 IT 规划指导委员会及变革控制委员会提供咨询服务。

（2）主要数据中心、网络、通信设施的结构审计，包括财务系统和非财务系统的应用审计。

（3）支持其他审计人员的工作，为财务审计人员与经营审计人员提供技术支持和培训。

（4）为组织提供增值服务，为管理信息系统人员提供技术、控制与安全指导；推动风险自评估程序的执行。

（5）软件及硬件供应商及外包服务商提供的方案、产品及服务质量是否与合同相符审计。

（6）灾难恢复和业务持续计划审计。

（7）对系统运营效能、投资回报率及应用开发测试审计。

（8）系统的安全审计。

（9）网站的信誉审计。

（10）全面控制审计等。

一个信息系统不等同于一台计算机。今天的信息系统是复杂的，由多个部分组成以做出商业解决方案。只有各个组成部分通过了评估，判定安全，才能保证整个信息系统的正常工作。对一个信息系统审计的主要组成部分包括以下 6 个方面。

（1）信息系统的管理、规划与组织：评价信息系统的管理、计划与组织方面的策略、政策、标准、程序和相关实务。

（2）信息系统技术基础设施与操作实务：评价组织在技术与操作基础设施的管理和实施方面的有效性及效率，以确保其充分支持组织的商业目标。

（3）资产的保护：对逻辑、环境与信息技术基础设施的安全性进行评价，确保其能支持组织保护信息资产的需要，防止信息资产在未经授权的情况下被使用、披露、修改、损坏或丢失。

（4）灾难恢复与业务持续计划：这些计划是在发生灾难时，能够使组织持续进行业务，对这种计划的建立和维护流程需要进行评价。

（5）应用系统开发、获得、实施与维护：对应用系统的开发、获得、实施与维护方面所采用的方法和流程进行评价，以确保其满足组织的业务目标。

（6）业务流程评价与风险管理：评估业务系统与处理流程，确保根据组织的业务目标对相应风险实施管理。

2）信息系统审计的依据

信息系统审计师须了解规划、执行及完成审计工作的步骤与技术，并尽量遵守国际信息系统审计与控制协会的一般公认信息系统审计准则、控制目标和其他法律与规定。

（1）一般公认信息系统审计准则。包括职业准则、ISACA 公告和职业道德规范。职业准则可归类为：审计规章、独立性、职业道德及规范、专业能力、规划、审计工作的执行、报告、期后审计。ISACA 公告是信息系统审计与控制协会对信息系统审计一般准则所做的说明。ISACA 职业道德及规范提供针对协会会员或信息系统审计认证（Certified Information System Auditor，CISA）持有者有关职业上及个人的指导规范。

（2）信息系统的控制目标。信息系统审计与控制协会在 1996 年公布的 COBIT（Control Objectives for Information and related Technology，信息及相关技术控制目标）被国际上公认是最先进、最权威的安全与信息技术管理和控制的标准，目前已经更新至 5.0 版。它在商业风险、控制需要和技术问题之间架起了一座桥梁，以满足管理的多方面需要。面向业务是 COBIT 的主题。它不仅设计用于用户和审计师，而且更重要的是可用于全面指导管理者与业务过程的所有者。商业实践中越来越多地包含了对业务过程所有者的全面授权，因此他们承担着业务过程所有方面的全部责任。特别地，这其中包含着要提供足够的控制。COBIT 框架为业务过程所有者提供了一个工具，以方便他们承担责任。COBIT 5 基于如下五条基本原则治理和管理企业 IT：

- 满足利益相关者需求；
- 端到端覆盖企业；
- 采用单一集成框架；
- 启用一种综合的方法；
- 区分治理和管理。

（3）其他法律及规定。每个组织不论规模大小或属于何种产业，都需要遵守政府或外部对与电脑系统运作、控制，及电脑、程序、信息的使用情况等有关的规定或要求，对于一向受严格管制的行业，尤其要注意遵守。以国际性银行为例，若因不良备份及复原程序而无法提供适当的服务水准，其公司及员工将受严重处罚。此外，由于对 EDP 及信息系统的依赖性加重，许多国家极力建立更多有关信息系统审计的规定。这些规定内容是关于建置、组织、责任与财务及业务操作审计功能的关联性。有关的管理阶层人员必须考虑与组织目标、计划及与信息服务部门/职能/工作的责任及工作等有关的外部规定或要求。

5．信息系统审计流程

图 2-8 是信息系统审计流程示意图。

开始审计工作的准备包括收集背景信息，估计完成审计需要的资源和技巧。包括合理进行人员分工。与负责的高级经理举行一次正式的开始审计会议，最后决定范围，理解特别关注之处，如果有的话，制定日程，解释审计方法。这样的会议有高级经理的参与，使人们互相认识，阐明问题强调商业关注点，使得审计工作得以顺利进行。类似地，在审计完成后，也召开一次正式会议，向高级经理交流审计结果，提出改进建议。这将确保进一步的理解，增加审计建议的接纳程度。也给了被审计者一个机会来表达他们对提出问题的观点。会议之后书写报告，可以大大增加审计的效果。

6．基于风险的审计方法

很多组织意识到技术能带来的潜在好处。然而，成功的组织还能够理解和管理好与采用新技术相关的很多风险。因此，审计从基于控制（Control-Based）演变为基于风险（Risk-Based）的方法，其内涵包括企业风险、确定风险、风险评估、风险管理、风险沟通。

每个组织使用许多信息系统。对不同功能和活动有不同的应用软件，在不同的地理区域可能有众多的计算机配置。审计者面临的问题是审计什么，什么时候审计及审计频率。其答案是接纳基于风险的方法。信息系统有着与生俱来的风险，这些风险用不同方式冲击信息系统。对繁忙的零售超市，信息系统哪怕一个小时的不可用都会对营业系统造成严重影响。未授权的修改可能造成对在线银行系统的欺诈及潜在损失。系统运行的技术环境也可能影响系统的运行风险。

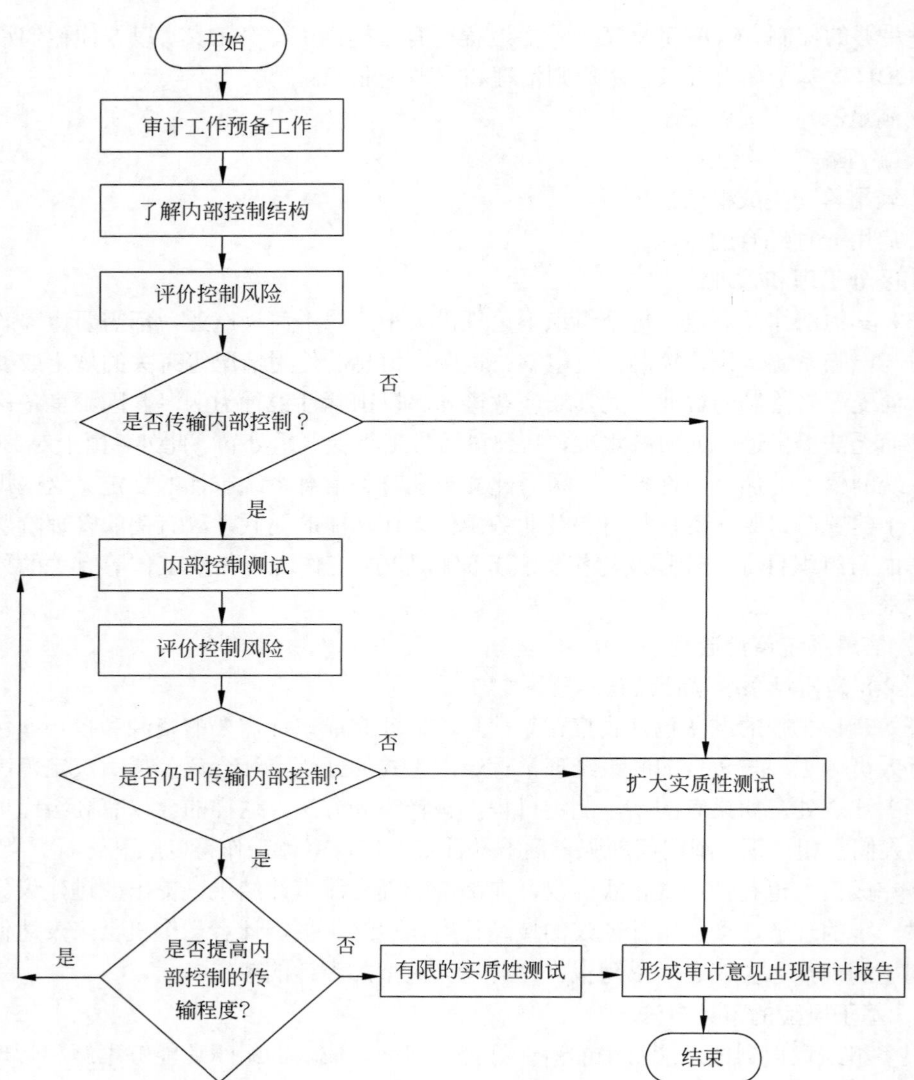

图 2-8　信息系统审计流程示意图

基于风险方法来进行审计的步骤如下。

（1）编制组织使用的信息系统清单并对其进行分类。

（2）决定哪些系统影响关键功能和资产。

（3）评估哪些风险影响这些系统及对商业运作的冲击。

（4）在上述评估的基础上对系统分级，决定审计优先值、资源、进度和频率。审计者可以制定年度审计计划，开列出一年之中要进行的审计项目。

第 3 章　信息系统集成专业技术知识

3.1　信息系统建设

3.1.1　信息系统的生命周期

信息系统建设的内容主要包括设备采购、系统集成、软件开发和运维服务等。信息系统集成是指将计算机软件、硬件、网络通信、信息安全等技术和产品集成为能够满足用户特定需求的信息系统。

信息系统的生命周期可以分为立项、开发、运维及消亡四个阶段。

（1）立项阶段：即概念阶段或需求阶段，这一阶段根据用户业务发展和经营管理的需要，提出建设信息系统的初步构想；然后对企业信息系统的需求进行深入调研和分析，形成《需求规格说明书》并确定立项。

（2）开发阶段：以立项阶段所做的需求分析为基础，进行总体规划。之后，通过系统分析、系统设计、系统实施、系统验收等工作实现并交付系统。

（3）运维阶段：信息系统通过验收，正式移交给用户以后，进入运维阶段。要保障系统正常运行，系统维护是一项必要的工作。系统的运行维护可分为更正性维护、适应性维护、完善性维护、预防性维护等类型。

（4）消亡阶段：信息系统不可避免地会遇到系统更新改造、功能扩展，甚至废弃重建等情况。对此，在信息系统建设的初期就应该注意系统消亡条件和时机，以及由此而花费的成本。

3.1.2　信息系统开发方法

信息系统的开发需要大量的人力、物力、财力和时间的投入。在系统开发时，为了更好地控制时间、质量、成本，并使用户满意，除了技术、管理等因素外，系统开发方法也起着很重要的作用。

常用的开发方法包括结构化方法、原型法、面向对象方法等。

（1）结构化方法：是应用最为广泛的一种开发方法。应用结构化系统开发方法，把整个系统的开发过程分为若干阶段，然后依次进行，前一阶段是后一阶段的工作依据，按顺序完成。每个阶段和主要步骤都有明确详尽的文档编制要求，并对其进行有效控制。

结构化方法的特点是注重开发过程的整体性和全局性。但其缺点是开发周期长；文档、设计说明繁琐，工作效率低；要求在开发之初全面认识系统的需求，充分预料各种可能发生的变化，但这并不十分现实。

（2）原型法：其认为在无法全面准确地提出用户需求的情况下，并不要求对系统做全面、详细的分析，而是基于对用户需求的初步理解，先快速开发一个原型系统，然后通过反复修改来实现用户的最终系统需求。

原型法的特点在于其对用户的需求是动态响应、逐步纳入的；系统分析、设计与实现都是随着对原型的不断修改而同时完成的，相互之间并无明显界限，也没有明确分工。原型又可以分为抛弃型原型（Throw-It-Away Prototype）和进化型原型（Evolutionary Prototype）两种。

（3）面向对象方法（Object Oriented，OO）：用对象表示客观事物，对象是一个严格模块化的实体，在系统开发中可被共享和重复引用，以达到复用的目的。其关键是能否建立一个全面、合理、统一的模型，既能反映需求对应的问题域，也能被计算机系统对应的求解域所接受。

面向对象方法主要涉及分析、设计和实现三个阶段。其特点是在整个开发过程中使用的是同一套工具。整个开发过程实际上都是对面向对象三种模型的建立、补充和验证。因此，其分析、设计和实现三个阶段的界限并非十分明确。

在系统开发的实际工作中，往往根据需要将多种开发方法进行组合应用，最终完成系统开发的全部任务。

3.2 信息系统设计

信息系统设计是开发阶段的重要内容，其主要任务是从信息系统的总体目标出发，根据系统逻辑功能的要求，并结合经济、技术条件、运行环境和进度等要求，确定系统的总体架构和系统各组成部分的技术方案，合理选择计算机、通信及存储的软、硬件设备，制订系统的实施计划。

3.2.1 方案设计

系统方案设计包括总体设计和各部分的详细设计（物理设计）两个方面。

（1）系统总体设计：包括系统的总体架构方案设计、软件系统的总体架构设计、数据存储的总体设计、计算机和网络系统的方案设计等。

（2）系统详细设计：包括代码设计、数据库设计、人/机界面设计、处理过程设计等。

3.2.2 系统架构

系统架构是将系统整体分解为更小的子系统和组件，从而形成不同的逻辑层或服务。之后，进一步确定各层的接口，层与层相互之间的关系。对整个系统的分解，既需要进行“纵向”分解，也需要对同一逻辑层分块，进行“横向”分解。系统的分解可参考“架构模式”进行。

通过对系统的一系列分解，最终形成系统的整体架构。系统的选型主要取决于系统架构。

3.2.3 设备、DBMS 及技术选型

在系统设计中进行设备、DBMS 及技术选型时，不只要考虑系统的功能要求，还要考虑到系统实现的内外环境和主客观条件。

在选型时，需要权衡各种可供选用的计算机硬件技术、软件技术、数据管理技术、数据通信技术和计算机网络技术及相关产品。同时，必须考虑用户的使用要求、系统运行环境、现行的信息管理和信息技术的标准、规范及有关法律制度等。

3.3 软件工程

随着所开发软件的规模越来越大、复杂度越来越高，加之用户需求又并不十分明确，且缺乏软件开发方法和工具方面的有效支持，使得软件成本日益增长、开发进度难以控制、软件质量无法保证、软件维护困难等问题日益突出。人们开始用工程的方法进行软件的开发、管理和维护，即“软件工程”。

3.3.1 软件需求分析与定义

软件需求是针对待解决问题的特性的描述。所定义的需求必须可以被验证。在资源有限时，可以通过优先级对需求进行权衡。

通过需求分析，可以检测和解决需求之间的冲突；发现系统的边界；并详细描述出系统需求。

3.3.2 软件设计、测试与维护

（1）软件设计：根据软件需求，产生一个软件内部结构的描述，并将其作为软件构造的基础。通过软件设计，描述出软件架构及相关组件之间的接口；然后，进一步详细地描述组件，以便能构造这些组件。

通过软件设计得到要实现的各种不同模型，并确定最终方案。其可以划分为软件架构设计（也叫做高层设计）和软件详细设计两个阶段。

（2）软件测试：测试是为了评价和改进产品质量、识别产品的缺陷和问题而进行的活动。软件测试是针对一个程序的行为，在有限测试用例集合上，动态验证是否达到预期的行为。

测试不再只是一种仅在编码阶段完成后才开始的活动。现在的软件测试被认为是一种应该包括在整个开发和维护过程中的活动，它本身是实际产品构造的一个重要部分。

软件测试伴随开发和维护过程，通常可以在概念上划分为单元测试、集成测试和系统测试三个阶段。

（3）软件维护：将软件维护定义为需要提供软件支持的全部活动。这些活动包括在交付前完成的活动，以及交付后完成的活动。交付前要完成的活动包括交付后的运行计划和维护计划等。交付后的活动包括软件修改、培训、帮助资料等。

软件维护有如下类型：① 更正性维护——更正交付后发现的错误；② 适应性维护——使软件产品能够在变化后或变化中的环境中继续使用；③ 完善性维护——改进交付后产品的性能和可维护性；④ 预防性维护——在软件产品中的潜在错误成为实际错误前，检测并更正它们。

3.3.3 软件质量保证及质量评价

软件质量指的是软件特性的总和，是软件满足用户需求的能力，即遵从用户需求，达到用户满意。软件质量包括"内部质量""外部质量"和"使用质量"三部分。软件需求定义了软件质量特性，及确认这些特性的方法和原则。

软件质量管理过程由许多活动组成，一些活动可以直接发现缺陷，另一些活动则检查活动的价值。其中包括质量保证过程、验证过程、确认过程、评审过程、审计过程等。

（1）软件质量保证：通过制订计划、实施和完成等活动保证项目生命周期中的软件产品和过程符合其规定的要求。

（2）验证与确认：确定某一活动的产品是否符合活动的需求，最终的软件产品是否达到其意图并满足用户需求。

验证过程试图确保活动的输出产品已经被正确构造，即活动的输出产品满足活动的规范说明；确认过程则试图确保构造了正确的产品，即产品满足其特定的目的。

（3）评审与审计：包括管理评审、技术评审、检查、走查、审计等。

管理评审的目的是监控进展，决定计划和进度的状态，或评价用于达到目标所用管理方法的有效性。技术评审的目的是评价软件产品，以确定其对使用意图的适合性。

软件审计的目的是提供软件产品和过程对于可应用的规则、标准、指南、计划和流程的遵从性的独立评价。审计是正式组织的活动，识别违例情况，并要生成审计报告，采取更正性行动。

3.3.4 软件配置管理

软件配置管理通过标识产品的组成元素、管理和控制变更、验证、记录和报告配置信息，来控制产品的进化和完整性。软件配置管理与软件质量保证活动密切相关，可以帮助达成软件质量保证目标。

软件配置管理活动包括软件配置管理计划、软件配置标识、软件配置控制、软件配置状态记录、软件配置审计、软件发布管理与交付等活动。

软件配置管理计划的制定需要了解组织结构环境和组织单元之间的联系，明确软件配置控制任务。软件配置标识活动识别要控制的配置项，并为这些配置项及其版本建立基线。软件配置控制关注的是管理软件生命周期中的变更。软件配置状态记录标识、收集、维护并报告配置管理的配置状态信息。软件配置审计是独立评价软件产品和过程是否遵从已有的规则、标准、指南、计划和流程而进行的活动。软件发布管理和交付通常需要创建特定的交付版本，完成此任务的关键是软件库。

3.3.5 软件过程管理

软件过程管理涉及技术过程和管理过程，通常包括以下几个方面。

（1）项目启动与范围定义：启动项目并确定软件需求。

（2）项目规划：制订计划，其中一个关键点是确定适当的软件生命周期过程，并完成相关的工作。

（3）项目实施：根据计划，并完成相关的工作。

（4）项目监控与评审：确认项目工作是否满足要求，发现问题并解决问题。

（5）项目收尾与关闭：为了项目结束所做的活动。需要项目验收，并在验收后进行归档、事后分析和过程改进等活动。

3.3.6 软件开发工具

软件开发工具是用于辅助软件生命周期过程的基于计算机的工具。通常使用这些工具来支持特定的软件工程方法，减少手工方式管理的负担。工具的种类包括支持单个任务的工具及涵盖整个生命周期的工具。

- 软件需求工具包括需求建模工具和需求追踪工具。
- 软件设计工具包括软件设计创建和检查工具。
- 软件构造工具包括程序编辑器、编译器、代码生成器、解释器、调试器等。
- 软件测试工具包括测试生成器、测试执行框架、测试评价工具、测试管理工具、性能分析工具。
- 软件维护工具包括理解工具（如可视化工具）和再造工具（如重构工具）。
- 软件配置管理工具包括追踪工具、版本管理工具和发布工具。
- 软件工程管理工具包括项目计划与追踪工具、风险管理工具和度量工具。
- 软件工程过程工具包括建模工具、管理工具、软件开发环境。
- 软件质量工具包括检查工具和分析工具。

3.3.7 软件复用

软件复用是指利用已有软件的各种有关知识构造新的软件，以缩减软件开发和维护的费用。复用是提高软件生产力和质量的一种重要技术。

软件复用的主要思想是，将软件看成是由不同功能的“组件”所组成的有机体，每一个组件在设计编写时可以被设计成完成同类工作的通用工具。这样，如果完成各种工作的组件被建立起来以后，编写某一特定软件的工作就变成了将各种不同组件组织连接起来的简单问题，这对于软件产品的最终质量和维护工作都有本质性的改变。

早期的软件复用主要是代码级复用，被复用的知识专指程序，后来扩大到包括领域知识、开发经验、设计决策、架构、需求、设计、代码和文档等一切有关方面。

由于面向对象方法的主要概念及原则与软件复用的要求十分吻合，所以该方法特别有利于软件复用。

3.4 面向对象系统分析与设计

3.4.1 面向对象的基本概念

面向对象的基本概念包括对象、类、抽象、封装、继承、多态、接口、消息、组件、复用和模式等。

（1）对象：由数据及其操作所构成的封装体，是系统中用来描述客观事物的一个模块，是构成系统的基本单位。用计算机语言来描述，对象是由一组属性和对这组属性进行的操作构成的。

对象包含三个基本要素，分别是对象标识、对象状态和对象行为。例如，对于姓名（标识）为 Joe 的教师而言，其包含性别、年龄、职位等个人状态信息，同时还具有授课等行为特征，Joe 就是封装后的一个典型对象。

（2）类：现实世界中实体的形式化描述，类将该实体的属性（数据）和操作（函数）封装在一起。

例如，Joe 是一名教师，也就拥有了教师的特征，这些特征就是教师这个类所具有的。如图 3-1 所示。

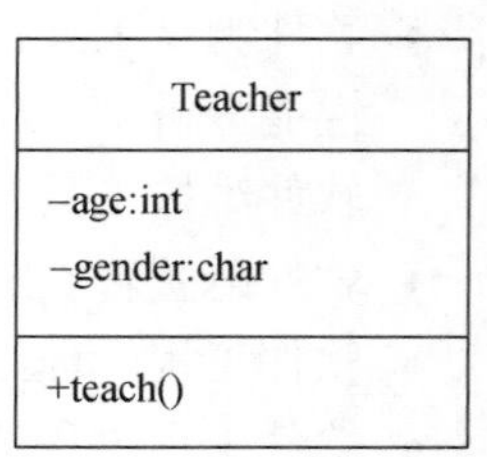

图 3-1 类的构成

类和对象的关系可理解为，对象是类的实例，类是对象的模板。如果将对象比作房子，那么类就是房子的设计图纸。

（3）抽象：通过特定的实例抽取共同特征以后形成概念的过程。抽象是一种单一化的描述，强调给出与应用相关的特性，抛弃不相关的特性。对象是现实世界中某个实体的抽象，类是一组对象的抽象。

（4）封装：将相关的概念组成一个单元模块，并通过一个名称来引用它。面向对象封装是将数据和基于数据的操作封装成一个整体对象，对数据的访问或修改只能通过对象对外提供的接口进行。

（5）继承：表示类之间的层次关系（父类与子类），这种关系使得某类对象可以继承另外一类对象的特征，继承又可分为单继承和多继承。

如图 3-2 所示，Dog 和 Cat 类都是从 Mammal 继承而来，具有父类的 eyeColor 属性特征，因此在子类中就可以不用重复指定 eyeColor 这个属性。

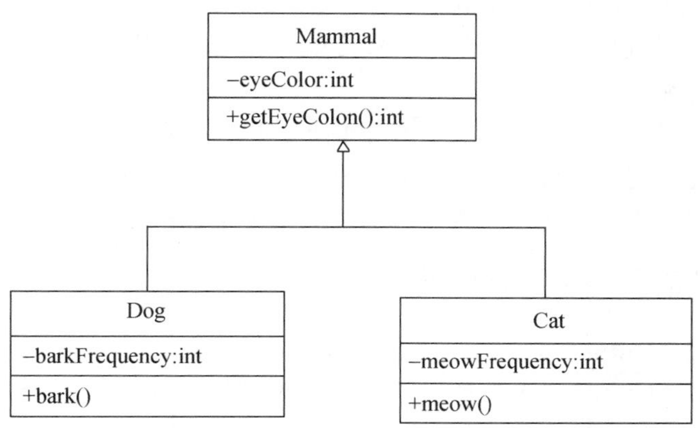

图 3-2　类的继承

（6）多态：使得在多个类中可以定义同一个操作或属性名，并在每个类中可以有不同的实现。多态使得某个属性或操作在不同的时期可以表示不同类的对象特性。

如图 3-3 所示，Rectangle 和 Circle 都继承于 Shape，对于 Shape 而言，会有 getArea0 的操作。但 Rectangle 和 Circle 的 getArea()方法的实现是完全不一样的，这就体现了多态的特征。

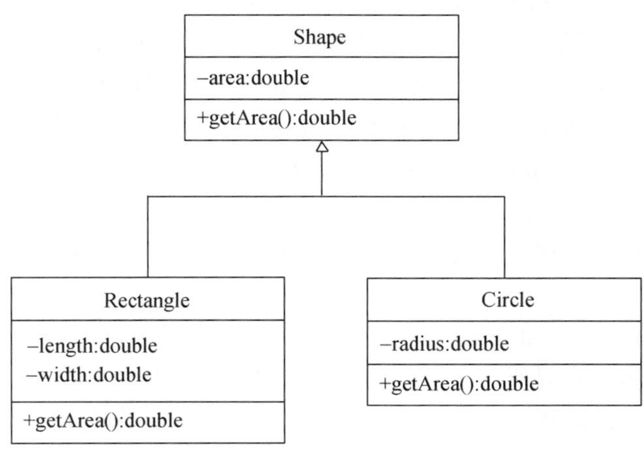

图 3-3　多态

（7）接口：描述对操作规范的说明，其只说明操作应该做什么，并没有定义操作如何做。可以将接口理解成为类的一个特例，它规定了实现此接口的类的操作方法，把真正的实现细节交由实现该接口的类去完成。

（8）消息：体现对象间的交互，通过它向目标对象发送操作请求。

（9）组件：表示软件系统可替换的、物理的组成部分，封装了模块功能的实现。组件应当是内聚的，并具有相对稳定的公开接口。

（10）复用：指将已有的软件及其有效成分用于构造新的软件或系统。组件技术是软件复用实现的关键。

（11）模式：描述了一个不断重复发生的问题，以及该问题的解决方案。其包括特定环境、问题和解决方案三个组成部分。应用设计模式可以更加简单和方便地去复用成功的软件设计和架构，从而帮助设计者更快更好地完成系统设计。

3.4.2 统一建模语言与可视化建模

统一建模语言（Unified Modeling Language，UML）用于对软件进行可视化描述、构造和建立软件系统的文档。UML 适用于各种软件开发方法、软件生命周期的各个阶段、各种应用领域以及各种开发工具，是一种总结了以往建模技术的经验并吸收当今优秀成果的标准建模方法。

需要注意的是，UML 是一种可视化的建模语言，而不是编程语言。UML 标准包括相关概念的语义，表示法和说明，提供了静态、动态、系统环境及组织结构的模型。它比较适合用于迭代式的开发过程，是为支持大部分现存的面向对象开发过程而设计的，强调在软件开发中对架构、框架、模式和组件的重用，并与最佳软件工程实践经验进行了集成。

在 UML 中，使用各种不同的符号元素画成图形，用以表示系统的结构和行为。

UML 图提供了对系统进行建模的描述方式，主要包括：用例图（Use Case Diagram）、类图（Class Diagram）、对象图（Object Diagram）、组件图（Component Diagram）、部署图（Deployment Diagram）、状态图（State Diagram）、序列图（Sequence Diagram）、协作图（Collaboration Diagram）、活动图（Activity Diagram）等。（注：UML 有不同版本）

UML 视图用来划分系统中的各种概念和组件，是表达系统某一方面特性的 UML 建模组件的子集。在某类视图中可以使用一种或多种特定的 UML 图来可视化地表示视图中的各种概念。

RUP（Rational Unified Process）是使用面向对象技术进行软件开发的最佳实践之一，是软件工程的过程。它对所有关键开发活动提供了使用准则、模板、工具等。其涵盖的最佳实践经验包括：迭代式开发、需求管理、使用以组件为中心的软件架构、可视化建模、验证软件质量及控制变更等。

3.4.3 面向对象系统分析

面向对象系统分析运用面向对象方法分析问题域，建立基于对象、消息的业务模型，形成对客观世界和业务本身的正确认识。

面向对象系统分析的模型由用例模型、类-对象模型、对象-关系模型和对象-行为模型组成。

3.4.4　面向对象系统设计

面向对象系统设计基于系统分析得出的问题域模型，用面向对象方法设计出软件基础架构（概要设计）和完整的类结构（详细设计），以实现业务功能。

面向对象系统设计主要包括用例设计、类设计和子系统设计等。

3.5　软件架构

3.5.1　软件架构定义

在软件工程发展的初期，通常将软件设计的重点放在数据结构和算法的选择上。随着软件系统规模越来越大、越来越复杂，整个系统的结构设计和规范说明越来越重要，软件架构的重要性日益凸显。

软件总是有架构的。将软件系统划分成多个模块，明确各模块之间的相互作用，组合起来实现系统的全部特性，就是系统架构。

通常将一些经过实践证明的、可重复使用的软件架构设计策略总结成架构模式，以便交流和学习。软件架构中借鉴了许多计算机架构和网络架构等其他领域的思想和方法。

3.5.2　软件架构模式

软件架构设计的一个核心问题是能否使用架构模式，即能否达到架构级的软件重用。软件架构模式描述了某一特定应用领域中系统的组织方式，反映了领域中众多系统所共有的结构和特性，描述了将各个模块和子系统有效地组织成一个完整系统的解决方案。

常见的典型架构模式如下。

（1）管道/过滤器模式：此模式中，每个组件（过滤器）都有一组输入/输出，组件读取输入的数据流，经过内部处理后，产生输出的数据流，该过程主要完成输入流的变换及增量计算。其典型应用包括批处理系统。

管道/过滤器模式体现了各功能模块高内聚、低耦合的“黑盒”特性，支持软件功能模块的重用，便于系统维护；同时，每个过滤器自己完成数据解析和合成工作（如加密和解密），易导致系统性能下降，并增加了过滤器具体实现的复杂性。如图 3-4 所示。

（2）面向对象模式：在面向对象的基础上，将模块数据的表示方法及其相应操作封装在更高抽象层次的数据类型或对象中。其典型应用是基于组件的软件开发

（Component-Based Development，CBD）如图 3-5 所示。

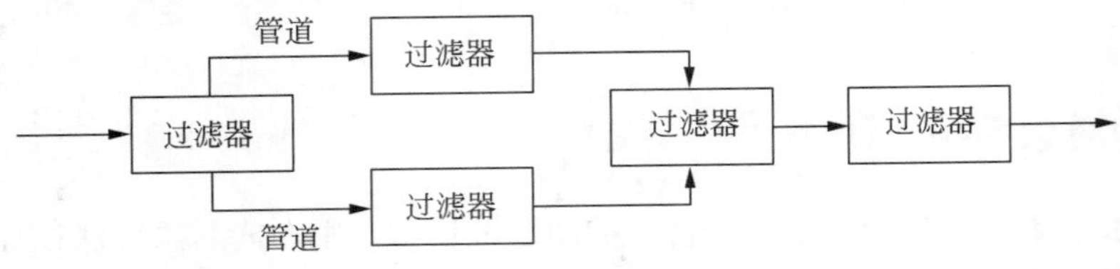

图 3-4 管道/过滤器模式

（3）事件驱动模式：其基本原理是组件并不直接调用操作，而是触发一个或多个事件。系统中的其他组件可以注册相关的事件，触发一个事件时，系统会自动调用注册了该事件的组件，即触发事件会导致另一组件中操作的调用。其典型应用包括各种图形界面应用。

（4）分层模式：采用层次化的组织方式，每一层都为上一层提供服务，并使用下一层提供的功能。该模式允许将一个复杂问题逐步分层实现。其中的每一层最多只影响相邻两层，只要给相邻层提供相同的接口，就允许每层用不同的方法实现，可以充分支持软件复用。其典型应用是分层通信协议，如 ISO/OSI 的七层网络模型。此模式也是通用应用架构的基础模式，如图 3-6 所示。

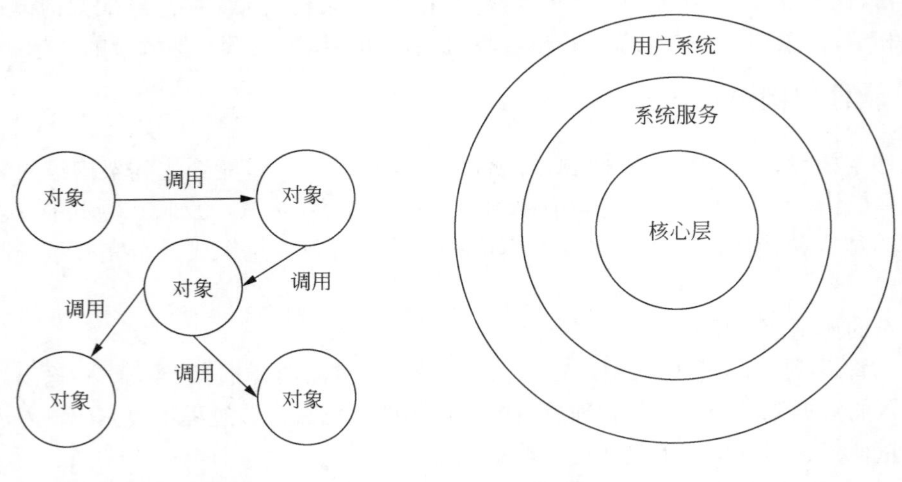

图 3-5 面向对象模式　　图 3-6 分层模式

（5）客户/服务器模式（Client/Server，C/S）：基于资源不对等，为实现共享而提出的模式。C/S 模式将应用一分为二，服务器（后台）负责数据操作和事务处理，客户（前台）完成与用户的交互任务。

图 3-7 是客户/服务器模式的示意图。

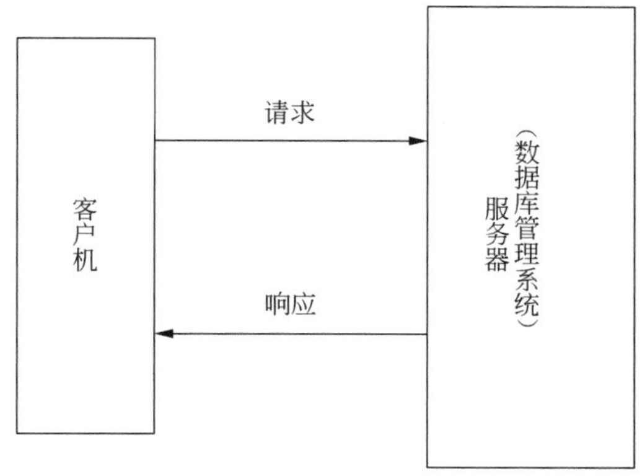

图 3-7　客户/服务器模式

C/S 模式中客户与服务器分离，允许网络分布操作，适用于分布式系统。为了解决 C/S 模式中客户端的问题，发展形成了浏览器/服务器（Browser/Server，B/S）模式；为了解决 C/S 模式中服务器端的问题，发展形成了三层（多层）C/S 模式，即多层应用架构。

软件架构模式为粗粒度的软件重用提供了可能。但是，由于考虑问题的角度不同，对于架构模式的选择会有很大的不同。为系统选择或设计架构时，需要根据特定项目的具体特点，进行分析比较后再确定。同时应注意，各种架构模式并不是互斥的，某些应用系统中可以综合使用多种架构模式。

3.5.3　软件架构分析与评估

针对目前广泛使用的分布式应用，其软件架构设计需要考虑如下问题。

（1）数据库的选择问题：目前主流的数据库系统是关系数据库。

（2）用户界面选择问题：HTML/HTTP (S)协议是实现 Internet 应用的重要技术。

（3）灵活性和性能问题：权衡独立于厂商的抽象定义（标准）所提供的灵活性和特定厂商产品带来的性能。

（4）技术选择的问题：选择成熟的技术可以规避项目风险。不仅需要了解技术的优势，还需要了解技术的适用范围和局限性。

（5）人员的问题：聘请经验丰富的架构设计师，可以有效地保证项目的成功。

3.5.4　软件中间件

中间件（Middleware）是位于硬件、操作系统等平台和应用之间的通用服务。借由中间件，解决了分布系统的异构问题。

如图 3-8 所示，中间件服务具有标准的程序接口和协议。不同的应用、硬件及操作系统平台，可以提供符合接口和协议规范的多种实现，其主要目的是实现应用与平台的无关性。借助中间件，屏蔽操作系统和网络协议的差异，为应用程序提供多种通讯机制，满足不同领域的应用需要。

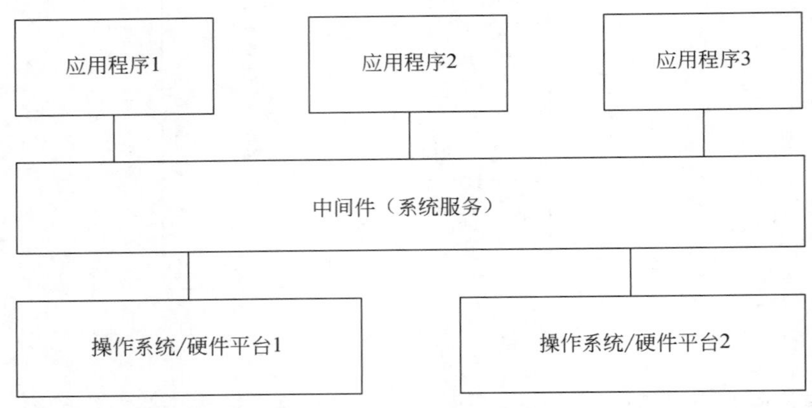

图 3-8　中间件的应用结构

中间件包括的范围十分广泛，针对不同的应用需求有各种不同的中间件产品。从不同角度对中间件的分类也会有所不同。通常将中间件分为数据库访问中间件、远程过程调用中间件、面向消息中间件、事务中间件、分布式对象中间件等。

（1）数据库访问中间件：通过一个抽象层访问数据库，从而允许使用相同或相似的代码访问不同的数据库资源。典型技术如 Windows 平台的 ODBC 和 Java 平台的 JDBC 等。

（2）远程过程调用中间件（Remote Procedure Call，RPC）：是一种分布式应用程序的处理方法。一个应用程序可以使用 RPC 来“远程”执行一个位于不同地址空间内的过程，从效果上看和执行本地调用相同。

一个 RPC 应用分为服务器和客户两个部分。服务器提供一个或多个远程操作过程；客户向服务器发出远程调用。服务器和客户可以位于同一台计算机，也可以位于不同的计算机，甚至可以运行在不同的操作系统之上。客户和服务器之间的网络通讯和数据转换通过代理程序（Stub 与 Skeleton）完成，从而屏蔽了不同的操作系统和网络协议。

（3）面向消息中间件（Message-Oriented Middleware，MOM）：利用高效可靠的消息传递机制进行平台无关的数据传递，并可基于数据通信进行分布系统的集成。通过提供消息传递和消息队列模型，可在分布环境下扩展进程间的通信，并支持多种通讯协议、语言、应用程序、硬件和软件平台。典型产品如 IBM 的 MQSeries。

（4）分布式对象中间件：是建立对象之间客户/服务器关系的中间件，结合了对象技术与分布式计算技术。该技术提供了一个通信框架，可以在异构分布计算环境中透明地传递对象请求。典型产品如 OMG 的 CORBA、SUN 的 RMI/EJB、Microsoft 的 DCOM 等。

（5）事务中间件：也称事务处理监控器（Transaction Processing Monitor，TPM），提供支持大规模事务处理的可靠运行环境。TPM 位于客户和服务器之间，完成事务管理与协调、负载平衡、失效恢复等任务，以提高系统的整体性能。典型产品如 IBM/BEA 的 Tuxedo。结合对象技术的对象事务监控器（ Object Transaction Monitor，OTM）如支持 EJB 的 JavaEE 应用服务器等。

3.6　典型应用集成技术

3.6.1　数据库与数据仓库技术

传统的数据库技术以单一的数据源即数据库为中心，进行事务处理、批处理、决策分析等各种数据处理工作，主要有操作型处理和分析型处理两类。操作型处理也称事务处理，指的是对联机数据库的日常操作，通常是对数据库中记录的查询和修改，主要为企业的特定应用服务，强调处理的响应时间、数据的安全性和完整性等；分析型处理则用于管理人员的决策分析，经常要访问大量的历史数据。传统数据库系统主要强调的是优化企业的日常事务处理工作，难以实现对数据分析处理要求，无法满足数据处理多样化的要求。操作型处理和分析型处理的分离是必然和必要的。

数据仓库（Data Warehouse）是一个面向主题的（Subject Oriented）、集成的、相对稳定的、反映历史变化的数据集合，用于支持管理决策。数据仓库是对多个异构数据源（包括历史数据）的有效集成，集成后按主题重组，且存放在数据仓库中的数据一般不再修改。

企业数据仓库的建设，是以现有企业业务系统和大量业务数据的积累为基础的。数据仓库不是静态的概念，只有将信息及时地提供给需要这些信息的使用者，供其做出改善自身业务经营的决策，信息才能发挥作用，也才有意义。将信息加以整理归纳和重组，并及时地提供给相应的管理决策人员，是数据仓库的根本任务。数据仓库系统的结构通常包含 4 个层次，如图 3-9 所示。

随着云时代的来临，大数据（Big Data）吸引了越来越多的关注。业界将其特点归纳为 5 个“V”——Volume（数据量大）、Variety（数据类型繁多）、Velocity（处理速度快）、Value（价值密度低）、Veracity（真实性高）。大数据的意义不在于掌握庞大的数据信息，而在于对这些数据进行专业化处理，实现数据的“增值”（详见本书 1.6.1 节）。

大数据分析相比于传统的数据仓库应用，具有数据量大、查询分析复杂等特点。在技术上，大数据必须依托云计算的分布式处理、分布式数据库和云存储、虚拟化技术等。

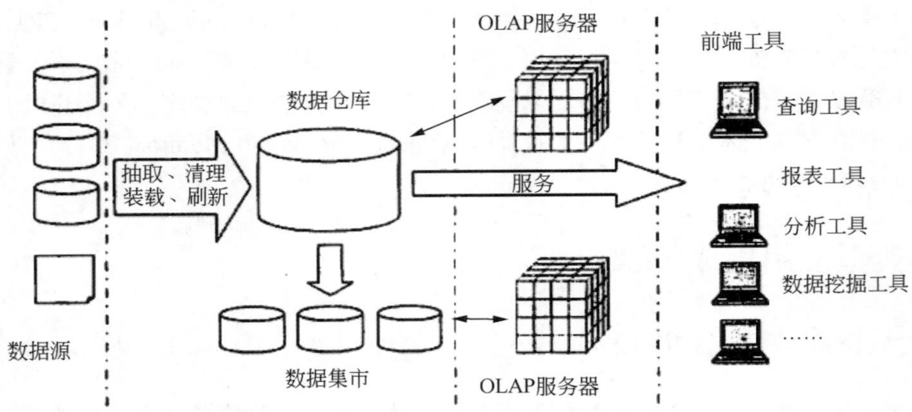

图 3-9 数据仓库系统结构

3.6.2 Web Services 技术

随着 Internet 应用逐渐成为 B2B 应用平台，应用集成所面临的问题也日益突出：各种组件之间的“战争”、各种编程语言之间的“战争”、防火墙的阻挡、互操作协议的不一致等。Web 服务（Web Services）定义了一种松散的、粗粒度的分布计算模式，使用标准的 HTTP (S)协议传送 XML 表示及封装的内容。

Web 服务的典型技术包括：用于传递信息的简单对象访问协议（Simple Object Access Protocal，SOAP）、用于描述服务的 Web 服务描述语言（Web Services Description Language，WSDL）、用于 Web 服务注册的统一描述、发现及集成（Universal Description Discovery and Integration，UDDI）、用于数据交换的 XML。

Web 服务的主要目标是跨平台的互操作性，适合使用 Web Services 的情况包括：跨越防火墙、应用程序集成、B2B 集成、软件重用等。同时，在某些情况下，Web 服务也可能会降低应用程序的性能。不适合使用 Web 服务的情况包括：单机应用程序、局域网上的同构应用程序等。

随着云计算技术的普及，Web Service 逐渐融入到云计算 SaaS 服务中。

3.6.3 JavaEE 架构

JavaEE（Java Platform Enterprise Edition）是最早由 Sun 公司（已被 IBM 公司收购）提出、各厂商共同制定并得到广泛认可的工业标准。业界各主要中间件厂商如 IBM、Oracle 都积极地促进该标准的推广和应用。

JavaEE 应用将开发工作分成两类：业务逻辑开发和表示逻辑开发，其余的系统资源则由应用服务器负责处理，不必为中间层的资源和运行管理进行编码。这样就可以将更多的开发精力集中在应用程序的业务逻辑和表示逻辑上，从而缩短企业应用开发周期、有效地保护企业的投资。

JavaEE 应用服务器运行环境主要包括组件（Component）、容器（Container）及服务（Services）三部分。组件是表示应用逻辑的代码；容器是组件的运行环境；服务则是应用服务器提供的各种功能接口，可以同系统资源进行交互。

3.6.4　.NET 架构

微软的.NET 是基于一组开放的互联网协议而推出的一系列的产品、技术和服务。.NET 开发框架在通用语言运行环境（Common Language Runtime）基础上，给开发人员提供了完善的基础类库、数据库访问技术及网络开发技术，开发者可以使用多种语言快速构建网络应用。

通用语言运行环境处于.NET 开发框架的最低层，是该框架的基础，它为多种语言提供了统一的运行环境、统一的编程模型，大大简化了应用程序的发布和升级、多种语言之间的交互、内存和资源的自动管理等等。

JavaEE 与.NET 都可以用来设计、开发企业级应用。JavaEE 平台是业界标准，有多家厂商实现了这些标准（工具、应用服务器等）。.NET 是微软的产品系列，而非业界标准。这使二者在实现技术及应用等各方面均有很多不同之处。

3.6.5　软件引擎技术

软件引擎通常是系统的核心组件，目的是封装某些过程方法，使得在开发的时候不需要过多地关注其具体实现，从而可以将关注点聚焦在与业务的结合上。

工作流程引擎是工作流管理系统的运行和控制中心。通过工作流程引擎，可以解释流程建模工具中定义的业务流程逻辑，进行过程、活动实例的创建，把任务分派给执行者，并根据任务执行的返回结果决定下一步的任务，控制并协调各种复杂工作流程的执行，实现对完整的业务流程生命周期的运行控制。工作流程引擎的主要功能是流程调度和冲突检测。

3.6.6　组件及其在系统集成项目中的重要性

组件技术就是利用某种编程手段，将一些人们所关心的，但又不便于让最终用户去直接操作的细节进行封装，同时实现各种业务逻辑规则，用于处理用户的内部操作细节。满足此目的的封装体被称作组件。在这一过程中，为了完成对某一规则的封装，可以用任何支持组件编写的工具来完成，而最终完成的组件则与语言本身没有任何关系，甚至可以实现跨平台。对使用者而言，它就是实现了某些功能的、有输入输出接口的黑盒子。

3.6.7 常用组件标准

常用组件标准包括微软的COM/DCOM/COM+、OMG的CORBA及SUN的RMI/EJB。

微软的 COM/DCOM/COM+系列中，COM 是开放的组件标准，有很强的扩充和扩展能力。DCOM 在 COM 的基础上添加了许多功能和特性，包括事务特性、安全模型、管理和配置等，使 COM 成为一个完整的组件架构。COM+综合各技术形成的功能强大的组件架构，通过系统的各种支持，使组件对象模型建立在应用层上，把所有组件的底层细节留给了系统。

CORBA（Common Object Request Broker Architecture，公共对象请求代理架构）是 OMG 组织制订的一种标准的面向对象的应用程序架构规范，是为解决分布式处理环境中硬件和软件系统的互连而提出的一种解决方案。CORBA 是绝大多数分布计算平台厂商所支持和遵循的系统规范技术，具有模型完整、先进，独立于系统平台和开发语言，被支持程度广泛等特点，已成为分布计算技术的标准。

EJB 在 Java EE 中用于封装中间层的业务功能。EJB 组件部署在 EJB 容器中，客户应用通过接口访问它们，体现了接口和实现分离的原则。

3.7 计算机网络知识

计算机网络，是指将地理位置不同的具有独立功能的多台计算机及其外部设备，通过通信线路连接起来，在网络操作系统，网络管理软件及网络通信协议的管理和协调下，实现资源共享和信息传递的计算机系统。

3.7.1 网络技术标准与协议

1．OSI 七层协议

国际标准化组织（ISO）和国际电报电话咨询委员会（CCITT）联合制定的开放系统互连参考模型（Open System Interconnect，OSI），其目的是为异种计算机互连提供一个共同的基础和标准框架，并为保持相关标准的一致性和兼容性提供共同的参考。OSI 采用了分层的结构化技术，从下到上共分七层：

（1）物理层：该层包括物理连网媒介，如电缆连线连接器。该层的协议产生并检测电压以便发送和接收携带数据的信号。具体标准有 RS232、V.35、RJ-45、FDDI。

（2）数据链路层：它控制网络层与物理层之间的通信。它的主要功能是将从网络层接收到的数据分割成特定的可被物理层传输的帧。常见的协议有 IEEE802.3/.2、HDLC、PPP、ATM。

（3）网络层：其主要功能是将网络地址（例如，IP 地址）翻译成对应的物理地址（例如，网卡地址），并决定如何将数据从发送方路由到接收方。在 TCP/IP 协议中，网络层具体协议有 IP、ICMP、IGMP、IPX、ARP 等。

（4）传输层：主要负责确保数据可靠、顺序、无错地从 A 点到传输到 B 点。如提供建立、维护和拆除传送连接的功能；选择网络层提供最合适的服务；在系统之间提供可靠的透明的数据传送，提供端到端的错误恢复和流量控制。在 TCP/IP 协议中，具体协议有 TCP、UDP、SPX。

（5）会话层：负责在网络中的两节点之间建立和维持通信，以及提供交互会话的管理功能，如三种数据流方向的控制，即一路交互、两路交替和两路同时会话模式。常见的协议有 RPC、SQL、NFS。

（6）表示层：如同应用程序和网络之间的翻译官，在表示层，数据将按照网络能理解的方案进行格式化；这种格式化也因所使用网络的类型不同而不同。表示层管理数据的解密加密、数据转换、格式化和文本压缩。常见的协议有 JPEG、ASCII、GIF、DES、MPEG。

（7）应用层：负责对软件提供接口以使程序能使用网络服务，如事务处理程序、文件传送协议和网络管理等。在 TCP/IP 协议中，常见的协议有 HTTP、Telnet、FTP、SMTP。

2．网络协议和标准

IEEE 802 规范定义了网卡如何访问传输介质（如光缆、双绞线、无线等），以及如何在传输介质上传输数据的方法，还定义了传输信息的网络设备之间连接建立、维护和拆除的途径。遵循 IEEE 802 标准的产品包括网卡、桥接器、路由器以及其他一些用来建立局域网络的组件。IEEE 802 规范包括：802.1（802 协议概论）、802.2（逻辑链路控制层 LLC 协议）、802.3（以太网的 CSMA/CD 载波监听多路访问/冲突检测协议）802.4（令牌总线 Token Bus 协议）、802.5（令牌环（Token Ring）协议）、802.6（城域网 MAN 协议）、802.7（FDDI 宽带技术协议）、802.8（光纤技术协议）、802.9（局域网上的语音/数据集成规范）、802.10（局域网安全互操作标准）、802.11（无线局域网 WLAN 标准协议）。

以太网规范 IEEE 802.3 是重要的局域网协议，内容包括：

IEEE 802.3	标准以太网	10Mb/s	传输介质为细同轴电缆
IEEE 802.3u	快速以太网	100Mb/s	双绞线
IEEE 802.3z	千兆以太网	1000Mb/s	光纤或双绞线

FDDI/光纤分布式数据接口是于 80 年代中期发展起来一项局域网技术，它提供的高速数据通信能力要高于当时的以太网（10Mbps）和令牌网（4 或 16Mbps）的能力。

广域网协议包括：PPP 点对点协议、ISDN 综合业务数字网、xDSL（DSL 数字用户线路的统称：HDSL、SDSL、MVL、ADSL）DDN 数字专线、x.25、FR 帧中继、ATM 异步传输模式。

3.7.2　Internet 技术及应用

Internet 又称互联网，是一个囊括全球数十亿电脑和移动终端的巨大的计算机网络体系，它把全球数百万计算机网络和大型主机连接起来进行交互。Internet 是一个不受政府管理和控制的、包括成千上万相互协作的组织和网络的集合体。Internet 有如下特点：

- TCP/IP 协议是 Internet 的核心；
- Internet 实现了与公用电话交换网（包括移动电话网）的互连；
- Internet 是一个用户自己的网络；
- 由众多的计算机网络互联组成，是一个世界性的网络；
- 采用分组交换技术；
- 由众多的路由器、网关连接而成；
- 是一个信息资源网。

如何解决庞大数量的终端之间互联互通呢？Internet 采用了 TCP/IP 和标志技术。

1．TCP/IP 技术

TCP/IP 是 Internet 的核心，利用 TCP/IP 协议可以方便地实现多个网络的无缝连接。通常所谓某台主机在 Internet 上，就是指该主机具有一个 Internet 地址（即 IP 地址），并运行 TCP/IP 协议，可以向 Internet 上的所有其他主机发送 IP 分组。

TCP/IP 的层次模型分为四层，其最高层相当于 OSI 的 5～7 层，该层中包括了所有的高层协议，如常见的文件传输协议 FTP、电子邮件协议 SMTP、域名系统 DNS、网络管理协议 SNMP、访问 WWW 的超文本传输协议 HTTP 等。

TCP/IP 的次高层相当于 OSI 的传输层，该层负责在源主机和目的主机之间提供端一端的数据传输服务。这一层上主要定义了两个协议：面向连接的传输控制协议 TCP 和无连接的用户数据报协议 UDP。

TCP/IP 的第二层相当于 OSI 的网络层，该层负责将分组独立地从信源传送到信宿，主要解决路由选择、阻塞控制及网际互连问题。这一层上定义了互连网协议 IP、地址转换协议 ARP、反向地址转换协议 RARP 和互连网控制报文协议 ICMP 等协议。

TCP/IP 的最底层为网络接口层，该层负责将 IP 分组封装成适合在物理网络上传输的帧格式并发送出去，或将从物理网络接收到的帧卸装并取出 IP 分组递交给高层。这一层与物理网络的具体实现有关，自身并无专用的协议。事实上，任何能传输 IP 分组的协议都可以运行。虽然该层一般不需要专门的 TCP/IP 协议，各物理网络可使用自己的数据链路层协议和物理层协议，但使用串行线路进行连接时仍需要运行 SLIP 或 PPP 协议。

2．标识技术

（1）主机 IP 地址。为了确保通信时能相互识别，在 Internet 上的每台主机都必须有一个唯一的标识，即主机的 IP 地址。IP 协议就是根据 IP 地址实现信息传递的。

IP 地址分为 IPv4 和 IPv6 两个版本。IPv4 由 32 位（即 4 字节）二进制数组成，将每个字节作为一段并以十进制数来表示，每段间用“.”分隔。例如，202.96.209.5 就是一个合法的 IP 地址。IP 地址由网络标识和主机标识两部分组成。常用的 IP 地址有 A、B、C 三类，每类均规定了网络标识和主机标识在 32 位中所占的位数。

A 类地址一般分配给具有大量主机的网络使用，B 类地址通常分配给规模中等的网络使用，C 类地址通常分配给小型局域网使用。为了确保唯一性，IP 地址由世界各大地区的权威机构 Inter NIC（Internet Network Information Center，Internet 网络信息中心）管理和分配。

在 IP 地址的某个网络标识中，可以包含大量的主机（如 A 类地址的主机标识域为 24 位、B 类地址的主机标识域为 16 位），而在实际应用中不可能将这么多的主机连接到单一的网络中，这将给网络寻址和管理带来不便。为解决这个问题，可以在网络中引入“子网”的概念。将主机标识域进一步划分为子网标识和子网主机标识，通过灵活定义子网标识域的位数，可以控制每个子网的规模。将一个大型网络划分为若干个既相对独立又相互联系的子网后，网络内部各子网便可独立寻址和管理，各子网间通过跨子网的路由器连接，这样也提高了网络的安全性。利用子网掩码可以判断两台主机是否在同一子网中。子网掩码与 IP 地址一样也是 32 位二进制数，不同的是它的子网主机标识部分为全“0”。若两台主机的 IP 地址分别与它们的子网掩码相“与”后的结果相同，则说明这两台主机在同一子网中。

IPv6 也被称作下一代互联网协议，它是由 IETF 小组（Internet Engineering Task Force，Internet 工程任务组）设计的用来替代现行的 IPv4（现行的 IP）协议的一种新的 IP 协议。

我们知道，Internet 的主机都有一个唯一的 IP 地址，IP 地址用一个 32 位二进制的数表示一个主机号码，但 32 位地址资源有限，已经不能满足用户的需求了，因此 Internet 研究组织发布新的主机标识方法，即 IPv6。在 RFC1884 中（RFC 是 Request for Comments document 的缩写。RFC 实际上就是 Internet 有关服务的一些标准说明文档），规定的标准语法建议把 IPv6 地址的 128 位（16 个字节）写成 8 个 16 位的无符号整数，每个整数用 4 个十六进制位表示，这些数之间用冒号（：）分开，例如：3ffe:3201:1401:1280:c8ff:fe4d:db39:1984。IPv6 具有以下显著优点：

- 提供更大的地址空间，能够实现 plug and play 和灵活的重新编址；
- 更简单的头信息，能够使路由器提供更有效率的路由转发；
- 与 mobile ip 和 ip sec 保持兼容的移动性和安全性；
- 提供丰富的从 IPv4 到 IPv6 的转换和互操作的方法，ipsec 在 IPv6 中是强制性的。

（2）域名系统和统一资源定位器。32 位二进制数的 IP 地址对计算机来说十分有效，但用户使用和记忆都很不方便。为此，Internet 引进了字符形式的 IP 地址，即域名。域名采用层次结构的基于“域”的命名方案，每一层由一个子域名组成，子域名间用“.”分隔，其格式为：机器名.网络名.机构名.最高域名。

Internet 上的域名由域名系统 DNS（Domain Name System）统一管理。DNS 是一个分布式数据库系统，由域名空间、域名服务器和地址转换请求程序三部分组成。有了 DNS，凡域名空间中有定义的域名都可以有效地转换为对应的 IP 地址，同样，IP 地址也可通过 DNS 转换成域名。

WWW上的每一个网页都有一个独立的地址，这些地址称为统一资源定位器（URL），只要知道某网页的URL，便可直接打开该网页。

（3）用户E-mail地址。用户E-mail地址的格式为：用户名@主机域名。其中用户名是用户在邮件服务器上的信箱名，通常为用户的注册名、姓名或其他代号，主机域名则是邮件服务器的域名。用户名和主机域名之间用"@"分隔。例如，tmchang@online-sh.cn即表示域名为"online-sh.cn"的邮件服务。由于主机域名在Internet上的唯一性，所以只要E-mail地址中的用户名在该邮件服务器中是唯一的，则这个E-mail地址在整个Internet上也是唯一的。

Internet技术在生产和生活中有着广泛的应用，如：

- 电子商务：B2B、B2C、C2C。
- 电子政务：政府信息化应用。
- 互联网金融：P2P。
- 网络教育：e-Learning。
- 网络传媒：网媒、综合门户、富媒体等。
- 产业应用：在线行业应用。
- 个人应用：地区门户、论坛、搜索引擎、SNS等。
- 主题应用：各细分主题网站，比如旅游等。

随着移动终端（手机、平板电脑、穿戴设备）的不断普及，Internet又衍生出了移动互联网这一丰富应用的分支。

3.7.3 网络分类

1．根据计算机网络覆盖的地理范围分类

按照计算机网络所覆盖的地理范围的大小进行分类，计算机网络可分为：局域网、城域网和广域网。了解一个计算机网络所覆盖的地理范围的大小，可以使人们一目了然地了解该网络的规模和主要技术。局域网（LAN）的覆盖范围一般在方圆几十米到几公里。典型地是一个办公室、一个办公楼、一个园区的范围内的网络。当网络的覆盖范围达到一个城市的大小时，被称为城域网。网络覆盖到多个城市甚至全球的时候，就属于广域网的范畴了。我国著名的公共广域网是ChinaNet、ChinaPAC、ChinaFrame、ChinaDDN等。大型企业、院校、政府机关通过租用公共广域网的线路，可以构成自己的广域网。

2．根据链路传输控制技术分类

链路传输控制技术是指如何分配网络传输线路、网络交换设备资源，以便避免网络通讯链路资源冲突，同时为所有网络终端和服务器进行数据传输。典型的网络链路传输控制技术有：总线争用技术、令牌技术、FDDI技术、ATM技术、帧中继技术和ISDN技术。对应上述技术的网络分别是以太网、令牌网、FDDI网、ATM网、帧中继网和ISDN网。总线争用技术是以太网的标志。总线争用顾名思义，即需要使用网络通讯的计算机需要抢占通讯线路。如果争用线路失败，就需要等待下一次的争用，直到占得通讯链路。这种技术的实现简单，介质使用效率非常高。进入本世纪以来，使用总线争用技术的以太网成为了计算机网络中占主导地位的网络。令牌环网和 FDDI 网一度是以太网的挑战者。它们分配网络传输线路和网络交换设备资源的方法是在网络中下发一个令牌报文包，轮流交给网络中的计算机。需要通讯的计算机只有得到令牌的时候才能发送数据。令牌环网和 FDDI 网的思路是需要通讯的计算机轮流使用网络资源，避免冲突。但是，令牌技术相对以太网技术过于复杂，在千兆以太网出现后，令牌环网和 FDDI 网不再具有竞争力，淡出了网络技术领域。ATM 是英文 Asynchronous Transfer Mode 的缩写，称为异步传输模式。ATM 采用光纤作为传输介质，传输以 53 个字节为单位的超小数据单元（称为信元）。ATM 网络的最大吸引力之一是具有特别的灵活性，用户只要通过 ATM 交换机建立交换虚电路，就可以提供突发性、宽频带传输的支持，适应包括多媒体在内的各种数据传输，传输速度高达 622Mbps。

ISDN 是综合业务数据网的缩写，建设的宗旨是在传统的电话线路上传输数字数据信号。ISDN 通过时分多路复用技术，可以在一条电话线上同时传输多路信号。ISDN 可以提供从 144Kbps 到 30Mbps 的传输带宽，但是由于其仍然属于电话技术的线路交换，租用价格较高，并没有成为计算机网络的主要通讯网络。

3．根据网络拓扑结构分类

网络拓扑结构分为物理拓扑和逻辑拓扑。物理拓扑结构描述网络中由网络终端、网络设备组成的网络结点之间的几何关系，反映出网络设备之间以及网络终端是如何连接的。网络按照拓扑结构划分有：总线型结构、环型结构、星型结构、树型结构和网状结构。

3.7.4　网络服务器

网络服务器是指在网络环境下运行相应的应用软件，为网上用户提供共享信息资源和各种服务的一种高性能计算机，英文名称叫做 Server。

服务器既然是一种高性能的计算机，它的构成肯定就与我们平常所用的电脑（PC）有很多相似之处，诸如有 CPU（中央处理器）、内存、硬盘、各种总线等等，只不过它是能够提供各种共享服务（网络、Web 应用、数据库、文件、打印等）以及其他方面的高性能应用，它的高性能主要体现在高速度的运算能力、长时间的可靠运行、强大的外部数据吞吐能力等方面，是网络的中枢和信息化的核心。由于服务器是针对具体的网络应用特别制定的，因而服务器又与普通 PC 在处理能力、稳定性、可靠性、安全性、可扩展性、可管理性等方面存在很大的区别。而最大的差异就是在多用户多任务环境下的可靠性上。用 PC 机当作服务器的用户一定都曾经历过突然的停机、意外的网络中断、不时的丢失存储数据等事件，这都是因为 PC 机的设计制造从来没有保证过多用户多任务环境下的可靠性，而一旦发生严重故障，其所带来的经济损失将是难以预料的。但一台服务器所面对的是整个网络的用户，需要 7×24 小时不间断工作，所以它必须具有极高的稳定性，另一方面，为了实现高速以满足众多用户的需求，服务器通过采用对称多处理器（SMP）安装、插入大量的高速内存来保证工作。它的主板可以同时安装几个甚至几十、上百个 CPU（服务器所用 CPU 也不是普通的 CPU，是厂商专门为服务器开发生产的）。内存方面当然也不一样，无论在内存容量，还是性能、技术等方面都有根本的不同。另外，服务器为了保证足够的安全性，还采用了大量普通电脑没有的技术，如冗余技术、系统备份、在线诊断技术、故障预报警技术、内存纠错技术、热插拔技术和远程诊断技术等等，使绝大多数故障能够在不停机的情况下得到及时的修复，具有极强的可管理性（Manageability）。

3.7.5 网络交换技术

网络交换是指通过一定的设备，如交换机等，将不同的信号或者信号形式转换为对方可识别的信号类型从而达到通信目的的一种交换形式，常见的有数据交换、线路交换、报文交换和分组交换。

在计算机网络中，按照交换层次的不同，网络交换可以分为物理层交换（如电话网）、链路层交换（二层交换，对 MAC 地址进行变更）、网络层交换（三层交换，对 IP 地址进行变更）、传输层交换（四层交换，对端口进行变更，比较少见）和应用层交换（似乎可以理解为 Web 网关等）。

网络中的数据交换可以分为电路交换、分组交换（数据包交换）、ATM 交换、全光交换和标记交换。其中电路交换有预留，且分配一定空间，提供专用的网络资源，提供有保证的服务，应用于电话网；而分组交换无预留，且不分配空间，存在网络资源争用，提供有无保证的服务。分组交换可用于数据报网络和虚电路网络。我们常用的 Internet 就是数据报网络，单位是 Bit，而 ATM 则用的是虚电路网络，单位是码元。

3.7.6 网络存储技术

网络存储技术（Network Storage Technology）是基于数据存储的一种通用网络术语。网络存储结构大致分为 3 种：直连式存储（DAS：Direct Attached Storage）、网络存储设备（NAS：Network Attached Storage）和存储网络（SAN：Storage Area Network）。

3.7.7 光网络技术

光网络技术通常可分为光传输技术、光节点技术和光接入技术，它们之间有交叉和融合。

全光网（AON）是指信息从源节点到目的节点完全在光域进行，即全部采用光波技术完成信息的传输和交换的宽带网络。它包括光传输、光放大、光再生、光选路、光交换、光存储、光信息处理等先进的全光技术。全光网络以光结点取代电结点，并用光纤将光结点互连在一起，实现信息完全在光域的传送和交换，是未来信息网的核心。全光网络最突出的优点是它的开放性。全光网络本质上是完全透明的，即对不同速率、协议、调制频率和制式的信号兼容，并允许几代设备（PHD/SDH/ATM）共存于同一个光纤基础设施。全光网的结构非常灵活，因此可以随时增加一些新结点，包括增加一些无源分路/合路器和短光纤，而不必安装另外的交换结点或者光缆。全光网络与光电混合网络的显著不同之处在于它具有最少量的电光和光电转换，没有一个结点为其他结点传输和处理信息服务。

3.7.8　无线网络技术

无线网络是指以无线电波作为信息传输媒介。无线网络既包括允许用户建立远距离无线连接的全球语音和数据网络，也包括为近距离无线连接进行优化的红外线技术及射频技术，与有线网络的用途十分类似，最大的不同在于传输媒介的不同，利用无线电技术取代网线，可以和有线网络互为备份。

无线通信网络根据应用领域可分为：无线个域网（WPAN）、无线局域网（WLAN）、无线城域网（WMAN）、蜂房移动通信网（WWAN）。

从无线网络的应用角度看，还可以划分出无线传感器网络、无线 Mesh 网络、无线穿戴网络、无线体域网等，这些网络一般是基于已有的无线网络技术，针对具体的应用而构建的无线网络。

在无线通信领域，通常叫第几代（Generation，简称 G）通信技术，现在主流应用的是第四代（4G）。第一代（1G）为模拟制式手机，第二代（2G）为 GSM、CDMA 等数字手机；从第三代（3G）开始，手机就能处理图像、音乐、视频流等多种媒体，提供包括网页浏览、电话会议、电子商务等多种信息服务。3G 的主流制式为 CDMA2000、WCDMA、TD-SCDMA，其理论下载速率可达到 2.6Mbps（兆比特/每秒）。4G 包括 TD-LTE 和 FDD-LTE 两种制式，是集 3G 与 WLAN 于一体，并能够快速传输数据、高质量音频、视频和图像等，理论下载速率达到 100Mbps，比通常家用宽带 ADSL 快 25 倍，并且可以在 DSL 和有线电视调制解调器没有覆盖的地方部署，能够满足几乎所有用户对于无线服务的要求。5G 正在研发中，计划到 2020 年推出成熟的标准，理论上可在 28GHz 超高频段以 1Gbps 的速度传送数据，且最长传送距离可达 2 公里。

3.7.9　网络接入技术

网络接入技术分为光纤接入、同轴接入、铜线接入、无线接入。

1．光纤接入

光纤是目前传输速率最高的传输介质，在主干网中已大量的采用了光纤。如果将光纤应用到用户环路中，就能满足用户将来各种宽带业务的要求。可以说，光纤接入是宽带接入网的最终形式，但目前要完全抛弃现有的用户网络而全部重新铺设光纤，对于大多数国家和地区来说还是不经济、不现实的。

2．同轴接入

同轴电缆也是传输带宽比较大的一种传输介质，目前的 CATV 网就是一种混合光纤同轴网络，主干部分采用光纤，用同轴电缆经分支器接入各家各户。混合光纤/同轴（HFC）接入技术的一大优点是可以利用现有的 CATV 网，从而降低网络接入成本。

3．铜线接入

铜线接入是指以现有的电话线为传输介质，利用各种先进的调制技术和编码技术、数字信号处理技术来提高铜线的传输速率和传输距离。但是铜线的传输带宽毕竟有限，铜线接入方式的传输速率和传输距离一直是一对难以调和的矛盾，从长远的观点来看，铜线接入方式很难适应将来宽带业务发展的需要。

4．无线接入

无线用户环路是指利用无线技术为固定用户或移动用户提供电信业务，因此无线接入可分为固定无线接入和移动无线接入，采用的无线技术有微波、卫星等。无线接入的优点有：初期投入小，能迅速提供业务，不需要铺设线路，因而可以省去铺线的大量费用和时间；比较灵活，可以随时按照需要进行变更、扩容，抗灾难性比较强。

3.7.10 综合布线、机房工程

机房是系统集成工程中服务器和网络设备的“家”，通常分为以下 3 类：

- 智能建筑弱电总控机房，工作包括布线、监控、消防、计算机机房、楼宇自控等；
- 电信间、弱电间和竖井；
- 数据中心机房，包括企业自用数据中心、运营商托管或互联网数据中心，大型的数据中心，可达数万台服务器。

机房布线设计需要重点考虑以下几点：

- 考虑机房环境的节能、环保、安全；
- 适应冷热通道布置设备；
- 列头柜的设置；
- 敞开布线与线缆防火；
- 长跳线短链路与性能测试；
- 网络构架与外部网络，多运营商之间的网络互通；
- 高端产品应用的特殊情况；
- 机房与布线系统接地。

3.7.11 网络规划、设计与实施

网络工程是一项复杂的系统工程，涉及技术问题、管理问题等，必须遵守一定的系

统分析和设计方法。网络总体设计就是根据网络规划中提出的各种技术规范和系统性能要求，以及网络需求分析的要求，制订出一个总体计划和方案。网络设计工作包括：

1．网络拓扑结构设计

网络的拓扑结构主要是指园区网络的物理拓扑结构，因为如今的局域网技术首选的是交换以太网技术。采用以太网交换机，从物理连接看拓扑结构可以是星型、扩展星型或树型等结构，从逻辑连接看拓扑结构只能是总线结构。对于大中型网络考虑链路传输的可靠性，可采用冗余结构。确立网络的物理拓扑结构是整个网络方案规划的基础，物理拓扑结构的选择往往和地理环境分布、传输介质与距离、网络传输可靠性等因素紧密相关。选择拓扑结构时，应该考虑的主要因素有：地理环境、传输介质与距离以及可靠性。

2．主干网络（核心层）设计

主干网技术的选择，要根据以上需求分析中用户方网络规模大小、网上传输信息的种类和用户方可投入的资金等因素来考虑。一般而言，主干网用来连接建筑群和服务器群，可能会容纳网络上 50%～80%的信息流，是网络大动脉。连接建筑群的主干网一般以光缆做传输介质，典型的主干网技术主要有 100Mbps-FX 以太网、l000Mbps 以太网、ATM 等。

3．汇聚层和接入层设计

汇聚层的存在与否，取决于网络规模的大小。当建筑楼内信息点较多（比如大于 22 个点）超出一台交换机的端口密度，而不得不增加交换机扩充端口时，就需要有汇聚交换机。交换机间如果采用级连方式，则将一组固定端口交换机上联到一台背板带宽和性能较好的汇聚交换机上，再由汇聚交换机上联到主干网的核心交换机。如果采用多台交换机堆叠方式扩充端口密度，其中一台交换机上联，则网络中就只有接入层。

4．广域网连接与远程访问设计

根据网络规模的大小、网络用户的数量，来选择对外连接通道的带宽。如果网络用户没有 WWW、E-mail 等具有 Internet 功能的服务器，用户可以采用 ISDN 或 ADSL 等技术连接外网。如果用户有 WWW、E-mail 等具有 Internet 功能的服务器，用户可采用 DDN（或 E1）专线连接、ATM 交换及永久虚电路连接外网。如果用户与网络接入运营商在同一个城市，也可以采用光纤 10Mbps/100Mbps 的速率连接 Internet。

5．无线网络设计

无线网络的出现就是为了解决有线网络无法克服的困难。无线网络首先适用于很难布线的地方（比如受保护的建筑物、机场等）或者经常需要变动布线结构的地方（如展览馆等）。学校也是一个很重要的应用领域，一个无线网络系统可以使教师、学生在校园内的任何地方接入网络。另外，因为无线网络支持十几公里的区域，因此对于城市范围的网络接入也能适用，可以设想一个采用无线网络的 ISP 可以为一个城市的任何角落提供高达 10Mbps 的互联网接入。

6．网络通信设备选型

网络通信设备选型包括核心交换机选型、汇聚层/接入层交换机选型、远程接入与访问设备选型。

3.7.12 网络安全

网络安全是指网络系统的硬件、软件及其系统中的数据受到保护，不因偶然的或者恶意的原因而遭受到破坏、更改、泄露，系统连续可靠正常地运行，网络服务不中断。信息安全的基本要素有：

- 机密性：确保信息不暴露给未授权的实体或进程。
- 完整性：只有得到允许的人才能修改数据，并且能够判别出数据是否已被篡改。
- 可用性：得到授权的实体在需要时可访问数据，即攻击者不能占用所有的资源而阻碍授权者的工作。
- 可控性：可以控制授权范围内的信息流向及行为方式。
- 可审查性：对出现的网络安全问题提供调查的依据和手段。

为了达成上述目标，需要做的工作有：制定安全策略、用户验证、加密、访问控制、审计和管理。网络安全分为内部安全和外部安全。外部安全主要指防范来自于互联网的外部网络攻击，“棱镜门”事件后在国际上大受关注。

典型的网络攻击步骤一般为：信息收集、试探寻找突破口、实施攻击、消除记录、保留访问权限。攻击者一般在攻破安全防护后，进入主机窃取或破坏核心数据。除了对数据的攻击外，还有一种叫“拒绝服务”攻击，即通过控制网络上的其他机器，对目标主机所在网络服务不断进行干扰，改变其正常的作业流程，执行无关程序使系统响应减慢甚至瘫痪，影响正常用户的使用，甚至使合法用户被排斥而不能进入计算机网络系统或不能得到相应的服务。

国家在信息系统安全方面也出台了相应的安全标准。2001年1月1日起由公安部主持制定、国家技术标准局发布的中华人民共和国国家标准GB 17895-1999《计算机信息系统安全保护等级划分准则》开始实施。该准则将信息系统安全分为5个等级，分别是：自主保护级、系统审计保护级、安全标记保护级、结构化保护级、访问验证保护级。

除了标准之外，还需要相应的网络安全工具，包括安全操作系统、应用系统、防火墙、网络监控、安全扫描、信息审计、通信加密、灾难恢复、网络反病毒等多个安全组件共同组成的，每一个单独的组件只能完成其中部分功能，而不能完成全部功能。下面对主要的网络和信息安全产品加以说明：

1．防火墙

防火墙通常被比喻为网络安全的大门，用来鉴别什么样的数据包可以进出企业内部网。在应对黑客入侵方面，可以阻止基于IP包头的攻击和非信任地址的访问。但传统防火墙无法阻止和检测基于数据内容的黑客攻击和病毒入侵，同时也无法控制内部网络之间的违规行为。

2．扫描器

扫描器可以说是入侵检测的一种，主要用来发现网络服务、网络设备和主机的漏洞，通过定期的检测与比较，发现入侵或违规行为留下的痕迹。当然，扫描器无法发现正在进行的入侵行为，而且它还有可能成为攻击者的工具。

3．防毒软件

防毒软件是最为人熟悉的安全工具，可以检测、清除各种文件型病毒、宏病毒和邮件病毒等。在应对黑客入侵方面，它可以查杀特洛伊木马和蠕虫等病毒程序，但对于基于网络的攻击行为（如扫描、针对漏洞的攻击）却无能为力。

4．安全审计系统

安全审计系统通过独立的、对网络行为和主机操作提供全面与忠实的记录，方便用户分析与审查事故原因，很像飞机上的黑匣子。由于数据量和分析量比较大，目前市场上鲜见特别成熟的产品，即使存在冠以审计名义的产品，也更多的是从事入侵检测的工作。

3.7.13　网络管理

网络管理包括对硬件、软件和人力的使用、综合与协调，以便对网络资源进行监视、测试、配置、分析、评价和控制，这样就能以合理的价格满足网络的一些需求，如实时运行性能、服务质量等。另外，当网络出现故障时能及时报告和处理，并协调、保持网络系统的高效运行等。网络管理中一个重要的工作就是备份，需要备份的数据一般包括：

- 工作文档类文件；
- E-mail、QQ 记录类文件；
- 设置类文件；
- 系统类文件；
- 数据库的备份；
- 重要光盘；
- 其他重要文件。

3.8　新兴信息技术

3.8.1　云计算

1．云计算概念

云计算是指基于互联网的超级计算模式，通过互联网来提供大型计算能力和动态易扩展的虚拟化资源。云是网络、互联网的一种比喻说法。云计算是一种大集中的服务模式：服务器端可以通过网格计算，将大量低端计算机和存储资源整合在一起，提供高性能的计算能力、存储服务、应用和安全管理等；客户端可以根据需要，动态申请计算、存储和应用服务，在降低硬件、开发和运维成本的同时，大大拓展了客户端的处理能力。用一句话概括云计算就是通过网络提供可动态伸缩的廉价计算能力，其通常具有下列特点：

（1）超大规模

“云”具有相当的规模，Google 云计算已经拥有 100 多万台服务器，Amazon、IBM、微软、Yahoo、阿里等的“云”均拥有几十万台服务器。企业私有云一般拥有数百上千台服务器。

（2）虚拟化

云计算支持用户在任意位置、使用各种终端获取应用服务。所请求的资源来自“云”，而不是固定的有形的实体。应用在“云”中某处运行，但实际上用户无需了解、也不用担心应用运行的具体位置。只需要一台笔记本或者一部手机，就可以通过网络服务来实现我们需要的一切，甚至包括超级计算这样的任务。

（3）高可靠性

“云”使用了数据多副本容错、计算节点同构可互换等措施来保障服务的高可靠性，使用云计算比使用本地计算机可靠。

（4）通用性

云计算不针对特定的应用，在“云”的支撑下可以构造出千变万化的应用，同一个“云”可以同时支撑不同的应用运行。

（5）高可扩展性

“云”的规模可以动态伸缩，满足应用和用户规模增长的需要。

（6）按需服务

“云”是一个庞大的资源池，用户按需购买；云可以像自来水、电、煤气那样计费。

（7）极其廉价

由于“云”的特殊容错措施可以采用极其廉价的节点来构成云，“云”的自动化集中式管理使大量企业无需负担日益高昂的数据中心管理成本，“云”的通用性使资源的利用率较之传统系统大幅提升，因此用户可以充分享受“云”的低成本优势，经常只要花费几百美元、几天时间就能完成以前需要数万美元、数月时间才能完成的任务。

（8）潜在的危险性

云计算服务除了提供计算服务外，还必然提供了存储服务。但是云计算服务当前垄断在私人机构（企业）手中，而他们仅仅能够提供商业信用。政府机构、商业机构（特别像银行这样持有敏感数据的商业机构）在选择云计算服务、特别是国外机构提供的云计算服务时，务必考虑其潜在的危险性。

2．云计算发展现状

从计算架构来看，云计算并不算是新概念。根据应用方式，计算机的计算技能可分为 3 个阶段：计算时代、网络时代和云时代。

（1）计算时代

计算时代一般从上世纪 60 年代到上世纪末，典型特征是利用单个计算机的计算能力来完成任务。计算机可以为大型集群式计算机、小型计算机或个人用微机。大型或小型机一般用没有计算能力的个人终端来完成输入输出，结构如图 3-10 所示。

（2）网络时代

网络时代一般从上世纪末到 2015 年，典型特征是借助互联网，将个人计算机和移动设备结合起来，进行信息的交流与共享，如图 3-11 所示。

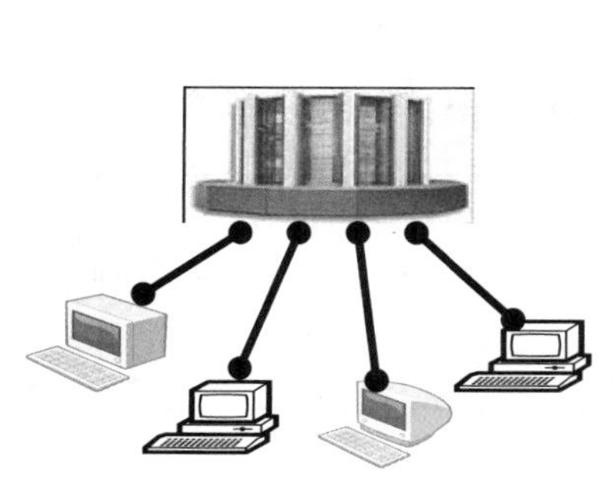

图 3-10　早期的个人终端

图 3-11　借助互联网信息交流

（3）云时代

云时代一般指从近两年国外 Amazon 开始到国内阿里云等云平台商兴起，越来越多的应用放到云平台上，而昭示云时代的开始。从架构上云时代可以看做是计算时代的扩展，计算时代的大型机换成了云时代的数据中心，局域网换成了互联网，无计算能力的终端机换成了丰富多彩的具有计算能力的个人电脑或移动终端等，如图 3-12 所示。

图 3-12　利用云计算的个人终端

3．云计算架构

从对外提供的服务能力来看，云计算的架构可以分为 3 个层次：基础设施即服务（IaaS）、平台即服务（PaaS）和软件即服务（SaaS）（详见本书 1.6.2 节）。

（1）基础设施即服务（IaaS）

英文为 Infrastructure as a Service，指消费者通过 Internet 可以从云计算中心获得完善的计算机基础设施服务，例如虚拟主机、存储服务等，典型厂家有 Amazon、阿里云等。如果把云计算比作一台计算机，IaaS 就相当于计算机的主机等硬件。

（2）平台即服务（PaaS）

英文为 Platform as a Service，指为云计算上各种应用软件提供服务的平台应用，其作用类似于个人计算机的操作系统，也包括一些增强应用开发的"开发包"，典型厂家有 Google App Engine、Microsoft Azure、阿里 Aliyun Cloud Enginee、百度 Baidu App Enginee 等。

（3）软件即服务（SaaS）

英文为 Software as a Service，是一种通过 Internet 提供软件的模式，用户无需购买软件，而是向提供商租用基于 Web 的软件，来管理企业经营活动。类似于个人计算机中各种各样的应用软件。提供 SaaS 服务的厂家越来越多，典型的如国外的 Salesforce、国内的淘宝等。

从云计算的核心以及大型数据中心的内部结构来看，其结构包括资源池、云操作系统和云平台接口，如图 3-13 所示。

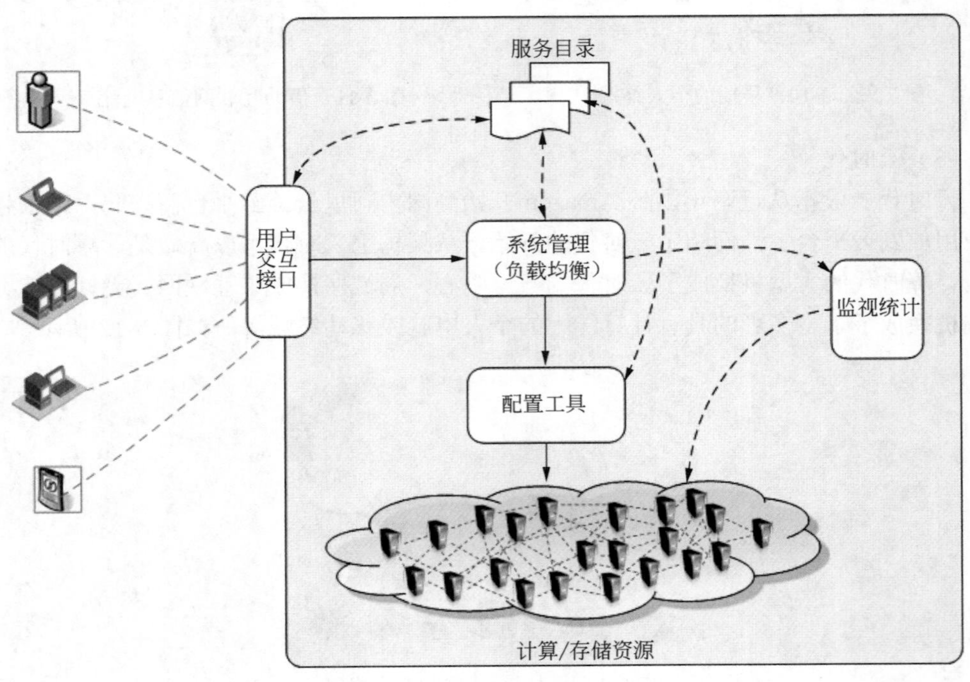

图 3-13　云计算架构

（1）资源池：指集群管理的各种基础硬件资源，如 CPU、存储和网络带宽等。

（2）云操作系统：通过虚拟化技术对资源池中的各种资源进行统一调度管理。

（3）云平台接口：用户调用云计算资源的接口。

4．云计算应用

（1）从服务层次来看，如前所述，云计算的应用可分为基础设施即服务（IaaS）、平台即服务（PaaS）、软件即服务（SaaS）3 个层次。

（2）从应用范围来看，云计算又可分为公有云、私有云和混合云。公有云通常指第三方提供商提供的用户能够使用的云，公有云一般可通过 Internet 使用，可能是免费或成本低廉的。私有云是为一个客户单独使用而构建的，因而提供对数据、安全性和服务质量的最有效控制。该公司拥有基础设施，并可以控制在此基础设施上部署应用程序的方式。混合云就是将公有、私有两种模式结合起来，根据需要提供统一服务的模式。

（3）从行业来看，在国内云计算应用较多的行业包括金融、政府、电子商务、游戏、音视频网站、移动应用、门户和社区等。随着数据安全性增强、网络带宽增长和云计算应用模式的成熟，云计算将在更多行业和领域得到应用。

3.8.2　物联网

1．物联网概念

物联网（IoT：The Internet of Things）即“物物相联之网”，指通过射频识别（RFID）、红外感应器、全球定位系统、激光扫描器等信息传感设备，按约定的协议，把物与物、人与物进行智能化连接，进行信息交换和通讯，以实现智能化识别、定位、跟踪、监控和管理的一种新兴网络。从计算机的协同处理来划分，可分为独立计算、互联网和物联网时代，如图 3-14 所示。

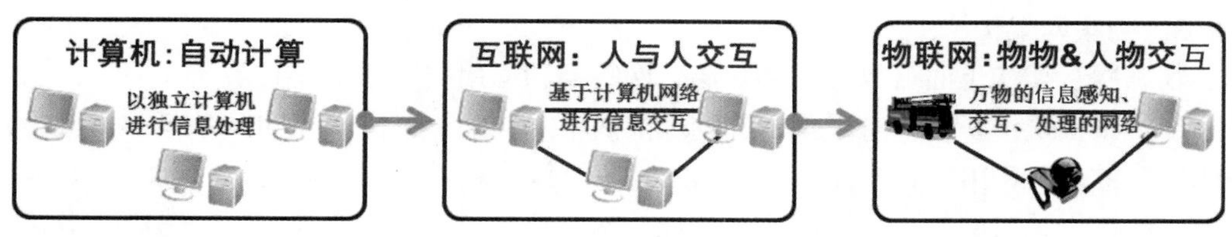

图 3-14　从独立计算到互联网再到物联网的演变

物联网不是一种物理上独立存在的完整网络，而是架构在现有互联网或下一代公网或专网基础上的联网应用和通信能力，是具有整合感知识别、传输互联和计算处理等能力的智能型应用。

物联网概念的 3 个方面如下。

- 物：客观世界的物品，主要包括人、商品、地理环境等。
- 联：通过互联网、通信网、电视网以及传感网等实现网络互联。

- 网：首先，应和通讯介质无关，有线无线都可。其次，应和通信拓扑结构无关，总线、星型均可。最后，只要能达到数据传输的目的即可。

2．物联网发展现状

物联网从技术上来看，不是新概念，因为用网络连接和传送物的信息的形式由来已久，如军事上的卫星、雷达侦测、遥控武器和工业上的自动控制等应用。但是由于互联网的飞速发展，使得物联网有了更加广阔的应用空间，业界和国家也对物联网加以高度重视。

2011年11月28日，工业和信息化部印发《物联网“十二五”发展规划》指出，到2015年，我国要在核心技术研发与产业化、关键标准研究与制定、产业链条建立与完善、重大应用示范与推广等方面取得显著成效，初步形成创新驱动、应用牵引、协同发展、安全可控的物联网发展格局。

（1）技术创新能力显著增强。攻克一批物联网核心关键技术，在感知、传输、处理、应用等技术领域取得500项以上重要研究成果；研究制定200项以上国家和行业标准；推动建设一批示范企业、重点实验室、工程中心等创新载体，为形成持续创新能力奠定基础。

（2）初步完成产业体系构建。形成较为完善的物联网产业链，培育和发展10个产业聚集区，100家以上骨干企业，一批“专、精、特、新”的中小企业，建设一批覆盖面广、支撑力强的公共服务平台，初步形成门类齐全、布局合理、结构优化的物联网产业体系。

（3）应用规模与水平显著提升。在经济和社会发展领域广泛应用，在重点行业和重点领域应用水平明显提高，形成较为成熟的、可持续发展的运营模式，在9个重点领域完成一批应用示范工程，力争实现规模化应用。

3．物联网架构

物联网从架构上面可以分为感知层、网络层和应用层，如图3-15所示。

（1）感知层：负责信息采集和物物之间的信息传输，信息采集的技术包括传感器、条码和二维码、RFID射频技术、音视频等多媒体信息，信息传输包括远近距离数据传输技术、自组织组网技术、协同信息处理技术、信息采集中间件技术等传感器网络。感知层是实现物联网全面感知的核心能力，是物联网中包括关键技术、标准化方面、产业化方面亟待突破的部分，关键在于具备更精确、更全面的感知能力，并解决低功耗、小型化和低成本的问题。

（2）网络层：是利用无线和有线网络对采集的数据进行编码、认证和传输，广泛覆盖的移动通信网络是实现物联网的基础设施，是物联网三层中标准化程度最高、产业化能力最强、最成熟的部分，关键在于为物联网应用特征进行优化和改进，形成协同感知的网络。

（3）应用层：提供丰富的基于物联网的应用，是物联网发展的根本目标，将物联网技术与行业信息化需求相结合，实现广泛智能化应用的解决方案集，关键在于行业融合、信息资源的开发利用、低成本高质量的解决方案、信息安全的保障以及有效的商业模式的开发。

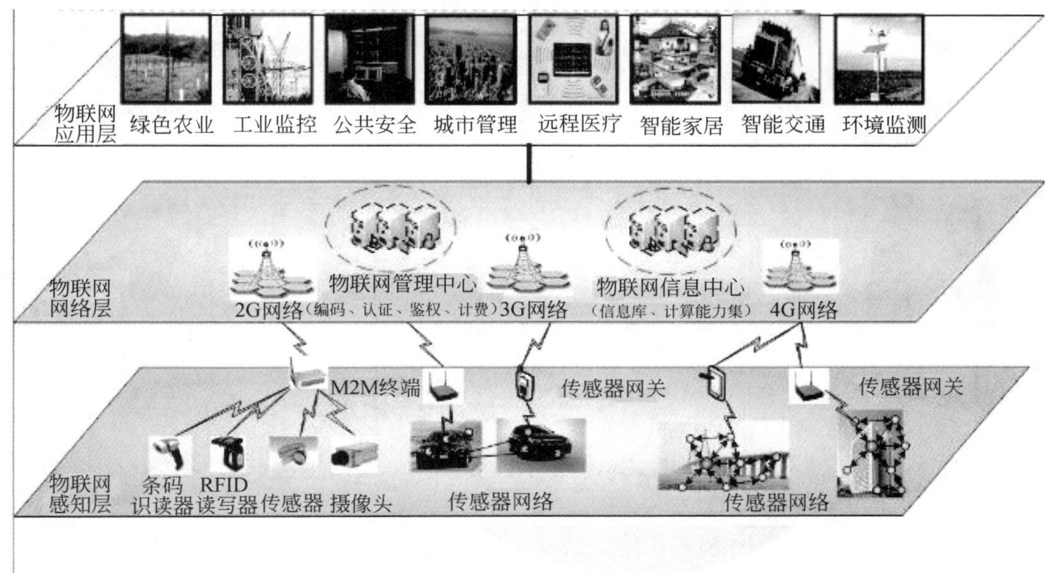

图 3-15　物联网架构

各个层次所用的公共技术包括编码技术、标识技术、解析技术、安全技术和中间件技术。

4．物联网关键技术

感知层作为物联网架构的基础层面，主要是达到信息采集并将采集到的数据上传的目的，感知层的技术主要包括：产品和传感器（条码、RFID、传感器等）自动识别技术，无线传输技术（WLAN、Bluetooth、ZigBee、UWB），自组织组网技术和中间件技术，如图 3-16 所示。

5．物联网应用

物联网的产业链包括传感器和芯片、设备、网络运营及服务、软件与应用开发和系统集成。作为物联网“金字塔”的塔座，传感器将是整个链条需求总量最大和最基础的环节。将整体产业链按价值分类，硬件厂商的价值较小，占产业价值大头的公司通常都集多种角色为一体，以系统集成商的角色出现，如图 3-17 所示。

（1）智能微尘：智能微尘（smart dust）（2001，美国国防部计划）是指具有电脑功能的一种超微型传感器，它可以探测周围诸多环境参数，能够收集大量数据，进行适当计算处理，然后利用双向无线通信装置将这些信息在相距 1000 英尺的微尘器件间往来传送。智能微尘的应用范围很广，除了主要应用于军事领域外，还可用于健康监控，环境监控，医疗等许多方面。

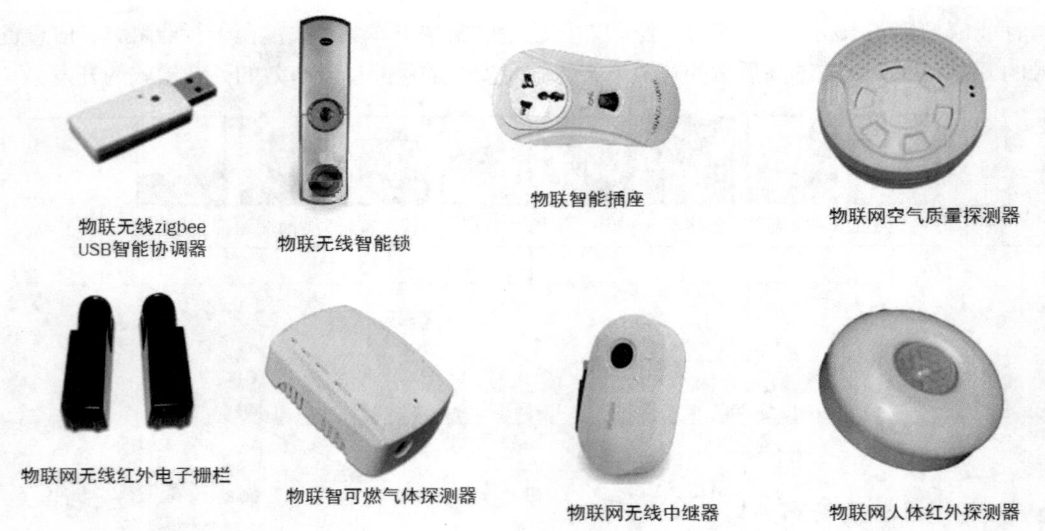

图 3-16 信息采集与数据上传设备

（2）智能电网：物联网技术在传感技术、电网通信整合、安全技术和先进控制方法等关键技术领域助力美国新一代智能电网的建设，使配电系统进入计算机智能化控制的时代，以美国的可再生能源为基础，实现美国发电、输电、配电和用电体系的优化管理，如图 3-17 所示。

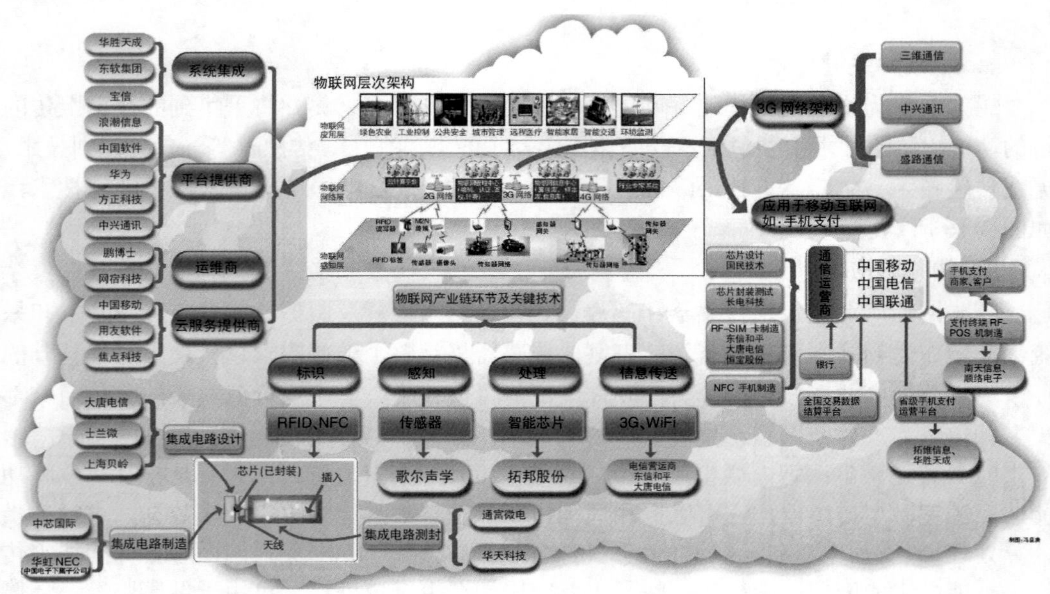

图 3-17 云计算、物联网三网融合示意图

（3）智慧物流：大型零售企业沃尔玛，拥有全美最大的送货车队，车辆全部安装了集成 GPS 卫星定位、移动通讯网络等功能的车载终端，调度中心可实时掌握车辆及货物的情况高效利用物流资源设施，使沃尔玛的配送成本仅占销售额的 2 %，远低于同行高达 10%甚至 20%的物流成本。由此可见，智慧物流可以提高物流效率，实现物流的全供应链流程管理支持。

（4）智能家居：提供基于网络的通讯，进行家居和建筑的自动化控制和外部共享信息，启动家庭安防类、信息服务类和家电设备管理等应用。

（5）智能交通：瑞典在解决交通拥挤问题时，通过使用 RFID 技术、激光扫描、自动拍照和自由车流路边系统，自动检测标识车辆，向工作进出市中心的车辆收取费用。提供汽车信息服务，支持交通管理，车辆控制和安全系统，公共交通管理，商用车运营管理，交通应急管理以及出行和交通需求管理等领域。

（6）智慧农业：荷兰阿姆斯特丹对城市建筑有另一个层面的应用，即利用城市内废弃建筑的多层结构提高种植面积，并利用物联网的感知与智能技术就地改造建筑内的 LED 照明设备与供水排水管道，形成自动根据天气条件补充光照与水分的城市农业。整合新型传感器技术，全流程的牧业管理和支持精细农业，并涉及食品安全溯源，环境检测等应用。

（7）环境保护：环境监测、河流区域监控、森林防火、动物监测等应用。

（8）医疗健康：基于 RFID 技术的医疗健康服务管理，应用涉及医疗健康服务管理，药品和医疗器械管理以及生物制品管理等应用。

（9）城市管理：应用物联网支撑城市综合管理，实现智慧城市。

（10）金融服务保险业：依靠物联网支撑金融和保险行业体系，实现便捷和健壮的服务，应用涉及安全监控，手机钱包等。

（11）公共安全：主要应用于机场防入侵，安全防范，城市轨道防控，城市公共安全等方面。

我国物联网产业规模如图 3-18 所示。

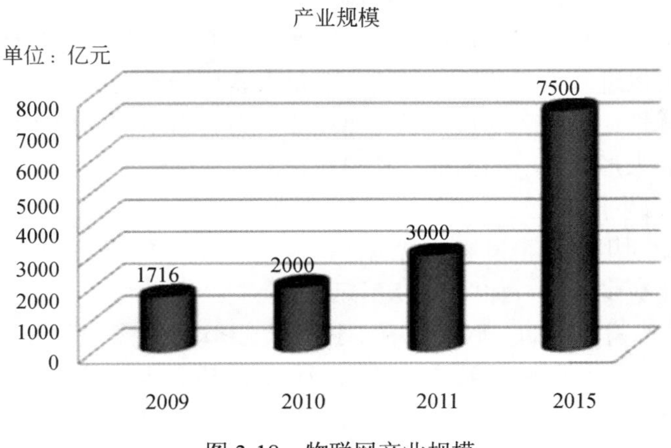

图 3-18　物联网产业规模

我国物联网产业领域发展现状：

- 优势产业：仪器仪表、嵌入式系统、软件与集成。
- 均势产业：网络通信。
- 弱势产业：传感器、RFID、高端软件与集成服务。
- 起步产业：物联网相关设备与服务。

3.8.3 移动互联网

1．移动互联网概念

移动互联网一般是指用户用手机等无线终端，通过 3G（WCDMA、CDMA2000 或者 TD-SCDMA）或者 WLAN 等速率较高的移动网络接入互联网，可以在移动状态下（如在地铁、公交车上等）使用互联网的网络资源。

从技术层面的定义：以宽带 IP 为技术核心，可以同时提供语音、数据、多媒体等业务的开放式基础电信网络。

从终端的定义：用户使用手机、上网本、笔记本电脑、平板电脑、智能本等移动终端，通过移动网络获取移动通信网络服务和互联网服务。

移动互联网 = 移动通信网络 + 互联网内容和应用，它不仅是互联网的延伸，而且是互联网的发展方向。

移动终端在处理能力、显示效果、开放性等方面无法和 PC 相提并论，但在个性化、永远在线、位置性等方面强于 PC。由于移动终端具有小巧轻便、随身携带两个特点，决定了移动互联网应用应具有下列新特征而不是传统互联网应用的简单复制和移植。

（1）接入移动性：移动终端的便携性使得用户可以在任意场合接入网络，移动互联网的使用场景是动态变化的。

（2）时间碎片性：用户使用移动互联网的时间往往是上下班途中、工作之余、出差等候间隙等碎片时间，数据传输具有不连续性和突发性。

（3）生活相关性：移动终端被用户随身携带，具有唯一号码，与移动位置关联等特性使得移动应用可以进入人们的日常生活，满足衣食住行吃喝玩乐等需求。

（4）终端多样性：目前各手机厂商分足鼎立，有各自不同的操作系统和底层硬件，终端类型多样，尚未形成统一的标准化接口协议。

2．移动互联网发展现状

中国移动互联的用户数量发展非常迅速，截止 2015 年，移动互联网网民数量基本与桌面互联网网民数量持平，如图 3-19 所示。

现阶段，比较普遍的移动互联应用有手机游戏、移动支付、定位业务（Location-based Services，LBS）、移动搜索、移动浏览、移动健康监控、近场通信（Near Field Communication，NFC）、移动广告、移动即时通讯、移动音乐、移动视频、移动会议等。

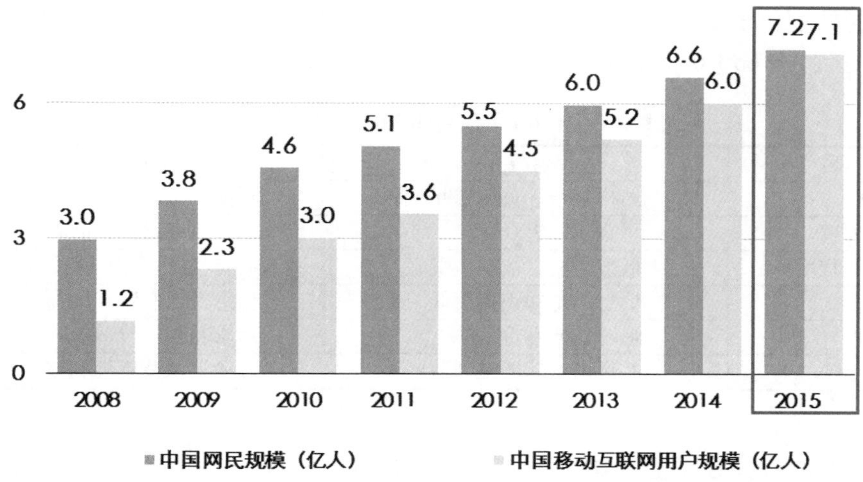

图 3-19　2008—2015 年中国桌面和移动互联网网民规模

3．移动互联网关键技术

移动互联网的关键技术包括架构技术 SOA、页面展示技术 Web2.0 和 HTML5 以及主流开发平台 Android、iOS 和 Windows Phone。

（1）SOA

Service Oriented Architecture，即面向服务的架构，SOA 是一种粗粒度、松耦合服务架构，服务之间通过简单、精确定义接口进行通讯，不涉及底层编程接口和通讯模型。SOA 可以看作是 B/S 模型、XML（标准通用标记语言的子集）/Web Service 技术之后的自然延伸。

Web Service 是目前实现 SOA 的主要技术，是一个平台独立的，低耦合的，自包含的、基于可编程的 Web 的应用程序，可使用开放的 XML（标准通用标记语言下的一个子集）标准来描述、发布、发现、协调和配置这些应用程序，用于开发分布式的互操作的应用程序。Web Service 技术，能使得运行在不同机器上的不同应用无须借助附加的、专门的第三方软件或硬件，即可相互交换数据或集成。依据 Web Service 规范实施的应用之间，无论它们所使用的语言、平台或内部协议是什么，都可以相互交换数据。

SOA 支持将业务转换为一组相互链接的服务或可重复业务任务，可以对这些服务进行重新组合，以完成特定的业务任务，从而使业务能够快速适应不断变化的客观条件和需求。

（2）Web 2.0

Web 2.0 严格来说不是一种技术，而是提倡众人参与的互联网思维模式，是相对于 Web 1.0 的新的时代。指的是一个利用 Web 的平台，由用户主导而生成的内容互联网产品模式，为了区别传统由网站雇员主导生成的内容而定义为第二代互联网，即 Web 2.0，是一个新的时代。Web 1.0 和 Web 2.0 的区别如表 3-1 所示。

表 3-1　Web 1.0 和 Web 2.0 的区别

项　　目	Web 1.0	Web 2.0
页面风格	结构复杂，页面繁冗	页面简洁，风格流畅
个性化程度	垂直化、大众化	个性化突出自我品牌
用户体验程度	低参与度、被动接受	高参与度、互动接受
通讯程度	信息闭塞知识程度低	信息灵通知识程度高
感性程度	追求物质性价值	追求精神性价值
功能性	实用追求功能性利益	体验追求情感性利益

（3）HTML 5

HTML 5 是在原有 HTML 基础之上扩展了 API，使 Web 应用成为 RIA（Rich Internet Applications），具有高度互动性、丰富用户体验以及功能强大的客户端。HTML 5 的第一份正式草案已于 2008 年 1 月 22 日公布。HTML 5 的设计目的是为了在移动设备上支持多媒体，推动浏览器厂商，使 Web 开发能够跨平台跨设备支持。HTML 5 仍处于完善之中。然而，大部分现代浏览器已经具备了某些 HTML5 支持。

HTML 5 相对于 HTML 4 是一个划时代的改变，新增了很多特性，其中重要的特性包括：

- 支持 WebGL、拖曳、离线应用和桌面提醒，大大增强了浏览器的用户使用体验。
- 支持地理位置定位，更适合移动应用的开发。
- 支持浏览器页面端的本地储存与本地数据库，加快了页面的反应。
- 使用语义化标签，标签结构更清晰，且利于 SEO。
- 摆脱对 Flash 等插件的依赖，使用浏览器的原生接口。
- 使用 CSS3，减少页面对图片的使用。
- 兼容手机、平板电脑等不同尺寸，不同浏览器的浏览。

HTML 5 手机应用的最大优势就是可以在网页上直接调试和修改。原先应用的开发人员可能需要花费非常大的力气才能达到 HTML 5 的效果，不断地重复编码、调试和运行，这是首先得解决的一个问题。因此也有许多手机杂志客户端是基于 HTML 5 标准，开发人员可以轻松调试修改。

（4）Android

Android 一词的本义指“机器人”，是一种基于 Linux 的自由及开放源代码的操作系统，主要用于移动设备，如智能手机和平板电脑，由 Google 于 2007 年 11 月 5 日发布，后一直由 Google 公司和开放手机联盟领导及开发。开放手机联盟（Open Handset Alliance）包括 Motorola、HTC、Samsung、LG、HP、中国电信等。并且很多移动重点厂商，如三星、小米，都在标准 Android 的基础上封装自有的操作系统。

在移动终端开发方面，Android 的市场占有率一枝独秀，成为全球最大智能手机操作系统。2015 年 Windows Phone 市场份额将从今年的 5.5%增至 20.9%，成为继 Android 之后的第二大系统，高于苹果 iOS 15.3%的市场份额。RIM 黑莓市场份额为 13.7%，排名第四。

相对其他移动终端操作系统，Android 的特点是入门容易，因为 Android 的中间层多以 Java 实现，并且采用特殊的 Dalvik “暂存器型态” Java 虚拟机，变量皆存放于暂存器中，虚拟机的指令相对减少，开发相对简单，而且开发社群活跃，开发资料丰富。

（5）iOS

iOS 是由苹果公司开发的移动操作系统，主要应用于 iPhone、iTouch 以及 iPad。苹果的移动终端一直是高端移动市场的领导者，拥有多点触控功能等多项专利，无与伦比的用户体验和海量的应用软件，并且 App Store 开创网上软件商店的先河。

iOS 是一个非开源的操作系统，其 SDK 本身是可以免费下载的，但为了发布软件，开发人员必须加入苹果开发者计划，其中有一步需要付款以获得苹果的批准。加入了之后，开发人员们将会得到一个牌照，他们可以用这个牌照将他们编写的软件发布到苹果的 App Store。

iOS 的开发语言是 Objective-C、C 和 C++，加上其对开发人员和程序的认证，开发资源相对较少，所以其开发难度要大于 Android。

（6）Windows Phone

简称 WP，是微软发布的一款手机操作系统，它将微软旗下的 Xbox Live 游戏、Xbox Music 音乐与独特的视频体验集成至手机中。Windows Phone 的开发技术有 C、C++、C# 等。Windows Phone 的基本控件来自控件 Silverlight 的.NET Framework 类库，而.NET 开发具备快捷、高效、低成本的特点。

4．移动互联网应用

- 娱乐类：工作之余的休闲及娱乐需求，包括游戏、音乐、旅游、运动、时尚信息等。
- 交流类：社交需求与情感交流，包括交友、与亲人之间的感情交流。
- 学习类：提升自身素质需求，包括外语、专业课程、技能培训等。
- 生活类：包括购物需求（日用品等）和生活需求（健康、热点新闻、理财、饮食等）。
- 商务类：工作方面的需求，包括求职、行业信息等。
- 工具类：为了满足以上需求而进行手机优化、搜索等。

3.8.4　大数据

1．大数据概念

“大数据”这个概念早在上个世纪的 1980 年即已出现，著名未来学家阿尔文·托夫勒在《第三次浪潮》一书中，就将“大数据”热情地赞颂为“第三次浪潮的华彩乐章”。2008 年 9 月《科学》（Science）杂志发表了一篇文章“BigData: Science in the Petabyte Era”。

“大数据”这个词开始被广泛传播。目前国内外的专家学者对大数据只是在数据规模上达成共识：“超大规模”表示的是 GB 级别的数据，“海量”表示的是 TB 级的数据，而“大数据”则是 PB 级别及其以上的数据。

2011 年 5 月，在“云计算相遇大数据” 为主题的 EMC World 2011 会议中，EMC 抛出了大数据（Big Data）概念。

大数据的来源包括网站浏览轨迹、各种文档和媒体、社交媒体信息、物联网传感信息、各种程序和 App 的日志文件等。大数据是指无法在一定时间内用传统数据库软件工具对其内容进行抓取、管理和处理的数据集合。

2．大数据发展现状

数据作为一种重要的资源，对其价值的挖掘利用具有非常重要的意义，因此一直是该领域的研究重点。研究主要涉及到数字处理、数据分析以及数据挖掘，尤其是从海量、复杂、实时的大数据中挖掘知识。同时为了更好地建设数据资源，对数据的组织和存储显得尤为重要，于是相应地也成为研究热点，如元数据、数据仓库和数据存储等。通信、金融和互联网企业更注重从数据分析挖掘中获得智慧价值的利用。

Hadoop 迈向商业化，开源软件带来更多相关市场机会，将促使一批新型开放平台的诞生。同时大数据将由网络数据处理走向企业级应用，企业逐渐了解到大数据并不仅仅指处理网络数据，行业对大数据处理的需求也会增加，包括数据流检测和分析。

3．大数据关键技术

大数据所涉及的技术很多，主要包括数据采集、数据存储、数据管理、数据分析与挖掘四个环节。在数据采集阶段主要使用的技术是数据抽取工具 ETL。在数据存储环节主要有结构化数据、非结构化数据和半结构化数据的存储与访问。结构化数据一般存放在关系数据库，通过数据查询语言（SQL）来访问；非结构化（如图片、视频、doc 文件等）和半结构化数据一般通过分布式文件系统的 NoSQL（Not Only SQL）进行存储，比较典型的 NoSQL 有 Google 的 Bigtable、Amazon 的 Dynamo 和 Apache 的 Hbase。大数据管理主要使用了分布式并行处理技术，比较常用的有 MapReduce，编程人员借助 MapReduce 可以在不会分布式并行编程的情况下，将自己的程序运行在分布式系统上。数据分析与挖掘是根据业务需求对大数据进行关联、聚类、分类等钻取和分析，并利用图形、表格加以展示，与 ETL 一样，数据分析和挖掘是以前数据仓库的范畴，只是在大数据中得以更好的利用。

下面以最流行的开源大数据框架 Hadoop 为例，说明大数据的关键技术。

（1）HDFS

Hadoop 分布式文件系统（HDFS）是适合运行在通用硬件上的分布式文件系统，是一个高度容错性的系统，适合部署在廉价的机器上。HDFS 能提供高吞吐量的数据访问，非常适合大规模数据集上的应用。

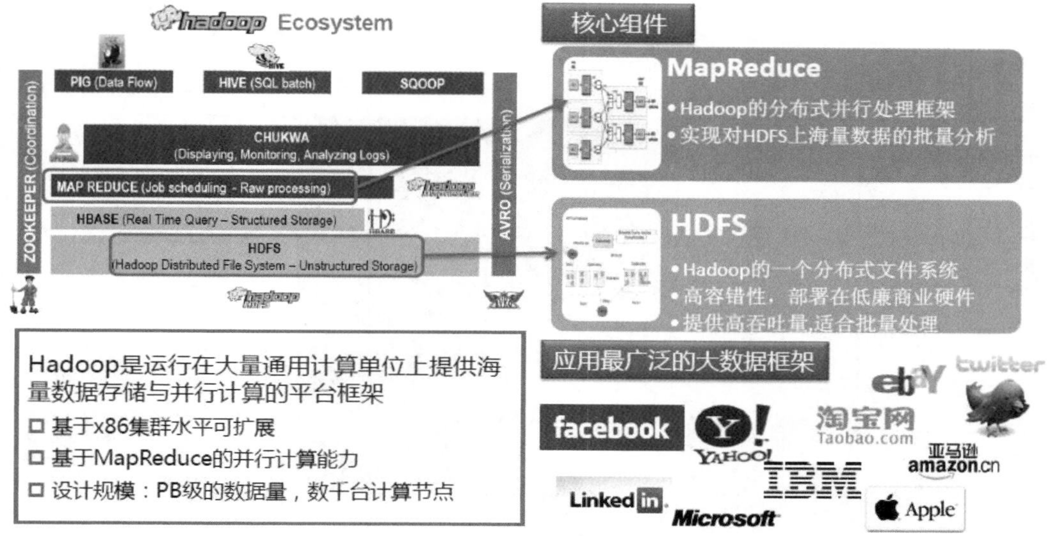

图 3-20　开源大数据框架 Hadoop

（2）HBase

HBase 是一个分布式的、面向列的开源数据库，该技术来源于 Fay Chang 所撰写的 Google 论文“Bigtable：一个结构化数据的分布式存储系统”，HBase 在 Hadoop 之上提供了类似于 Bigtable 的能力。利用 HBase 技术可在廉价 PC Server 上搭建起大规模结构化存储集群。HBase 不同于一般的关系数据库，它是一个适合于非结构化数据存储的数据库。另一个不同的地方是 HBase 基于列的而不是基于行的模式。

（3）MapReduce

MapReduce 是一种编程模型，用于大规模数据集（大于 1TB）的并行运算。概念“Map（映射）”和“Reduce（归约）”，和它们的主要思想，都是从函数式编程语言里借来的。它极大地方便了编程人员在不会分布式并行编程的情况下，将自己的程序运行在分布式系统上，从而实现对 HDFS 和 HBase 上的海量数据分析。

（4）Chukwa

Chukwa 是一个开源的用于监控大型分布式系统的数据收集系统。这是构建在 Hadoop 的 HDFS 和 Map/Reduce 框架之上的，继承了 Hadoop 的可伸缩性和鲁棒性。Chukwa 还包含了一个强大而灵活的工具集，可用于展示、监控和分析已收集的数据。

4．大数据应用

大数据受到越来越多行业巨头们的关注，使得大数据渗透到更广阔的领域，除了电商、电信、金融这些传统数据丰富、信息系统发达的行业之外，在政府、医疗、制造和零售行业都有其巨大的社会价值和产业空间。各行业在大数据应用上的契合度如图 3-21

所示。

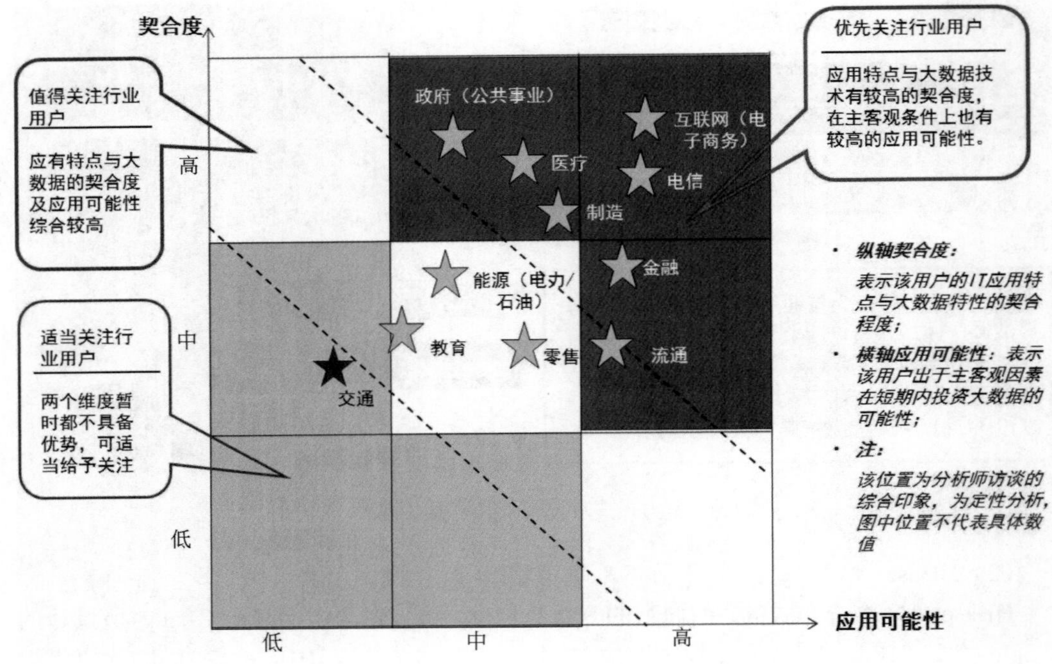

图 3-21　各行业与大数据应用的契合度

（1）互联网和电子商务行业

该行业应用最多的是用户行为分析，主要研究对象用户在互联网、移动互联网上的访问日志、用户主体信息和外界环境信息，从而挖掘潜在客户，进行精准广告或营销。例如某电商通过用户对产品浏览信息的分析，得到大约10%的用户会在浏览该产品一周后下单，从而在该城市的物流中心进行备货，大大提高发货速度，降低仓库成本。用户日志一般包括下列几类数据。

- 网站日志：用户在访问某个目标网站时，网站记录的用户相关行为信息。
- 搜索引擎日志：记录用户在该搜索引擎上的相关行为信息。
- 用户浏览日志：通过特定的工具和途径记录用户所浏览过的所有页面的相关信息，如浏览器日志、代理日志等。
- 用户主体数据：如用户群的年龄、受教育程度、兴趣爱好等。
- 外界环境数据：如移动互联网流量、手机上网用户增长、自费套餐等。

（2）电信/金融

通过对用户的通讯、流量、消费等信息进行分析，判断用户的消费习惯和信用能力，可以给用户设计更贴合的产品，提升产品竞争力。

（3）政府

首先，政府通过对大数据的挖掘和实时分析，可有效提高政府决策的科学性和时效性，并且能帮助政府有效削减预算开支。其次，借助大数据可以使政府变得更加开放、透明和智慧。大数据可以使政府更清楚地了解公民的意愿和想法，可以提升公民的价值，还可以通过引导社会的舆论，为社会公众提供更好的服务，树立更好的政府形象。

（4）医疗

例如，“谷歌流感趋势”项目深受相关研究人员的欢迎，它依据网民搜索内容分析全球范围内流感等病疫传播状况，与美国疾病控制和预防中心提供的报告进行比对，事实证明两者有很大关联。社交网络为许多患者提供临床症状交流和诊治经验分享的平台，医生借此可获得在医院通常得不到的临床效果统计数据。

（5）制造

从前的制造业通常以产品为导向，以降低生产成本来决定制造业的生存和发展。而如今如果继续以这种理念来维持企业的发展，必将导致制造业的暗淡。越来越多的制造业早已明白，个性化定制将是发展的趋势，所以制造业需要处理好大数据，通过对海量数据的获取，挖掘和分析，把握客户的需求，从而交付客户喜欢的产品。

第 4 章　项目管理一般知识

建造活动纵贯人类文明史，从史前建造供人居住的茅屋，到建造现代的水坝、运河、大桥以及其他大型建筑，乃至当代的美国 APOLLO 登月工程、中国的载人航天工程、奥运会工程以及基于 Internet 技术开发的无数信息系统。所有这些工程活动怎么归类？有无统一的建设方法？这些都是人们致力探索的话题。

现在我们赋予了建造、开发等活动一个科学的名字——项目，而对这些活动的管理逐渐形成了现代的一门综合性、实践性的学科——项目管理。

本章就上述问题，依据业内的共识，介绍项目管理的理论基础与体系、项目的组织、项目的生命周期、典型信息系统项目的生命周期模型和单个项目的管理过程。

4.1　什么是项目？什么是项目管理？

4.1.1　项目的定义

项目是为达到特定的目的，使用一定资源，在确定的期间内，为特定发起人提供独特的产品、服务或成果而进行的一系列相互关联的活动的集合。项目有完整的生命周期，有开始，有结束，具有一次性、临时性的特点。

这里的资源指完成项目所需要的人、财、物等；期间指项目有明确的开始日期和结束日期。

4.1.2　项目目标

1．项目目标的概念

项目目标包括成果性目标和约束性目标。

项目的约束性目标也叫管理性目标，项目的成果性目标有时也简称为项目目标。项目成果性目标指通过项目开发出的满足客户要求的产品、系统、服务或成果，例如：

- 建设一个视频监控系统是一个项目，建成后的视频监控系统就是该项目的产品。
- 建设一个办公大楼也是一个项目或者说工程，建成后的办公大楼就是该项目的产品。
- 开发一个网上书店也是一个项目，完成后的网上书店就是该项目的产品。
- 一个 ERP 系统的实施也是一个项目，完成后的 ERP 系统就是该项目的产品。
- 组织一次旅游也是一个项目，订票、订旅馆、解说以及其他让旅游者身心愉悦的工作均为这个项目提供的服务。

- 进行一场谈判也是一个项目，如果谈判成功，合同就是该项目的成果。

项目约束性目标是指完成项目成果性目标需要的时间、成本以及要求满足的质量。例如要在一年的期间内完成一个 ERP 项目，同时还要满足验收标准（质量要求）。

项目的目标要求遵守 SMART 原则，即项目的目标要求 Specific（具体的）、Measurable（可测量的）、Attainable（可以达到的）、Relevant（有相关性的）、Time-bound（有明确时限的）。

2．项目目标的特性

项目目标具有如下特性。

1）项目的目标有不同的优先级

项目是一个多目标的系统，不同目标可能在项目管理不同阶段根据不同需要，其重要性不一样。例如，在项目的启动阶段，技术性能可能给予更多的关注，在实施阶段成本、进度、质量将会成为重点，而在验收时，项目范围往往是给予高度的重视。对于不同的项目，关注的重点也不一样，如单纯的软件研发项目，将更多地关注技术指标和软件质量。

当项目管理性目标中的三个基本目标（质量、成本和进度）之间发生冲突的时候，成功的项目管理者会采取适当的措施来进行权衡，进行优选，有时候可能为了保证进度需要减少对质量和成本的关注。其实项目目标的冲突不仅限于三个基本目标，有时项目的总目标体系之间也会难以协调。此时，都需要项目管理者根据目标的优先级进行权衡和选择。

2）项目目标具有层次性

项目目标的层次性是指对项目目标的描述需要有一个从抽象到具体的层次结构。即，一个项目目标既要有最高层的战略目标，又要有较低层次的具体目标。通常是把明确定义的项目目标按其意义和内容表示为一个层次结构，而且层次越低的目标应该描述的越清晰、具体。

实践中，往往清晰界定的某一层次目标，就有可能直接作为初步的项目范围基准，为进一步范围划分提供最直接有效的依据。

项目目标的描述应是一项非常重要的工作，其描述一般包含在可行性报告、项目建议书、合同等文档中。项目目标一般由项目的客户（或具体投资方）、用户或项目的发起人来确定，有时还需要潜在承包商来参与确定。客户是指提供资金、确定需求并拥有项目开发出的产品、服务或成果的组织（或个人）；用户则是使用项目开发出的产品、服务或成果的组织（或个人）。

项目目标的确定需要一个过程，而且确认的项目目标需要被项目团队各层次的管理人员所了解。特别是项目经理，应该对项目目标的定义有正确的理解。原因很简单——项目经理不但是项目的管理者，还是项目的领导者，直接把握和控制项目的发展方向。

对信息系统项目而言，项目的成果性目标是指通过该项目开发出的信息系统。信息系统项目的客户的需求偏重于用这个信息系统支撑或者促进自身业务的发展。信息系统的用户也有需求，用户的需求偏重于要求该系统好用，能够减轻自己的劳动，提高自己的劳动效率。客户可以是用户，也可以不是。

项目通常是实现组织战略计划的一种手段。

4.1.3 项目的特点

与组织的日常的、例行公事般的运营工作不同，项目具有非常明显的特点：临时性、独特性和渐进明细。下面分别讨论一下这些特点的含义和对实际工作的指导意义。

1. 临时性

临时性是指每一个项目都有一个明确的开始时间和结束时间，临时性也指项目是一次性的。当项目目标已经实现，或由于项目成果性目标明显无法实现，或者项目需求已经不复存在而终止项目时，就意味着项目的结束，临时性并不一定意味着项目历时短，项目历时依项目的需要而定，可长可短。不管什么情况，项目的历时总是有限的，项目要执行多个过程以完成独特产品、提供独特的服务或成果。

2. 独特性

项目要提供某一独特产品，提供独特的服务或成果，因此“没有完全一样的项目”，项目可能有各种不同的客户、不同的用户、不同的需求、不同的产品、不同的时间、不同的成本和质量等等。项目的独特性在IT行业表现得非常突出，系统集成商或者说开发方不仅向客户提供产品，更重要的是根据其要求提供不同的解决方案。由于每个项目都有其特殊的方面，因此有必要在项目开始前通过合同（或等同文件）明确地描述或定义最终的产品是什么，以避免相关方因不同的理解导致的冲突，这些冲突严重时可能导致项目的失败。

3. 渐进明细

渐进明细指项目的成果性目标是逐步完成的。因为项目的产品、成果或服务事先不可见，在项目前期只能粗略地进行项目定义，随着项目的进行才能逐渐明朗、完善和精确。这意味着在项目逐渐明细的过程中一定会有修改，产生相应的变更。因此，在项目执行过程中要对变更进行控制，以保证项目在各相关方同意下顺利开展。

4.1.4 信息系统集成项目的特点

所谓信息系统集成，就是从客户和用户的需求出发，将硬件、系统软件、工具软件、网络、数据库、应用软件或者云计算提供的服务以及相关的支撑环境集成为实用的信息系统的过程。在这个过程中，应根据需求，开发相应的软件和硬件，并把它们集成为一个系统。

信息系统集成项目的产品是满足需求、支持用户业务的信息系统。

信息系统集成项目建设的指导方法是“总体规划、分步实施”。

信息系统集成项目有以下几个显著特点。

（1）信息系统集成项目要以满足客户和用户的需求为根本出发点。

（2）客户和用户的需求常常不够明确、复杂多变，由此应加强需求变更管理以控制风险。

（3）系统集成不是简单选择最好产品的行为，而是要选择（或开发）最适合用户的需求和投资规模的产品、技术和服务的活动的集合。

（4）高技术与高技术的集成。系统集成也不是简单的设备供货，系统集成是高技术的集成，涉及到的工作更多的是设计、调试与开发，是高技术行为。高新技术的应用，一方面会带来成本的降低、质量的提高、工期的缩短，同时如没有掌握就应用新技术的话，也会带来相应的风险。

（5）系统工程。系统集成包含技术，管理和商务等方面，是一项综合性的系统工程，需要相关的各方足够重视，必要时应“一把手”挂帅，并且多方要密切协作。

（6）项目团队的成员年轻，流动率高。因此对企业的管理技术水平和项目经理的领导艺术水平要求较高。

（7）强调沟通的重要性。信息系统开发需要成员间的协作，也可以说是沟通的产物。在开发信息系统的过程中沟通无处不在，从需求调研到方案设计、从设计到部署都涉及沟通问题。技术的集成需要以标准为基础，人与人、单位与单位之间的沟通需要以法律、法规、规章制度为基础，信息的产生、保存与传递需以安全为基础。

总而言之，系统集成项目管理既是一种管理行为又是一种技术行为。

一般来说，信息系统集成项目属于典型的多种技术合作的项目，一般需要多种技术的配合，如地理信息系统（Geographic Information System，GIS）项目，需要地理信息技术、电子技术、无线射频技术等的集成与配合。开发商要向客户提供具有针对性的整合应用解决方案，这就要求开发商除了要有IT方面的技术外，还必须有较丰富的行业经验。项目的销售过程是对客户需求的完善和明确的过程，同时又是使客户建立信心的过程，因此在业务环节中会涉及不同专业的人员和技术。

4.1.5 项目管理的定义及其知识范围

本书中统一称“企业、公司、事业单位、政府或任何有项目开展的单位”为组织。即，如无特殊情况，企业、公司、事业单位、政府等组织单位的含义是一样的。

所谓项目管理是指在项目活动中综合运用知识、技能、工具和技术在一定的时间、成本、质量等要求下来实现项目的成果性目标的一系列行为。项目管理是依据要求开发满足客户和用户需求的新产品的有效手段，是快速改进已有的设计及已投放市场的成熟产品的有效手段。

项目管理的目标一般包括如期完成项目以保证用户需求得到确认和实现，在控制项目成本的基础上保证项目质量，妥善处理用户的需求变动等。为实现上述管理目标，企业在项目管理中应当采用成本与效益匹配、技术先进、充分交流与合作等原则。

传统概念上认为时间、成本和质量为制约项目成功的三约束。近几年的观点认为项目成功三约束是范围、时间和成本，项目应保证最低的质量要求但还是要受到“范围、时间和成本”的影响。最新的观点认为项目成功受到范围、时间、成本和质量等 4 个方面的约束。

项目管理通过执行一系列相关的过程来完成，这些过程分布在核心知识域、保障域、伴随域和过程域中。值得注意的一点是，在实际工作中，项目管理的很多过程是重叠的和交互的。

核心知识域包含整体管理、范围管理、进度管理、成本管理、质量管理和信息安全管理等。

保障域包含人力资源管理、合同管理、采购管理、风险管理、信息（文档）与配置管理、知识产权管理、法律法规标准规范和职业道德规范等。

伴随域包含变更管理和沟通管理等。

过程域包含科研与立项、启动、计划、实施、监控和收尾等，而其中的监控过程则可能发生在项目生命周期的任一个阶段。

4.1.6 项目管理需要的专业知识和技术

许多管理项目的技术和工具对于特定的项目管理来说是独特的，例如工作分解结构（Work Breakdown Structure，WBS），关键路径分析和挣值管理。然而，对于管好一个具体的项目来说，单纯具有这些项目管理专有的知识是不够的。有效的项目管理要求项目管理团队至少能理解和使用以下 6 方面的专门知识。

（1）项目管理知识体系。

（2）项目应用领域的知识、标准和规定。

（3）项目环境知识。

（4）通用的管理知识和技能。

（5）软技能或人际关系技能。

（6）经验、知识、工具和技术。

图 4-1 描绘了这 6 方面专门知识领域之间的关系。虽然它们看起来是独立的，但一般又有交叉，没有一个方面是独立存在的。有效的项目团队会将它们整合到项目的方方面面。对于项目团队成员来说，没有必要要求所有人在这 6 个方面都是专家。实际上，

对于任何一个人来说也不太可能具有项目所需要的所有知识和技能。

图 4-1　项目管理团队需要的专业知识领域

1．项目管理知识体系

项目管理知识体系描述了对于管理项目所需的管理知识，这些知识中的某些部分也可能出现在其他管理领域，因此项目管理知识体系与其他管理领域有重叠的部分，如图 4-1 所示。美国项目管理协会发布的《项目管理知识体系指南》（即 PMBOK 指南）就是项目管理知识领域中的一个子集：项目管理知识体系，这个体系介绍了项目的生命期、项目管理的 5 个过程组以及项目管理的 9 大知识域。在 PMBOK 指南中，只介绍了管理项目所需的通用的管理过程，因此这些管理过程是跨行业的。要想把某个具体行业的项目管好，还需要这个行业的技术过程和业务过程，以及上面提到的其他知识。例如要想把一个医院的 MIS 系统管好，需要项目管理的管理过程，需要了解医院的工作流程和业务需求，也需要了解诸如需求调研分析、总体设计这样的 IT 专业技术过程，更应该知道该项目的阶段划分和管理重点。

2．应用领域的知识、标准和规定

我们把项目按应用领域进行分类，同一应用领域的项目具有一些公共的元素，这些公共元素对于某些项目来说是重要的因素，但并不是对于所有项目都是必须的。应用领域通常根据如下几方面来定义。

（1）职能部门和支持领域，如法律、产品和库存管理、市场营销、后勤和人事等。

（2）技术因素，如软件开发、水利和卫生工程、建筑工程等。

（3）管理专业领域，例如政府合同、地区开发和新产品开发等。

（4）工业组织，如汽车、化工、农业和金融服务等。

每个应用领域通常都有一系列公认的标准和实践，经常以法规的形式成文。国际标准化组织（International Organization for standardization，ISO）是这样区分标准和法规的（ISO/IEC Guide，1996）。

（1）标准是“一致同意建立并由公认的机构批准的文件，该团体提供通用的和可重复使用的规则、指南、活动或其结果的特征，目的是在特定的背景下达到最佳的秩序。”一些标准的例子，如计算机磁盘的大小，液压机液体的耐热性规格等。

（2）法规是政府强制的要求，它制定了产品、过程或服务的特征，包括适用的管理条款，并强制遵守。建筑法规是法规的一个例子。

标准和法规之间有很大的一块灰色区。例如标准通常以描述一项为多数人选用的最佳方案的准则形式开始，然后随着其得到广泛的采用，变成了实际的法规。

要管好一个信息系统项目，管理者除需要掌握项目管理知识体系之外，还需要了解相应的 IT 知识、标准、项目所在行业的业务知识，等等。

3．理解项目环境

项目的开展不是在真空中进行的，它存在于一个具体的社会、政治和自然环境背景下。

（1）社会环境。项目团队需要理解项目如何影响人以及人们如何影响项目。这要求对项目所影响的人群或对项目感兴趣的人群的经济、人口、教育、道德、种族、宗教和其他特征有所理解。项目经理应该调查组织文化并确定项目管理组织中的地位。

（2）政治环境。项目团队的一些成员可能需要熟悉影响项目的一些适用的国际、国家、地区和本地的法律和政治风气。

（3）自然环境。如果项目会影响到自然环境，那么团队的一些成员就应该对影响项目或被项目所影响的当地的生态和自然地理有所了解。

4．一般的管理知识和技能

一般的管理知识包括财务、计划、组织、人事、执行和控制一个正在运行的企业的运营。它包括一些支持性的学科，如：

- 财务管理和会计。
- 购买和采购。
- 销售和营销。
- 合同和商业法律。
- 制造和分配。
- 后勤和供应链。
- 战略计划、战术计划和运营计划。
- 组织结构、组织行为、人事管理、薪资、福利和职业规划。

- 健康和安全实践。

一般管理知识提供了很多构建项目管理技能的基础。通常说来，它们对于项目经理都是很重要的。对于任何一个特定的项目来说，许多通用管理领域的技能都是必需的。

5. 软技能

软技能主要涉及人际关系管理。软技能包含：

- 有效的沟通，即有效地交流信息。
- 对组织施加影响，即“让事情办成”的能力。
- 领导能力，即形成一个前景和战略并组织人员实现它的能力。
- 激励，就是激励相关人员达到高水平的生产率并克服变革的阻力。
- 谈判和冲突管理，就是与其他人谈判取得一致或达成协议。
- 分析和综合归纳能力。
- 解决问题，就是首先定义问题、明确问题，然后做出决策并解决问题。

4.1.7 项目管理学科的产生和发展

1. 项目管理学科的产生

古代埃及建筑的金字塔、古代中国开凿的大运河和修筑的万里长城等许多古代建筑工程，都可以认为是人类祖先完成的一个个项目。有项目，就必然会存在着项目管理问题。古代对项目的管理还主要是凭借优秀建筑师个人的经验、智慧，依靠个人的才能和天赋来进行的，还谈不上应用科学的、标准化的管理方法。

近代项目管理随着管理科学的发展而发展起来。1917 年，亨利·甘特发明了著名的甘特图，用于车间日常工作安排，经理们按日历徒手画出要做的任务图表。20 世纪 50 年代后期，美国杜邦公司的路易斯维化工厂创造了关键路径法（Critical Path Method，CPM），用于研究和开发、生产控制和计划编排，结果大大缩短了完成预定任务的时间，并节约了 10%左右的投资，取得了显著的经济效益。同一时期，美国海军在研究开发北极星（Polaris）号潜水舰艇所采用的远程导弹 F.B.M 的项目中开发出了计划评审技术（Program Evaluation and Review Technique，PERT）。计划评审技术的应用使美国海军部门顺利解决了组织、协调参加这项工程的遍及美国 48 个州的 200 多个主要承包商和 11 000 多个企业的复杂问题，节约了投资，缩短了约两年工期，缩短工期近 25%。其后，随着网络计划技术的广泛应用，该项技术可节约投资的 10%～15%左右，缩短工期 15%～20%左右，而编制网络计划所需要的费用仅为总费用的 0.1%。

现代项目管理科学便是从上述技术的基础上迅速发展起来的，融合了后来发展起来的工作分解结构（Work Breakdown Structure，WBS）、蒙特卡罗（Monte Carlo）模拟技术和挣值（Earned Value，EV）分析技术，形成了一门关于项目成本、时间、人力等资源控制的管理科学。

20世纪80年代，信息化在世界范围内蓬勃发展，全球性的生产能力开始形成，现代项目管理逐步发展起来。项目管理快速发展的原因主要有以下几点。

（1）适应现代产品的创新速度。

（2）当前的世界经济正在进行全球范围的结构调整，竞争和兼并激烈，使得各个企业需要重新考虑如何进行业务的开展，如何赢得市场，赢得消费者。抓住经济全球化、信息化的发展机遇最重要的就是创新。为了具有竞争能力，各个企业不断地降低成本，加速新产品的开发速度。为了缩短产品的开发周期，缩短从概念到产品推向市场的时间，提高产品质量，降低成本，必须围绕产品重新组织人员，将从事产品创新活动、计划、工程、财务、制造、销售等人员组织到一起，从产品开发到市场销售全过程，形成一个项目团队。

（3）适应现代复杂项目的管理。

项目管理的吸引力在于，它使企业能处理需要跨领域解决方案的复杂问题，并能实现更高的运营效率。可以根据需要把一个企业的若干人员组成一个项目团队，这些人员可以来自不同职能部门，与传统的管理模式不同，项目不是通过行政命令体系来实施的，而是通过所谓"扁平化"的结构。其最终的目的是使企业或机构能够按时地在预算范围内实现其目标。

（4）适应以用户满意为核心的服务理念。

传统的项目管理三大要素分别是满足时间、成本和质量指标。评价项目成功与否的标准也就是这三个条件的满足与否。除此之外，现在最能体现项目成功的标志是客户和用户的认可与满意。使用户满意是现今企业发展的关键要素，这就要求加快决策速度给职员授权。项目管理中项目经理的角色从活动的指挥者变成了活动的支持者，他们尽全力使项目团队成员尽可能有效地完成工作。

正是在上述背景下，经过工程界和学术界不懈的努力，项目管理已从经验上升为理论，并成为与实际结合的一门现代管理学科。

2．IPMA和PMI

1）IPMA和IPMP

国际项目管理协会（International Project Management Association，IPMA）创建于1965年，最初的成员多为欧洲国家，现已扩展到世界各大洲。目前IPMA由来自英国、法国、德国、俄罗斯和中国等30多个国家的项目管理专业组织组成。这些国家的项目管理专业组织用本国语言或英语开发本国项目管理的专业体系，IPMA则以国际上广泛接受的英语作为工作语言来提供有关的国际层次的服务。

国际项目管理资质标准（IPMA Competence Baseline，ICB）是IPMA建立的知识体系。IPMA委员会在1998年确认了IPMA项目管理人员专业资质认证全球通用体系

（ICB），并决定在所有的会员国中逐步实施 IPMA 审定的四级认证计划。

在 ICB 体系的知识和经验部分，IPMA 将其知识体系划分为 28 个核心要素和 14 个附加要素，如表 4-1 所示。

表 4-1　ICB 的 28 个核心要素和 14 个附加要素

核心要素		附加要素
1）项目和项目管理	15）资源	1）项目信息管理
2）项目管理的实施	16）项目费用与融资	2）标准和规范
3）按项目进行管理	17）技术状态与变化	3）问题解决
4）系统方法与综合	18）项目风险	4）项目后评价
5）项目背景	19）效果度量	5）项目监督与监控
6）项目阶段与生命期	20）项目控制	6）业务流程
7）项目开发与评估	21）信息、文档与报告	7）人力资源开发
8）项目目标与策略	22）项目组织	8）组织的学习
9）项目成功与失败的标准	23）团队工作	9）变更管理
10）项目启动	24）领导	10）项目投资体制
11）项目收尾	25）沟通	11）系统管理
12）项目结构	26）冲突与危机	12）安全、健康与环境
13）范围与内容	27）采购与合同	13）法律与法规
14）时间进度	28）项目质量管理	14）财务与会计

国际项目管理专业资质认证（International Project Management Professional，IPMP）是 IPMA 在全球推行的四级项目管理专业资质认证体系的总称。IPMA 依据国际项目管理专业资质标准，依据项目管理人员的专业水平，将项目管理专业人员资质认证划分为如下的 4 个等级。

- A 级（Level A）证书是认证的高级项目经理。
- B 级（Level B）证书是认证的项目经理。
- C 级（Level C）证书是认证的项目管理从业人员。
- D 级（Level D）证书是认证的项目管理助理员。

2）PMI 和 PMP

美国项目管理学会（Project Management Institute，PMI）成立于 1969 年，是一个有着近 10 万名会员的国际性学会。它致力于向全球推行项目管理的理论和方法，是由研究人员、学者、顾问和经理组成的最大的全球性项目管理专业组织。

项目管理的知识体系（Project Management Body of Knowledge，PMBOK），是 PMI 早在 20 世纪 70 年代末提出的，并于 1991、1996、2000、2004、2008、2012 年进行了 6

次修订。在这个知识体系指南中，项目管理被划分为 5 个过程组和 10 个知识领域，如表 4-2 所示。

表 4-2　PMI 提出的项目管理知识体系

项目生命周期	过　程　组	10 大知识域
1）项目生命周期	1）启动过程组	1）整体管理
2）项目生命周期各阶段	2）计划过程组	2）范围管理
3）阶段内和阶段之间的过程	3）执行过程组	3）时间管理
	4）监控过程组	4）成本管理
	5）收尾过程组	5）质量管理
		6）人力资源管理
		7）沟通管理
		8）采购管理
		9）风险管理
		10）干系人管理

国际标准化组织 ISO 以 PMBOK 为框架，制订了 ISO10006 关于项目管理的标准。

PMP（Project Management Professional）指项目管理专业人员资格认证。目前，PMP 认证只有一个级别，对参加 PMP 认证学员资格的要求与 IPMA 的 C 级相当。

3．项目管理学科的发展方向

作为新兴的学科，项目管理来自于工程实践，因此项目管理既有理论体系又最终用来指导各行各业的工程实践。在这个反复交替、不断提高的过程中，项目管理作为学科在其应用的过程中，要吸收其他学科的知识和成果。另一方面，项目管理作为方法论，要结合各行各业工程的实际，为各行业的工程建设做出贡献。

就理论来讲，上述的 PMBOK 和 ICB 仅局限在项目管理的管理过程，要想用它们来成功地完成项目，还必须结合相关行业的知识、相关单位的业务，结合具体项目的特点，采用流程管理的方法，发挥团队的积极性，项目才有可能成功。

在管理项目的过程中，至少涉及建设方、承建方和监理方三方，要想把项目管好，这三方必须对项目管理有一致的认识，遵循科学的项目管理方法，这就是“三方一法”。只有这样，步调才能一致，避免无谓的纠纷，协力把项目完成。

项目管理学科的发展像任何其他学科的发展一样，其成长和发展需要一个漫长的过程，而且是永无止境的。分析当前国际项目管理的发展现状，有三个特点，即全球化的发展、多元化的发展和专业化的发展。

4．项目管理在中国

1）项目管理在中国的起步

一般认为在 20 世纪 60 年代由数学家华罗庚引入的 PERT 技术、网络计划与运筹学相关的理论体系，是我国现代项目管理理论第一发展阶段的重要成果。

1984 年的鲁布革水电站项目，是利用世界银行贷款的项目，并且是我国第一次聘请外国专家采用国际招标的方法，运用项目管理进行建设的水利工程项目。项目管理的运用，大大缩短了工期，降低了项目造价，取得了明显的经济效益。

随后在二滩水电站、三峡水利枢纽工程、小浪底工程和其他大型工程建设中，都采用了项目管理方法，并取得了良好的效果。

1991 年，我国成立了项目管理研究委员会，随后出版刊物《项目管理》、建立了许多项目管理网站。有力地推动我国项目管理的研究和应用。

我国虽然在项目管理方面取得了一些进展，不仅承建方和监理方的项目管理水平有很大的进步，而且建设方的项目管理意识和水平也得到了较大提高。但是与发达国家相比还有一定的差距。统一的、体系化的项目管理思想还没有在全行业得到普及和贯彻。

2）信息产业部（现工业和信息化部）大力推进信息系统项目管理

信息产业部（现工业和信息化部）根据信息系统行业发展的需要，在行业内大力推进项目管理，培养了人才、提高了企业的项目管理水平并推动了全行业的管理进步。信息产业部在推进项目管理方面所采取的相关措施如下。

（1）实施计算机信息系统集成资质管理制度。

（2）推行项目经理制度。

（3）推行信息系统工程监理制度。

到 2008 年 6 月止，已有 2592 家企业获得相应资质证书，已有 23 300 人获得系统集成项目经理资质证书，4744 人获得系统集成高级项目经理资质证书。所有这些工作成绩显著，影响巨大，已被各级政府和社会各界广泛认同，提高了企业的竞争力，信息系统项目的质量显著提高。

2014 年 9 月 10 日，项目经理资质和系统集成资质的认定、管理和审批交由第 3 方机构“中国电子信息行业联合会”办理。

3）我国政府的相关管理规定

为加强信息技术领域人才队伍建设,提高信息技术领域人员素质，我国在信息技术领域中实施了专业技术人员职业资格考试制度（即计算机软件资格考试，简称“软考”)，其目的是科学、客观、公正地对信息技术领域中的专业技术人员进行职业资格、专业技术资格的认定和专业技术水平的测试。在“软考”中，设置了信息系统项目管理师和系统集成项目管理工程师岗位，分别对高级项目经理和项目经理的专业技术资格和水平进行评价。

4.1.8　项目经理应该具备的技能和素质

1．对项目经理的一般要求

项目经理需要有丰富的实践经验又有相应的理论知识才能管好项目。

在我国，项目经理一般由优秀的工程师成长起来，这些工程师一般通过自学、培训、师长的传帮带、自己的实践及总结经过若干项目的历练才能成长为一名优秀的项目经理。

一个合格的项目经理，至少应当具备如下的素质。

（1）足够的知识

参考前面的“图4-1 项目管理团队需要的专业知识领域”，信息系统项目的项目经理所需要的知识包括4个部分。

① 项目管理：包括项目管理的理论、方法论和相关工具。

② 丰富的IT知识。

③ 客户行业的业务知识。

④ 其他必要的知识。

（2）丰富的项目管理经验

经历强调的是已经做过的事情，或者更直接地说就是使用知识的过程。因此它同样包括三个方面的经验：项目管理、系统集成行业和客户行业。

（3）良好的协调和沟通能力

在管理一个项目的过程中，80%的工作属于沟通，因此要管好项目，就需要项目经理有良好的沟通能力。

（4）良好的职业道德

项目管理是一个职业，需要从业者有良好的职业道德。

（5）一定的领导和管理能力

项目经理是通过领导项目团队、按照项目管理的方法来管理项目的。自然需要项目经理有一定的领导能力，包括：为项目团队明确共同目标、决策、激励、博采众长、解决问题、化解冲突、能综合不同利益并平衡冲突的项目目标。

对于技术出身的项目经理而言，在独立管理一个项目之前，思维方式要从一个技术人员的角度向一个管理人员的角度转变。

2．怎样当好一个优秀的项目经理

当一个项目经理不容易，而要当一个优秀的项目经理就更难了。一个好的项目经理能够使项目完成得出色，把客户的满意度提到最高。那么怎样才能成为一个优秀的项目经理呢，以下是一些建议：

（1）真正理解项目经理的角色

项目经理首先是一个管理岗位，但是也要了解与项目有关的技术、客户的业务需求及其相关业务知识等。因此项目经理要避免两个极端，一种过分强调项目经理的技术能力，认为项目经理应该是团队中技术最强的人；另一种则过分强调项目经理的领导管理能力，认为项目经理主要任务就是领导、管理以及协调整个的项目团队，对技术一点也不用知道。

（2）领导并管理项目团队

在项目的实施中，必须建立一套切实可行的项目管理制度。同时要严格执行制度，做到奖罚及时、分明。

为了组建一个和谐的团队，项目经理必须向项目团队明确项目目标、培养培训队员、充当队员的顾问和教练、解决冲突、推进项目的全面开展。

（3）依据项目进展的阶段，组织制订详细程度适宜的项目计划，监控计划的执行，并根据实际情况、客户要求或其他变更要求对计划的变更进行管理。

项目经理首先要带领项目团队做出一个科学的、切合实际情况的项目管理计划。计划的特点是：远期计划较粗、近期较细、计划一定得有切实的根据。一旦计划经相关方同意后就要积极执行。在执行过程中，要对计划和实际完成情况进行检查和监控。在推进项目的过程中，注意沟通和协调以便顺利完成项目的要求。

（4）真正理解“一把手工程”

一般的项目组织机构为：项目领导小组（对大型项目来说有时也叫工程指挥部，一般的叫法是项目管理团队），建设方的“一把手”（或有重大事项决策权的负责人）应为领导小组组长，组员来自建设方、承建方、监理方和供应商等相关方，领导小组负责项目的重大决策、协调单位之间的协作。项目实施小组接受领导小组的领导，负责项目的实施，一般也由建设方的相关人员担任组长。承建方的项目团队接受实施小组的领导。

有时建设方的“一把手”比较忙不能参加领导小组的日常工作，“一把手”就会委托一名代表参加，但是有关项目的重大决策或协调工作，该“一把手”一定要参加或参与。

项目实施团队应该自底向上地定期地（一般为每周或每月）汇报项目的状态，在必要时提议“一把手”召开会议。同时，对于项目经理所在公司的“一把手”也要定期进行汇报和交流，以获取支持、理解和资源的调配。

（5）注重客户和用户参与

因为项目的目标是开发出满足客户需求的产品，或提交满足客户需求的成果，或提供让客户满意的服务，因此客户和用户的参与必不可少。不仅要调研他们的需求，还要在项目的实施过程中让他们参与到项目中来，让他们真正了解项目，对项目的工作和中间成果给予及时的确认，减少不必要的变更，保证项目顺利地完成。

4.1.9　项目干系人

项目干系人是指那些积极参与项目，或是其利益会受到项目执行的影响，或是其利益会受到项目结果影响的个人和组织，他们也可能会对项目及其结果施加影响。项目干系人也叫“项目利益相关者”“项目利害关系者”，项目干系人是最常用的叫法。项目管理团队必须明确项目的干系人，确定其需求，然后对这些需求进行管理和施加影响，确保项目取得成功。图 4-2 显示了项目干系人、项目团队和项目之间的关系。

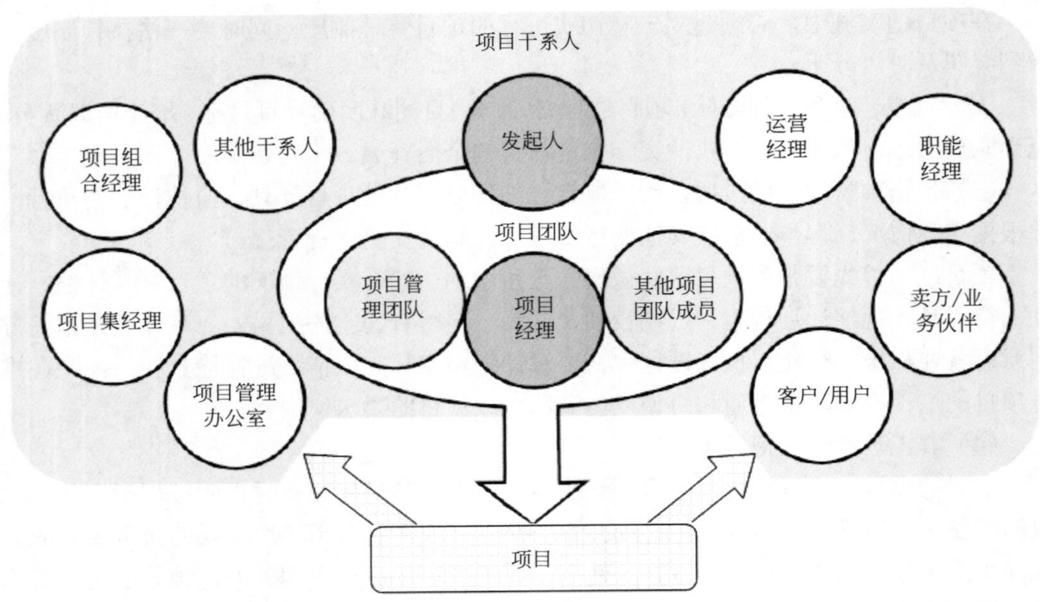

图 4-2　项目干系人、项目团队和项目之间的关系

项目管理团队必须识别项目干系人，确定其需求和期望，然后对这些期望进行管理并施加影响，以确保项目的成功。

项目干系人在具体的项目中可能会有不同的职责和权限。其范围可以从偶然参与调研和核心小组到为项目提供财政和行政支持的项目发起人。忽视项目干系人可能会对项目目标的成功达成造成破坏性的影响。

每个项目的关键干系人除客户和用户外，还包括如下一些人。

（1）项目经理：负责管理项目的人。

（2）执行组织：指其员工最直接参与项目工作的单位。

（3）项目团队及其成员：项目团队是执行项目工作的群体，包括项目经理、项目管理人员，以及其他执行项目工作但不一定参与项目管理的团队成员。项目团队由来自不同团体的个人组成，他们拥有执行项目工作所需的专业知识或特定技能。项目团队的结构和特点可以相差很大，但项目经理作为团队领导者的角色是固定不变的，无论项目经理对团队成员有多大的职权。

（4）项目发起人：为项目分配资金或实物等财力资源的个人或组织。有一位良好的项目发起人是项目成功的一个关键因素，他有助于项目目标的集中，为团队搬走主要的绊脚石，企业高层作为项目发起人尤其如此。他们还需要做出坚定的决策支持开发队伍。项目发起人的责任之一是选择项目。大多数组织都有一个选择标准，组织将会进行一次可行性研究以确定项目是否可以执行。一般来讲，高层管理人员负责选择项目经理。同时，一旦职能经理看到高级管理人员对项目感兴趣，他们更容易对项目团队的要求给予支持。

（5）职能经理：在一个单位内，职能经理为项目经理提供专业技术支持，职能经理职责之一是为项目提供及时和合格的资源（包括人力资源）。在一个单位内，职能经理常常是一个职能部门的“部门经理”。项目管理并非一定要设计成一个统一的指挥体系，而往往是要在项目经理和职能经理之间分享权力和职责。项目经理计划、指挥和控制项目，而职能经理负责专门的技术工作和部门内的行政管理。处理好项目经理同职能经理的关系，使双方能够有效地协调、利用资源，往往是项目成败的关键。

（6）影响者：不直接购买或使用项目产品的个人或团体，但其在客户组织内的地位可能正面或负面地影响项目的进程。

（7）项目管理办公室（Project Management Office，PMO）：如果执行组织内设有项目管理办公室的话，则其直接或间接地对项目结果负有责任。

除此之外，还有很多不同名称和类别的项目干系人包括：内部和外部、卖方和分包方、团队成员及其家庭、政府机构和媒体、公民个体、临时或永久性的游说组织等，最大时包括整个社会。有时项目干系人的角色和职责可能会重叠，但最好不要重叠。

项目经理必须管理项目干系人的期望，因为项目干系人经常会有相互不同甚至是冲突的目标。例如：

对于一个新的管理信息系统，提出申请的部门经理要求成本低廉，系统设计师强调技术的优越，开发承包商则关注于如何取得最大限度的利润。

在一家电子产品公司中，对于一项新产品的成功标准，研发副总裁定义为达到最新的技术水平，生产副总裁定义为符合国际惯例，而负责营销的副总裁可能主要关注产品具有多少新的特性。

对于一个现实的房地产开发项目，业主可能关注项目时间，地方政府可能期望取得最大化的税金收入，环境组织希望尽量降低对环境的负面影响，附近的居民则可能希望项目迁走。

通常，解决项目干系人之间的不同意见应该以使客户满意为主。但是，这并不意味着可以忽视其他项目干系人的要求和期望。找到对分歧的恰当解决方案，是对项目经理主要的挑战。

4.1.10 项目管理系统

项目管理系统是指用于管理项目的工具、技术、方法、资源和过程组之集合。项目管理计划说明这个系统如何使用，项目管理系统的内容随应用领域、组织影响、项目复杂性、现有系统的有效性等而变化。

项目管理系统（可以是正式的或非正式的），有助于项目经理有效地控制项目顺利完成。

4.1.11 事业环境因素

在项目启动时，必须考虑涉及并影响项目成功的环境、组织的因素和系统。这些因素和系统可能促进项目也可能阻碍项目，包括下列这几项主要因素和系统：

- 实施单位的企业文化和组织结构；
- 国家标准或行业标准；
- 现有的设施和固定资产等；
- 实施单位现有的人力资源、人员的专业和技能，人力资源管理政策如招聘和解聘的指导方针、员工绩效评估和培训记录等；
- 当时的市场状况；
- 项目干系人对风险的承受力；
- 行业数据库；
- 项目管理信息系统（可能是工具，也可能是软件，总之能帮助人们管理项目）。

4.1.12 组织过程资产

组织过程资产包含：项目实施组织的企业计划、政策方针、规程、指南和管理系统，实施项目组织的知识和经验教训。

在制定项目章程和后续的项目文档时，可以从组织得到用以促进项目成功的全部的组织过程资产。组织过程资产依据行业的类型、组织和应用领域等几个方面的结合可以有不同的组成形式，例如组织过程资产可以分成以下两类：

1. 组织中指导工作的过程和程序

- 组织的标准过程，例如标准、政策如项目管理政策、公司规定的产品和项目生命周期、质量政策和规定。
- 标准指导方针、模板、工作指南、建议评估标准、风险模板和性能测量准则。
- 用于满足项目特定需要的标准过程的修正指南。
- 为满足项目的特定需求，对组织标准过程集进行剪裁的准则和指南。
- 组织的沟通要求、汇报制度。
- 项目收尾指南或要求，例如结项审计、项目评估、产品确认和验收标准指南。
- 财务控制程序，如汇报周期、必要开支、支出评审、会计编码和标准合同条款。
- 问题和缺陷管理程序、问题和缺陷的识别和解决、问题追踪。
- 变更控制流程，包括修改公司正式的标准、方针、计划和程序及任何项目文件，以及批准和确认变更的步骤。
- 风险控制程序，包括风险的分类、概率和影响定义、概率和影响矩阵。
- 批准与发布工作授权的程序。

2．组织的全部知识

- 项目档案（完整记录以往每个项目的文件、记录、文档、收尾信息和文档，包括基准文件）。
- 过程测量数据库，用于收集和提供过程和产品的实测数据。
- 经验学习系统，包括以前项目的选择决策、以往的项目绩效信息和风险管理经验教训。
- 问题和缺陷管理数据库，包括问题和缺陷的状态、控制、解决方案和行动项结果。
- 配置管理知识库，包括所有的正式的公司标准、政策、程序和项目文档的各种版本和基线。
- 财务数据库，包括劳动时间、产生的费用、预算和项目超支费用等信息。

4.2　项目的组织方式

项目通常是在组织或几个组织联合体中执行并被管理，这些组织包括公司、政府机构、卫生医疗机构、国际机构、专业协会等等。即便是内部项目、合资项目或合伙项目，也仍然会受到发起项目的一个或多个组织的影响。组织在项目管理系统、文化、风格、组织结构和项目管理办公室等方面的成熟程度也会对项目产生影响。本节将阐述这些比项目更大的组织结构中可能会对项目产生影响的关键因素。

4.2.1　组织体系

以项目为基础的组织是指他们的业务主要由项目组成，这些组织可以分为两大类。

（1）其主要收入是源自依照合同为他人履行项目的组织，如建筑公司等工程类公司、建筑师事务所、咨询机构、政府承包商、系统集成商等。

（2）按逐个项目进行管理的组织：这些组织往往具有便于项目管理的管理系统，如他们的财务系统通常能对多个项目同时进行核算、跟踪、汇报。

不以项目管理为手段进行经营的组织通常缺少专门用来支持项目管理需求的管理系统。缺少基于项目的管理系统经常会导致项目管理更加困难。

4.2.2　组织的文化、风格与沟通

组织通过对人员和部门的系统化安排，以开展项目等方式实现组织目标。组织文化和组织风格会对如何执行项目产生影响，在一个组织中，项目管理的成功也高度依赖于有效的组织沟通。

1．组织的文化与风格

大多数组织都已经形成了自己独特的、可描述的文化。这些文化体现在：

（1）组织的共同价值观、行为准则、信仰和期望。

（2）组织的方针、办事程序。

（3）组织对于职权关系的观点。

（4）职业道德。

（5）众多其他的因素。

组织文化常常会对项目产生直接的影响。例如：

（1）在一个进取心较强或具有开拓精神的组织中，团队所提出的非常规的或高风险性的建议更容易获得批准。

（2）在一个等级制度森严的组织中，一个喜欢高度参与的项目经理可能经常会遇到麻烦。而在一个民主的、鼓励参与的组织中，一个喜欢独裁决策的项目经理同样也会吃不开。

2．组织的沟通

组织的沟通能力对项目的执行方式有很大的影响。因而，即使相距遥远，项目经理仍然可以与组织结构内所有干系人进行有效沟通，以促进决策。而干系人和项目团队成员也可以使用电子沟通工具（包括电子邮件、短信、即时信息、社交媒体、视频和网络会议及其他电子媒介形式）与项目经理进行正式或非正式的沟通。

4.2.3 组织结构

实施项目的组织结构对能否获得项目所需资源和以何种条件获取资源起着制约作用。组织结构可以比喻成一条连续的频谱，其一端为职能型，另一端为项目型，中间是形形色色的矩阵型。与项目有关的组织结构类型的主要特征如表4-3所示。

表4-3 组织结构对项目的影响

项目特点	职能型组织	矩阵型组织			项目型组织
		弱矩阵型组织	平衡矩阵型组织	强矩阵型组织	
项目经理的权力	很小和没有	有限	小～中等	中等～大	大～全权
可用的资源	很少或没有	少	小～中	中～多	几乎全部
项目预算控制者	职能经理	职能经理	混合	项目经理	项目经理
组织中全职参与项目工作的职员比例/%	没有	0～25	15～60	50～95	85～100
项目经理的职位	部分时间	部分时间	全时	全时	全时
项目经理的一般头衔	项目协调员/项目主管	项目协调员/项目主管	项目经理/项目主任	项目经理/计划经理	项目经理/计划经理
项目管理行政人员	部分时间	部分时间	部分时间	全时	全时

1．职能型组织

传统的职能型组织，其结构如图4-3所示，一个组织被分为一个一个的职能部门，每个部门下还可进一步分为更小的像机械、电气这样的班组或部门，这种层级结构中每个职员都有一个明确的上级。员工按照其专业分成职能部门，例如顶层的生产、市场、工程和会计部门。职能型组织内仍然可以有项目存在，但是项目的范围通常会限制在职能部门内部。职能型组织内的工程部可以独立于制造或市场部门进行自己的项目工作。当一个纯职能型组织进行新产品开发时，设计阶段经常被称为设计项目，项目团队的人员仅仅来自设计部门。当出现制造方面问题的时候，这些问题被逐级提交给本部门领导，本部门领导再汇报给主管的公司领导，由该公司领导出面协调设计部门与制造部门，制造部门对问题的答复再由设计部门的领导逐级下传给设计部门的项目经理。

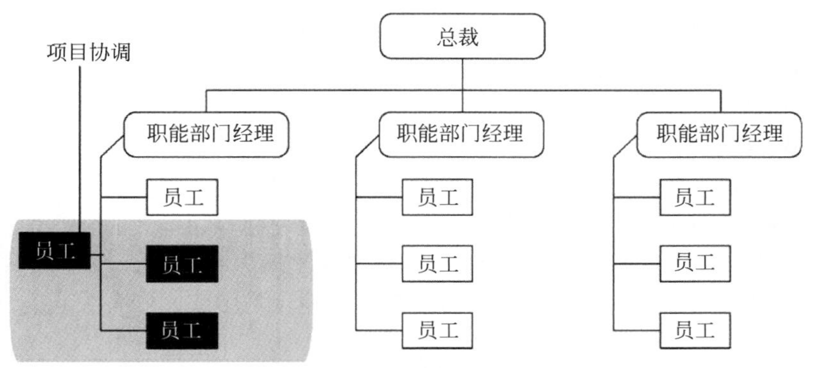

（a）项目工作由一个职能部门内员工完成

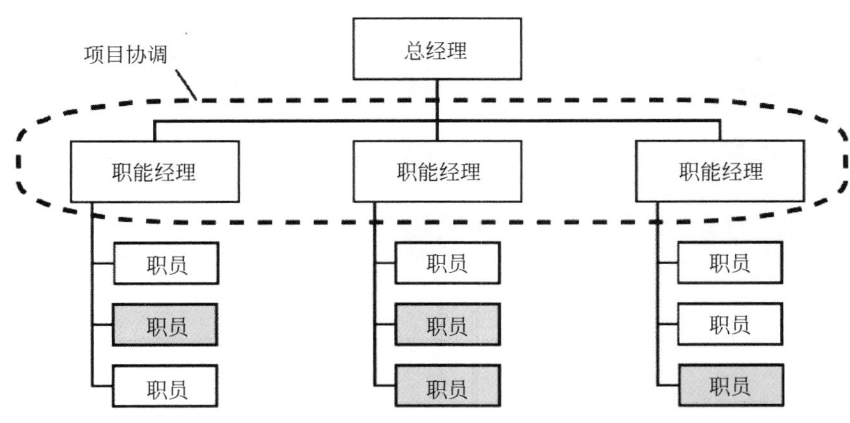

（b）项目工作分到各职能部门来完成

图 4-3　职能型组织

在图 4-3（a）中，项目由一个职能部门内的员工实施，其中一个员工负责项目协调。

在图 4-3（b）中，项目分解到各职能部门，各个部门相互独立地开展各自的项目工作，项目协调在部门间进行，有点像“铁路警察，各管一段”。

有时，职能部门的经理简称为部门经理。

职能型组织的优点体现在如下方面。

（1）强大的技术支持，便于知识、技能和经验的交流。

（2）清晰的职业生涯晋升路线。

（3）直线沟通、交流简单、责任和权限很清晰。

（4）有利于重复性工作为主的过程管理。

同时，职能型组织也存在着如下缺点：职能利益优先于项目，具有狭隘性；组织横向之间的联系薄弱、部门间沟通、协调难度大；项目经理极少或缺少权利、权威；项目管理发展方向不明，缺少项目基准等。

2．项目型组织

在频谱的另一端是项目型组织，其结构如图 4-4 所示。在项目型组织中，一个组织被分为一个一个的项目经理部。一般项目团队成员直接隶属于某个项目而不是某个部门。绝大部分的组织资源直接配置到项目工作中，并且项目经理拥有相当大的独立性和权限。项目型组织通常也有部门，但这些部门或是直接向项目经理汇报工作，或是为不同项目提供支持服务。项目结束后，项目成员会另行安排到其他项目中或回到有关职能部门中。

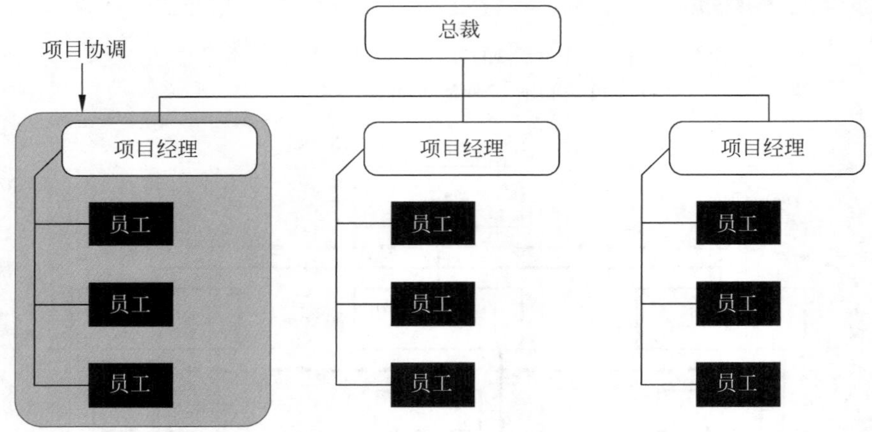

图 4-4　项目型组织

项目型组织的优点体现在如下方面。

（1）结构单一，责权分明，利于统一指挥。

（2）目标明确单一。

（3）沟通简洁、方便。

（4）决策快。

同时，项目型组织也存在着如下缺点：管理成本过高，如项目的工作量不足则资源配置效率低；项目环境比较封闭，不利于沟通、技术知识等共享；员工缺乏事业上的连续型和保障等。

3．矩阵型组织

矩阵型组织，其结构如图 4-5 至图 4-7 所示，在矩阵型组织内，项目团队的成员来自相关部门，同时接受部门经理和项目经理的领导，矩阵型组织兼有职能型和项目型的特征，依据项目经理对资源包括人力资源影响程度，矩阵型组织可分为弱矩阵型组织、平衡矩阵型组织和强矩阵型组织。弱矩阵型组织保持着很多职能型组织的特征，弱矩阵型组织内项目经理对资源的影响力弱于部门经理，项目经理的角色与其说是管理者，更不如说是协调人和发布人。平衡矩阵型组织内项目经理要与职能经理平等地分享权力。同理，强矩阵型组织保持着很多项目型组织的特征，具有拥有很大职权的专职项目经理和专职项目行政管理人员。

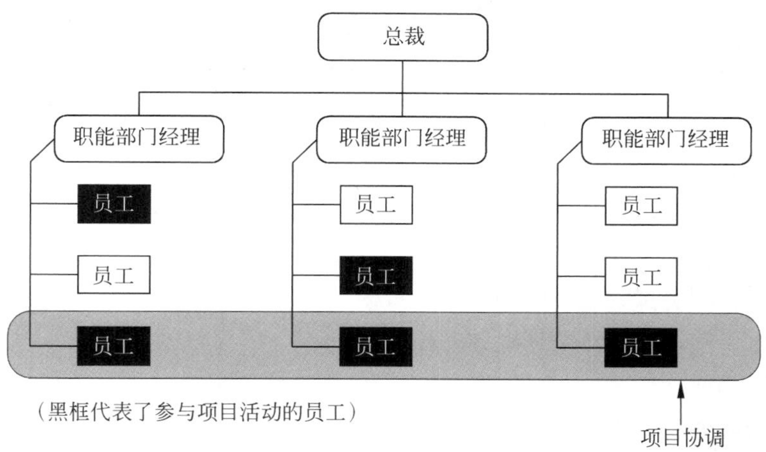

图 4-5　弱矩阵型组织

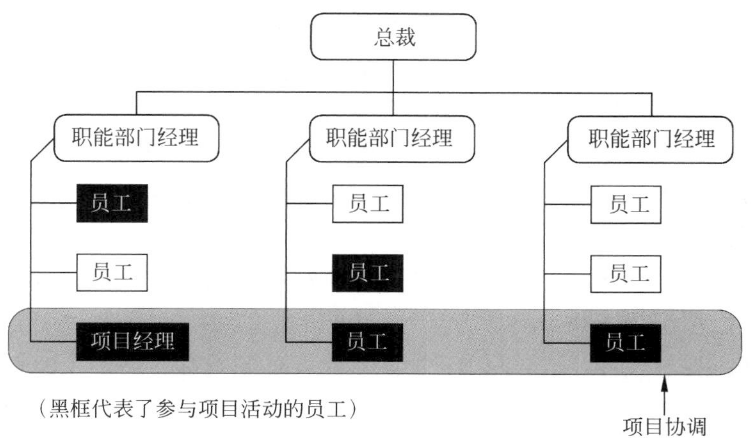

图 4-6　平衡矩阵型组织

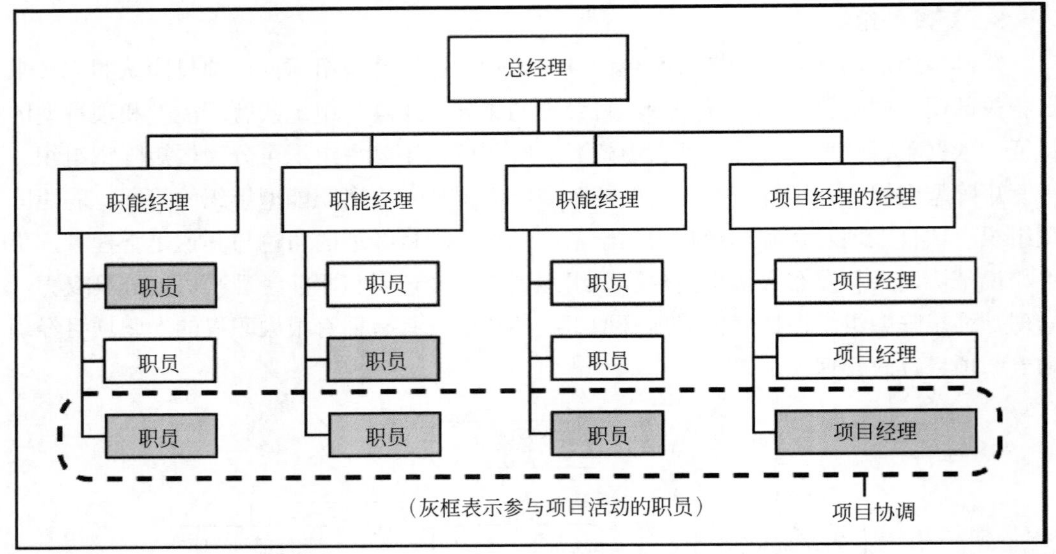

图 4-7　强矩阵型组织

矩阵型组织的优点体现在如下方面。

（1）项目经理负责制、有明确的项目目标。

（2）改善了项目经理对整体资源的控制。

（3）及时响应。

（4）获得职能组织更多的支持。

（5）最大限度地利用公司的稀缺资源。

（6）降低了跨职能部门间的协调合作难度。

（7）使质量、成本、时间等制约因素得到更好的平衡。

（8）团队成员有归属感，士气高，问题少。

（9）出现的冲突较少，且易处理解决。

同时，矩阵型组织也存在着如下缺点：管理成本增加；多头领导；难以监测和控制；资源分配与项目优先的问题产生冲突；权利难以保持平衡等。

4．复合型组织

根据工作需要，一个组织内在运作项目时，或多或少地同时包含上述三种组织形式，这就构成了复合型组织，例如，即使一个完全职能型的组织也可能会组建一个专门的项目团队来操作重要的项目，这样的项目团队可能具有很多项目型组织中项目的特征。团队中拥有来自不同职能部门的专职人员，可以制定自己的运作过程，并且可以脱离标准的正式报告机制进行运作。复合型组织如图 4-8 所示。

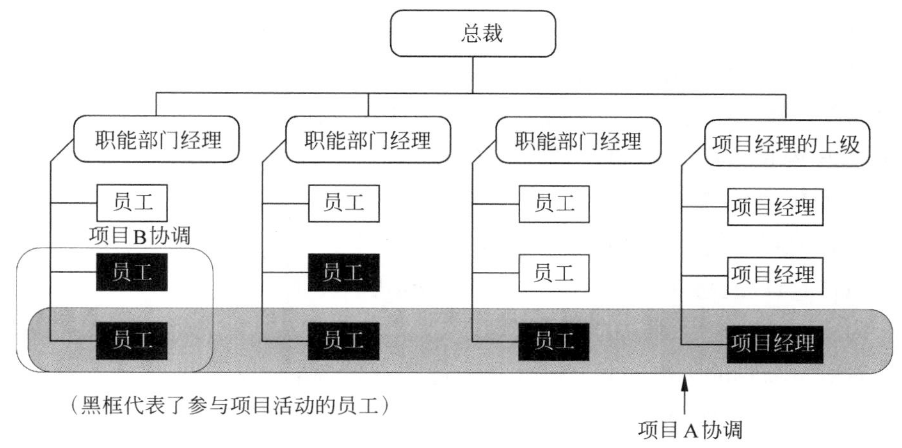

图 4-8　复合型组织

基于项目的组织（Project-based Organizations，PBO）是指建立临时机构来开展工作的各种组织形式。在各种不同的组织结构中如职能型、矩阵型或项目型，都可以建立 PBO。采用 PBO 可以减轻组织中的层级主义和官僚主义，因为在 PBO 中，考核工作成败的依据是最终结果，与职位或政治因素无关。

在 PBO 中，大部分工作都被当作项目来做，可以按项目方式而非职能方式进行管理。可以在整个公司层面采用 PBO，如在电信、油气、建筑、咨询和专业服务等行业中；也可以在多公司财团或网络组织中采用 PBO；也可以仅在组织的某个部门或分支机构内部采用 PBO。一些大型的 PBO 可能需要职能部门的支持。

4.2.4　PMO 在组织结构中的作用

项目管理办公室（PMO）是在所辖范围内集中、协调地管理项目的组织内的机构。PMO 也被称为“项目办公室”“大型项目管理办公室”或“大型项目办公室”。

根据需要，可以为一个项目设立一个 PMO，可以为一个部门设立一个 PMO，也可以为一个企业设立一个 PMO。这三级 PMO 可以在一个组织内可以同时存在。

PMO 监控项目、大型项目或各类项目组合的管理。由 PMO 管理的项目除了彼此相关的管理外不必要有特定的关系。但在很多组织中，那些项目确实是成组的或在一定程度上相互关联的。PMO 关注于其内部的项目或子项目之间的协调计划、优先级和执行情况，当然这些项目是支持 PMO 所在的组织或客户的整体业务目标的。

到目前为止，业内对于 PMO 应承担的工作还没有形成一致的意见，在实际工作中，PMO 的任务从培训、部署项目管理工具软件、发布标准政策和流程、发布模板到直接管理项目和项目的结果，根据需要 PMO 执行其中一部分工作或全部工作。特定的 PMO 可以经授权成为项目相关方的代表和每个项目初始阶段的关键决策者，有权力就项目的进展（包括中止项目）提出建议。另外，PMO 也可参与对共享的项目人员进行选择、管理和必要时重新部署，如有可能，尽量选用全职的项目人员。

以下列出 PMO 的一些关键特征，但不限于此。

（1）在所有 PMO 管理的项目之间共享和协调资源。

（2）明确和制定项目管理方法、最佳实践和标准。

（3）负责制订项目方针、流程、模板和其他共享资料。

（4）为所有项目进行集中的配置管理。

（5）对所有项目的集中的共同风险和独特风险存储库加以管理。

（6）项目工具（如企业级项目管理软件）的实施和管理中心。

（7）项目之间的沟通管理协调中心。

（8）对项目经理进行指导的平台。

（9）通常对所有 PMO 管理的项目的时间基线和预算进行集中监控。

（10）在项目经理和任何内部或外部的质量人员或标准化组织之间协调整体项目的质量标准。

PMO 有支持型、控制型和指令型等 3 种。

（1）支持型。支持型 PMO 担当顾问的角色，向项目提供模板、最佳实践、培训，以及来自其他项目的信息和经验教训。这种类型的 PMO 其实就是一个项目资源库，对项目的控制程度很低。

（2）控制型。控制型 PMO 不仅给项目提供支持，而且通过各种手段要求项目服从 PMO 的管理策略，例如要求采用项目管理框架或方法论，使用特定的模板、格式和工具，或者要求项目经理服从组织对项目的治理。这种类型的 PMO 对项目的控制程度属于中等。

（3）指令型。指令型 PMO 直接管理和控制项目。这种类型的 PMO 对项目的控制程度很高。

项目经理和 PMO 的区别如下：

（1）项目经理和 PMO 追求不同的目标，同样，受不同的需求所驱使。所有工作都必须在组织战略要求下进行调整。

（2）项目经理负责在项目约束条件下完成特定的项目成果性目标，而 PMO 是具有特殊授权的组织机构，其工作目标包含组织级的观点。

（3）项目经理关注于特定的项目目标，而 PMO 管理重要的大型项目范围的变化，以更好地达到经营目标。

（4）项目经理控制赋予项目的资源以最好地实现项目目标，而 PMO 对所有项目之间的共享组织资源进行优化使用。

（5）项目经理管理中间产品的范围、进度、费用和质量，而 PMO 管理整体的风险、整体的机会和所有的项目依赖关系。

任何组织内 PMO 的结构、职能和运用都基于组织所涉及的应用领域及其所要处理的项目组合、大型项目或项目的变化而变化。组织利用 PMO 进行项目管理存在着普遍公认的价值和有效性。然而，到目前为止还没有一个普遍公认的 PMO 结构。

很多组织认识到了设立一个项目管理办公室的好处。对于那些采用矩阵型结构和项目型结构的组织来说，对这一点的体会更深，特别是当一个组织内同时管理多个项目或一系列项目时。

PMO 可以存在于任何组织结构中，包括职能型组织，在表 4-3 中越是右端的组织结构，越有可能使用 PMO。

PMO 在组织中的职能涵盖范围很广，可能从顾问到仅限于对单个的项目建议使用特定的方针和流程，直至正式的行政管理职权之间。

项目团队成员直接向项目经理进行汇报，如果是共享的兼职人员，则也向 PMO 的管理人员汇报。项目经理直接向 PMO 管理人员进行汇报。此外，PMO 这种集中管理的灵活性也为项目经理在组织内的发展提供了很好的机会。在具有 PMO 的组织中，使得为项目团队中的专业技术人员成长为职业项目管理人员提供了较好的平台。

一个组织根据工作需要，可以为某个项目设立一个 PMO，也可以为一个部门设立一个 PMO 统管本部门的所有项目，也可以为整个组织设立一个 PMO。同样，根据需要，一个组织内，可以同时具有这三级 PMO。

4.3　项目生命周期

一方面，项目和项目管理是在比项目本身更大、更广泛的环境中执行的，项目经理必须理解这种更广泛的背景。另一方面，项目经理在管理一个实际项目的时候，是按照项目的各个过程开展的先后顺序来管理项目的，所以在管理一个项目之前，项目经理首先要选择适合项目生命周期的阶段、工具和过程。

为了方便管理，项目经理或其所在的组织会将项目分成几个阶段来管理，以加强对项目的管理控制并建立起项目与组织的持续运营工作之间的联系。从项目开始直到项目结束，这一段时间就构成了项目的项目生命周期。在管理项目时，一般按工作出现的先后，把它们组织成一个个前后连接的阶段。也可以说，项目的所有阶段组成了项目生命周期。

下面就阐述项目管理中的流程因素，包括项目生命周期、阶段和过程。

4.3.1　项目生命周期的特征

从项目开始直至结束的时间段就构成了项目生命周期。例如，当组织捕捉到它愿意响应的机会时，它经常会授权进行可行性研究以决定是否要承担这个项目。项目生命周期定义可以帮助项目经理确定是将可行性研究作为项目的第一个阶段还是将其作为一个单独的项目。当对初始工作不能很清楚地确定时，最好的办法就是将这种工作作为一个独立的项目来开展。

在管理项目时，可以把项目的生命周期进一步划分为一个个更小的时间段，形成具有典型特征的项目阶段。

大多数项目生命周期定义的阶段顺序通常从技术上可以这样来划分阶段：立项（系统规划）、开发（系统分析、系统设计、系统实施）、运维及消亡四个阶段（参考第 1 章）。阶段的交付物通常都经过技术正确性的评审，并在下一阶段开始前得到批准。阶段之间要完成技术交接或移交。在实际工作中，无论是软件项目还是信息系统集成项目，工程技术人员一般都是按照上述技术工作来划分项目阶段的。

也可以按管理活动出现的先后，把项目的生命周期划分为启动、计划、执行和收尾等 4 个典型的阶段。针对一个具体的项目，根据项目管理的需要，其项目的阶段可以不止 4 个。

无论从技术视角还是从管理视角来划分项目的阶段，项目的每个阶段都至少包含管理工作和技术工作。

根据需要，在条件许可或涉及的风险可以接受时，下一阶段可以在前一阶段完成前开始，这种部分重叠阶段的做法就叫快速跟踪管理技术。

没有唯一最好的项目生命周期定义方法。一些单位发布政策使所有项目都采用唯一的生命周期标准，而另一些单位则允许项目管理团队在项目背景下选择最适合的生命周期。此外，某行业的通用做法常常会成为该行业的首选项目生命周期。

项目生命周期通常定义如下。

- 每个阶段应完成哪些技术工作？（例如，在哪个阶段应完成架构的工作？）
- 每个阶段的交付物应何时产生？对每个交付物如何进行评审、验证和确认？
- 每个阶段都有哪些人员参与？（例如，并发工程要求需求分析人员和设计人员的参与。）
- 如何控制和批准每个阶段？

项目生命周期描述文件可以是概要的，也可很详细。非常详细的生命周期描述可能包括许多表格、图表和检查单。生命周期的描述应该结构清晰，便于控制。

大多数项目生命周期都具有许多共同的特征：

在初始阶段，成本和人员投入水平较低，在中间阶段达到最高，当项目接近结束时则快速下降。图 4-9 描绘了这种模式。

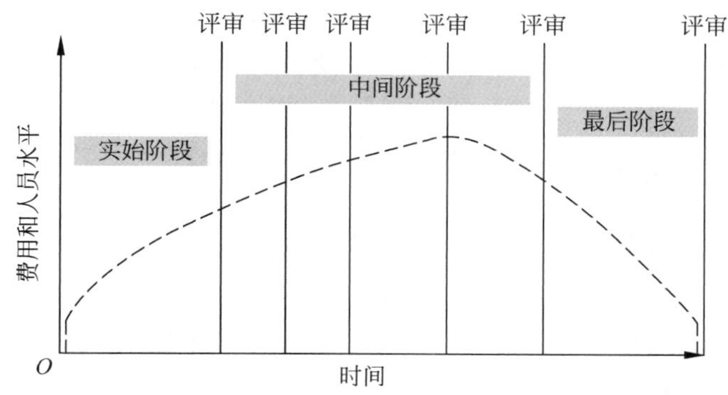

图 4-9　项目生命周期过程中的典型费用和人员投入水平

在项目的初始阶段不确定性水平最高，因此达不到项目目标的风险是最高的。随着项目的继续，完成项目的确定性通常也会逐渐上升。

在项目的初始阶段，项目干系人影响项目的最终产品特征和项目最终费用的能力最高，随着项目的继续开展则逐渐变低。如图 4-10 所示。造成这种现象的一个主要原因是随着项目继续开展，变更和缺陷修改的费用通常会增加。

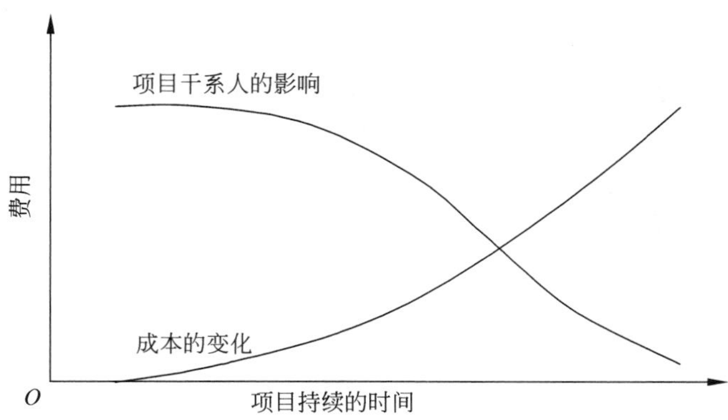

图 4-10　项目干系人随着时间的继续对项目的影响

尽管许多项目生命周期由于包含类似的可交付成果而具有类似的阶段名称，但很少含有完全相同的情况。大多数项目被划分为 4 或 5 个阶段，但也有一些被划分为 9 个甚至更多的阶段。即便是同样的应用领域也会存在很大的差异。一个单位的软件开发生命周期可能有一个单一的设计阶段，而另一些单位可能具有拆分开的体系结构设计阶段和详细设计阶段。子项目也可能有不同的项目生命周期。

信息系统项目的生命周期，如果详细划分，一般可划分为可行性分析、业务流程优化或变革、信息系统规划、系统需求分析、系统设计、系统实现、系统测试、系统实施、系统试运行、验收等阶段。而开发完成的信息系统的生命周期，除包含前期的项目生命周期外，还包括验收后的协调运营与维护、系统退役等阶段。根据行业特点、企事业单位的规模、项目特点等对这些阶段可以有不同程度的增删和裁剪。

4.3.2 项目阶段的特征

每个项目阶段都以一个或一个以上的可交付物的完成为标志，这种可交付物是一种可度量、可验证的工作成果，如一份规格说明书、可行性研究报告、详细设计文档、产品模块或工作样品。某些可交付物可以对应于项目管理过程，其他可交付物可能是项目的最终产品或最终产品的组成部件。项目阶段是一个用来确保对项目的适当控制、为了获得项目目标要求的产品或服务而在项目生命周期中划出的一个时间段，在这个时间段中，一般要完成若干可交付物。项目阶段由连续过程组成，这些过程按一定的顺序前后相连。项目的或项目阶段的产品、成果和服务通称为可交付成果。在本书中，如果不加特别声明，有时可交付成果和可交付物含义相同或相近。

在任何特定项目中，因为规模、复杂度、风险系数和资金周转约束等原因，阶段可更进一步细分为子阶段，每个子阶段都与一个或多个特定的可交付物相连。

项目阶段的结束前，一般要对完成的工作和可交付物进行技术或设计评审，根据评审结果，以决定是否接受，是否还要做额外的工作或是否要结束这个阶段。在不结束当前阶段就开展下一阶段工作的时候，通常需要对此决定进行管理评审，例如当项目经理选择以快速跟踪（快速跟进）作为行动方针时。类似的，一个项目阶段可以在没有决定启动任何其他阶段的时候就结束，例如当项目结束或如果项目持续下去风险太大时。

阶段的正式完成不包括对后续阶段的批准。为了有效地控制，每个阶段都要明确该阶段的任务作为正式启动。如图 4-11 所示。在获得授权的情况下，阶段末的评审可以结束当前阶段并启动后续阶段。有些时候一次评审就可以取得这两项授权。这样的阶段末评审通常被称为阶段出口、阶段验收或终止点。

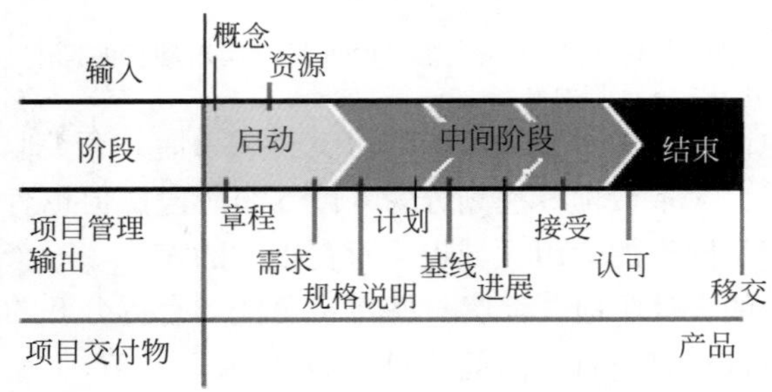

图 4-11 项目生命期典型阶段

4.3.3　项目生命周期与产品生命周期的关系

一个项目要交付特定的产品、成果和完成特定的服务。项目生命周期定义项目的开始与结束。假如一个项目交付特定的产品，那么该产品的生命期比项目生命周期更长，从该产品的研发（此时是项目的任务），到该产品投入使用（或运营），直到该产品的消亡就构成了该产品的生命周期。许多项目与组织发展战略或正在进行的工作有关。在一些组织中，一个项目只有在完成了可行性研究、初步计划或者其他等同形式的分析之后才能正式批准。在这些案例中，初步规划或分析可以采用独立项目的形式。例如，在确定开发最终产品之前，可以将原型的开发和测试作为单独的项目。

问题、机会或业务需求是典型的激发项目的驱动力。这些压力的结果就导致管理层通常必须在尊重其他潜在项目的需要和资源要求的前提下排定当前项目申请的优先级。

为将项目与执行组织中的持续运营联系起来，项目生命周期定义中也明确了在项目结束时所包括（或不包括）的移交行为。例如当一项新产品投入生产或一个新的软件程序投入市场的时候，应当注意将项目生命周期和产品生命周期区分开。例如，一个负责开发准备投入市场的新的台式计算机的项目只是产品生命周期中的一部分。图 4-12 描绘了这两者的联系。在某些应用领域（例如新产品开发和软件开发）中，组织是将项目生命周期作为产品生命周期的一部分来考虑的。

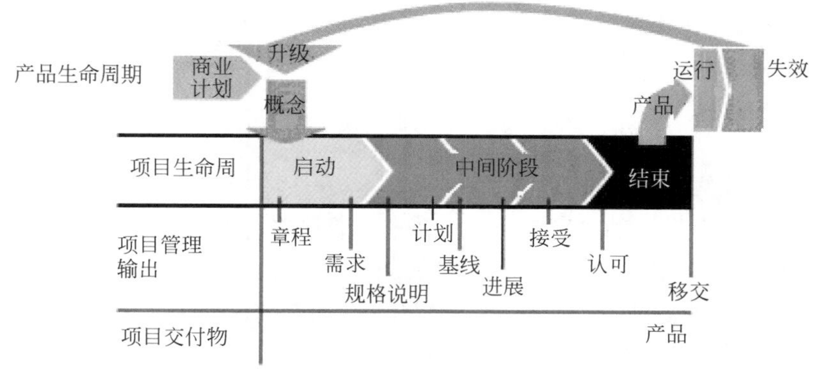

图 4-12　项目生命周期与产品生命周期的关系

4.4　典型的信息系统项目的生命周期模型

在实施一个信息系统项目时，不仅需要管理过程组，也需要工程技术过程组和支持过程组。感兴趣的读者，请参见 CMMI 或过程改进的相关内容。

以下讲述典型的信息系统项目的生命周期模型，这些生命周期模型均按项目的工程技术过程的先后顺序来划分的。

1．瀑布模型

瀑布模型是一个经典的软件生命周期模型，也叫预测型生命周期、完全计划驱动型生命周期。在这个模型里，在项目生命周期的尽早时间，要确定项目范围及交付此范围所需的时间和成本。

在这个模型里，项目启动时，项目团队专注于定义产品和项目的总体范围，然后制定产品（及相关可交付成果）交付计划，接着通过各阶段来执行计划。应该仔细管理项目范围变更。如果有新增范围，则需要重新计划和正式确认。

以下情况优先选择这种生命周期：项目需求明确、充分了解拟交付的产品、有厚实的行业实践基础、或者整批一次性交付产品有利于干系人。

例如开发一个软件项目时，如果采用这个模型的话，一般将软件开发分为可行性分析（计划）、需求分析、软件设计（概要设计、详细设计）、编码（含单元测试）、测试、运行维护等几个阶段，如图 4-13 所示。

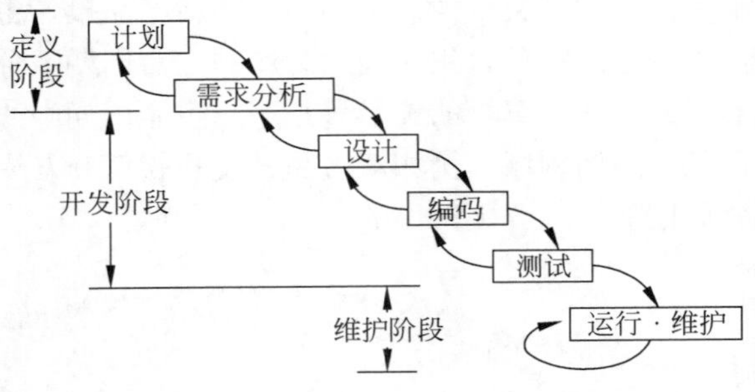

图 4-13　瀑布模型

瀑布模型中每项开发活动具有以下特点。

（1）从上一项开发活动接受其成果作为本次活动的输入。

（2）利用这一输入，实施本次活动应完成的工作内容。

（3）给出本次活动的工作成果，作为输出传给下一项开发活动。

（4）对本次活动的实施工作成果进行评审。若其工作成果得到确认，则继续进行下一项开发活动；否则返回前一项，甚至更前项的活动。尽量减少多个阶段间的反复。以相对来说较小的费用来开发软件。

2．迭代模型

在大多数传统的生命周期中，阶段是以其中的主要活动命名的：需求分析、设计、编码、测试。传统的软件开发工作大部分强调过程的串行执行，也就是一个活动需要在前一个活动完成后才开始，从而形成一个过程串，该过程串就组成了软件项目的生命周期。在迭代模型中，每个阶段都执行一次传统的、完整的串行过程串，执行一次过程串就是一次迭代。每次迭代涉及的过程都包括不同比例的所有活动。

RUP（Rational Unified Process）软件统一过程是一种“过程方法”，它就是迭代模型的一种。

RUP 可以用二维坐标来描述。横轴表示时间，是项目的生命周期，体现开发过程的动态结构，主要包括周期（Cycle）、阶段（Phase）、迭代（Iteration）和里程碑（Milestone）；纵轴表示自然的逻辑活动，体现开发过程的静态结构，主要包括活动（Activity）、产物（Artifact）、工作者（Worker）和工作流（Workflow），如图 4-14 所示。

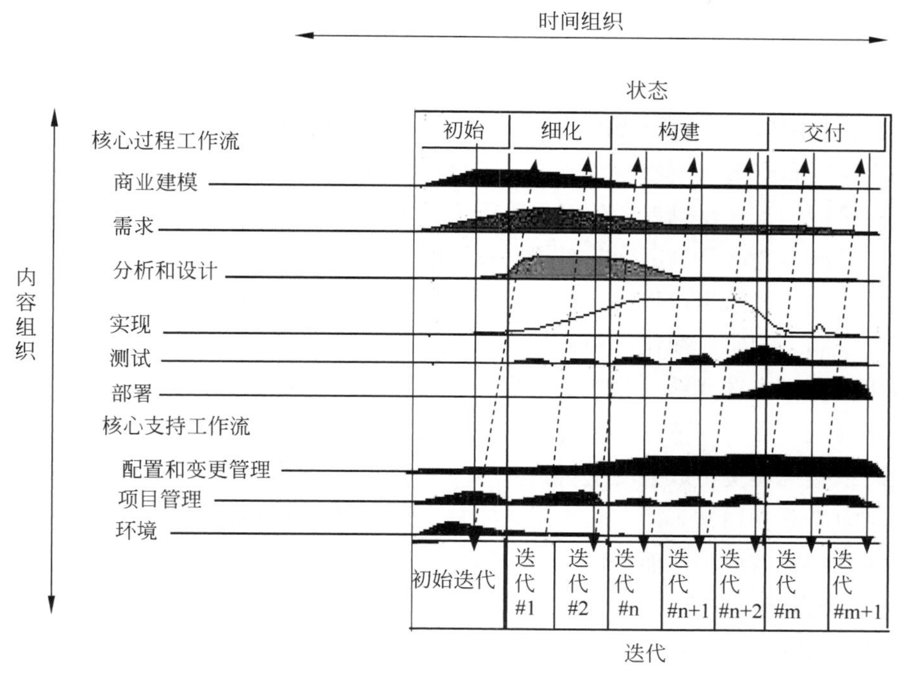

图 4-14　典型的迭代模型 RUP

RUP 中的软件生命周期在时间上被分解为 4 个顺序的阶段，分别是：初始阶段（Inception）、细化阶段（Elaboration）、构建阶段（Construction）和交付阶段（Transition）。这 4 个阶段的顺序执行就形成了一个周期。

每个阶段结束于一个主要的里程碑（Major Milestone）。在每个阶段的结尾执行一次评估以确定这个阶段的目标是否已经满足。

每个阶段，从上到下迭代，亦即从核心过程工作流“商业建模”“需求调研”“分析与设计”……执行到“部署”，再从核心支持工作流“配置与变更管理”“项目管理”执行到“环境”完成一次迭代。根据需要，在一个阶段内部，可以完成一次到多次的迭代。各阶段的主要任务如下。

（1）初始阶段：系统地阐述项目的范围、确定项目的边界，选择可行的系统构架，计划和准备商业文件。商业文件包括验收规范、风险评估、所需资源估计、体现主要里程碑日期的阶段计划。

（2）细化阶段：分析问题领域，建立健全体系结构并选择构件，编制项目计划，淘汰项目中最高风险的元素。同时为项目建立支持环境，包括创建开发案例，创建模板、准则并准备工具。

（3）构建阶段：完成构件的开发并进行测试，把完成的构件集成为产品，测试产品所有的功能。构建阶段是一个制造过程，其重点放在管理资源及控制运作以优化成本、进度和质量。

（4）交付阶段：交付阶段的目的是将软件产品交付给用户群体。当本次开发的产品成熟得足够发布到最终用户时，就进入了交付阶段。

交付阶段的重点是确保软件对最终用户是可用的。交付阶段可以跨越几次迭代，包括为发布做准备的产品测试，基于用户反馈的少量的调整。

软件产品交付给用户使用一段时间后，如有新的需求则该开始另一个开发周期，就开始下一个的“初始、细化、构建和交付”周期。

以下情况优先选择迭代和增量型生命周期：组织需要管理不断变化的目标和范围，组织需要降低项目的复杂性，或者，产品的部分交付有利于一个或多个干系人，且不会影响最终或整批可交付成果的交付。

大型复杂项目通常采用迭代方式来实施，这使项目团队可以在迭代过程中综合考虑反馈意见和经验教训，从而降低项目风险。

3．敏捷方法

什么是敏捷方法？是一种以人为核心、迭代、循序渐进的开发方法，适用于一开始并没有或不能完整地确定出需求和范围的项目，或者需要应对快速变化的环境，或者需求和范围难以事先确定，或者能够以有利于干系人的方式定义较小的增量改进。

敏捷方法，也叫适应型生命周期、或者变更驱动方法。

在软件项目的敏捷开发中，软件项目的构建被切分成多个子项目，各个子项目的成果都经过测试，具备集成和可运行的特征。简言之，就是把一个大项目分为多个相互联系，但也可独立运行的小项目，并分别完成，在此过程中软件一直处于可使用状态。

敏捷方法的目的在于应对大量变更，获取干系人的持续参与。敏捷方法里迭代很快（通常 2～4 周迭代 1 次），而且所需时间和资源是固定的。虽然早期的迭代更多地聚焦于计划活动，但通常在每次迭代中都会执行多个过程。

以前，很多软件项目经理在学习项目管理时，一方面陶醉于其清晰的过程流程，但同时又困惑于它与自己的实际工作的差异。例如在开发软件产品时，一开始并没有或不能完整地确定出需求和范围，而是首先实现一个可以运行的大概的软件，然后和客户进一步地不断沟通探讨，不断修改甚至重构，"边设计、边建设"，小步快跑，并最终实现客户需求。

所以说，实际工作中的项目可能有两类比较极端：一类就好比是建设奥运场馆，它是大型的、相对固定或变更较少的、需要"集团军"来完成的；另一类就好比是建设一个SNS交友网站，开发一个桌面应用软件，或设计一款时尚手机，它们是小型的、不甚确定或变更很多的、需要"特种部队"来完成的。

相应的，项目阶段之间的关系大致有三类：顺序、重叠，以及迭代。对于奥运场馆，阶段间的关系一般是顺序的：设计、采购、施工、验收及交付。而对于软件项目而言，很可能采用的是迭代关系：需求分析→设计及编程→得到部分可交付成果，然后再这样进行下一轮，即把软件的整个需求分析和设计编程都分散开来到每个阶段，每次只实现一部分可交付成果，尽早得和客户沟通、分析、调整，以满足最终的要求。对后者而言，如果一开始就消耗很多的资源、时间、花费在前期工作比如设计上，到中后期却发现并不适合客户的需求，这样的风险和变更所造成的代价是非常大的。

4．V模型

首先，看V模型的图示，V模型如图4-15所示。

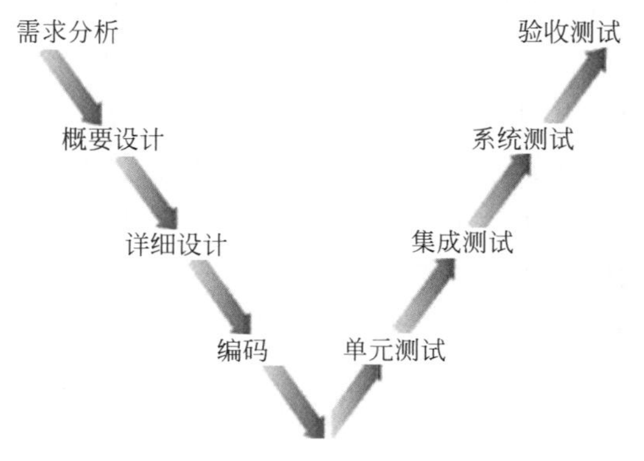

图4-15　V模型示意图

V模型的左边下降的是开发过程各阶段，与此相对应的是右边上升的部分，即各测试过程的各个阶段。在不同的组织中对测试阶段的命名可能有所不同。

在模型图中的开发阶段一侧，先从定义业务需求、需求确认或测试计划开始，然后要把这些需求转换到概要设计、概要设计的验证及测试计划，从概要设计进一步分解到详细设计、详细设计的验证及测试计划，最后进行开发，得到程序代码和代码测试计划。接着就是测试执行阶段一侧，执行先从单元测试开始，然后是集成测试、系统测试和验收测试。

V模型的价值在于它非常明确地标明了测试过程中存在的不同级别，并且清楚地描述了这些测试阶段和开发各阶段的对应关系。

（1）单元测试的主要目的是针对编码过程中可能存在的各种错误，例如用户输入验证过程中的边界值的错误。

（2）集成测试主要目的是针对详细设计中可能存在的问题，尤其是检查各单元与其他程序部分之间的接口上可能存在的错误。

（3）系统测试主要针对概要设计，检查系统作为一个整体是否有效地得到运行，例如在产品设置中是否能达到预期的高性能。

（4）验收测试通常由业务专家或用户进行，以确认产品能真正符合用户业务上的需要。

在不同的开发阶段，会出现不同类型的缺陷和错误，所以需要不同的测试技术和方法来发现这些缺陷。

5. 原型化模型

原型化模型是为弥补瀑布模型的不足而产生的。

原型化模型的第一步是建造一个快速原型，实现客户或未来的用户与系统的交互，经过和用户针对原型的讨论和交流，弄清需求以便真正把握用户需要的软件产品是什么样子的。充分了解后，再在原型基础上开发出用户满意的产品。在实际中原型化经常在需求分析定义的过程进行。原型化模型减少了瀑布模型中因为软件需求不明确而给开发工作带来的风险，因为在原型基础上的沟通更为直观，也为需求分析和定义，提供了新的方法。原型化模型的应用意义很广，瀑布和V模型将原型化模型的思想用于需求分析环节，来解决因为需求不明确而导致产品出现严重后果的缺陷。

对于复杂的大型软件，开发一个原型往往达不到要求，为减少开发风险，在瀑布模型和原型化模型的基础上的演进，出现了螺旋模型以及大量使用的RUP。

6. 螺旋模型

螺旋模型是一个演化软件过程模型，将原型实现的迭代特征与线性顺序（瀑布）模型中控制的和系统化的方面结合起来。使得软件的增量版本的快速开发成为可能。在螺旋模型中，软件开发是一系列的增量发布。在早期的迭代中，发布的增量可能是一个纸上的模型或原型；在以后的迭代中，被开发系统的更加完善的版本逐步产生。螺旋模型的整个开发过程如图4-16所示。

图4-16中的螺旋线代表随着时间推进的工作进展；开发过程具有周期性重复的螺旋线形状。4个象限分别标志每个周期所划分的4个阶段：制定计划、风险分析、实施工程和客户评估。螺旋模型强调了风险分析，特别适用于庞大而复杂的、高风险的系统。

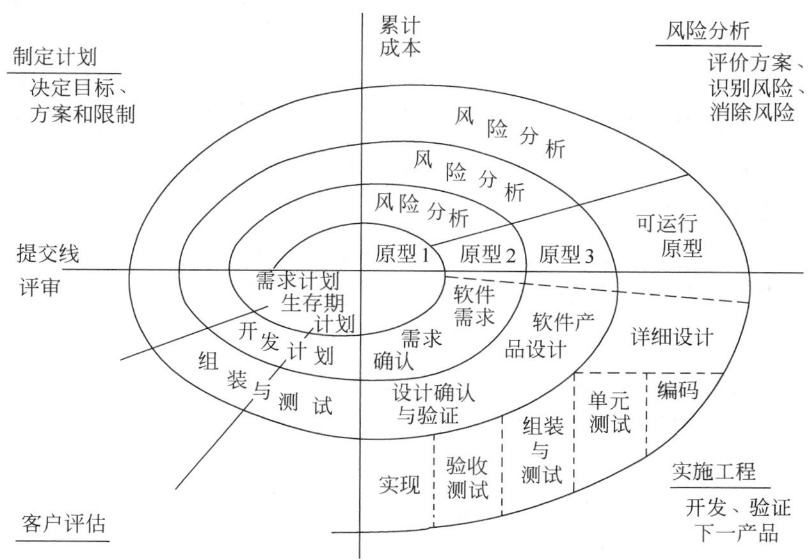

图 4-16　螺旋模型

4.5　单个项目的管理过程

项目管理是指在项目活动中综合运用知识、技能、工具和技术以确保达成项目目标。项目管理、大型项目管理和项目组合管理不仅应用了项目管理的知识和技术，同时也应用了项目管理过程。项目管理是通过一系列过程来完成的，每个过程都会使用相应的工具和技术以接受输入和产生输出。

除此之外，为了对项目的实施进行管理，项目团队还必须：

（1）明确客户的需求。

（2）在管理项目时，选用达到项目目标的合适的过程。

（3）平衡范围、时间、成本、质量和风险等方面的不同要求，生产出高质量的产品。

（4）调整产品规格、计划和管理体系，以满足不同项目干系人的需求，并管理他们的期望。

对于项目活动所对应的项目管理细节是否应该形成文件化的标准，目前在国际上或行业内还没有达成完全一致的意见。这种标准需要描述一个项目的启动、计划、执行、监控和控制以及项目的收尾过程。本节主要阐述那些被大多数项目认为是良好惯例的过程。良好惯例意味着人们普遍认为，对于多数项目，应用这些项目管理过程有助于提高项目成功的可能性。这不意味着本书所描述的知识、技能和过程应一并应用到所有项目中；在项目团队中，项目经理总要负责确定怎样的过程更适用于给定的项目。实际上，项目经理及其团队应明确考虑每个过程及其输入和输出要素。本节可以作为项目经理及其团队在管理项目时的参考。项目管理人员在管理项目时，要结合项目的实际对通用的管理过程进行“剪裁”，为项目制订出量身定做的系列过程，分阶段进行管理。

一个过程是指为了得到预先指定的结果而要执行的一系列相关的行动和活动。过程与过程之间相互作用。每个过程在所有项目中至少出现一次，而且如果项目划分了阶段，同样的过程可能出现在一个或多个项目阶段，只是这个过程会越来越明确和详细。

一般说来，要把一个项目管好，至少需要 4 种过程。

（1）技术类过程（或称工程类过程）。技术过程要解决“研制特定产品、完成特定成果或提交特定服务的具体技术过程”，要回答怎么在技术上完成？怎么把产品制造出来？要回答“技术上怎么做？”。技术过程跟项目所在的行业有关，例如信息系统项目的技术过程有“需求分析”“总体设计”“编码”“测试”“布线”“组网”等。

（2）管理类过程。大多数行业的项目都有共同的管理过程。按出现的时间先后划分，管理过程可以被分为启动、计划、执行、监控和收尾过程组。

（3）支持类过程。例如配置管理过程就属于支持类过程。

（4）改进类过程。例如总结经验教训、部署改进等过程。

本节及后续各节将着重介绍管理类过程，支持类过程和改进类过程也会有所提及。技术类过程将在本书的“信息系统技术”部分章节介绍。

以上 4 类过程，依时间的先后，协同开展以完成一个项目，因而项目管理是一项整体活动。项目管理从整体上要求每个过程都恰当地与其他过程排列和连接起来，以利于相互协调。这些交互作用经常会导致对项目需求和目标进行权衡。例如，范围变更几乎总是会影响到项目进度和成本。对于不同的组织和不同的项目，这种权衡会有很大的不同。成功的项目管理就包括积极地管理这些交互作用以成功地满足项目干系人的要求和他们的期望。

如不特指，下文中的过程主要指的是管理过程。

本节从过程之间的关联、过程的相互作用以及过程为之服务的目标等多个方面阐述项目管理过程的本质。这些过程可以归纳为：启动过程组、计划过程组、执行过程组、监控过程组和收尾过程组。

4.5.1 项目过程

在本教程里，项目管理过程是一个接一个地单独介绍的，每个过程都有明确的输入和输出。但在实践中，过程是相互作用的。管理项目的方法不止一种。实施项目的细节必须基于项目复杂度、风险、规模、时间框架、项目团队经验、历史信息数量、组织的项目管理成熟度、行业和应用领域等因素来完成。必需的项目过程组和它们组成的过程，可以在项目生命周期内引导项目管理知识和技能的恰当应用。项目经理和项目团队有责任去确定，为了达到期望的项目目标，必须采用哪些过程、涉及哪些人员以及执行的严密程度。

由舍瓦特（Shewart）提出一种关于项目管理过程交互的根本概念，并由戴明（Deming）对其进行了修订，这就是著名的 PDCA 循环（Plan-Do-Check-Act cycle，参见 American Society for Quality，p13–14，ASQ Handbook，1999）。这个循环由其产生的结果而构成，即其每一部分的结果又是其他部分的输入，如图 4-17 所示。

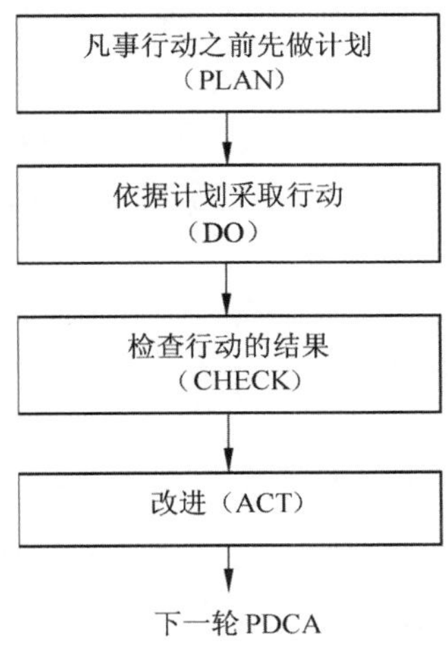

图 4-17　PDCA 循环的基本模型

从整体上看，项目管理过程比基本的 PDCA 循环要复杂得多。可是，这个循环可以被应用于项目过程组内部及各过程组之间的相互关联。计划过程组符合 PDCA 循环中相应的 Plan 部分。执行过程组符合 PDCA 循环中相应的 Do 部分，而监控过程组则符合 PDCA 循环中的 Check/Act 部分。另外，因为项目管理是个有始有终的工作，启动过程组开始循环，而收尾过程组则结束循环。从整体上看，项目管理的监控过程组与 PDCA 循环中的各个部分均进行交互，如图 4-18 所示。

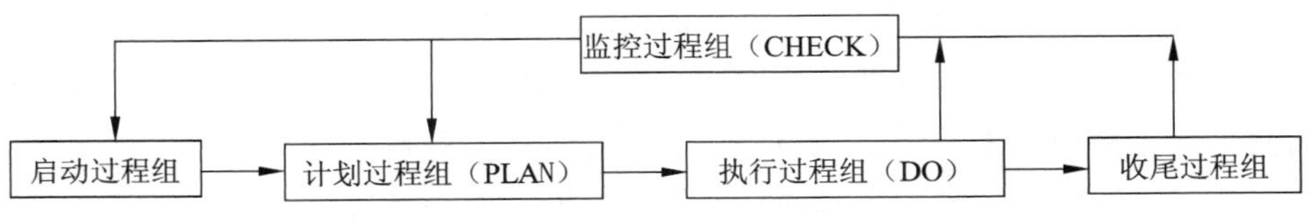

图 4-18　将项目管理过程组映射成 PDCA 循环

4.5.2 项目管理过程组

本节确定并描述了对于任何项目都必需的 5 个项目过程组。这 5 个项目过程组具有明确的依存关系并在各个项目中按一定的次序执行。它们与应用领域或特定产业无关。在项目完工前，通常个别项目过程组可能会反复出现。项目过程组内含的过程在其组内或组间也可能反复出现。这些项目过程组包括如下分类。

（1）启动过程组：定义并批准项目或阶段。

（2）计划编制过程组：定义和细化目标，规划最佳的技术方案和管理计划，以实现项目或阶段所承担的目标和范围。

（3）执行过程组：整合人员和其他资源，在项目的生命期或某个阶段执行项目管理计划，并得到输出与成果。

（4）监督与控制过程组（监控过程组）：要求定期测量和监控进展、识别实际绩效与项目管理计划的偏差、必要时采取纠正措施，或管理变更以确保项目或阶段目标达成。

（5）收尾过程组：正式接受产品、服务或工作成果，有序地结束项目或阶段。

每个单独的过程都明确了如何使用输入来产生项目过程组的输出。一个项目过程产生的过程成果又会成为其他过程的输入。图 4-19 简要说明了项目过程组的这种交互作用。例如监督和控制过程组不仅监控当前项目过程组内的工作，也要监控整个项目的工作。同时监督和控制过程组也要为前面的项目阶段是否需要采取纠正措施和为下阶段采取预防措施提供反馈，或实施变更修改计划以确保项目的执行。图 4-19 没有完全展示出在图 4-18 中所表现的监督和控制过程组的所有交互关系。

项目过程组根据过程的性质（启动、计划、执行（或称实施）、监控、收尾）合并同类项，从而组成过程组。过程组不是项目的阶段，虽然过程组与阶段有一定的联系，例如计划过程组主要出现在项目的计划阶段，但在执行（或者说实施）阶段，变更也会引起某个计划过程的更新更改。

1．启动过程组

启动过程组是由正式批准开始一个新项目或一个新的项目阶段所必需的一些过程组成的。很多启动类型的过程经常会超出项目范围，而受组织、大型项目或项目组合管理过程控制（参见图 4-20）。例如，在开始启动过程组的活动之前，要制定组织的业务要求文件，确定新项目的可行性并明确描述项目的目标，再加上可交付物在内，被制定成合同文件或工作说明书（Statement of Work）。这一文件也包括对于项目范围、项目工期估算、执行组织投资的资源预测的基本描述。通过将项目选择过程形成文件可以明确项目的轮廓。项目与组织战略计划之间的关系可以确定项目在执行组织内的管理职责。

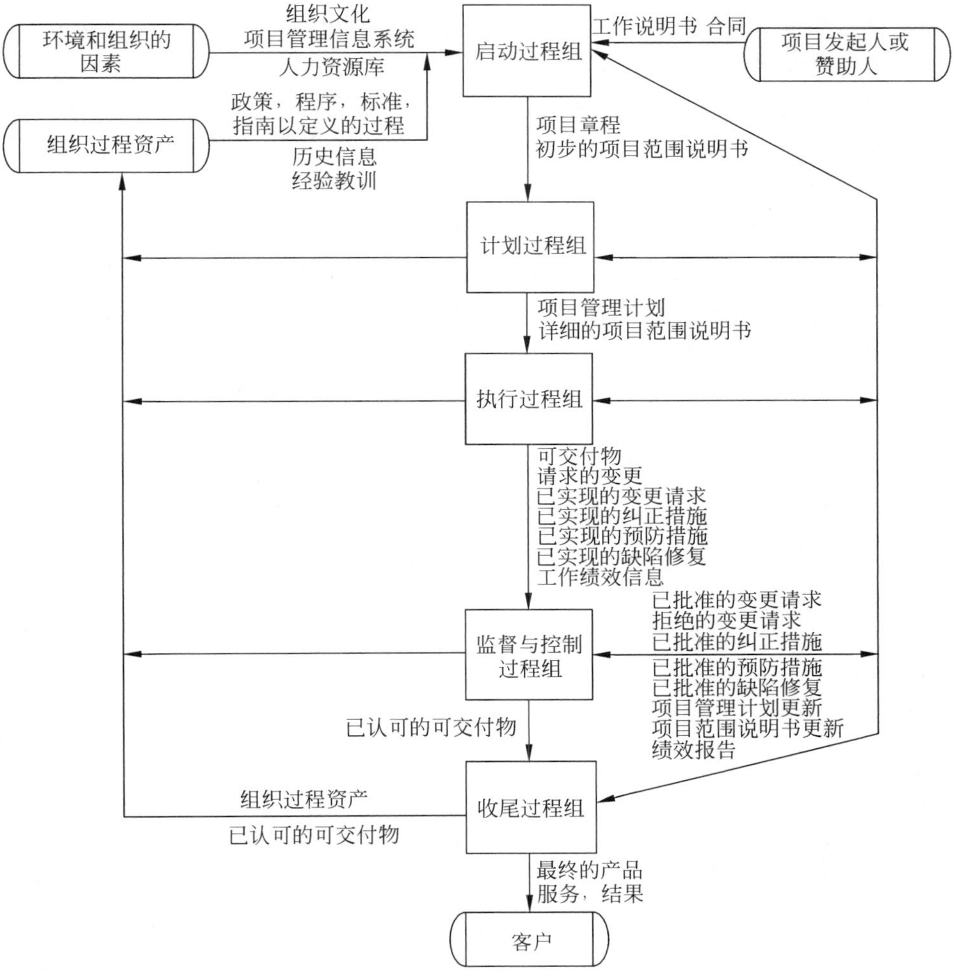

环境和组织的
因素
组织文化
项目管理信息系统
人力资源库
启动过程组
工作说明书 合同
项目发起人或
赞助人
政策，程序，标准，
指南以定义的过程
组织过程资产
历史信息
经验教训
项目章程
初步的项目范围说明书
计划过程组
项目管理计划
详细的项目范围说明书
执行过程组
可交付物
请求的变更
已实现的变更请求
已实现的纠正措施
已实现的预防措施
已实现的缺陷修复
工作绩效信息
已批准的变更请求
拒绝的变更请求
已批准的纠正措施
已批准的预防措施
已批准的缺陷修复
项目管理计划更新
项目范围说明书更新
绩效报告
监督与控制
过程组
已认可的可交付物
组织过程资产
已认可的可交付物
收尾过程组
最终的产品
服务，结果
客户

图 4-19　管理类过程中顶层的项目过程组之间的执行流向

项目边界
监督与控制过程
计划
过程
项目发起人/
赞助人
项目输入
启动
收尾
执行
过程
项目可交付物
最终
用户
项目记录
过程资产

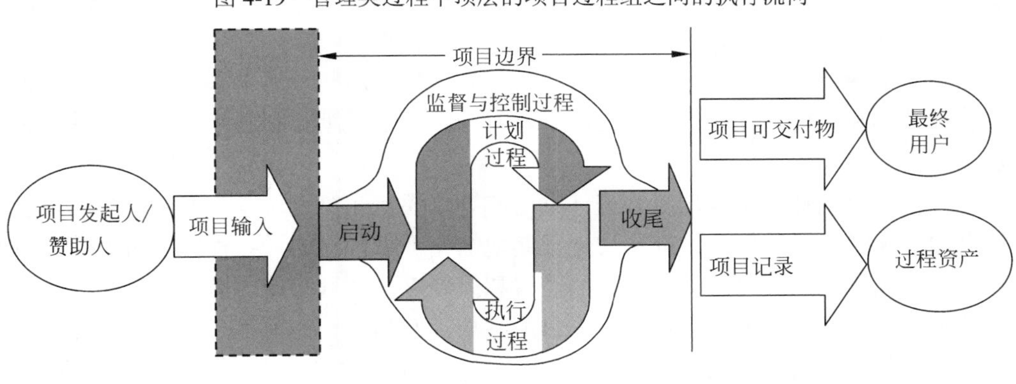

图 4-20　项目边界

在项目启动过程中，会对初始项目范围和执行组织计划投入的资源进一步细化。如果还未指定项目经理，那么在此时将选定项目经理。初始的假设和限定、项目的正式启动决定、项目经理的任命这些内容统一包括在项目章程中，当其被批准后，项目就获得了正式授权。尽管项目章程可能是由项目管理团队编写完成，但是否批准和投资项目，却是在项目外的更高层次上决定的。

许多大型或复杂的项目被划分出阶段，在每个阶段的开始，要重新评估项目的范围和目标，这也是项目启动过程组的一部分。对下一阶段的进入条件、所需资源和要完成的工作进行检查，然后决定项目是已经准备好可以进入该阶段，还是应该延期或废止。在每个阶段开始时重复进行这样的检查，有助于将项目的关注焦点集中在项目所要达到的业务要求上。重复进行这样的检查同样有助于当业务要求已不复存在或项目已无法满足业务要求时能够及时停止项目。

在项目和阶段的启动过程期间，项目干系人的参与通常有助于进一步明确客户的需求，而且客户参与对于项目成功是非常重要的。启动过程组的结果是启动了一个项目，同时其输出物也定义了项目的用途，明确了目标，并授权项目经理开始实施这一项目。

2．计划过程组

通俗地说“凡事预则立，不预则废”。项目经理在管理项目时，就是通过计划过程组来编制项目管理计划，从而为项目的实施提供指南、为项目的监控提供依据的。

凡是制定项目管理计划所需的过程都属于计划过程组，例如定义项目范围的过程、制定项目管理计划的过程、定义项目活动并制定进度等过程。当项目生存周期内出现明显的项目计划变更时，会重新执行一个或多个计划过程，甚至还会重新执行启动过程。

经过各计划过程组的工作完成的项目管理计划，在项目执行中可能出现变更，例如有关范围、技术、风险和成本等方面的变更，这些变更被批准后导致的更新会引起项目管理计划的更新。更新的项目管理计划提供了大体上准确的范围、进度、成本和资源要求。项目管理计划不是一成不变的，它是渐进明细、逐步深入具体的，项目管理计划这种制定方法经常被称作“滚动波浪计划”方法，这意味着计划是一个反复和持续的过程，也就是近期的工作计划得较细，远期的工作计划得较粗。

项目团队应让有关项目干系人参与项目计划过程。这些项目干系人都具有能够推进项目管理计划和其分计划的知识和技能。项目团队应当激励和利用相关项目干系人做出的贡献。

无论在项目的计划阶段项目管理计划的制订，还是在执行阶段由变更引起的项目管理计划的更新，项目管理计划都不会无限制地细化下去，它的详细程度由所处的阶段、项目性质、已确定的项目边界、相应的监督和控制以及项目所处环境所决定。

计划过程组内过程的交互依赖于项目的性质。例如，有些项目在完成大体计划工作之前只能看到很小或无法确定的风险，此时项目团队制定的成本和进度目标就过于乐观，这样的目标潜藏有相当大的风险。

作为计划过程组的输出，项目管理计划和项目文件将对项目范围、时间、成本、质量、沟通、人力资源、风险、采购和干系人参与等所有方面做出规定。项目管理计划和项目文件为项目实施提供了指南、为监控提供了依据。

3．执行过程组

执行过程组由为完成在项目管理计划中确定的工作，以达到项目目标所必需的各个过程所组成。这个项目过程组不仅包括项目管理计划实施的各个过程，也包括协调人员和资源的过程。这个项目过程组还会涉及在项目范围说明书中定义的范围，以及经批准的对范围的变更。

执行上的偏差通常会导致计划更新。这些偏差包括活动工期、资源的生产率和可用性以及未预期的错误等。这些变更可能会也可能不会影响整体项目管理计划，并且可能需要对其进行技术性能分析。分析的结果可能会引发变更申请。如果申请被批准，就需要修订项目管理计划，该计划经相关方认可后成为新的项目基线。

对大多数行业的项目来讲，执行过程组会花掉多半的项目预算。

4．监督和控制过程组

监督和控制过程组由监督项目执行情况，在必要时采取纠正措施以便控制项目的各个过程所组成。这个项目过程组的目的在于，定期监督和计量项目绩效以及时发现实际情况与项目管理计划之间的偏差。监督和控制过程组也包括对预知可能出现的问题制定预防措施，以及控制变更。监督和控制过程组包括：

（1）对照项目管理计划来监督正在进行的项目活动；

（2）控制变更，推荐纠正措施，或者对可能出现的问题推荐预防措施；

（3）对引起整体变更控制的因素施加影响，使得只有经批准的变更才被实施。

持续的监督使项目团队能观察项目或阶段是否正常进行，并提示需要格外注意之处。监督和控制过程组要为以前的阶段提供反馈，以便采取纠正或预防措施使项目和项目管理计划保持一致。一旦偏差危及项目目标，将在计划过程组内再次进行相应的计划过程，这会更新项目管理计划。

5．收尾过程组

收尾过程组包括正式终止项目或项目阶段的所有活动，或将完成的产品递交给他人所必需的各个过程。这个项目过程组在完成时，要求所有项目管理过程组中所定义的过程均已完成才可结束项目或阶段。也就是说，交付已经恰当地完成或者已被取消的项目或项目阶段，并且以正式的形式确定项目或项目阶段已经结束，从而结束一个项目或项目阶段。

项目或阶段收尾时，可能需要进行以下工作：

（1）获得客户或发起人的验收，以正式结束项目或阶段；

（2）进行项目后评价或阶段结束评价；

（3）记录裁剪任何过程的影响；

（4）记录经验教训；

（5）对组织过程资产进行适当更新；

（6）将所有相关项目文件在项目管理信息系统中归档，以便作为历史数据使用；

（7）结束所有采购活动，确保所有相关协议的完结；

（8）对团队成员进行评估，释放项目资源。

6. 过程的交互

项目过程组通过它们各自所产生的结果而联系起来，也就是一个过程的结果或者输出通常会成为另外一个过程的输入或者成为整个项目的最终结果。在项目过程组之间以及项目过程本身当中，这种联系是可重复的。计划过程组为执行过程组提供了一个前期的项目管理计划文件，并且经常随着项目推进而不断地更新计划。此外，项目过程组很少会是离散的或者只出现一次；它们是相互交迭的活动，在整个项目中以不同的强度出现。图4-21阐明了项目过程组是如何交迭的，以及在项目中的不同时段其重叠的水平。当项目被划分成阶段时，项目过程组的交互也就会跨越这些阶段，这样一来，一个阶段的结束也提供了启动下一阶段的输入。举例来说，设计阶段结束前要求客户确认设计文档。同时，设计文档也为随后的执行阶段定义了产品说明。

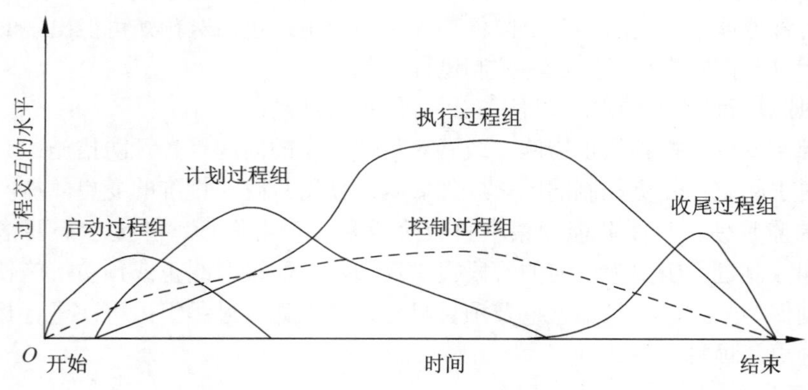

图4-21　项目中的管理过程组的相互作用

如果一个项目被划分成阶段，为有效推动整个项目的完成，在整个项目的生存周期内，每个阶段由相应的过程组成，而控制过程是可以跨越项目的阶段的。

但是，就像不是所有的项目都需要所有的过程一样，也不是所有的交互过程都会运用在所有的项目中，例如：

（1）依赖某种独特资源的项目（商业软件的开发，生物制药），角色和职责的定义可以先于范围的定义，因为要完成的工作取决于谁能做它。

（2）一些过程的输出可能被事先定义成某些约束条件。例如，管理人员直接指定项目的完工日期而不是通过计划过程来确定这个日期。一个强制的完工日期会增加项目的风险，增加项目的成本费用并危及质量，或者在极端的情况下，需要对项目范围做出重大的变更。

（3）缺少某个过程并不表明该过程不需要。项目管理团队应识别并管理所有的能使项目成功的必需过程。

（4）某些大型项目的过程可能划分得更为详细。例如，风险识别可进一步细分为识别成本风险、识别进度风险、识别技术风险和质量风险等。

（5）对于子项目和较小项目，往往对一些已经在项目层确定的产出过程会投入相对较少的精力。例如，分包商可以忽略明确由总承包商承担的风险。或者某些过程的用途也是比较有限的。例如，一个 4 人组成的小项目团队，可以不制定正式的沟通计划。

7．项目信息

在整个项目生命周期中，需要收集、分析和加工大量数据和信息，并以各种形式分发给项目团队成员和其他干系人。从各执行过程中收集项目数据，并在项目团队内分享。在各控制过程中，对项目数据进行综合分析和汇总，并加工成项目信息；然后，以口头方式传递项目信息，或者把项目信息编辑成各种形式的报告，加以存储和分发。

需要在项目执行的动态环境中，持续收集和分析项目数据。因此，在实践中，数据和信息这两个术语经常替换使用。但是，随意使用这两个术语，会造成各项目干系人的困惑和误解，因此澄清概念如下：

（1）工作绩效数据。在执行项目工作的过程中，从每个正在执行的活动中收集到的原始观察结果和测量值。例如，工作完成百分比、质量和技术绩效测量值、进度活动的开始和结束日期、变更请求的数量、缺陷数量、实际成本和实际持续时间等。

（2）工作绩效信息。从各控制过程中收集并结合相关背景和跨领域关系，进行整合分析而得到的绩效数据。

绩效信息的例子有：

- 进度绩效指数<1，说明了进度属于“落后”状况，提示项目经理应该查原因并制定纠正措施。
- 其他信息如可交付成果的状况、变更请求的执行状况、预测的完工估算。

（3）工作绩效报告。为制定决策、提出问题、采取行动或引起关注，而汇编工作绩效信息，所形成的实物或电子项目文件。例如，状况报告、备忘录、论证报告、信息札记、电子报表、推荐意见或情况更新。

4.5.3　项目管理过程图示

表 4-4 反映了美国项目管理协会 PMI 2012 年提出的项目管理 47 个管理过程。

这 47 个管理过程有两种分类的方式，一个是按这些过程发生的时间先后分成的“启动、计划、执行、监控、收尾”5 个项目过程组，另一个分类的方法是按照同类知识合并为整体管理、范围管理、时间管理、成本管理、质量管理、人力资源管理、沟通管理、采购管理、风险管理和项目干系人管理等 10 大知识域。后续的各章是按照知识域来介绍的。PMI 提出的 PMBOK 2012 版是针对承建方管理中小型项目时所使用的 47 个管理过程的。针对信息系统集成行业的实际，考虑到建设方和监理方的需要，也考虑到了项目管理也需要技术过程或工程过程，本教程大大扩充了项目管理的知识域。

表 4-4 反映了 47 个管理过程与 5 个过程组以及 10 个项目管理知识域的映射关系。一个发生在计划阶段的过程，在执行阶段更新时，它与项目计划阶段所执行的过程是相同的，而不是一个额外的、新的过程。

表 4-4　项目的 5 个管理过程组和项目管理知识领域映射关系

知 识 领 域	项目管理过程组				
	启动过程组	计划过程组	执行过程组	监督和控制过程组	收尾过程组
项目整体管理	制订项目章程	编制项目管理计划	指导和管理项目执行	监督和控制项目工作 整体变更控制	项目-收尾
项目范围管理		编制范围管理计划 收集需求 范围定义 建立 WBS		范围核实 范围控制	
项目时间管理		编制进度管理计划 活动定义 活动排序 活动资源估算 活动历时估算 制定进度计划		进度控制	
项目成本管理		编制成本管理计划 成本估算 成本预算		成本控制	
项目质量管理		制订质量管理计划	质量保证	质量控制	
项目人力资源管理		制订人力资源计划	组建项目团队 建设项目团队 管理项目团队		

续表

知 识 领 域	项目管理过程组				
	启动过程组	计划过程组	执行过程组	监督和控制过程组	收尾过程组
项目沟通管理		编制沟通管理计划	管理沟通	控制沟通	
项目风险管理		制订风险管理计划 风险识别 风险定性分析 风险定量分析 风险对应计划		风险监督与控制	
项目 采购管理		编制采购管理计划	实施采购	控制采购	结束采购
项目干系人管理	识别干系人	编制干系人管理计划	管理干系人参与	控制干系人参与	

第 5 章　项目立项管理

项目立项管理是系统集成项目管理至关重要的一个环节，“凡事预则立，不预则废”，项目立项管理关注的重点在于是否要启动一个项目，并为其提供相应的预算支持。具体来说，项目立项管理包括以下 5 个典型环节，分别是项目建议、项目可行性分析、项目审批、项目招投标以及项目合同谈判与签订 5 个阶段。需要说明的是，系统集成供应商在实际工作中更多地参与项目招投标以及项目合同谈判与签订方面的工作，而对项目建议、项目可行性分析以及项目审批等方面的工作则参与很少，这些方面的工作主要由项目建设单位组织自行完成。

对于那些已经与客户签署系统集成项目建设合同的供应商来说，供应商还要根据项目的特点和类型，决定是否要在组织内部为该项目单独立项。例如针对包含软件开发任务的项目通常需要进行内部立项，而那些单一的设备采购类项目则无需单独立项。本章除了说明以项目建设单位为主体的项目立项管理内容，还补充介绍了系统集成供应商在内部项目立项时的主要工作内容以及相关注意事项。

5.1　项目建议

项目建议书（Request for Proposal，RFP）是项目建设单位向上级主管部门提交的项目申请文件，是对拟建项目提出的总体设想。在项目建议阶段，项目要依次完成项目建议书的编写、申报、审批等环节，然后才能进入后续的项目可行性分析阶段的工作。

5.1.1　项目建议书

1．项目建议书概念

项目建议书，又称立项申请，是项目建设单位向上级主管部门提交项目申请时所必须的文件，是该项目建设筹建单位或项目法人，根据国民经济的发展、国家和地方中长期规划、产业政策、生产力布局、国内外市场、所在地的内外部条件、本单位的发展战略等，提出的某一具体项目的建议文件，是对拟建项目提出的框架性的总体设想。项目建议书是项目发展周期的初始阶段，是国家或上级主管部门选择项目的依据，也是可行性研究的依据。

2．项目建议书主要内容

对于系统集成类项目的项目建议书，可以参考如下内容进行扩充和裁剪[①]。

第一章　项目简介

1、项目名称

2、项目建设单位和负责人、项目责任人

3、项目建议书编制依据

4、项目概况

5、主要结论和建议

第二章　项目建设单位概况

1、项目建设单位与职能

2、项目实施机构与职责

第三章　项目建设的必要性

1、项目提出的背景和依据

2、现有信息系统装备和信息化应用状况

3、信息系统装备和应用目前存在的主要问题和差距

4、项目建设的意义和必要性

第四章　业务分析

1、业务功能、业务流程和业务量分析

2、信息量分析与预测

3、系统功能和性能需求分析

第五章　总体建设方案

1、建设原则和策略

2、总体目标与分期目标

3、总体建设任务与分期建设内容

4、总体设计方案

第六章　本期项目建设方案

1、建设目标与主要建设内容

2、信息资源规划和数据库建设

3、应用支撑平台和应用系统建设

4、网络系统建设

5、数据处理和存储系统建设

6、安全系统建设

---

① 内容参考《国家电子政务工程建设项目管理暂行办法》中的“附件一：国家电子政务工程建设项目项目建议书编制要求（提纲）”。

7、其他（终端、备份、运维等）系统建设

8、主要软硬件选型原则和软硬件配置清单

9、机房及配套工程建设

第七章 环保、消防、职业安全

1、环境影响和环保措施

2、消防措施

3、职业安全

第八章 项目实施进度

第九章 投资估算和资金筹措

1、投资估算的有关说明

2、项目总投资估算

3、资金来源与落实情况

第十章 效益与风险分析

1、项目的经济效益和社会效益分析

2、项目风险与风险对策

5.1.2 项目建议书的编写、申报和审批

对于系统集成类型的项目立项工作，项目建设单位可以依据中央和国务院的有关文件规定以及所处行业的建设规划，研究提出系统集成项目的立项申请。项目建设单位可以规定对于规模较小的系统集成项目省略项目建议书环节，而将其与项目可行性分析阶段进行合并。

项目建设单位组织编制项目建议书，在编制项目建议书阶段应专门组织项目需求分析，形成需求分析报告送项目审批部门组织专家提出咨询意见，作为编制项目建议书的参考。项目建设单位完成项目建议书编制工作之后，报送项目审批部门。项目审批部门在征求相关部门意见，并委托有资格的咨询机构评估后审核批复，或报国务院审批后下达批复。

5.2 项目可行性分析

5.2.1 项目可行性研究内容

项目建议书通过批复后或者项目建议与项目可行性阶段进行合并后，项目建设单位应该开展项目可行性研究方面的工作。项目可行性研究内容一般应包括以下内容。

1．投资必要性

主要根据市场调查及预测的结果，以及有关的产业政策等因素，论证项目投资建设

的必要性。

2．技术可行性

主要从项目实施的技术角度，合理设计技术方案，并进行比较、选择和评价。

3．财务可行性

主要从项目及投资者的角度，设计合理财务方案，从企业理财的角度进行资本预算，评价项目的财务盈利能力，进行投资决策，并从融资主体（企业）的角度评价股东投资收益、现金流量计划及债务偿还能力。

4．组织可行性

制定合理的项目实施进度计划、设计合理的组织机构、选择经验丰富的管理人员、建立良好的协作关系、制定合适的培训计划等，保证项目顺利执行。

5．经济可行性

主要是从资源配置的角度衡量项目的价值，评价项目在实现区域经济发展目标、有效配置经济资源、增加供应、创造就业、改善环境、提高人民生活等方面的效益。

6．社会可行性

主要分析项目对社会的影响，包括政治体制、方针政策、经济结构、法律道德、宗教民族、妇女儿童及社会稳定性等。

7．风险因素及对策

主要对项目的市场风险、技术风险、财务风险、组织风险、法律风险、经济及社会风险等因素进行评价，制定规避风险的对策，为项目全过程的风险管理提供依据。

对于系统集成类项目的项目可行性研究报告编写，可以参考如下内容进行扩充和裁剪[①]。

第一章　项目概述

1、项目名称

2、项目建设单位及负责人、项目责任人

3、可行性研究报告编制单位

4、可行性研究报告编制依据

5、项目建设目标、规模、内容、建设期

6、项目总投资及资金来源

7、经济与社会效益

8、相对项目建议书批复的调整情况

9、主要结论与建议

---

① 内容参考《国家电子政务工程建设项目管理暂行办法》中的“附件二：国家电子政务工程建设项目可行性研究报告编制要求（提纲）”。

第二章　项目建设单位概况

1、项目建设单位与职能

2、项目实施机构与职责

第三章　需求分析和项目建设的必要性

1、业务功能、业务流程和业务量分析

2、信息量分析与预测

3、系统功能和性能需求分析

4、信息系统装备和应用现状与差距

5、项目建设的必要性

第四章　总体建设方案

1、建设原则和策略

2、总体目标与分期目标

3、总体建设任务与分期建设内容

4、总体设计方案

第五章　本期项目建设方案

1、建设目标、规模与内容

2、信息资源规划和数据库建设方案

3、应用支撑平台和应用系统建设方案

4、数据处理和存储系统建设方案

5、终端系统建设方案

6、网络系统建设方案

7、安全系统建设方案

8、备份系统建设方案

9、运行维护系统建设方案

10、其他系统建设方案

11、主要软硬件选型原则和详细软硬件配置清单

12、机房及配套工程建设方案

13、建设方案相对项目建议书批复变更调整情况的详细说明

第六章　项目招标方案

1、招标范围

2、招标方式

3、招标组织形式

第七章　环保、消防、职业安全

1、环境影响和环保措施

2、消防措施

3、职业安全

第八章　项目组织机构和人员培训

1、领导和管理机构

2、项目实施机构

3、运行维护机构

4、技术力量和人员配置

5、人员培训方案

第九章　项目实施进度

1、项目建设期

2、实施进度计划

第十章　投资估算和资金来源

1、投资估算的有关说明

2、项目总投资估算

3、资金来源与落实情况

4、资金使用计划

5、项目运行维护经费估算

第十一章　效益与评价指标分析

1、经济效益分析

2、社会效益分析

3、项目评价指标分析

第十二章　项目风险与风险管理

1、风险识别和分析

2、风险对策和管理

5.2.2　项目可行性研究阶段

1．机会可行性研究

机会可行性研究的主要任务是对投资项目或投资方向提出建议，并对各种设想的项目和投资机会做出鉴定，其目的是激发投资者的兴趣，寻找最佳的投资机会。

2．初步可行性研究

初步可行性研究是介于机会可行性研究和详细可行性研究的一个中间阶段，是在项目意向确定之后，对项目的初步估计。如果就投资可能性进行了项目机会研究，那么项目的初步可行性研究阶段往往可以省去。

经过初步可行性研究，可以形成初步可行性研究报告。该报告虽然比详细可行性研究报告粗略，但是对项目已经有了全面的描述、分析和论证，所以初步可行性研究报告可以作为正式的文献供决策参考，也可以依据项目的初步可行性研究报告形成项目建议书，通过审查项目建议书决定项目的取舍，即通常所称的“立项”决策。

对于不同规模和类别的项目，初步可行性研究可能出现 4 种结果，即：① 肯定，对于比较小的项目甚至可以直接“上马”；② 肯定，转入详细可行性研究，进行更深入更详细的分析研究；③ 展开专题研究，如建立原型系统，演示主要功能模块或者验证关键技术；④ 否定，项目应该“下马”。

3. 详细可行性研究

详细可行性研究是在初步可行研究基础上认为项目基本可行，对项目各方面的详细材料进行全面的搜集和分析，对不同的项目实现方案进行综合评判，并对项目建成后的绩效进行科学的预测，为项目立项决策提供确切的依据。详细可行性研究需要对一个项目的技术、经济、环境及社会影响等进行深入调查研究，是一项费时、费力且需一定资金支持的工作，特别是大型的或比较复杂的项目更是如此。

4. 项目可行性研究报告的编写、提交和获得批准

项目通过项目建议书批准环节后，项目建设单位应依据项目建议书批复意见，通过招标选定或委托具有相关专业资质的工程咨询机构编制项目可行性研究报告，报送项目审批部门。项目审批部门委托有资格的咨询机构评估后审核批复，或报国务院审批后下达批复。

5. 项目评估

项目评估指在项目可行性研究的基础上，由第三方（国家、银行或有关机构）根据国家颁布的政策、法规、方法、参数和条例等，从项目（或企业）、国民经济、社会角度出发，对拟建项目建设的必要性、建设条件、生产条件、产品市场需求、工程技术、经济效益和社会效益等进行评价、分析和论证，进而判断其是否可行的一个评估过程。项目评估是项目投资前期进行决策管理的重要环节，其目的是审查项目可行性研究的可靠性、真实性和客观性，为银行的贷款决策或行政主管部门的审批决策提供科学依据。

5.3 项目审批

项目审批部门对系统集成项目的项目建议书、可行性研究报告、初步设计方案和投资概算的批复文件是后续项目建设的主要依据。批复中核定的建设内容、规模、标准、总投资概算和其他控制指标原则上应严格遵守。

项目可行性研究报告的编制内容与项目建议书批复内容有重大变更的，应重新报批项目建议书。项目初步设计方案和投资概算报告的编制内容与项目可行性研究报告批复内容有重大变更或变更投资超出已批复总投资额度10%的，应重新报批可行性研究报告。项目初步设计方案和投资概算报告的编制内容与项目可行性研究报告批复内容有少量调整且其调整内容未超出已批复总投资额度10%的，需在提交项目初步设计方案和投资概算报告时以独立章节对调整部分进行补充说明。

5.4　项目招投标

5.4.1　项目招标

1．招标相关概念

按照国家有关规定需要履行项目审批、核准手续的且必须进行招标的项目，其招标范围、招标方式、招标组织形式应当报项目审批、核准部门审批、核准。项目审批、核准部门应当及时将审批、核准确定的招标范围、招标方式、招标组织形式通报有关行政监督部门。

国有资金占控股或者主导地位的依法必须进行招标的项目，应当公开招标；但有下列情形之一的，可以邀请招标：

（1）技术复杂、有特殊要求或者受自然环境限制，只有少量潜在投标人可供选择；

（2）采用公开招标方式的费用占项目合同金额的比例过大。

有下列情形之一的，可以不进行招标：

（1）需要采用不可替代的专利或者专有技术；

（2）采购人依法能够自行建设、生产或者提供；

（3）已通过招标方式选定的特许经营项目投资人依法能够自行建设、生产或者提供；

（4）需要向原中标人采购工程、货物或者服务，否则将影响施工或者功能配套要求；

（5）国家规定的其他特殊情形。

2．招标相关规定

招标人应当按照资格预审公告、招标公告或者投标邀请书规定的时间、地点发售资格预审文件或者招标文件。资格预审文件或者招标文件的发售期不得少于 5 日。招标人发售资格预审文件、招标文件收取的费用应当限于补偿印刷、邮寄的成本支出，不得以营利为目的。

资格预审应当按照资格预审文件载明的标准和方法进行。国有资金占控股或者主导地位的依法必须进行招标的项目，招标人应当组建资格审查委员会审查资格预审申请文件。资格审查委员会及其成员应当遵守招标投标法实施条例有关评标委员会及其成员的规定。资格预审结束后，招标人应当及时向资格预审申请人发出资格预审结果通知书。未通过资格预审的申请人不具有投标资格。通过资格预审的申请人少于 3 个的，应当重新招标。

招标人采用资格后审办法对投标人进行资格审查的，应当在开标后由评标委员会按照招标文件规定的标准和方法对投标人的资格进行审查。

招标人在招标文件中要求投标人提交投标保证金的，投标保证金不得超过招标项目估算价的2%。投标保证金有效期应当与投标有效期一致。

招标人可以自行决定是否编制标底。一个招标项目只能有一个标底。标底必须保密。接受委托编制标底的中介机构不得参加受托编制标底项目的投标，也不得为该项目的投标人编制投标文件或者提供咨询。招标人设有最高投标限价的，应当在招标文件中明确最高投标限价或者最高投标限价的计算方法。招标人不得规定最低投标限价。

招标人不得组织单个或者部分潜在投标人踏勘项目现场。

对技术复杂或者无法精确拟定技术规格的项目，招标人可以分两阶段进行招标。

第一阶段，投标人按照招标公告或者投标邀请书的要求提交不带报价的技术建议，招标人根据投标人提交的技术建议确定技术标准和要求，编制招标文件。

第二阶段，招标人向在第一阶段提交技术建议的投标人提供招标文件，投标人按照招标文件的要求提交包括最终技术方案和投标报价的投标文件。招标人要求投标人提交投标保证金的，应当在第二阶段提出。

招标人不得以不合理的条件限制、排斥潜在投标人或者投标人。招标人有下列行为之一的，属于以不合理条件限制、排斥潜在投标人或者投标人：

（1）就同一招标项目向潜在投标人或者投标人提供有差别的项目信息；

（2）设定的资格、技术、商务条件与招标项目的具体特点和实际需要不相适应或者与合同履行无关；

（3）依法必须进行招标的项目以特定行政区域或者特定行业的业绩、奖项作为加分条件或者中标条件；

（4）对潜在投标人或者投标人采取不同的资格审查或者评标标准；

（5）限定或者指定特定的专利、商标、品牌、原产地或者供应商；

（6）依法必须进行招标的项目非法限定潜在投标人或者投标人的所有制形式或者组织形式；

（7）以其他不合理条件限制、排斥潜在投标人或者投标人。

5.4.2 项目投标

为了保证项目招投标活动的公平公正，《中华人民共和国招投标法》（2012版）对于投标活动制定了相应的规范和要求，其主要内容如下：

与招标人存在利害关系可能影响招标公正性的法人、其他组织或者个人，不得参加投标。单位负责人为同一人或者存在控股、管理关系的不同单位，不得参加同一标段投标或者未划分标段的同一招标项目投标。

招标人应当在资格预审公告、招标公告或者投标邀请书中载明是否接受联合体投标。招标人接受联合体投标并进行资格预审的，联合体应当在提交资格预审申请文件前组成。资格预审后联合体增减、更换成员的，其投标无效。联合体各方在同一招标项目中以自己名义单独投标或者参加其他联合体投标的，相关投标均无效。

禁止投标人相互串通投标。有下列情形之一的，属于投标人相互串通投标：

（1）投标人之间协商投标报价等投标文件的实质性内容；

（2）投标人之间约定中标人；

（3）投标人之间约定部分投标人放弃投标或者中标；

（4）属于同一集团、协会、商会等组织成员的投标人按照该组织要求协同投标；

（5）投标人之间为谋取中标或者排斥特定投标人而采取的其他联合行动。

有下列情形之一的，视为投标人相互串通投标：

（1）不同投标人的投标文件由同一单位或者个人编制；

（2）不同投标人委托同一单位或者个人办理投标事宜；

（3）不同投标人的投标文件载明的项目管理成员为同一人；

（4）不同投标人的投标文件异常一致或者投标报价呈规律性差异；

（5）不同投标人的投标文件相互混装；

（6）不同投标人的投标保证金从同一单位或者个人的账户转出。

禁止招标人与投标人串通投标。有下列情形之一的，属于招标人与投标人串通投标：

（1）招标人在开标前开启投标文件并将有关信息泄露给其他投标人；

（2）招标人直接或者间接向投标人泄露标底、评标委员会成员等信息；

（3）招标人明示或者暗示投标人压低或者抬高投标报价；

（4）招标人授意投标人撤换、修改投标文件；

（5）招标人明示或者暗示投标人为特定投标人中标提供方便；

（6）招标人与投标人为谋求特定投标人中标而采取的其他串通行为。

根据系统集成项目招投标实践，项目投标活动的主体为系统集成供应商。系统集成供应商在项目投标阶段的主要工作包含项目意向识别、项目售前交流、获取招标文件、编写投标文件以及参加投标活动等主要工作内容。

1．项目意向识别

对于系统集成供应商而言，为了在激烈竞争的系统集成行业中立于不败之地，需要持续主动出击，识别和捕获充足的系统集成项目机会。一般而言，系统集成商主要通过四种途径识别项目机会，分别是通过政策导向中寻求项目机会、从市场需求中寻求项目机会、从技术发展趋势中寻找项目机会以及通过挖掘现有客户的潜在需求寻求项目机会。

1）从政策导向中寻找项目机会

项目机会研究的政策导向依据主要包括国家、行业和地方的科技发展和经济社会发展的长期规划与阶段性规划，这些规划一般由国务院、各部委、地方政府及主管厅局发布。主要包括国家和地方政府的每 5 年一次发布的新的五年国民经济发展计划、国家科技攻关计划、国家高技术研究发展计划、国家高新技术产业化计划等。此外还应该积极关注各个行业的政策趋势变化等内容，例如全军总装备部最近以主动发布信息的方式，邀请民营企业充分参与到我国武器装备研制和采购工作中，对于那些从事相关工作的系统集成企业而言就意味着全新的业务拓展机会。

2）从市场需求中寻找项目机会

除基础性研究项目、公益性项目，以及涉及国防和国家安全的项目外，绝大多数项目都要从市场中取得，比如通过投标来获得项目。市场需求是决定投资方向的主要依据，投资者应从市场分析中选择项目机会。 市场分析是一项非常复杂的工作，不仅应客观地分析市场现状，还应科学地预测未来市场的发展趋势。更重要的是，必须清楚地了解主要竞争对手的产品是什么、市场份额占有率，以及他们正在做什么、下一步打算做什么。

市场分析还必须考虑到潜在的市场风险，应该考虑到最坏的可能，以及出现这种最坏可能的概率是多少、可采用什么办法规避风险。但我们也要意识到，没有任何风险的项目是不存在的，风险中往往蕴藏着机会，风险大的项目可能的赢利也要大一些。我们应根据自身的经营策略与资金情况，决定可以接受的风险程度。

3）从技术发展趋势中寻找项目机会

信息技术发展迅速、日新月异，新技术也会给我们带来新的项目机会。目前网络技术、移动通信技术、中间件技术、信息安全技术、电子支付技术、嵌入式技术、新一代因特网技术发展较快，这些新技术的应用提供了越来越多的信息系统项目机会。即以目前如火如荼的大数据技术为例，原来在信息技术方面一直默默无闻的我国贵阳市政府却能够力拔头筹，大数据应用遍地开花。APP 技术则催生了更多的业务模式创新，带来了大量的投资机会，例如滴滴出行、顺风车等都是 APP 应用的成功范例，APP 应用成为互联网发展大潮中一颗璀璨耀眼的明星。

4）挖掘现有客户的潜在需求

各行各业的实践表明，要开拓一个新客户所需投入的精力大概是维护一个老客户所需投入精力的 5 到 10 倍。系统集成供应商在为客户提供服务的过程之中，应该积极主动地了解客户的业务发展趋势，识别客户业务未来的发展方向，从而为客户提供持续的增值服务，达到与客户共同成长、共同发展的长远目标。

2．项目售前交流

项目的投标活动往往都有明确的时限要求，系统集成供应商从拿到标书到提交投标文件往往也就两周左右的时间。对于那些需求复杂、规模庞大的系统集成项目而言，如果仅仅依靠两周的时间完成相关的投标工作显然是远远不够的。系统集成商在投标活动中的人员和精力投入往往只是真正投入的冰山一角，他们通常需要在招投标工作真正启动之前花费大量的人力物力以了解和发掘客户真正的需求并设计相应的技术解决方案，这些工作结果则作为系统集成供应商在项目投标阶段提供工作基础，人们习惯上将这一阶段的工作称为项目售前工作。

系统集成商如果能在客户具备初步项目意向时就与客户进行充分地交流和讨论，无疑会为后续的项目工作奠定良好的基础。系统集成商在售前阶段的工作重点包括了解真正的客户需求、制定安全可行的技术解决方案、突出自己的项目竞争优势等。系统集成商通常会委派销售人员和售前工程师共同参与到针对客户的售前工作交流中，确保在项目前期充分收集信息，以便制定全面可行的技术解决方案。

3．获取招标文件

投标人购买标书后，应仔细阅读标书的投标项目要求及投标须知。在获得招标信息，同意并遵循招标文件的各项规定和要求的前提下，提出自己投标文件。投标人应具备承担招标项目的能力，投标人应当按照招标文件的要求编制投标文件。投标文件应当对招标文件提出的实质性要求和条件做出响应。

当系统集成供应商得到招标文件之后，需要进行权衡考虑，确定是否一定参加投标活动。现实工作中经常出现这样的情形，某集成商在完成项目之后发出感慨“早知是这样，就不该接这样的项目”。所谓“谋定而后动”，如果在投标之前没有对所投的项目进行全面评价就急于准备投标文件，可能会忽略项目风险，从而为后续工作埋下隐患。为了提升项目投标工作的针对性并提高项目执行过程中的风险应对能力，需要在准备项目的投标文件之前就对项目进行全面的风险评估。本章后续的阅读材料通过示例方式说明了软件供应商如何在投标之前对项目所面临的风险进行综合分析①，从而确定是否要继续后续的招标文件编写工作。

4．编写投标文件

投标方应仔细阅读招标文件的所有内容，按招标文件的要求提供投标文件，并保证所提供的全部资料的真实性，以使其投标文件对应招标文件的要求，否则，其投标将被拒绝。投标文件一般包括下列部分：

（1）投标书、投标报价一览表、分项一览表。

（2）投标资格证明文件（公司的营业执照副本复印件加盖公章及其他相关证件）。

（3）公司与制造商代理协议和授权书。

（4）公司有关技术资料及客户反馈意见。

投标方应按招标文件中提供的投标文件格式填写，并将投标文件装订成册，在册面上填“投标文件资料清单”。

投标方可对本招标文件“招标设备一览表”中所列的所有设备进行投标，也可只对其中一项或几项设备投标，但不得将一项中的内容拆开投标。

投标文件的签署及规定如下：

（1）投标文件正本和副本须打印并由投标方法人代表或委托代理人签署。

（2）除投标方对错处作必要修改外，投标文件中不许有加行、涂抹或改写。

（3）电报、电话、传真形式的投标概不接受。

投标文件的密封和标记如下：

---

① 节选自《软件成本评估》一书中第 10 章“软件开发成本评估”内容。

（1）投标方应准备正本一份和副本若干，用信封分别把正本和副本密封，并在封面上注明“正本和副本”字样，然后一起放入招标文件袋中，再密封招标文件袋。一旦正本和副本有差异，以正本为准。

（2）每一密封信封上注明何时之前不准启封。

（3）投标文件由专人送交，投标方应将投标文件按规定进行密封和装订后，并按投标注明的时间和地址送至招标方。

投标文件应对招标文件的要求做出实质性响应。符合招标文件的所有条款、条件和规定且无重大偏离与保留。

投标人应对招标项目提出合理的价格。高于市场的价格难以被接受，低于成本报价将被作为废标。因唱标一般只唱正本投标文件中的“开标一览表”，所以投标人应严格按照招标文件的要求填写“开标一览表”“投标价格表”等。

投标人的各种商务文件、技术文件等应依据招标文件要求备全，缺少任何必须文件的投标将被排除在中标人之外。商务文件一般包括（但不限于）资格证明文件（营业执照，税务登记证，企业代码以及行业主管部门颁发的等级资格证书、授权书、代理协议书等）、资信证明文件（包括保函、已履行的合同及商户意见书、中介机构出具的财务状况书等）。技术文件一般包括投标项目方案及说明等。

5．参加投标活动

投标人应当在招标文件要求提交投标文件的截止时间前，将投标文件送达投标地点。在招标文件中通常包含有递交投标书的时间和地点，投标人不能将投标文件送交招标文件规定地点以外的地方，如果投标人因为递交投标书的地点发生错误而延误投标时间的，将被视为无效标而被拒收。

5.4.3 开标与评标

投标人少于 3 个的，不得开标；招标人应当重新招标。开标时，由专业的负责人进行唱标。唱标主要公布投标报价，其他内容看招标文件要求。投标人对开标有异议的，应当在开标现场提出，招标人应当当场做出答复，并进行记录。

必要时投标人还有可能进行讲标，然后由评标专家提问，最后进行评比打分。评标由评标委员会负责。评标委员会由具有高级职称或同等专业水平的技术、经济等相关领域专家、招标人和招标机构代表等 5 人以上单数组成，其中技术、经济等方面专家人数不得少于成员总数的 2/3。采用竞争性谈判采购方式的，竞争性谈判小组或者询价小组由采购人代表和评审专家共 3 人以上单数组成，其中评审专家人数不得少于竞争性谈判小组或者询价小组成员总数的 2/3。

评标完成后，评标委员会应当向招标人提交书面评标报告和中标候选人名单。中标候选人应当不超过 3 个，并标明排序。

评标报告应当由评标委员会全体成员签字。对评标结果有不同意见的评标委员会成员应当以书面形式说明其不同意见和理由，评标报告应当注明该不同意见。评标委员会成员拒绝在评标报告上签字又不书面说明其不同意见和理由的，视为同意评标结果。

依法必须进行招标的项目，招标人应当自收到评标报告之日起 3 日内公示中标候选人，公示期不得少于 3 日。

投标人或者其他利害关系人对依法必须进行招标的项目的评标结果有异议的，应当在中标候选人公示期间提出。招标人应当自收到异议之日起 3 日内作出答复；作出答复前，应当暂停招标投标活动。

国有资金占控股或者主导地位的依法必须进行招标的项目，招标人应当确定排名第一的中标候选人为中标人。排名第一的中标候选人放弃中标、因不可抗力不能履行合同、不按照招标文件要求提交履约保证金，或者被查实存在影响中标结果的违法行为等情形，不符合中标条件的，招标人可以按照评标委员会提出的中标候选人名单排序依次确定其他中标候选人为中标人，也可以重新招标。

5.4.4　选定项目承建方

评标委员会应当按照招标文件确定的评标标准和方法，对投标文件进行评审和比较；设有标底的，应当参考标底。评标委员会完成评标后，应当向招标人提出书面评标报告，并推荐合格的中标候选人。招标人根据评标委员会提出的书面评标报告和推荐的中标候选人确定中标人。招标人也可以授权评标委员会直接确定中标人。

中标人确定后，招标人应当向中标人发出中标通知书，并同时将中标结果通知所有未中标的投标人。中标通知书对招标人和中标人具有法律效力。

招标人最迟应当在书面合同签订后 5 日内向中标人和未中标的投标人退还投标保证金及银行同期存款利息。

招标文件要求中标人提交履约保证金的，中标人应当按照招标文件的要求提交。履约保证金不得超过中标合同金额的 10%。

中标人应当按照合同约定履行义务，完成中标项目。中标人不得向他人转让中标项目，也不得将中标项目肢解后分别向他人转让。

中标人按照合同约定或者经招标人同意，可以将中标项目的部分非主体、非关键性工作分包给他人完成。接受分包的人应当具备相应的资格条件，并不得再次分包。

中标人应当就分包项目向招标人负责，接受分包的人就分包项目承担连带责任。

5.5　项目合同谈判与签订

5.5.1　合同谈判

在确定中标人后，即进入合同谈判阶段。合同谈判的方法一般是先谈技术条款，后谈商务条款。

技术谈判的主要内容，包括合同技术附件内容、合同实施技术路线、质量评定标准、采购设备和系统报价以及人员投入开发的比重等。

商务谈判的主要内容，即投标函中的基本条件，包括：投标价的优惠条件；质量、工期、服务违约处罚；其他需要谈判的内容。

合同谈判的技巧是机动灵活，有退有进；既不怕对立又不使会谈破裂；既追求最大利益又注意照顾平衡使对方可接受。

5.5.2 签订合同

招标人和中标人应当依照招标投标法和本条例的规定签订书面合同，合同的标的、价款、质量、履行期限等主要条款应当与招标文件和中标人的投标文件的内容一致。招标人和中标人不得再行订立背离合同实质性内容的其他协议。

合同的条款一般应包括：当事人的名称和地址；标的；数量；质量；价款和报酬；履行期限、地点和方式；违约责任和解决争议的方法等。

对于系统集成类的技术合同，一般应包括：项目名称；标的内容、范围和要求；履行的计划、进度、期限、地点、地域和方式；技术文档和资料的保密；风险责任的承担；技术成果的归属和收益的分成方法；验收标准和方法；价款、报酬或者使用费及其支付方式；违约金或者损失赔偿的计算方法；解决争议的方法；名词术语的解释等。

如果中标人不同意按照招标文件规定的条件或条款按时进行签约，招标方有权宣布该标作废而与第二最低评估价投标人进行签约（或与综合得分第二高的投标人进行签约）。如果所有投标人都没有能够按照招标文件的规定和条件进行签约，或者所有投标人的投标价都超出本合同标的预算，则可以在请示有关管理部门之后宣布本次招标无效，而重新组织招标。

5.6 供应商项目立项

当客户与系统集成供应商签署了合同之后，客户和系统集成商各自所应履行的责任和义务就以合同的形式确定下来，并接受法律保护。如果从合同签署主体角度分析，合同签署的双方分别为客户组织和系统集成供应商组织。如果从合同实施主体角度分析，此时的主体成为系统集成供应商组织内部的某个项目团队。

这也就意味着系统集成供应商所应承担的合同责任发生了转移，由组织转移到了项目组。正因为存在这种责任转移的情形，许多系统集成供应商采用内部立项制度对这种责任转移加以约束和规范。一般来说，系统集成供应商主要根据项目的特点和类型，决定是否要在组织内部为所签署的外部项目单独立项。例如针对包含软件开发任务的项目通常需要进行内部立项，而那些单一的设备采购类项目则无需单独立项，系统集成商进行项目内部立项主要有几方面原因。

第一，通过项目立项方式为项目分配资源，系统集成合同中虽然有明确的合同金额，但合同执行时需要各种资源，所以通过内部立项方式将合同金额转换为资源类型和资源数量的形式。

第二，通过项目立项方式确定合理的项目绩效目标，有助于提升人员的积极性。组织可能出于战略考虑，甚至会承接那些“亏本”的项目，组织也有可能会借助自身的竞争优势，签署那些“厚利可图”的项目。为了避免将这种商务合同金额的不确定性完全传输给项目开发和实施团队，需要识别项目真实所需的资源类型和资源数量，以真实客观所需的资源成本作为考核项目的重要指标，从而调动人员的积极性。通过项目型的组织方式提升项目的实施效率。

第三，以项目型工作方式，提升项目实施效率。系统集成供应商针对那些内容复杂、周期较长的系统最好以项目方式组织工作的实施，如果采用单纯的部门合作等工作形式，在工作中可能会出现工作职责不清、相互推诿、消极被动等人员管理和沟通管理方面的问题。

系统集成供应商在进行项目内部立项时一般包括的内容有项目资源估算、项目资源分配、准备项目任务书和任命项目经理等。

1．项目资源估算

参考项目前期的招投标文件、商务合同、售前交接资料等，对项目实施所需的各类资源进行估算，包括人员、设备、场地等不同的资源。另外，在进行资源估算时还应该根据项目特点，针对人力资源能力提出明确的需求，保证分配到项目中的人员能够胜任自己的工作。

2．项目资源分配

组织根据项目资源估算中所提出的资源估算要求，结合组织中可用的资源，在不同的部门和项目之间协调资源，为项目分配资源。在进行资源分配时，一方面要保证项目资源的充足性，另一方面还要保证组织整体资源部署的优化性。

3．准备项目任务书

为项目分配资源后，组织应该准备项目任务书，项目任务书根据合同中工作内容的要求、项目进度要求、项目质量要求、项目分配资源以及项目所面临的各种风险等信息，针对项目提出明确的任务目标以及考核要求。任务书中的任务目标和考核要求将作为评价项目绩效的主要依据。

4．任命项目经理

组织根据项目的特点和要求，为项目指派合适的项目经理，同时为项目经理颁发正式的项目经理任命书。组织通常在项目启动会议中公布对项目经理的正式任命以及为项目经理颁发任命书。

5.7 阅读材料：软件承建方投标综合成本评估法

软件投标报价评估更像是乙方在投标之前所进行的一个软件可行性评估，与甲方组织所进行的可行性评估工作相比，乙方的软件可行性分析需要考虑的因素更为简单，因而更容易分析。对于所有的项目可行性分析工作而言，一项最基本的可行性分析内容即是项目的投入和回报数值。

软件项目的投入即开发待投标软件所需的成本，其回报则是甲方愿意支付给乙方的合同费用，该费用通常是乙方在自己所估算成本基础上，考虑一定的利润率，即可得到乙方的预期回报金额。很多招标方会在招标文件中明确列出该项目的最高限价，最高限价信息为乙方估算项目成本提供了非常重要的参考信息。

例如，某软件项目经过内部成本评估后，得到的成本为 80 万元，如果再添加 25% 的毛利金额，则该项目的预期报价为 100 万元，假如该项目的最高限价为 130 万元，乙方为了争取得到该项目，则其报价可以按照正常的评估结果去报，即为 100 万元；也有可能该软件项目的最高限价仅为 75 万元，此时乙方是否一定放弃该项目的投标活动呢？答案是不一定。尽管乙方开发软件的主要目的是为了盈利，但有时也需要综合考虑竞争对手报价、未来的市场机会、开发团队的机会成本、项目风险因素等。所以下面介绍的综合成本评估方法即是在评估成本的基础之上，综合考虑那些可能影响软件组织做出投标决策的重要因素。

下面是某软件组织要求在进行软件投标之前所作的一个综合报价评估表示例，通过对表 5-1 中的内容进行相应的评估，然后综合判断是否参加相关软件项目的投标活动。

表 5-1 软件投标综合成本评估表

序号	评估对象	评估结果	相对重要程度	加权分值	评估级别说明
1	毛利率	3	8	24	0：毛利率低于 0%；1：毛利率低于 5%；2：毛利率低于 10%；3：毛利率低于 20%；4：毛利率低于 40%；5：毛利率高于 40%
2	利润额	3	10	30	0：利润额小于 0%；1：利润额低于 5 万；2：利润额低于 20 万；3：利润额低于 50 万；4：利润额低于 200 万；5：利润额高于 200 万
3	回款容易程度	5	8	40	0：非常困难，回款可能性小于 20%；1：比较困难，回款可能性小于 50%；3：有一定难度，回款可能性小于 70%；4：基本没有难度，回款可能性小于 90%；5：应该没问题，回款可能性大于 90%

续表

序号	评估对象	评估结果	相对重要程度	加权分值	评估级别说明
4	项目业务熟悉程度	4	3	12	0：完全不熟悉；1：熟悉程度低于 20%；2：熟悉程度低于 40%；3：熟悉程度低于 60%；4：熟悉程度低于 80%；5：熟悉程度高于 80%
5	项目技术熟悉程度	5	3	15	0：完全不熟悉；1：熟悉程度低于 20%；2：熟悉程度低于 40%；3：熟悉程度低于 60%；4：熟悉程度低于 80%；5：熟悉程度高于 80%
6	行业重要程度	3	2	6	0：组织对该行业完全没有兴趣；1：对该行业有一定的兴趣，但没有该行业的项目经验；2：对该行业有一定的兴趣，在该行业有少量项目经验（不超过两个项目）；3：对该行业有一定的兴趣，在该行业有一定的项目经验（不超过十个项目）；4：对该行业非常有兴趣，在该行业有少量项目经验（项目数量少于 5 个）；5：对该行业非常有兴趣，在该行业有一定的项目经验（项目数量超过 5 个）
7	项目市场潜力	2	3	6	0：该项目不会带来任何潜在的项目；1：该项目虽然不可能在当前客户带来新项目，但有可能带来行业内的其他项目；2：该项目有可能针对同一客户带来新的项目；3：该项目可能是一个多期规划项目；4：该项目可能是一个多地点推广实施项目；5：该项目包含一个新开发项目加长期维护项目
8	客户成熟程度	3	8	24	0：客户几乎不具备相关的业务背景和技术背景，且极端自以为是；1：客户具备基本的业务背景知识，但不具备技术背景知识，自我感觉良好；2：客户具备较全面的业务背景知识，之前参与过软件开发和维护工作，但自认为业务知识精熟，技术能力全面；3：客户具备较全面的业务背景知识，之前参与过软件开发和维护工作，对自己的认识比较客观，能够与软件开发团队进行开诚布公的沟通；4：客户具备丰富的业务背景知识，具备全面的技术能力，能够对软件开发工作提供一定的指导和帮助；5：客户具备丰富的业务背景知识，具备全面的技术能力，能够对软件开发工作提供一定的指导和帮助，且软件项目采用客户现场开发模式
9	竞争胜出可能性	4	8	32	0：竞争非常激烈，中标的可能性为零；1：竞争高度激烈，中标的可能性不超过 20%；2：竞争比较激烈，中标的可能性不超过 50%；3：竞争激烈程度不高，中标的可能性不超过 70%；4：竞争激烈程度较低，中标的可能性不超过 90%；5：几乎没有竞争，中标的可能性超过 90%

续表

序号	评估对象	评估结果	相对重要程度	加权分值	评估级别说明
10	项目机会成本	4	10	40	0：目前的项目机会非常充足，与其他项目相比，该项目完全无足轻重；1：目前的项目机会非常充足，与其他项目相比，该项目的重要程度低于平均水平；2：目前的项目机会非常充足，与其他项目相比，该项目的重要程度高于平均水平；3：目前的项目机会较少，与其他项目相比，该项目的重要程度低于平均水平；4：目前的项目机会较少，与其他项目相比，该项目的重要程度高于平均水平；5：软件组织目前没有其他的项目机会，如果没有该项目，人员将完全处于闲置状态
合计得分		229			
归一化评估结果		73			

如表5-1所示，软件组织在做出是否参加软件项目的招标活动前，除了关心软件项目的预期成本大小，还要通过对一系列相关的因素做出分析，最后从是否参加投标的角度得到相应的分析结果。表5-1中共列举了10类可能会影响到软件组织做出投标决定的影响因素，软件组织可以这样的方式做出是否参加投标的决策。其中，评估对象一列的内容列举了软件组织关心的影响因素，读者可以根据自己所面临的实际情况对这些因素酌情增减。

评估结果一列所显示的数值根据后面的评估级别说明得到，例如预期某软件项目的利润额为35万元，则根据利润额的评估级别说明，该级别属于第3级别，因而选择数值3作为其对应的评估结果，评估结果的取值范围为0到5；相对重要程度描述了10类影响因素之间的相对重要程度，10代表最重要，1代表最不重要，中间的数值表示其相对重要程度位于两者之间，每个因素的相对重要程度可由评估专家讨论后确定，其取值范围为1到10；加权分值一栏的结果为评估结果和相对重要程度的乘积结果。对上述10类因素赋值后，计算归一化评估结果，归一化结果的含义可以理解为：综合成本评估结果在百分制评价体系中对应的评价分数，归一化评估结果的计算如下：

$$\text{归一化评估结果} = 100 \times \frac{\sum_{i=1}^{10} \text{评估结果}_i \times \text{相对重要程度}_i}{\sum_{i=1}^{10} 5 \times \text{相对重要程度}_i}$$

上表中示例项目的归一化评估结果为 73 分。如果软件组织积累了一定数量的评估结果，再结合软件项目的后评价结果，就可以识别出该评估结果与项目最终满意度之间存在的数量方面的依赖关系。例如软件组织可能规定投标的项目必须在60分以上才具备投标资格，否则应该放弃投标。

需要说明的是，上述的成本综合评估方式主要是为读者提供一种参考方式，在实际工作中还要根据项目所面临的特殊情形加以权变。例如中国铁道部所运营的 12306 火车票购票系统自上线以来问题不断，在每年春运期间频频出现宕机现象。后来，阿里云公司向 12306 提供了技术协助，彻底解决了这个困扰全国人民的大问题。根据阿里云的所有者马云的说法，“……中国成千上万的农民工从城市回到家乡，他们返乡要购买火车票，政府的这套系统（指 12306 网站）5 年来每年都要崩溃。我告诉阿里的年轻人，去支援他们，不收一分钱。因为我不想看到农民工兄弟买不到火车票”[①]。

在马云的这个例子中，无法将其映射到上述的 10 个因素中，但可以将其归属为可行性分析中的社会效益评价中。区别在于，对于乙方而言，乙方一般考虑的重点为经济因素和技术因素，通常并不会涉及社会因素。假如阿里云也采用了上述的软件投标综合成本评估模式，那么在做出决定是否要启动免费支持 12306 系统这个项目时，就应该在综合成本评估表中引入“社会责任”这一评价因素，并且这一评价因素“一支独大”，其他因素均可忽略。

① “马云谈支援 12306：每年都崩溃，阿里不收一分钱”，摘自《澎湃新闻网》2015 年 1 月 24 日。

第 6 章 项目整体管理

6.1 项目整体管理概述

6.1.1 项目整体管理的含义、作用和过程

项目整体管理包括为识别、定义、组合、统一和协调各项目管理过程组的各种过程和活动而开展的工作，是项目管理中一项综合性和全局性的管理工作。整体管理就是要决定在什么时间把工作量分配到相应的资源上，有哪些潜在的问题并在其出现问题之前积极处理，以及协调各项工作使项目整体上取得一个好的结果。项目整体管理包括选择资源分配方案、平衡相互竞争的目标和方案，以及协调项目管理各知识领域之间的依赖关系。

项目整体管理包括以下 6 个过程：

（1）制定项目章程。编写一份正式文件的过程，这份文件就是项目章程。通过发布项目章程，正式地批准项目并授权项目经理在项目活动中使用组织资源。

（2）制定项目管理计划。定义、准备和协调所有子计划，并把它们整合为一份综合项目管理计划的过程。项目管理计划包括经过整合的项目基准和子计划。

（3）指导与管理项目工作。为实现项目目标而领导和执行项目管理计划中所确定的工作，并实施已批准变更的过程。

（4）监控项目工作。跟踪、审查和报告项目进展，以实现项目管理计划中确定的绩效目标的过程。

（5）实施整体变更控制。审查所有变更请求，批准变更，管理对可交付成果、组织过程资产、项目文件和项目管理计划的变更，并对变更处理结果进行沟通的过程。

（6）结束项目或阶段。完成所有项目管理过程组的所有活动，以正式结束项目或阶段的过程。

当过程之间发生相互作用时，项目整体管理就显得非常必要。例如，为应急计划制定成本估算时，就需要整合项目成本、时间和风险管理知识领域中的相关过程。在识别出与各种人员配备方案有关的额外风险时，可能又需要再次执行上述某个或某几个过程。项目的可交付成果可能也需要与执行组织、需求组织的持续运营活动相整合，并与考虑未来问题和机会的长期战略计划相整合。项目整体管理过程还包括开展各种活动来管理项目文件，以确保项目文件与项目管理计划及可交付成果（产品、服务或能力）的一

致性。

大多数有经验的项目经理都知道，管理项目并非只有一种方法。为了实现预期的项目目标，他们会按自认为合适的顺序和严格程度来应用项目管理知识、技能和所需的过程。项目经理和项目团队需要考虑每个过程和项目环境，以决定在具体项目中各过程的实施程度。如果项目有不止一个阶段，那么各个项目阶段中所采用的严格程度应与该阶段相适应，这同样需要由项目经理和项目团队来决定。

如果我们在项目的执行过程中考虑一下具体活动，那么就能更好地理解项目与项目管理的集成性质。项目管理团队可进行活动包括：

（1）分析和理解项目范围。包括产品需求、标准、假设、约束、项目干系人的期望和其他与项目相关的影响因素，以及它们在项目中是如何被管理和考虑的。

（2）把产品需求的验收标准进行归档。

（3）理解如何获取已明确的信息，并用结构化的方法将其纳入到项目管理计划。

（4）准备工作分解结构。

（5）采取恰当的行动使项目按照所规划的范围和整体管理过程来实施。

（6）对项目状态、过程和产品进行度量和监督。

（7）分析项目风险。

项目整体管理是项目管理的核心，是为了实现项目各要素之间的相互协调，并在相互矛盾、相互竞争的目标中寻找最佳平衡点。之所以需要整体管理，是因为项目的结合部最容易出问题。例如，组织部门与组织部门之间的结合部、专业与专业之间的结合部、个人与个人之间的结合部、工序与工序之间的结合部等。就像供水管道或铁轨一样，两段之间的连接处是最脆弱的地方。

项目整体管理涉及以下 4 个方面：

（1）在相互竞争的项目各分目标之间的集成，如范围、时间、成本和质量等。

（2）在具有不同利益的各项目干系人之间的集成，如建筑项目的业主、设计方与承包商等。

（3）在项目所需要的不同专业工作之间的集成，如各种技术工作之间。

（4）在项目管理的各过程之间的集成。如项目的进度与成本管理需要联合起来考虑，进行进度或成本管理时都需要考虑风险，项目范围变更需要与可能连带的成本、进度变更联合起来考虑。

整体管理并不是一套约定俗成的概念和知识，而是体现为一种观察问题的观念和解决问题的方法，最终体现为一种理解和实施的能力。

6.1.2　项目经理是整合者

整合者是项目经理承担的重要角色之一，他要通过沟通来协调，通过协调来整合。作为整合者，项目经理必须从宏观视角来审视项目。

作为整合者，项目经理必须：

（1）通过与项目干系人主动、全面的沟通，来了解他们对项目的需求。

（2）在相互竞争的众多干系人之间寻找平衡点。

（3）通过认真、细致的协调工作，来达到各种需求间的平衡，实现整合。

6.1.3 整体管理的地位

项目整体管理是项目管理十大知识领域之一，与其他九大知识领域是并行的，但我们可以认为整体管理比其他九大领域要重要一些，主要从以下两个方面理解：

（1）项目团队需要在整体管理的指导下从事后面九大领域的管理。

（2）其他九大领域的管理，最终是为了实现项目的整体管理，实现项目目标的综合最优。

6.2 项目整体管理实现过程

6.2.1 制订项目章程概述

制定项目章程是编写一份正式批准项目并授权项目经理在项目活动中使用组织资源的文件的过程。项目章程宣告一个项目的正式启动、项目经理的任命，并对项目的目标、范围、主要可交付成果、主要制约因素与主要假设条件等进行总体性描述。

通常由高级管理层签发项目章程，并分发给与项目有关的所有组织、部门和人员。项目章程用来体现高级管理层对项目的原则性要求，授权项目经理为实施项目而动用组织资源。项目章程是项目经理寻求各主要干系人支持的依据。

项目章程不能太抽象，也不能太具体。另外，项目经理可以参与甚至起草项目章程，但项目章程是由项目以外的实体来发布的，如发起人、项目集或项目管理办公室职员，或项目组合治理委员会主席或授权代表。项目经理是项目章程的实施者。项目章程所规定的是一些比较大的、原则性的问题，通常不会因项目变更而对项目章程进行修改。当项目目标发生变化，需要对项目章程进行修改时，只有管理层和发起人有权进行变更，项目经理对项目章程的修改不在其权责范围之内。项目章程遵循“谁签发，谁有权修改”的原则。如图6-1所示即制订项目章程过程的输入、工具与技术和输出。

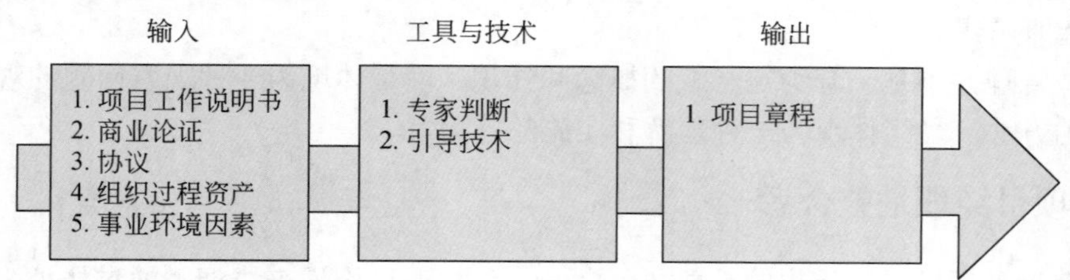

图6-1 制订项目章程过程

6.2.2　制订项目章程

1．项目章程的作用

（1）确定项目经理，规定项目经理的权力。

（2）正式确认项目的存在，给项目一个合法的地位。

（3）规定项目的总体目标，包括范围、时间、成本和质量等。

（4）通过叙述启动项目的理由，把项目与执行组织的日常经营运作及战略计划等联系起来。

2．制订项目章程的输入

1）项目工作说明书

项目工作说明书（Statement of Work，SOW）是对项目需交付的产品、服务或输出的叙述性说明。对于内部项目，项目启动者或发起人根据业务需要及对产品或服务的需求，来提供工作说明书。对于外部项目，工作说明书则由客户提供，可以是招标文件（如建议邀请书、信息邀请书、投标邀请书）的一部分，或合同的一部分。

项目工作说明书包括以下内容：

（1）业务需要。组织的业务需要可基于市场需求、技术进步、法律要求、政府法规或环境考虑。通常，会在商业论证中，进行业务需要和成本效益分析，对项目进行论证。

（2）产品范围描述。记录项目所需产出的产品、服务或成果的特征，以及这些产品、服务或成果与项目所对应的业务需要之间的关系。

（3）战略计划。战略计划文件记录了组织的愿景、目的和目标，也可包括高层级的使命阐述。所有项目都应该支持组织的战略计划。确认项目符合战略计划，才能确保每个项目都能为组织的整体目标做贡献。

2）商业论证

商业论证或类似文件能从商业角度提供必要的信息，决定项目是否值得投资。高于项目级别的经理和高管们往往使用该文件作为决策的依据。在商业论证中，开展业务需要和成本效益分析，论证项目的合理性，并确定项目边界。通常由商业分析师根据各干系人提供的输入信息，完成这些分析。发起人应该认可商业论证的范围和局限。

3）协议

协议定义了启动项目的初衷。协议有多种形式，包括合同、谅解备忘录（MOUs）、服务品质协议（SLA）、协议书、意向书、口头协议、电子邮件或其他书面协议。通常，为外部客户做项目时，就用合同。

4）组织过程资产

能够影响制订项目章程过程的组织过程资产包括：组织的标准过程、政策和过程定义；模板（如项目章程模板）；历史信息与经验教训知识库（如项目记录和文件、完整的项目收尾信息和文档、关于以往项目选择决策的结果和以往项目绩效的信息，以及风险管理活动中产生的信息）等。

5）事业环境因素

能够影响制订项目章程过程的事业环境因素包括：政府标准、行业标准或法规（如职业守则、质量标准或工人保护条例），组织文化和结构，市场条件。

3．制订项目章程的工具和技术

1）专家判断

专家判断可用于本过程的所有技术和管理细节。专家判断可来自具有专业知识或受过专业培训的任何小组或个人，可从许多渠道获取，包括：组织内的其他部门、顾问、项目干系人（包括客户或发起人）、专业与技术协会、行业团体、 主题专家（SME）和项目管理办公室（PMO）等。

2）引导技术

引导技术广泛应用于各项目管理过程，可用于指导项目章程的制定。头脑风暴、冲突处理、问题解决和会议管理等，都是引导者可以用来帮助团队和个人完成项目活动的关键技术。

4．制订项目章程的输出

项目章程的制订主要关注记录商业需求、项目论证、对顾客需求的理解和满足这些需求的新产品、服务或输出。主要内容包括：

（1）概括性的项目描述和项目产品描述。

（2）项目目的或批准项目的理由，即为什么要做这个项目。

（3）项目的总体要求，包括项目的总体范围和总体质量要求。

（4）可测量的项目目标和相关的成功标准。

（5）项目的主要风险，如项目的主要风险类别。

（6）总体里程碑进度计划。

（7）总体预算。

（8）项目的审批要求，即在项目的规划、执行、监控和收尾过程中，应该由谁来做出哪种批准。

（9）委派的项目经理及其职责和职权。

（10）发起人或其他批准项目章程的人员的姓名和职权。

6.2.3 项目章程实例

表6-1 项目章程模板

<table>
<tr><td>项目经理：</td><td>项目代号：</td></tr>
<tr><td colspan="2">项目概况</td></tr>
<tr><td colspan="2">根据需求情况对项目进行描述，并对项目的可行性，重要性进行描述与分析
1、项目名称：
2、项目背景：
3、项目目的：
4、项目主要工作：可对《项目工作说明书》相关内容进行细化</td></tr>
</table>

续表

项目目标	
总目标	概述项目的总体目标
分目标	列出支持项目总体目标的分目标 1、管理目标 2、时间目标 3、可交付成果目标 4、费用目标
项目实施策略	
实施策略	比如：整体规划，分步实施，数据准备与测试贯穿于项目每个阶段
实施策略的考虑	切实可行的实施对策，比如，实施的方法和步骤
项目范围概述	
主要项目范围	概述主要的项目范围，通常可包括功能范围、实体范围及技术范围
主要可交付成果	列出项目必须提交的可交付成果
项目主要阶段及里程碑	
阶段划分和关键任务	定义项目阶段及阶段关键任务
主要里程碑	列出项目执行过程中必须实现的阶段性里程碑及完成时间
项目组织结构	
项目组织结构图	列出项目的组织架构
职责	列出相关人员的角色和职责说明
项目管理团队成员名单	
团队成员	列出项目团队成员的姓名、所属部门、项目工作内容、技能要求、开工日期及工期
项目干系人	
内部干系人	列出内部主要干系人、姓名、职务、项目角色及对项目的影响
外部干系人	列出外部主要干系人、姓名、职务、项目角色及对项目的影响
各职能部门应提供的配合	
列出各职能部门应给予项目何种配合	
项目文档管理	
文档管理的重要性	列出编写文档的目的和文档编写的具体要求
项目文档体系	列出项目所需的文档及文件格式、编码规则等要求
项目文档的管理环境	指出知识共享平台的使用说明
项目沟通管理	
决策审批流程	针对项目中的决策及文件批署、审批作出说明
沟通汇报要求	指明发出者、接收者、沟通事项、日期以及发送方式
项目列会规定	说明列会的要求和召开时间
验收标准	
指出对项目的阶段性成果或可交付物的验收方式	
项目批准	
拟制：	审核：　批准：

6.3 制订项目管理计划

6.3.1 项目管理计划的概述

项目管理计划是综合性的计划，是整合一系列分项的管理计划和其他内容的结果，用于指导项目的执行、监控和收尾工作。项目管理计划是在项目管理其他规划过程的成果基础上制订。所有其他规划过程都是制定项目管理计划过程的依据。

项目管理计划确定项目的执行、监控和收尾方式，其内容会因项目的复杂程度和所在应用领域而异。制订项目管理计划，需要整合一系列相关过程，而且要持续到项目收尾。本过程将产生一份项目管理计划。该计划会随着项目的进展而渐进明细。如果需要更新项目整体管理计划，则由实施整体变更控制过程进行控制和批准。存在于项目集中的项目也应该制定项目管理计划，而且这份计划需要与项目集管理计划保持一致。例如，若项目集管理计划中要求超过特定成本的任何变更都需要由变更控制委员会（CCB）来审查和决策，则在项目管理计划中也应该做出相应规定。如图 6-2 所示，制订项目管理计划过程的输入、工具与技术和输出。

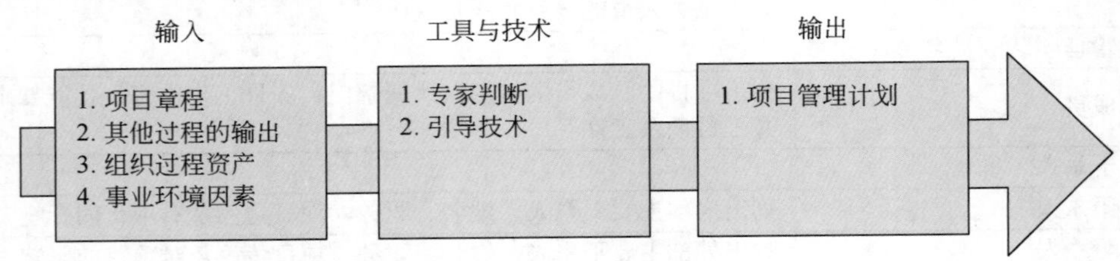

图 6-2 制订项目管理计划过程

制订项目管理计划是一个收集其他规划过程的结果，并汇成一份综合的、经批准的、现实可行的、正式的项目计划文件的过程。项目管理计划可能不只是要得到管理层的批准，可能还需要得到其他主要项目干系人的批准。例如，其中的进度管理计划和进度基准，就需要得到相关职能经理的批准，因为他们负责提供项目所需的人员。如果人员不能在需要的时候到位，进度基准肯定无法实现。项目管理计划必须是自下而上制订出来的。项目团队成员要对与自己密切相关的部分制订相应计划，并逐层向上报告和汇总，最后由项目经理进行综合，形成综合性的、整体的项目管理计划。

在制订项目管理计划的过程中，项目经理和项目团队成员也要充分听取其他主要项目干系人的意见，以便把干系人的需求尽可能地反映在项目管理计划中，以避免干系人对项目的执行结果产生分歧。

项目管理计划最重要的用途是指导项目执行并为执行过程中的项目检查、监督和控制提供依据，同时也指导项目的收尾工作。项目管理计划的主要用途有：

（1）指导项目执行、监控和收尾。

（2）为项目绩效考核和项目控制提供基准。

（3）记录制订项目计划所依据的假设条件。

（4）记录制订项目计划过程中的有关方案选择。

（5）促进项目干系人之间的沟通。

（6）规定管理层审查项目的时间、内容和方式。

在项目执行开始之前，要制订出尽可能完整的项目管理计划。但是项目管理计划也需要在项目生命周期的后续阶段中不断审阅、细化、完善和更新。

项目管理强调项目的特性和项目计划的渐进明细，因为：

（1）项目的各种情况是逐渐明朗的，不可能一开始就明晰项目的各种特性、制订出详细的项目计划。

（2）所确定的项目特性和项目计划必须经主要项目干系人批准才能付诸实施。

项目管理计划制订的步骤：

（1）各具体知识领域制订各自的分项计划。

（2）整体管理知识领域收集各分项计划，整合成项目管理计划。

（3）用项目管理计划指导项目的执行和监控工作，并在执行过程中监控。

（4）对提出的必要的变更请求，报实施整体变更控制过程审批。

（5）根据经批准的变更请求，更新项目管理计划。

6.3.2　制订项目管理计划的输入

1．项目章程

详见 6.2 节。项目章程的内容多少取决于项目的复杂程度及所获取的信息数量。项目章程至少应该定义项目的高层级边界。在启动过程组中，项目经理把项目章程作为初始规划的始点。

2．其他规划过程的输出

制订项目管理计划需要整合其他九大领域的其他诸多过程的结果。其他规划过程所产生的任何基准和子管理计划，都是本过程的输入。此外，对这些文件的变更都可能导致对项目管理计划的相应更新。

3．组织过程资产

组织有关管理项目的正式或非正式的方针、程序、计划和原则。组织过程资产还反映了组织从以前项目中吸取的教训和学习到的知识，如完成的进度表、风险数据、实现价值数据、财务控制程序、历史信息和经验教训知识库、操作指南等。

4．事业环境因素

能够影响制订项目管理计划过程的事业环境因素包括：政府或行业标准，纵向市场或专门领域的项目管理知识体系，项目管理信息系统，组织的结构、文化、管理实践和可持续发展，基础设施，人事管理制度等。

6.3.3 制订项目管理计划的工具与技术

1．专家判断

详见 6.2 节。

2．引导技术

详见 6.2 节。

6.3.4 制订项目管理计划的输出

项目管理计划是说明项目将如何执行、监督和控制项目的一份文件。它合并与整合了其他各规划过程所产生的所有子管理计划和基准（范围基准、进度基准、成本基准等）。

项目管理计划还可以包括如下内容：

（1）所使用的项目管理过程。

（2）每个特定项目管理过程的实施程度。

（3）完成这些过程的工具和技术的描述。

（4）项目所选用的生命周期及各阶段将采用的过程。

（5）如何用选定的过程来管理具体的项目。包括过程之间的依赖与交互关系和基本的输入和输出。

（6）如何执行工作来完成项目目标及对项目目标的描述。

（7）如何监督和控制变更，明确如何对变更进行监控。

（8）配置管理计划，用来明确如何开展配置管理。

（9）对维护项目绩效基线的完整性的说明。

（10）与项目干系人进行沟通的要求和技术。

（11）为项目选择的生命周期模型。

（12）为解决某些遗留问题和未定的决策，对于其内容、严重程度和紧迫程度进行的关键管理评审。

项目管理计划可以是概括的或详细的，可以包含一个或多个辅助计划（即其他各规划过程所产生的所有子管理计划）。辅助计划包括：范围管理计划、需求管理计划、进度管理计划、成本管理计划、质量管理计划、过程改进计划、人力资源管理计划、沟通管理计划、风险管理计划、采购管理计划、干系人管理计划等。

项目管理计划是用于管理项目的主要文件之一，同时使用其他项目文件。这些其他文件不属于项目管理计划。项目管理计划与项目文件的区别如表 6-2 所示。在项目工作中，实际上需要两种计划，即关于技术工作的计划和关于管理工作的计划。但需要明确的是项目文件会影响项目管理工作，但不属于项目管理计划，除了极少数非文件类的成果（如确认的可交付成果、验收的可交付成果等）以及属于项目管理计划的内容以外，在项目管理过程中所产生的项目文件（如工作绩效报告、变更日志等）都是项目文件的组成部分。关于项目文件需要注意的是：项目文件中既有计划阶段的编制文件，也有执行和监控阶段产生的文件，如工作绩效信息和绩效报告。

表 6-2　项目管理计划与项目文件的区别

项目管理计划	项 目 文 件	
变更管理计划	活动属性	项目人员分派书
沟通管理计划	活动成本估算	项目工作说明书
配置管理计划	活动持续时间估算	质量核对表
成本基准	活动清单	质量控制测量结果
成本管理计划	活动资源需求	质量测量指标
人力资源管理计划	协议	需求文件
过程改进计划	估算依据	需要跟踪矩阵
采购管理计划	变更日志	资源分解结构
范围基准 • 项目范围说明书 • WBS • WBS 词典	变更请求	资源日历
质量管理计划	预测 • 成本预测 • 进度预测	风险登记册
需求管理计划	问题日志	进度数据
风险管理计划	里程碑清单	卖方建议书
进度基准	采购文件	供方选择标准
进度管理计划	采购工作说明书	干系人登记册
范围管理计划	项目日历	团队绩效评价
干系人管理计划	项目章程 项目资金需求 项目进度计划 项目进度网络图	工作绩效数据 工作绩效信息 工作绩效报告

6.4　指导与管理项目工作

6.4.1　指导与管理项目工作的概述

指导与管理项目工作是为实现项目目标而领导和执行项目管理计划中所确定的工作，并实施已批准变更的过程。指导与管理项目工作通常以“开踢会议”为开始标志。该会议是项目计划制订工作结束、执行工作开始时由项目的主要干系人联合召开的会议，以便加强他们之间的沟通与协调。本过程的主要作用是，对项目工作提供全面指导和管理。图 6-3 描述了本过程的输入、工具与技术和输出。

指导与管理项目工作需要项目经理和项目团队执行多项行动来执行项目管理计划以完成项目范围说明书中所定义的工作。这些行动可以是：

（1）执行活动以完成项目或阶段性目标。

（2）付出努力和支出资金以完成项目或阶段性目标。

（3）配备人员，进行培训，管理已分配到项目或阶段中的项目团队成员。

（4）获取报价、投标、出价或提交方案书。

（5）从潜在的供应商中选择合适的供应商。

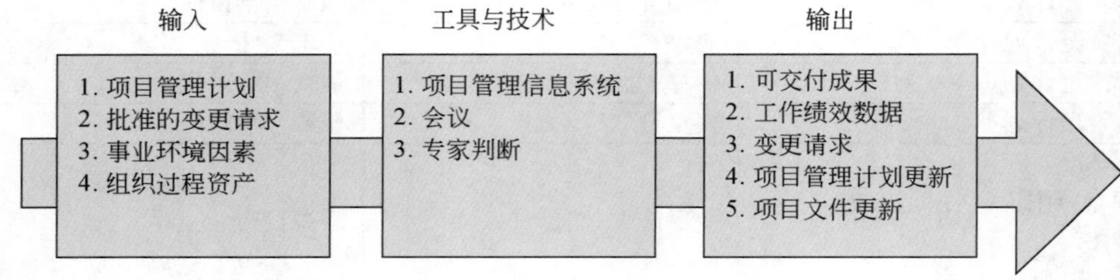

图 6-3 指导与管理项目工作过程

（6）获取、管理和使用包括原料、工具、设备和设施在内的资源。

（7）按照规划好的方法或标准实施项目计划。

（8）创建、验证和确认项目交付物或阶段性交付物。

（9）管理风险和实施风险应对活动。

（10）管理供应商。

（11）把已批准的变更应用于项目的范围、计划和环境中。

（12）建立并管理项目组内部和外部的沟通渠道。

（13）收集项目或阶段性数据，并汇报成本、进度、技术、质量的进展和状态信息，以便进行项目预测。

（14）收集和记录经验教训并实施已批准的过程改进活动。

项目经理与项目管理团队一起指导实施已计划好的项目活动，并管理项目内的各种技术接口和组织接口。项目经理还应该管理所有的计划外活动，并确定合适的行动方案。指导与管理项目工作过程会受项目所在应用领域的直接影响。通过实施相关过程来完成项目管理计划中的项目工作，可产出相应的可交付成果。

在项目执行过程中，还须收集工作绩效数据，并进行适当的处理和沟通。工作绩效数据包括可交付成果的完成情况和其他与项目绩效相关的细节。工作绩效数据也是监控过程组的依据。

指导与管理项目工作还须对项目所有变更的影响进行审查，并实施已批准的变更，活动包括：

（1）纠正措施。为使项目工作绩效重新与项目管理计划一致而进行的有目的的活动。

（2）预防措施。为确保项目工作的未来绩效符合项目管理计划而进行的有目的的活动。

（3）缺陷补救。为了修正不一致的产品或产品组件而进行的有目的的活动。

6.4.2　指导与管理项目工作的输入

1．项目管理计划

详见 6.3 节。项目管理计划包括与项目各个方面相关的子计划。这些与项目工作相关的子计划至少包括：范围管理计划、需求管理计划、进度管理计划、成本管理计划、干系人管理计划等。

2．批准的变更请求

批准的变更请求是实施整体变更控制过程的输出，包括那些经变更控制委员会审查和批准的变更请求。批准的变更请求可能是纠正措施、预防措施或缺陷补救。项目团队把批准的变更请求列入进度计划并付诸实施。批准的变更请求可能对项目或项目管理计划的某些领域产生影响。批准的变更请求可能导致修改政策、项目管理计划、程序、成本、预算或进度计划。批准的变更请求可能要求实施预防或纠正措施。

3．事业环境因素

影响指导与管理项目工作过程的事业环境因素包括：组织文化、公司文化或客户文化，执行组织或发起组织的结构，基础设施，人事管理制度，干系人风险承受力，项目管理信息系统等。

4．组织过程资产

影响指导与管理项目工作过程的组织过程资产包括：标准化的指南和工作指示；组织对沟通的要求，如许可的沟通媒介、记录保存政策及安全要求；问题与缺陷管理程序；过程测量数据库；以往项目的项目档案；问题与缺陷管理数据库等。

6.4.3　指导与管理项目工作的工具与技术

1．项目管理信息系统

作为事业环境因素的一部分，项目管理信息系统提供下列工具：进度计划工具、工作授权系统、配置管理系统、信息收集与发布系统，或其他基于 IT 技术的工具。本系统也可用于自动收集和报告关键绩效指标（KPI）。参见本节后面案例。

2．会议

在指导与管理项目工作时，可以通过会议来讨论和解决项目的相关问题。参会者可包括项目经理、项目团队成员，以及与所讨论问题相关或会受该问题影响的干系人。应该明确每个参会者的角色，确保有效参会。会议通常可分为下列 3 类：

（1）交换信息。

（2）头脑风暴、方案评估或方案设计。

（3）制定决策。

其中最重要的是“开踢会议”，也称“开工会议”，英文名称叫“kick-off meeting”，在规划阶段结束时召开，前提是开踢会议召开前，通常已经确定了项目的组织结构，并已经定义了团队成员的角色和职责，在开踢会议中通常需要对项目的范围、进度、成本、风险应对等事项进行确认和正式批准，并与项目干系人达成共识，落实具体项目工作，为进入项目执行阶段做准备。详细内容请参考沟通管理会议相关章节内容。

3．专家判断

在本过程中，可以使用专家判断和专业知识来处理各种技术和管理问题。专家判断由项目经理和项目管理团队依据其专业知识或培训经历做出，也可从其他渠道获得，如：组织内的其他部门；顾问和其他主题专家；干系人，包括客户、供应商或发起人；专业与技术协会等。

6.4.4 指导与管理项目工作的输出

1．可交付成果

可交付成果是在某一过程、阶段或项目完成时，必须产出的任何独特并可核实的产品、输出或服务，它是可验证的。可交付成果通常是为实现项目目标而完成的有形的组件，也可包括项目管理计划。

2．工作绩效数据

工作绩效数据是在执行项目工作的过程中，从每个正在执行的活动中收集到的原始观察结果和测量值。数据是指最低层的细节，将由其他过程从中提炼出项目信息。在工作执行过程中收集数据，再交由各控制过程做进一步分析。

在项目管理计划的执行过程中，项目活动的状态信息要进行常规性的收集，通常我们需要收集下列信息：

（1）进度进展。

（2）已完成了哪些交付物，未完成哪些交付物。

（3）已开始了哪些活动，已完成了哪些活动。

（4）满足质量标准的程度。

（5）批准的预算与发生的成本。

（6）已开始活动的预计完工日期。

（7）当前项目活动所完成的百分比。

（8）已记录下的经验教训。

（9）资源使用情况。

3．变更请求

变更请求是关于修改任何文档、可交付成果或基准的正式提议。变更请求被批准之后将会引起对相关文档、可交付成果或基准的修改，也可能导致对项目管理计划其他相关部分的更新。如果在项目工作的实施过程中发现问题，就需要提出变更请求，对项目政策或程序、项目范围、项目成本或预算、项目进度计划或项目质量进行修改。其他变更请求包括必要的预防措施或纠正措施，用来防止以后的不利后果。变更请求可以是直接或间接的，可以由外部或内部提出，可能是自选或由法律/合同所强制的。变更请求可能包括：

（1）纠正措施。为使项目工作绩效重新与项目管理计划一致而进行的有目的的活动。当项目绩效发生了某种不能接受的实际偏差时，采取纠偏行动来把将来的项目绩效拉回到项目计划的要求上来。纠正措施是针对实际已经出现的偏差。

（2）预防措施。为确保项目工作的未来绩效符合项目管理计划而进行的有目的的活动。当预计项目绩效可能出现某种不能接受的偏差时，采取预防行动来降低消极风险发生概率和后果，防止这种偏差的出现。预防措施是针对将来可能出现的偏差。

（3）缺陷补救。为了修正不一致的产品或产品组件而进行的有目的的活动。当发现项目质量存在缺陷时，采取补救措施进行补救，以使质量符合要求。缺陷补救措施只针对项目质量问题。

（4）更新。对正式受控的项目文件或计划等进行的变更，以反映修改或增加的意见或内容。

4．项目管理计划更新

项目管理计划中可能需要更新的内容至少包括：范围管理计划、 需求管理计划、进度管理计划、成本管理计划、质量管理计划、过程改进计划、人力资源管理计划、沟通管理计划、风险管理计划、采购管理计划、干系人管理计划和项目基准等。

5．项目文件更新

可能需要更新的项目文件至少包括：需求文件、项目日志（用于记录问题、假设条件等）、风险登记册和干系人登记册等。

6.5　监控项目工作

6.5.1　监控项目工作的概述

监控项目工作是跟踪、审查和报告项目进展，以实现项目管理计划中确定的绩效目标的过程。项目的监控工作贯穿于项目工作的始终，即不仅要对项目执行进行监控，而且要对项目的启动、规划和收尾进行监控。监控项目工作过程的主要作用是，让干系人了解项目的当前状态、已采取的步骤，以及对预算、进度和范围的预测。如图 6-4 描述了监控项目工作过程的输入、工具与技术和输出。

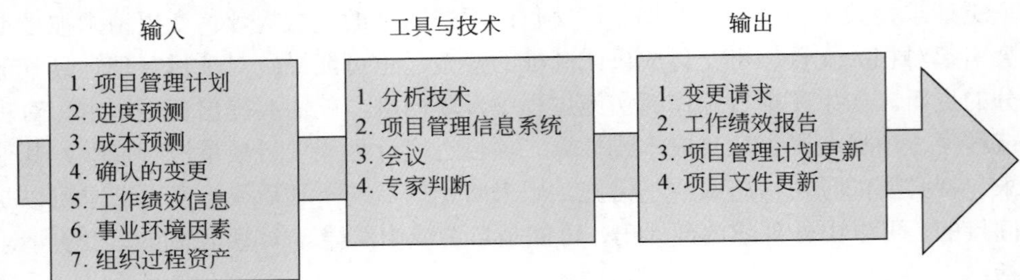

图 6-4　监控项目工作过程

监督是贯穿于整个项目的项目管理活动之一，包括收集、测量和发布绩效信息，分析测量结果和预测趋势，以便推动过程改进。持续的监督使项目管理团队能洞察项目的健康状况，并识别须特别关注的任何方面。控制包括制定纠正或预防措施或重新规划，并跟踪行动计划的实施过程，以确保它们能有效解决问题。

监控项目工作过程主要关注：

（1）把项目的实际绩效与项目管理计划进行比较。

（2）评估项目绩效，决定是否需要采取纠正或预防措施，并推荐必要的措施。

（3）识别新风险，分析、跟踪和监测已有风险，确保全面识别风险，报告风险状态，并执行适当的风险应对计划。

（4）在整个项目期间，维护一个准确且及时更新的信息库，以反映项目产品及相关文件的情况。

（5）为状态报告、进展测量和预测提供信息。

（6）做出预测，以更新当前的成本与进度信息。

（7）监督已批准变更的实施情况。

（8）如果项目是项目集的一部分，还应向项目集管理层报告项目进展和状态。

6.5.2　监控项目工作的输入

1．项目管理计划

详见 6.3 节。

2．进度预测

基于实际进展与进度基准的比较而计算出进度预测，即完工尚需时间估算（ETC）、也可以用进度偏差（SV）和进度绩效指数（SPI）来预测。如果项目没有采用 SV、SPI 这样的挣值管理工具，则需要提供实际进展与计划完成日期的差异，以及预计的完工日期。通过预测可以确定项目是否仍处于可容忍范围内，并识别任何必要的变更。详见本书 9.5.2 节成本管理中的挣值管理部分内容。

3．成本预测

基于实际进展与成本基准的比较而计算出的完工尚需估算（ETC），也可以用成本偏差（CV）和成本绩效指数（CPI）来进行成本预测。通过比较完工估算（EAC）与完工预算（BAC），可以看出项目是否仍处于可容忍范围内，是否需要提出变更请求。如果项目没有采用 CV、CPI 等挣值管理工具，则需要提供实际支出与计划支出的差异，以及预测的最终成本。详见本书 9.5.2 节成本管理中的挣值管理部分内容。

4．确认的变更

批准的变更是实施整体变更控制过程的结果。需要对它们的执行情况进行确认，以保证它们都得到正确的落实。确认的变更需用数据说明变更已得到正确落实。

5．工作绩效信息

工作绩效信息是从各控制过程中收集并结合项目的相关背景和跨领域关系，进行整合分析而得到的绩效数据。这样，工作绩效数据就转化为工作绩效信息。脱离背景的数据，本身不能用于决策。但是，工作绩效信息考虑了相互关系和所处背景，可以作为项目决策的可靠基础。

工作绩效信息通过沟通过程进行传递。绩效信息可包括可交付成果的状态、变更请求的落实情况及预测的完工尚需估算等信息。

6．事业环境因素

影响监控项目工作过程的事业环境因素包括：政府或行业标准、组织的工作授权系统、干系人风险承受能力、项目管理信息系统等。

7．组织过程资产

影响监控项目工作过程的组织过程资产包括：组织对沟通的要求、财务控制程序、问题与缺陷管理程序、变更控制程序、风险控制程序、过程测量数据库、经验教训数据库等。

6.5.3　监控项目工作的工具与技术

1．分析技术

在项目管理中，根据可能的项目或环境变量的变化，以及它们与其他变量之间的关系，采用分析技术来预测潜在的后果。例如，可用于项目的分析技术包括：

1）回归分析

回归分析是确定两种或两种以上变数间相互依赖的定量关系的一种统计分析方法。

2）分组方法

通过统计分组的计算和分析，从定性或定量的角度来认识所要分析对象的不同特征，不同性质及相互关系的方法。根据研究的目的和客观现象的内在特点，按某个标志或几个标志把被研究的总体划分为若干个不同性质的组，使组内的差异尽可能小，组间的差异尽可能大。

3）因果分析

请参考本书质量管理部分的有关内容。

4）根本原因分析

根本原因分析（RCA）是一项结构化的问题处理法，用以逐步找出问题的根本原因并加以解决，而不是仅仅关注问题的表征。根本原因分析是一个系统化的问题处理过程，包括确定和分析问题原因，找出问题解决办法，并制定问题预防措施。在组织管理领域内，根本原因分析能够帮助利益相关者发现组织问题的症结，并找出根本性的解决方案。

所谓根本原因，就是导致我们所关注的问题发生的最基本的原因。因为引起问题的原因通常有很多，物理条件、人为因素、系统行为或者流程因素等，通过科学分析，有可能发现不止一个根源性原因。根本原因分析法的目的就是要努力找出问题的作用因素，并对所有的原因进行分析。常用根本原因分析的工具有：因果图、头脑风暴法、因果分析（鱼骨图）等。

5）预测方法

比如，假设情景分析、模拟（蒙特卡洛分析）等，请参考本书质量管理章节相关内容。

6）失效模式与影响分析（FMEA）

FMEA 是一套流程和工具，帮助人们在概念和设计等早期阶段，来识别一个产品或过程的可能失效情形，以及一旦发生这种失败情形时造成的影响。FMEA 还指导人们对可能的失效原因进行排序，并且制定和落实相应的应对措施。

7）故障树分析（FTA）

故障树分析（FTA）技术是美国贝尔电报公司的电话实验室于 1962 年开发的，它采用逻辑的方法，形象地进行薄弱环节和风险等危险的分析工作，特点是直观、明了，思路清晰，逻辑性强，可以做定性分析，也可以做定量分析。

8）储备分析

详见本书成本管理部分相关内容。

9）趋势分析

趋势分析法又称趋势预测法，用于检查项目绩效随时间的变化情况，以确定绩效是在改善还是在恶化。具体包括：趋势平均法、指数平滑法、直线趋势法、非直线趋势法。主要优点是考虑时间序列发展趋势，使预测结果能更好地符合实际。根据对准确程度要求不同，可选择一次或二次移动平均值来进行预测。首先是分别移动计算相邻数据的平均值，其次确定变动趋势和趋势平均值，最后以最近期的平均值加趋势平均值与距离预测时间的期数的乘积，即得预测值。参见本节案例部分。

10）挣值管理

详见本书成本管理相关内容。

2．项目管理信息系统

作为事业环境因素的一部分，项目管理信息系统为监控项目过程提供自动化工具（如进度、成本和资源工具），以及绩效指标、数据库、项目记录和财务数据等。

3．会议

详见 6.4 节。会议可以是面对面的或虚拟的，正式或非正式会议。参会者可包括项目团队成员、干系人及参与项目或受项目影响的其他人。会议的类型至少包括用户小组会议和用户审查会议。

4．专家判断

项目管理团队借助专家判断，来解读由各监控过程提供的信息。项目经理与项目管理团队一起制定所需措施，确保项目绩效达到预期要求。

6.5.4　监控项目工作的输出

1．变更请求

通过比较实际情况与计划要求，可能需要提出变更请求，来扩大、调整或缩小项目范围与产品范围，或者提高、调整或降低质量要求和进度或成本基准。变更请求可能导致需要收集和记录新的需求。变更可能会影响项目管理计划、项目文件或产品可交付成果。符合项目变更控制准则的变更，应该由项目既定的整体变更控制过程进行处理。变更至少可包括：

（1）纠正措施。为使项目工作绩效重新与项目管理计划一致而进行的有目的的活动。

（2）预防措施。为确保项目工作的未来绩效符合项目管理计划而进行的有目的的活动。

（3）缺陷补救。为了修正不一致的产品或产品组件而进行的有目的的活动。

2．工作绩效报告

工作绩效报告是为制定决策、采取行动或引起关注而汇编工作绩效信息所形成的实物或电子项目文件。项目信息可以通过口头形式进行传达，但为了便于项目绩效信息的记录、存储和分发，有必要使用实物形式或电子形式的项目文件。工作绩效报告包含一系列的项目文件，旨在引起关注，并制定决策或采取行动。可以在项目开始时就规定具体的项目绩效指标，并在正常的工作绩效报告中向关键干系人报告这些指标的落实情况。

例如，工作绩效报告包括状况报告、备忘录、论证报告、信息札记、推荐意见和情况更新。

3．项目管理计划更新

详见 6.3 节。在监控项目工作过程中提出的变更可能会影响整体项目管理计划。这些变更，在经恰当的变更控制过程处理后，可能导致对项目管理计划的更新。

4．项目文件更新

详见 6.3 节。可能需要更新的项目文件至少包括：

（1）进度和成本预测。

（2）工作绩效报告。

（3）问题日志。

6.6 实施整体变更控制

6.6.1 实施整体变更控制的概述

实施整体变更控制是审查所有变更请求，批准或否决变更，管理对可交付成果、组织过程资产、项目文件和项目管理计划的变更，并对变更处理结果进行沟通的过程。该过程审查所有针对项目文件、可交付成果、基准或项目管理计划的变更请求，并批准或否决这些变更。实施整体变更控制过程的主要作用是，从整合的角度考虑记录在案的项目变更，从而降低因未考虑变更对整个项目目标或计划的影响而产生的项目风险。图 6-5 描述了本过程的输入、工具与技术和输出。

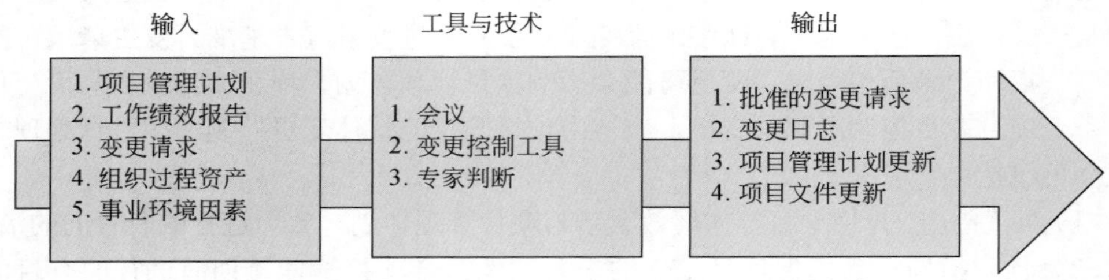

图 6-5 实施整体变更控制过程

实施整体变更控制过程贯穿项目始终，并且应用于项目的各个阶段。项目经理对此负最终责任。对于项目管理计划、项目范围说明书和其他可交付成果需要通过谨慎、持续地变更管理。应该通过否决或批准变更，来确保只有经批准的变更才能纳入修改后的基准中。项目计划一经批准，就成为项目执行和考核的基准，也只有经过规定的变更程序才能做出修改。该程序包括：提交正式的变更请求，对变更及其影响做出综合评价，批准或否决变更。

项目的任何干系人都可以提出变更请求。尽管可以口头提出，但所有变更请求都必须以书面形式记录，并纳入变更管理以及配置管理系统中。变更请求应该由变更控制系统和配置控制系统中规定的过程进行处理。应该评估变更对时间和成本的影响，并向这些过程提供评估结果。

每项记录在案的变更请求都必须由一位责任人批准或否决，这个责任人通常是项目发起人或项目经理。应该在项目管理计划或组织流程中指定这位责任人。必要时，应该由变更控制委员会（CCB）来决策是否实施整体变更控制过程。CCB 是一个正式组成的团体，负责审查、评价、批准、推迟或否决项目变更，以及记录和传达变更处理决定。变更请求得到批准后，可能需要制订新的（或修订的）成本估算、活动排序、进度日期、资源需求和风险应对方案分析。这些变更可能要求调整项目管理计划和其他项目文件。变更控制的实施程度，取决于项目所在应用领域、项目复杂程度、合同要求，以及项目所处的背景与环境。某些特定的变更请求，在 CCB 批准之后，还可能需要得到客户或发起人的批准，除非他们本来就是 CCB 的成员。

整体变更控制可以通过变更控制委员会和变更控制系统来完成，但是，整体变更控制不只是变更控制委员会的事情，也是项目经理和项目团队的事情。原因如下：

① 变更控制委员会是由主要项目干系人的代表所组成的一个小组，项目经理可以是其中的成员之一，但通常不是组长。该委员会负责审查变更请求，批准或否决这些变更请求。对于可能影响项目目标的变更，必须经过变更控制委员会的批准才能实施。

② 变更控制系统是指关于变更管理的一系列正式的书面程序，包括文档、跟踪系统和变更的批准层次等。如图 6-6 所示即变更控制管理的流程。

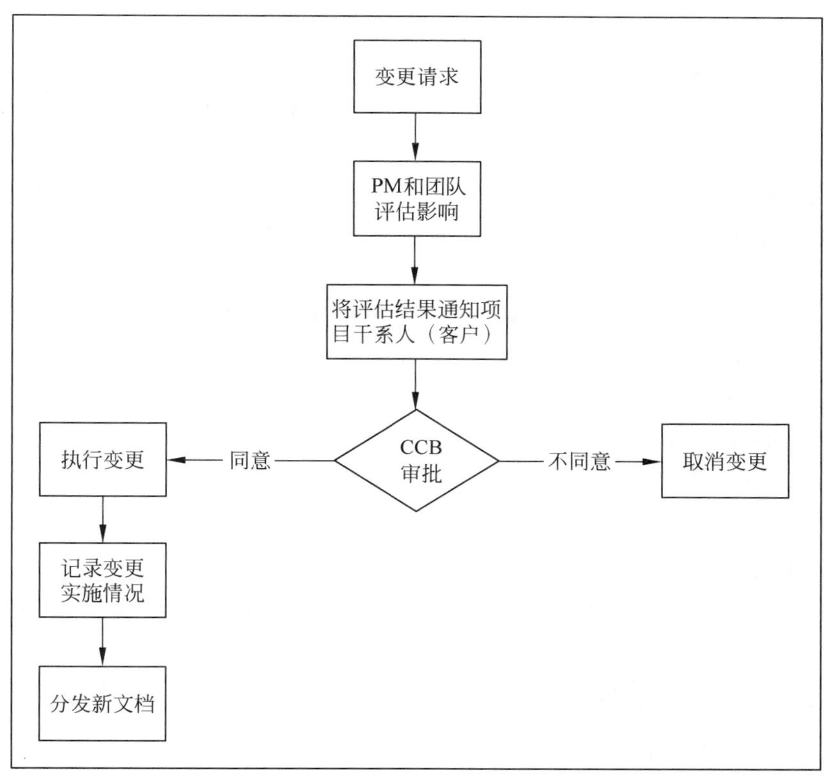

图 6-6　变更控制管理流程图

配置控制重点关注可交付成果及各个过程的技术规范之间的匹配问题，而变更控制则着眼于识别、记录、批准或否决对项目文件、可交付成果或基准的变更。根据项目的完成情况具有不同的详细程度，整体变更控制过程包括下列变更活动：

（1）识别可能发生和已经发生的变更。

（2）影响整体变更控制的相关因素，确保只有已批准的变更才能被实施。

（3）评审并批准变更申请。

（4）通过规范化的变更申请流程来管理已批准的变更。

（5）管理基线的完备性，确保只有已批准的变更才能被集成到项目的产品或服务中，并对变更的配置和计划文档进行维护。

（6）评审并审批所有书面的纠正措施和预防措施。

（7）根据已批准的变更，控制并更新项目的范围、成本、预算、进度和质量需求，变更要从整个项目的高度上进行协调。

（8）要记录变更申请的所有影响。

（9）验证缺陷修复的正确性。

（10）基于质量报告控制项目质量使其符合标准。

包括在实施整体变更控制过程中的部分配置管理活动如下：

（1）配置识别。识别与选择配置项，从而为定义与核实产品配置、标记产品和文件、管理变更和明确责任提供基础。

（2）配置状态记录。为了能及时提供关于配置项的适当数据，应记录和报告相关信息。此类信息包括已批准的配置识别清单、配置变更请求的状态和已批准的变更实施状态。

（3）配置核实与审计。通过配置核实与配置审计，可以保证项目的配置项组成的正确性，以及相应的变更都被登记、评估、批准、跟踪和正确实施，从而确保配置文件所规定的功能要求都得以实现。

从整个项目的高度上应用配置管理系统，包括变更控制过程，需要达成以下3个主要目标：

（1）建立一种有效的方法，以便以统一的方式进行变更的识别、请求、批准，以及评估变更的价值和效果。

（2）通过对每项变更进行影响分析，使我们有机会持续不断地对项目进行验证和改进。

（3）为项目管理团队提供一种与项目干系人之间就所有变更进行沟通的机制。

6.6.2 实施整体变更控制的输入

1．项目管理计划

详见6.3节。

2．工作绩效报告

详见 6.4 节。

3．变更请求

详见 6.4 节。

4．组织过程资产

详见 6.3 节。

5．事业环境因素

事业环境因素中的项目管理信息系统可能影响实施整体变更控制过程。项目管理信息系统可能包括进度计划软件工具、配置管理系统、信息收集与发布系统，或进入其他在线自动化系统的网络界面。

6.6.3　实施整体变更控制的工具与技术

1．会议

通常是指变更控制会议。根据项目需要，可以由变更控制委员会（CCB）开会审查变更请求，并做出批准、否决或其他决定。CCB 也可以审查配置管理活动。应该明确规定变更控制委员会的角色和职责，并经相关干系人一致同意后，记录在变更管理计划中。CCB 的决定都应记录在案，并向干系人传达，以便其知晓并采取后续措施。

2．变更控制工具

为了便于开展配置和变更管理，可以使用一些手工或自动化的工具。工具的选择应基于项目干系人的需要，并考虑组织和环境情况和项目的制约因素。

可以使用工具来管理变更请求和后续的决策。同时还要格外关注沟通，以帮助 CCB 成员履行项目职责，以及向相关项目干系人传达决定。

3．专家判断

除了项目管理团队的专家判断外，也可以邀请干系人贡献专业知识和加入变更控制委员会（CCB）。在本过程中，专家判断和专业知识可用于处理各种技术和管理问题，并可从各种渠道获得。例如：顾问、干系人、专业与技术协会、行业团体、主题专家及项目管理办公室。

6.6.4　实施整体变更控制的输出

1．批准的变更请求

项目经理、CCB 或指定的团队成员应该根据变更控制系统处理变更请求。批准的变更请求应通过指导与管理项目工作过程加以实施。全部变更请求的处理结果，无论批准与否，都要在变更日志中更新。这种更新是项目文件更新的一部分。

2．变更日志

变更日志用来记录项目过程中出现的变更。应该与相关的干系人沟通这些变更及其评估其对项目时间、成本和风险的影响。未经批准的变更请求也应该记录在变更日志中。

3．项目管理计划更新

详见6.3节。项目管理计划中可能需要更新的内容至少包括：

（1）各个子计划。

（2）受制于正式变更控制过程的基准等。

只能针对今后的情况对基准进行变更，而不能变更以往的绩效。这有助于保证基准和历史绩效数据的严肃性。

4．项目文件更新

作为实施整体变更控制过程的结果，可能需要更新的项目文件包括：受制于项目正式变更控制过程的所有文件。

6.6.5　整体变更控制案例

北京市政府摇号政策变更案例

2010年12月23日，北京市政府新闻办公室召开“北京交通改善措施”新闻发布会。北京市政府、北京市交通委等有关单位领导出席发布会介绍情况，先后公布《北京市关于进一步推进首都交通科学发展加大力度缓解交通拥堵工作的意见》和《北京市小客车数量调控暂行规定》实施细则，俗称“限购令”。从2011年1月1日开始，北京正式进入摇号购车时代。

从北京市小客车指标调控管理办公室发布最新数据显示，2013年12月26日上午，北京市举行2013年度最后一期小客车购车摇号，1841062个申请人角逐18211个号码，中签比为99.4:1。这是自实行购车摇号政策以来中签难度最大的一次。事实上，小客车申请者继续保持新增态势，参与摇号的“僧”也越来越多，而每个月的“粥”基本固定，如果目前的政策延续，中签难度的状况将进一步加剧，那么，中签比例低至1:100，幸运者需要“百里挑一”也将成为现实。

此外，因一家人中多人中签或由于购车成本的增加而放弃购车指标的现象屡见不鲜，弃号的增加一方面造成摇号的浪费，同时也加剧了中签的难度；摇号过程的不公开、不透明，更有甚者，摇号购车还存在地下交易，官商勾结，成为摇号政策的硬伤。

为了推进摇号政策公平化、程序化和透明化，保证摇号的公平公正，提高摇号购车政策的公平性更是迫在眉睫。

2013年11月28日，北京市交通委、公安局、发改委、科委等14个单位联合发布《<北京市小客车数量调控暂行规定>实施细则》，简称“摇号升级版”，规定2014年1月

1 日起实施。

根据新政，小客车摇号每两月一次，逢双数月 26 日组织摇号，因此 2014 年首期购车摇号将在 2 月 26 日进行，摇号超 24 次不中者中签率将翻倍，同时升级后的摇号新系统可查累计摇号次数，增加“久摇不中”者的中签几率是通过增加摇号者在摇号池中的权重实现。

通过更新摇号规则来提升中签比率，以上事例属于比较典型的变更控制管理的案例。

6.7　结束项目或阶段

6.7.1　结束项目或阶段的概述

结束项目或阶段是完成并结束所有项目管理过程组的所有活动，以正式结束项目或项目阶段的过程。这个过程包括完成所有项目过程中的所有活动以正式关闭整个项目或阶段；恰当地移交已完成或已取消的项目或阶段；对项目可交付物进行验证和记录；协调和配合顾客或出资人对这些可交付物的正式接受。本过程的主要作用是：总结经验教训，正式结束项目工作，为开展新工作而释放组织资源。图 6-7 描述本过程的输入、工具与技术和输出。

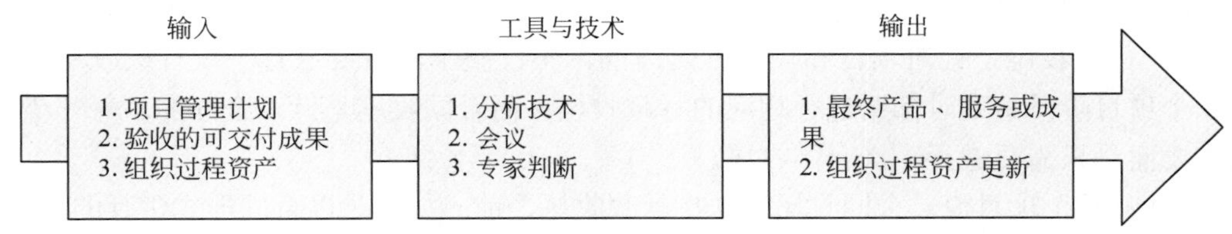

图 6-7　结束项目或阶段过程

结束阶段的主要管理内容是收尾管理，本书第 19 章对这个主题有具体阐述。

在结束项目时，项目经理需要审查以前各阶段的收尾信息，确保所有项目工作都已完成，确保项目目标已经实现。由于项目范围是依据项目管理计划来考核的，项目经理需要审查范围基准，确保在项目工作全部完成后才宣布项目结束。如果项目在完工前就提前终止，结束项目或阶段过程还需要制定程序，来调查和记录提前终止的原因。为了实现上述目的，项目经理应该邀请所有合适的干系人参与本过程。

结束项目过程需要实施各种活动，以达到项目的完工标准，向生产或运营部门移交项目产品、服务或成果，以及收集项目记录、审核项目成败、收集经验教训和存档项目信息。这个阶段的实质是进行项目行政收尾。在结束项目过程中，虽然也需要获得项目发起人或客户对项目产品、服务或成果的最终验收，这个验收主要是一个必需的程序，是一个形式上的验收而非实质性技术验收。真正的技术验收早在范围核实过程中已经完成。

当项目结束或项目提前终止时，又或项目每个阶段结束时需要开展行政收尾工作。行政收尾阶段主要工作包括：

（1）产品核实。确认全部工作都按项目产品的既定要求完成了。

（2）财务收尾。支付最后的项目款项，完成财务结算。

（3）更新项目记录。完成最终的项目绩效报告和项目团队成员的业绩记录。

（4）总结经验教训，进行项目完工后评价。

（5）进行组织过程资产更新。收集、整理和归档各种项目资料。

（6）结束项目干系人在项目上的关系，解散项目团队。

项目行政收尾产生的结果如下：

（1）对项目产品的正式接受。

（2）完整的项目档案。

（3）组织过程资产更新（经验教训总结）。

（4）资源释放（包括人力和非人力资源）。

结束项目或阶段过程中，还有一个结束采购过程，旨在进行合同收尾。合同收尾是指结束合同工作，进行采购审计，结束当事人之间的合同关系，并将有关资料收集归档。

行政收尾与合同收尾既有联系又有区别。联系在于：都需要进行产品核实，都需要总结经验教训，对相关资料进行整理和归档，更新组织过程资产。区别在于：

① 行政收尾是针对项目和项目各阶段的，不仅整个项目要进行一次行政收尾，而且每个项目阶段结束时都要进行相应的行政收尾；而合同收尾是针对合同的，每一个合同需要而且只需要进行一次合同收尾。

② 从整个项目说，合同收尾发生在行政收尾之前；如果是以合同形式进行的项目，在收尾阶段，先要进行采购审计和合同收尾，然后进行行政收尾。

③ 从某一个合同的角度说，合同收尾中又包括行政收尾工作（合同的行政收尾）。

④ 行政收尾要由项目发起人或高级管理层给项目经理签发项目阶段结束或项目整体结束的书面确认，而合同收尾则要由负责采购管理成员（可能是项目经理或其他人）向卖方签发合同结束的书面确认。

6.7.2 结束项目或阶段的输入

1．项目管理计划

详见6.3节。

2．验收的可交付成果

验收的可交付成果可能包括批准的产品规范、交货收据和工作绩效文件。在分阶段实施的项目或被取消的项目中，可能会包括未全部完成的可交付成果或中间可交付成果。

3．组织过程资产

能够影响结束项目或阶段过程的组织过程资产包括（但不限于）：

（1）项目或阶段收尾指南或要求（如行政手续、项目审计、项目评价和移交准则）。

（2）历史信息与经验教训知识库（如项目记录与文件、完整的项目收尾信息与文档、关于以往项目选择决策的结果与以往项目绩效的信息，以及从风险管理活动中得到的信息）。

6.7.3　结束项目或阶段的工具与技术

1．专家判断

专家判断用于开展行政收尾活动，由相关专家确保项目或阶段收尾符合适用标准。

2．分析技术

可用于项目收尾的分析技术有回归分析和趋势分析。

3．会议

会议可以是面对面或虚拟会议，正式或非正式会议。参会者可包括项目团队成员及参与项目或受项目影响的其他干系人。会议的类型包括经验教训总结会、收尾会、用户小组会和用户审查会。

6.7.4　结束项目或阶段的输出

1．最终产品、服务或输出移交

移交项目所产出的最终产品、服务或输出（在阶段收尾时，则是移交该阶段所产出的中间产品、服务或输出）。

2．组织过程资产更新

作为结束项目或阶段过程的结果，需要更新的组织过程资产至少包括：

1）项目档案

在项目活动中产生的各种文件，如项目管理计划、范围计划、成本计划、进度计划、项目日历、风险登记册、其他登记册、变更管理文件、风险应对计划和风险影响评价等。

2）项目或阶段收尾文件

项目或阶段收尾文件包括表明项目或阶段完工的正式文件，以及用来把完成的项目或阶段可交付成果移交给他人（如运营部门或下一阶段）的正式文件。在项目收尾期间，项目经理应该审查以往的阶段文件、确认范围过程（见本书范围管理相关内容）所产生的客户验收文件及合同（如果有的话），以确保在达到全部项目要求之后才正式结束项目。如果项目在完工前提前终止，则需要在正式的收尾文件中说明项目终止的原因，并规定正式程序，把该项目的已完成和未完成的可交付成果移交他人。

3）历史信息

把历史信息和经验教训信息存入经验教训知识库，供未来项目或阶段使用。可包括问题与风险的信息，以及适用于未来项目的有效技术的信息。

第 7 章　项目范围管理

7.1　项目范围管理概念

7.1.1　项目范围管理的含义及作用

项目范围管理包括确保项目做且只做所需的全部工作，以成功完成项目的各个过程。它关注的焦点是：什么是包括在项目之内的，什么是不包括在项目之内的，即为项目工作明确划定边界。通俗地讲，项目范围管理就是要做范围内的事，而且只做范围内的事，既不少做也不多做。少做会影响项目既定功能的实现，多做会浪费资源。因某种原因，要改变项目的工作边界时，项目范围管理会提供一套规范的方法去处理范围变更。

项目范围的定义可以是广义的，也可以狭义的，根据项目不同管理层的需要，再集中结合应用项目的特点进一步阐述。既然完成项目工作范围是为了实现项目目标，那么如何有效地、全部完成项目范围内的每项工作，这是我们每个项目管理者不得不思考的问题。因此，对项目范围管理和控制的有效性，是衡量项目是否达到成功的一个必要标准，项目范围的管理不仅仅是项目整体管理的一个主要部分，同时在项目中不断地重申项目工作范围，有利于项目不偏离轨道，是项目中实施控制管理的一个主要手段。

项目范围管理不仅仅是让项目管理和实施人员知道为达成预期目标需要完成哪些具体的工作，还要确认清楚项目相关各方在每项工作中清晰的分工界面和责任。详细、清楚地界定分工界面和责任，不但有利于项目实施中的变更管理和推进项目发展，减少责任不清的事情发生，也便于项目结束时项目范围的明确、清晰地确认。

项目范围是项目其他各方面管理的基础，如果范围都弄不清楚，成本、进度和质量等就无从谈起。确认项目范围对项目管理有如下的重要性：

（1）清楚了项目的工作具体范围和具体工作内容，为提高成本、时间和资源估算的准确性提供了基础。

（2）项目范围既然是确定要完成哪些具体的工作，项目范围基准是确定项目进度测量和控制的基准。

（3）项目范围的确定就是确定了项目的具体工作任务，有助于清楚的责任划分和任务分配。

7.1.2　项目范围管理的主要过程

项目范围管理通过以下 6 个过程来实现：

（1）编制范围管理计划过程，对如何定义、确认和控制项目范围的过程进行描述。

（2）收集需求。为实现项目目标，明确并记录项目干系人的相关需求的过程。

（3）定义范围。详细描述产品范围和项目范围，编制项目范围说明书，作为以后项目决策的基础。

（4）创建工作分解结构。把整个项目工作分解为较小的、易于管理的组成部分，形成一个自上而下的分解结构。

（5）确认范围。正式验收已完成的可交付成果。

（6）范围控制。监督项目和产品的范围状态、管理范围基准变更。

根据项目需要，每个过程可能会需要一个或多个个体或团队的共同努力。一般来说，在每个项目阶段，每个过程通常至少发生一次。尽管这些过程是作为各自独立的组成部分而进行定义的，但是，在实践中它们是以各种形式相互交叠、相互影响的。

7.2　编制范围管理计划

编制范围管理计划是项目或项目集管理计划的组成部分，描述了如何定义、制定、监督、控制和确认项目范围。编制范围管理计划和细化项目范围始于对下列信息的分析：项目章程中的信息、项目管理计划中已批准的子计划等。编制范围管理计划有助于降低项目范围蔓延的风险。图 7-1 描述了本过程的输入、工具与技术和输出。

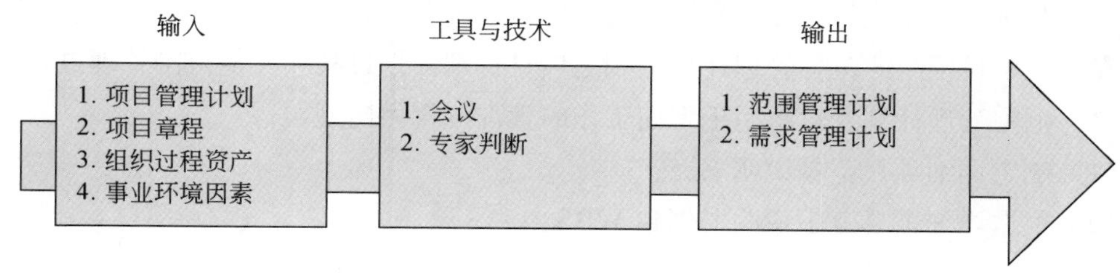

图 7-1　编制范围管理计划过程

7.2.1　编制范围管理计划过程所用的工具与技术

1. 会议

项目团队可以参加项目会议来制定范围管理计划。与会人员可能包括项目经理、项目发起人、选定的项目团队成员、选定的干系人、范围管理各过程的负责人，以及其他必要人员。

2．专家判断

具有与制定范围管理计划相关的专业学历、知识、技能、经验或培训经历的任何小组或个人，都可以提供专家判断。

7.2.2 编制范围管理计划过程的输入、输出

1．编制范围管理计划过程的输入

1）项目管理计划

依据项目管理计划中已批准的子计划来创建范围管理计划，它们会对用于规划和管理项目范围的方法产生影响。

2）项目章程

依据项目章程中的项目背景信息来规划各个范围管理过程。项目章程提供了高层级的项目描述和产品特征。产品特征出自项目工作说明书。

3）组织过程资产

影响编制范围管理计划过程的组织过程资产包括政策和程序以及历史信息和经验教训知识库。

4）事业环境因素

影响编制范围管理计划过程的事业环境因素包括组织文化、基础设施、人事管理制度、市场条件等。

2．编制范围管理计划过程的输出

1）范围管理计划

范围管理计划是项目或项目集管理计划的组成部分，描述了如何定义、制定、监督、控制和确认项目范围。范围管理计划是制定项目管理计划过程和其他范围管理过程的主要依据。范围管理计划要对将用于下列工作的管理过程做出规定：

（1）制定详细项目范围说明书。

（2）根据详细项目范围说明书创建 WBS。

（3）维护和批准工作分解结构（WBS）。

（4）正式验收已完成的项目可交付成果。

（5）处理对详细项目范围说明书或 WBS 的变更。该工作与实施整体变更控制过程直接相联。

根据项目需要，范围管理计划可以是正式或非正式的，非常详细或高度概括的。

2）需求管理计划

需求管理计划是项目管理计划的组成部分，描述了如何分析、记录和管理需求，以及阶段与阶段间的关系对管理需求的影响。项目经理为项目选择最有效的阶段间关系，

并将它记录在需求管理计划中。需求管理计划的许多内容都是以阶段关系为基础的。

需求管理计划的主要内容至少包括：

（1）如何规划、跟踪和报告各种需求活动。

（2）配置管理活动，例如，如何启动产品变更，如何分析其影响，如何进行追溯、跟踪和报告，以及变更审批权限。

（3）需求优先级排序过程。

（4）产品测量指标及使用这些指标的理由。

（5）用来反映哪些需求属性将被列入跟踪矩阵的跟踪结构。

（6）收集需求过程。

7.3　收集需求

收集需求是为实现项目目标而确定、记录并管理干系人的需要和需求的过程。本过程的主要作用是为定义和管理项目范围（包括产品范围）奠定基础。

7.3.1　收集需求过程的工具与技术

1．访谈

访谈是通过与干系人直接交谈来获取信息的正式或非正式的方法。访谈的典型做法是向被访者提出预设和即兴的问题，并记录他们的回答。访谈经常是一个访谈者和一个被访者之间的“一对一”谈话，但也可以包括多个访谈者或多个被访者。访谈有经验的项目参与者、发起人和其他高管，以及主题专家，有助于识别和定义所需产品可交付的成果特征和功能。访谈也可用于获取机密信息。

2．焦点小组

焦点小组是召集预定的干系人和主题专家，了解他们对所讨论的产品、服务或成果的期望和态度。由一位受过训练的主持人引导大家进行互动式讨论。焦点小组往往比“一对一”的访谈更热烈。

3．引导式研讨会

引导式研讨会把主要干系人召集在一起，通过集中讨论来定义产品需求。研讨会是快速定义跨职能需求和协调干系人差异的重要技术。由于群体互动的特点，被有效引导的研讨会有助于参与者之间建立信任、改进关系、改善沟通，从而有利于干系人达成一致意见。此外，研讨会能够比单项会议更早发现问题，更快解决问题。

例如，在软件开发行业，就有一种称为“联合应用设计/开发（JAD）”的引导式研讨会。这种研讨会注重把业务主题专家和开发团队集中在一起，来改进软件开发过程。在制造行业，则使用“质量功能展开（QFD）”这种引导式讨论会，来帮助确定新产品的关键特征。QFD 从收集客户需要（又称“客户声音”）开始，然后客观地对这些需要进行分类和排序，并为实现这些需要而设定目标。用户故事是对所需功能的简短文字描述，经常产生于需求研讨会。用户故事描述哪个干系人将从功能中受益（角色），他需要实现什么（目标），以及他将获得的收益（动机）。用户故事在敏捷方法中广泛使用。

4．群体创新技术

可以组织一些群体活动来识别项目和产品需求。下面是一些常用的群体创新技术：

1）头脑风暴法。一种用来产生和收集对项目需求与产品需求的多种创意的技术。头脑风暴法本身不包含投票或排序，但常与包含该环节的其他群体创新技术一起使用。

2）名义小组技术。用于促进头脑风暴的一种技术，通过投票排列最有用的创意，以便进一步开展头脑风暴或优先排序。

3）概念/思维导图。把从头脑风暴中获得的创意整合成一张图的技术，以反映创意之间的共性与差异，激发新创意。

4）亲和图。用来对大量创意进行分组的技术，以便进一步审查和分析。

5）多标准决策分析。借助决策矩阵，用系统分析方法建立诸如风险水平、不确定性和价值收益等多种标准，从而对众多方案进行评估和排序的一种技术。

5．群体决策技术

群体决策技术就是为达成某种期望结果，而对多个未来行动方案进行评估的过程。本技术用于生成产品需求，并对产品需求进行归类和优先级排序。

达成群体决策的方法有很多，例如：

1）一致同意。每个人都同意某个行动方案。

2）大多数原则。获得群体中超过 50%人员的支持，就能做出决策。把参与决策的小组人数定为奇数，防止因平局而无法达成决策。

3）相对多数原则。根据群体中相对多数者的意见做出决策，即便未能获得大多数人的支持。通常在候选项超过两个时使用。

4）独裁。在这种方法中，由某一个人为群体做出决策。

在收集需求过程中，上述群体决策技术都可以与群体创新技术联合使用。

6．问卷调查

问卷调查是指设计一系列书面问题，向众多受访者快速收集信息。问卷调查方法非常适用于以下情况：受众多样化，需要快速完成调查，受访者地理位置分散，并且适合开展统计分析。

7．观察

观察是指直接察看个人在各自的环境中如何执行工作（或任务）和实施流程。当产品使用者难以或不愿清晰说明他们的需求时，就特别需要通过观察来了解他们的工作细节。观察，也称为“工作跟踪”，通常由观察者从外部来观看业务专家如何执行工作。也可以由“参与观察者”来观察，他通过实际执行一个流程或程序，来体验该流程或程序是如何实施的，以便挖掘隐藏的需求。

8．原型法

原型法是指在实际制造预期产品之前，先造出该产品的实用模型，并据此征求对需求的早期反馈。原型法支持渐进明细的理念，需要经历从模型创建、用户体验、反馈收集到原型修改的反复循环过程。在经过足够的反馈循环之后，就可以通过原型获得足够的需求信息，从而进入设计或制造阶段。

9．标杆对照

标杆对照将实际或计划的做法（如流程和操作过程）与其他可比组织的做法进行比较，以便识别最佳实践，形成改进意见，并为绩效考核提供依据。标杆对照所采用的可比组织可以是内部的，也可以是外部的。

10．系统交互图

系统交互图是范围模型的一个例子，它是对产品范围的可视化描绘，显示业务系统（过程、设备、计算机系统等）及其与人和其他系统（行动者）之间的交互方式。系统交互图显示了业务系统的输入、输入提供者、业务系统的输出和输出接收者。

11．文件分析

文件分析就是通过分析现有文档，识别与需求相关的信息，来挖掘需求。可供分析的文档很多，包括：商业计划、营销文献、协议、建议邀请书、现行流程、逻辑数据模型、业务规则库、应用软件文档、业务流程或接口文档、用例、其他需求文档、问题日志、政策、程序和法规文件等。

7.3.2　收集需求过程的输入、输出

1．收集需求过程的输入

1）范围管理计划

范围管理计划使项目团队知道应该如何确定所需收集的需求的类型。

2）需求管理计划

需求管理计划规定了用于收集需求过程的工作流程，以便定义和记录干系人的需要。

3）干系人管理计划

从干系人管理计划中了解干系人的沟通需求和参与程度，以便评估并适应干系人对需求活动的参与程度。

4）项目章程

从项目章程中了解项目产品、服务或成果的高层级描述，并据此收集详细的需求。

5）干系人登记册

从干系人登记册中了解哪些干系人能够提供需求方面的信息。干系人登记册也记录了干系人对项目的主要需求和期望。

2．收集需求过程的输出

1）需求文件

需求文件描述各种单一需求将如何满足与项目相关的业务需求。一开始，可能只有高层级的需求，随着有关需求信息的增加而逐步细化。只有明确的、可跟踪的、完整的、相互协调的，且主要干系人愿意认可的需求，才能作为基准。需求文件的格式多种多样，既可以是一份按干系人和优先级分类列出全部需求的简单文件，也可以是一份包括内容提要、细节描述和附件等的详细文件。

需求文件的主要内容包括：

（1）业务需求。

① 可跟踪的业务目标和项目目标；

② 执行组织的业务规则；

③ 组织的指导原则。

（2）干系人需求。

① 对组织其他领域的影响；

② 对执行组织内部或外部团体的影响；

③ 干系人对沟通和报告的需求。

（3）解决方案需求。

① 功能和非功能需求；

② 技术和标准合规性需求；

③ 支持和培训的需求；

④ 质量需求；

⑤ 报告需求（可用文本记录或用模型展示解决方案需求，也可两者同时使用）。

（4）项目需求。

① 服务水平、绩效、安全和合规性等；

② 验收标准。

（5）过渡需求。

（6）与需求相关的假设条件、依赖关系和制约因素。

2）需求跟踪矩阵

需求跟踪矩阵是把产品需求从其来源连接到能满足需求的可交付成果的一种表格。使用需求跟踪矩阵，可以把每个需求与业务目标或项目目标联系起来，有助于确保每个需求都具有商业价值。需求跟踪矩阵提供了在整个项目生命周期中跟踪需求的一种方法，有助于确保需求文件中被批准的每项需求在项目结束的时候都能交付。需求跟踪矩阵还为管理产品范围变更提供了框架。

需求跟踪包括跟踪以下内容：

（1）业务需要、机会、目的和目标；

（2）项目目标；

（3）项目范围/ WBS 可交付成果；

（4）产品设计；

（5）产品开发；

（6）测试策略和测试场景；

（7）高层级需求到详细需求。

应在需求跟踪矩阵中记录每个需求的相关属性。需求跟踪矩阵中记录的典型属性包括唯一标识、需求的文字描述、收录该需求的理由、所有者、来源、优先级别、版本、当前状态和状态日期。为确保干系人满意，可能需要增加一些补充属性，如稳定性、复杂性和验收标准。

7.4　范围定义

7.4.1　范围定义

定义范围是制定项目和产品详细描述的过程。本过程的主要作用是，明确所收集的需求哪些将包含在项目范围内，哪些将排除在项目范围外，从而明确项目、服务或输出的边界。图 7-2 描述了本过程的输入、工具与技术和输出。

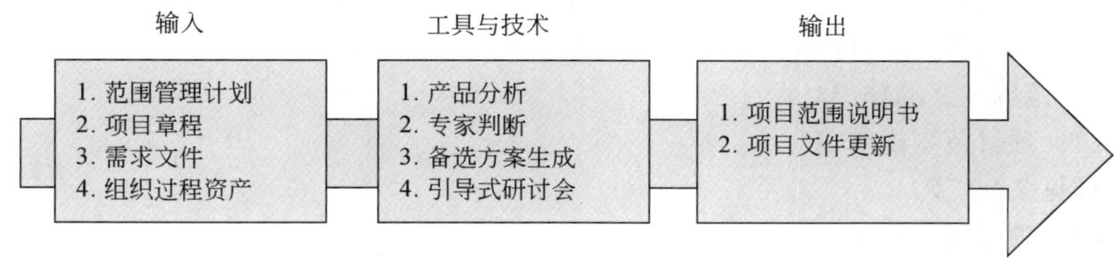

图 7-2　定义范围过程

1．范围定义的内容和作用

由于在收集需求过程中识别出的所有需求未必都包含在项目中，所以定义范围过程就要从需求文件（收集需求过程的输出）中选取最终的项目需求，然后制定出关于项目及其产品、服务或输出的详细描述。

准备好详细的项目范围说明书，对项目成功至关重要。应根据项目启动过程中记载的主要可交付成果、假设条件和制约因素来编制项目范围说明书。在项目规划过程中，随着对项目信息的更多了解，应该更加详细具体地定义和描述项目范围。还需要分析现有风险、假设条件和制约因素的完整性，并做必要的增补或更新。需要多次反复开展定义范围过程。在迭代型生命周期的项目中，先为整个项目确定一个高层级的愿景，再针对每一次迭代明确详细范围。通常，随着当前迭代的项目范围和可交付成果的进展，而详细规划下一次迭代的工作。

定义范围最重要的任务就是详细定义项目的范围边界，范围边界是应该做的工作和不需要进行的工作分界线。定义范围可以增加项目时间、成本和资源估算的准确度，定义项目控制的依据，明确相关责任人在项目中的责任，明确项目的范围、合理性和目标，以及主要可交付成果。

2．范围定义的输入、输出

1）范围定义的输入

（1）范围管理计划

详见 7.2 节。范围管理计划是项目管理计划的组成部分，确定了制定、监督和控制项目范围的各种活动。

（2）项目章程

项目章程中包含对项目和产品特征的高层级描述。它还包括项目审批要求。如果执行组织不使用项目章程，则应取得或编制类似的信息，用做制定详细范围说明书的基础。如果组织不制定正式的项目章程，通常会进行非正式的分析，为后续的范围规划提供依据。

（3）需求文件

使用需求文件来选择哪些需求将包含在项目中。

（4）组织过程资产

影响定义范围过程的组织过程资产包括：用于制定项目范围说明书的政策、程序和模板，以往项目的项目档案，以往阶段或项目的经验教训。

2）范围定义的输出

（1）项目范围说明书

详见 7.4.2 节。

（2）项目文件更新

可能需要更新的项目文件至少包括：干系人登记册、需求文件、需求跟踪矩阵。

3．范围定义的工具和技术

1）产品分析

产品分析旨在弄清产品范围，并把对产品的要求转化成项目的要求。产品分析是一种有效的工具。每个应用领域都有一种或几种普遍公认的方法，用以把高层级的产品描述转变为有形的可交付成果。产品分析技术包括产品分解、系统分析、需求分析、系统工程、价值工程和价值分析等。比如，一个 IT 系统可以划分为几个子系统，以及这些子系统之间如何交互，直接影响到项目团队如何实现这些子系统，即采用什么样的项目策略，从而影响到项目范围的定义。

2）专家判断

专家判断常用来分析制定项目范围说明书所需的信息。专家判断和专业知识可用来处理各种技术细节。

3）备选方案生成

备选方案生成是一种用来制定尽可能多的潜在可选方案的技术，用于识别执行项目工作的不同方法。许多通用的管理技术都可用于生成备选方案，如头脑风暴、横向思维、备选方案分析等。

4）引导式研讨会

具有不同期望或专业知识的关键人物参与研讨会，有助于就项目目标和项目限制达成跨职能的共识。

7.4.2　范围说明书

项目范围说明书是对项目范围、主要可交付成果、假设条件和制约因素的描述。项目范围说明书记录了整个范围，包括项目和产品范围。项目范围说明书详细描述项目的可交付成果，以及为创建这些可交付成果而必须开展的工作。项目范围说明书可明确指出哪些工作不属于本项目范围。

为了便于管理干系人的期望，项目范围说明书在所有项目干系人之间建立了一个对项目范围的共识，描述了项目的主要目标，使项目团队能进行更详细的规划，指导项目团队在项目实施期间的工作，并提供了一个范围基准或边界，用以评估所申请的变更或附加工作是在边界内还是边界外。由此我们认为，项目的范围边界一定是闭合的，否则我们就不能判断某变更是对原项目范围的变更还是新添加的项目范围。

项目范围说明书描述要做和不要做的工作的详细程度，决定着项目管理团队控制整个项目范围的有效程度。对项目范围进行管理，又可以决定项目团队能否很好地规划、管理和控制项目的执行。详细的范围说明书或引用的文档通常包括以下内容：

（1）项目目标

项目目标包括衡量项目成功的可量化标准。项目可能具有多种业务、成本、进度、技术和质量上的目标。项目目标还可以包括成本、进度和质量方面的具体目标。项目目标应该有一定属性（如成本）、计量单位、一个绝对或相对的数值。要成功完成项目，没有量化的目标通常隐含着较高的风险。

（2）产品范围描述

产品范围描述了项目承诺交付的产品、服务或结果的特征。这种需求在早期比较粗略，而在后期随着产品特征逐步细化会更加详细。当产品的特征有所改变的时候，产品描述将提供足够的细节来支持后续的项目规划工作。

（3）项目需求

项目需求描述了项目承诺交付物要满足合同、标准、规范或其他强制性文档所必须具备的条件或能力。项目干系人分析把项目干系人的要求、期望翻译成项目需求，并进行排序。

（4）项目边界

项目边界严格地定义了项目内包括什么和不包括什么，以防有的项目干系人假定某些产品或服务是项目中的一部分。

（5）项目的可交付成果

在某一过程、阶段或项目完成时，产出的任何独特并可核实的产品、成果或服务。可交付成果也包括各种辅助成果，如项目管理报告和文件。对可交付成果的描述可略可详。

（6）项目的制约因素

指具体的与项目范围有关的约束条件，它会对项目团队的选择造成限制。项目范围说明书的约束条件比项目章程中列出的约束条件更多，而且更加详尽。需要列举并描述与项目范围有关且会影响项目执行的各种内外部制约或限制条件，例如，客户或执行组织事先确定的预算、强制性日期或进度里程碑都应该被包括在内。如果项目是根据协议实施的，那么合同条款通常也是制约因素。关于制约因素的信息可以列入项目范围说明书，也可以独立成册。

（7）假设条件

与范围相关的假设条件，以及当这些条件不成立时对项目造成的影响。作为计划过程的一部分，项目团队要经常识别、记录和确认假设条件的有效性。在制定计划时，不需验证即可视为正确、真实或确定的因素就是假设。关于假设条件的信息可以列入项目范围说明书，也可以独立成册。

虽然项目章程和项目范围说明书的内容存在一定程度的重叠，但它们的详细程度完全不同。项目章程包括高层级的信息，而项目范围书说明则是对项目范围的详细描述。项目范围需要在项目过程中渐进明细。表7-1显示了这两个文件的一些关键内容。

表7-1　项目章程和项目范围说明书的内容

项 目 章 程	项目范围说明书
项目目的或批准项目的原因	项目范围描述（渐进明细）
可测量的项目目标和相关的成果标准	验收标准
高层级需求	项目可交付成果
高层级项目需求	项目的除外责任
高层级风险	项目制约因素
总体里程碑进度计划	项目假设条件
总体预算	
干系人清单	
项目审批要求（如什么构成项目成功，由谁决定，由谁签署）	
委派的项目经理及其职责	
发起人或其他批准项目章程的人员姓名和职权	

7.5　创建工作分解结构

创建工作分解结构是把项目可交付成果和项目工作分解成较小的、更易于管理的组件的过程。工作分解结构（WBS）是项目管理的基础，项目的所有规划和控制工作都必须基于工作分解结构。如果没有工作分解结构，就谈不上项目的进度计划、成本计划、质量计划、人力资源计划和风险计划等。本过程的主要作用是，对所要交付的内容提供一个结构化的视图。图 7-3 描述了本过程的输入、工具与技术和输出。

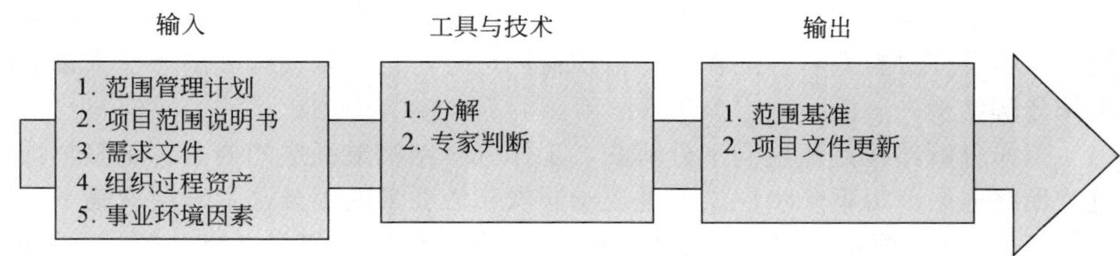

图 7-3　创建工作分解结构过程

WBS 是对项目团队为实现项目目标、创建可交付成果而需要实施的全部工作范围的层级分解。WBS 组织并定义了项目的总范围，代表着经批准的当前项目范围说明书中所规定的工作。

1．WBS 的作用和意义

工作分解结构是后续管理工作的主要依据，是项目时间、成本、人力等管理工作的基础。因此，从某种程度上讲，工作结构分解的过程，也就是为项目搭建管理骨架的过程。项目的工作结构分解，对项目管理有着重要的意义：

（1）通过工作结构分解，把项目范围分解开来，使项目相关人员对项目一目了然，能够使项目的概况和组成明确、清晰、透明和具体。使项目管理者和项目干系人如投资人或客户，都能通过 WBS 把握项目、了解和控制项目过程。

（2）保证了项目结构的系统性和完整性。因为分解的过程要求包含项目的所有工作，这样才可能在规划和实施项目中保证不会存在遗漏，进而保证了项目的完整性。

（3）通过工作结构分解，可以建立完整的项目保证体系，因为这个分解过程将项目的总目标关注的重点，如进度、成本和质量等分解到可控制的各项目单元，便于执行和实现目标要求。

（4）项目工作结构分解能够明确项目相关各方的工作界面，便于责任划分和落实。

（5）最终工作分解结构，可以直接作为进度计划和控制的工具。

（6）为建立项目沟通管理提供依据，便于把握信息重点。

（7）是项目各分计划和控制措施制定的基础和主要依据。

（8）有助于防止需求和范围蔓延。

2．WBS 包含的内容

WBS 最低层的工作单元被称为工作包，是我们进行进度安排、成本估算和监控的基础。工作包对相关活动进行归类。

（1）工作分解结构是用来确定项目范围的，项目的全部工作都必须包含在工作分解结构当中，而且不包含在工作分解结构中的任何工作都不是项目的组成部分，都不能做，否则就是“镀金”。这是工作分解结构百分百规则的要求，即工作分解结构必须且只能包括 100%的工作。

（2）工作分解结构的编制需要所有项目干系人的参与，需要项目团队成员的参与。各项目干系人站在自己的立场上，对同一个项目可能编制出差别较大的工作分解结构。项目经理应该发挥“整合者”的作用，组织他们进行讨论，以便编制出一份大家都能接受的工作分解结构。

（3）工作分解结构是逐层向下分解的。工作分解结构最高层的要素总是整个项目或分项目的最终成果。每下一个层次都是上一层次相应要素的细分，上一层次是下一层次各要素之和。工作分解结构中每条分支分解层次不必相等，如某条分支分解到了第四层，而另一条可能只分解到第三层。一般情况下，工作分解结构应控制在 3～6 层为宜。如果项目比较大，以至于工作分解结构要超过 6 层，我们可以把大项目分解成子项目，然后针对子项目来做工作分解结构。

工作分解结构中的各要素应该是相对独立的，要尽量减少相互之间的交叉。

工作分解结构一般用图表形式表达，其形式是工作分解结构的具体表现，是实施项目、实现最终产品或服务所必须进行的全部活动的一张清单，也是进度计划、人员分配、预算计划的基础。

当前较常用的工作分解结构表示形式主要有以下两种：

（1）分级的树型结构

类似于组织结构图，如图 7-4 所示。

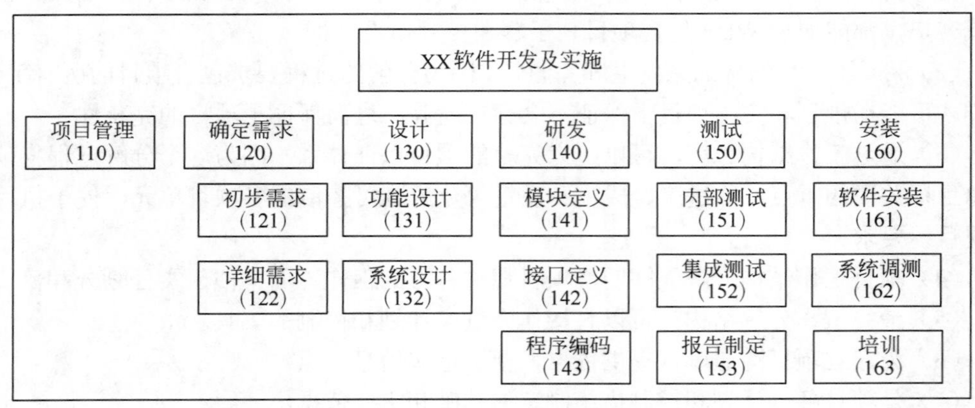

图 7-4　工作分解结果示意图

树型结构图的 WBS 层次清晰，非常直观，结构性强，但是不容易修改，对于大型的、复杂的项目也很难表示出项目的全景。由于其直观性，一般在一些小的、适中的应用项目中用得较多。

（2）表格形式

类似于分级的图书目录。如表 7-2 所示。

表 7-2　远程教育项目工作分解结构表格形式示意图

WBS 编码	工作任务	工　　期	负责人
1	硬件采购	2 月	何波
2	第三方软件采购	2 月	邓方
3	系统功能确定	5 月	张杰
3.1	设备管理	1 月	阳波
3.2	维护管理	1 月	刘顺东
3.3	工单管理	1 月	谢後
3.3.1	模块设计	5 天	段玉
3.3.2	代码编制	5 天	习三平
3.3.3	单元测试	10 天	刘春利
3.3.4	功能测试	5 天	汪海洋
3.3.5	验证测试	5 天	钱小小
3.4	采购管理	1 月	赵云
3.5	库存管理	1 月	曲东清
4	系统接口	1 月	吴越
5	现场实施	1 月	张良

该表能够反映出项目所有的工作要素，可是直观性较差。但在一些大型的、复杂的项目中使用还是较多的，因为有些项目分解后，内容分类较多、容量较大，用缩进图表的形式表示比较方便，也可装订为手册。这种形式有如下特点：

① 每层中的所有要素之和是下一层的工作之和。

② 每个工作要素应该具体指派一个层次，而不应该指派给多个层次。

③ 工作分解结构需要有投入工作的范围描述，使项目团队成员对要完成的工作有全面的了解。

下面解释了工作分解结构中的一些概念。

（1）里程碑

里程碑标志着某个可交付成果或者阶段的正式完成。里程碑和可交付成果紧密联系在一起，但并不是一个概念。可交付成果可能包括报告、原型、成果和最终产品，而“里程碑=具体时间+在这个时间应完成的事件”，里程碑关注事件是否完成，例如，用户签署正式的认可文件等。工作分解结构中的任务有明确的开始时间和结束时间，任务的结果可以和预期的结果相比较。

（2）工作包

工作包是位于工作分解结构每条分支最低层的可交付成果或项目工作组成部分。由于工作包便于完整地分派给不同的人或组织，所以要求明确各工作单元之间的界面。工作包应该非常具体，以便承担者能明确自己的任务、努力的目标和承担的责任，工作包是基层任务或工作的指派，同时其具有检测和报告工作的作用。所有工作包的描述必然让成本会计管理者和项目监管人员理解，并能够清楚区分不同工作包的工作。同时，工作包的大小也是需要考虑的细节，如果工作太大，那么难以达到可管理、可控制的目标，如果工作包太小，那么工作分解结构就要消耗项目管理人员和项目团队成员的大量时间和精力。作为一种经验法则，8/80 规则（80 小时原则）建议工作包的大小应该至少需要 8 个小时来完成，而总完成时间也不应该大于 80 小时。

在制作分解结构的过程中，把每个工作包分配到一个控制账户，并根据“账户编码”为工作包建立唯一标识，这些标识为进行成本、进度与资源信息的层级汇总提供了层级结构。控制账户是一个管理控制点。在该控制点上，把范围、预算、实际成本和进度加以整合，并与挣值相比较，以测量绩效。控制账户设置在 WBS 中选定的管理节点上。每个控制账户可能包括一个或多个工作包，但是一个工作包只能属于一个控制账户。需要生成一些配套的文件，这些文件需要和工作分解结构配合使用，称为工作分解结构词典，它包括工作分解结构组成部分的详细内容、账户编码、工作说明、负责人、进度里程碑清单等，还可能包括合同信息、质量要求、技术文献、计划活动、资源和成本估计等。

某个可交付成果，如果具有下列特征之一，就可能被当作为工作包：

① 规模较小，可以在短时间（80 小时）完成。

② 从逻辑上讲，不能再分了。

③ 所需资源、时间、成本等已经可以比较准确地估算，已经可以对其进行有效的时间、成本、质量、范围和风险控制。

（3）WBS 编码设计

为了简化 WBS 的信息交流过程，通常利用编码技术对 WBS 进行信息交换。编码设计与结构设计存在对应关系。结构的每一层次代表编码的某一位数，有一个分配给它特定的代码数字。

在 WBS 编码中，任何等级的一位项目要素，是其余全部次一级项目要素的总和。如第二个数字代表子项目要素。所有子项目的编码第一位数字是相同的，再下一级的工作单元的编码依此类推。

编码设计对于 WBS 来说是个关键技术。不管对于使用者是高级管理人员还是其他层次的员工来说编码都有共同的意义。在进行编码设计时必须仔细考虑收集到的信息和收集所用的方法，使信息能够通过 WBS 编码进入到应用记录系统中。

7.5.1　创建工作分解结构的工具与技术

1．分解

分解是一种把项目范围和项目可交付成果逐步划分为更小、更便于管理的单元，直到可交付物细分到足以用来支持未来的项目活动定义的工作包。工作包是 WBS 最低层的工作，可对其成本和持续时间进行估算和管理。分解的程度取决于所需的控制程度，以实现对项目的高效管理。工作包的详细程度因项目规模和复杂程度而异。要把整个项目工作分解为工作包，通常需要开展以下活动：

（1）识别和分析可交付成果及相关工作。

（2）确定 WBS 的结构和编排方法。

（3）自上而下逐层细化分解。

（4）为 WBS 组件制定和分配标识编码。

（5）核实可交付成果分解的程度是否恰当。

整个项目工作的分解过程可以用流程图来表示。确定各层次的组成要素时，首先是从项目的主要可交付物开始。在确定可交付物时，是根据项目的实际管理方式来进行的。当分解完成，则要核实分解的正确性，包括四个方面，如图 7-5 所示。最后，输出理想的分解结果。

工作分解的过程，也是项目结构化和层次化的过程，在整个过程中，除了产生最终认定的工作分解结构外，同时可以根据项目的需要进一步确定子项目，通过子项目管理者去做进一步的细化工作，这对于一些较大的、复杂的项目而言是很有必要的，这样不同层次的项目管理者只对应其相应层次的工作分解结构，便于项目的管理。对于一个项目一般分 3－5 层比较合适，如果层次过多，最好将项目进一步划分成不同的子项目，如果层次太少，对于较大的项目而言又不便于控制和管理。

工作结构分解应把握如下原则：

（1）在层次上保持项目的完整性，避免遗漏必要的组成部分。

（2）一个工作单元只能从属于某个上层单元，避免交叉从属。

（3）相同层次的工作单元应用相同性质。

（4）工作单元应能分开不同的责任者和不同的工作内容。

（5）便于项目管理计划和项目控制的需要。

（6）最底层工作应该具有可比性，是可管理的，可定量检查的。

（7）应包括项目管理工作，包括分包出去的工作。

2．专家判断

需要依据各种信息，把项目可交付成果分解为更小的组成部分。专家判断常用语分析这些信息，以便创建有效的 WBS。专家判断和专业知识可用来处理有关项目范围的各种技术细节，并协调各种不同的意见，以便用最好的方法对项目整体范围进行分解。专家判断可以来自具备相关培训、知识或相似业务经验的任何小组或个人。专家判断也可以表现为预定义的模板。这些模板是关于如何分解某些通用可交付成果的指南，可能是某行业或专业所持有的，或来自于类似项目的经验。

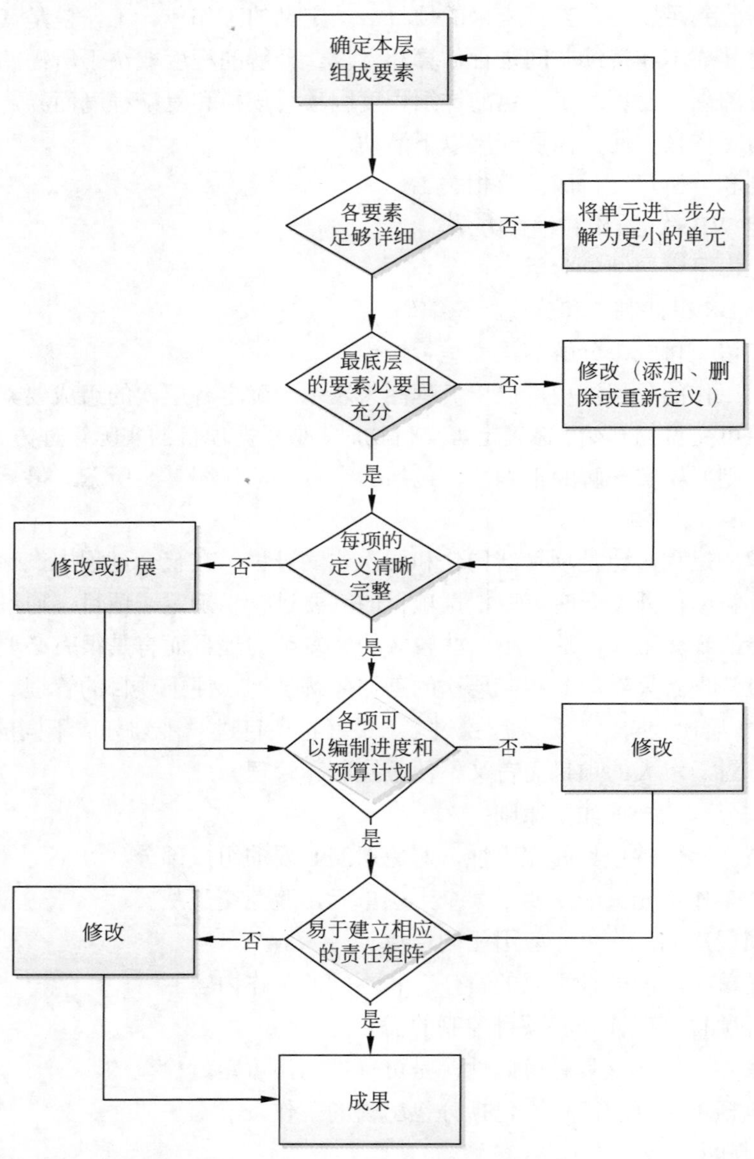

图 7-5 项目工作结果分解步骤示意图

项目经理应该在项目团队的协作下，最终决定如何把项目范围分解为独立的工作包，以便有效管理项目工作。

7.5.2　WBS 创建工作的输入、输出

1．创建工作分解结构的输入

（1）项目范围管理计划

详见 7.2 节。范围管理计划中定义了应该如何根据详细项目范围说明书创建 WBS，以及应该如何维护和批准 WBS。

（2）项目范围说明书

详见 7.3 节。项目范围说明书描述了需要实施的工作及不包含在项目中的工作，同时也列举和描述了会影响项目执行的各种内外部制约或限制条件。

（3）需求文件

详见 7.3 节。详细的需求文件，对理解需要产出什么项目结果，需要做什么来交付项目及其最终产品，都非常重要。

（4）事业环境因素

项目所在行业的 WBS 标准，可以作为创建 WBS 的外部参考资料。

（5）组织过程资产

影响创建 WBS 过程的组织过程资产包括：用于创建 WBS 的政策、程序和模板，以往项目的项目档案，以往项目的经验教训。

2．创建工作分解结构的输出

1）范围基准

经过批准的范围说明书、工作分解结构（WBS）和相应的 WBS 词典组成了范围基准，只有通过正式的变更控制程序才能进行变更这个基准，它被用作比较的基础。范围基准是项目管理计划的组成部分，包括：

（1）项目范围说明书。项目范围说明书包括对项目范围、主要可交付成果、假设条件和制约因素的描述。

（2）WBS。WBS 是对项目团队为实现项目目标、创建所需可交付成果而需要实施的全部工作范围的层级分解。工作分解结构每向下分解一层，代表着对项目工作更详细的定义。把每个工作包分配到一个控制账户，并根据“账户编码”为工作包建立唯一标识，是创建 WBS 的最后步骤。这些标识为进行成本、进度与资源信息的层级汇总提供了层级结构。控制账户设置在 WBS 中选定的管理节点上。

（3）WBS 词典。WBS 词典是针对每个 WBS 组件，详细描述可交付成果、活动和进度信息的文件。WBS 词典对 WBS 提供支持。WBS 词典中的内容可能至少包括：账户编码标识、工作描述、假设条件和制约因素、负责的组织、进度里程碑、相关的进度

活动、所需资源、成本估算、质量要求、验收标准、技术参考文献、协议信息。

2）项目文件更新

可能需要更新的项目文件至少包括需求文件。可能需要在需求文件中反映经批准的变更。如果在创建 WBS 过程中提交了变更请求并获得了批准，那么应该更新需求文件，以反映经批准的变更。

7.6 项目范围确认

确认范围是正式验收已完成的项目可交付成果的过程。确认范围需要审查可交付物和工作成果，以保证项目中所有工作都能准确地、满意地完成。确认范围应该贯穿项目的始终，从 WBS 的确认或合同中具体分工界面的确认，到项目验收时范围的检验。确认范围过程应该以书面文件的形式把它完成情况记录下来。本过程的主要作用是，使验收过程具有客观性；同时通过验收每个可交付成果，提高最终产品、服务或成果获得验收的可能性。图 7-6 描述了本过程的输入、工具与技术和输出。

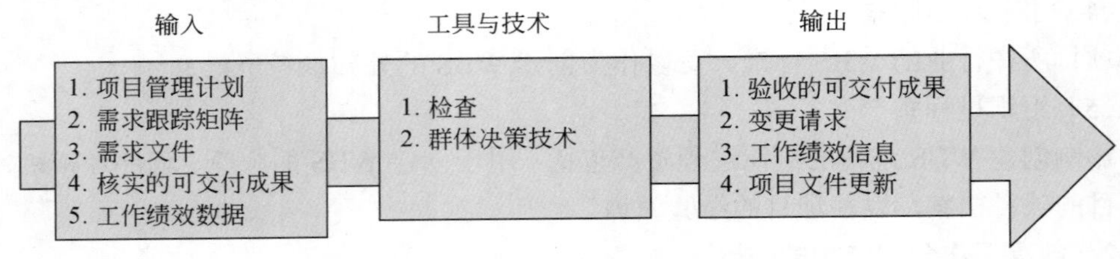

图 7-6 确认范围过程

7.6.1 项目范围确认的工作要点

由客户或发起人审查从控制质量过程输出的核实的可交付成果，确认这些可交付成果已经圆满完成并通过正式验收。本过程对可交付成果的确认和最终验收，需要依据：从项目范围管理知识领域的各规划过程获得的输出（如需求文件或范围基准），以及从其他知识领域的各执行过程获得的工作绩效数据。

1. 制定并执行确认程序

确认范围过程与控制质量过程的不同之处在于，前者关注可交付成果的验收，而后者关注可交付成果的正确性及是否满足质量要求。控制质量过程通常先于确认范围过程，但二者也可同时进行。

确认范围的一般步骤：

（1）确定需要进行确认范围的时间。

（2）识别确认范围需要哪些投入。

（3）确定范围正式被接受的标准和要素。

（4）确定确认范围会议的组织步骤。

（5）组织确认范围会议。

2．项目干系人对项目范围的正式承认

在每个阶段中，有必要说明最重要的活动，但没必要过分强调涉及细节。除非项目干系人特别提到，而且要有详细讨论每个细节的准备。项目干系人进行确认范围时，一般需要检查以下 6 个方面的问题：

（1）可交付成果是否确实的、可确认的或者说可核实的。

（2）每个交付成果是否有明确的里程碑，里程碑是否明确可辨别的。例如，客户的书面认可书等。

（3）是否有明确的质量标准。

（4）审核或承诺是否表达清晰。项目投资人必须正式同意项目的边界、项目完成的产品或服务，以及项目相关的可交付成果。项目团队必须清楚了解并取得一致的意见。

（5）项目范围是否覆盖了需要完成的产品或服务进行的所有活动。

（6）项目范围的风险发生概率，管理层是否能够降低可预见性的风险对项目的影响。

7.6.2　项目范围确认的工具与技术

1．检查

检查是指开展测量、审查与确认等活动，来判断工作和可交付成果是否符合需求和产品验收标准，是否满足项目干系人的要求和期望。检查有时也被称为审查、产品审查、审计和巡检等。在某些应用领域，这些术语具有独特和具体的含义。

项目范围确认时，项目管理组织必须向客户出示能够明确说明项目或阶段成果的文件，如项目管理文件（计划、控制、沟通等）、技术需求确认书、技术文件、施工图纸等。当然，提交的验收文件应该是客户已经认可了这个项目产品或某个阶段的文件，他们必须为完成这项工作准备条件。确认范围完成时，应当对确认中调整的 WBS 及 WBS 词典进行更新。

2．群体决策技术

当由项目团队和其他干系人进行确认时，可以使用群体决策技术来达成结论。

7.6.3　项目范围确认的输入、输出

1．项目范围确认的输入

1）项目管理计划

项目管理计划包含范围管理计划和范围基准。范围管理计划定义了项目已完成可交

付成果的正式验收程序。范围基准包含批准的范围说明书、WBS 和相应的 WBS 词典。只有通过正式的变更控制程序才可对基准进行变更。基准被用作比较的基础。

2）需求文件

详见 7.3 节。需求文件列明了全部项目需求、产品需求及对项目和产品的其他类型的需求，同时还有相应的验收标准。

3）需求跟踪矩阵

需求跟踪矩阵连接了需求与需求源，用于在整个项目生命周期中对需求进行跟踪。

4）核实的可交付成果

核实的可交付成果是指已经完成，并经质量过程检查为正确的可交付成果。

5）工作绩效数据

工作绩效数据可能包括符合需求的程度、不一致的数量、不一致的严重性或在某时间段内开展确认的次数。

2．项目范围确认的输出

1）验收的可交付成果

符合验收标准的可交付成果应该由客户或发起人以书面的形式正式签字批准。没有被客户接受的交付物也应当记录下来，同时还要记录未被客户接受的原因。应该从客户或发起人那里获得正式文件，证明干系人对项目可交付成果的正式验收。这些文件将提交给结束项目或阶段过程。

由于范围的确认可以是阶段性的，所以此处所讲的交付物可能是中间交付物。这涉及到系统集成项目的验收问题，即可先分批验收，最后再终验，但是每一次验收都需要客户的书面确认。

2）变更请求

对已经完成但未通过正式验收的可交付成果及其未通过验收的原因，应该记录在案；可能需要针对这些可交付成果提出变更请求以进行缺陷补救。变更请求应该由实施整体变更控制过程进行审查与处理。

3）工作绩效信息

工作绩效信息包括项目进展信息，例如，哪些可交付成果已经开始实施，它们的进展如何，哪些可交付成果已经完成，或者哪些已经被验收。这些信息应该被记录下来并传递给干系人。

4）项目文件更新

作为确认范围过程的结果，可能需要更新的项目文件包括定义产品或报告产品完成情况的任何文件。确认文件需要客户或发起人以签字或会签的形式进行批准。

7.7　项目范围控制

7.7.1　项目范围控制涉及的主要内容

范围控制是监督项目和产品的范围状态，管理范围基准变更的过程。范围控制涉及到影响引起范围变更的因素，确保所有被请求的变更、推荐的纠正措施或预防措施按照项目整体变更控制处理，并在范围变更实际发生时进行管理。范围控制过程应该与其他控制过程协调开展。未经控制的产品或项目范围的扩大（未对时间、成本和资源做相应调整）被称为范围蔓延。变更不可避免，因此在每个项目上，都必须以书面的形式记录并实施某种形式的变更控制管理。本过程的主要作用是，在整个项目期间保持对范围基准的维护。图 7-7 描述了本过程的输入、工具与技术和输出。

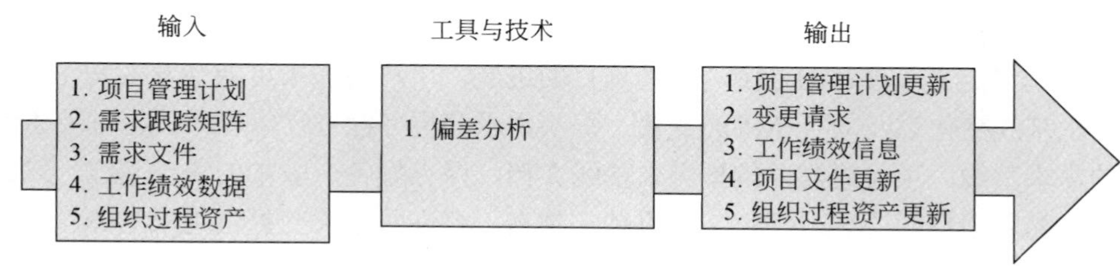

图 7-7　范围控制过程

7.7.2　项目范围控制与项目整体变更管理的联系

变更是项目干系人常常由于项目环境或者是其他原因要求而对项目的范围计划进行修改，甚至是重新规划，有时变更也叫变化。项目的范围变更控制、管理是对项目中存在的或潜在的变化采用正确的策略和方法来降低项目的风险。

范围变更管理过程中经常遇见的问题包括：

（1）项目范围蔓延

很多项目经理都能够意识到大的范围变化，但是对小的范围变化就不那么细心了。因此，在实际工作当中就往往有这样一种趋势，很多项目经理没有经过认真的思考就把新的工作增加到了项目当中。当这些小的变化都聚合到一起的时候，项目小组才意识到他们承担了太多的超额任务，已经无法按照原有的时间和预算框架来完成项目了。

（2）得不到投资人的批准

很多时候，项目经理会面对来自客户等项目干系人一系列变化要求。由于这些人都属于客户范围，所以他们的要求通常都被认为是应当被接受的。实际上这是一种错误认识。客户通常只能提出范围变化的要求，但却没有批准的权力。即使是项目经理也没有批准的权力。真正拥有这种权力的只有一个人，那就是这个项目的投资人（除非该资助人已经授权给了他人）。很多项目会遇到麻烦，就是因为大家都以为项目范围的变化能够得到批准，而事实上真正拥有决定权的投资人有时并不同意这样做。

（3）项目小组未尽责任

项目小组的成员有很多的机会同客户进行互动交流，他们所接到的范围变化要求也就最多。因此，整个项目小组都必须理解范围变化管理的重要性。所有小组成员都必须及时发现项目范围的变化并将其报告给项目经理。如果他们把所有的额外工作都自己承担，就很可能造成无法按时完成任务的结果，从而危害到整个项目。

7.7.3 项目范围控制与用户需求变更的联系

用户的需求变更必须控制在可控范围之内。在项目管理过程中，用户需求变更是很常见的。面对频繁的需求变更，如果项目团队缺乏明确的需求变更管理控制及范围管理控制，非常容易导致项目的失控。

需求基线定义了项目的范围。随着项目的进展，用户的需求可能会发生变化，从而导致需求基线变化以及项目范围的变化。每次需求变更并经过需求评审后，都要重新确定新的需求基线。项目组需要维护需求基线文档，保存好各个版本的需求基线，以备不时之需。随着项目的进展，需求基线将越定越高，容许的需求变更将越来越少。

需求变更及项目范围变更一定要遵循由变更控制委员会制定的变更控制流程，图 7-8 是项目范围变更控制流程的一个示例。

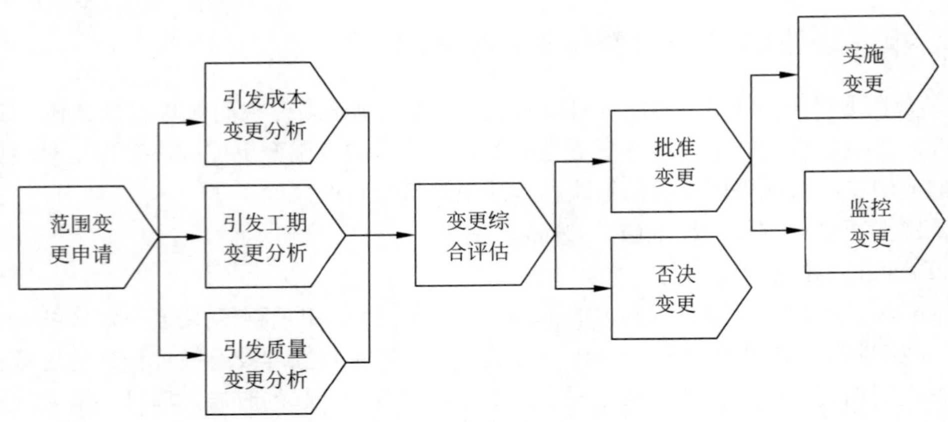

图 7-8 范围变更控制程序

7.7.4 项目范围控制涉及所用的工具与技术

进行项目范围控制时，所用的技术和工具是偏差分析。

偏差分析是一种确定实际绩效与基准的差异程度及原因的技术。可利用项目绩效测量结果评估偏离范围基准的程度，确定偏离范围基准的原因和程度，并决定是否需要采取纠正或预防措施，是项目范围控制的重要工作。

7.7.5　项目范围控制的输入、输出

1．项目范围控制的输入

1）项目管理计划

项目管理计划中的以下信息可用于控制范围：

（1）范围基准。用范围基准与实际结果比较，以决定是否有必要进行变更、采取纠正措施或预防措施。

（2）范围管理计划。描述如何监督和控制项目范围。

（3）变更管理计划。变更管理计划定义管理项目变更的过程。

（4）配置管理计划。配置管理计划定义哪些是配置项，哪些配置项需要正式变更控制及针对这些配置项的变更控制过程。

（5）需求管理计划。需求管理计划是项目管理计划的组成部分，描述如何分析、记录和管理项目需求。

2）需求文件

需求应该明确（可测量且可测试）、可跟踪、完整、一致且得到主要干系人的认可。记录完好的需求文件便于发现任何对于批准的项目或产品范围的偏离。

3）需求跟踪矩阵

需求跟踪矩阵有助于发现任何变更或对范围基准的任何偏离给项目目标所造成的影响。

4）工作绩效数据

工作绩效数据可能包括收到的变更请求的数量、接受的变更请求的数量，或者完成的可交付成果的数量等。

5）组织过程资产

影响范围控制过程的组织过程资产包括：现有的、正式和非正式的，与范围控制相关的政策、程序和指南；可用的监督和报告的方法与模板。

2．项目范围控制的输出

1）工作绩效信息

本过程产生的工作绩效信息是有关项目范围实施情况（对照范围基准）的、相互关联且与各种背景相结合的信息，包括收到的变更的分类、识别的范围偏差和原因、偏差对进度和成本的影响，以及对将来范围绩效的预测。这些信息是制定范围决策的基础。

2）变更请求

对范围绩效的分析，可能导致对范围基准或项目管理计划其他组成部分提出变更请

求。变更请求可包括预防措施、纠正措施、缺陷补救或改善请求。变更请求需要经实施整体变更控制过程的审查和处理。如表 7-3 所示即项目实施变更申请单示例。

表 7-3　项目实施变更申请单

文件编号：				
项目名称				
实施地点				
变更时间				
变更申请人				
变更内容				
变更原因				
变更确认				
负责人评审意见	负责人签字： 年　月　日			
变更信息	是否变更	是　　否	变更编号	
	变更执行人		变更时间	
	变更级别		负责人签字	
	抄送单位			

3）项目管理计划更新

项目管理计划更新可能至少包括：

（1）范围基准更新

如果批准的变更请求会对项目范围产生影响，那么范围说明书、WBS 及 WBS 词典都需要重新修订和发布，以反映这些通过实施整体变更控制过程批准的变更。

（2）其他基准更新

如果批准的变更请求会对项目范围以外的方面产生影响，那么相应的成本基准和进度基准也需要重新修订和发布，以反映这些被批准的变更。

4）项目文件更新

可能需要更新的项目文件至少包括：需求文件、需求跟踪矩阵。

5）组织过程资产更新

可能需要更新的组织过程资产包括：造成偏差的原因、所选的纠正措施及选择理由、从项目范围控制中得到的其他经验教训。

第 8 章　项目进度管理

项目进度管理包括为管理项目按时完成所需的 7 个过程，具体为：

（1）规划进度管理过程——制定政策、程序和文档以管理项目进度。

（2）定义活动过程——识别和记录为完成项目可交付成果而需采取的具体行动。

（3）排列活动顺序过程——识别和记录项目活动之间的关系。

（4）估算活动资源过程——估算执行各项活动所需材料、人员、设备或用品的种类和数量。

（5）估算活动持续时间过程——根据资源估算的结果，估算完成单项活动所需工期。

（6）制定进度计划过程——分析活动顺序、持续时间、资源需求和进度制约因素，创建项目进度模型。

（7）控制进度过程——监督项目活动状态、更新项目进展、管理进度基准变更，以实现计划。

上述过程不仅彼此相互作用，而且还与其他知识领域中的过程相互作用。

在某些项目（特别是小项目）中，定义活动、排列活动顺序、估算活动资源、估算活动持续时间及制定进度计划等过程之间的联系非常密切，以至于可视为一个过程，由一个人在较短时间内完成。但本章仍然把这些过程分开介绍，因为每个过程所用的工具和技术各不相同。

8.1　规划项目进度管理

规划项目进度管理是为实施项目进度管理制定政策、程序，并形成文档化的项目进度管理计划的过程。本过程的主要作用是，为如何在整个项目过程中管理、执行和控制项目进度提供指南和方向。

项目进度管理计划是项目管理计划的组成部分，项目进度管理过程及其相关的工具和技术应写入进度管理计划。根据项目需要，进度管理计划可以是正式或非正式的，非常详细或高度概括的。项目进度管理计划应包括合适的控制临界值，还可以规定如何报告和评估进度紧急情况。在项目执行过程中，可能需要更新进度管理计划，以反映在管理进度过程中所发生的变更。项目进度管理计划是制定项目管理计划过程的主要输入。

8.1.1　规划项目进度管理的输入

1．项目管理计划

项目管理计划中用于制定进度管理计划的信息包括（但不限于）：

（1）范围基准。范围基准包括项目范围说明书、WBS 和 WBS 词典，可用于定义活动、持续时间估算和进度管理。

（2）其他信息。可依据项目管理计划中的其他信息制定进度计划，例如，与规划进度相关的成本、风险和沟通决策。

2．项目章程

项目章程中规定的总体里程碑进度计划和项目审批要求，都会影响项目的进度管理。

3．组织过程资产

会影响规划进度管理过程的组织过程资产包括（但不限于）：

（1）可用的监督和报告工具；

（2）历史信息；

（3）进度控制工具；

（4）现有的、正式和非正式的、与进度控制有关的政策、程序和指南；

（5）模板；

（5）项目收尾指南；

（7）变更控制程序；

（8）风险控制程序，包括风险类别、概率定义与影响，以及概率和影响矩阵。

4．事业环境因素

会影响规划进度管理过程的事业环境因素包括（但不限于）：

（1）能影响进度管理的组织文化和结构；

（2）可能影响进度规划的资源可用性和技能；

（3）提供进度规划工具的项目管理软件，有利于设计管理进度的多种方案；

（4）发布的商业信息（如资源生产率），通常来自各种商业数据库；

（5）组织中的工作授权系统。

8.1.2 规划项目进度管理的工具与技术

1．专家判断

基于历史信息，专家判断可以对项目环境及以往类似项目的信息提供有价值的见解。专家判断还可以对是否需要联合使用多种方法，以及如何协调方法之间的差异提出建议。

针对正在开展的活动，基于应用领域、知识域、学科、行业等的专业知识，而做出的判断，应该用于制定进度管理计划。

2．分析技术

在规划进度管理过程中，可能需要选择项目进度估算和规划的战略方法，例如，进度规划方法论、进度规划工具与技术、估算方法、格式和项目管理软件。进度管理计划中还需详细描述对项目进度进行快速跟进或赶工的方法，如并行开展工作。如同其他会影响项目的进度决策，这些决策可能对项目风险产生影响。

组织政策和程序可能影响对进度规划技术的选择决定。进度规划技术包括（但不限于）：滚动式规划、提前量和滞后量、备选方案分析和进度绩效审查方法。

3．会议

项目团队可能举行规划会议来制定进度管理计划。参会人员可能包括项目经理、项目发起人、选定的项目团队成员、选定的干系人、进度规划或执行负责人，以及其他必要人员。

8.1.3　规划项目进度管理的输出

1．项目进度管理计划

项目进度管理计划是项目管理计划的组成部分，为编制、监督和控制项目进度建立准则和明确活动。根据项目需要，进度管理计划可以是正式或非正式的，非常详细或高度概括的，其中应包括合适的控制临界值。

例如，进度管理计划会规定：

（1）项目进度模型制定。需要规定用于制定项目进度模型的进度规划方法论和工具。

（2）准确度。需要规定活动持续时间估算的可接受区间，以及允许的应急储备数量。

（3）计量单位。需要规定每种资源的计量单位，例如，用于测量时间的人时数、人天数或周数；用于计量数量的米、升、吨、公里或立方米。

（4）组织程序链接。工作分解结构为进度管理计划提供了框架，保证了与估算及资源计划的协调一致。

（5）项目进度模型维护。需要规定在项目执行期间，将如何在进度模型中更新项目状态，记录项目进展。

（6）控制临界值。可能需要规定偏差临界值，用于监督进度绩效。它是在需要采取某种措施前，允许出现的最大偏差。通常用偏离基准计划中的参数的某个百分数来表示。

（7）绩效测量规则。需要规定用于绩效测量的挣值管理（EVM）规则或其他测量规则。例如，进度管理计划可以规定：

- 确定完成百分比的规则；
- 用于考核进展和进度管理的控制账户；
- 拟用的挣值测量技术，如基准、固定公式、完成百分比等；
- 进度绩效测量指标，如进度偏差（SV）和进度绩效指数（SPI），用来评价偏离原始进度基准的程度。

（8）报告格式。需要规定各种进度报告的格式和编制频率。

（9）过程描述。对每个进度管理过程进行书面描述。

8.2 定义活动

上一章的创建 WBS 过程已经识别出 WBS 中最低层的可交付成果，即工作包。为了更好的规划项目，工作包通常还应进一步细分为更小的组成部分，即“活动”。

活动，就是为完成工作包所需进行的工作，是实施项目时安排工作的最基本的工作单元。活动与工作包是 1 对 1 或多对 1 的关系，即有可能多个活动完成一个工作包。

定义活动过程就是识别和记录为完成项目可交付成果而需采取的所有活动。其主要作用是，将工作包分解为活动，作为对项目工作进行估算、进度规划、执行、监督和控制的基础。

8.2.1 定义活动的输入

1．进度管理计划

项目进度管理计划中规定了管理项目工作所需的细致程度。

2．范围基准

在定义活动时，需明确考虑范围基准中的 WBS、可交付成果、制约因素和假设条件。

3．组织过程资产

能够影响定义活动过程的组织过程资产包括（但不限于）：

（1）经验教训知识库，其中包含以往类似项目的活动清单等历史信息；

（2）标准化的流程；

（3）来自以往项目的、包含标准活动清单或部分活动清单的模板；

（4）现有的、正式和非正式的、与活动规划相关的政策、程序和指南，如进度规划方法论，在定义活动时应考虑这些因素。

4．事业环境因素

会影响定义活动过程的事业环境因素包括（但不限于）：

（1）组织文化和结构；

（2）商业数据库中发布的商业信息；

（3）项目管理信息系统（PMIS）。

8.2.2 定义活动的工具与技术

1．分解

分解是一种把项目范围和项目可交付成果逐步划分为更小、更便于管理的组成部分的技术。WBS、WBS 词典和活动清单可依次或同时编制，其中 WBS 和 WBS 词典是制定最终活动清单的基础。WBS 中的每个工作包都需分解成活动，以便通过这些活动来完成相应的可交付成果。让团队成员参与分解过程，有助于得到更好、更准确的结果。

2．滚动式规划

滚动式规划是一种迭代式规划技术，即近期要完成的工作在工作分解结构最下层详细规划，而计划在远期完成的工作，在工作分解结构较高层粗略规划。

因此，在项目生命周期的不同阶段，项目活动的详细程度会有所不同。在早期的战略规划阶段，信息尚不够明确，工作包可能仅能分解到里程碑的水平；而后，随着了解到更多的信息，近期即将实施的工作包就可以分解到具体的活动。

滚动式规划是一种渐进明细的规划方式，项目团队得以逐步完善规划。

3．专家判断

在制定详细项目范围说明书、工作分解结构和项目进度计划方面具有经验和技能的项目团队成员或其他专家，可以为定义活动提供专业知识。

8.2.3　定义活动的输出

1．活动清单

活动清单是一份包含项目所需的全部活动的综合清单。活动清单还包括每个活动的标识及工作范围详述，使项目团队成员知道需要完成什么工作（工作内容、目标、结果、负责人和日期）。每个活动都应该有一个独特的名称。

2．活动属性

活动属性是活动清单中的活动描述的扩展。与里程碑不同，活动具有持续时间，活动需要在该持续时间内开展，而且还需要相应的资源和成本。活动属性随时间演进。在项目初始阶段，活动属性包括活动标识、WBS 标识和活动标签或名称；在活动属性编制完成时，可能还包括活动编码、活动描述、紧前活动、紧后活动、逻辑关系、提前量与滞后量、资源需求、强制日期、制约因素和假设条件。活动属性可用于分配执行工作的负责人，确定开展工作的地区或地点，编制开展活动的项目日历，以及明确活动类型，如支持型活动、独立型活动和依附型活动。活动属性还可用于编制进度计划。根据活动属性，可在报告中以各种方式对活动进行选择、排序和分类。活动属性的数量因应用领域而异。

3．里程碑清单

里程碑是项目中的重要时点或事件。里程碑清单列出了所有项目里程碑，并指明每个里程碑是强制性的（如合同要求的）还是选择性的（如根据历史信息确定的）。里程碑清单为后期的项目控制提供了基础。

里程碑是项目生命周期中的一个时刻，里程碑的持续时间为零，里程碑既不消耗资源也不花费成本，通常是指一个主要可交付成果的完成。

里程碑清单显示了项目为达到最终目标而必须经过的条件或状态序列，描述了在每一阶段，要达到什么状态。

一个项目中应该有几个达到里程碑程度的关键事件。一个好的里程碑最突出的特征是：达到此里程碑的标准毫无歧义。

里程碑计划的编制可以从最后一个里程碑即项目的终结点开始，反向进行：先确定最后一个里程碑，再依次逆向确定各个里程碑。对各个里程碑，应检查“界限是否明确？”“是否无异议？”“是否与其他里程碑内容不重叠？”和“是否符合因果规律？”。

在确定项目的里程碑时，可以使用“头脑风暴法”。

8.3 排列活动顺序

排列活动顺序是识别和记录项目活动之间的关系的过程。本过程的主要作用是，定义工作之间的逻辑顺序，以便在既定的所有项目制约因素下获得最高的效率。

除了首尾两项活动之外，每项活动和每个里程碑都至少有一项紧前活动和一项紧后活动。项目团队可以按逻辑关系将活动排序来创建一个切实的项目进度计划。在活动之间使用提前量或滞后量，可使项目进度计划更为切实可行。排序可以由项目管理软件、手动或者自动化工具来完成。

8.3.1 排列活动顺序的输入

1．进度管理计划

进度管理计划规定了用于项目的进度规划方法和工具，对活动排序具有指导作用。

2．活动清单

活动清单列出了项目所需的、待排序的全部活动。

3．活动属性

活动属性中可能描述了活动之间的必然顺序或确定的紧前紧后关系。

4．里程碑清单

里程碑清单中可能已经列出特定里程碑的实现日期，这可能影响活动排序的方式。

5．项目范围说明书

项目范围说明书中包含产品范围描述，而产品范围描述中又包含可能影响活动排序的产品特征，如软件项目中的子系统界面。项目范围说明书中的其他信息也可能影响活动排序，如项目可交付成果、项目制约因素和假设条件。虽然活动清单中已经体现了这些因素的影响结果，但还是需要对产品范围描述进行整体审查以确保准确性。

6．事业环境因素

会影响活动排序过程的事业环境因素包括（但不限于）：

（1）政府或行业标准；

（2）项目管理信息系统（PMIS）；

（3）进度规划工具；

（4）公司的工作授权系统。

7．组织过程资产

影响活动排序过程的组织过程资产包括：

（1）公司知识库中有助于确定进度规划方法论的项目档案。

（2）现有的、正式或非正式的、与活动规划有关的政策、程序和指南（如用于确定逻辑关系的进度规划方法论）。

（3）有助于加快项目活动网络图编制的各种模板。模板中也会包括有助于活动排序的，与活动属性有关的信息。

8.3.2　排列活动顺序的工具与技术

1．前导图法

前导图法（Precedence Diagramming Method，PDM），也称紧前关系绘图法，是用于编制项目进度网络图的一种方法，它使用方框或者长方形（被称作节点）代表活动，节点之间用箭头连接，以显示节点之间的逻辑关系。图 8-1 展示了一个用 PDM 法绘制的项目进度网络图。这种网络图也被称作单代号网络图（只有节点需要编号）或活动节点图（Active On Node，AON），为大多数项目管理软件所采用。

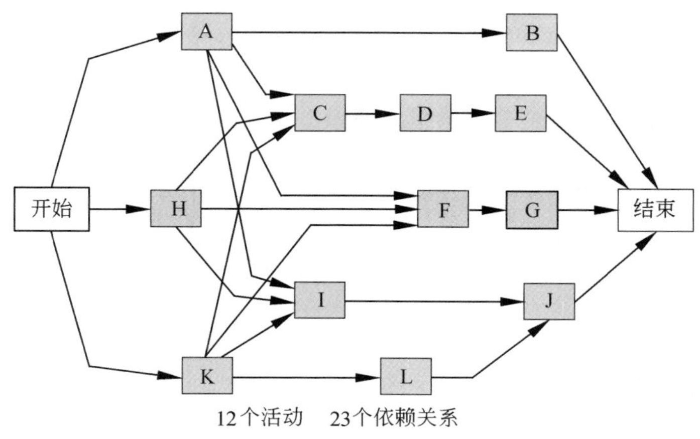

图 8-1　前导图法（单代号网络图）

前导图法包括活动之间存在的 4 种类型的依赖关系。

（1）结束-开始的关系（F-S 型）。前序活动结束后，后续活动才能开始。例如，只有比赛（紧前活动）结束，颁奖典礼（紧后活动）才能开始。

（2）结束-结束的关系（F-F 型）。前序活动结束后，后续活动才能结束。例如，只有完成文件的编写（紧前活动），才能完成文件的编辑（紧后活动）。

（3）开始-开始的关系（S-S 型）。前序活动开始后，后续活动才能开始。例如，开始地基浇灌（紧前活动）之后，才能开始混凝土的找平（紧后活动）。

（4）开始-结束的关系（S-F 型）。前序活动开始后，后续活动才能结束。例如，只有第二位保安人员开始值班（紧前活动），第一位保安人员才能结束值班（紧后活动）。

在 PDM 中，结束-开始的关系是最普遍使用的一类依赖关系。开始-结束的关系很少被使用。前导图 4 种关系如图 8-2 所示。

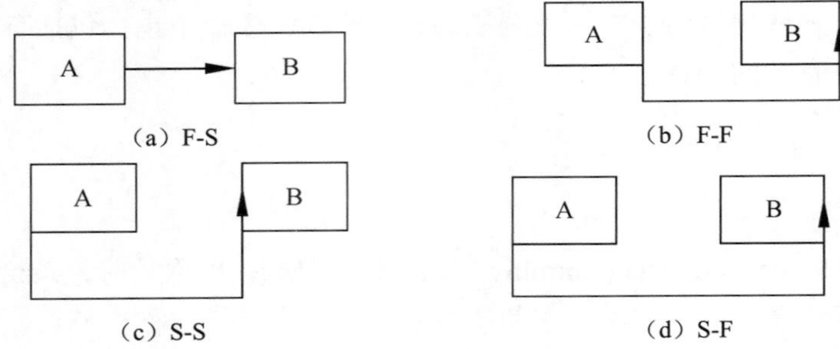

图 8-2 活动依赖关系图

在前导图法中，每项活动有唯一的活动号，每项活动都注明了预计工期（活动的持续时间）。通常，每个节点的活动会有如下几个时间：最早开始时间（Earliest Start time，ES）、最迟开始时间（Latest Start time，LS）、最早完成时间（Earliest Finish time，EF）和最迟完成时间（Latest Finish time，LF）。

这几个时间通常作为每个节点的组成部分，如图 8-3 所示。

最早开始时间	工期	最早完成时间
	活动名称	
最迟开始时间	总浮动时间	最迟完成时间

图 8-3 根据英国标准 BS6046 所标识的节点

2．箭线图法

与前导图法不同，箭线图法（Arrow Diagramming Method，ADM）是用箭线表示活动、节点表示事件的一种网络图绘制方法，如图 8-4 所示。这种网络图也被称作双代号网络图（节点和箭线都要编号）或活动箭线图（Active On the Arrow，AOA）。

在箭线图法中，活动的开始（箭尾）事件叫做该活动的紧前事件（precede event），活动的结束（箭头）事件叫该活动的紧后事件（successor event）。

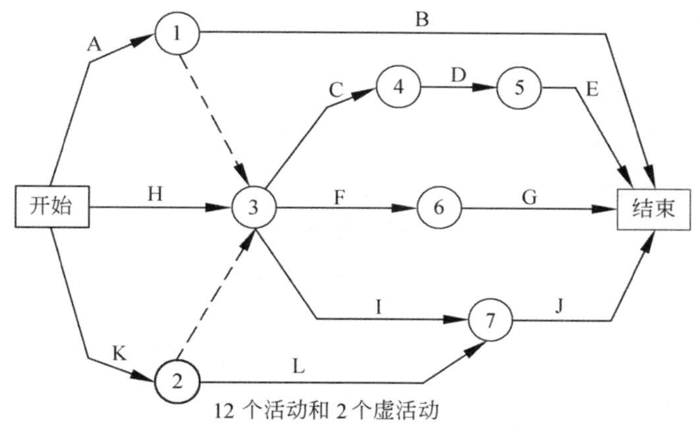

图 8-4　箭线图法（双代号网络图）

在箭线图法中，有如下 3 个基本原则。

（1）网络图中每一活动和每一事件都必须有唯一的一个代号，即网络图中不会有相同的代号。

（2）任两项活动的紧前事件和紧后事件代号至少有一个不相同，节点代号沿箭线方向越来越大。

（3）流入（流出）同一节点的活动，均有共同的紧后活动（或紧前活动）。

为了绘图的方便，在箭线图中又人为引入了一种额外的、特殊的活动，叫做虚活动（dummy activity），在网络图中由一个虚箭线表示。虚活动不消耗时间，也不消耗资源，只是为了弥补箭线图在表达活动依赖关系方面的不足。借助虚活动，我们可以更好地、更清楚地表达活动之间的关系，如图 8-5 所示。

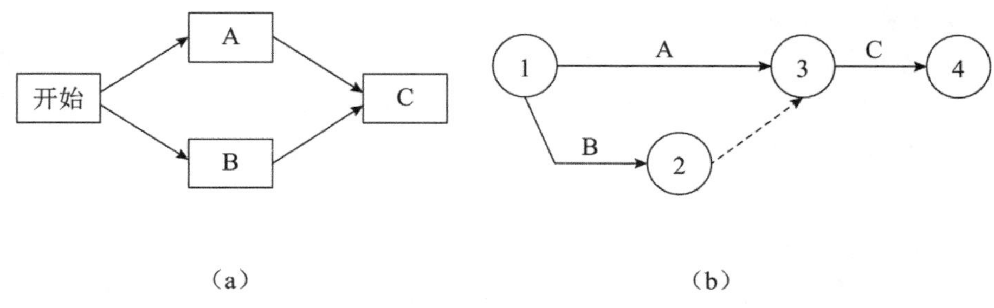

（a）　　（b）

图 8-5　虚活动

注：活动 A 和 B 可以同时进行；只有活动 A 和 B 都完成后，活动 C 才能开始。

3．确定依赖关系

活动之间的依赖关系可能是强制性的或选择性的，内部或外部的。这 4 种依赖关系可以组合成强制性外部依赖关系、强制性内部依赖关系、选择性外部依赖关系或选择性内部依赖关系。

（1）强制性依赖关系。强制性依赖关系是法律或合同要求的或工作的内在性质决定的依赖关系。强制性依赖关系往往与客观限制有关。例如，在建筑项目中，只有在地基建成后，才能建立地面结构；在电子项目中，必须先把原型制造出来，然后才能对其进行测试。强制性依赖关系又称硬逻辑关系或硬依赖关系。在活动排序过程中，项目团队应明确哪些关系是强制性依赖关系。不应把强制性依赖关系和进度编制工具中的进度约束条件相混淆。

（2）选择性依赖关系。选择性依赖关系有时又称首选逻辑关系、优先逻辑关系或软逻辑关系。它通常是基于具体应用领域的最佳实践或者是基于项目的某些特殊性质而设定，即便还有其他顺序可以选用，但项目团队仍缺省按照此种特殊的顺序安排活动。应该对选择性依赖关系进行全面记录，因为它们会影响总浮动时间，并限制后续的进度安排。如果打算进行快速跟进，则应当审查相应的选择性依赖关系，并考虑是否需要调整或去除。在排列活动顺序过程中，项目团队应明确哪些依赖关系属于选择性依赖关系。

（3）外部依赖关系。外部依赖关系是项目活动与非项目活动之间的依赖关系。这些依赖关系往往不在项目团队的控制范围内。例如，软件项目的测试活动取决于外部硬件的到货；建筑项目的现场准备，可能要在政府的环境听证会之后才能开始。在排列活动顺序过程中，项目管理团队应明确哪些依赖关系属于外部依赖关系。

（4）内部依赖关系。内部依赖关系是项目活动之间的紧前关系，通常在项目团队的控制之中。例如，只有机器组装完毕，团队才能对其测试，这是一个内部的强制性依赖关系。在排列活动顺序过程中，项目管理团队应明确哪些依赖关系属于内部依赖关系。

4．提前量与滞后量

在活动之间加入时间提前量与滞后量，可以更准确地表达活动之间的逻辑关系。

提前量是相对于紧前活动，紧后活动可以提前的时间量。例如，对于一个大型技术文档，技术文件编写小组可以在写完文件初稿（紧前活动）之前 15 天着手第二稿（紧后活动）。在进度规划软件中，提前量往往表示为负数。

滞后量是相对于紧前活动，紧后活动需要推迟的时间量。例如，为了保证混凝土有 10 天养护期，可以在两道工序之间加入 10 天的滞后时间。在进度规划软件中，滞后量往往表示为正数。

在图 8-6 的项目进度网络图中，活动 H 和活动 I 之间的依赖关系表示为 SS+10（10 天滞后量，H 开始 10 天后，开始 I）；活动 F 和活动 G 之间的依赖关系表示为 FS+15（15 天滞后量，F 完成 15 天后，开始 G）。

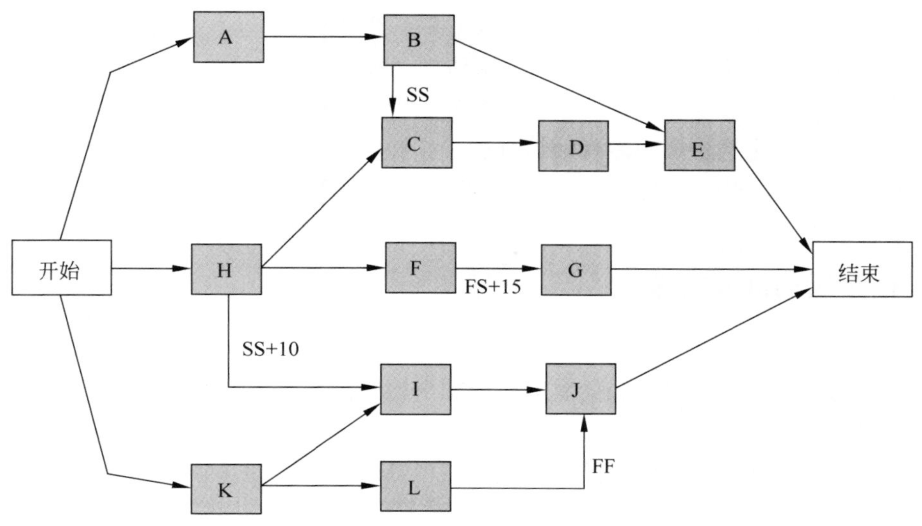

图 8-6 提前量和滞后量

8.3.3 排列活动顺序的输出

1．项目进度网络图

项目进度网络图是表示项目活动之间的逻辑关系（也叫依赖关系）的图形。图 8-1 和图 8-4 是绘制项目进度网络图的两种不同的方法。项目进度网络图可手工或借助项目管理软件来绘制。进度网络图可包括项目的全部细节，也可只列出一项或多项概括性活动。项目进度网络图应附有简要文字描述，说明活动排序所使用的基本方法。在文字描述中，还应该对任何异常的活动序列做详细说明。

2．项目文件更新

可能需要更新的项目文件包括（但不限于）：

- 活动清单；
- 活动属性；
- 里程碑清单；
- 风险登记册。

8.4 估算活动资源

估算活动资源是估算执行各项活动所需的材料、人员、设备或用品的种类和数量的过程。本过程的主要作用是，明确完成活动所需的资源种类、数量和特性，以便做出更准确的成本和持续时间估算。

估算活动资源过程与估算成本过程紧密相关。例如：

（1）建筑项目团队必须熟悉当地的建筑法规。这类知识常可从当地卖方获取。但是，如果当地人员也对不常用或特殊的建筑技术缺乏经验，那么支付额外费用聘请咨询专家，可能就是了解当地建筑法规的最有效的方法。

（2）汽车设计团队需要熟悉最新的自动装配技术。可以通过聘请顾问、派设计人员参加自动化技术研讨会，或者邀请制造人员加入团队等方式，来获取所需的专业知识。

8.4.1 估算活动资源的输入

1．进度管理计划

进度管理计划中确定了资源估算准确度和所使用的计量单位。

2．活动清单

活动清单中定义了需要资源的活动。

3．活动属性

活动属性为估算每项活动所需的资源提供了主要输入。

4．资源日历

资源日历是表明每种具体资源的可用工作日或工作班次的日历。在估算资源需求情况时，需要了解在规划的活动期间，哪些资源（如人力资源、设备和材料）可用。资源日历规定了在项目期间特定的项目资源何时可用、可用多久。可以在活动或项目层面建立资源日历。另外还需考虑更多的资源属性，例如，经验和/或技能水平、来源地和可用时间。

例如，在工程设计项目的早期阶段，可供使用的资源可能包括大量的初级与高级工程师，而在同一项目的后期阶段，可供使用的资源可能仅限于因为参与过项目早期阶段而熟悉本项目的人员。

5．风险登记册

风险事件可能影响资源的可用性及对资源的选择。

6．活动成本估算

资源的成本可能影响对资源的选择。

7．事业环境因素

能够影响估算活动资源过程的事业环境因素包括（但不限于）：资源所在位置、可用性和技能水平。

8．组织过程资产

能够影响估算活动资源过程的组织过程资产包括（但不限于）：

- 关于人员配备的政策和程序；
- 关于租用、购买用品和设备的政策与程序；
- 关于以往项目中类似工作所使用的资源类型的历史信息。

8.4.2　估算活动资源的工具与技术

1．专家判断

在评价本过程同资源有关的输入时，经常需要利用专家判断。具有资源规划与估算专业知识的任何小组或个人，都可以提供这种专家判断。

2．备选方案分析

很多活动都有若干种备选的实施方案，如使用能力或技能水平不同的资源、不同规模或类型的机器、不同的工具（手工或自动的），以及自制、租赁或购买相关资源。

3．发布的估算数据

一些组织会定期发布最新的生产率信息与资源单位成本，涉及门类众多的劳务、材料和设备，覆盖许多国家及其所属地区。

4．项目管理软件

项目管理软件，如进度规划软件，有助于规划、组织与管理资源库，以及编制资源估算。利用软件，可以确定资源分解结构、资源可用性、资源费率和各种资源日历，从而有助于优化资源使用。

5．自下而上估算

自下而上估算是一种估算项目持续时间或成本的方法，通过从下到上逐层汇总 WBS 组件的估算而得到项目估算。如果无法以合理的可信度对活动进行估算，则应将活动中的工作进一步细化，然后估算资源需求。接着再把这些资源需求汇总起来，得到每个活动的资源需求。活动之间如果存在会影响资源利用的依赖关系，就应该对相应的资源使用方式加以说明，并记录在活动资源需求中。

8.4.3　估算活动资源的输出

1．活动资源需求

活动资源需求明确了工作包中每个活动所需的资源类型和数量。然后，把这些需求汇总成每个工作包和每个工作时段的资源估算。资源需求描述的细节数量与具体程度因应用领域而异。在每个活动的资源需求文件中，都应说明每种资源的估算依据，以及为确定资源类型、可用性和所需数量所做的假设。

2．资源分解结构

资源分解结构（Resource Breakdown Structure，RBS）是资源依类别和类型的层级展现。资源类别包括人力、材料、设备和用品。资源类型包括技能水平、等级水平或适用于项目的其他类型。资源分解结构有助于结合资源使用情况，组织与报告项目的进度数据。例如，资源分解结构可以反映一艘轮船建造项目中各个不同区域用到的所有焊工和焊接设备，即使这些焊接工和焊接设备在 OBS 和 WBS 中杂乱分布着。

3．项目文件更新

可能需要更新的项目文件包括（但不限于）：

- 活动清单；
- 活动属性；
- 资源日历。

8.5 估算活动持续时间

估算活动持续时间是根据资源估算的结果，估算完成单项活动所需工作时段数的过程。本过程的主要作用是，确定完成每个活动所需花费的时间量，为制定进度计划过程提供主要输入。

估算活动持续时间依据的信息包括：活动工作范围、所需资源类型、估算的资源数量和资源日历。应该由项目团队中最熟悉具体活动的个人或小组，来提供活动持续时间估算所需的各种输入。对持续时间的估算应该渐进明细，取决于输入数据的数量和质量。例如，在工程与设计项目中，随着数据越来越详细，越来越准确，持续时间估算的准确性也会越来越高。所以，可以认为，活动持续时间（活动工期）估算的准确性和质量会随着项目进展而逐步提高。

在本过程中，应该首先估算出完成活动所需的工作量和计划投入该活动的资源数量，然后结合项目日历（表明活动的可用工作日和工作班次的日历）和资源日历，据此计算出完成活动所需的工作时段数（活动持续时间）。应该把活动持续时间估算所依据的全部数据与假设都记录下来。

8.5.1 估算活动持续时间的输入

1．进度管理计划

进度管理计划规定了用于估算活动持续时间的方法和准确度，以及其他标准，如项目更新周期。

2．活动清单

活动清单列出了需要进行持续时间估算的所有活动。

3．活动属性

活动属性为估算每个活动的持续时间提供了主要输入。

4．活动资源需求

估算的活动资源需求会对活动持续时间产生影响。对于大多数活动来说，所分配的资源数量和质量能否达到要求，将对其持续时间有显著影响。例如，向某个活动新增资源或分配低技能资源，就需要增加沟通、培训和协调工作，从而可能导致活动效率或生产率下降，以致需要更长的持续时间。

5．资源日历

资源日历中的资源可用性、资源类型和资源性质，都会影响活动的持续时间。例如，由全职人员实施某项活动，熟练人员通常能比不熟练人员在更短时间内完成该活动。

6．项目范围说明书

在估算活动持续时间时，需要考虑项目范围说明书中所列的假设条件和制约因素。

（1）假设条件包括（但不限于）：

- 现有条件；
- 信息的可用性；
- 报告期的长度。

（2）制约因素包括（但不限于）：

- 可用的熟练资源；
- 合同条款和要求。

7．风险登记册

风险登记册提供了风险清单，以及风险分析和应对规划的结果。

8．资源分解结构

资源分解结构按照资源类别和资源类型，提供了已识别资源的层级结构。

9．事业环境因素

能够影响估算活动持续时间过程的事业环境因素包括（但不限于）：

- 持续时间估算数据库和其他参考数据，例如，混凝土养护需要的时间，政府机构对于某类申请一般要多长时间给予回答；
- 生产率测量指标；
- 发布的商业信息；
- 团队成员的所在地。

10．组织过程资产

能够影响估算活动持续时间过程的组织过程资产包括（但不限于）：

- 关于持续时间的历史信息；
- 项目日历；
- 进度规划方法论；
- 经验教训。

8.5.2　估算活动持续时间的工具与技术

1．专家判断

通过借鉴历史信息，专家判断能提供持续时间估算所需的信息，或根据以往类似项目的经验，给出活动持续时间的上限。专家判断也可用于决定是否需要联合使用多种估算方法，以及如何协调各种估算方法之间的差异。

2．类比估算

类比估算是一种使用相似活动或项目的历史数据，来估算当前活动或项目的持续时间或成本的技术。类比估算以过去类似项目的参数值（如持续时间、预算、规模、重量和复杂性等）为基础，来估算未来项目的同类参数或指标。在估算持续时间时，类比估算技术以过去类似项目的实际持续时间为依据，来估算当前项目的持续时间。这是一种粗略的估算方法，有时需要根据项目复杂性方面的已知差异进行调整。在项目详细信息不足时，就经常使用这种技术来估算项目持续时间。

相对于其他估算技术，类比估算通常成本较低、耗时较少，但准确性也较低。可以针对整个项目或项目中的某个部分，进行类比估算。类比估算可以与其他估算方法联合使用。如果以往活动是本质上而不是表面上类似，并且从事估算的项目团队成员具备必要的专业知识，那么类比估算就最为可靠。

3. 参数估算

参数估算是一种基于历史数据和项目参数，使用某种算法来计算成本或持续时间的估算技术。参数估算是指利用历史数据之间的统计关系和其他变量（如建筑施工中的平方英尺），来估算诸如成本、预算和持续时间等活动参数。

最简单的参数估算就是一元一次方程，即把需要实施的工作量乘以完成单位工作量所需的工时（或把需要实施的工作量除以单位工时的生产率），来计算出活动持续时间。例如，对于设计项目，将图纸的张数乘以每张图纸所需的工时；或者对于电缆铺设项目，将电缆的长度乘以铺设每米电缆所需的工时。又例如，如果所用的资源每小时能够铺设 25 米电缆，那么铺设 1000 米电缆的持续时间是 40 小时（1000 米除以 25 米/小时）。

参数估算的准确性取决于参数模型的成熟度和基础数据的可靠性。参数估算可以针对整个项目或项目中的某个部分，并可与其他估算方法联合使用。

4. 三点估算

通过考虑估算中的不确定性和风险，可以提高活动持续时间估算的准确性。这个概念源自计划评审技术（Program Evaluation And Review Technique，PERT）。PERT 使用 3 种估算值来界定活动持续时间的近似区间：

- 最可能时间（t_M）。基于最可能获得的资源、最可能取得的资源生产率、对资源可用时间的现实预计、资源对其他参与者的可能依赖及可能发生的各种干扰等，所估算的活动持续时间。
- 最乐观时间（t_O）。基于活动的最好情况，所估算的活动持续时间。
- 最悲观时间（t_P）。基于活动的最差情况，所估算的活动持续时间。

PERT 假定持续时间在三种估算值区间内遵循贝塔分布（Beta distribution），则期望持续时间 t_E 的计算公式为：$t_E = (t_O + 4t_M + t_P) / 6$

标准差（Standard deviation），用以说明估算值（期望持续时间 t_E）的离散度和不确定区间，其计算公式为：$\sigma = (t_P - t_O) / 6$

举例如下：

- 活动 A 的最乐观时间为 7 天、最可能时间为 10 天、最悲观时间为 19 天。
- 活动 A 持续时间的 PERT 估算值为：$t_E = (7+4\times10+19)/6 = 11$ 天。
- 活动 A 持续时间 PERT 估算的标准差为：$\sigma = (19-7)/6=2$ 天。

5．群体决策技术

基于团队的方法（如头脑风暴、德尔菲技术或名义小组技术）可以调动团队成员的参与，以提高估算的准确度，并提高对估算结果的责任感。选择一组与技术工作密切相关的人员参与估算过程，可以获取额外的信息，得到更准确的估算。另外，让成员亲自参与估算，能够提高他们对实现估算的责任感。

6．储备分析

在进行持续时间估算时，需考虑应急储备（有时称为时间储备或缓冲时间），并将其纳入项目进度计划中，用来应对进度方面的不确定性。应急储备是包含在进度基准中的一段持续时间，用来应对已经接受的已识别风险，以及已经制定应急或减轻措施的已识别风险。应急储备与“已知—未知”风险相关，需要加以合理估算，用于完成未知的工作量。应急储备可取活动持续时间估算值的某一百分比、某一固定的时间段，或者通过定量分析来确定，如蒙特卡洛模拟法。可以把应急储备从各个活动中剥离出来，汇总成为缓冲。随着项目信息越来越明确，可以动用、减少或取消应急储备。应该在项目进度文件中清楚地列出应急储备。

也可以估算项目所需要的管理储备。管理储备是为管理控制的目的而特别留出的项目时段，用来应对项目范围中不可预见的工作。管理储备用来应对会影响项目的“未知—未知”风险。管理储备不包括在进度基准中，但属于项目总持续时间的一部分。依据合同条款，使用管理储备可能需要变更进度基准。

8.5.3　估算活动持续时间的输出

1．活动持续时间估算

活动持续时间估算是对完成某项活动所需的工作时段数的定量评估。持续时间估算中不包括任何滞后量。在活动持续时间估算中，可以指出一定的变动区间，例如：

- 2 周±2 天（每周工作 5 天），表明活动至少需要 8 天，最多不超过 12 天；
- 超过 3 周的概率为 15%，表明该活动将在 3 周内（含 3 周）完工的概率为 85%。

2．项目文件更新

可能需要更新的项目文件包括（但不限于）：

- 活动属性；
- 为估算活动持续时间而制定的假设条件，如技能水平、可用性，以及估算依据。

8.6　制订进度计划

8.6.1　进度规划工作概要

如图 8-7 所示，通过把填有项目数据的进度规划工具看作进度模型，可以把项目进度的呈现形式（进度计划）与产生项目进度计划的进度数据和计算工具区分开来。进度模型是项目活动执行计划的一种表示形式，其中包含持续时间、依赖关系和其他规划信息，用以生成项目进度计划及其他进度资料。

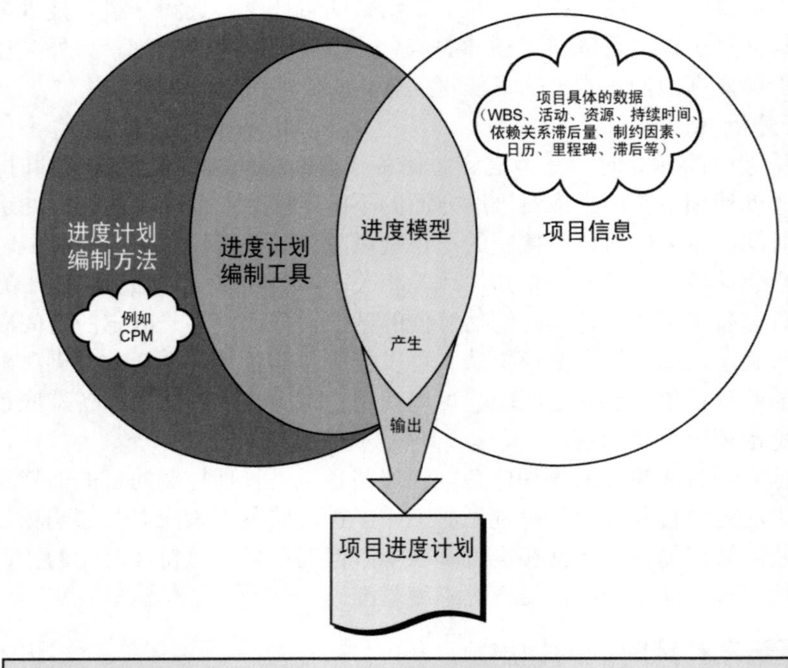

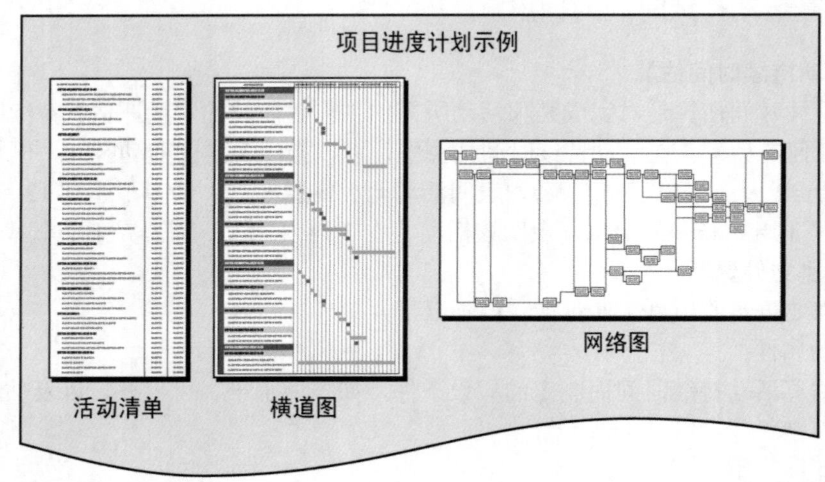

图 8-7 进度规划工作概要

在进度管理计划中规定项目进度管理的各过程及其工具与技术。进度管理计划确定进度规划的方法和工具，并为编制和控制进度计划建立格式和准则。在所选的进度规划方法中，规定进度编制工具的框架和算法，以便创建进度模型。一些耳熟能详的进度规划方法包括关键路径法（CPM）和关键链法（CCM）。

制定进度计划是分析活动顺序、持续时间、资源需求和进度制约因素，创建项目进度模型的过程。本过程的主要作用是，把活动、持续时间、资源、资源可用性和逻辑关系代入进度规划工具，从而形成包含各个项目活动的计划日期的进度模型。

制定可行的项目进度计划，往往是一个反复进行的过程。基于准确的输入信息，使用进度模型来确定各项目活动和里程碑的计划开始日期和计划完成日期。在本过程中，需要审查和修正持续时间估算与资源估算，创建项目进度模型，制定项目进度计划，并在经批准后作为基准用于跟踪项目进度。一旦活动的开始和结束日期得到确定，通常就需要由分配至各个活动的项目人员审查其被分配的活动，确认开始和结束日期与资源日历没有冲突，也与其他项目或任务没有冲突，从而确认计划日期的有效性。随着工作进展，需要修订和维护项目进度模型，确保进度计划在整个项目期间一直切实可行。

经批准的最终进度计划将作为基准用于控制进度过程。随着项目活动的开展，项目时间管理的大部分工作都将发生在控制进度过程中，以确保项目工作按时完成。

8.6.2 制订进度计划的输入

1．进度管理计划

进度管理计划规定了用于制订进度计划的进度规划方法和工具，以及推算进度计划的方法。

2．活动清单

活动清单明确了需要在进度模型中包含的活动。

3．活动属性

活动属性提供了创建进度模型所需的细节信息。

4．项目进度网络图

项目进度网络图中包含用于推算进度计划的紧前和紧后活动的逻辑关系。

5．活动资源需求

活动资源需求明确了每个活动所需的资源类型和数量，用于创建进度模型。

6．资源日历

资源日历包含了资源在项目期间的可用性信息。

7．活动持续时间估算

活动持续时间估算是完成各活动所需的工作时段数，用于进度计划的推算。

8．项目范围说明书

项目范围说明书中包含了会影响项目进度计划制定的假设条件和制约因素。

例如，项目发起人、客户或其他项目干系人经常发号施令必须在规定日期前完成某些可交付成果或达到某里程碑。这些日期一旦确定，就应如期实现；要想变动，必须以变更形式获得批准。

9．风险登记册

风险登记册中包含所有已识别风险的详细信息及特征，会影响进度模型。

10．项目人员分派

项目人员分派明确了分配到每个活动的资源。

11．资源分解结构

资源分解结构提供的详细信息，有助于开展资源分析和报告资源使用情况。

12．事业环境因素

事业环境因素包括（但不限于）：

- 标准；
- 沟通渠道；
- 用以创建进度模型的进度规划工具。

13．组织过程资产

能够影响制定进度计划过程的组织过程资产包括（但不限于）：进度规划方法论和项目日历。

8.6.3 制订进度计划的工具与技术

1．进度网络分析

进度网络分析是创建项目进度模型的一种技术。它通过多种分析技术，如关键路径法、关键链法、假设情景分析和资源优化技术等，来计算项目活动未完成部分的最早和最迟开始日期，以及最早和最迟完成日期。

2．关键路线法

关键路径法（Critical Path Method）是在进度模型中，估算项目最短工期，确定逻辑网络路径的进度灵活性大小的一种方法。这种进度网络分析技术在不考虑任何资源限制的情况下，沿进度网络路径顺推与逆推分析，计算出所有活动的最早开始、最早结束、最迟开始和最迟完成日期。

顺推的方法是：

（1）根据逻辑关系方向：从网络图始端向终端计算；

（2）第一个活动的最早开始时间为项目最早开始时间；

（3）活动的最早完成时间为活动的最早开始时间加活动的持续时间；

（4）活动的最早开始时间根据紧前活动的最早完成时间而定，多个紧前活动存在时，取最后一个完成的活动的最早完成时间。

逆推的方法是：

（1）根据逻辑关系方向：从网络图终端向始端计算；

（2）最后一个活动的最迟完成时间为项目最迟完成时间；

（3）活动的最迟开始时间为活动的最迟完成时间减活动的持续时间；

（4）活动的最迟完成时间根据紧后活动的最迟开始时间而定，多个紧后活动存在时，取最先一个开始的紧后活动的最迟开始时间。

关键路径是项目中时间最长的活动顺序，决定着可能的项目最短工期。由此得到的最早和最迟的开始和结束日期并不一定就是项目进度计划，而只是把既定的参数（活动持续时间、逻辑关系、提前量、滞后量和其他已知的制约因素）输入进度模型后所得到的一种结果，表明活动可以在该时段内实施。

关键路径上的活动被称为关键活动。进度网络图中可能有多条关键路径。在项目进展过程中，有的活动会提前完成，有的活动会推迟完成，有的活动会中途取消，新的活动可能会被中途加入，网络图在不断变化，关键路径也在不断变化之中。

关键路径法还用来计算进度模型中的逻辑网络路径的进度灵活性大小。在不延误项目完工时间且不违反进度制约因素的前提下，活动可以从最早开始时间推迟或拖延的时间量，就是该活动的进度灵活性，被称为“总浮动时间”。其计算方法为：本活动的最迟完成时间减去本活动的最早完成时间，或本活动的最迟开始时间减去本活动的最早开始时间。正常情况下，关键活动的总浮动时间为零。

“自由浮动时间”是指在不延误任何紧后活动的最早开始时间且不违反进度制约因素的前提下，活动可以从最早开始时间推迟或拖延的时间量。其计算方法为：紧后活动最早开始时间的最小值减去本活动的最早完成时间。例如，图 8-8 中，活动 D 的总浮动时间是 155 天，自由浮动时间是 0 天。

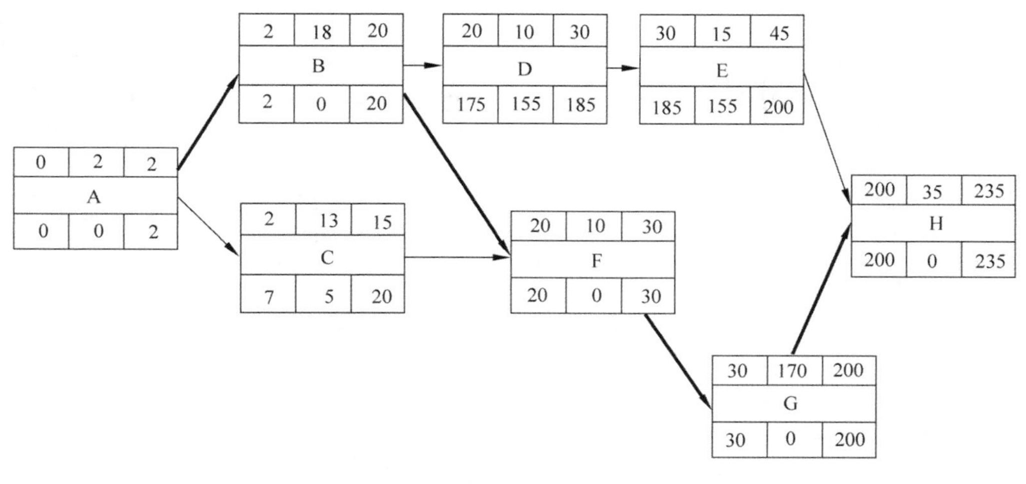

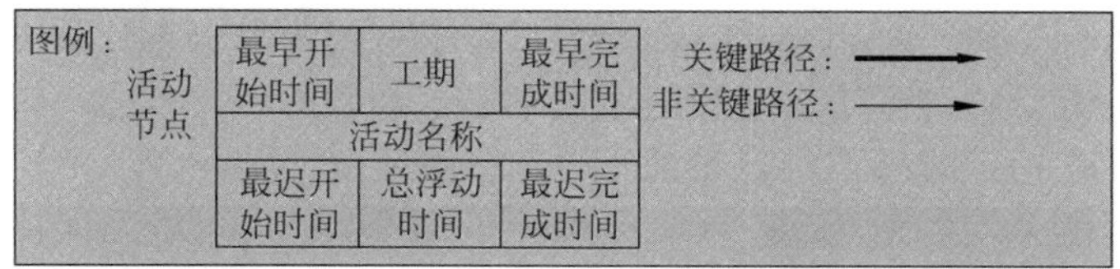

图 8-8　关键路径法示例

3．关键链法

关键链法（Critical Chain Method）是一种进度规划方法，允许项目团队在任何项目进度路径上设置缓冲，以应对资源限制和项目的不确定性。这种方法建立在关键路径法之上，考虑了资源分配、资源优化、资源平衡和活动历时不确定性对关键路径的影响。关键链法引入了缓冲和缓冲管理的概念。关键链法中用统计方法确定缓冲时段，作为各活动的集中安全冗余，放置在项目进度路径的特定节点，用来应对资源限制和项目不确定性。

关键链法增加了作为“非工作活动”的持续时间缓冲，用来应对不确定性。如图 8-9 所示，放置在关键链末端的缓冲称为项目缓冲，用来保证项目不因关键链的延误而延误。其他缓冲，即接驳缓冲，则放置在非关键链与关键链的接合点，用来保护关键链不受非关键链延误的影响。应该根据相应活动链的持续时间的不确定性，来决定每个缓冲时段的长短。一旦确定了“缓冲活动”，就可以按可能的最迟开始与最迟完成日期来安排计划活动。这样一来，关键链法不再管理网络路径的总浮动时间，而是重点管理剩余的缓冲持续时间与剩余的活动链持续时间之间的匹配关系。

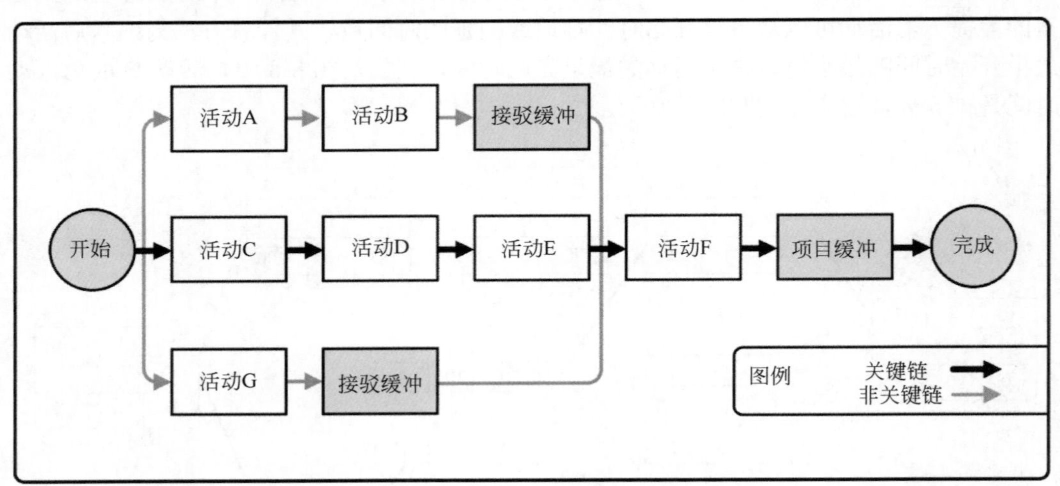

图 8-9 关键链法示例

4．资源优化技术

资源优化技术是根据资源供需情况，来调整进度模型的技术，包括（但不限于）：

- 资源平衡（Resource Leveling）。为了在资源需求与资源供给之间取得平衡，根据资源制约对开始日期和结束日期进行调整的一种技术。如果共享资源或关键资源只在特定时间可用，数量有限，或被过度分配，如一个资源在同一时段内被分配至两个或多个活动，就需要进行资源平衡。也可以为保持资源使用量处于均衡水平而进行资源平衡。资源平衡往往导致关键路径改变，通常是延长。
- 资源平滑（Resource Smoothing）。对进度模型中的活动进行调整，从而使项目资源需求不超过预定的资源限制的一种技术。相对于资源平衡而言，资源平滑不会改变项目关键路径，完工日期也不会延迟。也就是说，活动只在其自由浮动时间和总浮动时间内延迟。因此，资源平滑技术可能无法实现所有资源的优化。

5．建模技术

建模技术包括（但不限于）：

- 假设情景分析。假设情景分析是对各种情景进行评估，预测它们对项目目标的影响（积极或消极的）。假设情景分析就是对“如果情景 X 出现，情况会怎样？”这样的问题进行分析，即基于已有的进度计划，考虑各种各样的情景，例如，推迟某主要部件的交货日期，延长某设计工作的时间，或加入外部因素（如罢工或许可证申请流程变化等）。可以根据假设情景分析的结果，评估项目进度计划在不利条件下的可行性，以及为克服或减轻意外情况的影响而编制应急和应对计划。
- 模拟。模拟技术基于多种不同的活动假设计算出多种可能的项目工期，以应对不确定性。最常用的模拟技术是蒙特卡洛分析，它首先确定每个活动的可能持续时间的概率分布，然后据此计算出整个项目的可能工期概率分布。

6．提前量和滞后量

提前量和滞后量是网络分析中使用的一种调整方法，通过调整紧后活动的开始时间来编制一份切实可行的进度计划。提前量用于在条件许可的情况下提早开始紧后活动；而滞后量是在某些限制条件下，在紧前和紧后活动之间增加一段不需工作或资源的自然时间。

7．进度压缩

进度压缩技术是指在不缩减项目范围的前提下，缩短进度工期，以满足进度制约因素、强制日期或其他进度目标。进度压缩技术包括（但不限于）：

- 赶工。通过增加资源，以最小的成本增加来压缩进度工期的一种技术。赶工的例子包括：批准加班、增加额外资源或支付加急费用，来加快关键路径上的活动。赶工只适用于那些通过增加资源就能缩短持续时间的，且位于关键路径上的活动。赶工并非总是切实可行，它可能导致风险和/或成本的增加。
- 快速跟进。一种进度压缩技术，将正常情况下按顺序进行的活动或阶段改为至少是部分并行开展。例如，在大楼的建筑图纸尚未全部完成前就开始建地基。快速跟进可能造成返工和风险增加。它只适用于能够通过并行活动来缩短项目工期的情况。

8．进度计划编制工具

自动化的进度计划编制工具包括进度模型，它用活动清单、网络图、资源需求和活动持续时间等作为输入，使用进度网络分析技术，自动生成开始和结束日期，从而可加快进度计划的编制过程。进度计划编制工具可与其他项目管理软件以及手工方法联合使用。

8.6.4 制订进度计划的输出

1．进度基准

进度基准是经过批准的项目进度计划，只有通过正式的变更控制程序才能进行变更，用作与实际结果进行比较的依据。它被相关干系人接受和批准，其中包含基准开始日期和基准结束日期。在监控过程中，将用实际开始和结束日期与批准的基准日期进行比较，以确定是否存在偏差。进度基准是项目管理计划的组成部分。

2．项目进度计划

项目进度计划是进度模型的输出，展示活动之间的相互关联，以及计划日期、持续时间、里程碑和所需资源。项目进度计划中至少要包括每个活动的计划开始日期与计划结束日期。在未确认资源分配和计划开始与结束日期之前，项目进度计划都只是初步的，一般要在项目管理计划编制完成之前进行这些确认。项目进度计划可以是概括（有时称为主进度计划或里程碑进度计划）或详细的。虽然项目进度计划可用列表形式，但图形方式更常见。可以采用以下一种或多种图形来呈现：

- 横道图。国外也称为甘特图，是展示进度信息的一种图表方式。在横道图中，活动列于纵轴，日期排于横轴，活动持续时间则表示为按开始和结束日期定位的水平条形。横道图相对易读，常用于向管理层汇报情况。为了便于控制，以及与管理层进行沟通，可在里程碑之间或横跨多个相关联的工作包，列出内容更广、更综合的概括性活动（有时也叫汇总活动）。在横道图报告中应该显示这些概括性活动。见图 8-10 中的“概括性进度计划”部分，它按 WBS 的结构罗列相关活动。
- 里程碑图。与横道图类似，但仅标示出主要可交付成果和关键外部接口的计划开始或完成日期。见图 8-10 的“里程碑进度计划”部分。
- 项目进度网络图。通常没有时间刻度，纯粹显示活动及其相互关系，有时也称为“纯逻辑图”，如图 8-1 和图 8-8 所示。项目进度网络图也可以是包含时间刻度的进度网络图，有时称为“逻辑横道图”，如图 8-10 中的详细进度计划。逻辑横道图是在横道图的基础上，加上箭线来表达活动之间的逻辑关系，活动用横道表示，横道的长度表示活动的持续时间，横道的坐标位置表示这个活动的起止时间，通常每个活动占据一行。

图 8-10 是一个正在执行的示例项目的进度计划，其实际工作已经进展到数据日期（记录项目状况的时间点，有时也叫截止日期或状态日期）。针对一个简单的项目，图 8-10 给出了进度计划的 3 种形式：① 里程碑进度计划，也叫里程碑图；② 概括性进度计划，也叫横道图；③ 详细进度计划，也叫项目进度网络图。图 8-10 还直观地显示出这 3 种不同层次的进度计划之间的关系。

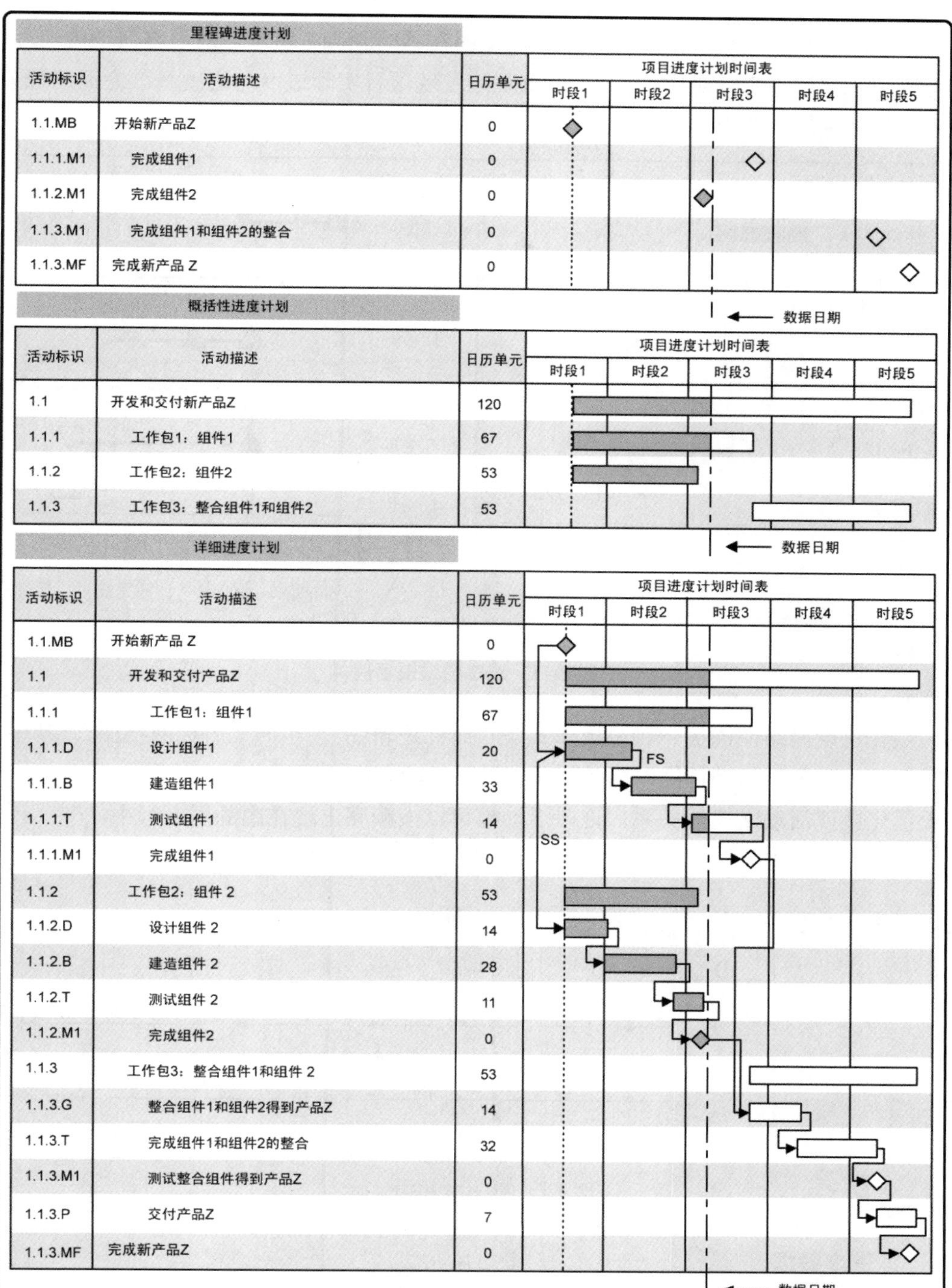

图 8-10　项目进度计划示例

横道图的另一种呈现形式是“跟踪横道图”，如图 8-11 所示，通过将活动的实际进展情况与原定计划进行对比，可以清晰直观地发现项目实际进度与进度基准之间的偏差，项目的整体进展状况也一目了然。

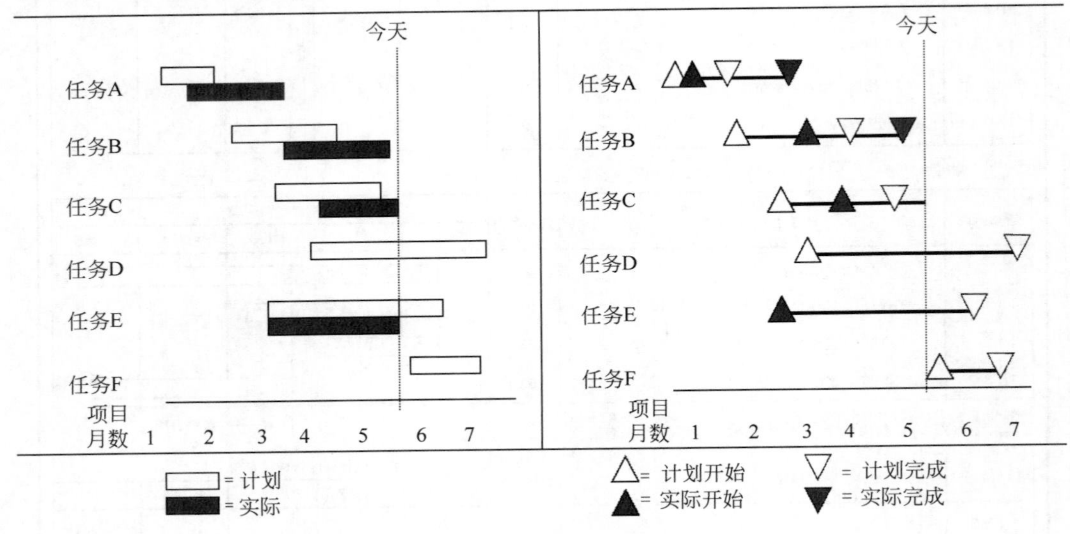

图 8-11 跟踪横道图示例

项目进度网络图的另一种呈现形式是“时标逻辑图”，也叫“时标网络图”，其中包含时间刻度和表示活动持续时间的横条，以及活动之间的逻辑关系，如图 8-12 所示。它用于优化展现活动之间的关系，许多活动都可以按顺序出现在图的同一行中。

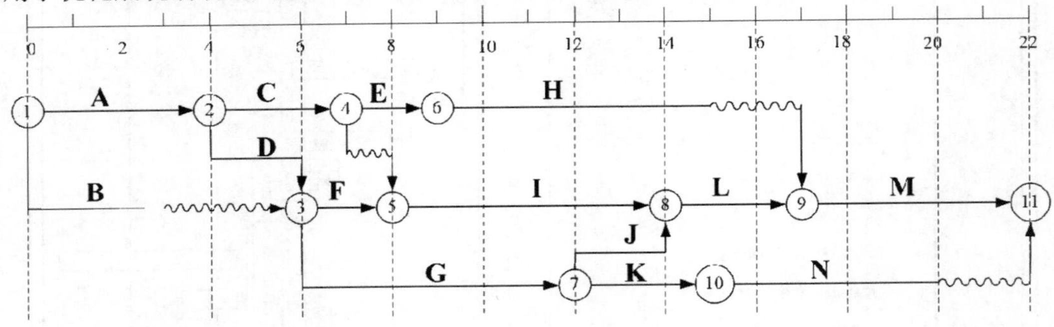

图 8-12 时标逻辑图示例

3．进度数据

项目进度模型中的进度数据是用以描述和控制进度计划的信息集合。进度数据至少包括里程碑、活动、活动属性，以及已知的全部假设条件与制约因素。所需的其他数据因应用领域而异。经常可用作支持细节的信息包括（但不限于）：

- 按时段计列的资源需求，往往以资源直方图表示；
- 备选的进度计划，如最好情况或最坏情况下的进度计划、经资源平衡或未经资源平衡的进度计划、有强制日期或无强制日期的进度计划；
- 进度应急储备。

进度数据还可包括资源直方图、现金流预测，以及订购与交付进度安排等。

4．项目日历

在项目日历中规定可以开展活动的工作日和工作班次。它把可用于开展活动的时间段（按天或更小的时间单位）与不可用的时间段区分开来。在一个进度模型中，可能需要采用不止一个项目日历来编制项目进度计划，因为有些活动需要不同的工作时段。编制进度计划可能需要对项目日历进行更新，如图 8-13 所示。

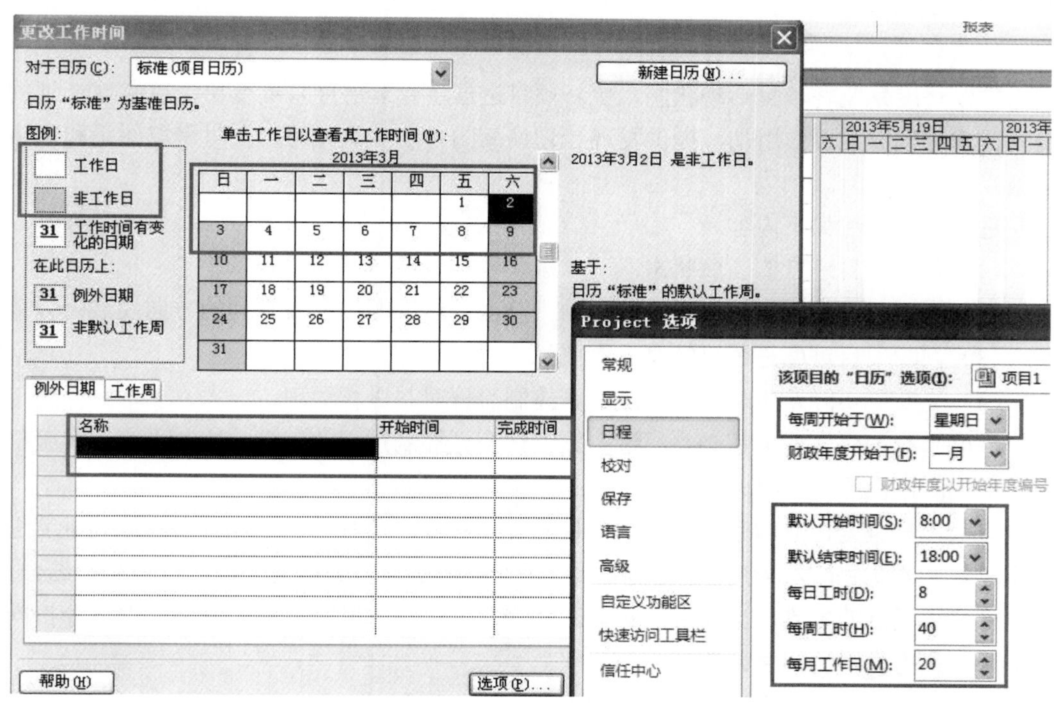

图 8-13　项目日历示例

5．项目管理计划更新

项目管理计划中可能需要更新的内容包括（但不限于）：

- 进度基准；
- 进度管理计划。

6．项目文件更新

可能需要更新的项目文件包括（但不限于）：

- 活动资源需求。资源平衡可能对所需资源类型与数量的初步估算产生显著影响。如果资源平衡改变了项目资源需求，就需要对其进行更新。
- 活动属性。更新活动属性以反映在制定进度计划过程中所产生的对资源需求和其他相关内容的修改。
- 日历。每个项目都可能有多个日历，如项目日历、单个资源的日历等，作为规划项目进度的基础。
- 风险登记册。可能需要更新风险登记册，以反映进度假设条件所隐含的机会或威胁。

8.7 控制进度

控制进度是监督项目活动状态，更新项目进展，管理进度基准变更，以实现计划的过程。本过程的主要作用是，提供发现计划偏离的方法，从而可以及时采取纠正和预防措施，以降低风险。

进度控制关注如下内容。

（1）判断项目进度的当前状态；

（2）对引起进度变更的因素施加影响，以保证这种变化朝着有利的方向发展；

（3）判断项目进度是否已经发生变更；

（4）当变更实际发生时严格按照变更控制流程对其进行管理。

进度基准的任何变更都必须经过实施整体变更控制过程的审批。控制进度是实施整体变更控制过程的一个组成部分。

有效项目进度控制的关键是监控项目的实际进度，及时、定期地将它与计划进度进行比较，并立即采取必要的纠偏措施。项目进度控制必须与其他变化控制过程紧密结合，并且贯穿于项目的始终。当项目的实际进度滞后于计划进度时，首先发现问题、分析问题根源并找出妥善的解决办法。

通常可用以下一些方法缩短活动的工期：

（1）赶工，投入更多的资源或增加工作时间，以缩短关键活动的工期；

（2）快速跟进，并行施工，以缩短关键路径的长度；

（3）使用高素质的资源或经验更丰富的人员；

（4）减小活动范围或降低活动要求；

（5）改进方法或技术，以提高生产效率；

（6）加强质量管理，及时发现问题，减少返工，从而缩短工期。

8.7.1　控制进度的输入

1．项目管理计划

项目管理计划中包含进度管理计划和进度基准。进度管理计划描述了应该如何管理和控制项目进度。进度基准作为与实际结果相比较的依据，用于判断是否需要进行变更、采取纠正措施或采取预防措施。

2．项目进度计划

指的是最新版本的项目进度计划，其中用符号标明了截止数据日期的更新情况、已经完成的活动和已经开始的活动。

3．工作绩效数据

工作绩效数据是关于项目进展情况的信息，例如哪些活动已经开始，它们的进展如何（如实际持续时间、剩余持续时间和实际完成百分比），哪些活动已经完成。

4．项目日历

在一个进度模型中，可能需要采用不止一个项目日历来编制项目进度计划，因为有些活动需要不同的工作时段。可能需要对项目日历进行更新。

5．进度数据

在控制进度过程中需要对进度数据进行审查和更新。

6．组织过程资产

会影响控制进度过程的组织过程资产包括（但不限于）：

（1）现有的、正式和非正式的、与进度控制有关的政策、程序和指南；

（2）进度控制工具；

（3）可用的监督和报告方法。

8.7.2　控制进度的工具与技术

1．绩效审查

绩效审查是指测量、对比和分析进度绩效，如实际开始和完成日期、已完成百分比及当前工作的剩余持续时间。绩效审查可以使用各种技术，其中包括：

（1）趋势分析。趋势分析检查项目绩效随时间的变化情况，以确定绩效是在改善还是在恶化。图形分析技术有助于理解当前绩效，并与未来的目标绩效（表示为完工日期）进行对比。

（2）关键路径法。通过比较关键路径的进展情况来确定进度状态。关键路径上的差异将对项目的结束日期产生直接影响。评估次关键路径上的活动的进展情况，有助于识别进度风险。

（3）关键链法。比较剩余缓冲时间与所需缓冲时间（为保证按期交付），有助于确定进度状态。是否需要采取纠正措施，取决于所需缓冲与剩余缓冲之间的差值大小。

（4）挣值管理。采用进度绩效测量指标，如进度偏差（SV）和进度绩效指数（SPI），评价偏离初始进度基准的程度。进度控制的重要工作包括：分析偏离进度基准的原因与程度，评估这些偏差对未来工作的影响，确定是否需要采取纠正或预防措施。例如，非关键路径上的某个活动发生较长时间的延误，可能不会对整体项目进度产生影响；而某个关键活动的稍许延误，却可能需要立即采取行动。对于不使用挣值管理的项目，需要开展类似的偏差分析，比较活动的计划开始和结束时间与实际开始和结束时间，从而确定进度基准和实际项目绩效之间的偏差。还可以进一步分析，以确定偏离进度基准的原因和程度，并决定是否需要采取纠正或预防措施。

2．项目管理软件

可借助项目管理软件，对照进度计划，跟踪项目执行的实际日期，报告与进度基准相比的差异和进展，并预测各种变更对项目进度模型的影响。

3．资源优化技术

资源优化技术是在同时考虑资源可用性和项目时间的情况下，对活动和活动所需资源进行优化安排。

4．建模技术

使用建模技术，通过风险监控，对各种不同的情景进行审查，以便使进度模型与项目管理计划和批准的基准保持一致。

5．提前量和滞后量

在网络分析中调整提前量与滞后量，设法使进度滞后的活动赶上计划。例如，在新办公大楼建设项目中，通过增加活动之间的提前量，把绿化施工调整到大楼外墙装饰完工之前开始；或者，在大型技术文件编写项目中，通过消除或减少滞后量，把草稿编辑工作调整到草稿编写完成之后立即开始。

6．进度压缩

采用进度压缩技术使进度落后的活动赶上计划，可以对剩余工作使用快速跟进或赶工方法。

7．进度计划编制工具

需要更新进度数据，并把新的进度数据应用于进度模型，来反映项目的实际进展和待完成的剩余工作。可以把进度计划编制工具与手工方法或其他项目管理软件联合起来使用，进行进度网络分析，制定出更新后的项目进度计划。

8.7.3 控制进度的输出

1．工作绩效信息

针对 WBS 组件，特别是工作包和控制账户，计算出进度偏差（SV）与进度绩效指数（SPI），并记录下来，传达给干系人。

2．进度预测

进度预测是根据已有的信息和知识，对项目未来的情况和事件进行的估算或预计。随着项目执行，应该基于工作绩效信息，更新和重新发布预测。这些信息包括项目的过去绩效和期望的未来绩效，以及可能影响项目未来绩效的挣值绩效指标。

3．变更请求

通过分析进度偏差，审查进展报告、绩效测量结果和项目范围或进度调整情况，可能会对进度基准、范围基准和/或项目管理计划的其他组成部分提出变更请求。应该把变更请求提交给实施整体变更控制过程审查和处理。预防措施可包括推荐的变更，以消除或降低不利进度偏差的发生概率。

4．项目管理计划更新

项目管理计划中可能需要更新的内容包括（但不限于）：

（1）进度基准。在项目范围、活动资源或活动持续时间等方面的变更获得批准后，可能需要对进度基准做相应变更。另外，因采用进度压缩技术造成变更时，也可能需要更新进度基准。

（2）进度管理计划。可能需要更新进度管理计划，以反映进度管理方法的变更。

（3）成本基准。可能需要更新成本基准，以反映批准的变更请求或因进度压缩技术导致的成本变更。

5．项目文件更新

可能需要更新的项目文件包括（但不限于）：

（1）进度数据。可能需要重新绘制项目进度网络图，以反映经批准的剩余持续时间和经批准的进度计划修改。有时，项目进度延误非常严重，以至于必须重新预测开始与完成日期，编制新的目标进度计划，才能为指导工作、测量绩效和度量进展提供现实的数据。

（2）项目进度计划。把更新后的进度数据代入进度模型，生成更新后的项目进度计划，以反映进度变更并有效管理项目。

（3）风险登记册。采用进度压缩技术可能导致风险，也就可能需要更新风险登记册及其中的风险应对计划。

6．组织过程资产更新

可能需要更新的组织过程资产包括（但不限于）：

（1）偏差的原因；

（2）采取的纠正措施及其理由；

（3）从项目进度控制中得到的其他经验教训。

8.7.4 项目进度控制示例

表 8-1 是某系统集成企业通过邀请招标形式中标的时间非常紧迫的一个系统集成项目。招投标开始时间为 2013 年 10 月 8 日，2013 年 11 月 6 日结束。从招投标阶段开始的项目阶段划分、活动历时及逻辑关系如下。

表 8-1 某系统集成项目阶段划分、活动历时及逻辑关系

<table>
<tr><th>标识号</th><th colspan="2">阶 段</th><th>任 务 名 称</th><th>历时（天）</th><th>紧前活动</th></tr>
<tr><td>A</td><td colspan="2" rowspan="3">商务合同签订</td><td>招投标</td><td>6（含周六日）</td><td>-</td></tr>
<tr><td>B</td><td>中标通知</td><td>1</td><td>A</td></tr>
<tr><td>C</td><td>合同签订</td><td>1</td><td>B</td></tr>
<tr><td>D</td><td colspan="2" rowspan="3">实施准备</td><td>联系厂商备货</td><td>2</td><td>-</td></tr>
<tr><td>E</td><td>深化图纸点位</td><td>2</td><td>D</td></tr>
<tr><td>F</td><td>施工前资源准备</td><td>1</td><td>E</td></tr>
<tr><td>G</td><td rowspan="11">实施</td><td rowspan="3">现场勘察</td><td>现场无线 AP 点位勘察</td><td>2</td><td>C F</td></tr>
<tr><td>H</td><td>图纸深化</td><td>4（含周六日）</td><td>G</td></tr>
<tr><td>I</td><td>确认点位、出图</td><td>1</td><td>H</td></tr>
<tr><td>J</td><td rowspan="5">开工实施</td><td>AP 点位安装</td><td>2</td><td>I</td></tr>
<tr><td>K</td><td>AP 点位布线</td><td>5</td><td>I</td></tr>
<tr><td>L</td><td>机房设备安装</td><td>2</td><td>I</td></tr>
<tr><td>M</td><td>三分设备集成</td><td>2</td><td>I</td></tr>
<tr><td>N</td><td>定位校准</td><td>2</td><td>K</td></tr>
<tr><td>O</td><td rowspan="3">测试</td><td>内部测试</td><td>2</td><td>J L M N</td></tr>
<tr><td>P</td><td>最终测试</td><td>1</td><td>O</td></tr>
<tr><td>Q</td><td>验收测试</td><td>1</td><td>P</td></tr>
<tr><td>R</td><td colspan="2" rowspan="2">交付</td><td>设备使用培训</td><td>5（含周六日）</td><td>Q</td></tr>
<tr><td>S</td><td>文档提交</td><td>1</td><td>R</td></tr>
</table>

1．利用里程碑图控制项目进度

根据表 8-1，以及项目各个里程碑节点的实际完成情况，可绘制项目里程碑计划进度图，在里程碑节点绘制里程碑标识计划进度和实际进度图，两者进行比较可知进度是否有偏差。绘制里程碑计划进度图，在里程碑点绘制里程碑实际进度图，两者进行比较可知进度是否有偏差。

图 8-14 中横轴为时间，纵轴为里程碑任务，方点为预期的完成时间，圆点为实际的完成时间，从这个图可以直观看出某阶段或里程碑节点任务项目是否按期完成。

2．利用横道图控制项目进度

根据表 8-1，利用 PROJECT 软件输入项目活动计划信息并绘制横道图如下（个别活动周六日不休息）。

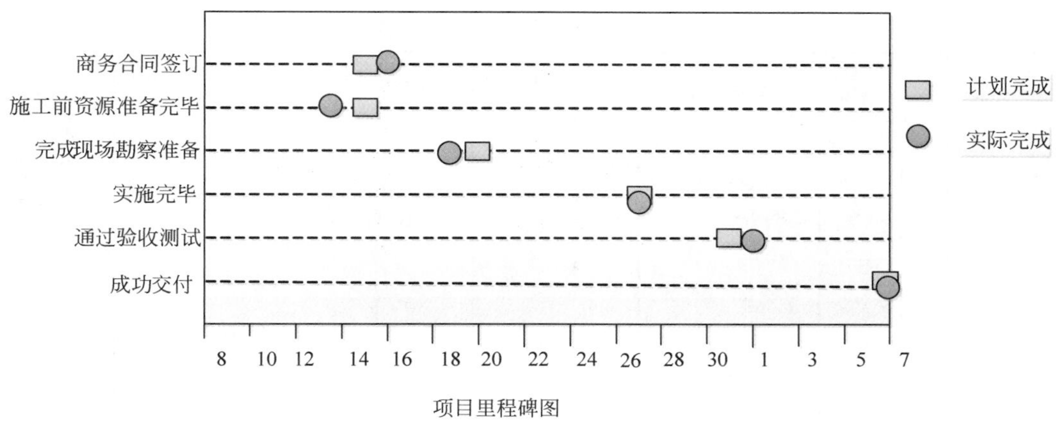

图 8-14　项目里程碑图

图 8-15 中，横轴为时间，左侧纵轴为项目活动（见表 8-2）。

表 8-2　PROJECT 输入的项目活动信息

标识号		任务模式	任务名称	工期	开始时间	完成时间	前置任务	资源任务说明
1			**商务合同签订阶段**	**6 个工作日**	**2013 年 10 月 8 日**	**2013 年 10 月 15 日**		
2			招投标阶段	4 个工作日	2013 年 10 月 8 日	2013 年 10 月 11 日		参与招标工作
3			中标通知	1 个工作日	2013 年 10 月 14 日	2013 年 10 月 14 日	2	等待中标通知
4			合同签订	1 个工作日	2013 年 10 月 15 日	2013 年 10 月 15 日	3	合同签订
5			**实施准备阶段**	**5 个工作日**	**2013 年 10 月 9 日**	**2013 年 10 月 15 日**		
6			联系厂商备货	2 个工作日	2013 年 10 月 9 日	2013 年 10 月 10 日		提前备货
7			深化图纸点位	2 个工作日	2013 年 10 月 11 日	2013 年 10 月 14 日	6	根据图纸完成 AP 点位深化设计
8			施工前资源准备	1 个工作日	2013 年 10 月 15 日	2013 年 10 月 15 日	7	施工备料准备
9			**实施阶段**	**16 个工作日**	**2013 年 10 月 16 日**	**2013 年 10 月 31 日**	4	XX 广场实施-1
10			**现场勘查阶段**	**5 个工作日**	**2013 年 10 月 16 日**	**2013 年 10 月 20 日**	8	每天 2～3 层的现场 AP 点位勘查

续表

标识号	❶	任务模式	任务名称	工期	开始时间	完成时间	前置任务	资源任务说明
11			现场无线 AP 点位勘查	2 个工作日	2013 年 10 月 16 日	2013 年 10 月 17 日	8	检查 AP 点位是否可以布线，同时进行
12			图纸深化阶段	2 个工作日	2013 年 10 月 18 日	2013 年 10 月 19 日	11	厂商、用户、集成商确认点位
13			确认点位，出图	1 个工作日	2013 年 10 月 20 日	2013 年 10 月 20 日	12	出点位图纸，查漏补缺
14			**开工实施**	**7 个工作日**	**2013 年 10 月 21 日**	**2013 年 10 月 27 日**		
15			AP 点位安装	2 个工作日	2013 年 10 月 21 日	2013 年 10 月 22 日	13	AP 点位安装
16			**AP 点位布线**	**5 个工作日**	**2013 年 10 月 21 日**	**2013 年 10 月 25 日**	13	Ap 点位布线
17			机房设备安装	2 个工作日	2013 年 10 月 21 日	2013 年 10 月 22 日	13	设备上架调试
18			三方设备集成	2 个工作日	2013 年 10 月 21 日	2013 年 10 月 22 日	13	三方设备集成
19			定位校准	2 个工作日	2013 年 10 月 26 日	2013 年 10 月 27 日	16	
20			**测试阶段**	**4 个工作日**	**2013 年 10 月 28 日**	**2013 年 10 月 31 日**		
21			内部测试	2 个工作日	2013 年 10 月 28 日	2013 年 10 月 29 日	19	内部定位调优测试
22			最终测试	1 个工作日	2013 年 10 月 30 日	2013 年 10 月 30 日	21	与客户一起进验收测试
23			验收测试	1 个工作日	2013 年 10 月 31 日	2013 年 10 月 31 日	22	验收评审阶段
24			**交付阶段**	**4 个工作日**	**2013 年 11 月 1 日**	**2013 年 11 月 6 日**		
25			设备使用培训	3 个工作日	2013 年 11 月 1 日	2013 年 11 月 5 日	23	现场培训答疑
26			文档提交	1 个工作日	2013 年 11 月 6 日	2013 年 11 月 6 日	25	文档提交

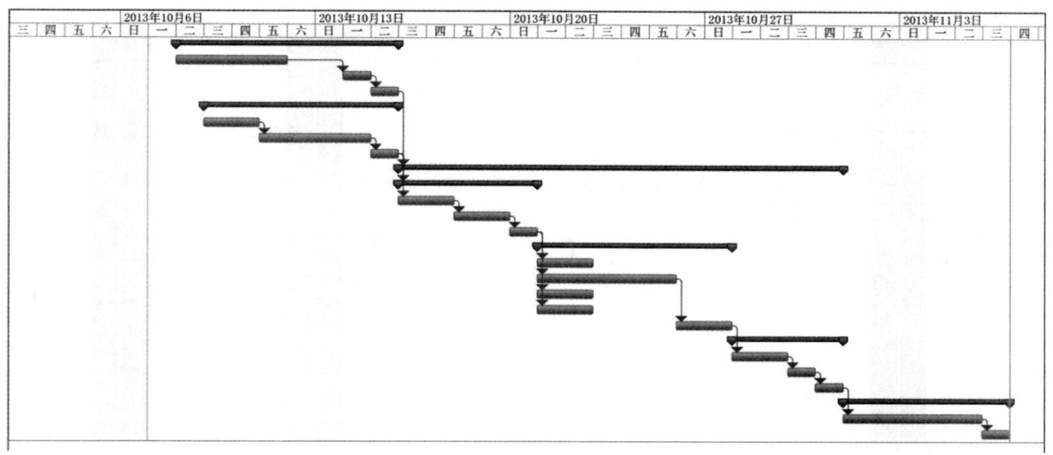

图 8-15　项目横道图

横道图通过条状图来显示项目、进度和其他时间相关的系统进展的内在关系随着时间变化的情况。可以直观地表明任务计划在什么时候进行，实际进展可与计划要求进行对比。

如果项目活动逻辑关系过多会增加横道图的阅读难度。也可以借助绘图工具绘制较清晰的跟踪横道图，使得管理者可以非常便利地弄清每项任务还剩下哪些工作要做，并可评估工作是提前还是滞后，亦或正常进行。

由于横道图展现紧前活动的能力有限，也可以配合使用单代号网络图来展现项目活动的逻辑关系。根据表 8-1 绘制的单代号网络图如图 8-16 所示。

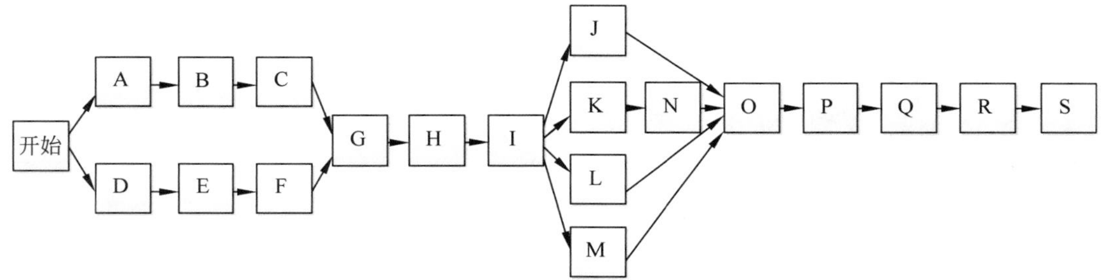

图 8-16　项目单代号网络图

单代号网络图逻辑关系清晰，但不能直观看出项目总工期，需要通过关键路径法推算出关键路径和总工期。

3．利用时标网络图控制项目进度

根据表 8-1 绘制的带时标的双代号网络图如图 8-17 所示。

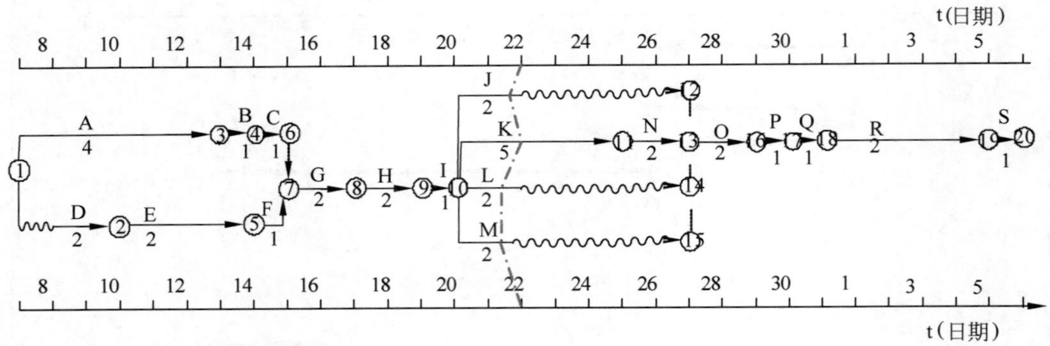

图 8-17 项目时标网络图

时标网络图水平坐标表示工作时间，以实箭线表示项目活动，实箭线的水平投影长度表示该活动的持续时间；以虚箭线表示虚活动，由于虚活动的持续时间为零，故虚箭线只能垂直画；以波形线表示活动与其紧后活动之间的自由浮动时间。

时标网络图兼具单代号网络图和横道图的优点，直观易懂，可直观展现活动历时、活动逻辑关系、关键路径（A-B-C-G-H-I-K-N-O-P-Q-R-S）、项目总工期（30 天）、活动的自由浮动时间、总浮动时间，便于安排项目活动。

图 8-17 中纵向的折线为前锋线。前锋线是指在时标网络图上，从检查时刻的时标点出发，用点划线依此将各项项目活动实际进展位置点连接而成的折线。本图中标识的是 22 号晚监控时相关项目活动 J、K、L、M 的执行情况：活动 J、L、M 均有不超过 1 天的滞后，活动 K 持平。由于活动 J、L、M 均有 5 天的自由浮动时间，故不会影响项目工期。

第 9 章　项目成本管理

9.1　成本管理概念及相关术语

9.1.1　成本与成本管理概念

1．项目成本概念及其构成

在项目中，成本是指项目活动或其组成部分的货币价值或价格，包括为实施、完成或创造该活动或其组成部分所需资源的货币价值。具体的成本一般包括直接工时、其他直接费用、间接工时、其他间接费用以及采购价格。

项目全过程所耗用的各种成本的总和为项目成本。

2．项目成本管理概念、作用和意义

项目管理受范围、时间、成本和质量的约束，项目成本管理在项目管理中占有重要地位。项目成本管理就是要确保在批准的预算内完成项目。虽然项目成本管理主要关心的是完成项目活动所需资源的成本，但也必须考虑项目决策对项目产品、服务或成果的使用成本、维护成本和支持成本的影响。例如，限制设计审查的次数有可能降低项目成本，但同时就有可能增加客户的运营成本。广义的项目成本管理通常称为“生命期成本计算”。生命期成本计算经常与价值工程技术结合使用，可降低成本，缩短时间，提高项目可交付成果的质量和绩效，并优化决策过程。

在许多应用领域，对项目产品未来的财务绩效的预测与分析是在项目之外完成的。在另外一些领域（如基础设施项目），项目成本管理也包括此项工作。如果包括这种预测与分析，则项目成本管理就需要增加一些过程和许多通用管理技术，如投资回报率、折现现金流量、投资回收分析等。

项目成本管理应当考虑项目干系人的信息需要，不同的项目干系人可能在不同的时间，以不同的方式测算项目的成本。例如，物品的采购成本可在做出承诺、发出订单、送达、货物交付时，在实际成本发生时或为会计核算目的记录实际成本时进行测算。

就某些项目，特别是小项目而言，成本估算和成本预算之间的关系极其密切，以致可以将其视为一个过程，由一个人在较短的时间内完成。但本章我们还是将其作为不同的过程进行介绍，因为其所用的工具和技术各不相同。对成本的影响力在项目早期最大，因此这也是尽早完成范围定义的原因。

3．项目成本失控原因

项目成本控制工作是在项目实施过程中，通过项目成本管理尽量使项目实际发生的成本控制在预算范围之内。如果项目建设的实际成本远远超出批准的投资预算，就表明出现了成本失控。发生成本失控的原因主要有以下几点。

（1）对工程项目认识不足

① 对信息系统工程成本控制的特点认识不足，对难度估计不足。

② 工程项目的规模不合理，一个大而全的项目往往导致工期很长，而且导致工程实施的技术难度太高，导致技术人员的投入方面跟不上工程建设的需要，并且建设单位各部门对信息系统工程的接受能力和观念的转变跟不上信息系统建设的需要。

③ 工程项目的设计及实施人员缺乏成本意识，导致项目的设计不满足成本控制的要求。

④ 对项目成本的使用缺乏责任感，随意开支，铺张浪费。

（2）组织制度不健全

① 制度不完善。

② 责任不落实。缺乏成本控制的责任感，在项目各个阶段和工作包没有落实具体的成本控制人员。

③ 承建单位项目经理中没有明确的投资分工，导致对投资控制的领导督查不力。

（3）方法问题

① 缺乏用于项目投资控制所需要的有关报表及数据处理的方法。

② 缺乏系统的成本控制程序和明确的具体要求，在项目进展不同阶段对成本控制任务的要求不明确，在项目进展的整个过程中缺乏连贯性的控制。

③ 缺乏科学、严格、明确且完整的成本控制方法和工作制度。

④ 缺乏对计算机辅助投资控制程序的利用。

⑤ 缺乏对计划值与实际值进行动态的比较分析，并及时提供各种需要的状态报告及经验总结。

（4）技术的制约

① 由于进行项目成本估算发生在工程项目建设的早期阶段，对项目相关信息了解不深，项目规划设计不够完善，不能满足成本估算的需求。

② 采用的项目成本估算方法不恰当，与项目的实际情况不符，或与所得到的项目数据资料不符。

③ 项目成本计算的数据不准确或有漏项，从而导致计算成本偏低。

④ 设计者未对设计方案进行优化，导致项目设计方案突破项目成本目标。

⑤ 物资或设备价格的上涨，大大超过预期的浮动范围。

⑥ 项目规划和设计方面的变更引起相关成本的增加。

⑦ 对工程实施中可能遇见的风险估计不足，导致实施成本大量增加。

（5）需求管理不当

项目需求分析出现失误，项目范围变更频繁。

4．项目成本管理的过程

具体的项目成本管理要靠制订成本管理计划、成本估算、成本预算、成本控制等 4 个过程来完成，其中：

（1）制订成本管理计划—制订了项目成本结构、估算、预算和控制的标准。

（2）成本估算—编制完成项目活动所需资源的大致成本。

（3）成本预算—合计各个活动或工作包的估算成本，以建立成本基准。

（4）成本控制—影响造成成本偏差的因素，控制项目预算的变更。

这些过程不仅彼此交互作用，而且还与其他知识领域的过程交互作用。根据项目的具体需要，每个过程都可能涉及一个或多个个人或集体所付出的努力。一般来说，每个过程在每个项目中至少出现一次。如果项目被分成几个阶段，则每个过程将在一个或多个项目阶段中出现。在实践中，它们可能交错重叠与相互作用。

9.1.2　相关术语

1．产品的全生命周期成本

产品的全生命周期成本为我们认识和管理项目成本提供一个更为开阔的视野，即我们不仅考虑项目全生命周期成本，也要考虑项目的最终产品的全生命周期成本，这有助于我们更精确地制订项目财务收益计划。产品的全生命周期成本就是在产品或系统的整个使用生命期内，在获得阶段（设计、生产、安装和测试等活动，即项目存续期间）、运营与维护及生命周期结束时对产品的处置所发生的全部成本。要求在项目过程中不只关心完成项目活动所需资源的成本，也应该考虑项目决策对项目最终产品使用和维护成本的影响。对于一个项目而言，产品的全生命期成本考虑的是权益总成本，即开发成本加上维护成本。例如，一个公司可能一到两年内完成一个项目，该项目是要建立和实现新的客户服务系统。但是新系统可以使用 10 年，项目经理应当估计整个生命期内（上面例子中即 10 年）的成本和收益。在项目净现值分析时要参考整个 10 年的成本和收益，高级管理人员和项目经理在进行财务决策时，需要考虑产品整个生命期的成本。

2．成本的类型

（1）可变成本：随着生产量、工作量或时间而变的成本为可变成本。可变成本又称变动成本。

（2）固定成本：不随生产量、工作量或时间的变化而变化的非重复成本为固定成本。

（3）直接成本：直接可以归属于项目工作的成本为直接成本。如项目团队差旅费、工资、项目使用的物料及设备使用费等。

（4）间接成本：来自一般管理费用科目或几个项目共同担负的项目成本所分摊给本项目的费用，就形成了项目的间接成本，如税金、额外福利和保卫费用等。

（5）机会成本：是利用一定的时间或资源生产一种商品时，而失去的利用这些资源生产其他最佳替代品的机会就是机会成本，泛指一切在做出选择后其中一个最大的损失。

（6）沉没成本：是指由于过去的决策已经发生了的，而不能由现在或将来的任何决策改变的成本。沉没成本是一种历史成本，对现有决策而言是不可控成本，会很大程度上影响人们的行为方式与决策，在投资决策时应排除沉没成本的干扰。

3. 应急储备和管理储备

应急储备是包含在成本基准内的一部分预算，用来应对已经接受的已识别风险，以及已经制订应急或减轻措施的已识别风险。应急储备通常是预算的一部分，用来应对那些会影响项目的“已知—未知”风险。例如，可以预知有些项目可交付成果需要返工，却不知道返工的工作量是多少，可以预留应急储备来应对这些未知数量的返工工作。可以为某个具体活动建立应急储备，也可以为整个项目建立应急储备，还可以同时建立。应急储备可取成本估算值的某一百分比、某个固定值，或者通过定量分析来确定。

管理储备是为了管理控制的目的而特别留出的项目预算，用来应对项目范围中不可预见的工作。管理储备用来应对会影响项目的“未知—未知”风险。管理储备不包括在成本基准中，但属于项目总预算和资金需求的一部分，使用前需要得到高层管理者审批。当动用管理储备资助不可预见的工作时，就要把动用的管理储备增加到成本基准中，从而导致成本基准变更。

4. 成本基准

成本基准是经批准的按时间安排的成本支出计划，并随时反映了经批准的项目成本变更（所增加或减少的资金数目），被用于度量和监督项目的实际执行成本。

9.2 制订项目成本管理计划

执行项目成本管理的第一个过程是由项目管理团队制订项目成本管理计划，该过程是编制项目整体管理计划过程的一部分。制订项目成本管理计划的结果是生成成本管理计划，成本管理计划中列出了模板并制订了项目成本结构、估算、预算和控制的标准。成本管理过程及其使用的工具和技术因应用领域的不同而变化，一般在项目生命期定义过程中对此进行选择，并在成本管理计划中加以记录。

9.2.1 项目成本管理计划制订的输入

1. 项目管理计划

项目管理计划中用以制订成本管理计划的信息包括（但不限于）：

- 范围基准：范围基准包括项目范围说明书和 WBS 详细信息，可用于成本估算和管理。
- 进度基准：进度基准定义了项目成本将在何时发生。

- 其他信息：项目管理计划中与成本相关的进度、风险和沟通决策等信息。

2．项目章程

项目章程规定了项目总体预算，可据此确定详细的项目成本。项目章程所规定的项目审批要求，也对项目成本管理有影响。

3．事业环境因素

会影响规划成本管理过程的事业环境因素包括（但不限于）：

- 能影响成本管理的组织文化和组织结构。
- 市场条件，决定着在当地及全球市场上可获取哪些产品、服务和成果。
- 货币汇率，用于换算发生在多个国家的项目成本。
- 发布的商业信息。经常可以从商业数据库中获取资源成本费率及相关信息。这些数据库动态跟踪具有相应技能的人力资源的成本数据，也提供材料与设备的标准成本数据，还可以从卖方公布的价格清单中获取相关信息。
- 项目管理信息系统，可为管理成本提供多种方案。

4．组织过程资产

会影响规划成本管理的组织过程资产包括（但不限于）：

- 财务控制程序（如定期报告、费用与支付审查、会计编码及标准合同条款等）；
- 历史信息和经验教训知识库；
- 财务数据库；
- 现有的、正式的和非正式的、与成本估算和预算有关的政策、程序和指南。

9.2.2　项目成本管理计划制订的工具与技术

1．专家判断

基于历史信息，专家判断可以对项目环境及以往类似项目的信息提供有价值的见解。专家判断还可以对是否需要联合使用多种方法，以及如何协调方法之间的差异提出建议。

针对正在开展的活动，基于某应用领域、知识领域、学科、行业等的专业知识而做出的判断，应该用于制订成本管理计划。

2．分析技术

在制订成本管理计划时，可能需要选择项目筹资的战略方法，如自筹资金、股权投资、借贷投资等。成本管理计划中可能也需详细说明筹集项目资源的方法，如自制、采购或租赁，这些决策可能对项目进度和风险产生影响。

组织政策和程序可能影响采用哪种财务技术进行决策。可用的技术包括（但不限于）：投资回收期、投资回报率、内部报酬率、现金流贴现和净现值。

3．会议

项目团队可能举行规划会议来制订成本管理计划。参会人员可能包括项目经理、项目发起人、选定的项目团队成员、选定的干系人、项目成本负责人等。

9.2.3 项目成本管理计划制订的输出

1. 成本管理计划

成本管理计划是项目管理计划的组成部分，描述将如何规划、安排和控制项目成本。成本管理过程及其工具与技术应记录在成本管理计划中。

例如，成本管理计划能制订：

（1）精确等级：基于活动范围和项目规模，活动成本估算数据将精确到规定的精度（如100元、1000元），并可以包含应急成本。

（2）测量单位：定义了每种资源的测量单位，如人·时、人·日，周，一次总付款额，等等。

（3）组织程序链接：用于项目成本核算的WBS单元被称为控制账目，每一个控制账目都被分配一个编码或账号，该编码或账号与项目实施组织的会计系统直接连接。如果计划工作包的成本估算包含在控制账目内，则项目团队应该确定如何为工作包确定预算。

（4）控制临界值：可能需要规定偏差临界值，用于监督成本绩效。它是在需要采取某种措施前，允许出现的最大偏差。通常用偏离基准计划的百分数来表示。

（5）挣值规则：需要规定用于绩效测量的挣值管理（EVM）规则。例如，成本管理计划应该：

- 定义WBS中用于绩效测量的控制账户；
- 确定拟用的挣值测量技术（如加权里程碑法、固定公式法、完成百分比法等）；
- 规定跟踪方法，以及用于计算项目完工估算（EAC）的挣值管理公式，该公式计算出的结果可用于验证通过自下而上方法得出的完工估算。

（6）报告格式：定义了各种成本报告的格式和编制频率。

（7）过程说明：对其他每个成本管理过程进行书面描述。

（8）其他细节。关于成本管理活动的其他细节包括（但不限于）：

- 对战略筹资方案的说明；
- 处理汇率波动的程序；
- 记录项目成本的程序。

上述所有内容和其他信息都包含在成本管理计划中，可以在计划的正文内，也可能作为计划附录。成本管理计划包含在项目管理计划中，或是作为项目管理计划的从属分计划。成本管理计划可以是正式的，也可以是非正式的，可以是非常详细的，也可以是概括性的，视项目需要决定。

制订成本管理计划的工作在项目计划阶段的早期进行，并为每个成本管理过程设定了框架，以便确保过程实施的协调一致和高效率。

在本章中提及的活动均为计划中的活动，项目成本估算和项目成本预算是依据计划中的活动开展的。

9.3　项目成本估算

9.3.1　项目成本估算的主要相关因素

估算活动的成本，涉及估算完成每项活动所需资源的近似成本。在估算成本时，估算师需考虑成本估算偏差的可能原因（包括风险）。

成本估算包括识别和考虑各种成本计算方案。如在多数应用领域，在设计阶段多做些额外的工作可能减少执行阶段和产品运行时的成本。成本估算过程考虑预期的成本节省是否能够弥补额外设计工作的成本。

成本估算一般以货币单位（人民币、美元、欧元等）表示，从而方便地在项目内和项目间比较。在某些情况下，估算师可随成本估算使用测量单位（如人・时、人・日），以便合理地管理控制。

随着项目的推进，可对成本估算进行细化，以反映额外的详细细节。在整个项目生命期内，项目估算的准确性随着项目的进展而提高。例如在启动阶段，项目估算为粗略估算，估算范围为-50%～+100%。在项目后期，因为了解了更多的信息，估算精度范围能缩小到-10%～+15%。在一些应用领域，成本估算已形成指导方针，用于确定何时完成细化和期望达到何种精度。

本过程从其他知识领域的相关过程的输出中获取输入信息。一旦获取，所有信息都可作为全部成本管理过程的输入。

针对项目使用的所有资源来估算活动成本，包括（但不限于）人工、材料、设备、服务、设施和特殊条目如通货膨胀准备金和应急准备金等。

活动成本估算是针对完成活动所需资源的可能成本进行的量化评估。如果项目实施组织没有受过正式训练的项目成本估算师，则项目团队将需要提供资源和专业特长来完成项目成本估算活动。

除了项目直接成本外，项目估算还需要考虑但容易被忽视的主要因素有以下几种。

（1）非直接成本：指不在 WBS 工作包上的成本，如管理成本、房屋租金、保险等。其中管理成本的弹性过大，对项目总成本的影响也较大。项目成本预算和估算的准确度差（过粗和过细）都可能造成项目成本增加。预算过粗会使项目费用的随意性较大，准确度降低；预算过细会使项目控制的内容过多，弹性差，变化不灵活，管理成本加大。

（2）学习曲线：如果采用项目团队成员所没有采用过的方法和技术，那么在初期项目团队成员学习过程所引起的成本应包括学习耗费的时间成本。项目团队实施全新的项目时，也会具有学习曲线。

（3）项目完成的时限：项目工期对成本有影响。

（4）质量要求：质量要求越高，质量成本就越高。如太空卫星的控制系统和遥控玩具飞机的控制系统，成本差别巨大。质量成本又可以分为质量保证成本和质量故障成本。质量保证成本是项目团队依据公司质量体系（如ISO 9000）运行而引起的成本。质量故障成本是由于项目质量存在缺陷进行检测和弥补而引起的成本。在项目的前期和后期，质量成本较高。

（5）储备：包括应急储备和管理储备，主要为防范风险所预留的成本。但这部分成本往往被管理层或客户给压缩掉，这是不对的。其作用就像战争中的预备队，是非常重要的。

9.3.2 项目成本估算的主要步骤

编制项目成本估算需要进行以下3个主要步骤。

（1）识别并分析成本的构成科目。

该部分的主要工作就是确定完成项目活动所需要的物质资源（人、设备、材料）的种类。制作项目成本构成科目后，会形成“资源需求”和“会计科目表”，说明工作分解结构中各组成部分需要资源的类型和所需的数量。这些资源将通过企业内部分派或采购得到，最终形成项目资源矩阵，如表9-1所示。

表9-1 项目资源矩阵

工 作	资 源 需 要					相关说明
工作1 工作2 ⋮ 工作 *m*	资源1	资源2	…	资源 *n*-1	资源 *n*	

与时间相关的项目资源数据表，如表9-2所示。

表9-2 项目资源数据表

资源需求种类	资源需求总量	时间安排（不同时间资源需求量）						相关说明
		1	2	3	…	*T*-1	*T*	
资源1 资源2 ⋮ 资源 *n*								

会计科目表（Chart of Accounts）

对项目成本（如人工、日常用品、材料）进行监控的任何编码系统。项目会计科目表通常基于所在组织的会计科目表。项目会计科目表的分类有可能在项目团队以外（财务或会计部门）完成。

（2）根据已识别的项目成本构成科目，估算每一科目的成本大小。

根据上面形成的资源需求，考虑项目需要的所有资源的成本。估算可以用货币单位表示，也可用工时、人日、人月等其他单位表示。有时候，同样技能的资源来源不同，其对项目成本的影响也不同。例如，建筑项目队伍需要熟悉当地的建筑法规，这类知识通常可以通过使用当地人而基本不付任何代价来获取。如果当地缺乏具有专门施工技术和经验的人力资源，则需要支付报酬聘请一位咨询人员。估算时还需要考虑通货膨胀以及货币的时间效应等。

（3）分析成本估算结果，找出各种可以相互替代的成本，协调各种成本之间的比例关系。

计划的最终作用是要优化管理，所以在通过对每一成本科目进行估算而形成的总成本上，应对各种成本进行比例协调，找出可行的低成本的替代方案，尽可能地降低项目估算的总成本。例如原拟租赁设备使用时间较长且可以用于其他项目团队时，可以通过公司固定资产采购并将折旧分摊到多个项目团队来降低本项目团队的成本；非关键岗位上，可以用技能级别较低的人员来替代技能级别较高的人员，从而降低人员成本。这个步骤通常和项目优化结合起来考虑，常见的优化方法有：工期优化、费用优化和资源优化三种。关于工期优化详见本书进度管理部分。资源优化如资源平衡技术等。无论怎样降低项目成本估算值，项目的应急储备和管理储备都不应被裁减。

9.3.3　项目成本估算所采用的技术与工具

1．专家判断

基于历史信息，专家判断可以对项目环境及以往类似项目的信息提供有价值的见解。专家判断还可以对是否联合使用多种估算方法，以及如何协调方法之间的差异做出决定。

2．类比估算

成本类比估算是指以过去类似项目的参数值（如范围、成本、预算和持续时间等）或规模指标（如尺寸、重量和复杂性等）为基础，来估算当前项目的同类参数或指标。在估算成本时，这项技术以过去类似项目的实际成本为依据，来估算当前项目的成本。这是一种粗略的估算方法，有时需要根据项目复杂性方面的已知差异进行调整。

在项目详细信息不足时，例如在项目的早期阶段，就经常使用这种技术来估算成本数值。该方法综合利用历史信息和专家判断。

相对于其他估算技术，类比估算通常成本较低、耗时较少，但准确性也较低。可以针对整个项目或项目中的某个部分，进行类比估算。类比估算可以与其他估算方法联合使用。如果以往项目是本质上而不只是表面上类似，并且从事估算的项目团队成员具备必要的专业知识，那么类比估算就最为可靠。

3．参数估算

参数估算是指利用历史数据之间的统计关系和其他变量（如建筑施工中的平方米），来进行项目工作的成本估算。参数估算的准确性取决于参数模型的成熟度和基础数据的可靠性。参数估算可以针对整个项目或项目中的某个部分，并可与其他估算方法联合使用。

4．自下而上估算

自下而上估算是对工作组成部分进行估算的一种方法。首先对单个工作包或活动的成本进行最具体、细致的估算；然后把这些细节性成本向上汇总或“滚动”到更高层次，用于后续报告和跟踪。自下而上估算的准确性及其本身所需的成本，通常取决于单个活动或工作包的规模和复杂程度。

5．三点估算

通过考虑估算中的不确定性与风险，使用3种估算值来界定活动成本的近似区间，可以提高活动成本估算的准确性：

- 最可能成本（C_m）。对所需进行的工作和相关费用进行比较现实的估算，所得到的活动成本。
- 最乐观成本（C_O）。基于活动的最好情况，所得到的活动成本。
- 最悲观成本（C_P）。基于活动的最差情况，所得到的活动成本。

基于活动成本在3种估算值区间内的假定分布情况，使用下面公式来计算预期成本（C_E）。

$$C_E=(C_O+4C_m+C_P)/6$$

基于三点的假定分布计算出期望成本，并说明期望成本的不确定区间。

6．储备分析

为应对成本的不确定性，成本估算中可以包括应急储备（有时称为“应急费用”）。

随着项目信息越来越明确，可以动用、减少或取消应急储备。应该在成本文件中清楚地列出应急储备。应急储备是成本基准的一部分，也是项目整体资金需求的一部分。

也可以估算项目所需的管理储备。

7．质量成本（COQ）

在估算活动成本时，可能要用到关于质量成本的各种假设。

8．项目管理软件

项目管理应用软件、电子表单、模拟和统计工具等，可用来辅助成本估算。这些工具能简化某些成本估算技术的使用，使人们能快速考虑多种成本估算方案。

9．卖方投标分析

在成本估算过程中，可能需要根据合格卖方的投标情况，分析项目成本。在用竞争性招标选择卖方的项目中，项目团队需要开展额外的成本估算工作，以便审查各项可交付成果的价格，并计算出组成项目最终总成本的各分项成本。

10．群体决策技术

基于团队的方法（如头脑风暴、德尔菲技术或名义小组技术）可以调动团队成员的参与，以提高估算的准确度，并提高对估算结果的责任感。选择一组与技术工作密切相关的人员参与估算过程，可以获取额外的信息，得到更准确的估算。另外，让成员亲自参与估算，能够提高他们对实现估算的责任感。

9.3.4　项目成本估算的输入、输出

1．成本估算的输入

成本估算的输入有以下 7 项。

1）成本管理计划

成本管理计划规定了如何管理和控制项目成本，包括估算活动成本的方法和需要达到的准确度。

2）人力资源管理计划

人力资源管理计划提供了项目人员配备情况、人工费率和相关奖励/认可方案，是制订项目成本估算时必须考虑的因素。

3）范围基准

范围基准包含以下内容：

- 范围说明书。范围说明书提供了产品描述、验收标准、主要可交付成果、项目边界及项目的假设条件和制约因素。在估算项目成本时必须设定的一项基本假设是，估算将仅限于直接成本，还是也包括间接成本。间接成本是无法直接追溯到某个具体项目的成本，因此只能按某种规定的会计程序进行累计并合理分摊到多个项目中。有限的项目预算是很多项目中最常见的制约因素。其他制约因素包括规定的交付日期、可用的熟练资源和组织政策等。
- WBS：工作分解结构指明了项目的全部组件之间及全部可交付成果之间的相互关系。
- WBS 词典：WBS 词典提供了可交付成果的详细信息，并描述了为产出可交付成果，WBS 各组件所需进行的工作。

范围基准中可能还包括与合同和法律有关的信息，如健康、安全、安保、绩效、环境、保险、知识产权、执照和许可证等。所有这些信息都应该在进行成本估算时加以考虑。

4）项目进度计划

项目工作所需的资源种类、数量和使用时间，都会对项目成本产生很大影响。进度活动所需的资源及其使用时间，是本过程的重要输入。在估算活动资源过程中，已经估算出开展进度活动所需的人员数量、人时数及材料和设备数量。活动资源估算与成本估

算密切相关。如果项目预算中包括融资成本（如利息），或者资源消耗取决于活动持续时间的长短，那么活动持续时间估算就会对成本估算产生影响。如果成本估算中包含时间敏感型成本，如价格随季节波动的材料，那么活动持续时间估算也会影响成本估算。

5）风险登记册

通过审查风险登记册，考虑应对风险所需的成本。风险既可以是威胁，也可以是机会，通常会对活动及整个项目的成本产生影响。一般而言，在项目遇到负面风险事件后，项目的近期成本将会增加，有时还会造成项目进度延误。同样，项目团队应该对可能给业务带来好处（如直接降低活动成本或加快项目进度）的潜在机会保持敏感。

6）事业环境因素

会影响估算成本过程的事业环境因素包括（但不限于）：

- 市场条件。可以从市场上获得什么产品、服务和成果，可以从谁那里、以什么条件获得。地区或全球性的供求情况会显著影响资源成本。
- 发布的商业信息。经常可以从商业数据库中获取资源成本费率及相关信息。这些数据库动态跟踪具有相应技能的人力资源的成本数据，也提供材料与设备的标准成本数据，还可以从卖方公布的价格清单中获取相关信息。

7）组织过程资产

会影响估算成本过程的组织过程资产包括（但不限于）：成本估算政策、成本估算模板、历史信息、经验教训。

2．成本估算的输出

成本估算的输出有以下 3 项。

1）活动成本估算

活动成本估算是对完成项目工作可能需要的成本的量化估算。成本估算可以是汇总的或详细分列的。成本估算应该覆盖活动所使用的全部资源，包括（但不限于）直接人工、材料、设备、服务、设施、信息技术，以及一些特殊的成本种类，如融资成本（包括利息）、通货膨胀补贴、汇率或成本应急储备。如果间接成本也包含在项目估算中，则可在活动层次或更高层次上计列间接成本。表 9-3 给出了某信息化建设项目的人力资源成本，并考虑房租、办公费用等费用后，给出了各个活动的估算值。

表 9-3 某信息化项目的成本估算表

活动编号	活　　动	人 力 资 源	活动历时/天	人力资源成本/元	成本估算值/元
1	召开项目启动会议	所有项目团队成员、相关干系人	1	500.00	1 000.00
2	收集数据	李立华，王锋，刘丽芳	1	750.00	900.00
3	可行性研究	张三风，周涛，钱云鹏	4	3 400.00	4 000.00
4	撰写问题定义报告	张三风，李立华	1	600.00	750.00

续表

活动编号	活　　动	人 力 资 源	活动历时/天	人力资源成本/元	成本估算值/元
5	制订项目计划	张三风，周涛，李立华	2	1 800.00	2 100.00
6	客户需求调研	钱云鹏，杨云，李立华，伍海燕	5	5 000.00	6 000.00
7	客户需求分析	钱云鹏，李立华，杨云	5	3 750.00	4 500.00
8	研究现有系统	赵建国，宋徽语	8	4 400.00	5 200.00
9	撰写需求分析报告	钱云鹏，赵建国	1	550.00	650.00
10	设计界面	任建伟，李佳音	8	4 400.00	5 200.00
11	总体设计	丁一，杜建华，陈信海	10	9 000.00	10 500.00
12	撰写设计报告	任建伟，杜建华	2	1 200.00	1 400.00
13	方案评估	张三风，李立华，丁一	2	1 800.00	3 100.00
14	开发软件	赵建国，李立华，杨云，宋徽语	15	15 750.00	18 750.00
15	开发硬件	周涛，伍海燕，王锋	10	8 000.00	59 500.00
16	开发网络	张三风，刘丽芳，钱云鹏	6	4 500.00	35 400.00
17	撰写开发报告	赵建国，周涛，刘丽芳	2	1 600.00	1 900.00
18	测试软件	陈信海，任建伟，丁一	6	5 400.00	6 300.00
19	测试硬件	钱云鹏，周涛	4	2 200.00	3 600.00
20	测试网络	杜建华，李佳音，宋徽语	4	3 200.00	4 800.00
21	撰写测试报告	陈信海，周涛，杜建华	1	900.00	1 150.00
22	实施培训	钱云鹏，周涛，李佳音	4	3 200.00	3 800.00
23	系统转换	赵建国，王锋，杨云	2	1 500.00	5 000.00
24	撰写实施报告	钱云鹏，赵建国，周涛	2	1 700.00	2 000.00

2）估算依据

成本估算所需的支持信息的数量和种类，因应用领域而异。不论其详细程度如何，支持性文件都应该清晰、完整地说明成本估算是如何得出的。

活动成本估算的支持信息可包括：

- 关于估算依据的文件（如估算是如何编制的）；
- 关于全部假设条件的文件；
- 关于各种已知制约因素的文件；
- 对估算区间的说明（如“100 万元±10%”就说明了预期成本的所在区间）；
- 对最终估算的置信水平的说明。

3）项目文件更新

可能需要更新的项目文件包括（但不限于）风险登记册。

9.4 项目成本预算

9.4.1 项目成本预算及作用

成本预算指将单个活动或工作包的估算成本汇总，以确立衡量项目绩效情况的总体成本基准。项目范围说明书提供了汇总预算，但活动或工作包的成本估算在详细的预算请求和工作授权之前编制。

如果首先得到项目的总体估算，则成本预算是在项目成本估算的基础上，更精确地估算项目总成本，并将其分摊到项目的各项具体活动和各个具体项目阶段上，为项目成本控制制订基准计划的项目成本管理活动。成本估算的输出结果是成本预算的基础与依据，成本预算则是将已批准的项目总的估算成本进行分摊。

9.4.2 项目成本预算的基本概念

1．项目成本预算的特征

（1）计划性：指在项目计划中，尽量精确地将费用分配到 WBS 的每一个组成部分，从而形成与 WBS 相同的系统结构。

（2）约束性：指预算分配的结果可能并不能满足所涉及的管理人员的利益要求，而表现为一种约束。

（3）控制性：指项目预算的实质就是一种控制机制。

2．编制项目成本预算应遵循的原则

（1）项目成本预算要以项目需求为基础。

（2）项目成本预算要与项目目标相联系，必须同时考虑项目质量和进度等目标。

（3）项目成本预算要切实可行。

（4）项目成本预算应当留有弹性。

9.4.3 制订项目成本预算的步骤

如果首先得到项目的总体估算，则制订项目成本预算所必须经过的步骤以下：

（1）将项目总成本分摊到项目工作分解结构的各个工作包。

分解按照自顶向下，根据占用资源数量多少而设置不同的分解权重。

（2）将各个工作包成本再分配到该工作包所包含的各项活动上。

（3）确定各项成本预算支出的时间计划及项目成本预算计划。

主要根据资源投入时间段形成成本预算计划。

项目的成本预算为衡量项目绩效情况提供了基准。

9.4.4　项目成本预算的工具与技术

1．成本汇总

先把成本估算汇总到 WBS 中的工作包，再由工作包汇总至 WBS 更高层次（如控制账户），最终得出整个项目的总成本。

2．储备分析

通过预算储备分析，可以计算出项目的应急储备与管理储备。

3．专家判断

基于应用领域、知识领域、学科、行业或相似项目的经验，专家判断可对制订预算提供帮助。专家判断可来自受过专门教育或具有专门知识、技能、经验或培训经历的任何小组或个人。专家判断可从许多渠道获取，包括（但不限于）：执行组织内的其他部门；顾问；干系人，包括客户；专业与技术协会；行业团体。

4．历史关系

有关变量之间可能存在一些可据以进行参数估算或类比估算的历史关系。可以基于这些历史关系，利用项目特征（参数）来建立数学模型，预测项目总成本。数学模型可以是简单的（例如，建造住房的总成本取决于单位面积建造成本），也可以是复杂的（例如，如软件编制成本的参数估算 COCOMO 模型，使用 13 个独立的调整系数，每个系数有 5～7 个点；再如软件估算中的功能点方法等）。

类比和参数模型的成本及准确性可能差别很大。要达到相对可靠的估算结果的前提是：

- 用来建立模型的历史信息准确；
- 模型中的参数易于量化；
- 模型可以调整，以便对大项目、小项目和各项目阶段都适用。

5．资金限制平衡

应该根据对项目资金的任何限制，来平衡资金支出。如果发现资金限制与计划支出之间的差异，则可能需要调整工作的进度计划，以平衡资金支出水平。这可以通过在项目进度计划中添加强制日期来实现。

9.4.5　项目成本预算的输入、输出

1．项目成本预算的输入

1）成本管理计划

成本管理计划描述将如何管理和控制项目成本。

2）范围基准

范围基准包括范围说明书、WBS 和 WBS 词典。

- 项目范围说明书。组织、协议或其他机构（如政府部门）可能对项目资金支出施

加正式的阶段性限制。这些资金制约因素均已列在项目范围说明书中。

- 工作分解结构。工作分解结构指明了项目全部可交付成果及其各组件之间的相互关系。
- WBS 词典。在 WBS 词典和相关的工作详细说明中，列明了可交付成果，并描述了为产出可交付成果，WBS 各组件所需进行的工作。

3）活动成本估算

各工作包内每个活动的成本估算汇总后，即得到各工作包的成本估算。

4）估算依据

在估算依据中包括基本的假设条件，例如，项目预算中是否应该包含间接成本或其他成本。

5）项目进度计划

项目进度计划包括项目活动、里程碑、工作包和控制账户的计划开始和完成日期。可根据这些信息，把计划成本和实际成本汇总到相应的日历时段中。

6）资源日历

从资源日历中了解项目资源的种类和使用时间。可根据这些信息，确定项目周期各阶段的资源成本。

7）风险登记册

应该审查风险登记册，从而确定如何汇总风险应对成本。对风险登记册的更新包含在项目文件更新中。

8）协议

在制订预算时，需要考虑将要或已经采购的产品、服务或成果的成本，以及适用的协议信息。

9）组织过程资产

会影响制订预算过程的组织过程资产包括（但不限于）：

- 现有的、正式和非正式的、与成本预算有关的政策、程序和指南；
- 成本预算工具；
- 报告方法。

2．项目成本预算的输出

1）成本基准

成本基准是经过批准的、按时间段分配的项目预算，不包括任何管理储备，只有通过正式的变更控制程序才能变更，用作与实际结果进行比较的依据。成本基准是不同进度活动经批准的预算的总和。

项目预算和成本基准的各个组成部分，如图 9-1 所示。先汇总各项目活动的成本估算及其应急储备，得到相关工作包的成本。然后汇总各工作包的成本估算及其应急储备，得到控制账户的成本。再汇总各控制账户的成本，得到成本基准。由于成本基准中的成本估算与进度活动直接关联，因此就可按时间段分配成本基准，得到一条 S 曲线，如图 9-2 所示。

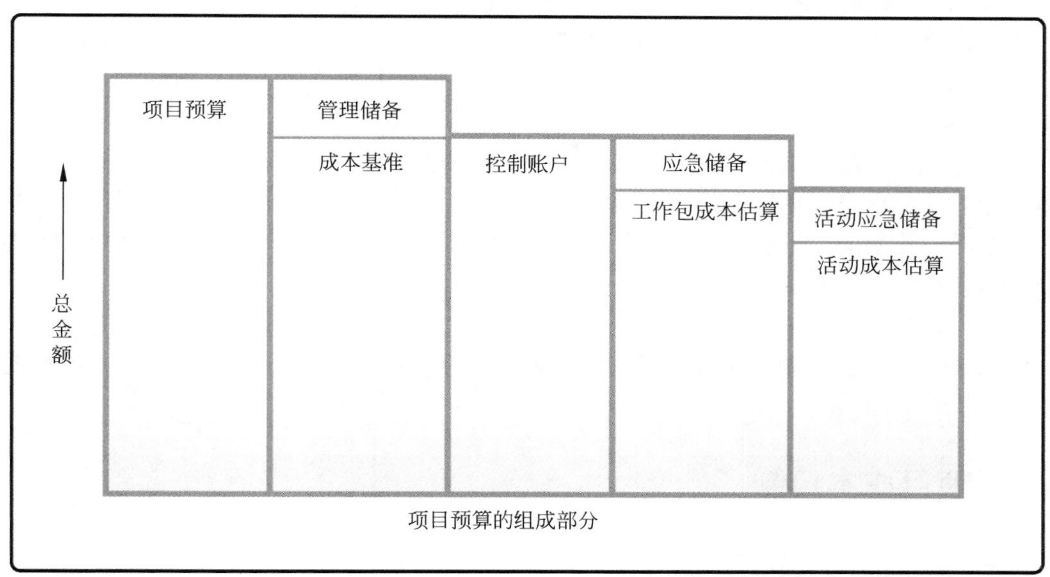

图 9-1　项目预算的组成

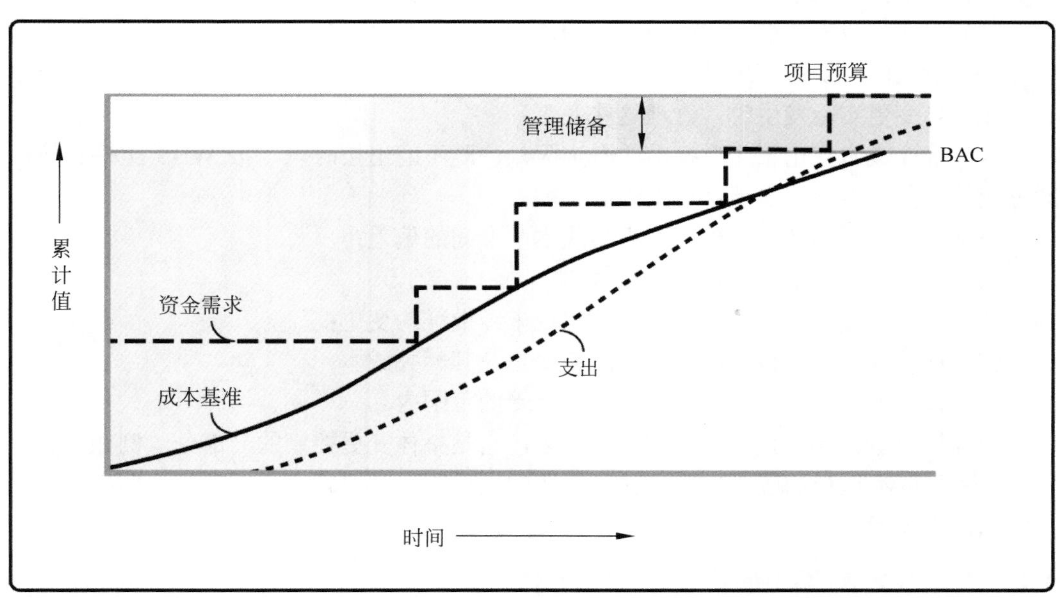

图 9-2　成本基准、支出与资金需求

最后，在成本基准之上增加管理储备，得到项目预算。当出现有必要动用管理储备的变更时，则应该在获得变更控制过程的批准之后，把适量的管理储备移入成本基准中。

多项目，特别是大项目，可能有多个成本基准（或资源基准）和消耗品生产基准（如每天的混凝土立方米），来量度项目绩效的不同方面。例如，管理层可要求项目经理分别监控内部成本（人工）和外部成本（合同商和建筑材料）或总的人工小时数。

2）项目资金需求

根据成本基准，确定总资金需求和阶段性（如季度或年度）资金需求。成本基准中既包括预计的支出，也包括预计的债务。项目资金通常以增量而非连续的方式投入，并且可能是非均衡的，呈现出图 9-2 中所示的阶梯状。如果有管理储备，则总资金需求等于成本基准加管理储备。在资金需求文件中，也可说明资金来源。

3）项目文件更新

可能需要更新的项目文件包括（但不限于）：风险登记册；活动成本估算；项目进度计划。

9.5 项目成本控制

9.5.1 项目成本控制主要内容

项目成本控制包括如下内容：

（1）对造成成本基准变更的因素施加影响；

（2）确保所有变更请求都得到及时处理；

（3）当变更实际发生时，管理这些变更；

（4）确保成本支出不超过批准的资金限额，既不超出按时段、按 WBS 组件、按活动分配的限额，也不超出项目总限额；

（5）监督成本绩效，找出并分析与成本基准间的偏差；

（6）对照资金支出，监督工作绩效；

（7）防止在成本或资源使用报告中出现未经批准的变更；

（8）向有关干系人报告所有经批准的变更及其相关成本；

（9）设法把预期的成本超支控制在可接受的范围内。

为项目成本控制查找正、负偏差的原因，它是整体变更控制的一部分。例如，若对成本偏差采取不适当的应对措施，就可能造成质量或进度问题，或在项目后期产生无法接受的巨大风险。

9.5.2 项目成本控制所用的工具与技术

成本控制的工具与技术有如下几项。

1）挣值管理

挣值管理（EVM）是把范围、进度和资源绩效综合起来考虑，以评估项目绩效和进展的方法。它是一种常用的项目绩效测量方法。它把范围基准、成本基准和进度基准整合起来，形成绩效基准，以便项目管理团队评估和测量项目绩效和进展。作为一种项目管理技术，挣值管理要求建立整合基准，用于测量项目期间的绩效。EVM 的原理适用于所有行业的所有项目。它针对每个工作包和控制账户，计算并监测以下 3 个关键指标。

（1）计划值

计划值（Planned Value，PV）是为计划工作分配的经批准的预算。它是为完成某活动或工作分解结构组件而准备的一份经批准的预算，不包括管理储备。应该把该预算分配至项目生命周期的各个阶段。在某个给定的时间点，计划值代表着应该已经完成的工作。PV 的总和有时被称为绩效测量基准（PMB），项目的总计划值又被称为完工预算（BAC）。

（2）挣值

挣值（Earned Value，EV）是对已完成工作的测量值，用分配给该工作的预算来表示。它是已完成工作的经批准的预算。EV 的计算应该与 PMB 相对应，且所得的 EV 值不得大于相应组件的 PV 总预算。EV 常用于计算项目的完成百分比。应该为每个 WBS 组件规定进展测量准则，用于考核正在实施的工作。项目经理既要监测 EV 的增量，以判断当前的状态，又要监测 EV 的累计值，以判断长期的绩效趋势。

（3）实际成本

实际成本（Actual Cost，AC）是在给定时段内，执行某工作而实际发生的成本，是为完成与 EV 相对应的工作而发生的总成本。AC 的计算口径必须与 PV 和 EV 的计算口径保持一致（例如，都只计算直接小时数，都只计算直接成本，或都计算包含间接成本在内的全部成本）。AC 没有上限，为实现 EV 所花费的任何成本都要计算进去。

还需要监测实际绩效与基准之间的偏差。

（1）进度偏差

进度偏差（Schedule Variance，SV）是测量进度绩效的一种指标，表示为挣值与计划值之差。它是指在某个给定的时点，项目提前或落后的进度，等于挣值（EV）减去计划价值（PV）。进度偏差是一种有用的指标，可表明项目进度是落后还是提前于进度基准。由于当项目完工时，全部的计划值都将实现（即成为挣值），所以进度偏差最终将等于零。最好把进度偏差与关键路径法（CPM）和风险管理一起使用。进度偏差计算公式：SV=EV–PV。

（2）成本偏差

成本偏差（Cost Variance，CV）是在某个给定时点的预算亏空或盈余量，表示为挣值与实际成本之差。它是测量项目成本绩效的一种指标，等于挣值（EV）减去实际成本（AC）。项目结束时的成本偏差，就是完工预算（BAC）与实际成本之间的差值。由于成本偏差指明了实际绩效与成本支出之间的关系，所以非常重要。负的 CV 一般都是不可挽回的。成本偏差计算公式：CV=EV–AC。

还可以把 SV 和 CV 转化为效率指标，以便把项目的成本和进度绩效与任何其他项目作比较，或在同一项目组合内的各项目之间作比较。可以通过偏差来确定项目状态。

（3）进度绩效指数

进度绩效指数（Schedule Performance Index，SPI）是测量进度效率的一种指标，表示为挣值与计划值之比。它反映了项目团队利用时间的效率。有时与成本绩效指数（CPI）一起使用，以预测最终的完工估算。当 SPI 大于 1.0 时，说明进度超前；当 SPI 小于 1.0 时，则说明进度落后。由于 SPI 测量的是项目总工作量，所以还需要对关键路径上的绩效进行单独分析，以确认项目是否将比计划完成日期提前或推迟。SPI 计算公式：SPI=EV/PV。

（4）成本绩效指数

成本绩效指数（Cost Performance Index，CPI）是测量预算资源的成本效率的一种指标，表示为挣值与实际成本之比。它是最关键的 EVM 指标，用来测量已完成工作的成本效率。当 CPI 小于 1.0 时，说明成本超支；当 CPI 大于 1.0 时，则说明成本节省。该指标对于判断项目状态很有帮助，并可为预测项目成本和进度的最终结果提供依据。CPI 计算公式：CPI=EV/AC。

对计划值、挣值和实际成本这 3 个参数，既可以分阶段（通常以周或月为单位）进行监测和报告，也可以针对累计值进行监测和报告。图 9-3 以 S 曲线展示某个项目的 EV 数据，该项目预算超支且进度落后。

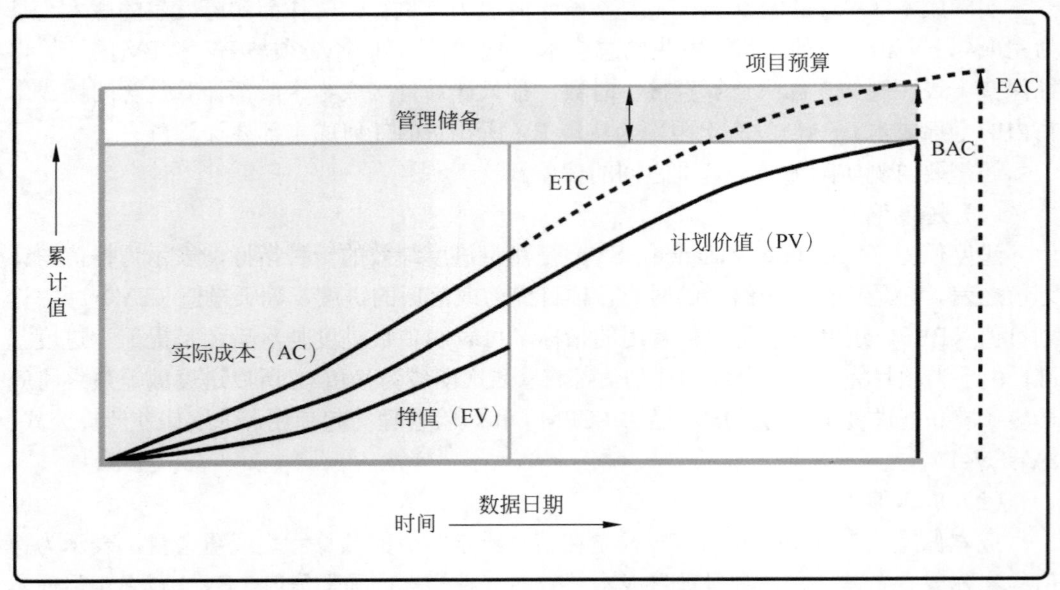

图 9-3 挣值、计划值和实际成本

表 9-4 给出了某信息化建设项目到 2015 年 9 月 3 日为止的成本执行（绩效）数据。

表 9-4 成本执行（绩效）报告

活动编号	活 动	完成百分比%	PV/元	AC/元	EV/元
1	召开项目启动会议	100	1 000.00	1 000.00	1 000.00
2	收集数据	100	900.00	1 000.00	900.00
3	可行性研究	100	4 000.00	4 200.00	4 000.00
4	撰写问题定义报告	100	750.00	750.00	750.00
5	制订项目计划	100	2 100.00	2 100.00	2 100.00
6	客户需求调研	100	6 000.00	6 500.00	6 000.00
7	客户需求分析	100	4 500.00	5 500.00	4 500.00
8	研究现有系统	100	5 200.00	5 700.00	5 200.00
9	撰写需求分析报告	100	650.00	650.00	650.00
10	设计界面	80	5 200.00	5 250.00	4 160.00
11	总体设计	70	10 500.00	11 500.00	7 350.00
合计			40 800.00	44 150.00	36 610.00
项目总预算（BAC）：187 500.00					
报告日期：2015 年 9 月 3 日					

AC=44150 元，PV=40800 元，EV=36610 元，则：

- 成本偏差：CV=EV–AC=36610–44150=–7540 元；
- 进度偏差：SV=EV–PV=36610–40800=–4190 元；
- 成本绩效指数：CPI=EV/AC=36610/44150=0.83；
- 进度绩效指数：SPI=EV/PV=36610/40800=0.90。

说明此项目目前成本超支，进度落后。

2）预测

随着项目进展，项目团队可根据项目绩效，对完工估算（EAC）进行预测，预测的结果可能与完工预算（BAC）存在差异。如果 BAC 已明显不再可行，则项目经理应考虑对 EAC 进行预测。预测 EAC 是根据当前掌握的绩效信息和其他知识，预计项目未来的情况和事件。预测要根据项目执行过程中所提供的工作绩效数据来产生、更新和重新发布。工作绩效信息包含项目过去的绩效，以及可能在未来对项目产生影响的任何信息。

在计算 EAC 时，通常用已完成工作的实际成本 AC，加上剩余工作的完工尚需估算（Estimate To Complete，ETC），即：EAC=AC+ETC。

项目团队要根据已有的经验，考虑实施 ETC 工作可能遇到的各种情况。把 EVM 方法与手工预测 EAC 方法联合起来使用效果更好。由项目经理和项目团队手工进行的自下而上汇总方法，就是一种最普通的 EAC 预测方法。

下面介绍两种最常用的计算 ETC 的方法。

（1）基于非典型的偏差计算 ETC

如果当前的偏差被看作是非典型的，并且项目团队预期在以后将不会发生这种类似偏差时，这种方法被经常使用。ETC 等于 BAC 减去挣值（EV）。

计算公式为：ETC=BAC–EV。

（2）基于典型的偏差计算 ETC

如果当前的偏差被看作是可代表未来偏差的典型偏差时，可以采用这种方法。ETC 等于 BAC 减去挣值 EV 后除以当前成本绩效指数 CPI。

计算公式为：ETC=（BAC–EV）/CPI，或者 EAC=BAC/CPI。

上述两种方法都可用于任何项目。如果预测的 EAC 值不在可接受范围内，就是给项目管理团队发出了预警信号。

3）完工尚需绩效指数（TCPI）

完工尚需绩效指数（To-Complete Performance Index，TCPI）是一种为了实现特定的管理目标，剩余资源的使用必须达到的成本绩效指标，是完成剩余工作所需的成本与剩余预算之比。TCPI 是指为了实现具体的管理目标（如 BAC 或 EAC），剩余工作的实施必须达到的成本绩效指标。如果 BAC 已明显不再可行，则项目经理应考虑使用 EAC 进行 TCPI 计算。经过批准后，就用 EAC 取代 BAC。基于 BAC 的 TCPI 公式：TCPI=（BAC–EV）/（BAC–AC）。

TCPI 的概念可用图 9-4 表示。其计算公式在图的左下角，用剩余工作（BAC 减去 EV）除以剩余资金（可以是 BAC 减去 AC，或 EAC 减去 AC）。

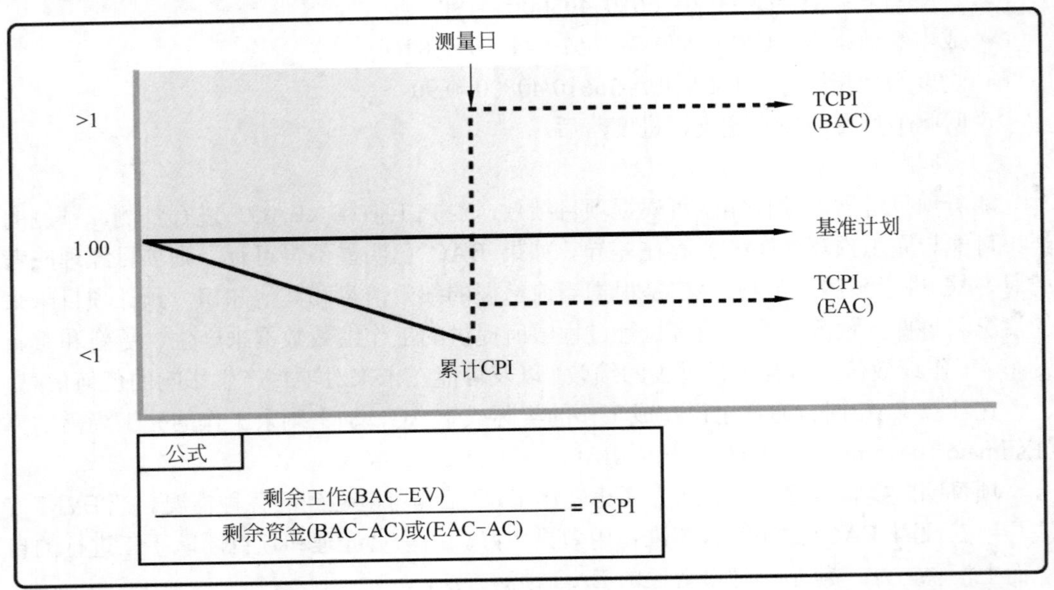

图 9-4 完工尚需绩效指数（TCPI）

表 9-5 列出了 EVM 的计算公式。

表 9-5　挣值计算汇总表

挣值分析表					
缩写	名称	术语词典定义	如何使用	公式	对结果的解释
PV	计划价值	为计划工作分配的经批准的预算	在某一时点上，通常为数据日期或项目完工日期，计划完成工作的价值		
EV	挣值	对已完成工作的测量，用该工作的批准预算来表示	在某一时点上，通常为数据日期，全部完成工作的计划价值、与实际成本无关	挣值=完成工作的计划价值之和	
AC	实际成本	在给定时间段内，固执行项目活动而实际发生的成本	在某一时点上，通常为数据日期，全部完成工作的实际成本		
BAC	完工预算	为将要执行的工作所建立的全部预算的总和	全部计划工作的价值，项目的成本基准		
CV	成本偏差	在某个给定时间点，预算亏空或盈余量，表示为挣值与实际成本之差	在某一时点上，通常为数据日期，完成工作的价值与同一时点上实际成本之间的差异	CV=EV–AC	正数=在计划成本之内 零=与计划成本持平 负数=超过计划成本
SV	进度偏差	在给定的时间点上，项目进度提前或落后的情况，表示为挣值与计划价值之差	在某一时点上，通常为数据日期，完成工作的价值与同一时点上计划完成的工作之间的差异	SV=EV–PV	正数=提前于进度计划 零=在进度计划上 负数=超过计划成本
VAC	完工偏差	对预算亏空量或盈余量的一种预测，是完工预算与完工估算之差	项目完工成本的估算差异	VAC=BAC–EAC	正数=在计划成本之内 零=与计划成本持平 负数=超过计划成本
CPI	成本绩效指数	度量预算资源的成本效率的一种指标，表示为挣值与实际成本之比	CPI 等于 1.0 说明项目完全按预算进行，到目前为止完成的工作的成本与预计使用的成本一样，其他数值则表示已完工作的成本高于或低于预算的百分比	CPI=EV/AC	>1 在计划成本之内 =1 与计划成本持平 <1 超过计划成本

续表

挣值分析表					
缩写	名称	术语词典定义	如何使用	公式	对结果的解释
SPI	进度绩效指数	测量进度效率的一种指标，表示为挣值与计划价值之比	SPI 等于 1.0 说明项目完全按照进度计划执行，到目前为止，已完成工作与计划完成的工作完全一致。其他数值则表示已完成工作落后或提前与计划工作的百分比	SPI=EV/PV	>1 提前于进度计划 =1 在计划进度上 <1 落后于进度计划
EAC	完工估算	完成所有工作所需的预期总成本，等于截至目前的实际成本加上完工尚需估算	如果预计剩余工作的 CPI 与当前的一致，则使用这个公式计算 EAC： 如果剩余工作将以计划效率完成，则使用： 如果原计划不再有效，则使用： 如果 CPI 和 SPI 同时影响剩余工作，则使用	EAC=BAC/CPI EAC=AC+BAC–EV EAC=AC+自上而下估算的 ETC EAC=AC+[(BAC–EV)/(CPI×SPI)]	
ETC	完工尚需估算	完成所有剩余项目工作的预计成本	假设工作正按计划执行，则使用这个公式计算完成剩余工作所需的成本： 对剩余工作进行自下而上重新估算	ETC=EAC–AC ETC=再估值	
TCPI	完工尚需绩效指数	为了实现特定的管理目标，剩余资源的使用必须达到的成本绩效指标，是完成剩余工作所需的成本与剩余预算之比	为了按计划完成，必须维持的效率： 为了实现当前的完工估算（EAC），必须维持的效率	TCPI=(BAC–EV)/(BAC–AC) TCPI=(BAC–EV)/(EAC–AC)	>1 很难完成 =1 正好完成 <1 很容易完成 >1 很难完成 =1 正好完成 <1 很容易完成

4）绩效审查

绩效审查的对象包括：成本绩效随时间的变化、进度活动或工作包超出和低于预算的情况，以及完成工作所需的资金估算。如果采用了 EVM，则需要进行以下分析。

（1）偏差分析

在 EVM 中，偏差分析用以解释成本偏差（CV=EV–AC）、进度偏差（SV=EV–PV）和完工偏差（VAC=BAC–EAC）的原因、影响和纠正措施。成本和进度偏差是最需要分析的两种偏差。对于不使用挣值管理的项目，可开展类似的偏差分析，通过比较计划活动成本和实际活动成本，来识别成本基准与实际项目绩效之间的差异。可以实施进一步的分析，以判定偏离进度基准的原因和程度，并决定是否需要采取纠正或预防措施。可通过成本绩效测量来评价偏离原始成本基准的程度。项目成本控制的重要工作包括：判定偏离成本基准的原因和程度，并决定是否需要采取纠正或预防措施。随着项目工作的逐步完成，偏差的可接受范围（常用百分比表示）将逐步缩小。

（2）趋势分析

趋势分析旨在审查项目绩效随时间的变化情况，以判断绩效是正在改善还是正在恶化。图形分析技术有助于了解截至目前的绩效情况，并把发展趋势与未来的绩效目标进行比较，例如 EAC 与 BAC、预测完工日期与计划完工日期的比较。

（3）挣值绩效

将实际的进度及成本绩效与绩效测量基准进行比较。如果不采用 EVM，则需要对比分析已完成工作的实际成本与成本基准，以考察成本绩效。

5）项目管理软件

项目管理软件常用于监测 PV、EV 和 AC 这三个 EVM 指标，绘制趋势图，并预测最终项目结果的可能区间。

6）储备分析

在控制成本过程中，可以采用储备分析来监督项目中应急储备和管理储备的使用情况，从而判断是否还需要这些储备，或者是否需要增加额外的储备。随着项目工作的进展，这些储备可能已按计划用于支付风险或其他应急情形的成本。或者，如果风险事件没有如预计的那样发生，就可能要从项目预算中扣除未使用的应急储备，为其他项目或运营腾出资源。在项目中开展进一步风险分析，可能会发现需要为项目预算申请额外的储备。

9.5.3 项目成本控制的输入、输出

1．成本控制的输入

成本控制的输入有如以下几项。

1）项目管理计划

项目管理计划包括以下可用于控制成本的信息：

（1）成本基准：把成本基准与实际结果相比，以判断是否需要进行变更或采取纠正或预防措施。

（2）成本管理计划：成本管理计划规定了如何管理与控制项目成本。

2）项目资金需求

项目资金需求包括项目支出加上预计债务。

3）工作绩效数据

工作绩效数据是关于项目进展情况的数据，如哪些活动已开工、进展如何，以及哪些可交付成果已完成，还包括已批准的成本和已发生的成本。

4）组织过程资产

会影响控制成本过程的组织过程资产包括（但不限于）：

- 现有的、正式和非正式的、与成本控制相关的政策、程序和指南；
- 成本控制工具；
- 可用的监督和报告方法。

2．成本控制的输出

1）工作绩效信息

WBS各组件（尤其是工作包和控制账户）的CV、SV、CPI、SPI、TCPI和VAC值，都需要记录下来，并传达给干系人。

2）成本预测

无论是计算得出的EAC值，还是自下而上估算的EAC值，都需要记录下来，并传达给干系人。

3）变更请求

分析项目绩效后，可能会就成本基准或项目管理计划的其他组成部分提出变更请求。变更请求可以包括预防或纠正措施。变更请求需经过实施整体变更控制的审查和处理。

4）项目管理计划更新

项目管理计划中可能需要更新的内容包括（但不限于）：

- 成本基准：在批准对范围、活动资源或成本估算的变更后，需要相应地对成本基准做出变更。有时成本偏差太过严重，以至于需要修订成本基准，以便为绩效测量提供现实可行的依据。
- 成本管理计划：需要更新的内容包括：用于管理项目成本的控制临界值或所要求的准确度。要根据干系人的反馈意见，对它们进行更新。

5）项目文件更新

可能需要更新的项目文件包括（但不限于）：成本估算和估算依据。

6）组织过程资产更新

可能需要更新的组织过程资产包括（但不限于）：

- 偏差的原因；
- 采取的纠正措施及其理由；
- 财务数据库；
- 从项目成本控制中得到的其他经验教训。

第 10 章　项目质量管理

10.1　项目质量管理概论

10.1.1　质量及质量管理概念

1．质量

国际标准化组织（ISO）对质量（Quality）的定义是："反应实体满足主体明确和隐含需求的能力的特性总和"。实体是指可单独描述和研究的事物，也就是有关质量工作的对象，它的内涵十分广泛，可以是活动、过程、产品（软件、硬件、服务）或者组织等。明确需求是指在标准、规范、图样、技术要求、合同和其他文件中用户明确提出的要求与需要。隐含需求是指用户和社会通过市场调研对实体的期望以及公认的、不必明确的需求，需要对其加以分析研究、识别与探明并加以确定的要求或需要。特性是指实体所特有的性质，反映了实体满足需要的能力。

国家标准（GB/T 19000-2008）对质量的定义为："一组固有特性满足要求的程度"。固有特性是指在某事或某物中本来就有的，尤其是那种永久的可区分的特征。

质量更通俗更流行的定义是从用户的角度去定义质量：质量是对一个产品（包括相关的服务）满足程度的度量，是产品或服务的生命。

质量通常是指产品的质量，广义上的质量还包括工作质量。产品质量是指产品的使用价值及其属性；而工作质量则是产品质量的保证，它反映了与产品质量直接有关的工作对产品质量的保证程度。

质量与等级的区别。质量与等级是两个不同的概念。质量作为实现的性能或成果，是"一系列内在特性满足要求的程度（ISO 9000）"。等级作为设计意图，是对用途相同但技术特性不同的可交付成果的级别分类。例如：

- 一个低等级（功能有限）、高质量（无明显缺陷，用户手册易读）的软件产品，该产品适合一般使用，可以被认可。
- 一个高等级（功能繁多）、低质量（有许多缺陷，用户手册杂乱无章）的软件产品，该产品的功能会因质量低劣而无效和/或低效，不会被使用者接受。

2．项目质量

从项目作为一次性的活动来看，项目质量体现在由 WBS 反映出的项目范围内所有的阶段、子项目、项目工作单元的质量所构成，即项目的工作质量；从项目作为一项最终产品来看，项目质量体现在其性能或者使用价值上，即项目的产品质量。项目的质量是应顾客的要求进行的，不同的顾客有着不同的质量要求，其意图已反映在项目合同中。因此，项目合同通常是进行项目质量管理的主要依据。

10.1.2 质量管理及其发展史

1．质量管理

质量管理（Quality Management）是指确定质量方针、目标和职责，并通过质量体系中的质量规划、质量保证和质量控制以及质量改进来使其实现所有管理职能的全部活动。质量管理是指为了实现质量目标而进行的所有质量性质的活动。在质量方面指挥和控制的活动，包括质量方针和质量目标以及质量规划、质量保证、质量控制和质量改进。

2．质量管理的发展史

质量管理的发展，大致经历了手工艺人时代、质量检验阶段、统计质量控制阶段、全面质量管理阶段 4 个阶段。

1）手工艺人时代

20 世纪前手工艺人时代，技艺娴熟的手工艺人通常扮演着产品制造者和检验员的双重角色。与顾客直接打交道的“制造者”对于他们的手艺有着高度的自豪感。由师傅、技工和学徒所构成的行会的出现，确保了手工艺人得到充分的训练。这种质量管理是非正式的，制造者竭尽全力来确保最终产品的质量。这些做法随着工业革命的到来慢慢消失了，但它们构成了现代质量管理的基础。

2）质量检验阶段

20 世纪早期，被誉为科学管理之父的弗雷德里克·泰勒（Frederick Taylor）的工作催生了一套新的生产理念，即将计划职能和执行职能相分离。管理者和工程师负责进行计划，而监工和工人则专司执行，质量管理的职能由操作者转移给了工长，出现了专职的检验员。随着企业生产规模的扩大和产品复杂程度的提高，产品有了技术标准，各种检验工具和检验技术也随之发展，大多数企业开始设置检验部门。这种质量检验方式仅能对产品的质量实行事故后把关，因此质量检验并不能提高产品质量，只能剔除次品和废品。

3）统计质量控制阶段

1924 年，美国数理统计学家休哈特提出控制和预防缺陷的概念。他运用数理统计的原理提出在生产过程中控制产品质量的“6σ”。与此同时，美国贝尔研究所提出关于抽样检验的概念及其实施方案，成为运用数理统计解决质量问题的先驱，但当时并未普遍接受。以数理统计理论为基础的统计质量控制的推广应用始自第二次世界大战。

1925 年，休哈特提出统计过程控制（SPC）理论，应用统计技术对生产过程进行监控，以减少对检验的依赖。

1930 年，道奇和罗明提出统计抽样检验方法。

20 世纪 50 年代，戴明提出质量改进的观点，在休哈特之后系统和科学地提出用统计的方法进行质量和生产力的持续改进；强调大多数质量问题是生产和经营系统的问题；强调最高管理层对质量管理的责任。此后，戴明不断地完善他的理论，最终形成了对质量管理产生重大影响的“戴明十四法”。

4）全面质量管理阶段

20 世纪 60 年代初，美国的费根鲍姆和朱兰提出全面质量管理理论（TQM），将质量控制扩展到产品寿命循环的全过程，强调全体员工都参与质量控制。在全面质量管理阶段，TQM 的发展又经历了三个步骤，从最初的以顾客为中心的质量保证，到强调持续改进的质量管理阶段，最终发展成为现在的全面质量管理阶段。

全面质量管理理论在日本被普遍接受，日本企业创造了全面质量控制（TQC）的质量管理方法，统计技术，特别是“因果图”“流程图”“直方图”“检查单”“散点图”“排列图”“控制图”等被称为“老 7 工具”的方法，被普遍用于质量控制和改进。20 世纪 70 年代，TQC 使日本企业的竞争力极大地提高，其中轿车、家用电器、手表、电子产品等占领了大批国际市场。日本企业的成功，使全面质量管理的理论在世界范围内产生巨大影响。这一时期产生了石川馨、田口玄一等世界著名的质量管理专家。这一时期产生的质量管理方法和技术包括：JIT——准时化生产、Kanben——看板生产、Kaizen——质量改进、QFD——质量功能展开、田口方法、新 7 工具等。

中国自 1978 年开始推行全面质量管理，并取得了一定成效。

1979 年，英国制定了国家质量标准 BS5750，将军方合同环境下使用的质量保证方法引入市场环境。这标志着质量保证标准不仅对军用物资装备的生产，而且对整个工业界产生了影响。

20 世纪 80 年代，菲利普·克劳士比提出“零缺陷”的概念，他指出“质量是免费的”。他提出质量将给企业带来高的经济回报，突破了传统上认为高质量必须以高成本为代价的观念。质量运动在许多国家随之展开，包括中国、美国、欧洲等许多国家和地区设立了国家质量管理奖，以激励企业通过质量管理提高生产力和竞争力。质量管理不仅被引入生产企业，而且被引入服务业，甚至医院、机关和学校。许多企业的高层管理者开始关注质量管理。

1987 年，ISO 9000 系列质量管理标准问世。该标准在很大程度上是基于英国标准 BS5750 编制的。质量管理与质量保证开始在世界范围内对经济和贸易活动产生影响。

1994 年，ISO 9000 系列标准改版。新的 ISO 9000 标准更加完善，为世界绝大多数国家所采用。第三方质量认证普遍开展，有力地促进了质量管理的普及和管理水平的提高。

20 世纪 90 年代末，TQM 成为许多“世界级”企业的成功经验，证明了它是一种使企业获得核心竞争力的管理战略。质量的概念也从狭义的“符合规范”发展到广义的“顾客满意”为目标。全面质量管理不仅提高了产品和服务的质量，而且在企业文化改造和重组的层面上，对企业产生深刻的影响，使企业获得持久的竞争力。

在围绕提高质量、降低成本、缩短开发和生产周期方面，新的管理方法层出不穷。其中包括：并行工程（CE）、企业流程再造（BPR）等。

10.1.3 项目质量管理

项目质量管理由过程组成，是项目管理的重要组成部分，包括确定质量政策、目标与职责的各过程和活动，从而使项目满足其预定的需求。项目质量管理要求保证该项目能够兑现它的关于满足各种需求的承诺，包括产品需求，得到满足和确认，包含"在质量体系中，与决定质量工作的策略、目标和责任的全部管理功能有关的各种过程及活动"，具体包括"规划质量管理""实施质量保证"和"质量控制"，见图 10-1。

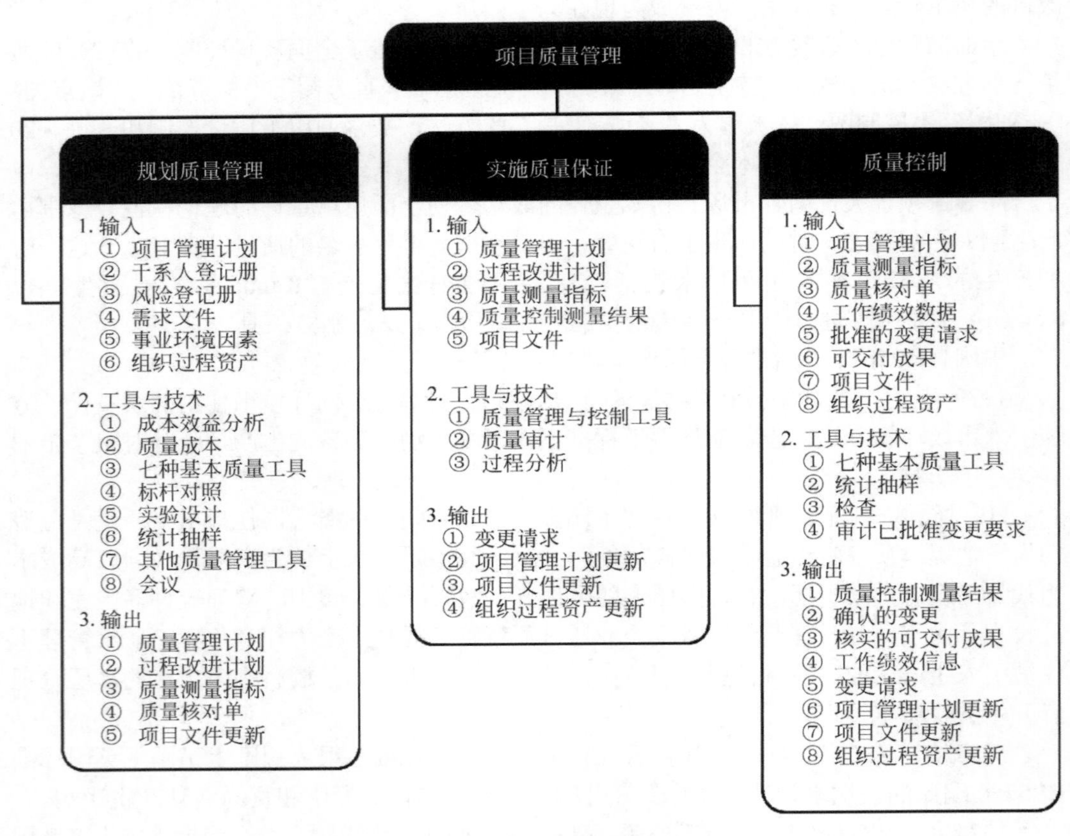

图 10-1 项目质量管理概述

10.2 规划质量管理

10.2.1 规划质量管理概述

规划质量管理是识别项目及其可交付成果的质量要求和标准，并准备对策确保符合质量要求的过程。本过程的主要作用是，为整个项目中如何管理和确认质量提供了指南和方向。图 10-2 描述了本过程的输入、工具与技术、输出。

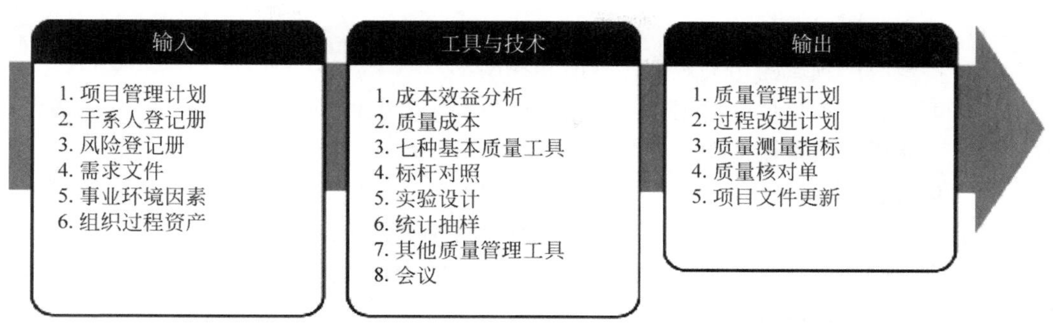

图 10-2　质量规划：输入、工具与技术和输出

10.2.2　规划质量管理的输入

1．项目管理计划

项目管理计划被用于制订质量管理计划。用于制订质量管理计划的信息包括（但不限于）：

（1）范围基准。范围基准包括：

① 项目范围说明书。项目范围说明书包括项目描述、主要项目可交付成果及验收标准。产品范围通常包含技术问题细节及会影响质量规划的其他事项，这些事项应该已经在项目的规划范围管理过程中得以定义。验收标准的界定可能导致质量成本并进而导致项目成本的显著增加或降低。满足所有的验收标准意味着发起人和客户的需求得以满足。

② 工作分解结构（WBS）。WBS 识别可交付成果和工作包，用于考核项目绩效。

③ WBS 词典。WBS 词典提供 WBS 要素的详细信息。

（2）进度基准。进度基准记录经认可的进度绩效指标，包括开始和完成日期。

（3）成本基准。成本基准记录用于考核成本绩效的、经过认可的时间间隔。

（4）其他管理计划。这些计划有利于整个项目质量，其中可能突出与项目质量有关的行动计划。

2．干系人登记册

干系人登记册有助于识别对质量重视或有影响的那些干系人。

3．风险登记册

风险登记册包含可能影响质量要求的各种威胁和机会的信息。

4．需求文件

需求文件记录项目应该满足的、与干系人期望有关的需求。需求文件中包括（但不限于）项目（包括产品）需求和质量需求。

5．事业环境因素

可能影响质量规划管理过程的事业环境因素包括（但不限于）：

（1）政府法规；

（2）特定应用领域的相关规则、标准和指南；

（3）可能影响项目质量的项目或可交付成果的工作条件或运行条件；

（4）可能影响质量期望的文化观念。

6．组织过程资产

可能影响规划质量管理过程的组织过程资产包括（但不限于）：

（1）组织的质量政策、程序及指南。执行组织的质量政策是高级管理层所推崇的，规定了组织在质量管理方面的工作方向。

（2）历史数据库；

（3）以往阶段或项目的经验教训。

10.2.3 规划质量管理的工具与技术

规划质量管理的工具与技术包含：成本收益分析法、质量成本法、标杆对照（Benchmarking）、实验设计等。

1．成本效益分析法

对每个质量活动进行成本效益分析，就是要比较其可能的成本与预期的效益。达到质量要求的主要效益包括减少返工、提高生产率、降低成本、提升干系人满意度及提升赢利能力。

2．质量成本法

质量成本指在产品生命周期中发生的所有成本，包括为预防不符合要求、为评价产品或服务是否符合要求，以及因未达到要求而发生的所有成本。质量成本类型见图 10-3。

3．七种基本质量工具

七种基本质量工具也称 7QC 工具，用于在 PDCA 循环的框架内解决与质量相关的问题，分别为：

（1）因果图，又称鱼骨图或石川图。问题陈述放在鱼骨的头部，作为起点，用来追溯问题来源，回推到可行动的根本原因。在问题陈述中，通常把问题描述为一个要被弥补的差距或要达到的目标。通过看问题陈述和问“为什么”来发现原因，直到发现可行动的根本原因，或者列尽每根鱼骨上的合理可能性。

（2）流程图，也称过程图，用来显示在一个或多个输入转化成一个或多个输出的过程中，所需要的步骤顺序和可能分支。它通过映射 SIPOC 模型中的水平价值链的过程细节，来显示活动、决策点、分支循环、并行路径及整体处理顺序。流程图可能有助于了解和估算一个过程的质量成本。

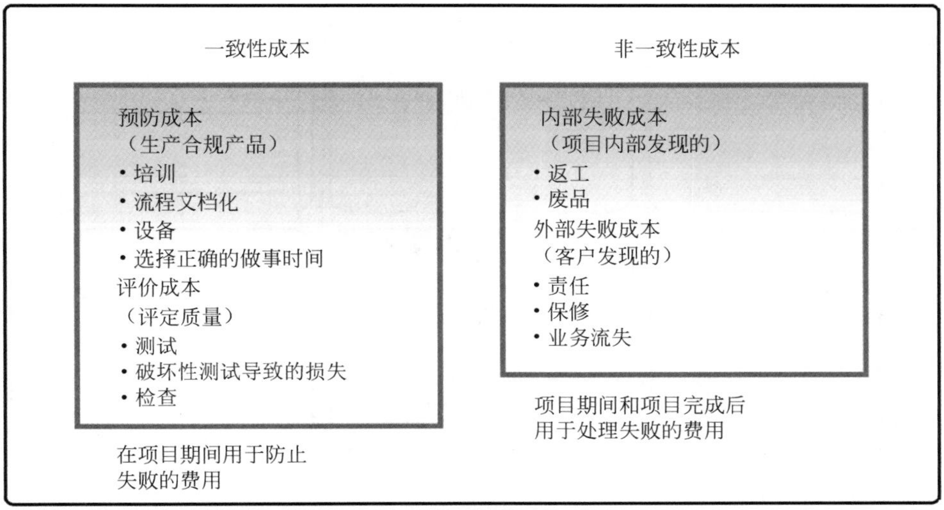

图 10-3　质量成本

（3）核查表，又称计数表，是用于收集数据的查对清单。它合理排列各种事项，以便有效地收集关于潜在质量问题的有用数据。在开展检查以识别缺陷时，用核查表收集属性数据就特别方便。用核查表收集的关于缺陷数量或后果的数据，又经常使用帕累托图来显示。

（4）帕累托图，是一种特殊的垂直条形图，用于识别造成大多数问题的少数重要原因。在横轴上所显示的原因类别，作为有效的概率分布，涵盖 100%的可能观察结果。在帕累托图中，通常按类别排列条形，以测量频率或后果。

（5）直方图，是一种特殊形式的条形图，用于描述集中趋势、分散程度和统计分布形状。与控制图不同，直方图不考虑时间对分布内的变化的影响。

（6）控制图，用来确定一个过程是否稳定，或者是否具有可预测的绩效。根据协议要求而制定的规范上限和下限，反映了可允许的最大值和最小值。超出规范界限就可能受处罚。上下控制界限不同于规范界限。控制图可用于监测各种类型的输出变量。虽然控制图最常用来跟踪批量生产中的重复性活动，但也可用来监测成本与进度偏差、产量、范围变更频率或其他管理工作成果，以便帮助确定项目管理过程是否受控。

（7）散点图，又称相关图，它标有许多坐标点（X,Y），解释因变量 Y 相对于自变量 X 的变化。相关性可能成正比例（正相关）、负比例（负相关）或不存在（零相关）。如果存在相关性，就可以画出一条回归线，来估算自变量的变化将如何影响因变量的值。

七种基本质量工具示意图如图 10-4 所示。

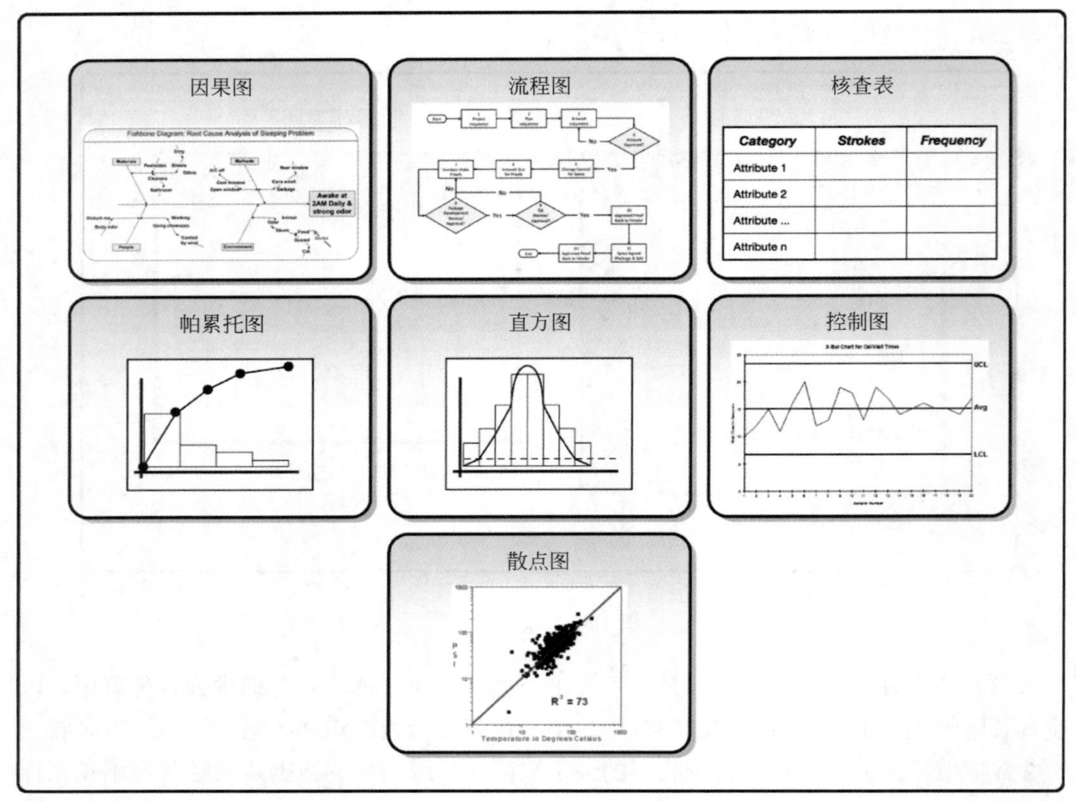

图 10-4　七种基本质量工具示意图

4. 标杆对照

标杆对照是将实际或计划的项目实践与可比项目的实践进行对照，以便识别最佳实践，形成改进意见，并为绩效考核提供依据。

5. 实验设计

实验设计（DOE）是一种统计方法，用来识别哪些因素会对正在生产的产品或正在开发的流程的特定变量产生影响。DOE 可以在质量规划管理过程中使用，以确定测试的数量和类别，以及这些测试对质量成本的影响。

DOE 也有助于产品或过程的优化。它用来降低产品性能对各种环境变化或制造过程变化的敏感度。该技术的一个重要特征是，它为系统改变所有重要因素（而不是每次只改变一个因素）提供了一种统计框架。通过对实验数据的分析，可以了解产品或流程的最优状态，找到显著影响产品或流程状态的各种因素，并揭示这些因素之间存在的相互影响和协同作用。

6. 统计抽样

统计抽样是指从目标总体中选取部分样本用于检查（如从 75 张工程图纸中随机抽取 10 张）。抽样的频率和规模应在规划质量管理过程中确定，以便在质量成本中考虑测试数量和预期废料等。统计抽样拥有丰富的知识体系。在某些应用领域，项目管理团队可能有必要熟悉各种抽样技术，以确保抽取的样本能代表目标总体。

7. 其他质量管理工具

为定义质量要求并规划有效的质量管理活动，也可使用其他质量规划工具，包括（但不限于）：

（1）头脑风暴。用于产生创意的一种技术。

（2）力场分析。显示变更的推力和阻力的图形。

（3）名义小组技术。先由规模较小的群体进行头脑风暴，提出创意，再由规模较大的群体对创意进行评审。

8. 会议

项目团队可以召开规划会议来制定质量管理计划。参会人员可以包括项目经理、项目发起人、选定的项目团队成员、选定的干系人、负责项目质量管理活动（规划质量管理、实施质量保证或控制质量）的人员，以及需要参加的其他人员。

10.2.4 规划质量管理输出

规划质量管理输出包含：质量管理计划（定义、基本要求、编制流程、实施检查与调整）、过程改进计划。

1. 质量管理计划

质量管理计划是项目管理计划的组成部分，描述如何实施组织的质量政策，以及项目管理团队准备如何达到项目的质量要求。

质量管理计划可以是正式，也可以是非正式的，可以是非常详细的，也可以是高度概括的。其风格与详细程度取决于项目的具体需要。应该在项目早期就对质量管理计划进行评审，以确保决策是基于准确信息的。这样做的好处是，更加关注项目的价值定位，降低因返工而造成的成本超支和进度延误。

2. 过程改进计划

过程改进计划是项目管理计划的子计划或组成部分。过程改进计划详细说明对项目管理过程和产品开发过程进行分析的各个步骤，以识别增值活动。需要考虑的方面包括：

（1）过程边界。描述过程的目的、过程的开始和结束、过程的输入输出、过程责任人和干系人。

（2）过程配置。含有确定界面的过程图形，以便于分析。

（3）过程测量指标。与控制界限一起，用于分析过程的效率。

（4）绩效改进目标。用于指导过程改进活动。

3．质量测量指标

质量测量指标专用于描述项目或产品属性，以及控制质量过程将如何对属性进行测量。通过测量，得到实际数值。测量指标的可允许变动范围称为公差。例如，对于把成本控制在预算的±10%之内的质量目标，就可依据这个具体指标测量每个可交付成果的成本并计算偏离预算的百分比。质量测量指标用于实施质量保证和控制质量过程。质量测量指标的例子包括准时性、成本控制、缺陷频率、故障率、可用性、可靠性和测试覆盖度等。

4．质量核对单

核对单是一种结构化工具，通常具体列出各项内容，用来核实所要求的一系列步骤是否已得到执行。基于项目需求和实践，核对单可简可繁。许多组织都有标准化的核对单，用来规范地执行经常性任务。在某些应用领域，核对单也可从专业协会或商业性服务机构获取。质量核对单应该涵盖在范围基准中定义的验收标准。

5．项目文件更新

可能需要更新的项目文件包括（但不限于）：

（1）干系人登记册；

（2）责任分配矩阵；

（3）WBS和WBS词典。

10.3 实施质量保证

10.3.1 实施质量保证概述

实施质量保证是审计质量要求和质量控制测量结果，确保采用合理的质量标准和操作性定义的过程。本过程的主要作用是，促进质量过程改进。

质量保证旨在建立对未来输出或未完输出（也称正在进行的工作）将在完工时满足特定的需求和期望的信心。质量保证通过用规划过程预防缺陷，或者在执行阶段对正在进行的工作检查出缺陷，来保证质量的确定性。实施质量保证是一个执行过程，使用规划质量管理和控制质量过程所产生的数据。

在项目管理中，质量保证所开展的预防和检查，应该对项目有明显的影响。质量保证工作属于质量成本框架中的一致性工作。

质量保证部门或类似部门经常要对质量保证活动进行监督。无论其名称是什么，该部门都可能要向项目团队、执行组织管理层、客户或发起人，以及其他未主动参与项目工作的干系人提供质量保证支持。

实施质量保证过程也为持续过程改进创造条件。持续过程改进是指不断地改进所有过程的质量。通过持续过程改进，可以减少浪费，消除非增值活动，使各过程在更高的效率与效果水平上运行。

图 10-5 描述本过程的输入、工具与技术和输出。

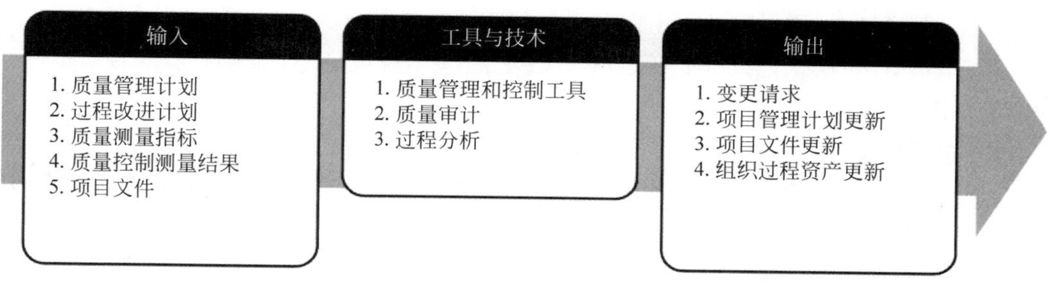

输入
1. 质量管理计划
2. 过程改进计划
3. 质量测量指标
4. 质量控制测量结果
5. 项目文件
工具与技术
1. 质量管理和控制工具
2. 质量审计
3. 过程分析
输出
1. 变更请求
2. 项目管理计划更新
3. 项目文件更新
4. 组织过程资产更新

图 10-5　实施质量保证：输入、工具与技术和输出

10.3.2　实施质量保证输入

1．质量管理计划

质量管理计划描述了项目质量保证和持续过程改进的方法。

2．过程改进计划

项目的质量保证活动应该支持并符合执行组织的过程改进计划。

3．质量测量指标

质量测量指标提供了应该被测量的属性和允许的偏差。

4．质量控制测量结果

质量控制测量结果是质量控制活动的结果，用于分析和评估项目过程的质量是否符合执行组织的标准或特定要求。质量控制测量结果也有助于分析这些测量结果的产生过程，以确定实际测量结果的正确程度。

5．项目文件

项目文件可能影响质量保证工作，应该放在配置管理系统内监控。

10.3.3　实施质量保证方法与工具

实施质量保证方法包括：质量审计、过程分析方法、质量管理和控制工具等。

1．质量审计

质量审计，又称质量保证体系审核，是对具体质量管理活动的结构性的评审。质量审计的目标是：

（1）识别全部正在实施的良好及最佳实践；

（2）识别全部违规做法、差距及不足；

（3）分享所在组织或行业中类似项目的良好实践；

（4）积极、主动地提供协助，以改进过程的执行，从而帮助团队提高生产效率；

（5）强调每次审计都应对组织经验教训的积累做出贡献。

质量审计可以是事先安排，也可随机进行。在具体领域中有专长的内部审计师或第三方组织都可以实施质量审计可由内部或外部审计师进行。

质量审计还可确认已批准的变更请求（包括更新、纠正措施、缺陷补救和预防措施）的实施情况。

2．过程分析

过程分析是指按照过程改进计划中概括的步骤来识别所需的改进。它也要检查在过程运行期间遇到的问题、制约因素，以及发现的非增值活动。过程分析包括根本原因分析——用于识别问题、探究根本原因，并制订预防措施的一种具体技术。

3．质量管理和控制工具

实施质量保证过程使用规划质量管理和控制质量过程的工具和技术。除此之外，其他可用的工具包括：

（1）亲和图。亲和图与心智图相似。针对某个问题，产生出可联成有组织的想法模式的各种创意。在项目管理中，使用亲和图确定范围分解的结构，有助于 WBS 的制定。

（2）过程决策程序图（PDPC）。用于理解一个目标与达成此目标的步骤之间的关系。PDPC 有助于制定应急计划，因为它能帮助团队预测那些可能破坏目标实现的中间环节。

（3）关联图。关联图是关系图的变种，有助于在包含相互交叉逻辑关系（可有多达 50 个相关项）的中等复杂情形中创新性地解决问题。可以使用其他工具（诸如亲和图、树形图或鱼骨图）产生的数据，来绘制关联图。

（4）树形图。树形图也称系统图，可用于表现诸如 WBS、RBS（风险分解结构）和 OBS（组织分解结构）的层次分解结构。在项目管理中，树形图依据定义嵌套关系的一套系统规则，用层次分解形式直观地展示父子关系。树形图可以是横向（如风险分解结构）或纵向（如团队层级图或 OBS）的。因为树形图中的各嵌套分支都终止于单一的决策点，就可以像决策树一样为已系统图解的、数量有限的依赖关系确立预期值。

（5）优先矩阵。用来识别关键事项和合适的备选方案，并通过一系列决策，排列出备选方案的优先顺序。先对标准排序和加权，再应用于所有备选方案，计算出数学得分，对备选方案排序。

（6）活动网络图。过去称为箭头图，包括两种格式的网络图：AOA（活动箭线图）和最常用的 AON（活动节点图）。活动网络图连同项目进度计划编制方法一起使用，如计划评审技术（PERT）、关键路径法（CPM）和紧前关系绘图法（PDM）。

（7）矩阵图。一种质量管理和控制工具，使用矩阵结构对数据进行分析。在行列交叉的位置展示因素、原因和目标之间的关系强弱。

七种质量管理和控制工具示意图，如图 10-6 所示。

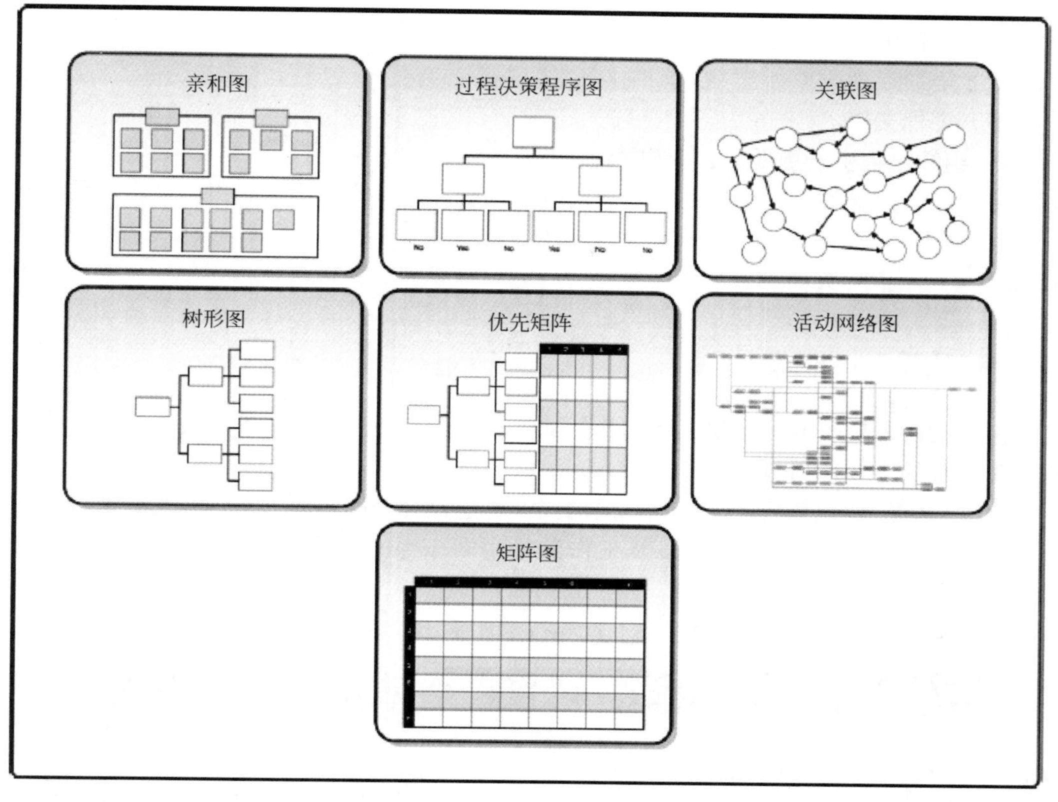

图 10-6　七种质量管理和控制工具示意图

10.3.4　实施质量保证输出

1．变更请求

可以提出变更请求，并提交给实施整体变更控制过程，以全面考虑改进建议。可以为采取纠正措施、预防措施或缺陷补救而提出变更请求。

2．项目管理计划更新

项目管理计划中可能需要更新的内容包括（但不限于）：

（1）质量管理计划；

（2）范围管理计划；

（3）进度管理计划；

（4）成本管理计划。

3．项目文件更新

可能需要更新的项目文件包括（但不限于）：

（1）质量审计报告；

（2）培训计划；

（3）过程文档。

4. 组织过程资产更新

可能需要更新的组织过程资产包括（但不限于）组织的质量标准和质量管理系统。

10.4 质量控制

10.4.1 质量控制概述

质量控制是监督并记录质量活动执行结果，以便评估绩效，并推荐必要的变更的过程。本过程的主要作用包括：

（1）识别过程低效或产品质量低劣的原因，建议并采取相应措施消除这些原因；

（2）确认项目的可交付成果及工作满足主要干系人的既定需求，足以进行最终验收。

图10-7描述了本过程的输入、工具与技术和输出。

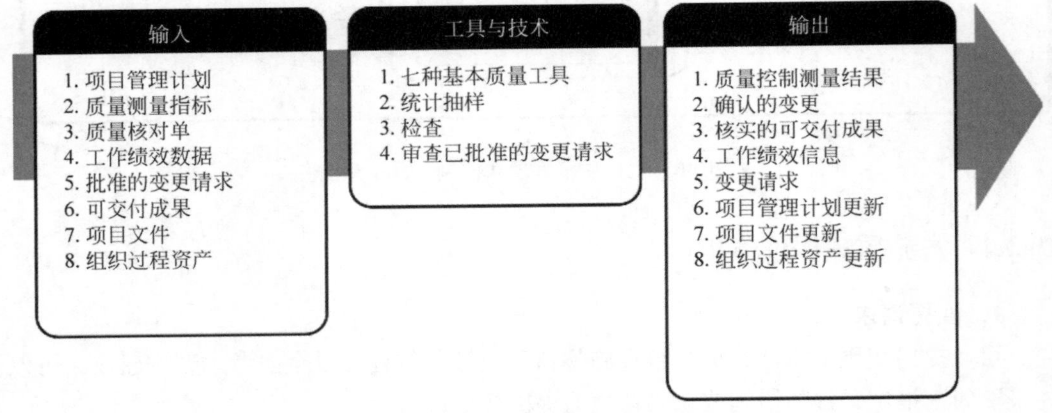

输入
1. 项目管理计划
2. 质量测量指标
3. 质量核对单
4. 工作绩效数据
5. 批准的变更请求
6. 可交付成果
7. 项目文件
8. 组织过程资产
工具与技术
1. 七种基本质量工具
2. 统计抽样
3. 检查
4. 审查已批准的变更请求
输出
1. 质量控制测量结果
2. 确认的变更
3. 核实的可交付成果
4. 工作绩效信息
5. 变更请求
6. 项目管理计划更新
7. 项目文件更新
8. 组织过程资产更新

图10-7 质量控制：输入、工具与技术和输出

10.4.2 质量控制输入

1. 项目管理计划

项目管理计划中包含质量管理计划，用于控制质量。质量管理计划描述将如何在项目中开展质量控制。

2. 质量测量指标

质量测量指标描述了项目或产品属性及其测量方式。质量测量指标的例子包括功能点、平均故障间隔时间（MTBF）和平均修复时间（MTTR）。

3．质量核对单

质量核对单是结构化清单，有助于核实项目工作及其可交付成果是否满足一系列要求。

4．工作绩效数据

工作绩效数据包括：

（1）实际技术性能（与计划比较）；

（2）实际进度绩效（与计划比较）；

（3）实际成本绩效（与计划比较）。

5．批准的变更请求

在实施整体变更控制过程中，通过更新变更日志，显示哪些变更已经得到批准，哪些变更没有得到批准。批准的变更请求可包括各种修正，如缺陷补救、修订的工作方法和修订的进度计划。需要核实批准的变更是否已得到及时实施。

6．可交付成果

可交付成果是任何独特并可核实的产品、成果或能力，最终将成为项目所需的、确认的可交付成果。

7．项目文件

项目文件可能包括（但不限于）：

（1）协议；

（2）质量审计报告和变更日志（附有纠正行动计划）；

（3）培训计划和效果评估；

（4）过程文档，例如使用七种基本质量工具或质量管理和控制工具所生成的文档。

8．组织过程资产

会影响控制质量过程的组织过程资产包括（但不仅限于）：

（1）组织的质量标准和政策；

（2）标准化的工作指南；

（3）问题与缺陷报告程序及沟通政策。

10.4.3　质量控制工具与技术

质量控制工具与技术包括：七种基本质量工具、统计抽样、检查、审查已批准的变更请求等。

1．七种基本质量工具

详见 10.2.3。

2．统计抽样

统计抽样是指从目标总体中抽取一部分相关样本用于检查和测量，以满足质量管理计划中的规定。抽样的频率和规模应在质量规划管理过程中确定，以便在质量成本中考虑测试数量和预期废料等。

统计抽样拥有丰富的知识体系。在某些应用领域，项目管理团队可能有必要熟悉各种抽样技术，以确保抽取的样本能代表目标总体。

3．检查

检查是指检验工作产品，以确定是否符合书面标准。检查的结果通常包括相关的测量数据。检查可在任何层次上进行，例如可以检查单个活动的成果，或者项目的最终产品。检查也可称为审查、同行审查、审计或巡检等。检查也可用于确认缺陷补救。

4．审查已批准的变更请求

对所有已批准的变更请求进行审查，以核实它们是否已按批准的方式得到实施。

10.4.4 质量控制输出

1．质量控制测量结果

质量控制测量结果是对质量控制活动的结果的书面记录。应该以规划质量管理过程所确定的格式加以记录。

2．确认的变更

对变更或补救过的对象进行检查，做出接受或拒绝的决定，并把决定通知干系人。被拒绝的对象可能需要返工。

3．核实的可交付成果

控制质量过程的一个目的就是确定可交付成果的正确性。开展控制质量过程的结果，是核实的可交付成果。核实的可交付成果是确认范围过程的一项输入，以便正式验收。

4．工作绩效信息

工作绩效信息是从各控制过程收集，并结合相关背景和跨领域关系进行整合分析而得到的绩效数据。例如，关于项目需求实现情况的信息：拒绝的原因、要求的返工，或必须的过程调整。

5．变更请求

如果推荐的纠正措施、预防措施或缺陷补救导致需要对项目管理计划进行变更，则应按既定的实施整体变更控制过程的要求，提出变更请求。

6．项目管理计划更新

项目管理计划中可能需要更新的内容包括（但不限于）：

（1）质量管理计划；

（2）过程改进计划。

7．项目文件更新

可能需要更新的项目文件包括（但不限于）：

（1）质量标准；

（2）协议；

（3）质量审计报告和变更日志（附有纠正行动计划）；

（4）培训计划和效果评估；

（5）过程文档，如使用七种基本质量工具或质量管理和控制工具所生成的文档。

8．组织过程资产更新

可能需要更新的组织过程资产包括（但不限于）：

（1）完成的核对单。如果使用了核对单，完成的核对单就会成为项目文件和组织过程资产的一部分。

（2）经验教训文档。偏差的原因、采取纠正措施的理由，以及从控制质量中得到的其他经验教训，都应记录下来，成为项目和执行组织历史数据库的一部分。

第 11 章　项目人力资源管理

项目中的所有活动，归根结底都是由人来完成的。在项目的所有干系人中，项目团队对项目的成功至关重要。如何选对人，如何培养人，如何充分发挥每个人的作用，又如何把人组织成高绩效的团队，对于项目的成败起着至关重要的作用。

在 IT 高技术行业中，技术发展日新月异，管理高度复杂，客户需求多变。项目团队成员的特征是高学历、高素质、流动性强、年轻、个性独立，而工作强度大又是 IT 行业的显著特征。在这样的行业环境下，如何激发团队成员的事业心、如何把这样的一个个独立的个体组成战斗力超强的团队，是摆在每一个项目经理面前的难题，这就需要有一套科学的办法来管理项目团队。项目人力资源管理就是来解决这些问题的。

11.1　项目人力资源管理的定义及有关概念

11.1.1　项目人力资源管理及其过程的定义

1．项目人力资源管理

项目人力资源管理包括编制人力资源管理计划、组建项目团队、建设项目团队与管理项目团队的各个过程，不但要求充分发挥参与项目的个人的作用，还包括充分发挥所有与项目有关的人员——项目负责人、客户、为项目做出贡献的个人及其他人员的作用，也要求充分发挥项目团队的作用。

项目团队包括为完成项目而承担了相应的角色和责任的人员。随着项目的推进，项目所需人员的数量和类型也在不断地变化。团队成员应该参与大多数项目计划和决策工作，这样做是有益的。项目团队成员的早期参与一方面有助于在项目计划过程中吸纳项目团队成员的专家意见，同时能强化他们对项目的承诺，也加强了项目团队成员之间的沟通。项目团队成员是项目的人力资源。

项目管理团队是项目团队的一个子集，负责诸如编制计划、实施、控制和收尾等项目的管理活动。这一子集也可以称为项目管理小组、核心小组、执行小组或领导小组。对小项目，项目管理的责任可以由整个项目团队来承担或单独由项目经理承担。项目发起人通常协助项目管理团队的工作，如帮助解决项目资金问题、澄清项目范围问题，并为了项目的顺利开展而对他人施加影响。

项目团队的管理与领导，涉及到的内容包括但不限于：

① 对项目团队施加影响。在可能的情况下，项目经理需要识别并影响可能影响项

目的人力资源因素。这些因素包括团队环境、团队成员的地理位置、干系人之间的沟通、内外部政治氛围、文化问题、组织的独特性，以及其他可能改变项目绩效的因素。

② 强调职业道德，规范职业行为。项目管理团队应该了解、支持并确保所有团队成员遵守职业与道德规范。

2．项目人力资源管理的过程

项目人力资源管理包括如下过程。

（1）编制项目人力资源管理计划：确定与识别项目中的角色、所需技能、分配项目职责和汇报关系，并记录下来形成书面文件，其中也包括项目人员配备管理计划。

（2）组建项目团队：通过调配、招聘等方式得到需要的项目人力资源。

（3）建设项目团队：培养提高团队个人的技能，改进团队协作，提高团队的整体水平以提升项目绩效。

（4）管理项目团队：跟踪团队成员个人的绩效和团队的绩效，提供反馈，解决问题并协调变更以提高项目绩效。

这些过程互相之间有影响，并且同项目管理其他知识领域中的过程相互影响。根据项目的需要，每个过程可能都涉及一个或更多的个人或团队的努力。一般而言，在项目生命周期的不同阶段，每个过程至少发生一次。虽然这里列出的过程看似界限分明的一个个独立过程，实际上它们可能以某些不能详述的方式相互重叠或相互影响。

人力资源的一些通用的管理工作，例如劳动合同、福利管理以及佣金等行政管理工作，除项目型组织结构外，项目管理团队很少直接管理这些工作。这些工作一般由组织的人力资源部去统一管理。尽管如此，项目管理团队必须充分意识到行政管理的必要性以确保遵守这些约定。项目经理和项目管理团队也必须使用一般管理技能和一些软的管理技巧去有效地对人进行管理。

在实际管理项目的过程中，处理人际关系还涉及许多技能，其中包括：

（1）领导、沟通、谈判、协商及其他管理技能。

（2）授权、激励士气、指导、劝告及其他与处理个人关系有关的技能。

（3）团队建设、冲突解决及其他与处理团队关系有关的技能。

（4）绩效评定、招聘、留用、劳工关系、健康与安全规定及其他与管理人力资源有关的技能。

这里绝大多数的技能直接适用于项目经理领导和管理项目成员，而项目经理和项目管理小组应当掌握这些技能。他们还必须敏锐地认识到如何将这些知识在项目中加以运用。例如：

（1）项目的暂时性特征意味着个人之间和组织之间的关系，总体而言是既短又新的。项目管理小组必须仔细选择适应这种短暂关系的管理技巧。

（2）项目生命周期中，项目相关人员的数量、类型和特点会随着项目从一个阶段进入到下一个阶段而有所变化，导致在一个阶段中非常有效的管理技巧到了下一个阶段不一定会有效，项目经理或者项目管理团队应该注意到这一点，以选择适应当前阶段的管理技巧。

（3）在管理项目的过程中，因为信息系统项目经常变更，整个的项目计划会因为时间、范围、成本等各种变更而变更，这些变更也会引起人力资源的变更。当项目中的成员发生变化时，项目经理或者项目管理团队也应对当前的管理方法做相应的调整。

人力资源管理过程不是独立存在的，需要与项目其他过程交互，这些交互有时需要对计划进行调整，以包括新增的工作，这些工作有：

（1）在最初的项目团队成员制定工作分解结构之后，可能需要增加新的团队成员。

（2）随着团队成员的增加，其技能水平会增加风险或降低风险，对此要增加风险应对措施。

（3）如果在全部项目团队成员确定之前制定了进度计划，则新增项目团队成员的技能水平可能导致进度计划的重新制订。

11.1.2 项目人力资源管理有关概念

项目人力资源管理就是有效地发挥每一个参与项目人员的作用，把合适的人组成一个战斗力超强的团队的过程。为了调动团队成员的积极性，就需运用激励理论，促使团队成员产生积极工作的动机。同时在形成团队的过程中，也需要项目经理发挥领导者的作用，以形成一支高绩效的团队。在这个过程中涉及的一些概念简要介绍如下。

（1）动机：促使人从事某种活动的念头，是促使人做某种活动的一种心理驱动。

（2）组织结构图：组织结构图用图形表示项目汇报关系。最常用的有层次结构图、矩阵图、文本格式的角色描述等三种。

（3）责任：把该做的工作做好就是一个员工的责任。

（4）任务分配矩阵或称责任分配矩阵（Responsibility Allocation Matrix，RAM）：用来表示需要完成的工作由哪个团队成员负责的矩阵，或需要完成的工作与哪个团队成员有关的矩阵。

（5）专门技术：项目经理所具有的其他人觉得很重要的一些专业技术知识。

（6）员工绩效：员工绩效是指公司的雇员工作的成绩和效果。

11.2 编制项目人力资源管理计划

通过编制项目人力资源管理计划过程，确定项目的角色、职责以及汇报关系，并编制人员配备管理计划。任务、职责和汇报关系可以分配到个人或团队。这些个人和团队可能属于组织内部，也可能属于组织外部，或者两者的结合。内部团队通常与专职部门如工程部、市场部或会计部等有联系。

在大多数项目中，编制项目人力资源管理计划过程主要作为项目最初阶段的一部分。但是，这一过程的结果应当在项目的整个生命周期中进行经常性地复查，以保证它的持续适用性。如果最初的项目人力资源管理计划不再有效，就应当立即修正。

编制项目人力资源管理计划过程总是与沟通计划编制过程紧密联系，因为项目组织结构会对项目的沟通需求产生重要影响。

在编制项目人力资源管理计划时，要注意到与项目成本、进度、风险、质量及其他因素间的相互影响，同时也应注意到其他项目对同类人员的争夺，所以项目要有备选人员。

11.2.1　编制项目人力资源管理计划的工具与技术

组织理论描述了如何招募合适的人员、如何构建组织以及构建什么样的组织。项目管理团队应该熟悉这些组织理论以快速地明确项目职责和汇报关系。下面就是用于描述项目组织的几种有效工具。

1．组织结构图和职位描述

可使用多种形式描述项目的角色和职责，最常用的有三种（如图 11-1 所示）：层次结构图、责任分配矩阵和文本格式。除此之外，在一些分计划（如风险、质量和沟通计划）中也可以列出某些项目的工作分配。无论采用何种形式，都要确保每一个工作包只有一个明确的责任人，而且每一个项目团队成员都非常清楚自己的角色和职责。

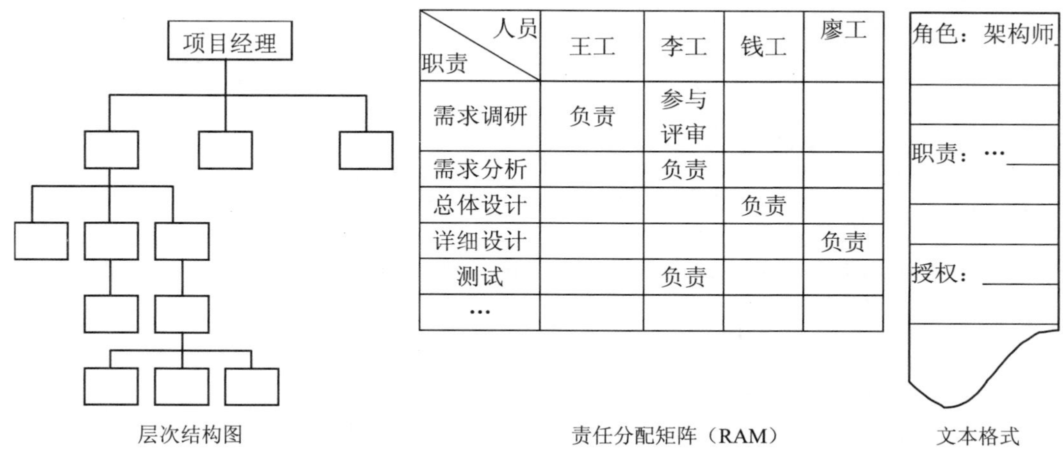

职责＼人员	王工	李工	钱工	廖工
需求调研	负责	参与评审		
需求分析		负责		
总体设计			负责	
详细设计				负责
测试		负责		
…				

责任分配矩阵（RAM）

图 11-1　角色和责任的定义形式

（1）层次结构图。传统的组织结构图就是一种典型的层次结构图，它用图形的形式从上至下地描述团队中的角色和关系。

① 用工作分解结构（WBS）来确定项目的范围，将项目可交付物分解成工作包即可得到该项目的 WBS。也可以用 WBS 来描述不同层次的职责。

② 组织分解结构（OBS）与工作分解结构形式上相似，但它不是根据项目的交付物

进行分解，而是根据组织现有的部门、单位或团队进行分解。把项目的活动和工作包列在负责的部门下面。通过这种方式，某个运营部门例如采购部门只要找到自己在 OBS 中的位置就可以了解所有该做的事情。

③ 资源分解结构（Resolution Breakdown Structure，RBS）是另一种层次结构图，它用来分解项目中各种类型的资源，例如资源分解结构可以反映一艘轮船建造项目中各个不同区域用到的所有焊接工和焊接设备，即使这些焊接工和焊接设备在 OBS 和 WBS 中分布杂乱。RBS 有助于跟踪项目成本，能够与组织的会计系统协调一致。RBS 除了包含人力资源之外还包括各种资源类型，例如材料和设备。

（2）矩阵图。反映团队成员个人与其承担的工作之间联系的方法有多种，而责任分配矩阵（RAM）是最直观的方法。在大型项目中，RAM 可以分成多个层级。例如，高层级的 RAM 可以界定团队中的哪个小组负责工作分解结构图中的哪一部分工作（Component）；而底层级的 RAM 被用来在小组内，为具体活动分配角色、职责和授权层次。矩阵格式，又称表格，可以使每个成员看到与自己相关的所有活动以及和与某个活动相关的所有成员。责任分配矩阵有时在矩阵中用字母表示。例如，图 11-2 中所示的 RAM 可以被称为 RACI 图（Responsible 负责-Accountable 参与-Consult 征求意见-Inform 通知）。图 11-2 中左边第一列代表的是各项活动，右边各列的第一行代表的是人员（也可以是小组或部门）。

RACI 图	人员				
活动	张三	李四	王五	赵六	钱七
需求定义	A	R	I	I	I
系统设计	I	A	R	C	C
系统开发	I	A	R	C	C
测试	A	I	I	R	I

R=对任务负责任　A=参与任务　C=提供意见　I=应及时得到通知

图 11-2　使用 RACI 格式的责任分配矩阵

（3）文本格式。团队成员职责需要详细描述时，可以用文字形式表示。通常提供如下的信息：职责、权利、能力和资格。这些文档有各种称谓如职位描述表、角色-职责-权利表等等。这些描述和表格在项目的整个执行过程中会根据经验教训进行更新，以便为将来的项目提供更好的参考。

（4）项目计划的其他部分。一些和管理项目相关的职责列在项目管理计划的其他部分并做相应解释。例如，风险应对计划列出了风险的负责人，沟通计划列出了那些应该对不同的沟通活动负责的成员，质量计划指定了质量保证和控制活动的负责人。

2．人际交往

人际交往是指在组织、行业或职业环境中与他人的正式或非正式的互动。

通过在本单位内或本行业内的人际交流，有助于了解那些能影响人员配备方案的人际关系因素。

成功的人际交往还可以增长与人力资源有关的知识，如胜任力、专门经验和外部合作机会，增加获取人力资源的途径，从而改进人力资源管理。

人际交往活动的例子包括主动写信、午餐会、非正式对话（如会议和活动）、贸易洽谈会和座谈会。

人际交往在项目初期特别有用，并可在项目期间及项目结束后有效促进项目管理职业的发展。

3．组织理论

组织理论说明了个人、团队和组织部门的关系，以及他们之间互动的方式。

有效利用组织理论中的通用知识，可以节约编制人力资源管理计划的时间、成本及人力投入，提高规划工作的效率。

在不同的组织结构中，人们可能有不同的表现、不同的业绩，可能展现出不同的交际特点。认识到这一点是非常重要的。此外，可以根据组织理论灵活使用领导风格，以适应项目生命周期中团队成熟度的变化。

有很多文献描述了如何构建组织以及构建什么样的组织。项目管理团队应该熟悉这些组织理论从而能将这些知识应用于项目职责和汇报关系、项目团队的创建、项目团队建设和项目团队的管理。

4．专家判断

在编制人力资源管理计划时，在下列情况下，可以借助于专家判断：

- 列出对人力资源的初步要求；
- 根据项目所在组织的标准化角色描述，分析项目所需的角色；
- 确定项目所需的初步投入水平和资源数量；
- 根据项目所在组织的文化确定所需的报告关系；
- 根据经验教训和市场条件，指导提前配备人员；
- 识别与人员招募、留用和遣散有关的风险；
- 为了符合法规如《劳动法》等的要求，在人员招聘、工作安排、解雇等方面制定并推荐标准作业程序。

5．会议

在编制项目人力资源管理计划时，项目管理团队将会举行相关会议。在这些会议中，应该综合使用其他工具和技术，使项目管理团队成员对人力资源管理计划达成共识。

11.2.2　编制项目人力资源管理计划的输入

1．项目管理计划

要编制人力资源管理计划，得先参考项目管理计划。

项目管理计划包括了编制人力资源管理计划所需的一些信息，例如对项目活动及其所需资源的描述、质量保证、风险管理、采购管理等，从这些活动中，项目管理团队可以找出所有必需的角色和职责。

用于制定人力资源管理计划的信息包括但不限于：

- 项目生命周期和拟用于每个阶段的过程；
- 为完成项目目标，如何执行各项工作；
- 变更管理计划，规定如何监控变更；
- 配置管理计划，规定如何开展配置管理；
- 如何维持项目基准的完整性；
- 干系人之间的沟通需求和方法。

2．活动资源需求

通过估计项目各个活动使用的资源来决定整个项目所需的人力资源，可以确定所需的人员数量、专业和技能水平，对项目成员的数量及其能力的初步估计可以在项目人力资源管理计划编制过程中再逐步细化。

3．事业环境因素

对于编制项目人力资源管理计划过程产生重要影响的事业环境因素有以下几个。

① 组织、文化和结构：哪些组织或部门参与该项目？他们目前的工作安排是什么？他们之间存在何种正式或非正式的关系？

关于组织类型对项目的影响：例如一个弱矩阵的组织结构就意味着项目经理的权力相对较弱。

② 现有的人力资源与人力资源政策。

③ 后勤保障：项目成员之间相隔多远？是否有人在不同的城市、国家或时区？

④ 人事管理政策：这些政策对人员的招聘、项目团队建设等将产生直接影响。

⑤ 市场条件：人才市场的供求关系直接决定了人员招聘的难易程度以及人员薪资待遇。

⑥ 人际关系及政治因素：项目团队候选人中存在哪些正式或非正式的汇报关系？这些项目成员的工作职责（即岗位描述）是什么？上下级关系怎么样？上下游关系（如供应商-客户关系）怎么样？是否有某些不同的语言和文化会影响到成员之间的工作关系？互相信任和尊重的程度怎么样？

至于政治因素：潜在的项目干系人的个人目标和想法是什么？对项目的某些重要领域而言，哪些团体具有非正式的权力？有哪些非正式的联盟？

4．组织过程资产

能够影响编制项目人力资源管理计划过程的组织过程资产包括但不限于如下因素：

① 组织的标准流程、政策和角色描述，以及统一的岗位描述；

② 组织结构图与岗位描述的模板；

③ 以往项目中与组织结构有关的经验教训、以前项目中使用的组织形式与历时信息；

④ 团队和项目执行组织内用于解决问题的升级程序。

11.2.3　编制项目人力资源管理计划的输出

1．项目人力资源管理计划

项目的人力资源管理计划是项目整体管理计划的一个分计划，为项目应该使用什么样的人员、如何配备、如何管理、如何控制、最终又如何释放人力资源提供了指南。

人力资源管理计划及其后续修订，也是制定新版项目管理计划过程的输入。

人力资源管理计划应该包括但不限于如下内容：

1）角色和职责的分配

项目的角色（谁）和职责（做什么）必须落实到合适的项目相关人员。角色和职责可能会随时间而改变。大多数角色和职责将分配给积极参与项目工作的有关人员，例如项目经理、项目管理小组的其他成员，以及为项目做出贡献的个人。当你要找出那些完成项目所需要的角色和职责时，必须考虑到以下几点。

（1）角色：指某人负责的项目某部分工作的标识，例如项目管理师、业务分析员、架构师、网络工程师、软件工程师和测试工程师。角色的明确性如（职权、职责和边界）对于项目成功至关重要。

（2）职权：这里的职权是指使用项目资源、做出决策和批准的权力。需要明确的职权来做决策的例子包括：实施方法的选择、质量接受水平以及如何对项目进行中的偏差做出反应。当团队成员的权力和他们的职责匹配的时候，他们能做得最好。

（3）职责：指为了完成项目，要求项目团队成员执行的工作。

（4）能力：完成项目活动所需要的技能。如果项目团队成员不具备完成项目活动所必需的能力，那么绩效将受影响。当发现岗位职责与能力之间存在某种程度的不匹配时，就必须采取提前的应对措施如培训、招聘人员或变更项目范围。

2）项目的组织结构图

组织结构图用图形表示项目汇报关系（组织管理关系）。它可以是正式的或者非正式的、详尽的或者粗略的描述，但是关系一定要清晰，这要依项目的实际情况而定。例如，一个跨越 3 省的 30 万人的抗震救灾团队的组织结构图应该比 20 个人的内部项目的组织结构图要复杂得多。

3）人员配备管理计划

人员配备管理计划是项目人力资源管理计划的一部分，描述的是何时、以何种方式、他们需要在项目中工作多久以及怎样满足人力资源需求。根据项目的需要，它可以是正式的或者非正式的，既可以是非常详细的，也可以是比较概略的。为了指导正在进行的团队成员招聘和团队建设活动，人员配备管理计划随着项目的持续进行而经常更新。人员配备管理计划中的信息随着项目应用领域和规模的不同而不同，但是应该包括如下基本内容。

（1）人员招募：在计划招聘所需的项目成员时，项目管理团队必须回答很多问题。如所需的人员来自组织内部还是外部？是否有足够多的人员拥有所需的能力或者是仍需培训？项目成员需要在固定地点工作或是远程分散办公？项目所需不同层次的专业技能成本如何？组织的人力资源部门能够提供给项目管理团队什么样的支持？

（2）资源日历：表明每种具体资源的可用工作日和工作班次的日历。人员配备管理计划说明了项目团队成员（个人或者集体）的时间安排，以及相关的招募活动何时开始。说明人力资源时间表的一种工具是人力资源柱状图。在项目进行的过程中，这种柱状图表示出个人、部门或者团队在每周或者每月需要工作的小时数。人力资源柱状图的竖轴表示某个资源的每周工作的小时数。横轴表示该资源的日历，图中可以加入一条水平线，代表某种资源的使用上限（可以用小时数表示）。超出最大可支配时间的竖条表明需要对该资源进行平衡，如增加更多的资源或者将进度拉长。图 11-3 是一个网络工程师人力资源柱状图的例子。

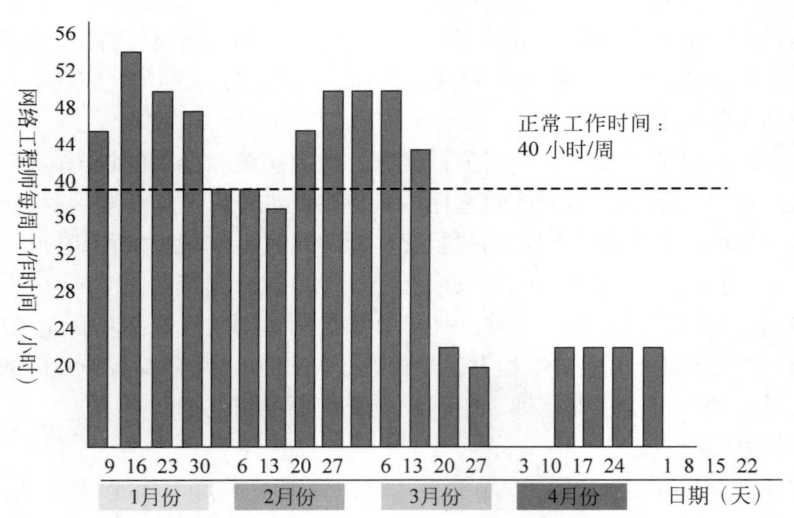

图 11-3 人力资源柱状图

（3）人员遣散计划：事先确定项目团队成员遣散的时间和方法，对项目和组员都是有好处的。当已经完成任务的人员在适当的时候离开项目时，我们就不用再继续从项目经费中为其付人工费，从而降低项目的成本。提前将这些人员平稳地转移到新项目上也可以提高士气。人员遣散计划也有助于减轻项目过程中或项目结束时可能发生的人力资源风险。

（4）培训需求：如果计划分配到项目中的人员不具备必需的技能，就必须制订出一个培训计划。这个计划也可以包含如何协助团队成员获得对项目有益的证书，从而促进项目的执行。

（5）表彰和奖励：明确的奖励标准和完善的奖惩制度将有助于推广和加强那些期望的行为。要想有效，表彰和奖励必须基于个人负责的活动和绩效。例如某人可以为达到成本目标而受到奖励，但同时他应该对费用的支出决策有一定程度的控制权。在编制人力资源管理计划时，制订表彰及奖励计划作为它的一部分。表彰和奖励的实施是团队建设过程的一部分，最后要确保兑现奖赏。

（6）遵守的规定：人员配备管理计划包括一些策略，以确保遵从相关的政府法律如劳动法、规章、制度、劳动合同或其他的与人力资源相关的法律法规和政策。

（7）安全性：针对安全隐患，为确保项目团队成员的安全而制定的政策和规定，应该列入人员管理计划和风险清单内。

项目的人力资源管理计划，为组建项目团队、建设项目团队和管理项目团队提供了指南。

11.3　项目团队组织建设

项目团队组织建设过程包括前后的两个子过程：首先获取合适的人员以组成团队，然后建设团队以发挥个人和团队整体的积极性，从而有力地推进项目的进展。

11.3.1　组建项目团队

组建项目团队过程包括获得所需的人力资源（个人或团队），将其分配到项目中工作。在大多数情况下，可能无法得到“最理想”的人力资源，但项目管理小组必须保证所用的人员能符合项目的要求。

因为集体劳资协议、分包商人员使用、矩阵型项目环境、内外部报告关系或其他各种原因，项目管理团队不一定对团队成员选择有直接控制权。在组建项目团队过程中，应特别注意下列事项：

① 项目经理或项目管理团队应该进行有效协商或谈判，并影响那些能为项目提供所需人力资源的人员。

② 不能获得项目所需的人力资源，可能影响项目进度、预算、客户满意度、质量和风险。人力资源不足或人员能力不足会降低项目成功的概率，甚至可能导致项目取消。

③ 如因制约因素（如经济因素或其他项目对资源的占用）而无法获得所需人力资源，在不违反法律、规章、强制性规定或其他具体标准的前提下，项目经理或项目团队可能不得不使用替代资源（也许能力较低）。

在项目的计划阶段，应该对上述因素加以考虑并做出适当安排。

项目经理或项目管理团队应该在项目进度计划、项目预算、项目风险计划、项目质量计划、培训计划及其他相关计划中，说清楚缺少所需人力资源的后果。

1．组建项目团队的输入

1）项目人力资源管理计划

在上一节里，我们已经制订了项目的人力资源管理计划。人力资源管理计划里，已经明确指出要完成项目需要什么样的人，以及如何安排和管理他们。人力资源管理计划包含的基本内容如下：

（1）角色和职责

角色和职责定义了项目需要的人员的类型以及他们的技能和能力。

（2）项目的组织结构图

组织结构图提供了项目所需人员数量及其汇报关系。

（3）人员配备管理计划

人员配备管理计划和项目进度一起确定了每个项目团队成员工作时间段，以及有助于项目团队参与的其他重要信息。

2）事业环境因素

当招募（即获取）人员时，还要考虑事业环境因素，如：

（1）现有人力资源情况，包括可用性、能力水平、以往经验、对本项目工作的兴趣和成本费率。

（2）项目实施单位的人事管理政策，如影响外包的政策。

（3）项目实施单位的组织结构。

（4）集中办公或多个工作地点。

3）组织过程资产

参与项目的一个或多个组织可能已有管理员工工作分配的政策、指导方针或过程。这些过程资产可用来帮助人力资源部门和项目负责人招募、招聘或者培训项目团队成员。

2．组建项目团队的工具和技术

（1）事先分派

在某些情况下，可以预先将人员分派到项目中。这些情况常常是：由于竞标过程中承诺分派特定人员进行项目工作，或者该项目取决于特定人员的专业技能。

（2）谈判

人员分派在多数项目中必须通过谈判协商进行。例如项目管理团队可能需要与以下人员协商。

① 负有相应职责的部门经理。目的是确保所需的员工可以在需要的时间到岗并且一直工作到他们的任务完成。

② 项目执行组织中的其他项目管理团队。目的是适当分配稀缺或特殊的人力资源，多个项目都需要这些稀缺的人力资源。

如同组织中关系学的重要性一样，管理团队影响他人的能力在人员分配协商中起着十分重要的作用。例如，一个部门经理在决定把一位各项目都抢着要的出色人才分派给哪个项目时，除考虑项目的重要紧急程度外，也会权衡从项目中能得到哪些回报。

③ 外部组织、卖方、供应商、承包商等。项目经理通过协商谈判获取合适的、稀缺的、特殊的、合格的、经认证的或其他诸如此类的特殊人力资源。特别需要注意与外部谈判有关的政策、惯例、流程、指南、法律及其他标准。

在人员分派谈判中，项目管理团队影响他人的能力很重要，如同在组织中的政治能力一样重要。例如，职能经理在决定把杰出人才分派给哪个项目时，将会权衡各竞争项目的优势和知名度。

（3）招募

当执行组织缺少内部工作人员去完成这个项目时，就需要从外部获得必要的服务，包括聘用或分包。

（4）虚拟团队

虚拟团队为团队成员的招募提供了新的途径。虚拟团队可以被定义为有共同目标、在完成各自任务过程中很少有时间或者没有时间能面对面工作的一组人员。现代沟通技术如基于 Internet 的 Email、QQ 群、微信群或视频会议使这种团队成为可能。通过虚拟团队的形式，我们可以：

① 在公司内部建立一个由不同地区员工组成的团队。

② 为项目团队增加特殊技能的专家，即使这个专家不在本地。

③ 把在家办公的员工纳入虚拟团队，以协同工作。

④ 由不同班组（早班、中班和夜班）员工组成一个虚拟团队。

⑤ 把行动不便或残疾的员工纳入团队。

⑥ 可以实施那些原本因为差旅费用过高而被忽略的项目。

虚拟团队也有一些缺点，例如，可能产生误解、有孤立感、团队成员之间难以分享知识和经验、采用通信技术也要花费成本等。

在建立一个虚拟团队时，制订一个可行的沟通计划就显得更加重要。可能需要额外的时间以设定明确的目标，制定方案以处理冲突，召集人员参与决策过程，并与虚拟团队一起通力合作，以使项目成功。

（5）多维决策分析

在组建项目团队过程中，经常需要使用团队成员选择标准。通过多维决策分析，制定出选择标准，并据此对候选团队成员进行定级或打分。根据各种因素对团队的不同重要性，赋予每种因素不同的权重。例如，可用下列标准对团队成员进行打分：

① 可用性。团队成员能否在项目所需时段内为项目工作，在项目期间内是否存在影响可用性的因素。

② 成本。聘用团队成员所需的成本是否在规定的预算内。

③ 经验。团队成员是否具备项目所需的相关经验。

④ 能力。团队成员是否具备项目所需的能力。

⑤ 知识。团队成员是否掌握关于客户、类似项目和项目环境细节的相关知识。

⑥ 技能。团队成员是否具有相关的技能，来使用项目工具，开展项目执行或培训。

⑦ 态度。团队成员能否与他人协同工作，以形成有凝聚力的团队。

⑧ 空间等因素。团队成员的位置、时区和沟通能力。

3．组建项目团队的输出

（1）项目人员分配表

当适当的人选被分配到项目中并为之工作时，项目人员配置就完成了。依据项目的需要，项目人员可能被分配全职工作、兼职工作或其他各种类型的工作。相关的文档包括：项目成员通信录、备忘录，并将团队成员的名字插入到项目管理计划中（如组织结构图和进度计划）。

（2）资源日历

资源日历表示出各个阶段到位的项目团队成员可以在项目上工作的时间。要创建一个可靠的、可行的进度计划，这取决于项目成员的时间安排上是否存在冲突（包括要了解员工休假计划，或要了解该员工是否有参与其他项目时间的承诺）。

（3）可能做出的项目管理计划更新

在组建项目团队过程中可能引起项目管理计划的更新，如人力资源管理计划的更新。

在组建项目团队之前已制定的人力资源管理计划中，虽然项目的角色和职责已由具体的人承担，但是这个具体的人很少能准确满足计划的要求，所以在组建项目团队过程中有时需要在人员管理计划中做相应改变。另一些需要改变人员管理计划的原因包括晋升、退休、生病、绩效问题以及工作强度的变化。

11.3.2 项目团队建设

项目团队建设工作包括提高项目相关人员的技能、改进团队协作、全面改进项目环境，其目标是提高项目的绩效。项目经理应该去招募、建设、维护、激励、领导、启发项目团队以获得团队的高绩效，并达到项目的目标。

1．项目团队建设的主要目标

在项目的整个生命周期，项目团队建设过程需要项目团队之间建立清晰、及时和有效的沟通。项目团队建设的目标包括但不限于如下目标。

（1）提高项目团队成员的个人技能，以提高他们完成项目活动的能力，与此同时降低成本、缩短工期、改进质量并提高绩效。

（2）提高项目团队成员之间的信任感和凝聚力，以提高士气，降低冲突，促进团队合作。

（3）创建动态的、团结合作的团队文化，以促进个人与团队的生产率、团队精神和团队协作，鼓励团队成员之间交叉培训和切磋以共享经验和知识。

有效的团队合作包括在工作负担不平衡的情况下，互相帮助。以符合各自偏好的方式进行交流，共享信息和资源。如果能够尽早进行团队建设，将会越早收效。当然，这个活动应该贯穿整个项目的生命周期。

2．成功的项目团队的特点

成功的团队具有如下的共同特点。

（1）团队的目标明确，成员清楚自己的工作对目标的贡献。

（2）团队的组织结构清晰，岗位明确。

（3）有成文或习惯的工作流程和方法，而且流程简明有效。

（4）项目经理对团队成员有明确的考核和评价标准，工作结果公正公开、赏罚分明。

（5）共同制订并遵守的组织纪律。

（6）协同工作，也就是一个成员工作需要依赖于另一个成员的结果，善于总结和学习。

足球场上的球队就是一个典型的团队，各个球员职责分明，各司其职，互相配合，以进球获胜为团队的最高目标，大家为这个共同的目标而奋斗。在激烈的比赛过程中，队形难免会变形，此时邻近的其他队员应及时补位，有队员攻进了球，既是该球员个人积极性充分发挥的结果，也是团队通力配合的结果。

3．项目团队建设的 5 个阶段

作为一个持续不断的过程，项目团队建设对项目的成功起着至关重要的作用。在项目的早期，团队建设相对简单，但随着项目的推进，项目团队建设一直在深化。项目环境的改变不可避免，因此团队建设的努力应该不断地进行。项目经理应该持续地监控团队的工作与绩效，以确定为预防或纠正团队问题采取相应的行动。

有一种关于团队发展的模型叫塔克曼（Tuckman）阶梯理论，其中包括团队建设通常要经过的五个阶段。尽管这些阶段通常按顺序进行，然而团队有时也会停滞在某个阶段或退回到较早阶段。如果团队成员曾经共事过，项目团队建设也可跳过某个阶段。

优秀的团队不是一蹴而就的，一般要依次经历以下 5 个阶段。

（1）形成阶段（Forming）：一个个独立的个体成员转变为团队成员，开始形成共同目标，对未来团队往往有美好的期待。

（2）震荡阶段（Storming）：团队成员开始执行分配的任务，一般会遇到超出预想的困难，希望被现实打破。个体之间开始争执，互相指责，并且开始怀疑项目经理的能力。

（3）规范阶段（Norming）：经过一定时间的磨合，团队成员之间相互熟悉和了解，矛盾基本解决，项目经理能够得到团队的认可。

（4）发挥阶段（Performing）：随着相互之间的配合默契和对项目经理的信任，成员积极工作，努力实现目标。这时集体荣誉感非常强，常将团队换成第一称谓，如“我们那个组”“我们部门”等，并会努力捍卫团队声誉。

（5）结束阶段（Adjourning）：随着项目的结束，团队也被遣散了。

以上的每个阶段按顺序依次出现，至于每个阶段的长短则取决于团队的结构、规模和项目经理的领导力。

正像本章开篇所说，由于IT行业的高技术、人员年轻和流动性大等特点，所以团队建设非常重要。本来一个企业想得到所需的优秀人才就不容易，把他们组成一个团队协同工作就更难了。自然界中，狮子可以组成一个优秀的捕猎团队，但要把老虎组织成一个优秀的草原捕猎团队则要困难多了。首先给老虎宣传动员团队的重要性，建立合作的文化，然后再进行艰苦的团队建设活动才能完成。

在项目失败的原因中，团队建设不善甚至分裂占相当的比例，所以项目团队的建设在整个项目管理过程中非常重要。

4．项目团队建设的输入

项目的人力资源管理计划、项目人员分派表和资源日历，为项目团队建设提供了前提和依据。

（1）项目人力资源管理计划

项目人力资源管理计划里，明确了管理项目人力资源的思路，为定义、配备、管理、控制及最终遣散人力资源提供了指南。

项目人力资源管理计划里，还确定了培训策略和团队建设计划。随着项目进展，要不断地对团队的绩效进行评估并结合其他项目团队的管理手段，那么相应的，诸如，奖励、反馈、额外培训和训练活动将加入该计划，使其日趋丰富。

（2）项目人员分派表

项目人员分派表中列出了谁是项目团队成员。有了分派表，项目经理才能进行团队建设。

（3）资源日历

资源日历明确了项目团队成员能够参加团队建设活动的时间段。

5．项目团队建设的工具与技术

制订项目人力资源管理计划、招募合适的项目成员后，项目经理应努力把他们组成一个团队一起工作来实现项目目标。许多系统集成项目团队中都有不少非常有才能的员工，但是项目的成功不是靠某一个成员的努力，而是靠整个团队的共同努力而达到的。

依据项目人力资源管理计划，我们已知要完成项目需要的员工的类型与数量以及何时进入项目、何时退出项目等信息，通过人员招募等手段组成一个项目团队。在项目进行期间，根据绩效报告中反映的项目完成情况和来自项目外部人员的反馈，再通过使用如下的工具与技术来建设项目团队。

1）人际关系技能

项目经理综合运用技术的、人际的和理论的技巧去分析形势并恰当地与项目团队沟通。使用恰当的人际关系技巧能够帮助项目经理团结项目团队，以发挥团队集体的力量。

人际关系技能，有时被称为“软技能”，对于团队建设极为重要。通过了解项目团队成员的感情，预测其行动，了解其后顾之忧，并尽力帮助他们解决问题，项目管理团队可以在很大程度上减少问题的数量，促进合作。在项目管理过程中，影响力、创造力和团队协同等是一笔非常重要的资产。

2）培训

培训包含所有旨在增进项目团队成员能力、提高团队整体能力的活动。培训可以是正式的或者非正式的。培训方法包括课堂培训、在线培训、计算机辅助培训，或来自其他项目成员的指导、辅导、研讨和案例分析等工作培训。

如果项目团队成员缺乏必要的管理或者技术技能，则必须把这些技能的培养作为项目的一部分，或者采取措施重新安排项目的人员。计划中的培训可以按人员配备管理计划实施；未列入计划中的培训，通过观察和交流以及绩效评估后开展。

3）团队建设活动

团队建设活动包括专门的活动和个人行动，首要目的是提高团队绩效。许多行动，例如在计划过程中的工作分解结构之类的团体活动，也许不能明确地当作团队建设，但是如果组织有力的话，同样可以增进团队的凝聚力。另外，为平息和处理人际冲突制定基本规则等，其间接结果都可以提高团队绩效。团队建设可以有多种形式，如日常的评审会议中 5 分钟的议事日程、为了增进关键性项目的相关人员之间的人际关系而设计的专业的团队拓展训练等。

鼓励非正式的沟通和活动也是非常重要的，因为它们在培养信任，建立良好工作关系的过程中起着很重要的作用。团队建设的策略对于那些借助电子化手段在异地工作的、不能面对面交流的虚拟团队来说尤其重要。

例如，好多公司采用对新员工进行野外生存训练的办法来培养员工的团结和合作能力，再有就是经常组织一些娱乐活动，在大家娱乐放松的同时让大家互相认识了解，并且给团队一个家的感觉。还有的公司让团队参与智力方面的团队建设活动，这样他们能够更好地了解自己、了解他人以及了解如何最有效地进行合作。了解和重视每个人的不同点以便作为一个团队更有效地工作，这是非常重要的。

4）基本规则

用基本规则对项目团队成员的行为做出明确规定，规定哪些行为是可接受的，哪些是不可接受的。

越早建立清晰的规则，就越能减少误解、提高工作效率。

对诸如行为规范、沟通方式、协同工作、会议礼仪等基本规则进行讨论，有助于项目成员互相了解对方的价值观。规则一旦制定，项目团队所有成员都要责任严格执行。

5）集中办公

集中办公是指将所有或者几乎所有重要的项目团队成员安排在同一个工作地点，以增进他们作为一个团队工作的能力。

集中办公，也被称为“紧密矩阵”。

集中可以是暂时性的，如仅在项目的关键阶段，也可贯穿项目的始终。集中办公的办法需要有一个会议室（有时也称作战室、工程指挥部等），拥有电子通信设备，张贴项目进度表，以及其他便利设施，用来加强交流和培养集体感。

尽管集中办公被认为是很好的办法，但虚拟团队的使用也能带来很多好处，例如使用更多熟练资源、降低成本、减少出差、减少搬迁费用，以及拉近团队成员与供应商、客户或其他重要干系人的距离。

6）认可与奖励

团队建设过程的一部分内容涉及对于积极行为的认可和奖励。关于奖励方法的最初计划，是在人力资源管理计划中确定的。在管理项目团队的过程中，通过绩效考核，以正式的或非正式的方式对成员进行相应的奖励与表彰。

应只奖励那些被认可的、积极的行为。例如，自愿加班以赶上紧张进度的行为应被认可或者奖励；而计划不周、方法不当、效率不高而导致的加班便不在奖励之列。“输-赢”或“零-和”奖励制度，只奖励少数成员，如“月度最佳队员奖”的奖励，将会破坏团队的凝聚力。赢-赢形式的奖励制度，奖励团队成员都可实现的行为，如按时提交进度报告等，则有助于提高项目团队成员的相互支持。

奖励和认可也必须考虑文化差异。例如，在一些鼓励个人主义的文化背景中实施一套适当的团队奖励是十分困难的。

如果人们感受到自己在组织中的价值，并且可以通过获得奖励来体现这种价值，他们就会受到激励。通常金钱是奖励制度中的有形奖励，然而也存在各种同样有效、甚至更加有效的无形奖励。大多数项目团队成员会因得到成长机会、获得成就感及用专业技能迎接新挑战，而受到激励。项目经理应该在整个项目生命周期中尽可能地给予表彰，而不是等到项目完成时。

7）人事测评工具

人事评测工具，能让项目经理和项目团队了解团队成员的优势和劣势。

有各种可用的工具，如态度调查、细节评估、结构化面谈、能力测试及焦点小组讨论。这些工具有利于增进团队成员间的理解、信任、忠诚和沟通，在整个项目期间不断提高团队成效。

这些工具可帮助项目经理评估团队成员的偏好和愿望、团队成员如何处理和整理信息、团队成员如何制定决策，以及团队成员如何与人打交道的偏好。

6. 项目团队建设的输出

项目团队建设活动后，可以通过评估“团队绩效”来观察绩效是否改进。在团队建设过程中，还可能发现一些人事制度要更新。

1）团队绩效评估

当一些培训、团队建设、集中办公等措施被实施后，项目管理团队可以进行正式或非正式的团队绩效评估。有效的团队发展策略和活动会提高团队的绩效，提高达成项目目标的可能性。团队效率的评估可以包含以下几方面：

① 提高个人技能，可以使专业人员更高效地完成所分配的活动；

② 提高团队能力，可以帮助团队更好的共同工作；

③ 较低的员工流动率；

④ 团队凝聚力的加强，从而使团队成员公开分享信息和经验，并互相帮助，来提高项目绩效。

2）事业环境因素更新

作为建设项目团队过程的结果，可能需要更新人事管理制度、员工培训记录和技能评估等事业环境因素。

7．项目团队绩效评估的主要内容和作用

随着团队建设工作如培训、团队建设和集中办公等措施的实施，项目管理团队可以进行正式或非正式的团队绩效评估。有效的团队建设方法和活动会提高团队的绩效，因而提高实现项目目标的可能性。团队效率的评估可以包含以下几个指标。

① 技能的改进，从而使某个个人更高效地完成所分派的任务。

② 能力和情感方面的改进，从而提高团队能力，帮助团队更好地共同工作。

③ 团队成员流动率降低。

④ 增加团队的凝聚力。这可以通过团队成员之间共享信息和经验以及互相帮助等方法来全面提高项目的绩效。

作为执行项目团队全面绩效考评的结果，项目管理团队可能会发现为了改进项目的绩效，要进行专门的培训、指导、训练和支持，甚至采取必要的变更。也可能通过绩效评估，为改进绩效需要增加合适的资源。这些资源和建议应当记录在案，并被转达到有关方面。这一点当团队成员是工会会员、或涉及到集体协商、或受合同相应条款的限制、或其他类似的情况时尤为重要。

11.4　项目团队管理

11.4.1　项目团队管理的含义和内容

项目团队管理是指跟踪个人和团队的绩效，提供反馈，解决问题和协调变更，以提高项目的绩效。项目管理团队必须观察团队的行为、管理冲突、解决问题和评估团队成员的绩效。实施项目团队管理后，应将项目人员配备管理计划进行更新，提出变更请求、实现问题的解决，同时为组织绩效评估提供依据，为组织的数据库增加新的经验教训。

在一个矩阵组织中，某个项目成员既向职能部门经理汇报又向项目经理汇报，项目团队的管理就变得很复杂。对这种双重汇报关系的有效管理通常是一个项目成功的关键因素。

11.4.2 项目团队管理的工具与技术

可以通过如下的工具与技术，实现对项目团队的管理。

1. 观察和交谈

观察和交谈用于随时了解团队成员的工作情况和思想状态。项目管理团队监控项目的进展，如完成了哪些可交付成果？让项目成员感到骄傲的成就有哪些？以及人际关系问题等。

如果是虚拟团队，这要求项目管理团队进行更加积极主动的、经常性的沟通，不管是面对面还是以其他合适的方式。

2. 项目绩效评估

在项目实施期间进行绩效评估的目的是澄清角色、责任，从团队成员处得到建设性的反馈，发现一些未知的和未解决的问题，制订个人的培训和训练计划，为将来一段时间制定具体目标。

正式和非正式的项目绩效评估依赖于项目的持续时间、复杂程度、组织政策、劳动合同的要求，以及定期沟通的数量和质量。项目成员需要从其主管那里得到反馈。评估信息的收集也可以采用 360 度反馈的方法，从那些和项目成员交往的人那里得到相关的评估信息。360 度的意思是绩效信息的收集可以来自多个渠道、多个方面，包括上级领导、同级同事和下级同事。

3. 冲突管理

在项目环境中，冲突不可避免。冲突的来源包括资源稀缺、进度优先级排序和个人工作风格差异等。采用团队规则、团队规范及成熟的项目管理实践（如沟通规划和角色定义），可以减少冲突的数量，见 11.4.3 介绍。

4. 人际关系技能

项目经理应该综合运用技术、人际技能来分析形势，并与团队成员有效互动。恰当地使用人际关系技能，可充分发挥全体团队成员的优势。

项目经理最常用的人际关系技能包括领导力、影响力和有效决策。详细介绍见本章最后的“延伸阅读”里的有关内容。

11.4.3 冲突管理

1. 认识冲突

冲突，就是计划与现实之间的矛盾，或人与人之间不同期望之间的矛盾，或人与人之间利益的矛盾。在管理项目过程中，最主要的冲突有 7 种：进度、项目优先级、资源、技术、管理过程、成本和个人冲突。

在项目的各阶段，冲突的排列依次如下。

① 概念阶段：项目优先级冲突、管理过程冲突、进度冲突。

② 计划阶段：项目优先级冲突、进度冲突、管理过程冲突。

③ 执行阶段：进度冲突、技术冲突、资源冲突。

④ 收尾阶段：进度冲突、资源冲突、个人冲突。

团队的基本规则、组织原则、基本标准，以及可行的项目管理经验如制订项目沟通计划、明确定义角色与岗位，都有助于减少冲突。

成功的冲突管理可以大大地提高生产力并促进积极的工作关系。如果冲突得以适当的管理，意见的分歧是有益的，可以增加创造力和做出更好的决策。当分歧变成负面因素时，项目团队成员应负责解决他们相互之间的冲突。如果冲突升级，项目经理应帮助团队找出一个满意的解决方案。

项目冲突应该被尽早发现，利用私下但直接的、合作的方式来处理冲突。如果冲突持续分裂，那么需要使用正式的处理过程，包括采取惩戒措施。

当在一个团队的环境下处理冲突时，项目经理应该认识到冲突的下列特点。

① 冲突是自然的，而且要找出一个解决办法。

② 冲突是一个团队问题，而不是某人的个人问题。

③ 应公开地处理冲突。

④ 冲突的解决应聚焦在问题，而不是人身攻击。

⑤ 冲突的解决应聚焦在现在，而不是过去。

2．冲突的根源

在项目管理环境里，冲突是不可避免的。冲突的根源包括对稀缺资源的争抢、进度优先级的不同以及每个人不同的工作方式与风格。除此之外，冲突的根源还有如下因素。

（1）项目的高压环境。项目有明确的开始和结束时间、有限的预算、严格的质量标准等。这些目标相互约束甚至冲突，都会造成项目的紧张和高压环境。

（2）责任模糊。在多数项目尤其是弱矩阵结构中，项目经理有很小的权力却承担着很大的责任。责任不清或权力责任失衡都会产生冲突。

（3）存在多个上级。矩阵结构或职能型结构里的项目团队成员来源于职能部门，项目经理在获取人员的时候要和职能经理或者其他项目团队谈判协商以获得内部资源，这样就存在项目中的多重汇报关系，一个成员向多个上级负责，往往会引发冲突。

（4）新科技的使用。系统集成行业的一个特点就是技术发展快，以至于出现比项目现行使用技术更新的技术，造成大家对各种技术的不同态度和观点，进而引起冲突。

3．关于冲突的解决

1）影响冲突解决的因素

在管理项目团队时，项目经理的成功主要依靠他们解决冲突的能力，不同的项目经理解决冲突有不同的风格。影响冲突解决的因素如下。

① 冲突的重要性与强度。

② 解决冲突的时间压力。

③ 涉及冲突各方的位置。

④ 基于长期解决冲突还是短期解决冲突的动机。

2）冲突的解决方法

不管冲突对项目的影响是正面的还是负面的，项目经理都有责任处理它，以减少冲突对项目的不利影响，增加其对项目积极有利的一面。

以下是冲突管理的 6 种方法。

（1）问题解决（Problem Solving / Confrontation）。问题解决就是冲突各方一起积极地定义问题、收集问题的信息、制定解决方案，最后直到选择一个最合适的方案来解决冲突，此时为双赢或多赢。但在这个过程中，需要公开地协商，这是冲突管理中最理想的一种方法。

（2）合作（Collaborating）。集合多方的观点和意见，得出一个多数人接受和承诺的冲突解决方案。

（3）强制（Forcing）。强制就是以牺牲其他各方的观点为代价，强制采纳一方的观点。一般只适用于赢-输这样的零-和游戏情景里。

（4）妥协（Compromising）。妥协就是冲突的各方协商并且寻找一种能够使冲突各方都有一定程度满意、但冲突各方没有任何一方完全满意、是一种都做一些让步的冲突解决方法。

（5）求同存异（Smoothing/Accommodating）。求同存异的方法就是冲突各方都关注他们一致的一面，而淡化不一致的一面。一般求同存异要求保持一种友好的气氛，但是回避了解决冲突的根源。也就是让大家都冷静下来，先把工作做完。

（6）撤退（Withdrawing/Avoiding）。撤退就是把眼前的或潜在的冲突搁置起来，从冲突中撤退。

11.4.4 项目团队管理的输入、输出

1．项目团队管理的输入

要对项目团队的日常工作进行监督管理，得先准备好项目的人力资源管理计划、项目人员分派表、团队的绩效评估、问题日志以及组织过程资产。

（1）项目人力资源管理计划

项目人力资源管理计划，为包括项目团队管理在内的各个人力资源管理过程提供了

指南，该计划包括但不限于如下内容：

① 角色和职责。包含了参加项目的、每一个员工的角色和职责清单；

② 项目的组织结构图。提供了项目团队成员的汇报关系图；

③ 人员配备管理计划。列出了团队成员在项目中的工作周期，同时也包括培训计划、资格要求，以及与某些规章制度的一致性问题。

（2）项目人员分派表

在管理项目团队这个监控过程中，项目人员分派表为项目团队成员的评估提供了一个人员清单。

（3）团队绩效评估

项目管理团队可以持续地进行正式或非正式的项目团队绩效评估。依据对项目团队绩效的持续评估，可以采取行动解决问题、改进沟通、处理冲突以及改进团队合作。

（4）问题日志

在管理项目团队过程中，经常出现各种问题，把这些问题记录在问题日志里，在问题日志里还要记录由谁负责在目标日期内解决特定问题，也使用问题日志来跟踪监督问题的解决情况。

（5）绩效报告

在工作绩效报告里，通过比较当前项目状态与预期项目状态，全面记录项目的监控结果，包括进度控制、成本控制、质量控制和范围核实的结果。绩效报告中的信息和预测可以确定未来对人力资源的需求、对团队成员的奖励与表彰以及对人员配备计划的更新。

（6）组织文化和组织过程资产

影响管理项目团队过程的组织文化和组织过程资产包括但不限于如下内容：

① 感谢信、庆功宴；

② 时事通信、公告牌等项目新闻报道；

③ 网站；

④ 奖金结构；

⑤ 员工着装；

⑥ 其他组织津贴。

项目管理团队应该利用组织的政策、流程和规定来为员工在项目进行过程中提供奖励。

2．项目团队管理的输出

通过对项目团队的日常监督管理，不仅解决人员冲突问题，也维持了项目的较高绩效。在这个过程中，也可能要处理变更、更新项目文件。

1）变更请求

项目成员的变更，无论是不是受控事件，都会影响到未来的项目计划。在项目经理权限之内的变更，由项目经理负责解决。当项目成员的变更干扰了项目整体计划时，例如引起进度的延期或预算的超支，那么将利用组织的整体变更控制过程处理该项变更请求。员工的变更包括任务变动、部分工作外包以及替代已离职员工。

应该采取预防措施以降低这些变动对项目的不利影响，例如针对员工的离职等行为可采取交叉培训措施，及时识别出新增的岗位和角色，以及及时增加员工的工作时间，以完成项目的所有任务。

2）已更新的项目管理计划

项目管理计划的有关部分、有关的分计划如人员配备管理计划，在管理项目团队的过程中可能得到更新。就人员配备管理计划来说，伴随着项目的进展，项目管理团队必须要采取一些纠正行为调整团队或其成员，这些调整应反映在人员配备管理计划中。人力资源管理的纠正行为包括员工的变动、附加的培训和惩罚行为。员工变动可能会要求任务分配的改变、外包一些工作以及由谁来代替已离职的员工。

3）项目文件更新

在对项目团队的日常工作进行监督管理时，可能被间接更新的项目文件包括但不限于：

① 问题日志；

② 角色描述；

③ 项目人员分派。

4）事业环境因素更新

管理项目团队时，可能需要更新的事业环境因素包括但不限于：

① 对组织绩效评价的输入；

② 个人技能更新。

5）已更新的组织过程资产

作为项目团队管理过程执行的结果，组织过程资产可能需要如下甚至不止如下的更新：

（1）问题解决

在项目团队管理过程中，不是所有的问题都会有结果，那些被公布和解决的问题应记录在问题日志里；同样，未被解决的问题应记录在遗留问题日志里。

（2）组织绩效评估输入

项目全体员工应该定期地为组织绩效评估提供输入，为未来项目的绩效提供参考。

（3）历史信息和经验教训文档

在项目执行过程中所有的经验教训都应该被记录，因此它将作为组织历史数据库的一部分。在人力资源方面的经验教训可以包括以下几个部分。

- 以模板形式保存的组织结构图、职位描述和员工管理计划；
- 有特殊用途的团队基本原则、冲突管理技巧和奖罚；

- 被证实非常成功的虚拟团队、集中办公、协商、采购、培训和团队建设过程；
- 在项目执行过程中发现的专业技能。

（4）组织的标准流程

在管理项目团队的过程中，可能会更新组织的标准流程如人员的招聘、使用、评估考核和辞退流程。

延伸阅读：现代激励理论及项目经理所需具备的影响力

项目团队建设要发挥每个成员的积极性，发扬团队的团结合作精神，提高团队的绩效，以使项目成功，这是团队共同的奋斗目标。但是怎么才能发挥每个成员的积极性？怎样建设好一个项目团队呢？团队建设作为项目管理中唯一的一个管人的过程，其理论基础和实践经验大多是从人力资源管理理论、组织行为学借鉴的，下面分别从激励理论、X 理论和 Y 理论、领导与管理、影响与能力等 4 个方面进行介绍。

1．激励理论

所谓激励，就是如何发挥员工的工作积极性的方法。典型的激励理论有马斯洛需要层次理论、赫茨伯格的双因素理论和期望理论。

1）马斯洛需要层次理论

著名的心理学家亚伯拉罕 • 马斯洛（Abraham Maslow）在 1943 年就首先提出了他的需要层次理论并以此闻名。他认为人类行为有着最独特的性质：爱、自尊、归属感、自我表现以及创造力，从而人类能够自己掌握自己的命运。

马斯洛建立了一个需要层次理论，图 11-4 就是该层次理论的基本结构，是一个 5 层的金字塔结构。

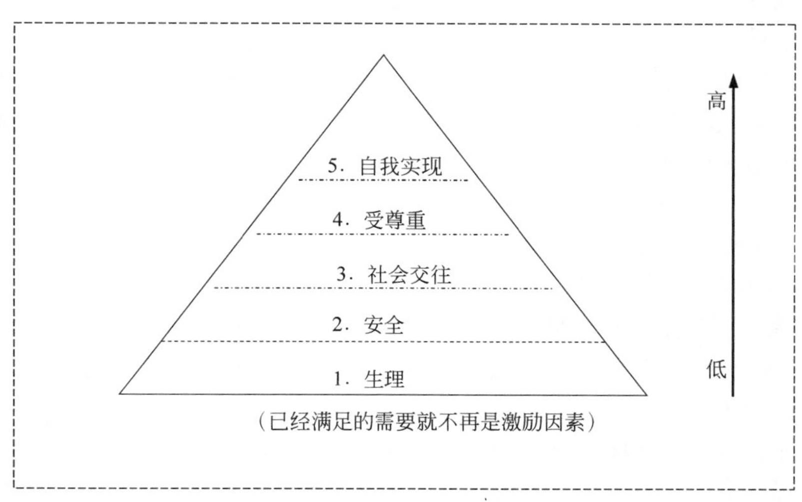

图 11-4　马斯洛的需要层次理论

该理论以金字塔结构的形式表示人们的行为受到一系列需求的引导和刺激，在不同的层次满足不同的需要，才能达到激励的作用。

（1）生理需要：对衣食住行等需要都是生理需要，这类需要的级别最低，人们在转向较高层次的需要之前，总是尽力满足这类需要。

（2）安全需要：安全需要包括对人身安全、生活稳定、不致失业以及免遭痛苦、威胁或疾病等的需要。和生理需要一样，在安全需要没有得到满足之前，人们一般不追求更高层的需要。

（3）社会交往的需要：社会交往（社交）需要包括对友谊、爱情以及隶属关系的需要。当生理需要和安全需要得到满足后，社交需要就会突出出来，进而产生激励作用。这些需要如果得不到满足，就会影响员工的精神，导致高缺勤率、低生产率、对工作不满及情绪低落。

（4）自尊的需要：指自尊心和荣誉感。

（5）自我实现的需要：指想获得更大的空间以实现自我发展的需要。

在马斯洛需要层次中，底层的4种需要——即生理、安全、社会、自尊被认为是基本的需要，而自我实现的需要是最高层次的需要。

马斯洛需要层次理论有如下的三个假设：

（1）人要生存，他的需求能够影响他的行为，只有未被满足的需要能够影响其行为，已得到满足的需要不再影响其行为（也就是：已被满足的需要失去激励作用，只有满足未被满足的需要才能有激励作用）。

（2）人的需要按重要性从低到高排成金字塔形状。

（3）当人的某一级的需要得到满足后，才会追求更高一级的需要，如此逐级上升，成为他工作的动机。

项目团队的建设过程中，项目经理需要理解项目团队的每一个成员的需要等级，并据此制订相关的激励措施。例如在生理和安全的需要得到满足的情况下公司的新员工或者新到一个城市工作的员工可能有社会交往的需要。为了满足他们的归属感的需要，有些公司就会专门为这些懂得信息技术的新员工组织一些聚会和社会活动。要注意到不同的人有不同的需要层次和需求种类。

2）赫茨伯格的双因素理论

激励因素-保健因素理论是美国的行为科学家弗雷德里克·赫茨伯格（Fredrick Herzberg）提出来的，又称双因素理论。双因素理论认为有两种完全不同的因素影响着人们的工作行为。

第一类是保健因素（Hygiene Factor），这些因素是与工作环境或条件有关的，能防止人们产生不满意感的一类因素，包括工作环境、工资薪水、公司政策、个人生活、管理监督、人际关系等。当保健因素不健全时，人们就会产生不满意感。但即使保健因素很好时，也仅仅可以消除工作中的不满意，却无法增加人们对工作的满意感，所以这些因素是无法起到激励作用的。

第二类是激励因素（Motivator），这些因素是与员工的工作本身或工作内容有关的、能促使人们产生工作满意感的一类因素，是高层次的需要，包括成就、承认、工作本身、责任、发展机会等。当激励因素缺乏时，人们就会缺乏进取心，对工作无所谓，但一旦具备了激励因素，员工则会感觉到强大的激励力量而产生对工作的满意感，所以只有这类因素才能真正激励员工。

3）期望理论

由著名的心理学家和行为科学家维克多·弗罗姆（Victor Vroom）于 1964 年在其名著《工作与激励》中首先提出期望理论。期望理论关注的不是人们的需要的类型，而是人们用来获取报酬的思维方式，认为当人们预期某一行为能给个人带来预定结果，且这种结果对个体具有吸引力时，人们就会采取这一特定行动。

期望理论认为，一个目标对人的激励程度受两个因素影响。

（1）目标效价，指实现该目标对个人有多大价值的主观判断。如果实现该目标对个人来说很有价值，个人的积极性就高；反之，积极性就低。

（2）期望值，指个人对实现该目标可能性大小的主观估计。只有个人认为实现该目标的可能性很大，才会去努力争取实现，从而在较高程度上发挥目标的激励作用；如果个人认为实现该目标的可能性很小，甚至完全没有可能，目标激励作用则小，以至完全没有。

2．X 理论和 Y 理论

道格拉斯·麦格雷戈（Douglas M. McGregor）是美国著名的行为科学家，他在 1957 年 11 月提出了 X 理论-Y 理论。X 理论和 Y 理论于人性的假设截然相反。

1）X 理论

X 理论主要体现了独裁型管理者对人性的基本判断，这种假设认为：

（1）一般人天性好逸恶劳，只要有可能就会逃避工作。

（2）人生来就以自我为中心，漠视组织的要求。

（3）人缺乏进取心，逃避责任，甘愿听从指挥，安于现状，没有创造性。

（4）人们通常容易受骗，易受人煽动。

（5）人们天生反对改革。

崇尚 X 理论的领导者认为，在领导工作中必须对员工采取强制、惩罚和解雇等手段，强迫员工努力工作，对员工应当严格监督、控制和管理。在领导行为上应当实行高度控制和集中管理，在领导风格上采用独裁式的领导方式。

2）Y 理论

Y 理论对人性的假设与 X 理论完全相反，其主要观点为：

（1）一般人天生并不是好逸恶劳，他们热爱工作，从工作得到满足感和成就感。

（2）外来的控制和处罚对人们实现组织的目标不是一个有效的办法，下属能够自我确定目标，自我指挥和自我控制。

（3）在适当的条件下，人们愿意主动承担责任。

（4）大多数人具有一定的想象力和创造力。

（5）在现代社会中，人们的智慧和潜能只是部分地得到了发挥。

基于Y理论对人的认识，信奉Y理论的管理者对员工采取民主型和放任自由型的领导方式，在领导行为上遵循以人为中心的、宽容的及放权的领导原则，使下属目标和组织目标很好地结合起来，为员工的智慧和能力的发挥创造有利的条件。

3）X理论和Y理论的应用

X理论和Y理论的选择决定管理者处理员工关系的方式。迄今为止，无法证明两个理论哪个更有效。实际上，这两个理论各有自己的长处和不足。用X理论可以加强管理，但项目团队成员通常比较被动地工作。用Y理论可以激发员工主动性，但对于员工把握工作而言可能又放任过度。我们在应用的时候应该因人、因项目团队发展的阶段而异。例如，在项目团队的开始阶段，大家互相还不是很熟悉，对项目不是很了解或者还有一种抵触等，这时候需要项目经理运用X理论去指导和管理；当项目团队进入执行阶段的时候，成员对项目的目标已经了解，都愿意努力完成项目，这时候可以用Y理论去授权团队完成所负责的工作，并提供支持和相应的环境。

3．领导与管理

领导作为名词，指领导人或领导者；作为动词，指领导活动。传统观念认为，领导是指一个人被组织赋予职位和权力，以率领其下属实现组织目标。现代观念认为，领导是一种影响力，是对人们施加影响，从而使人们心甘情愿地为实现组织目标而努力的艺术过程。领导者有责任洞察过程的不确定性，为其负责的组织指引正确的方向，并在必要时引导变革。

领导的能力，简称领导力。成功的项目需要强有力的领导技能。领导力在项目生命周期中的所有阶段都很重要。有多种领导力理论，定义了适用于不同情形或团队的领导风格。领导力对沟通愿景及鼓舞项目团队高效工作十分重要。

管理者是组织依法任命的，负责某个组织或某件事情的管理，是通过调研、计划、组织、实施和控制来实现管理的，以完成更高一层组织交代的任务。

项目经理带领团队管理项目的过程中，具有领导者和管理者的双重身份。越是基层的项目经理，需要的管理能力越强，需要的领导力相对管理能力而言不高。越是高层的项目经理如特大型项目的项目经理，需要的领导力越高，需要的管理能力相对领导力而言不高。

到目前为止，还没有一套公认的领导理论，目前主要有“领导行为理论”和“领导权变理论”。

（1）领导行为理论的基本观点是：领导者应该知道要做什么和怎样做才能使工作更有效。集中在如下两个方面。

① 领导者关注的重点，是工作的任务绩效，还是搞好人际关系？

② 领导者的决策方式，即下属的参与程度。典型的领导方式有专断型、民主型和放任型。

（2）领导权变理论的基本观点是：认为不存在一种普遍适用、唯一正确的领导方式，只有结合具体情景，因时、因地、因事、因人制宜的领导方式，才是有效的领导方式。其基本观点可用下式反映：

有效领导 ＝F（领导者，被领导者，环境）

即有效地领导取决于领导者自身、被领导者与领导过程所处的环境。例如，在项目早期团队组建的过程中，或对于新员工，领导方式可以是专断型（或者说独裁式、指导式）；当团队成员熟悉情况后，可以采用民主型甚至可以部分授权。

4．影响和能力

人是组织和项目最重要的资产。有的人是直接向项目经理汇报的，有的人是间接向项目经理汇报的，有的人是不向项目经理汇报的。对于直接汇报的人可以用权力来管，那么怎么管理其他类型的人呢？其实项目经理无论管理哪种类型的人，除运用权力等强制力之外，更重要的是运用项目经理的影响力。

（1）影响力

在矩阵环境中，项目经理对团队成员通常没有或仅有很小的命令职权，所以他们适时影响干系人的能力，对保证项目成功非常关键。影响力主要体现在如下各方面：

① 说服别人，以及清晰表达观点和立场的能力；

② 积极且有效地倾听；

③ 了解并综合考虑各种观点；

④ 收集相关且关键的信息，以解决重要问题，维护相互信任，达成一致意见。

（2）影响员工的方法

泰穆汗和威廉姆对项目经理影响做了研究，影响方法有如下 9 种。

① 权力：发命令的正当等级权力。

② 任务分配：项目经理为员工分配工作的能力，让合适的人做合适的事。

③ 预算支配：项目经理自由支配项目资金的能力。

④ 员工升职：根据员工在项目中的表现提拔员工的能力。

⑤ 薪金待遇：根据员工在项目中的表现给员工提高工资和福利待遇的能力。

⑥ 实施处罚：根据员工在项目中的不良表现对员工进行处罚的能力。

⑦ 工作挑战：根据员工完成一项特定任务的喜好来安排其工作，这将是一个内在的刺激因素。

⑧ 专门技术：项目经理所具有的其他人觉得很重要的一些专业技术知识。

⑨ 友谊：项目经理和其他人之间建立良好的人际关系的能力。

研究表明，项目经理使用工作挑战和专门技术来激励员工工作往往能取得成功。而当项目经理使用权力、金钱或处罚时，他们常常会失败。

（3）权力

5种基本的权力分别介绍如下。

① 合法的权力，是指在高级管理层对项目经理正式授权的基础上，项目经理让员工进行工作的权力。

② 强制力，是指用惩罚、威胁或者其他消极手段强迫员工做他们不想做的事。然而，一般强制力在项目团队的建设中不是一个很好的方法，通常会带来项目的失败，建议不要经常使用。

③ 专家权力，与泰穆汗和威廉姆的影响因素中的专门技术类似，就是用个人知识和技能让员工改变他们的行为。如果项目经理让员工感到他在某些领域有专长，那么他们就会遵照项目经理的意见行事。

④ 奖励权力，就是使用一些激励措施来引导员工去工作。奖励包括薪金、职位、认可度、特殊的任务以及其他的奖励员工满意行为的手段。大部分奖励理论认为，一些特定的奖励，如富有挑战性的工作、工作成就以及认可度才能真正引导员工改变行为或者努力工作。

⑤ 感召权力。权力是建立在个人感召权力的基础上。人们非常尊重某些具有感召权力的人，会按照他们所说的去做。

以上是项目经理的5个权力类型，建议项目经理最好用奖励权力和专家权力来影响团队成员去做事，尽量避免强制力。并且项目经理的合法权力、奖励权力和强制力是来自公司的授权，而其他的权力则是来自项目经理本人。

（4）效率

项目经理可以利用史蒂文总结的高效率的人具备的7种习惯来帮助自己和项目组。这7种习惯分别如下。

① 保持积极状态。

② 从一开始就牢记结果。

③ 把最重要的事放在最重要的位置上。

④ 考虑双赢。

⑤ 首先去理解别人，然后再被别人理解。

⑥ 获得协同效应。

⑦ “磨快锯子”。

倾听是一个优秀的项目经理必备的关键技能。

（5）有效的决策

有效决策包括谈判能力，以及影响组织与项目管理团队的能力。进行有效决策需要：

① 着眼于所要达到的目标；
② 遵循决策流程；
③ 研究环境因素；
④ 分析可用信息；
⑤ 提升团队成员个人素质；
⑥ 激发团队创造力；
⑦ 管理风险。

第 12 章　项目沟通管理和干系人管理

12.1　沟通的基本概念

沟通是人与人进行交流的工具，早期人类的信息传递通过简单的口语和绘画进行，之后发展到文字方式（通过如铭文、锦帛、竹简、书籍、书信等传递信息）。随着人类语言的发展和科技的进步，如今人们的信息交换不仅使用更加复杂的语言和符号，而且沟通的媒介更加丰富，人们可以采用电话系统、网络系统等方式迅速地、大范围地传递信息。对于沟通这样一个重要的工具，人们对它的研究很早就已经开始，如我国春秋、战国时期的纵横家就是利用沟通这一工具达到翻云覆雨，执掌各国政治的目的。

12.1.1　沟通的定义

在管理项目时，沟通是一个过程，是人们分享信息、表达思想和情感的过程，包括信息的生成、传递、接收、理解和检查。项目经理的绝大多数时间都用于与团队成员和其他干系人的沟通，无论这些成员或干系人是来自组织内部（位于组织的各个层级上）还是组织外部。有效的沟通在项目干系人之间架起一座桥梁，把具有不同文化和组织背景、不同技能水平、不同观点和利益的各类干系人联系起来。这些干系人能影响项目的执行或结果。最简单的沟通模型就是一个人与另一个人的信息交换过程，这一过程可以简化为如图 12-1 所示的沟通模型。

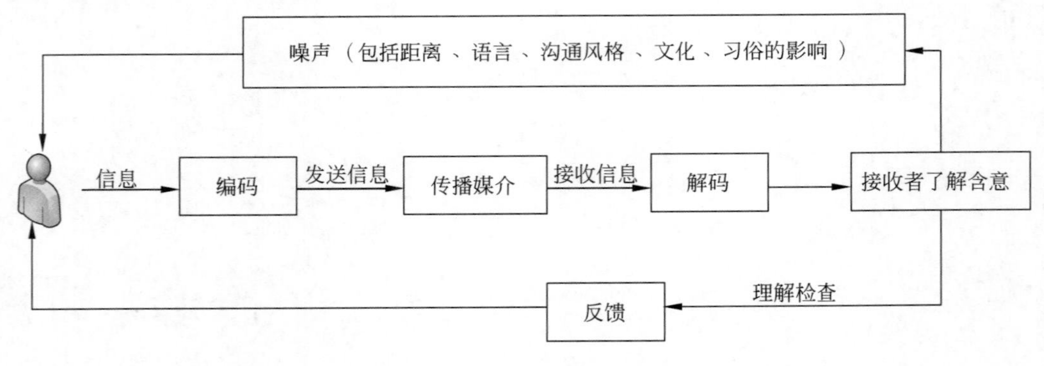

图 12-1　沟通模型

沟通的基本构成如图 12-1 所示。

1）接收者和发送者

大部分情况下，参与者既发送信息，又接收反馈，是一体的。即信息的所有者在信息发送后希望能够得到相应的反馈。发送-接收方（sender-receivers）可以是个人、团体、企业、政府等。

2）信息（Message）

信息（Message）是指多个参与者（参与者内心的自省不在此例中）之间需要分享的信息，表达思想和情感的组成物。在沟通过程中，信息的存在方式被定义为符号（Symbol），而符号分为语言符号和非语言符号两种。语言符号是用来描述具体实物的具体符号（Concrete Symbol），如“桌子”。也可以是用来描述表达某种思想和情感的抽象符号（Abstract Symbol），如“崇拜”。非语言符号（Nonverbal symbol）是指除语言符号之外的其他符号，比如在沟通过程中所产生的表情、姿势、语音、语气、语调、着装等，也同样在沟通的过程中传递着某些信息。

3）渠道

渠道（Channel）是指信息在参与者之间进行传递的途径，有的时候又被称为通道、媒介。要想达到沟通的目的，渠道的选择是非常重要的，需要沟通的参与者根据需要进行选择和决定。沟通的形式可以是口头的或者书面的，详细的或简略的，正式的或非正式的，在进行沟通时，参与者需要认真选择适合的沟通形式。有些信息，通过非正式面对面闲谈进行沟通比较合适；某些信息，通过纸质方式以文件的形式进行正式沟通比较适合；某些信息，通过采用正式会议的方式进行沟通比较合适。

沟通的参与者在沟通的过程中，由于参与者的数量不同，潜在的沟通渠道数量计算公式如下：

$$M = n * (n-1)/2 \quad ，\quad 其中\ n \geqslant 1$$

当 n=1 时，即参与者与自身进行沟通，M= 0。

当 n=2 时，也就是参与者有 2 人，即 2 个人面对面的交流，M=1。

当 n>2 时，也就是参与者众多的环境，多人之间可能发生通过不同的渠道进行沟通，例如，当参与者 n=9 时，沟通渠道数量 M=36 条；当参与者 n=10 时，沟通渠道的数量 M=45 条。可以看出，增加一个参与者，就增加了 9 条潜在的沟通渠道。

可以看出，随着参与者的增加，沟通渠道的数量显著增加，增大了沟通成本。在进行沟通的时候，沟通规模的大小，参与者数量的多少，项目管理者应认真权衡。

（1）反馈

反馈（Feedback）是参与者之间针对信息的反应过程。根据沟通的需要、参与者的意愿以及能力、其他限制条件等因素的影响，参与者需要选择不同程度的反馈。选择不同的反馈，达到的效果也不同。参与者采用进行面对面的交谈方式，反馈就是及时、迅速的；远程的参与者通过信件进行交流时，反馈就是相对较慢的；利用邮件、传真等交流方式时，反馈的速度是不确定的。

（2）噪音

凡是发生在参与者之间，能够干扰和阻碍理解和解释信息的因素，都是噪音（Noise）。噪音的存在有三种不同的形式：① 外部噪音。主要来自于沟通环境。比如参与者在一个嘈杂的环境中进行交谈、其他人说话的声音、广播音响、汽车发动机的声音等等都属于此类；② 内部噪音。来自于参与者的头脑中，比如上课走神的学生，对人工智能有着排斥心理的企业工人等都属于此类；③ 语义噪音。在不同文化背景、不同语言背景、不同宗教背景或不同阶层背景的人之间经常产生不利于理解沟通的情况。比如，不合时宜的低劣笑话，引入性别歧视、宗教纷争、政治观点等话题时，可能会引起不必要的沟通障碍。

（3）环境

环境（Environment）就是以上因素的全部活动背景。不同的沟通所需要的沟通环境也是不同的，参与者要谨慎和仔细地选择适合的沟通环境，保证沟通正常进行。

12.1.2 沟通的方式

在进行沟通过程中，要根据沟通目标、参与者的特点选择适合的沟通方式。一般沟通过程所采用的方式分为以下几类：参与讨论方式、征询方式、推销方式（说明）、叙述方式，如图 12-2 所示。

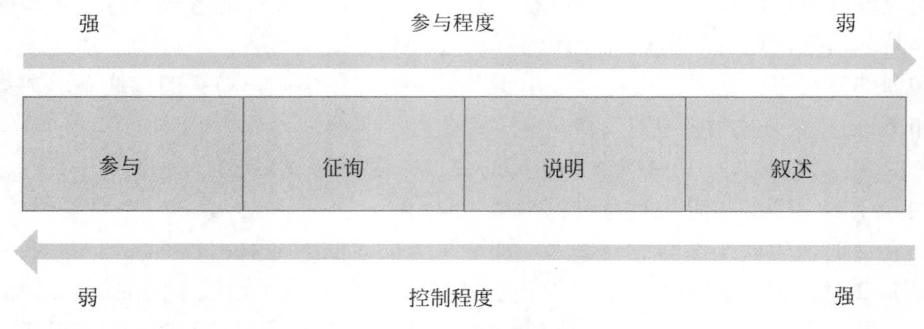

图 12-2 沟通方式

以上四类沟通方式从参与者（发送信息方）的观点看，参与讨论方式的控制力最弱，随后逐步加强，以叙述方式的控制力最强。从参与者（发送信息方）的观点看，其他参与者的参与程度恰巧相反，也就是讨论方式下参与程度最高，然后逐步减弱，以叙述方式下参与程度最弱。

沟通方式的选择根据发送信息方的要求决定，沟通方式的选择基本上基于以下因素进行选择：

（1）掌握信息的能力；

（2）是否需要听取其他人的意见和想法；

③ 是否需要控制信息内容。

以信息的发布者角度看，沟通方式选择矩阵提供了沟通方式选择的对比，如表 12-1 所示。

表 12-1　沟通方式选择对比

沟通过程方式	掌握信息的能力（1-4）1：最弱 4：最强	是否需要听取他人的意见和想法	是否需要控制信息内容	典型代表	控制强度（1-4）1：最弱 4：最强	参与程度（1-4）1：最弱 4：最强
讨论	1	是	否	头脑风暴	1	4
征询	2	是	否	调查问卷	2	3
推销	3	否	是	叙述解释	3	2
叙述	4	否	是	劝说鼓动	4	1

在发送方自认为已经掌握了足够的信息，有了自己的想法且不需要进一步听取多方意见时，往往选择控制力极强、参与程度最弱的“叙述方式”；其次，选择“推销方式”；而当自己掌握信息有限，没有完整成型的意见，需要更多的听取意见时，一般选择“讨论方式”或者“征询方式”。

12.1.3　沟通渠道的选择

1．沟通渠道选择的要素

不同的情况下，采取何种沟通渠道（媒介）是沟通的参与者需要特别注意的。合适的沟通渠道可以促进沟通过程的顺利进行，帮助沟通的各方达到沟通的目标；而不适合的沟通渠道可能会阻碍沟通过程的实现，起不到促进沟通目标的实现的作用。

选择沟通渠道时，参与者应该根据以下因素进行多方面的考量。

- 信息本身的特性。
- 参与者的偏好。
- 沟通的目的。
- 参与者的熟练程度和理解能力。

沟通渠道的选择基本上从两个维度进行考虑。

1）即时性维度

- 高度互动。
- 中等互动。
- 低等互动。

2）表达方式维度

（1）文字

① 优点

- 可永久性保存，容易查询；

- 节约时间，阅读速度要高于语言速度；
- 读者可根据自己的速度进行调整；
- 无地理位置要求；
- 更为精确和准确；
- 理论上可以多次无损复制传播。

② 缺点

- 纯文字资料损失了大量非语言符号，不利于情感的传递；
- 对于阅读者的选择没有控制力；
- 无法控制何时，以及是否被阅读。

（2）语言

① 优点

- 可以传递情感；
- 可以同时进行跨地域沟通；
- 比邮件快；
- 不需要保存传递信息的优先选择渠道。

② 缺点

- 不利于建立促进个人关系（与面对面相比）；
- 无法表现肢体语言；
- 做不到文字资料的精确性和准确性，把握细节的能力不足；
- 说的速度比阅读速度相对要慢。

（3）混合

① 优点

- 包括语言信息和非语言信息，沟通的信息含量最丰富；
- 建立集体关系和建立地位的最好渠道；
- 实时性最好；
- 实时做出反应和回复；
- 对接收对象的选择有一定的控制力。

② 缺点

- 与语言方式相同，非文字信息的速度要慢；
- 利用语言沟通的时候，细节把握性不强。

3）必须有适当的条件

- 时间。
- 地点。
- 网络条件（网络视频会议）。
- 软件条件（网络演示、协同工作时）。

4）如果需要保留相关信息，要做额外的工作，如录像，会议纪要等

2．沟通渠道及其特点

沟通渠道矩阵如表 12-2 所示。

表 12-2　沟通渠道及其特点

	高等：即时性强	中等：即时性中等	低等：即时性弱
文字	短信 即时通讯	电子邮件 博客 维基	纸质文档 网站 群发邮件
语言	电话 电话会议		语音邮件 播客
混合	面对面 参与度较高和控制力较低类型的会议 视频会议	演讲和发布会 网络直播	

1）纸质文档

纸质文档、电子邮件附件、传真都是纸质文档，能够提供详细的信息，阅读者可以选择仔细阅读还是简单浏览。

2）网页（网站、博客、维基）

该渠道可以面向更多的沟通对象同时发布信息，而且不受地域的限制，更新速度相对较快。利于进行数据搜索，可以提供更广泛的使用，网站方式下信息发布方的控制力较强。

3）电子邮件

该渠道可以快速地进行交流，信件内容可繁可简，信息量可详细可简略，可以发送给特定人，也可以同时发送给多个接收对象。

4）博客

博客利用网络，信息的发布者可以与其他网络用户进行较强的互动，可以根据自己的想法组织文字，建立自己的群体，吸引志同道合者，易于个人维护。

5）维基

维基方式，利用网络，针对同一信息文档，可以由多个作者共同维护，可以跨地域合作（作者）进行，可以匿名进行。信息更新实时性强，信息获得原始资料的来源不受地域和时间的限制，但是采用此方式的管理成本较高，对于文档的控制力较弱。

6）短信

短信利用手机直接进行快速的点对点通信的最好方式，可以利用缩略语实现沟通，接受者开会、开车、睡觉时或者时间紧迫又不能采用语言交流的情况下采用短信方式最好。

7）即时通讯

它可以在任何智能终端上使用，新型的即时通讯软件可以做到电脑、手机、平板电

脑上沟通信息的即时更新。信息发送可以进行加密发送，能够及时进行互动，可以传递包括文字内容（包括文件）、语音或视频等多媒体文件。可以利用网络同时与多人进行交流。

8）语音邮件

它属于电子邮件的一种，但是附加了语音附件，显得更加友好，使用成本较低，即时性较好。

9）播客

它利用网络进行语言直播，在没有管制的前提下自由性较强，基本上是单向的，可以建立自己的圈子。信息的接收者可以在任何地点，使用多种设备进行收听，而且成本较低。

10）电话

适合点对点的语言交流，私密性强，技术要求低，即时性强（接通情况下），发起人对时间的控制能力强，沟通成本适中（比面对面的情况，能够节约交通成本和时间成本以及其他费用，如不同城市的两个人打电话谈事比一起到咖啡馆喝着咖啡直接交流要节约费用和时间）

11）电话会议

它是多人在不同地点针对同一信息进行交流较好的方式，可以跨地域、跨时区进行，费用适中，对于参与者的技术要求较低（会用电话就行）。但是电话会议也有一些缺点，如是否能够全部接入参与者是个未知数（如当时对方电话占线、电话被停机、突然外出等），也不能确认是否真正参加会议（如接通电话后在忙着手头的事，而没有认真加入会议）。

12）演讲和发布会

演讲和发布会一般是由权威部门或者个人发布正式信息的主要形式。信息的发布方可以选择发布的形式、时间、地点、材料形式等，同时能够及时获得参与者的反应和态度等。

13）网络直播

它可以用来在网络直播演讲和发布，提供有限的沟通机会（利用文字、电话等其他方式对信息的发布者进行提问）。最大的优势包括：可以大面积的传播会议内容而不受管制，可以管理发布的音视频以及文字资料的内容，费用适中，对信息的接收方技术要求较低（根据选择的网络和软件系统而定）。

14）面对面交谈

它是非常好的进行个人对个人的交流机会，能够促进建立良好的个人关系，交换信息、想法和情感，即时性强。

15）面对面的征询或参与性会议

对于收集信息，引导参会者提供想法和积极参与讨论时，是一种较好的方式。能够面对面的获得信息、想法，而且能够及时获得参与者的态度和反应，还可以与参与者建立良好的关系，解决一些群体性问题，达成一致意见，甚至取得统一的行动方案。

16）视频会议

同时进行多地域、多人的实时沟通会议（包括音频、视频、文字资料），能大幅节约会议费用（与传统会议形式相比，非本地参会者无需住宿费，参与者的交通费、会场租赁费等都不会产生），实时性较强。

以上每一种沟通渠道的选择都应该针对具体问题进行具体分析，在分析的基础上再选择合适的沟通渠道，在进行沟通的过程中，采用多种渠道的混合方式可能更好。不过在进行沟通的过程中，不同对象、不同阶段，可以选择不同的沟通渠道，或者有不同的侧重。

在所有的沟通渠道的选择上，会议方式是最为常见的一种（包括传统会议、电话会议、视频会议、混合型会议），我们需要特别注意，进行会议的时候，需要同时召集多人（或组织）针对某些特殊的信息进行交流，不论是在一个地点举行，还是通过电话或者网络召开异地会议，会议的管理和控制都是非常重要的。会前有准备：事前安排好参会人员、时间、地点、会议议程、相关资料发放，参会人员会前准备等；会中有控制；会议进行中，如无特殊原因，应如期召开，按照会议议程进行，会议有主持；会后有结论：会议结束后，有会议纪要发放，有讨论结论等。

12.1.4　沟通过程的有效性

沟通过程的参与者进行沟通活动最终要实现的目的就是沟通的结果，所有的沟通活动最终要关注的就是有效的沟通结果。在这里，我们强调的是沟通结果的有效性，包括两个重要方面。

1．效果

效果强调的是在适当的时间、适当的方式、信息被准确的发送给适当的沟通参与方（信息的接收方），并且能够被正确的理解，最终参与方能够正确的采取行动。

2．效率

效率强调的是及时提供所需的信息。

12.1.5　沟通基本技能

沟通过程中沟通的参与者必须具备一定的沟通技能，只有参与者重视沟通，而且在愿意开展沟通的前提下，熟练掌握和使用沟通技能，才能顺利达到沟通的目的。参与者需要的具体沟通技能包括以下内容。

（1）主动倾听。

（2）有效利用多种手段，尽最大可能帮助自己理解信息内容。

（3）有效利用多种手段，加强团体的沟通技能。

（4）不回避问题，尽量了解事实真相。

（5）设定沟通目标，并采取必要的跟踪、验证手段确定是否达到沟通目标。

（6）具有多层次的沟通协商能力，能够保证最大程度的满足多方利益。

（7）强大的人格魅力和信用，能够帮助其他人树立信心。

（8）强大的表达能力，能够帮助其他人提振士气，增加团体的执行能力。

12.2 制订沟通管理计划

在项目进行的整个过程中，沟通无处不在，贯穿于始终。一个项目要想成功，离不开项目经理的沟通能力，项目经理利用好沟通，就可以做到事半功倍。如果利用不好，可能就会适得其反。项目经理以及团队的沟通工作一定要做到位。沟通良好的项目成功率要远远大于那些沟通不畅的项目。在针对项目成功率与沟通良好与否的调查资料中表明，大部分失败的项目都存在沟通不良的背景。所以，项目经理需要花费大量的时间和精力进行项目的沟通工作。最为极端的调查报告表明，项目经理要拿出全部项目 80%～90%的时间进行沟通工作。

“好的开始是成功的一半”，这句话用在项目的沟通管理中一点儿也不为过，要想做好项目的沟通工作，应该做到早计划，按照计划认真执行，并且根据实际需要进行调整。在本章后面的内容中会详细阐述针对项目的沟通管理。

沟通管理在项目计划、执行、监控过程中具有重要的作用，项目经理应该拿出大部分时间和精力进行沟通管理计划的制订，同时在项目的执行阶段按照计划执行，情况有变的时候进行适当地调整。在项目的早期，应该随着项目管理计划的制订，就着手制订项目沟通管理计划，根据项目的规模大小以及涉及的干系人的特点，可以单独制订项目沟通管理计划，也可以将沟通管理计划作为项目整个管理计划的一部分而不需要形成单独的文档。

在具体分析研究项目的基础上，项目经理应该根据项目的特点充分了解项目涉及的各方利益诉求，并且在项目的初期制订项目管理计划的时候就为沟通活动分配适当的时间、预算等项目资源。

12.2.1 制订沟通管理计划的输入

1．项目管理计划

在制订项目沟通管理计划时，需要利用项目管理计划中有关项目执行、监控以及结束的相关信息，避免闭门造车，要做到有的放矢，有理有据。

2．干系人登记册

干系人登记册为项目的沟通计划提供了干系人的信息，从干系人登记册中，可以知道项目中干系人的信息：主要沟通对象（主要干系人）、关键影响人、次要沟通对象（次要干系人）。

1）主要沟通对象

项目经理要认真仔细地分析主要沟通对象，要了解他们的背景，以及他们的一些个人（或者组织）特点，他们需要的信息包括涉及项目的哪些内容，他们什么时候需要这些内容，以及与他们进行沟通时需要特别注意的方面。

2）关键影响人

项目经理应认真查明在沟通过程中是否有些人或者组织具有特殊决定权，他们是否能够直接影响沟通的结果，如果有，要了解他们是谁、他们的权力范围、他们的影响力大小等等。

3）次要沟通对象

项目经理还应该了解某些不是主要干系人和关键影响人的其他人或者组织，他们也许不是直接的项目参与者、供应商、使用者，但是他们可能对项目的实施具有潜在的影响力。

3．事业环境因素

制订沟通管理计划必须符合组织结构对于项目沟通的政策要求，一般情况下，项目的沟通管理计划应符合组织的事业环境因素。

4．组织过程资产

制订沟通管理计划应充分利用组织过程资产，全部的组织过程资产都有可能对制订项目沟通管理计划具有重要价值，尤其是以往项目的有关文档以及经验教训，对于项目经理制订项目沟通管理计划更具有指导意义。

12.2.2　制订沟通管理计划的工具

1．分析沟通需求

通过沟通需求分析后，项目经理要确定项目干系人的信息需求，包括信息的类型、格式和价值。利用本章前一小节介绍的方法确定潜在的沟通渠道的数量，并且在分析研究的基础上去除认为不需要或者不重要的沟通渠道，保留最终认为需要而且有价值的沟通渠道，并且要最终确定信息沟通的双方，以及信息传递的途径。识别和确定项目沟通需求时应包括：

（1）组织结构图。

（2）组织与干系人的责任关系。

（3）项目涉及的学科、部门和专业。

（4）参与项目的人数和地点。

（5）内部信息需求。

（6）外部信息需求。

（7）干系人信息和沟通需求。

2．沟通技术

可以采用各种技术在项目干系人之间传递信息。例如，从简短的谈话到冗长的会议，从简单的书面文件到可在线查询的广泛资料（如进度计划、数据库和网站），都是项目团队可以使用的沟通技术。

3．沟通模型

用于促进沟通和信息交换的沟通模型，可能因不同项目而异，也可能因同一项目的不同阶段而异。

4．沟通方法

可以使用多种沟通方法在项目干系人之间共享信息。这些方法可以大致分为：

（1）交互式沟通。在两方或多方之间进行多向信息交换。这是确保全体参与者对特定话题达成共识的最有效的方法，包括会议、电话、即时通信、视频会议等。

（2）推式沟通。把信息发送给需要接收这些信息的特定接收方。这种方法可以确保信息的发送，但不能确保信息送达受众或被目标受众理解。推式沟通包括信件、备忘录、报告、电子邮件、传真、语音邮件、日志、新闻稿等。

（3）拉式沟通。用于信息量很大或受众很多的情况。要求接收者自主、自行地访问信息内容。这种方法包括企业内网、电子在线课程、经验教训数据库、知识库等。

项目干系人可能需要对沟通方法的选择展开讨论并取得一致意见。应该基于下列因素来选择沟通方法：沟通需求、成本和时间限制、相关工具和资源的可用性，以及对相关工具和资源的熟悉程度。

5．会议

在本过程中，需要与项目团队展开讨论和对话，以便确定最合适的方法，用于更新和沟通项目信息，以及回应各干系人对项目信息的相关请求。这些讨论和对话通常以会议的形式进行。会议可在不同的地点举行，如项目现场或客户现场，可以是面对面的会议或在线会议。

12.2.3 制订沟通管理计划的输出

1．项目沟通管理计划

本过程最主要的成果就是项目沟通管理计划，该计划描述了如何对项目沟通进行规划、执行和监控。

项目沟通管理计划一般应包括以下内容：

（1）干系人的沟通需求。

（2）针对沟通信息的描述，包括格式、内容、详尽程度等。

（3）发布信息的原因。

（4）负责信息沟通工作的具体人员。

（5）负责信息保密工作的具体人员的授权。

（6）信息接收的个人或组织。

（7）沟通渠道的选择。

（8）信息传递过程中所需的技术或方法。

（9）进行有效沟通所必须分配的各种资源，包括时间和预算。

（10）沟通频率，例如，每周沟通等。

（11）上报过程，针对下层无法解决的问题，确定问题上报的时间要求和上报路径。

（12）项目进行过程中，对沟通管理计划更新与细化的方法。

（13）通用词语表、术语表。

（14）项目信息流向图、工作流程图、授权顺序、报告清单，会议计划等。

（15）沟通过程中可能存在的各种制约因素。

（16）沟通工作指导以及相关模板。

（17）有利于有效沟通的其他方面，比如，建议的搜索引擎，软件使用手册等。

沟通管理计划也可包括项目状态会议、项目团队会议、网络会议和电子邮件等各方面的指导原则。针对具体项目的不同要求和项目可利用资源，沟通管理计划可以以多种方式存在，正式的或非正式的、详细的或简单概括的、包含在项目总体管理计划内或者项目总体管理计划的从属部分等。项目中的沟通过程通常会形成额外的可交付成果，也需要额外的时间和精力分配，因此在项目工作分解结构、项目进度计划和项目预算等其他项目管理文件需要同时做出相应地更新调整。

2．项目文件更新

进行制订项目沟通管理计划的时候，可能需要对项目中的其他项目管理文件进行调整和修改，如项目进度计划、干系人登记册等。

12.3　管理沟通

沟通管理计划制订后，在项目的执行阶段中，没有特殊情况下，应严格按照计划执行，包括生成、收集、发布、存储、检索、处置项目信息等过程。进行沟通过程管理的最终目标，就是保障干系人之间有效地沟通。有效地沟通包括效果和效率两方面的内容。

12.3.1　管理沟通的输入

1．项目沟通管理计划

在没有特殊因素的影响下，应该严格按照制订的计划执行。

2．工作绩效报告

项目进行过程中，项目经理应该定期或者不定期的检查项目的进度、成本等有关项目当前的绩效以及状态，并且形成工作绩效报告。全面的、准确的、及时的工作绩效报告有利于进行讨论和建立沟通，是高质量沟通的保证。

3．事业环境因素

项目进行过程中，项目经理还应该注意可能对沟通产生影响的各种事业环境因素，如组织文化结构、政府、行业标准和规定以及项目管理信息系统等。

4．组织过程资产

项目进行过程中，项目经理还应该注意可能对沟通产生影响的各种涉及到组织过程资产的因素，如沟通管理的政策、程序、过程、指导、文档模板、历史资料和经验教训。

12.3.2 管理沟通的工具

1．沟通技术

选择沟通技术是管理沟通过程中的一项重要工作。由于不同项目所使用的沟通技术可能差别很大，在同一项目生命周期的不同阶段也可能差别很大，因此重点是确保所选择的沟通技术适合所需沟通的信息。

2．沟通模型

选择沟通模型是本过程的一项重要工作。由于沟通模型中的各个要素都会影响到沟通的效率和效果，因此重点是要确保所选择的沟通模型适合正在开展的项目，确保识别出并管理好沟通模型中的任何障碍（噪声）。

3．沟通方法

选择沟通方法是本过程的一项重要工作。由于在管理沟通过程中存在许多潜在障碍和挑战，因此重点是要确保已创建并发布的信息能够被接收和理解，从而可以对该信息进行回应和反馈。

4．信息管理系统

项目经理在管理项目时，可以采用多种信息管理系统，只要是能够对沟通管理起到促进作用的，又不会受到资金、成本等方面制约的信息管理系统都可以使用，如传统的纸质文件管理系统、电子信息交流系统、专业的信息管理系统等。

5．绩效报告

项目经理在项目进行中，按照计划要求，定期或不定期的要进行以下工作：

（1）收集和发布信息；

（2）分析现状、进展以及预测结果的汇报绩效的工作。

绩效报告的工作，一方面要全面收集需要的信息，并且与基准值（基线）进行比较和分析，对后期工作进行预测和展望。在与干系人进行沟通时，做到言之有物、合理分析、准确预测的效果。

12.3.3 管理沟通的输出

1．项目沟通

项目经理管理项目时，由于项目不同或者实施阶段不同，所产生的沟通结果也未必相同。常见的成果有绩效报告、可交付物当前状态、当前进度状态、当前成本状态等。项目经理在进行沟通的时候，需要注意信息的来源、存在的形式、详细程度、正式程度、保密级别的不同点，使用时要酌情处理。

2．更新的项目管理计划

项目经理在项目进行中，由于绩效不同、进度偏差、质量偏差、成本偏差等因素的影响，可能需要更新项目管理计划。

3．项目文件更新

可能需要更新的项目文件包括问题日志、项目进度计划、项目资金需求。

4．更新的组织过程资产

项目经理在项目进行中，可能需要对如下组织过程资产进行更新。

1）干系人通知

（1）已解决问题；

（2）已批准的变更；

（3）项目总体状态。

2）项目报告

以正式或非正式的报告形式报告当前项目状态，并更新组织过程资产。

3）项目演示资料

使用合理的演示手段向干系人提供信息。

4）项目日志

保存记录与项目有关的各种文档（纸质介质和电子资料），包括信函、备忘录、会议纪要等文件。

5）回馈信息

有可能对于调整或提高项目未来绩效起到重要作用的干系人回馈信息。

6）经验教训文档

项目出现的问题以及问题产生的原因、采取措施的理由以及行动策略的记录，或者是记录沟通管理的其他经验教训的记录，都可以保存在组织的历史数据库中，并且根据需要进行管理和发布。

12.4　控制沟通

在项目执行的过程中，需要对沟通过程进行适当的监督和控制，确保沟通过程的目的能够实现。在进行沟通控制的过程中，有可能需要重新调整、更新或者重新制订沟通管理计划，也有可能需要重新调整、更新沟通过程的管理过程。在项目的整个生命周期中，五个过程组在不断地循环往复，是持续进行的。项目经理在进行控制的过程中，一般性的沟通目标的改变，或者绩效指标发生偏差时，无需进行大规模的调整；但是，如果出现严重的偏差，项目经理需要对项目进行大规模调整的时候，针对沟通管理的调整就是必要的。

12.4.1 沟通过程控制的输入

1．项目管理计划

项目管理计划为控制沟通过程提供了有关项目执行、监督、控制和收尾方面的信息，包括的内容有但不限于：

（1）干系人的沟通需求；

（2）信息发布的原因；

（3）信息发布的时限和周期；

（4）信息发布者的负责人或组织；

（5）信息接收者的负责人或组织。

2．项目沟通

详见 12.2 节。

3．问题日志

问题日志记录项目中出现的问题，并且还包含有关如何解决问题的相关信息。在正式的问题日志中，还应记载负责人以及时间限制等因素，有助于快速准确的解决问题，为当前干系人之间的沟通提供信息，并且为以后的再次沟通建立了良好的沟通平台。

4．工作绩效数据

项目经理通过收集信息，进行总结，并且与绩效测量基准进行比较，可以帮助项目经理判断项目执行情况并进行适当发布。

5．组织过程资产

能够影响控制沟通过程的组织过程资产有很多，如：

（1）报告模板；

（2）确定的沟通政策、标准和程序；

（3）特殊规定的沟通技术；

（4）适用的沟通渠道（媒介）；

（5）数据保存政策；

（6）安全要求。

12.4.2 控制沟通的技术和方法

1．信息管理系统

项目经理可以利用信息管理系统来获取、保存、发布有关项目的多方面信息，包括成本、进度和绩效。项目经理可以合理使用各种可供利用的手段为干系人提供所需要的信息，可以利用不同的软件汇总整合多方面的信息；可以利用电子表格、报表、图表、多媒体演示等多种方式展示数据以及分析结果；可以面向不同的干系人提供不同详细程度的信息（如面向技术人员和管理人员所提供针对同一事项的信息的详细程度就未必相同，而他们所关心的角度也未必相同）。

2．专家判断

项目经理在进行控制沟通过程中，借助专家以及专家组的能力和经验也是一个很好的选择，尤其是有从事过类似项目的专家对项目沟通进行评估、提供意见是非常重要的。在专家的帮助下，可以更为准确地进行评估，迅速采取有效的行动，进行强有力的干预。专家不一定是本组织或者从事过类似项目的人或者组织，也可以是有能力或者经过特殊培训的个人或者组织，如：

（1）组织内的其他部门；

（2）顾问；

（3）干系人（有经验的客户或者发起人也是专家）；

（4）专业技术协会；

（5）行业团体；

（6）专门研究相关领域的专家；

（7）项目管理办公室。

3．会议

项目经理在项目的整个生命周期中，需要根据计划定期或不定期地召开会议，有的时候是团队内部会议，有的时候是与项目干系人进行的外部会议；有的时候是在施工现场召开，有的时候是在客户的办公室召开；有的时候采取传统会议模式，有的时候采取网络会议模式。召开会议是帮助我们团队进行讨论，发现问题，解决问题，确定行动方案，或者与项目干系人的信息交流，满足其沟通需要。项目中的定期会议包括如下会议。

1）项目的例会

项目的例会通常是项目中最重要的会议之一，一般以周为单位召开，是项目团队内部沟通的主要平台。对于某些大型项目也可以双周或月为周期。

一般来讲，项目例会由项目经理主持召开，主要议题如下：

（1）项目进展程度调查和汇报；

（2）项目问题的解决；

（3）项目潜在风险的评估；

（4）项目团队人力资源协调。

2）项目启动会议

项目启动会议一般在项目团队内部和外部分别举行。内部启动会议重要解决内部的资源调配和约束条件的确认，而外部启动会议主要是协调甲方和乙方的项目接口工作。

3）项目总结会议

项目总结会议的目的如下：

（1）了解项目全过程的工作情况以及相关的团队或成员的绩效状况；

（2）了解出现的问题并提出改进措施；

（3）了解项目全过程中出现的值得吸取的经验并进行总结；

（4）对总结过后的文档进行讨论，通过后就存入公司的知识库，从而形成公司的知识积累。

12.4.3 控制沟通的输出

1．工作绩效信息

项目经理收集绩效信息，进行组织和总结，并且进行相关比较分析后提供给不同的干系人。不同的项目干系人所关注的信息侧重点不同，所需要的详细程度也不一样，项目经理应该认真做好分析，并且进行整理后，再发送给相关的项目干系人。

2．变更请求

控制沟通过程经常导致调整需求、采取行动和进行干预的事情发生，导致项目发生变更请求，请求的变更应该通过整体变更过程来进行管理。如果变更请求被批准，还会导致更多的变化。如：

（1）新的或者更新的成本估算、活动排序、进度、资源需求和风险应对方案；

（2）调整项目管理计划和文档；

（3）纠正措施；

（4）预防措施。

3．更新的项目管理计划

它可能引起对项目管理计划和沟通管理计划的修改和更新。

4．更新的其他项目文件

有些项目文件也有可能需要进行更新，如预测、绩效报告、问题日志等。

5．组织过程资产更新

有些情况下，在项目中采用了一些更为有效的模板、文档格式、经验教训、日志等都是项目和组织过程资产历史数据的一部分，可以为当前项目提供服务（如分析问题成因，采取措施的理由和结果等），也可以为其他项目提供参考借鉴。

12.5 项目干系人管理

[导入案例 1]　杭州九峰村垃圾焚烧发电厂项目

根据《杭州市环境卫生专业规划修编（2008-2020 年）修改完善稿》，杭州余杭区中泰乡九峰村将规划建造垃圾焚烧发电厂。因规划的垃圾焚烧发电厂毗邻众多水源地，并且当地也是重要的龙井茶产地，引发当地村民对环境污染的担忧。

2014 年 4 月 24 日，杭州中泰乡九峰村群民及附近城区居民向杭州市规划局提交了一份 2 万多人反对九峰垃圾焚烧发电厂的联合签名，以及 52 人要求对《杭州市环境卫生专业规划修编（2008-2020 年）修改完善稿》公示提出听证的申请。

2014 年 5 月 8 日晚上，当地村民发现有车辆运输测量仪器到预定的垃圾焚烧发电厂厂区，于是开始不断有人到九峰村抗议。

5 月 10 下午 3 时许，有居民爬到穿过九峰村的零二省道和高速路上，想让过往车辆看到他们的抗议，造成车辆拥堵。大批警力等到现场维持秩序，警方在高速公路想要驱散抗议的群众，双方为此发生了言语、肢体冲突，一些群众受伤，被送往当地医院。

5 月 10 日，杭州市余杭区政府网站发布《余杭区人民政府关于九峰环境能源项目通告》，对近日发生的市民聚集事件作出正面回应。

通告称，九峰项目是杭州市重点环保项目和民生项目，在项目没有履行完法定程序和征得大家理解支持的情况下，一定不开工，九峰矿区也停止一切与项目有关的作业活动。通告称，九峰项目前期过程中，将邀请当地群众全程参与，充分听取和征求大家意见，保证广大群众的知情权和参与权。

通告还称，希望广大群众不要再到九峰矿区和中泰街道办事处集聚，保持正常的社会公共秩序，共同维护社会大局的稳定。

针对项目附近居民的疑虑，如九峰项目究竟是否安全、为何要选址在这里、后续的监管等诸多问题，杭州市九峰垃圾焚烧项目建设推进领导小组办公室进行了一一解答，部分地消除了大家的顾虑，也为项目的顺利开展消除了一些障碍。

搞好项目干系人管理，需要花费很多的精力去沟通和协调。如果忽视了关键干系人的诉求，不仅会给项目带来时间上的延迟，也会给项目带来巨大的风险。

类似杭州市九峰垃圾焚烧这样的项目，在国内有很多，它们也或多或少的遇到了类似的问题。

附近居民的心声：垃圾焚烧项目引抗议，民众为什么会抗议？还不是因为污染大。改革开放 30 多年，牺牲了环境、牺牲了碧水蓝天换来了经济的高速发展。我们习惯于说先发展后治理，但在民智已开的时代，如果政府一意孤行要替老百姓做主而不是听取百姓民意，这样的垃圾 GDP 又有何意义?

[导入案例 2]　缅甸密松水电站建设项目

密松水电站是缅甸伊洛瓦底江干流上游的水电站，是世界上第 15 大水电站，于 2009 年 12 月正式开工建设。由中国电力投资集团、缅甸电力部、缅甸亚洲世界公司组成的合资公司投资建设，其中中国电力投资集团是最大的投资方。

项目开工以来以来，有关密松大坝的传言不断，什么“破坏自然环境”“可能出现溃坝”“企业社会责任不达标”“移民补偿款发放不公”等未经证实的消息乱飞。2010 年 2 月，设在英国的克钦民族组织在英、日、澳洲、美等地的缅甸大使馆抗议兴建密松水电站。一些反对密松水电站的非政府组织也积极组织反密松水电站活动。

该项目建设进行到 2011 年 9 月 30 日时，缅甸时任总统吴登盛致函下议院说“缅甸政府是民选政府，必须尊重人民意愿”，突然单方面以“人民反对”为理由宣布在他的任期内搁置密松水电站。

中国电力投资集团公司已经在密松水电站先后投入 30 多亿元人民币，基本上荒废了。现在这个项目还在搁置，开工遥遥无期。因为是贷款，这些资金的财务付息和人员维护费还以每年 3 亿元的速度递增。同时，公司面临供应商、施工单位等有关合同方巨额违约索赔。除此之外，对于搁置在项目工地现场的大型施工设备的维护、保养和租赁费用，公司每月还要损失上千万元人民币。

评论：不是说项目的反对者做得不对，其实中国电力投资集团确实有缺失，因为我们习惯于走上层路线，忽视普通民众的诉求，总是在事情发生之后才寻求解决之道，但是已经无解了。“只与政府打交道”是密松搁置后，中国电力投资集团被诟病的原因之一。

机会闪现：缅甸反对党民盟领袖昂山素季 2015 年 9 月 21 日在仰光乡村进行拉票活动时表示，如果民盟 11 月赢得大选并能组织政府的话，将会把密松项目合同内容向民众公开，然后才做是否重建的决定。2015 年 11 月，昂山素季所在的民盟已经赢得大选，密松水电站项目何去何从，我们拭目以待。

由上面的案例，可以看出：项目不是在真空中开展，也不是项目建设方一家可独自决定的事情，受许多项目干系人的影响。

项目干系人有许许多多、需求也各种各样、对项目的影响有大有小、对项目的态度有支持有反对，怎么样做才能降低敌意、增加支持度呢？项目干系人管理就是回答这个问题的。

至于 IT 项目，也同样会遇到形形色色的问题，甚至是更为复杂、更为棘手的问题。例如早期的小灵通基站建设，一般把基站建在居民小区，甚至建在居民楼的楼顶上，因居民听信“辐射致癌”的传言而屡屡毁坏基站，后来电信员工不仅增加了安全装置、还专门开办了科普教育，甚至伪装了基站才得以解决这些问题。

由上面的案例可以看出，要想项目成功，除了项目团队齐心协力之外，还得争取相关干系人的理解和支持，同时通过沟通降低一些干系人的阻挠，这就需要对项目的干系人进行管理。

沟通管理和项目干系人管理的联系和区别：

沟通管理强调对项目信息的计划、收集、存储、组织、发布，以及监控沟通以保证它的高效性。

项目干系人管理强调的不仅是要管理干系人的期望，更要保证他们的适度参与，而后者是项目成功非常关键的因素之一。

12.5.1 项目干系人管理所涉及的过程

项目干系人管理，并不是领导项目的干系人，而是对项目干系人的需要、希望和期望的识别，并通过沟通上的管理来满足其需要、与干系人一起解决问题的多个过程。项目干系人管理努力争取更多关系人的支持、努力降低干系人中的反对者的阻力，持续不断地推动项目向目标前进，从而能够确保项目取得成功。

对项目干系人进行积极管理，可促使项目沿预期轨道行进，而不会因未解决的项目干系人问题而脱轨。同时进行项目干系人管理还可以提高团队成员协同工作的能力，并预防对项目产生的干扰。

通常，由项目经理负责项目干系人管理。

项目干系人管理的具体内容如下。

1．识别干系人

首先，项目存在众多项目干系人，项目干系人从项目中获利或受损，对项目的开展会有推进或阻碍的作用。我们要分类找出所有的项目干系人，分析他们对项目的影响或者项目对他们的影响，还要知道影响有多大，因此需要“识别干系人”过程来完成这些任务。

2．编制项目干系人管理计划

识别出干系人后，项目经理还有依据项目跟干系人之间互相影响的大小、项目干系人的需要，确定干系人管理的思路，确定对项目干系人进行沟通的措施，并制定信息沟通等级，为此要“编制项目干系人管理计划”。

3．管理干系人参与

在项目的整个生命周期中，还要与项目的干系人维持不断地沟通，解决他们之间的问题，这就需要“管理干系人参与”过程。

4．项目干系人参与的监控

在依据项目干系人管理计划在项目整个生命周期中管理项目干系人时，还要根据需要定期地或者及时地监控干系人之间的关系，观察计划和实际之间的偏差，管理干系人之间的冲突，为项目推进助力，并尽量减少对项目的干扰。这个过程就是“项目干系人参与的监控”。

每个项目都有干系人，他们受项目的积极或消极影响，或者能对项目施加积极或消极影响。有些干系人影响项目的能力有限，而有些干系人可能对项目及其期望结果有重大影响。项目经理正确识别并合理管理干系人的能力决定着项目的成败。

在项目的开发过程中，遇到的典型干系人如下。

1．客户

一般来讲，客户关注的始终是如何使自己的投资有最丰厚和深远的回报，同时又将风险控制到最低。因此，客户关心的不仅仅是项目能否完成，还包括整个项目的进度、费用情况以及施工的质量等环节。

2．用户

项目产品的最终使用者就是用户。用户关系的是：这个项目产品是否好用？是否大幅度降低本岗位的劳动强度？是否大幅度地提高本岗位的工作质量？

3．高层领导

项目承建方高层领导通常关注项目是否按照计划进行，是否符合项目的目标，项目团队的绩效是否能够保持。因此，项目经理一定要清楚在不同的项目中，自己的项目在高层领导眼中的优先级和地位。项目经理还要保持和高层的沟通，以获得资源的支持。

4．项目团队

第三个重要的沟通对象就是项目团队，项目成功与否取决于项目经理的管理，但项目经理必须清楚项目成功依靠的是整个项目团队的共同努力。因此，加强和项目团队成员的沟通是非常重要的事情。

例如在项目计划阶段，需要项目团队成员提供计划的依据，这时沟通就起到非常重要的作用。而在施工阶段，项目经理要确保对项目的运作有清晰的了解，同样也必须依靠项目团队成员。

5．社会人员

现在的 IT 项目，有很多是基于 Web 的。因此从理论上讲，凡是通过 Internet 能过登录项目 Web 的人，都算项目的干系人。在这些人中，除上述人员之外，还有更多的社会人员。客户希望通过 Internet 这个工具宣传自己的企业及其产品和服务，从而扩大市场影响，但要注意信息安全，提高服务意识。

前面的[导入案例 1]中的杭州余杭区中泰乡九峰村及其附近居民就属于社会人员，他们是受项目影响、又反过来影响项目的干系人。

6．其他

还有一些重要的项目干系人，如项目明确的支持者或者隐含的支持者、项目明确的反对者或者隐含的反对者。

12.5.2 识别项目干系人

什么是项目干系人？

项目干系人是能影响项目决策、活动或结果的个人、群体或组织，以及会受或自认为会受项目决策、活动或结果影响的个人、群体或组织，客户、发起人、执行组织和有关公众等都是典型的干系人。干系人可能来自组织内部的不同层级，具有不同级别的职权；也可能来自项目执行组织的外部。

通过识别干系人过程，找出项目的所有干系人，并初步分析和记录他们的信息，并根据这些信息对他们进行分类。有关他们的典型信息有：他们的角色、所在的部门、他们对项目的影响力、他们的利益、他们的期望、他们受到的项目影响……

在项目启动时，就识别出关键干系人是非常重要的。只有这样，才有可能发现他们的诉求和影响力，以便在项目的整个生命周期中通过与项目关键干系人的沟通和期望管理，使其行为对项目产生正面的影响。前面提到的典型干系人就包括了关键干系人。

项目干系人如图 12-3 所示。

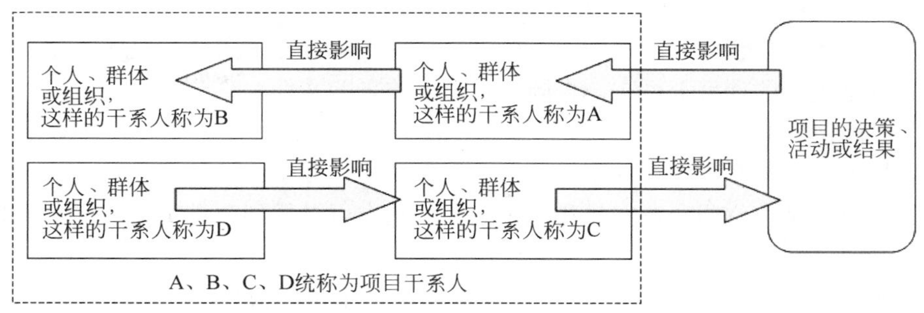

图 12-3　项目干系人

在项目的初期、在制定项目计划之前，就要识别项目的干系人，并分析他们的利益层次、个人期望、重要性和影响力，这对项目成功非常重要。应该定期审查和更新早期所做的初步分析。由于项目的规模、类型和复杂程度不尽相同，大多数项目会有形形色色且数量不等的干系人。由于项目经理的时间有限，必须尽可能有效地利用，因此应该按干系人的利益、影响力和参与项目的程度对其进行分类，并注意到有些干系人可能直到项目或阶段的较晚时期才对项目产生影响或显著影响。通过分类，项目经理就能够专注于那些与项目的成功密切相关的重要干系人。

图 12-4 示意了识别干系人过程。

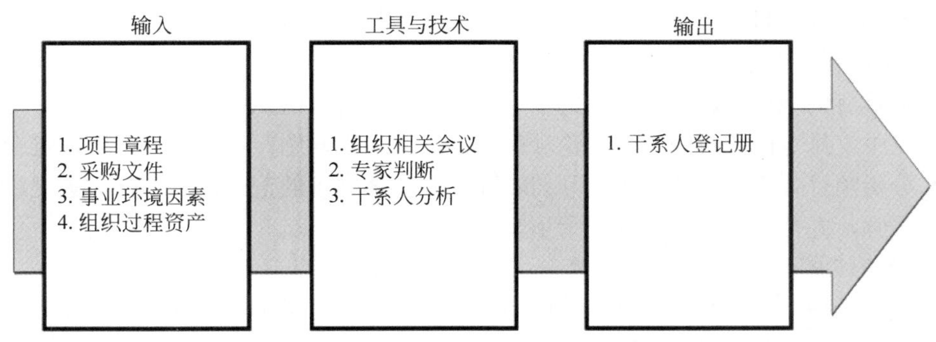

图 12-4　识别干系人过程

1．识别干系人的输入

识别干系人之前，得先了解项目章程、采购文件、事业环境因素和组织过程资产。

1）项目章程

项目章程里不仅可以找到一些关键的干系人，如项目发起人、客户、团队成员、项目参与小组和部门，以及受项目影响的其他个人或组织，还可以提供与干系人有关的信息如项目受到的约束、项目的完工日期等。

2）采购文件

如果项目是签订合同后才实施的，或者项目的一部分任务需要外包才能完成，那么合同各方都是关键的项目干系人，合同就是重要的采购文件。

3）事业环境因素

能够影响识别干系人过程的事业环境因素包括但不限于：

（1）项目实施单位的企业文化和组织架构，从中可以找到项目实施单位内部的关键干系人。

（2）政府或行业标准（如法规、产品标准），从中可以找到项目实施单位外部的、来自于政府监管部门和行业监管部门的关键干系人。

（3）全球、区域或当地的趋势、实践或习惯，从中可以找到项目用户或潜在用户等关键干系人。

4）组织过程资产

能够影响识别干系人过程的组织过程资产包括但不限于：

（1）干系人记录的模板；

（2）以往项目或阶段的经验教训，尤其是管理干系人方面的经验教训；

（3）以往项目的干系人记录。

2．识别干系人所使用的工具和技术

识别干系人过程中，常用的工具与技术有组织相关会议、专家判断和干系人分析。

在实际实施项目时，根据需要这些工具和技术可以交替使用。

1）组织相关会议

根据项目的规模、项目干系人的多寡，项目经理可以组织召开专门的会议、可以在例行会议中安排专门的时间段来讨论项目干系人的识别问题。项目经理可以通过会议来交流和分析项目各干系人的角色、利益、知识和整体立场的信息，以加强对关键项目干系人的了解，并把会议成果整理记录下来。

2）专家判断

在项目经理缺乏干系人管理经验的情况下，为了找出尽可能多的全部干系人，应该向有经验的小组或个人寻求专家判断和专业意见，典型的专家如下：

（1）项目实施单位内部的高级管理人员；

（2）项目实施单位内部的其他部门；

（3）已识别出的、具有相关经验的关键干系人；

（4）在相同领域、有过管理项目干系人经验的其他项目经理；

（5）相关业务或项目领域的专家；

（6）行业团体和顾问；

（7）专业和技术协会。

可通过单独咨询（一对一会谈、访谈等）或小组对话（焦点小组、调查等），获取专家判断。

3）干系人分析

干系人分析是系统地收集和分析各种定量与定性信息，以便确定每类干系人在整个项目中有哪些利益？有哪些要求？有哪些影响？受到哪些影响？……

通过干系人分析，还要了解干系人之间的关系（包括干系人与项目的关系，干系人相互之间的关系），以便利用这些关系来建立联盟和伙伴合作，从而提高项目成功的可能性。

干系人分析贯穿项目的始终，在项目或阶段的不同时期，应该对干系人之间的关系施加不同的影响。

干系人分析通常应遵循以下步骤。

（1）识别全部潜在项目干系人及其相关信息，如他们的角色、部门、利益、知识水平、期望和影响力。关键干系人通常很容易识别，包括所有受项目结果影响的决策者和管理者，如项目发起人、项目经理和主要客户。通常可对已识别的干系人进行访谈，来识别其他干系人，扩充干系人名单，直至列出全部潜在干系人。

（2）识别每个干系人可能产生的影响或提供的支持，并把他们分类，以便制定管理策略。在干系人很多的情况下，就必须对关键干系人进行分类和排序，以便有效分配精力，来了解和管理关键干系人的期望。可用的分类方法有多种，包括（但不限于）：

① 权力/利益方格，根据干系人的职权（权力）大小以及对项目结果的关注程度（利益）进行分组；

② 权力/影响方格，根据干系人的职权（权力）大小以及主动参与（影响）项目的程度进行分组；

③ 影响/作用方格，根据干系人主动参与（影响）项目的程度以及改变项目计划或执行的能力（作用）进行分组；

④ 凸显模型，根据干系人的权力（施加自己意愿的能力）、识别干系人紧急程度（需要立即关注）和合法性（有权参与），对干系人进行分类。

第一种分析方法是权力/利益方格，如图 12-5 所示。

权力/利益矩阵是根据干系人权力的大小，以及利益对其分类。这个矩阵指明了项目需要建立的与各干系人之间的关系的种类。

首先关注处于 B 区的干系人，他们对项目有很高的权力，也很关注项目的结果，项目经理应该“重点管理，及时报告”，应采取有力的行动让 B 区干系人满意。项目的客户和项目经理的主管领导，就是这样的项目干系人。

尽管 C 区干系人权力低，但关注项目的结果，因此项目经理要“随时告知”项目状况，以维持 C 区的干系人的满意程度。如果低估了 C 区干系人的利益，可能产生危险的后果，可能会引起 C 区干系人的反对。大多数情况下，要全面考虑到 C 区干系人对项目可能的、长期的以及特定事件的反应。

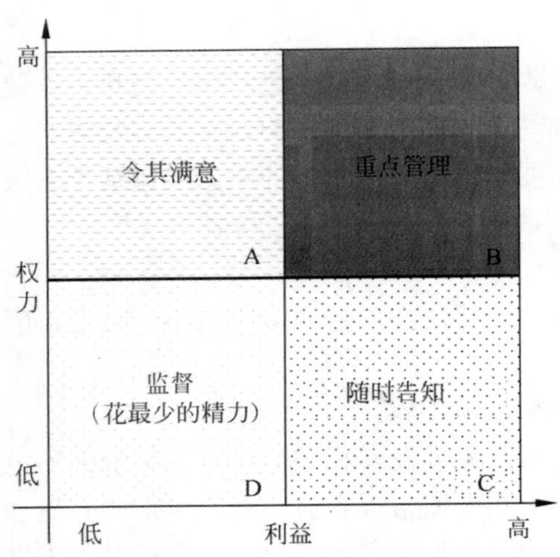

图 12-5 干系人权力/利益方格示例

处于 C 区的干系人，项目经理应该“随时告知他们项目的状态，保持及时的沟通”，像[导入案例 1]中的杭州中泰乡九峰村群民及附近城区居民，就是这样的项目干系人。

方格区域 A 的关键干系人具有“权力大、对项目结果关注度低”的特点，因此争取 A 区干系人的支持，对项目的成功至关重要，项目经理对 A 区干系人的管理策略应该是“令其满意”。

最后，还需要正确地对待 D 区中的干系人的需要，D 区干系人的特点是“权力低、对项目结果的关注度低”，因此项目经理主要是通过“花最少的精力来监督他们”即可。但有些 D 区的干系人可以影响更有权力的干系人，他们对项目发挥的是间接作用，因此对他们的态度也应该“要好一些”，以争取他们的支持、降低他们的敌意。

总之，在对干系人分类制定出对策后，还应该让项目干系人尽可能早的参与项目，比如在启动阶段就介入，这通常有助于改善和提高分享项目所有权、认同可交付成果、满足干系人要求的可能。也更利于争取他们在项目管理过程中的支持，从而提高项目成功的可能性。

其他分类模型如权力/影响、权力/作用和凹凸模型，读者可以搜索相关资料进行学习。

（3）评估关键干系人对不同情况可能做出的反应或应对，以便策划如何对他们施加影响，提高他们的支持和减轻他们的潜在负面影响。

3．识别干系人的输出

识别出项目的所有干系人后，要把结果整理、记录在干系人登记册里。

1）干系人登记册

干系人登记册是识别干系人过程的主要成果，用于记录已识别的干系人的所有详细信息，包括但不限于：

（1）基本信息如干系人的姓名、职位、地点、项目角色、联系方式。

（2）用于评估的干系人信息如主要需求、主要期望、对项目的潜在影响、与生命周期的哪个阶段最密切相关。

（3）干系人分类如关键干系人/非关键干系人、内部/外部、支持者/中立者/反对者等。

因为一次识别不能穷尽所有的项目干系人，况且项目在动态地变化着，因此应定期检查干系人登记册，必要时补充、更新干系人登记册，因为可能会识别出新的干系人、也可能调整登记册。

项目是为了满足客户、用户等干系人的需求而设立的，因此干系人登记册为收集项目的需求提供了依据，同理干系人登记册也为编制质量计划、编制沟通计划、编制风险管理计划、识别风险、编制采购管理计划和编制干系人管理计划提供了依据。

[新能源汽车研发案例]

某新能源汽车研发项目的干系人管理案例背景：

B 市地处中国北方，人口达 2000 万，一年里有 100 天处于雾霾之中，严重损害了市民的健康，也损害了中国的国际形象。

造成雾霾的元凶之一是汽车尾气，因此发改委响应国务院的号召，大力鼓励支持新能源汽车的开发和运营，其战略目标为：根据我国能源结构特点，通过新能源汽车的推广和使用，通过大城市公共交通系统的推广来改善空气质量，通过鼓励技术创新实现国产汽车工业振兴。

B 市新能源汽车公司承担了国家 863 电动汽车项目。发改委对该项目提供了主要的资助，同时 B 市地方政府、新能源汽车公司以及其他 6 家参与单位也对该项目提供了配套资金。该项目是一个庞大的系统工程，各资助方对该项目都寄予了不同的期望。项目组制订了雄心勃勃的计划和目标：

（1）研究开发新一代电动汽车技术平台，尤其是其核心——电动汽车动力驱动关键技术。

（2）通过科技创新，最终实现产业化，带动中国汽车工业的发展。

（3）建立电动车新兴交叉学科体系，带动相关工程学科内容的更新换代并培养一批人才。

同许多类似的项目一样，该项目也面临严格的时间节点限制、成本控制和质量要求的压力。满足这些要求对项目组的项目管理水平提出了严峻的挑战。

项目经理侯宇接到任务后，对干系人进行了识别，编出了如表 12-3 所示的干系人登记册。

表 12-3 B 市新能源汽车开发项目—干系人登记册

编制：项目经理 侯宁 批准：QA 2010-10-10

序号	基本信息					立场	评估信息			
	姓名	单位	职位	项目角色	联系方式		主要需求	主要期望	影响	管理这些关系的建议
1	王华明	国务院发改委	副主任	发起人	139……，EMAIL：…..	支持者	降低污染、改善空气质量。为我国汽车工业找到新的增长点	通过这个项目，促进创新带动相关行业，促进国民经济发展	重要	重点管理，及时汇报，重大问题及时提示
2	刘亚东	工信部	司长	政府协调者	133……，EMAIL：…..	支持者	希望项目成功	希望获得政绩	重要	重点管理，每隔一个月找时间采取正式或非正式的时间汇报项目的进展情况，已取得支持
3	柳亚明	B 市政府	司长	地方政府	136……，EMAIL：…..	支持者	改善空气质量，拉动地方经济	本市的新能源汽车成为行业、市场的第 1 名	重要	重点管理，争取地方的资金、场地、市场的支持
4	张新生	某新能源汽车公司	副总经理	领导者	137……，EMAIL：…..	支持者	希望项目成功，新能源汽车能挣钱	推广到其他省市	重要	重点管理，定期汇报，根据需要不定期汇报，争取他解决项目问题，在公司内协调
5	项目团队	项目团队		实施者	188……，EMAIL：…..	实施者	通过项目来获得个人职业的成长	能从项目成果得到一辆车、获得买房的首付款	重要	重点管理，指明项目的远景、激励激发团队的积极性。对发现的问题及时疏通、及时解决，对普通的问题周例会讨论解决
6	电池组	供应商 1		协助者	158……，EMAIL：…..	协助者	能及时拿到货款	能够得到长期的订单	重要	随时告知，注意产品的质量、注意交货日期
7	用户	用户		新能源汽车的购买者、使用者	155……，EMAIL：…..	支持	价格合理、续航里程长、充电桩够多、对健康无害	续航里程在以 600KM 上	重要	随时告知，在新能源汽车研发的各个里程碑，及时发布用户所关注的信息
8	燃油汽车	传统汽车制造商		竞争者	156……，EMAIL：……	反对	共同发展	继续保持市场主导地位	一般	密切关注其动态，还要关注传统汽车的技术革新
……		其他								

12.5.3 编制项目干系人管理计划

俗话说“凡事预则立，不预则废”，这话同样适用于项目干系人的管理：在识别干系人之后、开始干系人管理工作之前，要先制订一个计划，以确定干系人的管理思路。

编制干系人管理计划过程，是基于对干系人需要、利益及对项目成功的潜在影响的分析，制定合适的管理策略，以有效调动干系人参与整个项目生命周期的过程。本过程为项目经理提供了与干系人互动的清晰计划，以促进项目成功。

图 12-6 描述本过程的输入、工具与技术和输出。

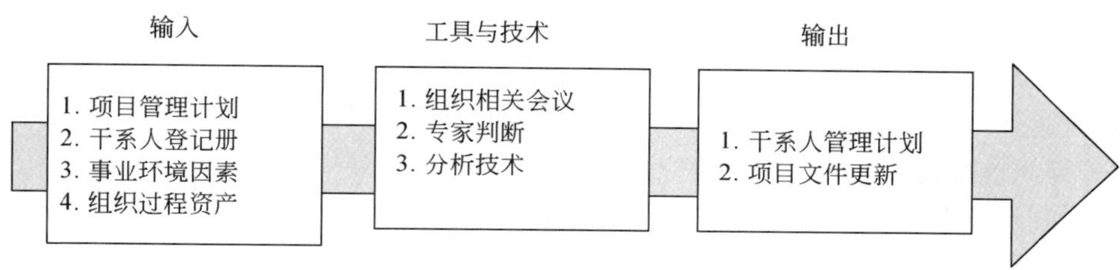

图 12-6　编制干系人管理计划过程

在分析项目与干系人如何相互影响，以及影响大小的基础上，编制干系人管理计划过程帮助项目经理制定相应的方法，来有效调动干系人参与项目、管理干系人的期望、从而实现项目最终目标。干系人管理的内容比改善沟通更多，也比管理团队更多。干系人管理是在项目团队和干系人之间建立并维护良好的关系，以期在项目边界内满足干系人的各种需求。

这个过程将产生干系人管理计划，它是关于如何实现干系人有效管理的详细计划。随着项目的进展，干系人及其参与项目的程度可能发生变化，因此编制干系人管理计划是一个反复的过程，是项目经理例行工作之一。

1. 编制干系人管理计划的输入

1）项目管理计划

用于制定干系人管理计划的信息包括但不限于：

（1）项目的客户和用户；

（2）项目的目的、产品和各项管理目标；

（3）对如何执行项目以实现项目目标的描述；

（4）项目所选用的生命周期及各阶段拟采用的过程；

（5）项目实施组织内的主管领导、项目已安排的人员、项目的责任分配、报告关系和人员配备管理等内部干系人信息；

（6）对如何满足人力资源需求的描述；

（7）变更管理计划，规定将如何监控变更；

（8）干系人之间的沟通需要和沟通技术。

项目管理计划为项目干系人管理提供了局和整个生命周期的视野，可作为项目干系人管理的依据和参考。

2）干系人登记册

干系人登记册对干系人进行了基本的分类如哪些人是项目的支持者、哪些是反对者。干系人登记册也提供了干系人基本信息和需求，编制干系人管理计划时需要这些信息。

3）事业环境因素

事业环境因素中的项目实施单位的企业文化、组织结构和人际关系，对制定干系人管理计划非常重要，因为对干系人的管理应该与这些项目环境相适应。

除此之外，在制定干系人管理计划时，也要考虑事业环境的其他因素。

4）组织过程资产

在编制干系人管理计划时，文档模板、以往项目的类似文件、经验教训数据库和历史信息等特别重要，因为能够从中借鉴以往的干系人管理计划并了解其有效性。

其他的组织过程资产也是本过程开展的依据。

2. 编制干系人管理计划的工具与技术

专家判断、组织专门的会议以及应用相应的分析技术是编制干系人管理计划时常用的工具和技术。

在实际实施项目时，根据需要这些工具和技术可以交替使用。

1）组织相关会议

可以根据项目的规模、干系人的多寡，组织专门的会议或者在例行会议中抽出专门的时间段，把干系人分类以确定所有干系人应有的参与程度。会议上收集的信息可用来准备编写干系人管理计划。

2）专家判断

项目经理依据项目目标、个人经验和组织过程资产，来确定每位干系人在项目每个阶段的参与程度。经验表明，在项目初期，可能需要处于高级职位的干系人发挥领导作用，来为项目成功扫清障碍。障碍一旦扫除，这些高级干系人也许就可以从领导角色转为支持者角色，而其他干系人如最终用户可能变得越来越重要。

如果项目经理缺乏干系人管理经验，此时项目经理应使用专家判断方法。为了编制干系人管理计划，应该向受过专门培训、具有专业知识或深入了解组织内部关系的小组或个人寻求专家判断和专业意见，例如：

（1）项目实施单位内的高级管理人员；

（2）项目团队成员；

（3）项目实施单位内其他部门或个人；

（4）已识别的关键干系人；

（5）在相同领域的项目上工作过的项目经理，他们有直接或间接的经验教训；
（6）相关业务或项目领域的主题专家（SME）；
（7）行业团体和顾问；
（8）专业和技术协会，立法机构和非政府组织（NGO）。

可通过单独咨询（一对一会谈、访谈等）或小组对话（焦点小组、调查等），获取专家判断。

3）分析技术

在进行干系人识别过程中，项目经理已通过干系人分析技术把干系人分为如下各类：

（1）不了解。对项目和潜在影响不知晓。
（2）抵制。了解项目和潜在影响，抵制项目。
（3）中立。了解项目，既不支持，也不反对。
（4）支持。了解项目和潜在影响，支持项目。
（5）领导。了解项目和潜在影响，积极致力于保证项目成功。

在此基础上，还应该比较所有干系人的当前参与程度与计划参与程度（为项目成功所需的）。在整个项目生命周期中，干系人的参与对项目的成功至关重要。

可以使用“干系人参与评估矩阵”这个工具记录干系人的当前参与程度，如图 12-7 所示。其中，C 表示干系人当前参与程度，D 表示所需干系人参与程度。项目经理和项目管理团队应该基于可获取的信息，确定项目当前阶段所需要的干系人参与程度。

干系人	不知晓	抵制	中立	支持	领导
干系人1	C			D	
干系人2			C	D	
干系人3				D C	

图 12-7　干系人参与评估矩阵

在图 12-7 的例子中，干系人 3 已处于所需的“支持”参与程度，而对于干系人 1 和 2 则需要请教专家、必要的话还要与干系人 1 和 2 做进一步沟通，采取进一步行动，使他们达到所需的参与程度 D。

通过分析，识别出干系人当前参与程度与需要他们参与程度之间的差距。项目管理团队可以制定方案或使用专家判断来制定行动和沟通方案，以消除上述差距。

3．编制干系人管理计划的输出

1）干系人管理计划

干系人管理计划是项目管理计划的组成部分，为有效调动干系人参与、降低干系人的反对而制定的管理策略。根据项目的需要，干系人管理计划可以是正式或非正式的，非常详细或高度概括的。

除了干系人登记册中的资料，干系人管理计划通常还包括：

（1）关键干系人的所需参与程度和当前参与程度；

（2）干系人变更的范围和影响；

（3）干系人之间的相互关系和潜在交叉；

（4）项目现阶段的干系人沟通需求；

（5）需要分发给干系人的信息，包括语言、格式、内容、详细程度和发送频率；

（6）分发相关信息的理由，以及可能对干系人参与所产生的影响；

（7）随着项目的进展，更新和优化干系人管理计划的方法。

有些干系人对项目持反对态度，因此项目经理对这部分信息不宜公开，对于这类信息的发布必须特别谨慎。

项目经理应定期地或者根据需要不定期地审查所依据的假设条件的有效性，并依次更新干系人管理计划，以维护该计划的准确性和相关性。

干系人管理计划为收集项目需求、推动干系人参与提供了依据。

2）项目文件更新

根据需要可能需要更新部分项目文件，也可能不更新项目文件。如果更新的话，比如调整干系人进度或者增删干系人，更新的文件包括但不限于：

（1）项目进度计划；

（2）干系人登记册。

[新能源汽车研发案例]

新能源汽车研发项目的干系人管理计划如表 12-4 所示。

表 12-4　新能源汽车研发项目—干系人管理计划

编制：项目经理侯宁　　审核：QA 章彬　　批注：PMO 总监王权　　2010-10-17

序号	姓名	职位	所需参与程度	当前参与程度	沟通需求	需要的信息及报告周期	备注
1	王华明	副主任	D 支 5	C 支 3	降低污染、改善空气质量。为我国汽车工业找到新的长点	通过沟通，需要加强支持度。他注重结果、不注重过程，需要周报	重点管理，他比较坚持自己观点
2	刘亚东	司长	D 支 5	C 支 4	希望项目成功	需要刘亚东加强支持。他需要细节，需要周报	重点管理，他协调水平较高
3	柳亚明	司长	D 支 5	C 支 4	改善空气质量，拉动地方经济	需要柳亚明全力支持。他关注细节，关注创新，需要周报	重点管理，他认为目前的技术落后，需要创新

续表

序号	姓名	职位	所需参与程度	当前参与程度	沟通需求	需要的信息及报告周期	备注
4	张新生	副总经理	D 支 5	C 支 4	希望项目成功，新能源汽车能赚钱	他需要了解各级领导的想法，注重沟通，需要日报，项目需要他的全力支持	重点管理，他喜欢讨论业务发展趋势、急于出业绩
5	项目团队		D 实 5	C 实 4	通过项目来获得个人职业的成长	他们关注技术、喜欢学习、需要实时关注和指导	重点管理，团队在磨合，对项目未来有担心
6	电池组		D 协 5	C 协 3	能及时拿到货款	他们需要订单信息、实施信息、回款信息。要参加周协调会	随时告知项目动态，说话强势、不好沟通
7	用户		D 使 5	C 使 2	价格合理、续航里程长、充电桩够多、对健康无害	关注安全、经济性、舒适度、政府支持政策，重细节、比较认真，项目里程碑要发布新闻	随时告知项目动态，对本项目很重视
8	燃油汽车		D 竞 1	C 竞 4	共同发展	像政府、用户宣传新能源的好处，同传统燃油车商沟通	随时关注，担心对现有市场冲击
…	…						

附注：

① 支持度分为 1、2、3、4、5 级，5 级最高；

② 反对程序分为 1、2、3、4、5 级，5 级最高；

③ D 支 5 表示：需要最高的支持度；

④ C 支 3 表示：目前的支持度为 3。

需要指出的是：在进行干系人管理时，除依据上述的干系人管理计划外，还应参考“干系人登记册”中的信息。

12.5.4　管理干系人参与

管理干系人参与过程是一个执行过程。管理干系人参与，就是依据干系人管理计划，在整个项目生命周期中，与干系人进行日常的沟通和协作，以满足其需要与期望，解决实际出现的问题，并促进干系人合理参与项目活动的过程。

管理干系人参与过程，实际上就是“实施干系人管理”的过程，本过程的主要作用：帮助项目经理提升来自干系人的支持、并把反对者的抵制降到最低，从而显著提高项目成功的机会。图 12-8 描述本过程的输入、工具与技术和输出。

通过管理干系人参与，不仅让干系人中的支持者清晰地理解项目目的、目标、收益和风险以争取其支持，还要让干系人中的反对者降低敌意，从而提高项目成功的概率。必要时还要请干系人协助指导项目活动和项目决策。

通常，干系人对项目的影响能力通常在项目启动阶段最大，而后随着项目的进展逐渐降低。因此，项目经理负责调动各干系人参与项目时，应尽早开展，并对他们进行管理，必要时可以寻求项目发起人的帮助，以降低项目的风险和阻力。

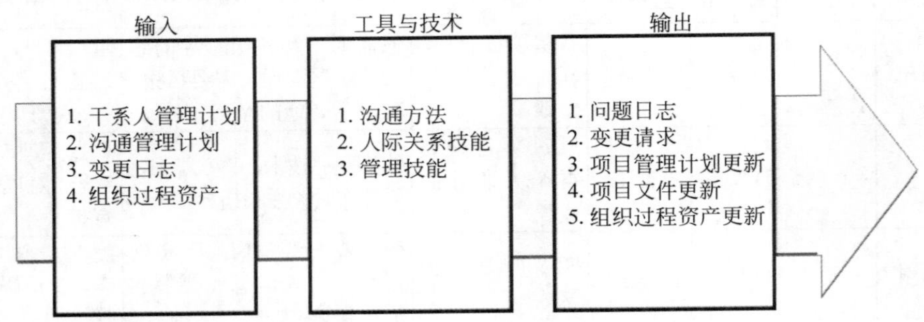

图 12-8　管理干系人参与过程

1．管理干系人参与的输入

管理干系人参与的前提是干系人管理计划、沟通管理计划、变更日志和组织过程资产。

1）干系人管理计划

干系人管理计划是管理干系人参与的依据，为调动干系人最有效地参与项目提供了具体的指导。

干系人管理计划还描述了用于干系人沟通的方法和技术，该计划用于确定各干系人之间的互动程度。

2）沟通管理计划

项目干系人需要并期望得到在项目进行期间明确的项目干系人目标、目的、沟通级别，这种需要和期望的信息是可识别的、可检查的并在项目沟通管理计划中载明，所用到的信息包括但不限于：

（1）干系人的沟通需求；

（2）需要沟通的信息，包括语言、格式、内容和详细程度；

（3）发布信息的原因；

（4）将要接收信息的个人或群体；

（5）沟通升级流程。

3）变更日志

变更日志记录了项目期间发生的变更。从变更日志里可以发现一些需要管理的干系人，因此应该与这些干系人就这些变更及其对项目时间、成本和风险等的影响进行沟通。

4）组织过程资产

能够影响管理干系人参与过程的组织过程资产包括但不限于：

（1）项目实施单位对沟通的要求；

（2）问题管理程序；

（3）变更控制程序；

（4）以往项目管理干系人参与的历史信息。

2．管理干系人参与的工具与技术

一般说来，管理干系人参与时要使用恰当的沟通方法、人际关系技能和管理技能等软技能，在管理干系人参与过程中涉及的活动如下：

（1）调动干系人适时参与项目，以获取或确认他们对项目成功的持续承诺。

（2）及时化解反对者的敌意、降低他们对项目的阻力、保证项目的持续开展。

（3）通过协商和沟通，管理干系人的期望，确保实现项目目标。

（4）处理尚未成为问题的干系人关注点，预测干系人在未来可能提出的问题。需要尽早识别和讨论这些关注点，以便评估相关的项目风险。

（5）澄清和解决已识别出的问题。

1）沟通方法

常用的沟通方法有：

（1）交互式沟通。在两方或多方之间进行多向信息交换。这是确保全体参与者对特定话题达成共识的最有效的方法，包括会议、电话、即时通信、视频会议等。

（2）推式沟通。把信息发送给需要接收这些信息的特定接收方。这种方法可以确保信息的发送，但不能确保信息送达受众或被目标受众理解。推式沟通包括信件、备忘录、报告、电子邮件、传真、语音邮件、日志、新闻稿等。

（3）拉式沟通。用于信息量很大或受众很多的情况。要求接收者自主自行地访问信息内容。这种方法包括企业内网、电子在线课程、经验教训数据库、知识库等。

在管理干系人参与时，应该使用在沟通管理计划中确定的针对每个干系人的沟通方法。基于干系人的沟通需求，项目经理决定在项目中如何使用、何时使用及使用哪种沟通方法。

2）人际关系技能

除了掌握科学的理论、工具、技术等硬技能外，项目经理还应该使用人际关系等软技能来管理干系人的期望，使用软技能推进项目的能力是衡量项目经理管理水平的最重要的指标之一。这些软技能包括但不限于：

（1）与干系人建立信任；

（2）解决冲突；

（3）积极倾听；

（4）克服变更的阻力。

3）管理技能

项目经理应用管理技能来协调各方以实现项目目标。这些管理技能也属于软技能，典型的管理技能如下：

（1）引导干系人对项目目标达成共识；

（2）对干系人施加影响，使他们支持项目；

（3）通过谈判达成共识，以满足项目要求；

（4）调整干系人所在组织的行为，以接受项目成果。

3．管理干系人参与的输出

通过管理干系人参与，不仅要推进项目的开展，还有要把问题记录在“问题日志”里以供问题追溯、涉及变更时要整理为书面的“变更请求”、如果需要还要对相关文件进行更新。

1）问题日志

在管理干系人参与过程中，出现问题时，可以把问题发生的原因、解决的方法、负责人、问题处理的结果、遗留的问题等记入问题日志，以方便问题追踪，恰当的问题解决方案也会记录在组织过程资产中，从而使组织的知识库得以成长。

随着新问题的出现和老问题的解决，应该及时动态更新问题日志。

问题日志为控制干系人参与、管理项目团队、控制沟通等过程提供了依据。

2）变更请求

在管理干系人参与过程中，干系人可能会提出变更请求，例如客户或用户对产品或项目提出变更请求。除此之外变更请求还可能包括针对项目本身的纠正或预防措施，以及对相关干系人本身行为的纠正或预防措施。

变更请求为实施整体变更控制提供了依据。

3）项目管理计划更新

在管理干系人参与时，可能会发现新的干系人、新的工作、新的变更，此时通过变更流程，需要调整项目管理计划或者干系人管理计划。例如：

（1）当识别出新的干系人需求，或者需要对干系人需求进行修改时，就需要更新干系人管理计划；

（2）有些沟通可能不再必要，可能需要替换无效的沟通方法，或者可能识别出了新的沟通需求。干系人管理计划也需要因处理关注点和解决问题而更新；

（3）可能发现某干系人需要更多的信息，从而更新干系人管理计划。

4）项目文件更新

当出现如下一些情况时，就需要更新干系人登记册等项文件：

（1）干系人信息变化；

（2）识别出新干系人；

（3）原有干系人不再参与项目；

（4）原有干系人不再受项目影响；

（5）特定干系人的其他情况变化。

项目的其他文件，也可以根据需要进行更新。

5）组织过程资产更新

在管理干系人参与过程中，为了推进项目，要沟通协调干系人，要解决干系人之间的问题，要处理变更。因此在这个过程中，会产生新的项目文档，会产生新的经验教训，可能对组织过程资产进行如下更新，当然也可能有其他更新。

（1）给干系人的通知。可向干系人提供有关已解决的问题、已批准的变更和项目总体状态的信息。

（2）项目报告。根据需要，可以采用正式和非正式的项目报告来描述项目状态。项目报告包括经验教训总结、问题日志、项目收尾报告和出自其他知识领域的相关报告。

（3）项目演示资料。项目团队正式或非正式地向任一或全部干系人提供的信息。

（4）项目记录。包括往来函件、备忘录、会议纪要及描述项目情况的其他文件。

（5）干系人的反馈意见。可以分发干系人对项目工作的意见，用于调整或提高项目的未来绩效。

（6）经验教训文档。包括对问题的根本原因分析、选择特定纠正措施的理由，以及有关干系人管理的其他经验教训。应该记录和发布经验教训，并收录在本项目和执行单位的历史数据库中。

[新能源汽车研发案例]

在新能源汽车研发项目推进到第 4 周时，项目经理侯宇整理了本周的问题日志，详见表 12-5。

表 12-5 新能源汽车研发项目—问题日志

编制：项目经理侯宁　　审核：QA 章彬　　2010-10-24

序号	问题	提出者	负责人	解决的方法	结果	遗留的问题	备注
1	需要道路试验场地	项目经理	项目经理	请求 B 市柳亚明司长协调	申请南郊公用地 300 亩，已得到批准	道路试验场地的规划和施工	需组织道路试验场地项目团队，任命项目经理
2	外汇指标	项目经理	项目经理	请求B市柳亚明司长协调	以获得 500 万美元的外汇指标	为了发挥这 500 万美元的作用，还要对外购清单做一次优化	请采购部负责后续外购的进口报关等徐工作
3	罗基汽车造谣	项目经理	公关部苗欣	请专家上电视答疑、辟谣，请老用户现场说法	已在中央台、地方台播出节目，同时网络直播，听众合网民参与。95%的人已得到正确信息	关于安全，还有疑问需要进一步宣讲，必要时请用户代表参与野外道路试验，请他们观看撞车试验	希望公关部苗欣继续支持
…	…						

12.5.5 控制干系人参与

控制干系人参与是一个监控过程：这个过程实时观察计划与实际之间的偏差，全面监督项目干系人之间的关系。发现问题时，及时调整策略和计划，以调动干系人参与的过程。

在项目生命周期中，应该对干系人参与进行持续控制，并随着项目进展和环境变化，维持并提升干系人参与活动的效率和效果。图 12-9 描述本过程的输入、工具与技术和输出。

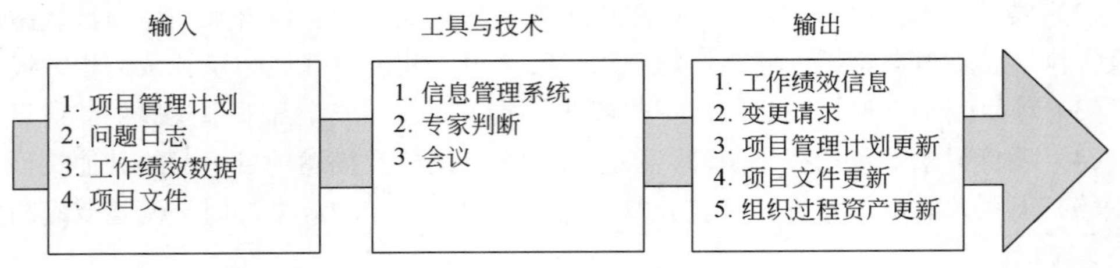

图 12-9 控制干系人参与过程

1. 控制干系人参与的输入

1）项目管理计划

项目管理计划是一份关于项目如何执行、如何控制的指南性文件，在项目执行之前就已制定完毕，是项目执行的依据和路线图。

项目管理计划虽然是一个完整的计划，不仅指出了项目要经历的各个阶段，也包括项目的各个方面如项目要完成的任务、人员分工、进度安排等。

项目管理计划当然也包括干系人管理计划，项目管理计划里可用于控制干系人参与的信息包括但不限于：

（1）干系人计划参与的各项活动；

（2）项目所选用的生命周期及各阶段拟采用的过程；

（3）对如何执行项目以实现项目目标的描述；

（4）对如何满足人力资源需求，如何定义和安排项目角色与职责、报告关系和人员配备管理等的描述；

（5）变更管理计划，规定将如何监控变更；

（6）干系人之间的沟通需要和沟通技术。

2）问题日志

在进行控制干系人参与时，当时的问题日志记录了本次监控周期里（例如每周一次）出现的、需要协调和解决的问题。

问题日志随新问题的出现和老问题的解决而更新。

3）工作绩效数据

工作绩效数据是在执行项目工作的过程中，从正在执行的项目活动中、本次监控周期里收集到的原始观察结果和测量值，以及可交付成果的各种测量值。

数据经常是最具体但零散的，需要对其加工以提炼出有用的项目信息。

例如，工作绩效数据包括工作完成百分比、技术绩效测量结果、进度活动的开始和结束日期、变更请求的数量、缺陷的数量、实际成本和实际持续时间等。

这些工作绩效数据将和计划数据进行对比，以发现差距，进而找出原因和应该采取的措施。

4）项目文件

启动、规划、执行或控制过程产生的项目文件，在控制干系人参与时可以作为参考资料。这些文件包括但不限于：

（1）项目进度计划；

（2）干系人登记册；

（3）问题日志；

（4）变更日志；

（5）项目沟通文件。

2．控制干系人参与的工具与技术

在控制干系人参与时，常用的工具和技术有信息管理系统、专家判断和组织相关会议。根据需要，可以交替使用这些工具和技术。

1）信息管理系统

信息管理系统是一个工具软件，项目经理利用它来获取、储存和发布有关项目成本、进展和绩效等方面的信息。它也可以帮助项目经理整合来自多个系统的报告，便于项目经理向项目干系人分发报告。例如，可以用报表、电子表格和演示资料的形式分发报告，彩色的柱状图、饼式图等图表可以使项目绩效信息一目了然。

2）专家判断

项目的推进是一个动态的过程。在这个过程中，会动态地产生新的情况和干系人，也会发现原来的工作有遗漏。为确保全面识别和列出新的干系人，应对当前干系人进行重新评估。

当项目经理或者管理团队缺乏控制干系人参与的经验时，这时应该向受过专门培训或具有专业知识的小组或个人寻求帮助，这些专家包括但不限于：

（1）项目实施单位内的高级管理人员；

（2）项目实施单位内的其他部门或个人；

（3）已识别的关键干系人；

（4）在相同领域的项目上工作过的项目经理；

（5）相关业务领域或项目领域的主题专家；

（6）行业团体和顾问；

（7）专业和技术协会、立法机构如人大常委会和非政府组织。

可通过单独咨询（如一对一会谈、访谈等）或小组对话（如焦点小组、调查等），以获取专家知识和经验，也可参考专家们的判断。

3）组织相关会议

根据项目的规模和复杂程度，可以组织专门的会议、也可以在每周的状态评审会议上交流、分析和分享有关干系人参与的信息。

3．控制干系人参与的输出

每一次对干系人参与的监控，都会或多或少地产生一些成果如工作绩效信息、纠正措施、变更请求、对项目管理计划的更新以及对其他项目文件的更新。

1）工作绩效信息

数据只是从设计开发活动中收集来的原始材料如实际成本、实际进度等等，只有当其被组织成一种有意义的组合模式时才能成为信息，例如进度绩效指数 SPI 小于 0.8 属于进度落后。

有了信息和知识，才能做出恰当的管理决策。

工作绩效信息是从各控制过程收集，并结合相关背景和跨领域关系进行整合分析，而得到的绩效数据。工作绩效数据，只有经过控制干系人参与所使用的工具和技术的加工，才能变成工作绩效信息，进而作为项目决策的可靠基础。

工作绩效信息通过沟通过程进行传递。绩效信息可包括可交付成果的状态、变更请求的落实情况及预测的完工尚需估算。

工作绩效信息为监控项目工作提供了依据。

2）变更请求

在监控干系人参与的过程中可能会发现：计划要调整、或者要添加遗漏的工作、或者要管理遗忘的干系人。在分析项目绩效及与干系人互动中，这是经常遇到的情况，需要通过实施整体变更控制过程对变更请求进行处理。

变更请求为实施整体变更控制提供了依据。

3）项目管理计划更新

随着干系人参与项目工作，项目整体计划可能要调整，这就需要变更管理。

例如：在解决项目干系人问题过程中以及在项目实施过程中人员配置方面的变化，通常会引起项目干系人沟通的变化，因此需要更新项目沟通管理计划。

当涉及到项目整体的变更完成后，项目管理计划中可能需要更新的内容包括但不限于：

（1）项目基准；

（2）干系人管理计划；

（3）沟通管理计划；

（4）人力资源管理计划；

（5）采购管理计划；

（6）质量管理计划；

（7）需求管理计划；

（8）风险管理计划；

（9）范围管理计划；

（10）变更管理计划。

4）项目文件更新

如果需要，在监控干系人参与时，就可能更新项目文件，例如：

（1）干系人登记册。当干系人信息变化、识别出新干系人、原有干系人不再参与项目、原有干系人不再受项目影响、或者特定干系人的情况变化时，干系人登记册就需要更新。

（2）问题日志。如果有新问题的出现，或者老问题得到了解决，那么就需要更新问题日志。

5）组织过程资产更新

在监控干系人参与的过程中，项目经理必须要同适当的项目干系人沟通和解决问题，因此或多或少地会产生一些项目文档、或者经验教训，把这些成果记录在案，就丰富了组织过程资产。因此可能需要更新的组织过程资产包括但不限于：

（1）给干系人的通知。可向干系人提供有关已解决的问题、已批准的变更和项目总体状态的信息。

（2）项目报告。如周期性的日报、周报、月报，或者实时的通报。这些报告可以采用正式和非正式的项目报告来描述项目状态。从报告的内容划分有经验教训总结、问题日志、项目收尾报告和出自其他知识领域的相关报告。

（3）项目演示资料。项目团队正式或非正式地向任一或全部干系人提供的信息，如项目早期向客户、用户或高层主管领导汇报时用到的技术原型，或者项目推进中间向客户、用户或高层主管领导汇报时用到的所有资料。

（4）项目记录。包括往来邮件、会议纪要、备忘录以及项目的其他文件。

（5）干系人的反馈意见。来自干系人的意见，应记录在案，用于调整或提高项目的未来绩效。

（6）经验教训文档。包括引起问题的原因，采取的纠正措施，以及有关干系人管理的其他类型的经验教训等，存档后成为项目的历史数据库的一部分。

[新能源汽车研发案例]

在新能源汽车研发项目推进到第 6 周时，项目经理侯宇整理了本周的工作绩效信息表，详见表 12-6。

表 12-6 新能源汽车研发项目—第 6 周工作绩效的信息

编制：项目经理侯宁　　　审核：QA 章彬　　　2010-11-2

序号	工作包	计划成本（元）	挣值 EV（元）	实际成本（元）	成本绩效指数 CPI	进度绩效指数 SPI	现况描述	备注
1	组建“道路试验场地”项目团队	6111	5500	5000	1.1	0.9	项目经理李竹康已任命，核心组员已到位，但还有施工队没有落实	检查进度落后的原因，提出纠正的建议
2	“道路试验场地”总体设计	200000	200000	200000	1	1	已通过技术评审和主管领导批准	该工作包执行正常
3	“道路试验场地”施工图设计	125000	100000	100000	1	0.8	进度已严重落后	检查进度落后的原因，提出纠正的建议
…	…							

第 13 章　项目合同管理

信息系统工程建设过程也是合同的执行和监控过程。合同是工程项目建设的基本依据，也是监理工作的主要依据之一。 合同管理是信息系统工程建设合同得到有效履行的有力保证。作为系统集成项目管理工程师，应该熟悉合同管理的基本内容和要求，掌握合同的索赔及违约管理的技能和技巧。

13.1　项目合同

13.1.1　合同的概念

合同（Contract）又称为“契约”。我国《合同法》中所称的合同是指：平等主体的自然人、法人或其他组织之间设立、变更、终止民事权利义务关系的协议。但不包括婚姻、收养、监护等有关身份关系的协议。随着社会分工和交换的发展，合同发展到现在已成为实现商品经济流转的纽带，是维护正常商品交换关系的基本法律手段。

长期以来，人们在使用合同的同时，也对合同的概念进行了广泛的研究。本书按通常概念将合同分为广义合同、狭义合同和信息系统工程合同。

1．广义合同概念和狭义合同概念

目前，我国理论界和实务界对合同的概念在适用范围上存在两种不同的观点。

1）广义合同概念

广义合同观点认为，合同是指以确定各种权利与义务为内容的协议，即只要是当事人之间达成的确定权利义务的协议均为合同，不管它涉及哪个法律部门及何种法律关系。因此，合同除应包括民法中的合同外，还包括行政法上的行政合同、劳动法上的劳动合同、国际法上的国家合同等。

2）狭义合同概念

狭义合同观点认为合同专指民法上的合同，“合同（契约）是当事人之间确立、变更、终止民事权利义务关系意思表示一致的法律行为”。

从以上两种概念看，合同必须包括以下要素。

（1）合同的成立必须要有两个（含）以上的当事人。

（2）各方当事人须互相做出意思表示。

（3）各个意思表示达成一致。

2．信息系统工程合同

信息系统工程合同是指与信息系统工程策划、咨询、设计、开发、实施、服务及保障等有关的各类合同。信息系统工程合同管理是对合同条件的拟定、协商、签署，到执行情况的检查和分析等环节进行组织管理的工作，通过双方签署的合同实现信息系统工程的目标和任务，同时也要维护建设单位和承建单位及其他关联方的正当权益。

在各类合同中，作为当事人，必须充分地利用合同手段才能避免责任分歧与纠纷，以保障项目成功。

13.1.2 合同的法律特征

第一，合同是一种民事法律行为。合同是合同当事人意思表示的结果，是以设立、变更、终止财产性的民事权利义务为目的，且合同的内容即合同当事人之间的权利义务是由意思表示的内容来确定的。因而，合同是一种民事法律行为。

第二，合同是一种双方或多方或共同的民事法律行为。首先，合同的成立必须有两个（含）以上的当事人；其次，合同的各方当事人须互相或平行做出意思表示；再次，各方当事人的意思表示必须达成一致，即达成合意或协议，且这种合意或协议是当事人平等自愿协商的结果。因而，合同是一种双方、多方或共同的民事法律行为。

第三，合同以在当事人之间设立、变更、终止财产性的民事权利义务为目的。首先，合同当事人签订合同的目的，在于维护各自的经济利益或共同的经济利益，因而合同的内容为当事人之间财产性的民事权利义务；其次，合同当事人为了实现或保证各自的经济利益或共同的经济利益，以合同的方式来设立、变更、终止财产性的民事权利义务关系。

第四，订立、履行合同，应当遵守相关的法律及行政法规。这其中包括：合同的主体必须合法，订立合同的程序必须合法，合同的形式必须合法，合同的内容必须合法，合同的履行必须合法，合同的变更、解除必须合法等。

第五，合同依法成立，即具有法律约束力。所谓法律约束力，是指合同的当事人必须遵守合同的规定，如果违反，就要承担相应的法律责任。

13.1.3 有效合同原则

有效合同应具备以下特点：

（1）签订合同的当事人应当具有相应的民事权利能力和民事行为能力。

（2）意思表示真实。

（3）不违反法律或社会公共利益。

与有效合同相对应，需要避免无效合同。无效合同通常需具备下列任一情形：

（1）一方以欺诈、胁迫的手段订立合同。

（2）恶意串通，损害国家、集体或者第三人利益。

（3）以合法形式掩盖非法目的。

（4）损害社会公共利益。

（5）违反法律、行政法规的强制性规定。

在国外，以欺诈、胁迫的手段订立的合同，视为可撤销的合同。考虑到我国多种经济成分的现实情况，对损害国家利益的，违反法律、行政法规的合同将按无效合同处理；其他作为可撤销合同处理。对于无效合同，有过错的一方应当赔偿对方因此所受到的损失。

13.2　项目合同的分类

信息系统工程合同是承建单位进行信息系统工程建设，建设单位支付价款的合同。在《合同法》中分别将他们称为承包人和发包人。信息系统工程合同是一种承诺合同，合同订立生效后双方应该严格履行。信息系统工程合同也是一种义务、有偿合同，当事人双方在合同中享有各自的权利，在享有权利的同时必须履行各自的义务。

不同的合同类型以及具体的合同条件和条款，将界定买卖双方能够承担的风险水平，信息系统工程项目合同通常有两种分类方式，一种是按信息系统范围划分，一种是按项目付款方式划分。

13.2.1　按信息系统范围划分的合同分类

1．总承包合同

总承包合同也称“交钥匙合同”，发包人把信息系统工程建设从开始立项、论证、设计、采购、施工到竣工的全部任务，一并发包给一个具备资质的承包人。

这种承包方式有利于充分发挥那些在工程建设方面具有较强的技术力量、丰富的经验和组织管理能力的大承包商的专业优势，保证工程的质量和进度，提高投资效益。采用总承包的方式进行承包，发包人和承包人要签订总承包合同。这种总承包合同既可以用一个总合同的形式，也可以用若干个合同的形式来签订。

2．单项工程承包合同

发包人将信息系统工程建设的不同工作任务，分别发包给不同的承包人。

单项工程承包方式有利于吸引较多的承包人参与投标竞争，使发包人有更大的选择余地；也有利于发包人对建设工程的各个环节、各个阶段实施直接的监督管理。缺点是各个单项工程在技术标准、工作范围、进度、资源等方面的协调和衔接容易出现问题。这种发包方式较适用于那些对工程建设有较强管理能力的发包人。

3．分包合同

总承包单位将其承包的部分项目，再发包给子承包单位。

它是指工程总承包人承包建设工程以后，将其承包的某一部分或某几部分工程，再发包给其他承包人，与其签订承包合同项下的分包合同。

签订分包合同应当同时具备两个条件：第一，承包人只能将自己承包的非关键、非主体部分工程分包给具有相应资质条件的分包人，而且不可以进行二次分包；第二，分包工程必须经过发包人同意。

13.2.2 按项目付款方式划分的合同分类

1．总价合同

总价合同又称固定价格合同，是指在合同中确定一个完成项目的总价，承包人据此完成项目全部合同内容的合同。

这种合同类型能够使建设单位在评标时易于确定报价最低的承包商，易于进行支付计算。适用于工程量不太大且能精确计算、工期较短、技术不太复杂、风险不大的项目，同时要求发包人必须准备详细全面的设计图纸和各项说明，使承包人能准确计算工程量。

总价合同也可以为达到或超过项目目标（如进度交付日期、成本和技术绩效，或其他可量化、可测量的目标）而规定财务奖励条款。另外也允许根据条件变化（如通货膨胀、某些特殊商品的成本增降），以事先确定的方式对合同价格进行最终调整。

2．成本补偿合同

此类合同是由发包人向承包人支付为完成工作而发生的全部合法实际成本（可报销成本），并且按照事先约定的某一种方式外加一笔费用作为卖方的利润。成本补偿合同也可为承包人超过或低于预定目标（如成本、进度或技术绩效目标）而规定财务奖励条款。

在这类合同中，发包人须承担项目实际发生的一切费用，因此也承担了项目的全部风险。承包人由于无风险，其报酬往往也较低。这类合同的缺点是发包人对工程造价不易控制，承包人也往往不注意降低项目成本。

这类合同主要适用于以下项目。

（1）需立即开展工作的项目。

（2）对项目内容及技术经济指标未确定的项目。

（3）风险大的项目。

3．工料合同

工料合同是兼具成本补偿合同和总价合同的某些特点的混合型合同。在不能很快编写出准确工作说明书的情况下，经常使用工料合同来增加人员、聘请专家和寻求其他外部支持。这类合同与成本补偿合同的相似之处在于，它们都是开口合同，合同价因成本增加而变化。在授予合同时，买方可能并未确定合同的总价值和采购的准确数量。因此，如同成本补偿合同，工料合同的合同价值可以增加。很多组织要求在工料合同中规定最高价值和时间限制，以防止成本无限增加。另外，由于合同中确定了一些参数，工料合同又与固定单价合同相似。当买卖双方就特定资源的价格（如高级工程师的小时费率或某种材料的单位费率）达成一致意见时，买方和卖方也就预先设定了单位人力或材料费率（包含卖方利润）。

这类合同的适用范围比较宽，其风险可以得到合理的分摊，并且能鼓励承包人通过提高工效等手段从成本节约中提高利润。这类合同履行中需要注意的问题是双方对实际工作量的确定。

13.3　项目合同签订

13.3.1　项目合同的内容

合同的内容就是当事人订立合同时的各项合同条款，主要内容包括当事人各自权利、义务、项目费用及工程款的支付方式、项目变更约定和违约责任等。

1．当事人各自权利、义务

合同双方当事人权利义务是相互对应的，即承建单位的义务与建设单位的权利相对应，建设单位的义务与承建单位的权利相对应。所以为简洁起见，此处仅就双方的义务加以阐述，如表 13-1 所示。

表 13-1　当事人权利和义务

承建单位的义务	建设单位的义务
①承建单位应以自己的设备、技术和劳力完成主要工作。承建单位独立完成对工作成果质量起关键作用的工作，承建单位将辅助工作交由第三人完成的，应就第三人完成的工作对建设单位负责	①协助承建单位完成工作。建设单位未履行义务，造成承建单位窝工、延误工期等，建设单位应当承担相应的责任和损失
②按合同约定提供原材料，通知建设单位检验材料	②支付报酬
因建设单位或不可抗力原因，终止合同的，建设单位应按照承建单位实际工作情况支付相应的报酬。建设单位未按约定支付报酬的，承建单位对项目产品享有留置权	
③接受建设单位监督检查	③按约定提供材料，并接受承建单位的检验
④妥善保管、合理利用建设单位提供的材料、图纸	④不得随意变更工作事项、范围。确需修改的，建设单位应承担由此发生的责任和损失
⑤交付项目产品，提交工作成果、必要的技术资料和有关质量证明	⑤接收工作成果。建设单位接受项目产品或工作成果的，不免除承建单位瑕疵担保责任
⑥对工作成果质量负责	
承建单位交付的工作成果虽经建设单位验收但实际不符合质量要求的，建设单位可以要求承建单位承担修理、重作、减少报酬、赔偿损失等违约责任。承建单位承担因违约采取补救措施的全部费用	
⑦保守秘密。承建单位应当按照建设单位的要求保守秘密，未经建设单位许可，不得留存复制品或者技术资料	

2．项目费用及工程款的支付方式

在该项中，明确以下3部分的内容。

（1）支付货款的条件。

（2）结算支付的方式。

（3）拒付货款的条件。发包方有权部分或全部拒付货款。

3．项目变更约定

合同生效后，当事人不得因姓名、名称的变更或者法定代表人、负责人、承办人的变动而不履行合同义务。

4．违约责任

根据合同法及工程实践，主要有以下4种违约责任的承担方式。

（1）继续履行。

（2）采取补救措施（如质量不符合约定的，可以要求修理、更换、重作、退货、减少价款或报酬等）。

（3）赔偿损失。

（4）支付约定违约金或定金。

另外，在项目合同中还包括信息系统项目质量的要求，建设单位提交有关基础资料的期限，承建单位提交阶段性及最终成果的期限，当事人之间的其他协作条件等。

13.3.2 项目合同签订的注意事项

1．当事人的法律资格

当事人订立合同，应当具有相应的民事权利能力和民事行为能力。当事人依法可以委托代理人订立合同。

本条规定了合同主体资格。“民事权利能力”是指自然人、法人、其他组织享有民事权利、承担民事义务的资格。“民事行为能力”是指自然人、法人、其他组织通过自己的行为行使民事权利或者履行民事义务的能力。

2．质量验收标准

质量验收标准是一个关键指标。如果双方的验收标准不一致，就会在系统验收时产生纠纷。在某种情况下，承建单位为了获得项目也可能将信息系统的功能过分夸大，使得建设单位对信息系统功能的预期过高。另外，建设单位对信息系统功能的预测可能会随着自己对系统的熟悉而提高标准。为避免此类情况的发生，清晰地规定质量验收标准对双方都是有益的。

合同项目依计划完成后，建设单位组织对合同项目进行验收，建设方、承建方都须在正式的验收报告上签字盖章。若合同终止，则按双方的约定执行。

3．验收时间

当事人没有约定设备的交付时间或者约定不明确的，可以协议补充，不能达成协议的，依照合同有关条款或交易习惯确定。若仍不能确定，则供货方可以随时履行，采购方也可以随时要求履行，但应当给予对方必要的准备时间。

4．技术支持服务

对于开发完成后发生的技术性问题，如果是因为开发商的工作质量所造成的，应当由开发商负责无偿地解决。一般期限是半年到一年。如果没有这个期限规定，就视为企业所有的维护要求都要另行收费。

5．损害赔偿

原则上，委托方与被委托方都具有损害赔偿这项权利，但比较多的情况是因为承建方对于企业实施信息系统的困难估计不足，结果陷入到期后难以完成项目的尴尬局面。

承建方和项目经理对此要有防范意识。为避免不希望的事件发生时扯皮，合同中不可缺少这一必要的条款。实际的赔偿方式可由双方另行协调。

6．保密约定

当事人在订立合同过程中知悉的商业秘密，无论合同是否成立，不得泄露或者不正当地使用。泄露或者不正当地使用该商业秘密给对方造成损失的，应当承担损害赔偿责任。

7．合同附件

合同生效后，当事人就质量、价款或者报酬、履行地点等内容没有约定或者约定不明确的，可以协议补充；不能达成补充协议的，按照合同有关条款或者交易习惯确定。

8．法律公证

为避免合同纠纷，保证合同订立的合法性，当事人可以将签订的合同通过公证机关进行公证。经过公证的合同，具有法律强制执行效力。

13.3.3　项目合同谈判与签订

1．如何看待谈判

谈判就是在社会生活中，人们为了协调彼此之间的关系，满足各自的需要，通过协商而争取达成一致意见的行为和过程。

合同谈判技能属于管理项目所需的“处理人际关系技能”，是管理项目时所需的非常重要的软技能。

对于招投标项目来说，在签订合同之前要进行合同谈判，在《中华人民共和国招标投标法》中也有如下相关规定。

第四十三条：在确定中标人前，招标人不得与投标人就投标价格、投标方案等实质性内容进行谈判。

第四十六条：招标人和中标人应当自中标通知书发出之日起三十日内，按照招标文件和中标人的投标文件订立书面合同。招标人和中标人不得再行订立背离合同实质性内容的其他协议。

第五十五条：依法必须进行招标的项目，招标人违反本法规定，与投标人就投标价格、投标方案等实质性内容进行谈判的，给予警告，对单位直接负责的主管人员和其他直接责任人员依法给予处分。

现在随着管理的进步，许多行业的管理越来越规范，也大都规定了本行业的标准格式的合同。

如果没有上述的国家法律约束和行规规范，那么谈判就是一场斗智斗勇的智力游戏。但是也要讲规则，长期合作应追求双赢或多赢，而不能让谈判伙伴有“被痛宰一刀”的感觉。

2．谈判过程

谈判分如下 6 个阶段。

（1）准备阶段。此阶段的工作如下。

① 调研，广泛收集资料。

② 确立谈判目标。

③ 选择谈判时间、地点。

④ 组建谈判小组。

⑤ 制定谈判计划。

（2）开局摸底阶段。在谈判前须先陈述双方有关情况，如各自的期望、彼此的观点、成交的原则等，最终取得各自的最大利益（同时兼顾对方）。

（3）报价阶段。此阶段要确定如下工作。

① 报价的形式。

② 报价的原则。

③ 确定报价的起点。

④ 报价的方法。

（4）磋商阶段。此阶段的工作内容如下。

① 搞清对方报价的依据。

② 磋商中的讨价。

③ 磋商中的还价。

（5）成交阶段。此阶段整理谈判记录，形成合同草稿。

（6）认可阶段。合同的正式签订作为本阶段的成果。

3．关于签约方对合同的一致理解

为了使合同的各方对合同有一致理解，除加强及时地沟通外，还需要互相协作的团队、规范的企业管理与项目管理、需要掌握谈判技巧、应有深厚的中外文造诣、广博的知识、先进的技术手段（如原型化、可视化、工具与用户体验）等。

为了使合同的签约各方对合同有一致理解，还要加强从谈判到系统验收的项目全生命周期管理。否则，在项目的每一个阶段，项目的各方都可能对合同产生歧义，例如谈判前对需求或对某一词语有不同的理解就会造成相关各方的歧义。而谈判中、合同签订、合同执行、验收及售后服务等阶段也都可能产生歧义。

为了使签约各方对合同有一致理解，建议如下：

（1）使用国家或行业标准的合同格式。

（2）为避免因条款的不完备或歧义而引起合同纠纷，系统集成商应认真审阅建设单位拟订的合同条款。除了法律的强制性规定外，其他合同条款都应与建设单位在充分协商并达成一致基础上进行约定。

谈判取得一定成果未必意味着双方理解一致，名词术语不同，语言、文化等方面的差异，都可能引起某些误会。因此，在达成交易和签订合同前，有必要使双方进一步对他们所同意的条款有一致的认识。

例如，在价格方面，价格是否包括各种税或其他法定的费用？在合同有效期内，倘若税率增加，应由谁支付增加的税务费用？在合同履行方面，对“完成”或“履行”是否有明确的解释。

例如，关于合同中的总体规划、概念性规划、前期可行性研究等这些术语，合同各方的理解是否一致？要不要把解决方案作为合同书的一部分？

例如，对“合同标的”的描述务必要达到“准确、简练、清晰”的标准要求，切忌含混不清。如果合同标的为货物买卖的，一定要写明货物的名称、品牌、计量单位和价格，切忌只写“购买沙子一车”之类的含混描述；如果合同标的是提供服务的，一定要写明服务的质量、标准或效果要求等，切忌只写“按照行业的通常标准提供服务或达到行业通常的服务标准要求等”之类的描述。

例如，合同中有这样一句话：“买方将尽快安排付款”，那么“尽快”和“安排付款”都是十分含混的规定。对此应改进，应该在付款期限与付款金额等方面加以明确规定。

总之，对容易出现歧义的术语等合同相关内容，需在合同的“名词定义”部分解释清楚，应用相关方都理解的语言解释清楚，而且要符合 SMART 原则（S 就是 Specific，要具体；M 就是 Measurable，可衡量；A 是 Attainable，可实现；R 是 Relevant，与项目目标相关联；T 是 Time bounding，有时限，要规定什么时间内完成）。

（1）对合同中质量条款应具体订明规格、型号和适用的标准等，避免合同订立后因为适用标准是采用国家、地方、行业还是其他标准等问题产生纠纷。

（2）对于合同中需要变更、转让和解除等内容也应详细说明。

（3）如果合同有附件，对于附件的内容也应精心准备，并注意保持与主合同一致，不要相互之间产生矛盾。

（4）对于既有投标书，又有正式合同书、附件等包含多项内容的合同，要在条款中列明适用顺序。

（5）为避免合同纠纷，保证合同订立的合法性、有效性，当事人可以将签订的合同拿到公证机关进行公证。

（6）避免方案变更导致工程变更，从而引发新的误解。

（7）注意合同内容的前后一致性。

（8）组织之间也可能产生误解。例如，单位之间因理解不同、沟通不畅、传递层次太多而产生误解。合同在同一单位不同部门之间传递时也会走样，同一部门或同一项目人员流动也会造成新人、旧人、外人对合同的不同理解。

4．关于合同不明确情况的处理

如果遇到合同不明确的情况时该怎么办呢？《合同法》第六十一条明确规定，对于合同不明确的情况，应当先协商，达成补充协议。不能达成补充协议的，依照合同有关条款或交易习惯确定。如果依此不能明确有关条款的含义，那就要用《合同法》第六十二条来解决。第六十二条是针对那些常见的条款和质量、价款、履行地点、履行方式等约定欠缺或不明确所提供的一个法定硬标准，是确定当事人义务的法定依据。

（1）当事人对标的物的质量要求不明确的，按国家标准和行业标准。没有这些标准的，按产品通常标准或符合合同目的的标准执行。

（2）履行地点不明确时，按标的性质不同而定：接受货币在接受方，交付不动产的在不动产所在地，其他标的在履行义务方所在地。履行地在法律上具有非常重要的意义，它可以确定由谁负担，货物的所有权何时何处转移，货物丢失风险由谁承担等，在诉讼中，也是确定管辖权的重要依据，所以签订合同对履行地条款要特别注意。

（3）履行期限不明的，债务人可随时履行，债权人可随时要求履行，但应给对方必要的准备时间。在这里特别提醒债权人要注意诉讼时效（我国民事诉讼的一般诉讼时效为两年），关于随时履行受不受诉讼时效的制约目前仍有争议，不过最好在诉讼时效以内主张权利。

（4）履行费用负担不明确的，由履行义务一方负担。履行费用是履行义务过程中各种附随发生的费用。在合同中应该考虑各种费用的分担，如果没有约定，视为由履行义务一方承担。

以上关于处理各种条款不明情况的法定标准，是根据长期交易形成的规律确定下来的，不管对谁有利和不利，都得按这个规定去履行。当然，最好还是把合同条款定得明确且严密，以免造成不必要的损失。

13.4 项目合同管理

13.4.1 合同管理及作用

合同管理是管理建设方与承建方（委托方与被委托方，买方与卖方）的关系，保证承建方的实际工作满足合同要求的过程。信息系统集成项目的合同管理是指对与工程的策划、咨询、设计、开发、实施、服务及保障等有关的各类合同，对从合同条件的拟定、协商、签署，到执行情况的检查和分析等环节进行组织管理的工作。当承建方由多家集成商组成时，合同管理的一个重要方面就是管理参与承建的各个承包商之间的关系。合同关系的法律性质要求项目管理团队必须十分清楚地意识到管理过程中所采取各种行动的法律后果。

合同管理包括在处理合同关系时使用适当的项目管理过程，并把这些过程的结果综合到该项目的整合管理中。合同管理有如下 3 个主要作用。

（1）合同确定了信息系统实施和管理的主要目标，是合同双方在工程中各种经济活动的依据。

（2）合同规定了双方的经济关系，包括实施过程中的经济责任、利益和权利。

（3）合同是监理的基本依据，利用合同可以对工程进度、质量和成本实施管理和控制。

13.4.2　合同管理的主要内容

加强合同管理对于提高合同水平、减少合同纠纷、进而加强和改善建设单位和承建单位的经营管理、提高经济效益，都具有十分重要的意义。它主要包括合同签订管理、合同履行管理、合同变更管理以及合同档案管理。作为一个重要的管理过程，合同管理有自己的依据、工具和技术，以及交付物。

1．合同签订管理

1）签订合同的前期调查

每一项合同在签订之前，应当做好以下几项工作。

（1）应当做好市场调查。主要了解产品的技术发展状况、市场供需情况和市场价格等。

（2）应当进行潜在合作伙伴或者竞争对手的资信调查，准确把握对方的真实意图，正确评判竞争的激烈程度。

（3）了解相关环境，做出正确的风险分析判断。

2）合同谈判和合同签署

谈判就是在社会生活中，人们为了协调彼此之间的关系，满足各自的需要，通过协商而争取达成一致意见的行为和过程。合同谈判的结果决定了合同条文的具体内容。因此，必须重视签订合同之前的谈判工作。谈判要注意如下 3 个问题。

（1）要制定切合实际的谈判目标。

（2）要抓住实质问题。只有抓住了问题的实质和关键，才能衡量谈判的难度和距离，适当调整谈判策略。

（3）营造一个平等协商的氛围。

2．合同履行管理

1）合同执行

我国《合同法》第八条规定："依法成立的合同，对当事人具有法律约束力。当事人应当按照约定履行自己的义务，不得私自变更或者解除合同。依法成立的合同，受法律保护。"有效的合同是当事人遵守的行为准则和合法性根据。对于执行过程中出现的问题，本着合同签署前的谈判精神和客观情况，按照共赢和互利的原则尽快解决。

2）合同纠纷处理

由于客观情况的变化和理解沟通等方面的原因，出现合同纠纷是正常的现象。当纠纷出现后，一定要对纠纷性质进行客观和全面的评价，包括纠纷产生的原因、现状、后果和影响等方面都要考虑。合同纠纷的处理方式主要有：对于缺乏诚信的欺诈，一定要义正词严地予以反击；该仲裁和诉讼的，要尽快收集资料进入法定程序；对于合同诈骗，尽早报案是维护权利的关键；对于能补救的纠纷，要采取积极的应对措施；变更合同、终止合同都是法律赋予合同当事人的权利。

3．合同变更管理

在大量的工程实践中，由于合同双方现实环境和相关条件的变化，往往会出现合同变更，而这些变更必须根据合同的相关条款进行适当地处理。如果某一方不理解合同条款，或不严格执行合同条款，那么该方会付出额外的代价以完成额外的工作任务。

合同变更的处理由合同变更控制系统来完成。合同变更控制系统包括文书记录工作、跟踪系统、争议解决程序以及各种变更所需的审批层次。合同变更控制系统是项目整体变更控制系统的一部分。任何合同的变更都是以一定的法律事实为依据来改变合同内容的法律行为。

有多种因素会导致合同变更，例如范围变更、成本变更、进度变更、质量要求的变更甚至人员变更都可能会引起合同的变更，乃至重新修订。

对于任何变更的评估都应该有变更影响分析。例如，变更将如何影响所采购产品及服务的范围、进度、质量等，这些影响会不会传递到项目的其他部分？

变更申请、变更评估和变更执行等必须以书面形式呈现。

合同变更在某种意义上，还应该包括合同的转让和解除，这要视合同实际执行情况而定。这两种变更需要合同双方当事人协商一致，才可以协议执行。如有重大争议，可以通过法律或仲裁手段解决。

按照合同签约各方的约定，合同变更控制系统的一般处理程序如下：

（1）变更的提出。合同签约各方都可以向监理单位（或变更控制委员会）提出书面的合同变更请求。

（2）变更请求的审查。合同签约各方提出的合同变更要求和建议，必须首先交由监理单位（或变更控制委员会）审查后，提出合同变更请求的审查意见，并报业主。

（3）变更的批准。监理单位（或变更控制委员会）批准或拒绝变更。

（4）变更的实施。在组织业主与承包人就合同变更及其他有关问题协商达成一致意见后，由监理单位（或变更控制委员会）正式下达合同变更指令，承包人组织实施。

“公平合理”是合同变更的处理原则，变更合同价款按下列方法进行。

（1）首先确定合同变更量清单，然后确定变更价款。

（2）合同中已有适用于项目变更的价格，按合同已有的价格变更合同价款。

（3）合同中只有类似于项目变更的价格，可以参照类似价格变更合同价款。

（4）合同中没有适用或类似项目变更的价格，由承包人提出适当的变更价格，经监理工程师和业主确认后执行。

4．合同档案管理

合同档案的管理，即合同文件管理，是整个合同管理的基础。它作为信息系统项目管理的组成部分，是被统一整合为一体的一套具体的过程、相关的控制职能和自动化工具。项目经理使用合同档案管理系统对合同文件和记录进行管理。该系统用于维持合同文件和通信往来的索引记录，并协助相关的检索和归档。合同文本是合同内容的载体。对合同文本进行管理既是档案法的要求，也是企业自身的需要。合同文本管理还包括正本和副本管理、合同文件格式等内容。在文本格式上，为了限制执行人员随意修改合同，一般要求采用计算机打印文本，手写的旁注和修改等不具有法律效力。

13.5　项目合同索赔处理

合同索赔是工程建设项目中常见的一项合同管理的内容，同时也是规范合同行为的一种约束力和保障措施。

13.5.1　索赔概念和类型

索赔是在工程承包合同履行过程中，当事人一方由于另一方未履行合同所规定的义务而遭受损失时，向另一方提出赔偿要求的行为。

在实际工作中，“索赔”是双向的，建设单位和承建单位都可以提出索赔要求。通常情况下，索赔是指承建单位在合同实施过程中，对非自身原因造成的工程延期、费用增加而要求建设单位给予补偿损失的一种权利要求。而建设单位对于属于承建单位应承担责任造成的，且发生了实际损失的，向承建单位要求赔偿，称为反索赔。索赔的性质属于经济补偿行为，而不是惩罚。索赔在一般情况下都可以通过协商方式友好解决，若双方无法达成一致时，可通过仲裁或者诉讼解决。

索赔可以从不同的角度、按不同的标准进行以下分类，常见的分类方式有按照索赔的目的分类，按索赔的依据分类，按索赔的业务性质分类和按索赔的处理方式分类等。

1．按索赔的目的分类

按该方式可分为工期索赔和费用索赔。工期索赔就是要求业主延长施工时间，使原规定的工程竣工日期顺延，从而避免了违约罚金的发生；费用索赔就是要求业主或承包商双方补偿费用损失，进而调整合同价款。

2．按索赔的依据分类

按该方式可分为合同规定的索赔和非合同规定的索赔。合同规定的索赔是指索赔涉及的内容在合同文件中能够找到依据，业主或承包商可以据此提出索赔要求。这种索赔不太容易发生争议；非合同规定的索赔是指索赔涉及的内容在合同文件中没有专门的文字叙述，但可以根据该合同某些条款的含义，推论出一定的索赔权。

3．按索赔的业务性质分类

按该方式可分为工程索赔和商务索赔。工程索赔是指涉及工程项目建设中施工条件或施工技术、施工范围等变化引起的索赔事项，一般发生频率高，索赔费用大；商务索赔是指实施工程项目过程中的物资采购、运输和保管等方面引起的索赔事项。

4．按索赔的处理方式分类

按该方式可分为单项索赔和总索赔。单项索赔就是采取一事一索赔的方式，即按每一件索赔事项发生后，报送索赔通知书，编报索赔报告，要求单项解决支付，不与其他的索赔事项混在一起。总索赔，又称综合索赔或一揽子索赔，即对整个工程（或某项工程）中所发生的数起索赔事项，综合在一起进行索赔。

13.5.2 索赔构成条件和依据

1．合同索赔构成条件

合同索赔的重要前提条件是合同一方或双方存在违约行为和事实，并且由此造成了损失，责任应由对方承担。对提出的合同索赔，凡属于业主也无法预见到的客观原因造成的延期，如特殊反常天气达到合同中特殊反常天气的约定条件、地震等，承包商可能得到延长工期补偿，但得不到费用补偿。对于属于业主自身方面的原因造成拖延工期的，不仅应给承包商延长工期，还应给予费用补偿。

2．合同索赔依据

索赔必须以合同为依据。根据我国有关规定，索赔应依据下面内容。

（1）国家有关的法律如《合同法》、行政法规和地方法规。

（2）国家、部门和地方有关信息系统工程的标准、规范和文件。

（3）本项目的实施合同文件，包括招标文件、合同文本及附件。

（4）有关的凭证，包括来往文件、签证及更改通知、会议纪要、进度表、产品采购等。

（5）其他相关文件，包括市场行情记录、各种会计核算资料等。

13.5.3 索赔的处理

1．索赔流程

在整个索赔过程中，遵循的原则是索赔的有理性、索赔依据的有效性、索赔计算的正确性。

项目发生索赔事件后，一般先由监理工程师调解，达成索赔认可共识，索赔认可遵循的一般流程如图 13-1 所示。

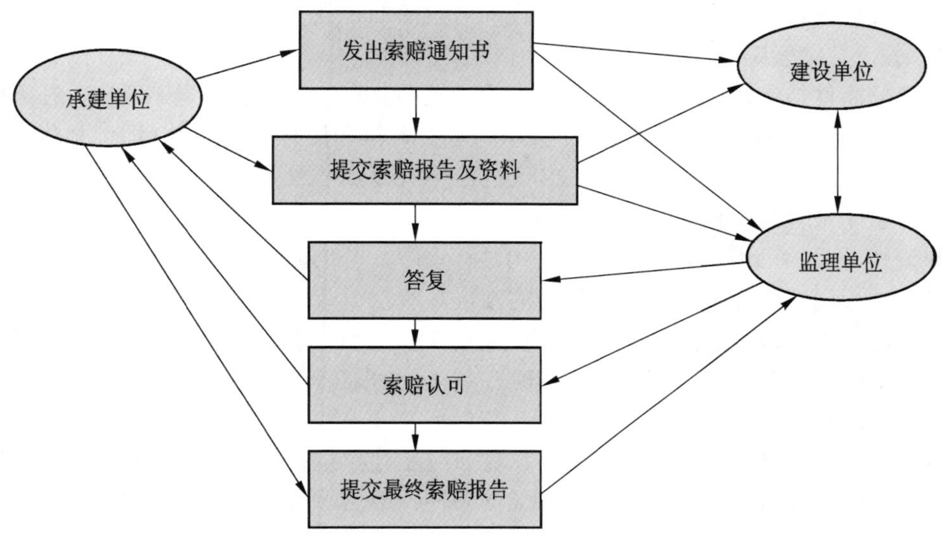

图 13-1　索赔流程

1）提出索赔要求

在知道或应当知道索赔事项发生后 28 天内，索赔方应以书面的索赔通知书形式，向监理工程师正式提出索赔意向通知。

2）报送索赔资料

在索赔通知书发出后的 28 天内，索赔方应向监理工程师提出延长工期和（或）补偿经济损失的详细索赔报告及有关资料。索赔报告的内容主要有总论部分、根据部分、计算部分和证据部分。

索赔报告编写的一般要求如下。

（1）索赔事件应该真实。

（2）责任分析应清楚、准确、有根据。

（3）充分论证事件给索赔方造成的实际损失。

（4）索赔计算必须合理、正确。

（5）文字要精炼、条理要清楚、语气要中肯。

3）监理工程师答复

监理工程师在收到索赔方送交的索赔报告及有关资料后，应于 28 天内给予答复，或要求索赔方进一步补充索赔理由和证据。

监理工程师逾期答复后果：监理工程师在收到承包人送交的索赔报告及有关资料

后，28 天内未予答复或未对承包人作进一步要求，视为该项索赔已经得到认可。

4）索赔认可

如果索赔方或发包人均接受监理工程师对索赔的答复，即索赔获得认可。

5）关于持续索赔

当索赔事件持续进行时，索赔方应当阶段性向监理工程师发出索赔意向，在索赔事件终了后 28 天内，向监理工程师送交索赔的有关资料和最终索赔报告（即此报告主要出现在持续索赔的场合），工程师应在 28 天内给予答复或要求索赔方进一步补充索赔理由和证据。逾期末答复，视为该项索赔成立。

若调解不成，可由政府建设主管机构进行调解，若仍调解不成，则可由经济合同仲裁委员会进行调解或仲裁，仲裁委员会的裁决具有法律效力，但如果对仲裁结果不服，仍可以通过诉讼解决。也就是说，在上述第（3）步之后，索赔方或发包人不能接受监理工程师对索赔的答复意见，即产生了索赔分歧，此时通常可考虑进入仲裁或诉讼程序。

2．索赔审核

监理工程师接到正式索赔报告后，认真研究承建单位报送的索赔资料。依据合同及涉及索赔原因的各条款内容，明确索赔成立条件，最后综合各种因素做出费用赔付和项目延期的决定。

3．索赔事件处理的原则

索赔是合同管理的重要环节。按照我国住建部、财政部下达的通用条款，规定按以下原则进行索赔。

（1）索赔必须以合同为依据。遇到索赔事件时，以合同为依据来公平处理合同双方的利益纠纷。

（2）必须注意资料的积累。积累一切可能涉及索赔论证的资料，做到处理索赔时以事实和数据为依据。

（3）及时、合理地处理索赔。索赔发生后，必须依据合同的相应条款及时地对索赔进行处理，尽量将单项索赔在执行过程中陆续加以解决。

（4）加强索赔的前瞻性。在工程的实施过程中，应对可能引起的索赔进行预测，及时采取补救措施，避免过多索赔事件的发生。

13.5.4 合同违约的管理

合同违约是指信息系统项目合同当事人一方或双方不履行或不适当履行合同义务，应承担因此给对方造成的经济损失的赔偿责任。对合同违约的管理主要包括对建设单位违约的管理、对承建单位违约的管理、对其他类型违约的管理。

1．对建设单位违约的管理

监理单位收到违约通知后，应积极调查、分析，根据合同文件要求，同建设单位和承建单位协商后，办理违约金的支付。常见的建设单位违约的情形包括：不按时支付项目预付款；不按合同约定支付项目款，导致实施无法进行；建设单位无正当理由不支付项目竣工款；不履行合同义务；违反工程合同设计部分的责任：违反工程合同实施部分的责任等。

2．对承建单位违约的管理

承建单位出现的违约事件主要包括：未按合同规定履行或不完全履行合同约定的义务，人为原因使项目质量达不到合同约定的质量标准；无视监理工程师的警告，忽视合同规定的责任和义务；未经监理工程师同意，随意分包项目或将整个项目分包出去等。

对承建单位违约可视以下两种情况进行处理。

（1）有质量问题，可要求承建单位无偿返工完善，由此造成逾期交工的，应赔偿逾期违约金。

（2）承建单位严重违约的，可部分或全部终止合同，并采取善后控制措施。

3．对其他类型违约的管理

（1）其他违约管理主要是指由于不可抗力的自然因素或非建设单位原因导致实施合同终止时，监理单位应按实际合同规定处理合同解除后的有关事宜。

（2）不可抗力事件结束后约定时间（如 48 小时）内承建单位向监理单位通报受害情况，及预计清理和修复费用。

（3）因不可抗力事件导致的费用及延误的工期由双方分别承担。

第 14 章　项目采购管理

项目采购管理是为完成项目工作，从项目团队外部购买或获取所需的产品、服务或成果的过程。

随着 IT 行业的快速发展和技术的不断进步，行业的分工更细，更加强调分工与合作。加之企业追求核心竞争力，对不具备竞争力的业务和产品采取采购的方式从市场上获得。规范的采购不仅能降低成本、增强市场竞争力，规范的采购管理还能为项目贡献“利润”。

项目采购管理对项目的成功至关重要。规范的项目采购管理要兼顾符合项目需要、经济性、合理性和有效性，可以有效降低项目成本，促进项目顺利实现各个目标，从而成功地完成项目。

14.1　采购管理的相关概念和主要过程

14.1.1　概念和术语

要对项目采购进行管理，首先必须清楚什么是采购？什么是合同？

1．什么是采购

采购是从项目团队外部获得产品、服务或成果的完整的购买过程。

在一次采购过程中，有卖方和买方双方参与或多方参与，他们的目标不同甚至产生冲突，各方在一定市场条件下依据有关法律相互影响和制约。通过依法、合法和标准化的采购管理，采购可以达到降低成本、增加项目利润的作用。

IT 项目采购的对象一般分为工程、产品/货物和服务三大类，有时工程或服务会以项目的形式通过招投标程序实施采购。

2．对采购的基本要求

采购必须要满足技术与质量要求，同时应满足经济性或价格合理的要求。

14.1.2　采购管理的主要过程

项目采购管理不仅包括合同管理和变更控制过程，也要执行合同中约定的项目团队应承担的合同义务。

采购管理包括如下几个过程。

（1）编制采购管理计划。决定采购什么，何时采购，如何采购，还要记录项目对于产品、服务或成果的需求，并且寻找潜在的供应商。

（2）实施采购。从潜在的供应商处获取适当的信息、报价、投标书或建议书。选择供方，审核所有建议书或报价，在潜在的供应商中选择，并与选中者谈判最终合同。

（3）控制采购。管理合同以及买卖双方之间的关系，监控合同的执行情况。审核并记录供应商的绩效以采取必要的纠正措施，并作为将来选择供应商的参考。管理与合同相关的变更。

（4）结束采购。完结单次项目采购的过程。

以上的 4 个采购管理过程，将在本章的 14.2～14.6 节中予以详细的介绍。这 4 个采购管理的过程彼此相互作用，并与其他知识领域中的过程相互作用。根据项目的实际情况，每一个过程可能需要一人、多人或者集体的共同努力。如果项目被划分成为阶段，每一个过程在项目中至少出现一次，并可在项目的一个或更多阶段中出现。虽然这几个过程在这里作为界限分明的独立过程，但在实践中，它们会重叠和彼此相互作用。

项目采购管理过程包括买方和卖方之间的法律文件——合同。一份合同代表一个对合同的各方有约束力的协议，规定卖方有义务提供指定的产品、服务或者成果，并规定买方有义务提供货币或者其他与受益价值相等的报酬。

一份采购合同包括条款与付款条件，以及买方所依赖的其他条款，以确定卖方需要完成的任务或提供的产品。项目管理团队的责任，是在遵守组织采购政策的同时确保所有采购产品满足项目的具体要求。在不同的应用领域，合同也可被称为协议、规定、分包合同或采购订单。大多数组织都有书面的政策和具体程序，具体规定了谁可以代表组织签署与管理协议。

虽然所有项目文件要经过某种形式的评审和审批，但鉴于合同的法律约束力，通常意味着合同要经过更为严格的审批过程。在任何情况下，评审和审批过程的主要目标是确保合同描述的产品、服务或者成果能够满足项目的需要。

在项目的早期，项目管理团队可以寻求合同、采购、法律和技术方面专家的支持。这种寻求的过程和方式可以由组织的政策来规定。

与项目采购管理过程有关的各种活动形成了一个合同的生命周期。通过积极地管理合同生命周期和细致地斟酌合同条款与条件的措词，一些可识别的项目风险能够得以避免、减轻或者转移给卖方。在管理或者分担潜在风险时，签订产品或者服务合同是转移责任的一种方法。

一个复杂的项目可以同时或按顺序管理多个合同或者分包合同。在这种情况下，每一个合同的生命周期可以在项目生命周期的任何阶段结束。项目采购管理是从买方-卖方的角度进行讨论的。对任何一个项目来说，买方-卖方关系存在于多个层面上，在采购组织的内部或外部的组织之间也存在。

基于不同的应用领域，卖方也被称为承包商、分包商、销售商、服务商或者供应商。基于项目采购周期中买方的不同位置，买方有时被称为顾客、客户、总承包商、承包商、采购组织、政府机构、服务需求方或者采购方。在合同生命周期中，卖方首先作为投标人，继而作为选中的卖方，之后作为合同的供应商或者销售商。

如果采购的不仅仅是货架上的材料、货物或通用产品，那么卖方常常将其作为一个项目来管理。在这种情况下：

（1）买方成为客户，从而成为卖方的一个关键的项目干系人。

（2）卖方的项目管理团队关注项目管理的所有过程，不仅仅是本知识领域内的这些过程。

（3）合同的条款与条件成为卖方许多管理过程的关键输入。合同实际上可以包含这些输入（例如主要的项目可交付物、关键的里程碑和成本目标），也可以限制项目团队的选择（例如在有的设计项目中，人员配备的决策往往要征得买主的同意）。

可以从两个角度讨论采购管理：项目所在的组织既可以是项目产品、服务或成果的买方，也可以是卖方。

本章假定项目的买方在项目团队内部，卖方在项目团队的外部。本章也假定在买方和卖方之间存在一种正式的合同关系。然而，本章大多讨论同样适用于非合同关系的部门之间的工作。

14.2 编制采购管理计划

受限于企业业务方向、人力资源、项目进度或者成本，有些产品、服务和成果，项目团队没有提供能力或提供的必要性，这时需要采购。有时即使能够自己提供，但购买比由项目团队完成更合算。所以编制采购管理计划过程的第一步是要确定项目的哪些产品、服务和成果是项目团队自己提供合算，还是通过采购来满足更为合算。如果需采购还要确定采购的方法和流程以及找出潜在的卖方，以确定采购多少、何时采购，并把这些结果都写到项目采购管理计划中。

为了实施项目，项目采购项目团队外部的产品、服务和成果时，每一次采购都要经历从编制采购管理计划到完成采购的合同收尾过程。

编制采购管理计划过程也包括考虑潜在的卖方，尤其是当买方希望在采购决定上施行某种程度的影响或者控制的时候，例如要考虑潜在的卖方应获得或持有法律、法规或者组织政策要求的相关的资质、许可和专业执照。

在编制采购管理计划过程期间，项目进度计划对采购管理计划有很大的影响。制订项目采购管理计划过程中做出的决策也能影响项目进度计划，并且与制订进度、活动资源估算、“自制/外购”决定过程相互作用。

编制采购管理计划过程应该考虑与每一个“自制/外购”决定关系密切的风险，还要考虑评审合同的类型以减轻风险或把风险转移到卖方。

总之，编制采购管理计划时，在其他计划可以得到的情况下，需要考虑的内容通常有成本估算、进度、质量管理计划、现金流预测、可识别风险和计划的人员配备等。

14.2.1　编制采购管理计划的输入、输出

1．输入

为了保证采购管理计划的可执行性和有效性，需要下面的依据作为本过程的输入。

1）项目管理计划

项目管理计划描述了项目的需要、合理性、需求和当前边界。它包括但不限于范围基准中的以下内容。

（1）范围说明书。项目范围说明书包含产品范围描述、服务描述和成果描述、项目可交付物的清单、验收标准以及可能影响成本估算的技术问题等重要信息。而约束因素有交付日期、可用的熟练员工和组织政策。

（2）工作分解结构（WBS）。项目的 WBS 为项目的基本组成单元、项目可交付物和它们之间的关系提供直观的图形描述。

（3）WBS 词典。WBS 词典以及相关的工作说明书描述了项目可交付物与 WBS 基本组成单元之间的对应关系。

总之范围基准描述了项目的需求、依据、要求和当前的边界。

项目章程也为项目指明了方向，在编制采购管理计划时也可以用来作为参考。

2）需求文档

项目干系人的需求文档可以包括如下内容。

（1）制定采购管理计划时，需要考虑的有关项目需求的重要信息。

（2）合同和法律方面的要求可能包括健康、安全、安全设施、绩效、环境、保险、知识产权、平等就业机会、许可证和许可等。所有这些在制订采购管理计划时，都要考虑到。

3）风险登记册

风险登记册列出了风险清单，以及风险分析等其他风险管理过程的相关结果。

在实施风险管理其他过程时，可能会引起风险登记册的更新。

风险登记册包括与风险相关的信息，如已识别的风险、风险的成因、风险所有者、风险分析结果、风险的优先级、风险的分类和风险应对措施。

例如在签订合同时也要考虑风险因素，与合同风险相关的内容包括保险、合作、服务和其他条款，这样的话一旦发生风险时可以明确各方应承担的具体责任。

因此在编制采购管理计划中，必须考虑风险因素。

4）活动资源要求

活动资源要求里有对人员、设备或地点的具体需求的信息，可以使用活动资源要求进行活动成本估算，进而判断有关的项目工作是自制合算还是外购合算。

5）项目进度

项目进度里包含要求的时间期限或者交付日期的信息。

6）活动成本估算

对需采购的项目工作进行活动成本估算，可以得出这次采购的底价，这个底价既可以用作“自制/外购”比较的基础，也可以用来评价潜在卖方提交的投标书或建议书的合理性。

7）干系人登记册

干系人登记册里，有项目参与者及其在项目中的利益的详细信息。

8）事业环境因素

影响编制采购管理计划过程的事业环境因素包括但不限于如下内容：

（1）市场条件；

（2）可从市场获得的产品、服务和成果；

（3）潜在的供应商情况，包括其以往绩效或声誉；

（4）可从市场得到的产品服务和成果、供应商、供应商过去的绩效，以及它们的绩效是基于什么样的条款与条件；

（5）项目实施地的独特要求。

9）组织过程资产

影响编制采购管理计划过程的组织过程资产包括但不限于如下内容。

（1）正式的采购政策、程序和方针。大多数组织有正式的采购政策和采购部门。 当没有这样的采购支持时，项目团队不得不想办法来自己执行采购活动。

（2）用于制订采购管理计划和选择合同类型的管理系统。

（3）基于过去的经验，组织与以往有资格的卖方建立起的多层次的供货商系统。

项目实施组织使用的各种合同协议类型也会影响到编制采购过程中的决策。

使用的合同类型和具体的合同条款与条件，将界定买方和卖方各自承担的风险程度。

一般来说，可把合同分成三种，即总价合同、成本补偿合同和工料合同。前两种比较常用，第三种工料合同实际上是前两种合同的混合。

下面把这些合同分开来讨论，但在实践中，一次采购任务里，合并使用两种甚至更多种合同类型的情况也并不罕见。

1）总价合同

这种合同为既定产品或服务的采购设定一个总价。

如果要跟项目执行的绩效挂钩，总价合同还可以细分，例如可以为达到或超过项目目标（如进度交付日期、成本和技术绩效，或其他可量化、可测量的目标）时，给予奖励。否则就要从总价合同里扣减，甚至承担相应的违约赔偿责任。

采用总价合同，买方必须准确定义要采购的产品或服务。虽然允许范围变更，但范围变更通常会导致合同价格提高。

总价合同，进一步细分为：固定总价合同和变动总价合同两种。变动总价合同可以进一步划分为总价加激励费用合同（FPIF）和总价加经济价格调整合同（FP-EPA）。

（1）固定总价合同（FFP）

FFP 是最常用的合同类型，也叫总包合同。

这类合同为定义明确的产品或服务规定一个固定的总价。固定总价合同也可以包括为了实现或者超过规定的项目目标（如交货日期、成本和技术绩效以及能被量化和测量的任何任务）而采取的激励措施。固定总价合同下的卖方依法执行合同，如果达不到合同要求他们可能会遭受经济损失。

固定总价合同下的买方必须准确规定所采购的产品或者服务。虽允许买方一定程度的工作范围的变更，但通常要增加买方的成本。

但因合同履行不好而导致的任何成本增加都由卖方负责。

在这种合同中，卖方（乙方或承包商）承担了超过合同约定的“固定总价”以外的项目造价，总之卖方 100%承担了成本超支的风险。

这种合同的特点是：范围确定。买方占主导强势地位的时候，多使用此种合同。

对卖方（乙方）来说，卖设备时使用此种合同，固定总价合同最简单的形式就是一个采购单。

对具有如下特点的工程项目来说，卖方可以签订固定总价合同：

① 工程量小、工期短（一般为 1 年以内）、估计在施工过程中环境因素变化小，工程条件稳定并合理；

② 工程设计详细，图纸完整、清楚，工程任务和范围明确；

③ 工程结构和技术简单，风险小；

④ 投标期相对宽裕，承包商可以有充足的时间详细考察现场、复核工程量，分析招标文件，拟定施工计划；

⑤ 目标和验收标准明确。

（2）总价加激励费用合同（FPIF）

这种总价合同为买方和卖方都提供了一定的灵活性，在执行合同时它允许有一定的绩效偏离，并在实现或超过既定目标时给予财务奖励。通常，财务奖励都与卖方执行合同的成本、进度或技术绩效有关。绩效目标一开始就要在合同里制定好，而最终的合同价格要在全部工作结束后根据卖方绩效加以确定。

在 FPIF 合同中，要设置一个价格上限，卖方必须完成工作并且要承担高于上限的全部成本。

（3）总价加经济价格调整合同（FP-EPA）

如果卖方履约要跨越相当长的周期例如不少于 2 年，就应该使用本合同类型。如果买卖方之间要维持长期关系，也可以采用这种合同类型。它是一种特殊的总价合同，允许根据条件变化（如通货膨胀、某些特殊商品的成本增加或降低），以事先确定的方式对合同价格进行最终调整。

EPA 条款必须规定用于准确调整最终价格的、可靠的财务指数。

FP-EPA 合同试图保护买方和卖方免受外界不可控情况的影响。

2）成本补偿合同

此类合同向卖方支付为完成工作而发生的全部合法实际成本（就是实际成本实报实销），除此之外还向卖方支付一笔费用作为卖方的人工费用以及合理的利润。

成本补偿合同也可为卖方超过或低于预定目标（如成本、进度或技术绩效目标）而规定财务奖励条款。如果没有达到目标，也要从卖方的费用里扣除相应的款项。

最常见的 3 种成本补偿合同是：成本加固定费用合同（CPFF）、成本加激励费用合同（CPIF）和成本加奖励费用合同(CPAF)。

如果工作范围在开始时无法准确定义，从而需要在以后进行调整，或者项目工作存在较高的风险，就可以采用成本补偿合同，使项目具有较大的灵活性，以便重新安排卖方的工作。

（1）成本加固定费用合同（CPFF）

为卖方报销履行合同工作所发生的一切可列支成本，并向卖方支付一笔固定费用，该费用以项目初始成本估算的某一百分比计算。费用只能针对已完成的工作来支付，并且不因卖方的绩效而变化。除非项目范围发生变更，费用金额维持不变。

（2）成本加激励费用（CPIF）

为卖方报销履行合同工作所发生的一切可列支成本，并在卖方达到合同规定的绩效目标时，向卖方支付预先确定的激励费用。

在 CPIF 合同中，如果最终成本低于或高于原始估算成本，则买方和卖方需要根据事先商定的成本分摊比例来分享节约部分或分担超出部分。例如，基于卖方的实际成本，甲乙双方按照 80（甲）/20（乙）的比例分担（分享）超过（低于）目标成本的部分。

（3）成本加奖励费用（CPAF）

为卖方报销履行合同工作所发生的一切合法成本，但是只有在满足了合同中规定的某些笼统、主观的绩效标准的情况下，才能向卖方支付大部分费用。完全由买方根据自己对卖方绩效的主观判断来决定奖励费用，并且卖方通常无权申诉。

（4）成本加成本百分比

卖方的实际项目成本，买方报销。卖方的费用以实际成本的百分比来计算。

卖方没有动力控制成本，因为成本越高相应的费用也越高。

在有些国家、有些行业，这类合同是非法的。

这样的合同也叫成本加酬金合同（CPF），卖方占主导强势地位的时候（比如处于垄断地位），多使用此种合同。

3）工料合同（T&M）

工料合同是包含成本补偿合同和固定总价合同的混合类型。 当不能迅速确定准确的工作量或者工作说明书时，工料合同适用于动态增加人员、专家或其他外部支持人员等情况。

在时间紧急的情况下，选择工料合同比较稳妥。

这种合同与成本补偿合同的相似之处在于，它们都是开口合同，合同价因成本增加而变化。在授予合同时，买方可能并未确定合同的总价值和采购的准确数量。因此，如同成本补偿合同，工料合同的合同价值可以增加。很多组织会在工料合同中规定最高价格和时间限制，以防止成本无限增加。另一方面，由于合同中确定了一些参数，工料合同又与固定单价合同相似。当买卖双方就特定资源类别的价格（如高级工程师的小时费率或某种材料的单位费率）取得一致意见时，买方和卖方就预先设定了单位人力或材料费率（包含卖方利润）。

2．输出

编制采购管理计划过程的主要成果之一是采购管理计划，具体的采购活动将依据采购管理计划进行。

1）采购管理计划

采购管理计划描述从形成采购文件到合同收尾的采购过程。采购管理计划内容包括如下方面。

（1）拟采用的合同类型；

（2）风险管理事项；

（3）是否采用独立估算作为评估标准，由谁来准备独立估算、何时进行独立估算；

（4）如果项目的执行组织设有采购、合同或者发包部门，项目管理团队本身能采取哪些行动；

（5）标准的采购文件（如果需要的话）；

（6）如何管理多个供应商；

（7）如何协调采购与项目的其他方面，例如确定进度与绩效报告；

（8）可能对计划的采购造成影响的任何约束和假定；

（9）如何处理从卖方购买产品所需的提前订货期，并与他们一起协调项目进度制订过程；

（10）如何进行“自制/外购”决策，并与活动资源估算过程、制订进度计划过程联系起来；

（11）如何确定每个合同中规定的可交付成果的日期安排，并与进度制订过程、进度控制过程相协调；

（12）如何确定履约保证金或者保险合同，以减轻项目的风险；

（13）如何为卖方提供指导，以帮助其制订与维护工作分解结构；

（14）如何确定用于采购或合同工作说明书的形式和格式；

（15）如何识别通过资格预审的卖方；

（16）如何管理合同和评估卖方的衡量指标。

根据项目具体情况和需要，采购管理计划可以是正式的或非正式的，详细的或框架性的。采购管理计划是项目总体计划的分计划，对项目的采购管理具有重要的指导意义。

2）采购工作说明书

对所购买的产品、成果或服务来说，采购工作说明书定义了与合同相关的那部分项目范围。每个采购工作说明书来自于项目范围基准。

采购工作说明书描述足够的细节，以允许预期的卖方确定他们是否有提供买方所需的产品、成果或服务的能力。这些细节将随采购物的性质、买方的需要或者预期的合同形式而变化。采购工作说明书描述了由卖方提供的产品、服务或者成果。

采购工作说明书中的信息有规格说明书、期望的数量和质量的等级、性能数据、履约期限、工作地以及其他要求。

采购工作说明书应写得清楚、完整和简单明了，包括附带的服务描述，例如与采购物品相关的绩效报告或者售后技术支持。在一些应用领域中，对于一份采购工作说明书有具体的内容和格式要求。每一个单独的采购项需要一个工作说明书。然而，多个产品或者服务也可以组成一个采购项，写在一个工作说明书里。

随着采购过程的进展，采购工作说明书可根据需要修订和更进一步地明确。

关于采购工作说明书的详细说明及样本，详见“14.2.3 工作说明书”。

3）采购文件

采购文件用来得到潜在卖方的报价建议书。当选择卖方的决定基于价格（例如当购买商业产品或标准产品）时，通常使用标书、投标或报价而不是报价建议书这个术语；如果主要依据其他考虑（如技术能力或技术方法）来选择卖方时，则通常使用建议书这个术语。

但人们经常交替使用这些术语，如果出现了这种情况就要搞清楚这些术语的真实含义。

买方采购文档的结构应便于潜在卖方提供精确的和完整的答复，也方便对标书的评价。这些文件应包括相关的工作说明书，对卖方答复形式的规定和其他必要的合同条款，如格式合同范本、保密条款等。政府部门的发包项目，采购文档的内容和结构可能由相应的法规来规定。

采购文件的详细程度与复杂程度应该与采购事项的价值和风险相关。采购文档应当足够严谨以确保卖方反馈的一致性和可比性，但也要具有一定的灵活性以允许任何卖方为满足相同的需求而提出的更好建议。

通常依据买方的政策，向潜在的卖方发布采购邀请，以得到卖方的建议书或报价。邀请的方式包括在公共报纸、期刊、公共登记机关或因特网上进行公告。

采购文件为未来实施采购、控制采购和结束采购等过程提供了依据。

常见的采购文件有方案邀请书（Request For Proposal，RFP）、报价邀请书（Request For Quoting，RFQ）、征求供应商意见书（Request For Information，RFI）、投标邀请书（Invitation For Bid，IFB）、招标通知、洽谈邀请以及承包商初始建议征求书。

（1）方案邀请书

方案邀请书是用来征求潜在供应商建议的文件，有人称 RFP 为请求建议书，下面给出其格式示例(假定采购对象为项目产品的某个子系统,此时就是把该子系统外包出去)。

第一部分：前言

1.1　公司情况介绍

1.2　子项目的背景与目标

1.3　相关项目简要介绍

第二部分：RFP 综述

2.1　发布本 RFP 的目的

2.2　保密要求

2.3　答复规则（供应商答复的建议书必须按照一定的买方要求编写）

2.4　进度的里程碑计划

第三部分：子项目综述（本部分内容简要介绍了与子项目有关的更为详细的基础信息，为供应商编写建议书提供依据）

3.1　业务目标

3.2　范围

3.3　计划进度配合要求

3.4　现有 IT 基础、工具、标准介绍

第四部分：建议书编写要求

第五部分：联系人与联系方式

（2）报价邀请书

报价邀请书是一种主要依据价格选择供应商时，用于征求潜在供应商报价的文件。一般项目执行组织多在涉及简单产品的招标中使用 RFQ。有人称 RFQ 为请求报价单。最简单的一种形式就是报价单，下面给出其格式示例。

买方名称、联系人、联系方式

产品名称

型号

规格（参数）

单位、单价、数量、合计总价

批发价格/折扣/税金

送货方式/时间

付款方式/时间

（3）询价计划编制过程常用到的其他文件

除方案邀请书、报价邀请书外，用于不同类型采购的文件还包括征求供应商意见书、投标邀请书、招标通知、洽谈邀请以及承包商初始建议征求书。具体使用的采购术语可根据采购的行业和地点而变化。

这些文件都在编制采购管理计划阶段使用，具体的用法如下。

RFI 用来征求供应商意见，以使需求明确化。如果需求很明确，则用方案邀请书，征求供应商的建议书（Proposal）。招标或要求供应商报价前，使用报价邀请书，以作为招标底价及比价的参考（前提是给所有供应商的报价格式都是一样的，如果不一样，则无法比较，也失去了意义）。随着这些过程的进展，需求不明确及预算不精确的风险被大大降低。

4）供方选择标准

这个标准用于从潜在的卖方中选择符合要求的、合格的卖方。

评估标准用来评价卖方的建议书或为其评分，评估标准可以是客观的（例如，要求推荐使用的项目经理具有工业和信息化部的项目经理资质证书），也可以是主观的（例如，要求推荐使用的项目经理具有管理类似项目的经验）。常常将评估标准作为采购文件的一部分。

如果采购物品很容易从若干个渠道获得，这些渠道提供的物品又是同质的，评估标准可仅限于采购价格。此时，采购价格包括采购物品的成本、采购费用如运费等。

对于更加复杂的产品或服务的评估，应制定相应的评估标准。这些评估标准的例子如下。

（1）对于需求的理解。卖方的建议书对采购工作说明书的响应情况如何？

（2）总成本或者全生命周期成本（包括建设成本与运营成本）。卖方的总成本是否最低（总成本=采购成本+运营成本）？

（3）技术能力。卖方是否具有所需的技能和知识，或者能否让买方相信具有所需的技能和知识？

（4）风险。工作说明书中含有多少风险？卖方能承担多少风险？卖方能化解多少风险？

（5）管理方案。卖方是否具备，或者是否有理由让买方相信能制定一套确保项目成功的管理过程和程序？

（6）技术方案。卖方建议的技术方法、具体技术、解决方案和服务是否满足采购文件的要求，或者卖方能提供比预期更好的结果。

（7）担保。卖方给最终产品的售后保证是什么？多长期限？

（8）财务实力。卖方是否具有，或者是否有理由让买方相信能获得所需的财务资源？

（9）生产能力和兴趣。卖方是否有能力和兴趣满足潜在的未来的需求？

（10）业务规模和类型。卖方企业是否符合一种买方定义的或政府规定的作为中标条件的业务规模和类型，例如具有系统集成资质二级、金融行业为主营业务的企业才能参加投标。

（11）卖方过去的业绩。卖方过去的经验有哪些？

（12）证明文件。卖方能提供的来自以前客户的证明有哪些？以便证实卖方的工作经验，同时检验卖方是否符合合同的要求。

（13）知识产权。卖方在他们工作过程中、或者提供的服务中、或者项目生产的产品中是否要求知识产权？例如项目最终提交的软件版权归谁？

（14）所有权。卖方在他们工作过程中、或者提供的服务中、或者项目生产的产品中是否有所有权？

5）“自制/外购”决策

决定项目的哪些产品、服务或成果需要外购，哪些自制更为合适。在确定“自制/外购”的过程中，为了应对某些已被识别的风险，还要决定是买保险还是履约保证金。“自制/外购”的文档可以简单，只需列出决策的原因与依据即可。当后续的采购活动需要采用一个不同的途径时，可以参考使用这些决定。

如果决定自制，那么可能要在采购管理计划中规定组织内部的流程和协议。如果决定外购，那么要在采购管理计划中规定与产品或服务供应商签订协议的流程。

自制/外购决策、采购管理计划、采购工作说明书和供方选择标准，为“实施采购”过程提供了依据。

6）变更申请

编制采购管理计划时，关于购买产品、服务或资源的决策，通常会导致变更请求，从而可能引发项目管理计划的相应内容和其他分计划的更新。对申请的项目管理计划变更（增加、修改和修正）需要整体变更控制过程进行管理。

7）可能的项目文件更新

在编制询价计划过程中可能会发现，项目文件需要更新，这些文件包括但不限于：

（1）需求文件；

（2）需求跟踪矩阵；

（3）风险登记册。

14.2.2 用于编制采购管理计划过程的技术和方法

在编制采购管理计划的过程中，首先要确定项目的哪些产品、成果或服务自己提供更合算，还是外购更合算？这就是“自制/外购”分析，在这个过程中可能要用到专家判断、市场调研，最后也要组织相关会议才能确定采购管理计划、工作说明书和供方选择标准等。

1.“自制/外购”分析

在进行“自制/外购”分析时，有时项目的执行组织可能有能力自制，但是可能与其他项目有冲突或自制成本明显高于外购，在这些情况下项目需要从外部采购，以兑现进度承诺。

任何预算限制都可能是影响“自制/外购”决定的因素。 如果决定购买，还要进一步决定是购买还是租借。“自制/外购”分析应该考虑所有相关的成本，无论是直接成本还是间接成本。例如，在考虑外购时，分析应包括购买该项产品的实际支付的直接成本，也应包括购买过程的间接成本。

在进行“自制/外购”过程中也要确定合同的类型，以决定买卖双方如何分担风险。而双方各自承担的风险程度，则取决于具体的合同条款。

2．专家判断

经常用专家的技术判断来评估本过程的输入和输出。专家判断也被用来制订或者修改评价卖方建议书的标准。 专家法律判断可能要求律师协助处理相关的采购问题、条款和付款条件。这种专家具有行业和技术的专长，其判断可以运用于采购的产品、服务或者成果的技术细节以及采购管理过程的各个方面。专家可由具有专门知识、来自于多种渠道的团体和个人提供。包括：

（1）项目执行组织中的其他单位。

（2）顾问。

（3）专业技术团体。

（4）行业集团。

3．市场调研

市场调研包括考察行业情况和潜在供应商能力。项目的采购团队可以综合考虑从网络上的在线评论、展销会、研讨会、报纸、杂质以及其他各种渠道得到的信息，来了解市场情况。采购团队可能也需要考虑有能力提供所需材料或服务的潜在供应商的范围，权衡与之有关的风险，并优化具体的采购目标，尽可能利用成熟技术。

4. 会议

仅靠调研，而不与潜在投标人进行会议来交流信息，有时还不能获得制定采购决策所需的明确信息。与潜在投标人会议交流和合作，有利于这些供应商开发互惠的方案或产品，从而有助于产品、材料或服务的买方采购。

14.2.3　工作说明书

工作说明书（SOW）是对项目所要提供的产品、成果或服务的描述。对内部项目而言，项目发起者或投资人基于业务需要、产品或服务的需求提出工作说明书。内部的工作说明书有时也叫任务书。工作说明书包括的主要内容有前言、服务范围、方法、假定、服务期限和工作量估计、双方角色和责任、交付资料、完成标准、顾问组人员、收费和付款方式、变更管理等。工作说明书的格式之一如下。

（1）前言。对项目背景等信息作简单描述。

（2）项目工作范围。详细描述项目的服务范围，包括业务领域、流程覆盖、系统范围及其他等。

（3）项目工作方法。项目拟使用的主要方法。

（4）假定。项目进行的假定条件，具体内容需双方达成。

（5）工作期限和工作量估计。项目的时间跨度和服务期限，对于按人天计算费用的项目，需评估服务工作人天，并估算项目预算。

（6）双方角色和责任。分为供应商的职责和发包商的职责，并对关键角色的工作职责进行描述。

（7）交付件。列出项目的主要交付物的资料，并对交付件的内容与质量要求进行描述。

（8）完成以及验收标准。列出项目的完成标准和阶段完成标准，完成标准作为项目验收的依据内容。

（9）服务人员。列出供应商的人员名单及顾问资格信息。描述在什么情况下可进行供应商人员的变更。

（10）聘用条款。对聘用供应商人员的级别要求、经验要求及其他相关条款。

（11）收费和付款方式。项目的付款方式、费用范围和涉税条款等。

（12）变更管理。项目变更的管理过程、相关规定与约束条件等。

（13）承诺。双方承诺均已阅读，理解并同意遵循上述协议书及其条款的约束。而且双方同意，所提到的服务条款及其附件（包括工作说明书、变更授权以及双方协议中的任何独立完整的陈述），取代所有的建议书或其他在此之前的书面或口头协议等。

（14）保密。遵守保密协议（保密条款另行签署）。

签署接受

XXX 公司（供应商）　　　　　xxx 公司（发包商）

授权签名：__________　　　　授权签名：__________

姓名：_____ 日期：______　　　姓名：_________ 日期：______

职位：__________　　　　　　职位：____________

工作说明书与项目范围说明书的区别：工作说明书是对项目所要提供的产品或服务的叙述性的描述；项目范围说明书则通过明确项目应该完成的工作来确定项目的范围。

表 14-1 是一个工作说明书的样本。工作说明书应该清楚描述工作的具体地点、完成的预定期限、具体的可交付成果、付款方式和期限、相关质量技术指标、验收标准等内容。一份优秀的工作说明书可以让供应商对买方的需求有较为清晰的了解，便于供应商提供相应产品和服务。

表 14-1　XX 项目采购工作说明书样本

1-	采购目标的详细描述
2-	采购工作范围
—	详细描述本次采购各个阶段要完成的工作
—	详细说明所采用的软硬件以及功能、性能
3-	工作地点
—	工作进行的具体地点
—	详细阐明软硬件所使用的地方
—	员工必须在哪里和以什么方式工作
4-	产品及服务的供货周期
—	详细说明每项工作的预计开始时间、结束时间和工作时间等
—	相关的进度信息
5-	适用标准
……	
6-	验收标准
……	
7-	其他要求
……	

14.3 实施采购

实施采购过程要做的工作如下：

（1）从潜在的卖方处获取如何满足项目需求的答复，如投标书和建议书。通常在这个过程中由潜在的卖方完成大部分实际工作，项目或买方无需支付直接费用。

（2）接受多个潜在的卖方的标书或建议书后，运用供方选择标准选择一个或多个合适的卖方，并与选中的卖方签订合同。

在以下的行文中，有时我们把卖方称为承包商、供应商或提供商。

14.3.1　实施采购的输入

1．采购管理计划

采购管理计划记录了买什么、不买什么（自制）、什么时间买等信息，为整个采购过程的安排（从如何形成采购文件到合同收尾）提供了指南。

2．采购文件

采购文件来自潜在卖方，是他们的报价建议书。

3．供方选择标准

这个标准在编制采购管理计划过程中制订，用来评价卖方的建议书或为其评分。

供方选择标准可包括供方能力、交付日期、产品成本、生命周期成本、技术专长，以及拟使用的方法等。

4．卖方建议书

每一个卖方或者供方，在买方询价过程中都会提供建议书。

建议书提供评审的基本信息。评价小组将对其进行评价，来选择一个或多个中标人（卖方）。

5．项目文件

常用的项目文件包括风险登记册，以及准备的合同协议。准备的合同协议中又有与风险相关的合同决策，包括关于保险、服务和其他项目的协议，以明确特定风险发生时各方应承担的责任。

6．自制/外购决策

在项目管理团队决定外购时，先要分析需求、明确资源，再比较选择一个合适的采购策略。项目管理团队还要对外购产品还是自制产品进行评估。

影响自制或外购决策的因素可能包括：

（1）项目实施单位的核心能力；

（2）合格供应商所能提供的价值；

（3）用经济有效的方法实现需求的风险；

（4）项目实施单位内部能力与供应商能力的比较。

7．采购工作说明书

采购工作说明书规定了明确的工作目标、项目需求和所需结果，供应商们可据此做出量化应答。采购工作说明书是采购过程中的一个关键文件，可以根据需要进行修改，直至达成最终协议。关于工作说明书的详细说明，详见“14.2.3 工作说明书”。

8．组织过程资产

一些企业和项目执行组织把以前的合格供应商信息作为组织的过程资产予以保留，例如企业的 MIS 系统中就有供应商管理子系统，该子系统中保留所有供应商名单，可以直接从该子系统中获取相关供应商的历史记录、优势、劣势、经验和相关特点等信息。有的组织会维护一个优先卖方清单，只保留由某种资格审查方法筛选出来的卖方。

如果没有可用的清单，项目团队必须获取潜在的供应商信息。采购文件也可以发送给部分或全部潜在的供应商，以确定它们是否有兴趣成为潜在的合格供应商。最后把所有潜在的、合格的供应商信息记入供应商清单，并把该清单录入企业的信息系统，作为组织的过程资产予以保留，以备企业未来的项目共享使用。

总之，能够影响实施采购过程的组织过程资产包括但不限于：

（1）潜在的和以往的合格卖方清单；

（2）关于卖方以往相关经验的信息，包括正反两方面的信息；

（3）以前的协议。

在某些情况下，卖方可能已经在某种合同下开展工作（由买方出资或双方合资）。

在本过程中，买方和选中的卖方应该共同编制一份符合项目采购工作说明书需要的合同，并就最后的合同进行谈判。

14.3.2 实施采购的方法和技术

1．投标人会议

投标人会议（也称为发包会、承包商会议、供应商会议、投标前会议或竞标会议）是指在准备建议书之前与潜在供应商举行的会议。投标人会议用来确保所有潜在供应商对采购目的（如技术要求和合同要求等）有一个清晰的、共同的理解。对供应商问题的答复可能作为修订条款包含到采购文件中。在投标人会议上，所有潜在供应商都应得到同等对待，以保证一个好的招标结果。

2．建议书评价技术

对于复杂的采购，如果要基于卖方对既定加权标准的响应情况来选择卖方，则应该根据买方的采购政策，按正式的建议书评审流程对各个潜在卖方的建议书进行评价，建议书评价委员会将做出他们的选择，在授予合同之前，还要报管理层批准。

例如加权系统就是对定性数据的一种定量评价方法，以减少评定的人为因素对潜在卖方选择的不当影响。这种方法包括如下几个方面。

（1）对每一个评价项设定一个权重。

（2）对潜在的每个卖方，针对每个评价项打分。

（3）将各项权重和分数相乘。

（4）将所有乘积求和得到该潜在卖方的总分。如有多个评定人，则将每个评定人的总分汇总后取其平均值即可。

3．独立估算

对于很多采购事项而言，采购组织能够对其成本进行独立的估算以检查卖方建议书中的报价。如果报价与估算成本有很大差异，则可能表明合同工作说明书不适当、或者潜在卖方误解或没能完全理解和答复工作说明书、或者市场已经发生了变化。

独立估算常被称为“合理费用”估算。

4．专家判断

专家判断也可用来评价卖方建议书。可以组建一个多学科评审团队对建议书进行评价。团队中应包括采购文件和相应合同所涉及的全部领域的专家。可能需要各职能领域的专业人士，如合同、法律、财务、会计、工程、设计、研究、开发、销售和制造。

5．刊登广告

现有潜在供应商清单通常可以通过在报纸等通用出版物、专业出版物，或有关的网站上刊登广告加以扩充。在政府的某些管辖范围内，政府会要求对一些特定类型的采购事项做公开广告，同时大部分政府机构要求政府合同必须做公开广告。

6．分析技术

在采购时，应该以合理的方式定义需求，以便卖方能够通过要约为项目创造价值。分析技术有助于：

（1）了解供应商提供最终成果的能力（例如在卖方选择标准里增加技术能力指标、管理水平指标、财务指标，也可以考察卖方做出的工程项目）；

（2）确定符合预算要求的采购成本（看成本的构成及合理性）；

（3）避免因变更而造成成本超支（采用有利的合同类型、增加变更的规定）。

从而确保需求能够得以满足。

通过审查供应商以往的表现，项目团队可以发现风险较多、需要密切监督的领域，以确保项目的成功。

7．采购谈判

选中卖方后，在双方签订合同前，通过采购谈判可以澄清双方对合同结构和要求的理解，使双方达成一致意见。合同文本的最终版本应反映所有达成的协议。合同谈判的内容包括责任和权限、适用的条款和法律、技术和业务管理方法、所有权、合同融资、技术解决方案、总体进度计划、付款和价格。采购谈判过程以买卖双方签署文件（如合同、协议）为结束标志。最终合同一般是买方和卖方讨价还价的结果。

对于复杂的采购事项，合同谈判应是一个独立的过程，有自己的依据和成果。对于简单的采购事项合同，可以采用固定不变的、不可洽谈的条款和条件，只需要卖方的接受而不用漫长的谈判。

项目经理可以不是合同的主谈人。在合同谈判期间，项目管理团队可列席，并在需要时，就项目的技术、质量和管理要求进行澄清。

14.3.3 实施采购的输出

1．选中的卖方

依据供方选择标准，对各个卖方的建议书或投标书进行评价，选出最合适的一个或多个卖方。

经过谈判买方与卖方达成了合同草案，在批准签字之后，该草案就成为正式合同。对于较复杂、高价值和高风险的采购，在签字合同前需要得到卖方和买方各自单位的高级管理层的批准。

2．合同

因应用领域不同，合同也可称为协议、分包合同或订购单。

合同是平等主体的自然人、法人、其他组织之间设立、变更、终止民事权利义务关系的有法律约束力的协议。合同的要件有实质要件、形式要件和程序要件。

买方向每一个选中的卖方（供方）提供一份合同。根据采购的内容，合同可以是一个复杂的文件，也可以是一个简单采购单。无论如何，合同是一个对双方具有约束力的法律协议。卖方有提供指定产品、服务或成果的义务，买方则有支付合同款的义务。合同是一种可由法庭裁决的法律关系。

合同文件的主要部分包括但不限于：

（1）章节标题；

（2）工作说明书或可交付成果描述；

（3）进度基准、履约期限；

（4）角色和职责；

（5）价格和支付方式、通胀调整；

（6）验收标准；

（7）保修、产品支持；

（8）责任归属、违约处罚、奖惩办法；

（9）保险、履约保证金；

（10）分包许可；

（11）变更请求处理流程；

（12）终止条款和争议解决机制。

合同为控制采购过程提供了依据，也为卖方发布项目章程提供了输入。

3．资源日历

在资源日历中记录了已约定的资源的数量和可用性，以及具体的资源何时忙碌何时空闲。

资源日历为卖方项目估算活动资源、估算活动持续时间、制定进度计划、确定预算以及建设项目团队提供了依据。

4．变更请求

在实施采购的过程中，可能发现原来的项目计划有遗漏，或者市场条件发生了变化。此时可以提出对项目管理计划、子计划和其他组成部分的变更请求，并提交实施整体变更控制过程审查与处理。

5．项目管理计划更新

在实施采购的过程中，如果有变更，那可能要调整项目管理计划。项目管理计划中可能需要更新的内容包括但不限于：

（1）成本基准；

（2）范围基准；

（3）进度基准；

（4）沟通管理计划；

（5）采购管理计划。

6．项目文件更新

可能需要更新的项目文件包括需求文件、需求跟踪文件、风险登记册、干系人登记册。

14.4　招投标

本节的内容依据《中华人民共和国招标投标法》相关条款的规定、参考行业内的常规做法编制而成。

招投标是实施采购的一种常见形式。

14.4.1　招标人及其权利和义务

招标人是依照《中华人民共和国招标投标法》规定提出招标项目、进行招标的法人或者其他组织。

1．招标人的权利

招标人有如下权力。

（1）招标人有权自行选择招标代理机构，委托其办理招标事宜。招标人具有编制招标文件和组织评标能力的，可以自行办理招标事宜。

（2）自主选定招标代理机构并核验其资质条件。

（3）招标人可以根据招标项目本身的要求，在招标公告或者投标邀请书中，要求潜在投标人提供有关资质证明文件和业绩情况，并对潜在投标人进行资格预审；国家对投标人资格条件有规定的，应按照其规定。

（4）在要求提交投标文件截止时间至少 15 日前，招标人可以以书面形式对已发出的招标文件进行必要的澄清或者修改。该澄清或者修改内容是招标文件的组成部分。

（5）招标人有权也应当对在招标文件要求提交的截止时间后送达的投标文件拒收。

（6）开标由招标人主持。

（7）招标人根据评标委员会提出的书面评估报告和推荐的中标候选人确定中标人。招标人也可以授权评标委员会直接确定中标人。

2．招标人的义务

招标人有如下义务。

（1）招标人委托招标代理机构时，应当向其提供招标所需要的有关资料并支付委托费。

（2）招标人不得以不合理条件限制或者排斥潜在投标人，不得对潜在投标人实行歧视待遇。

（3）招标文件不得要求或者标明特定的生产供应者，以及含有倾向或者排斥潜在投标人的其他内容。

（4）招标人不得向他人透露已获取招标文件的潜在投标人的名称、数量，以及可能影响公平竞争的有关招标投标的其他情况。招标人设有标底的，标底必须保密。

（5）招标人应当确定投标人编制投标文件所需要的合理时间。但是，依法必须进行招标的项目，自招标文件开始发出之日起至提交投标文件截止之日止，最短不得少于 20 日。

（6）招标人在招标文件要求提交投标文件的截止时间前收到的所有投标文件，开标时都应当众予以拆封、宣读。

（7）招标人应当采取必要的措施，保证评标在严格保密的情况下进行。

（8）中标人确定后，招标人应当向中标人发出中标通知书，并同时将中标结果通知所有未中标的投标人。

（9）招标人和中标人应当自中标通知书发出之日起 30 日内，按照招标文件和中标人的投标文件订立书面合同。

14.4.2 招标代理机构

1．招标代理机构的法律地位

招标代理机构是独立于政府和企业之外的，为市场主体提供招标服务的专业机构，属于中介服务组织。它的招标代理资格需经国家招标投标主管机关的严格认证。

2．招标代理机构的权利和义务

在招标投标活动中，招标代理机构的权利和承担的义务分别如下。

1）招标代理机构的权利

（1）组织和参与招标活动。

（2）依据招标文件规定，审查投标人的资质。

（3）按规定标准收取招标代理费。

2）招标代理机构的义务

（1）维护招标人和投标人的合法利益。

（2）组织编制、解释招标文件。

（3）接受国家招标投标管理机构和有关行业组织的指导、监督。

14.4.3　招标方式

招标分为公开招标和邀请招标。

（1）公开招标：指招标人以招标公告的方式邀请不特定的法人或者其他组织投标。

（2）邀请招标：指招标人以投标邀请书的方式邀请特定的法人或者其他组织投标。

14.4.4　招投标程序

依据《中华人民共和国招标投标法》，招投标程序如下。

（1）招标人采用公开招标方式的，应当发布招标公告；招标人采用邀请招标方式的，应当向三个以上具备承担招标项目能力的、资信良好的特定的法人或者其他组织发出投标邀请书。

（2）招标人根据招标项目的具体情况，可以组织潜在投标人踏勘项目现场。

（3）投标人投标。

（4）开标。

（5）评标。

（6）确定中标人。

（7）订立合同。

14.4.5　投标

（1）投标人应当按照招标文件的要求编制投标文件。投标文件应当对招标文件提出的实质性要求和条件做出实质性响应。

（2）投标人应当在招标文件要求提交投标文件的截止时间前，将投标文件送达投标地点。

（3）投标人在招标文件要求提交投标文件的截止时间前，可以补充、修改或者撤回已提交的投标文件，并书面通知招标人。

（4）投标人根据招标文件载明的项目实际情况，拟在中标后将中标项目的部分非主体、非关键性工作进行分包的，应当在投标文件中载明。

两个以上法人或者其他组织可以组成一个联合体，以一个投标人的身份共同投标。

14.4.6　开标、评标和中标

1．开标

开标应当在招标文件确定的提交投标文件截止时间的同一时间公开进行；开标地点

应当为招标文件中预先确定的地点。开标由招标人主持，邀请所有投标人参加。开标时，由投标人或者其推选的代表检查投标文件的密封情况，也可以由招标人委托的公证机构检查并公证。经确认无误后，由工作人员当众拆封，宣读投标人名称、投标价格和投标文件的其他主要内容。在招标文件要求提交投标文件的截止时间前收到的所有投标文件，开标时都应当众予以拆封、宣读。开标过程应当记录，并存档备查。

2．评标

评标由招标人依法组建的评标委员会负责。依法必须进行招标的项目，其评标委员会由招标人的代表和有关技术、经济等方面的专家组成，评标委员会组成方式与专家资质将依据《中华人民共和国招标投标法》有关条款来确定。

评标委员会可以要求投标人对投标文件中含义不明确的内容做必要的澄清或者说明，但是澄清或者说明不得超出投标文件的范围或者改变投标文件的实质性内容。

评标委员会应当按照招标文件确定的评标标准和方法，对投标文件进行评审和比较；评标委员会完成评标后，应当向招标人提出书面评标报告，并推荐合格的中标候选人。招标人根据评标委员会提出的书面评标报告和推荐的中标候选人确定中标人。招标人也可以授权评标委员会直接确定中标人。

中标人的投标应当符合下列条件之一。

（1）能够最大限度地满足招标文件中规定的各项综合评价标准。

（2）能够满足招标文件的实质性要求，并且经评审的投标价格最低。但是，投标价格低于成本的除外。

3．中标

中标人确定后，招标人应当向中标人发出中标通知书，并同时将中标结果通知所有未中标的投标人。

招标人和中标人应当自中标通知书发出之日起 30 日内，按照招标文件和中标人的投标文件订立书面合同。招标人和中标人不得再行订立背离合同实质性内容的其他协议。

中标人应当按照合同约定履行义务，完成中标项目。

14.4.7 供方选择

前面的询价计划编制过程为供方选择过程提供了评估标准。除了使用采购成本或价格外，这个过程中还会使用综合评价标准。

价格对于现货供应、同质的物品可能是主要的决定因素。不过如果卖方不能及时供货的话，最低的价格并不能保证最低的成本。对于项目中产品子系统的采购（即外包、发包），或对服务的采购来说，针对供应商的技术方案和管理方案等，也可以考虑综合评价标准。表 14-2 是某项目对供应商的评价表。假定每个评价项满分为 10 分。表 14-2 中，针对“对需求的理解”的评价项，3 个评定人的打分分别为 6、6、9，平均为 7 分，最后 7 乘以权重比例 0.15，得到“对需求的理解”的单项综合分为 1.05，依此类推，每个供应商有一加权后的技术管理总分，加上价格方面的分数之后（原则是价格低应获得价格方面的高分），得到供应商的总分。对所有供应商的总分排序，以确定谈判顺序，然后选择一个卖方，并要求签订标准合同。

对于那些关键性采购应采用多渠道以规避风险（如送货不及时、不合质量要求等风险）。但更多渠道采购可能导致更高的采购成本。

表 14-2　某项目采购供应商的评价表

供应商名称:　　　　　　　　　　　　　　　　年　　月　　日

权重等 / 评价项	权重比例	第 1 评定人	第 2 评定人	第 3 评定人	单项综合
		打分	打分	打分	
对需求的理解	15%	6	6	9	1.05
技术能力	15%				
全生命期成本	20%				
管理水平	15%				
企业资质	15%				
经验	5%				
财务能力	10%				
其他	5%				
技术管理总分					该供应商的技术管理总分

对于大型的或重要采购事项，这一过程或招标评标过程可能要重复多次。通过这一过程的过滤，得到一个精简的、合格的卖方清单，然后根据更详细和全面的建议书展开更详细的评估，最后会挑出一个或若干个中标人。

14.4.8　相关法律责任

所谓法律责任，就是某人或某个单位等法律主体因自己的不当言行、或过失、或关联关系而承担的相应的行政责任、民事责任或刑事责任。

《中华人民共和国招标投标法》明确了招投标过程中涉及的各方的法律责任，涉及的各方有招标人、招标代理机构、投标人、评标委员会的专家、招标单位直接主管、中标人等。就投标人承担的法律责任来说，具体规定如下。

投标人相互串通投标或者与招标人串通投标的，投标人以向招标人或者评标委员会成员行贿的手段谋取中标的，中标无效，处中标项目金额千分之五以上千分之十以下的罚款，对单位直接负责的主管人员和其他直接责任人员处单位罚款数额百分之五以上百分之十以下的罚款；有违法所得的，并处没收违法所得；情节严重的，取消其一年至两年内参加依法必须进行招标的项目的投标资格并予以公告，直至由工商行政管理机关吊销营业执照；构成犯罪的，依法追究刑事责任；给他人造成损失的，依法承担赔偿责任。

投标人以他人名义投标或者以其他方式弄虚作假，骗取中标的，中标无效，给招标人造成损失的，依法承担赔偿责任；构成犯罪的，依法追究刑事责任。

14.5 控制采购

控制采购是管理采购关系、监督合同执行情况，并根据需要实施变更和采取纠正措施的过程。

买卖双方的任何一方都需要确保对方能正常履约，这样他们的合法权利就能得到维护，这就需要对合同的执行进行管理。

控制采购过程是买卖双方都需要的。该过程确保卖方的执行过程符合合同需求，确保买方可以按合同条款去执行。对于使用来自多个供应商提供的产品、服务或成果的大型项目来说，合同管理的关键是管理买方卖方间的接口，以及多个卖方间的接口。

控制采购的依据是项目管理计划、采购文件、合同及合同管理计划、绩效报告、已批准的变更申请、工作绩效报告和工作绩效信息，经过使用合同变更控制系统、买方主持的绩效评审、检查和审计、绩效报告、支付系统、索赔管理和自动的工具系统等工具和技术，顺利完成合同。

根据合同以及卖方当前的绩效水平，如合同的执行出现偏差，则需要制定纠正措施。

如有合同更新，则提交更新后的合同及其相关文件。

在控制采购过程中，通过这种绩效审查，考察卖方在未来项目中执行类似工作的能力。

控制采购还包括记录必要的细节以管理任何合同工作的提前终止（因各种原因、求便利或违约）。这些细节会在结束采购过程中使用，以终止协议。

由于组织结构不同，许多卖方把合同管理当作与项目相分离的一种管理职能，比如法务部负责合同管理。来自法务部的采购管理员可以加入项目团队，但他通常向服务部的经理报告。

对于买方，合同管理也是交由类似法务部的职能部门管理。

在控制采购过程中，还需要其他项目管理过程配合，并把这些过程的输出整合进项目的整体管理中。

如果项目有多个卖方，涉及多个产品、服务或成果，这种整合通常需要在多个层次上进行。需要应用的项目管理过程包括（但不限于）：

（1）指导与管理项目工作，授权卖方在适当时间开始工作；

（2）控制质量，检查和核实卖方产品是否符合要求；

（3）实施整体变更控制，确保合理审批变更，以及干系人员都了解变更的情况；

（4）控制风险，确保减轻风险。

在控制采购过程中，还需要进行财务管理工作，监督向卖方的付款。卖方完成多少工作，就付多少款项。

在合同收尾前，经双方共同协商，可以根据协议中的变更控制条款，及时对协议进行修改。这种修改通常都要书面记录下来。

对买方来说，控制采购过程的主要目标如下。

（1）保证合同的有效执行。项目执行组织在采购合同签订后，应该定时监督和控制供应商的产品供货和相关的服务情况。要督促供应商按时提供产品和服务，保证项目的工期。

（2）保证采购产品及服务质量的控制。为了保证这个项目所使用的各项物力、人力资源是符合预计的质量要求和标准的，项目执行组织应该对来自于供应商的产品和服务进行严格的检查和验收工作，可以在项目组织中设立质量小组或质量工程师，完成质量的控制工作。

14.5.1　控制采购的输入

项目管理计划、采购文件、合同、批准的变更请求、工作绩效报告和工作绩效数据等，是进行控制采购过程的前提。

1．项目管理计划

采购管理计划包含在项目管理计划里，采购管理计划不仅为控制采购提供了依据，也为从编制采购文件到合同收尾的各采购过程提供了指南。

2．采购文件

采购文件用来得到潜在卖方的报价建议书。典型的采购文件如投标邀标书（IFB）、建议邀请书（RFP）、报价邀请书（RFQ）和建议书等。

采购文件中包含管理各采购过程所需的各种支持性信息，如关于采购合同授予的规定和工作说明书，这些内容为控制采购提供了依据。

3．合同

合同是买卖双方之间就采购工作达成的一致，包括对每一方的权力和义务的明确。同样，项目经理监控采购时要依据合同检查卖方的合同执行情况。

4．批准的变更请求

批准的变更请求可能包括对合同条款和条件的修改。例如修改采购工作说明书、合同价格，以及对合同产品、服务或成果描述的修改，在把变更付诸实施前，所有与采购有关的变更都应该以书面形式正式记录并得到正式批准。

5．工作绩效报告

与卖方绩效有关的文档包括：

（1）技术文档。按照合同规定，由卖方编制的技术文件和其他可交付成果信息。

（2）工作绩效信息。卖方的绩效报告会显示哪些可交付成果已经完成，哪些还没有完成。

6．工作绩效数据

卖方的工作绩效数据包括：

（1）满足质量标准的程度；

（2）已发生或已承诺的成本；

（3）已付讫的卖方发票的情况。

所有这些数据都在项目执行中收集起来，这些数据就是工作绩效数据。

14.5.2 控制采购过程使用的工具与技术

1．合同变更控制系统

在执行合同过程中，无论卖方还是买方，都有可能要调整合同内容，这涉及到了合同变更。

因此需要合同变更控制系统来规范合同变更，使修改合同的过程在买卖双方达成一致的前提下进行，合同里的变更条款为合同变更提供了指南。

合同变更控制系统包括：变更过程的书面记录工作、变更跟踪系统、变更争议解决程序，以及各种变更所需的审批层次。

合同变更往往涉及到项目的整体变更，因此合同变更控制系统应当与整体变更控制系统整合起来。

2．检查与审计

在项目执行过程中，应该根据合同规定，由买方开展相关的检查与审计，卖方理应对此提供支持。

通过检查与审计，验证卖方的工作过程或可交付成果对合同的遵守程度。

如果合同条款允许，某些检查与审计团队中可以包括买方的采购人员。

3．采购绩效审查

采购绩效审查是一种系统的、结构化的审查，买方依据合同来审查卖方在规定的成本和进度内完成项目范围和达到质量要求的情况。

采购绩效审查既包括对卖方所编文件的审查，也包括买方开展的检查，以及在卖方实施工作期间进行的质量审计。

绩效审查的目标在于发现履约情况的好坏、相对于采购工作说明书的进展情况，以及未遵循合同的情况，以便买方能够量化评价卖方在履行工作时所表现出来的能力。这些审查可能是项目状态审查的一个部分。在项目状态审查时，通常要考虑关键供应商的绩效情况。

4．报告绩效

根据合同要求，评估卖方提供的工作绩效数据和工作绩效报告，形成工作绩效信息，并向买方管理层报告。报告绩效为管理层提供了卖方的执行信息，例如离合同目标多远？卖方正在如何实现合同目标？措施是否有效？

5．支付系统

依据经检查核实后的卖方绩效，通常先由负责的项目团队成员证明卖方的工作合格，再通过买方的应付账款系统向卖方付款：依据合同卖方完成多少就付多少，支付过程要留下文字记录。

6．索赔管理

在执行合同时，买卖双方立场不同，因此有时会出现双方不能就变更补偿达成一致的情况，甚至对变更是否已经发生都存在分歧，那么被请求的变更就成为有争议的变更或潜在的推定变更。

有争议的变更也称为索赔、争议或诉求。

在整个合同生命周期中，通常应该按照合同规定对索赔进行记录、处理、监督和管理。如果合同双方无法自行解决索赔问题，则需要按照合同中规定的替代争议解决（ADR）程序进行处理。

谈判是解决所有索赔和争议的首选方法。

7．记录管理系统

合同的签订、执行、变更等工作涉及大量的款项，也涉及买卖双方的其他利益。出现争议时，"口说无凭"，口头的说法不会被采纳，因此要对采购过程进行书面记录。

项目经理采用记录管理系统来管理合同、采购文档和相关记录。

记录管理系统是一个自动化辅助工具，它包含一套特定的过程、相关的控制功能，它是项目管理信息系统的一部分。利用该系统，可以检索合同文件、过程记录以及往来函件。

14.5.3　控制采购的输出

1．工作绩效信息

工作绩效信息中包括合同履约信息，便于买方预测特定可交付成果的完成情况，追踪特定可交付成果的接收情况。合同履约信息有助于改进与卖方（供应商）的沟通，使潜在问题得到迅速处理，令各方都满意。

工作绩效信息为发现当前或潜在问题提供依据，来支持可能的后续索赔或开展新的采购。通过报告供应商的绩效情况，买方能够加强对采购绩效的认识，从而有助于改进预测、风险管理和决策。绩效报告还有助于处理与供应商之间的纠纷。

2．变更请求

在控制采购过程中，可能产生对项目管理计划及其子计划和其他组成部分的变更请求，如成本基准、进度基准和采购管理计划。应该由实施整体变更控制过程对变更请求进行处理、审查和批准。

已提出而未解决的变更，可能包括买方发出的指令或卖方采取的行动，而对方认为该指令或行动已构成对合同的推定变更。由于双方可能对推定变更存在争议并可能引起一方向另一方索赔，所以通常应该在项目往来函件中对推定变更进行专门识别、记录和沟通。

3．项目管理计划更新

在对采购进行控制时，可能需要调整项目管理计划，要更新的内容包括但不限于：

（1）采购管理计划。需要更新采购管理计划，以反映影响采购管理的、已批准的变更请求，包括这些变更对成本或进度的影响。

（2）进度基准。如果发生了对整体项目绩效有影响的进度延误，则可能需要更新进度基准，以反映当前的期望。

（3）成本基准。如果发生了影响整个项目成本的变更，则可能需要更新成本基准，以反映当前的期望。

4．项目文件更新

在管理项目采购时，会产生大量采购文档。这些采购文档可包括采购合同，以及起支持作用的全部进度文件、已提出但未批准的合同变更和已批准的变更请求。采购文档还包括任何由卖方编制的技术文档和其他工作绩效信息，如可交付成果、卖方绩效报告、担保文件、财务文件（含发票和付款记录）、与合同相关的检查结果等。

随着采购工作的推进，不仅会产生采购文档，也可能需要更新其他项目文件。

5．组织过程资产更新

在进行采购监控时，可能需要更新的组织过程资产包括但不限于：

（1）往来函件。涉及到合同条款和条件及其执行，往往要求买方与卖方之间的沟通要采用书面形式以有利于解决未来可能的纠纷，例如，对不良绩效提出警告、提出合同变更请求或者进行合同澄清等。往来函件中可包括关于买方审计与检查结果的报告，该报告指出了卖方需纠正的不足之处。除了合同规定应保留的文档外，双方还应完整、准确地保存关于全部书面和口头沟通及全部行动和决定的书面记录。

（2）支付计划和请求。所有支付都应按合同条款和条件进行。

（3）卖方绩效评估文件。卖方绩效评估文件由买方编制，记录卖方继续执行现有合同工作的能力，说明是否允许卖方承接未来项目的工作，或对卖方执行项目工作的绩效进行评价评级。这些文件可成为提前终止合同、收缴合同罚款，或者支付合同费用和奖金的依据。这些绩效评估的结果也应纳入相关的合格卖方清单中。

14.6 结束采购

结束采购是完结本次项目采购的过程。

完成每一次项目采购，都需要结束采购过程。它是项目收尾或者阶段收尾过程的一部分，它把合同和相关文件归档以备将来参考，因为项目收尾或者阶段收尾过程已核实本阶段或本项目所有工作和项目可交付物是否是可接受的。

合同收尾过程也包括管理活动，如更新记录以反映最终结果、存档信息以便将来使用。合同收尾考虑了项目或者项目阶段适用的每个合同。在多阶段项目中，一份合同的条款可能仅仅适用于项目的特定阶段。在这些情况下，合同收尾过程只对适于项目本阶段的合同进行收尾。未解决的索赔可能在收尾之后提起诉讼。合同条款与条件可规定合同收尾的具体程序。

合同的提前终止是合同收尾的特殊情况，它产生于双方的协商一致、或一方违约、或者合同中提到了买方有权决定。合同的终止条款中明确了提前终止情况下各方的权利和责任。

基于合同条款与条件，出于某种原因或利益，买方可能有权利随时终止全部合同或者项目的一部分。然而，基于合同条款与条件，买方可能必须补偿卖方的前期准备，以及任何卖方已经完成和被验收的工作。

14.6.1　结束采购的输入

1．项目管理计划

项目管理计划包含采购管理计划，它为结束采购提供了细节和指南。

2．采购文件

为结束合同，需要收集全部采购文档，并建立索引和加以归档。有关合同进度、范围、质量和成本绩效的信息，以及全部合同变更文档、支付记录和检查结果，都要编入目录。这些信息可用于总结经验教训，并可为以后合同的承包商评价工作提供基础。

14.6.2　结束采购的工具与技术

结束采购的工具和技术有采购审计、采购谈判和记录管理系统。

1．采购审计

从编制采购管理计划过程一直到结束采购过程的整个采购过程中，采购审计都对采购的完整过程进行系统的审查。采购审计的目标是找出本次采购的成功和失败之处，以供买方组织内的其他项目借鉴。

2．采购谈判

在所有采购关系中，一个重要的目标是通过谈判公正地解决全部未解决事项、索赔和争议。如果通过直接谈判无法解决，则可以尝试替代争议解决（ADR）方法，如调解或仲裁。如果所有方法都失败了，就只能选择向法院起诉这种最不可取的方法。

3．记录管理系统

记录管理系统是一种自动的工具系统，项目经理使用它来管理合同、记录合同执行情况、并把合同文件和往来函件存档，这也是结束采购过程的一项工作。

14.6.3 结束采购的输出

1．结束的采购

买方（通常是其授权的采购管理员）向卖方发出关于合同已经完成的正式书面通知。对正式结束采购的要求，通常已在合同条款和条件中定义，并包括在采购管理计划中。

2．组织过程资产更新

一个合同执行完毕，总会多多少少产生一些文档、数据、经验教训，这些新的知识财产要补充到卖方的组织过程资产里。总之，要更新的组织过程资产要素包括但是不限于如下方面。

（1）采购档案。一套完整的、带索引的合同文档（包括已结束的合同）。采购档案应该纳入最终的项目档案中。

（2）可交付物验收。买方通过其负责的合同管理人员，向卖方提供项目可交付物通过验收或没有通过验收的正式书面通知。在合同条款中定义了对项目可交付物正式验收的要求，以及如何处理不符合要求的项目可交付物的程序。

（3）经验教训文件。为了改进未来的采购，应详细记录经验教训，以利于未来的过程改进。

第 15 章　信息（文档）和配置管理

15.1　信息系统项目相关信息（文档）及其管理

15.1.1　信息系统项目相关信息（文档）

1．信息系统项目相关信息（文档）含义

信息系统相关信息（文档）是指某种数据媒体和其中所记录的数据。它具有永久性，并可以由人或机器阅读，通常仅用于描述人工可读的东西。在软件工程中，文档常常用来表示对活动、需求、过程或结果，进行描述、定义、规定、报告或认证的任何书面或图示的信息（包括纸质文档和电子文档）。

2．信息系统项目相关信息（文档）种类

软件文档分为三类：开发文档、产品文档、管理文档。

（1）开发文档描述开发过程本身，基本的开发文档是：

- 可行性研究报告和项目任务书；
- 需求规格说明；
- 功能规格说明；
- 设计规格说明，包括程序和数据规格说明；
- 开发计划；
- 软件集成和测试计划；
- 质量保证计划；
- 安全和测试信息。

（2）产品文档描述开发过程的产物，基本的产品文档包括：

- 培训手册；
- 参考手册和用户指南；
- 软件支持手册；
- 产品手册和信息广告。

（3）管理文档记录项目管理的信息，例如：

- 开发过程的每个阶段的进度和进度变更的记录；
- 软件变更情况的记录；
- 开发团队的职责定义。

文档的质量可以分为四级：

（1）最低限度文档（1 级文档），适合开发工作量低于一个人月的开发者自用程序。该文档应包含程序清单、开发记录、测试数据和程序简介。

（2）内部文档（2 级文档），可用于没有与其他用户共享资源的专用程序。除 1 级文档提供的信息外，2 级文档还包括程序清单内足够的注释以帮助用户安装和使用程序。

（3）工作文档（3 级文档），适合于由同一单位内若干人联合开发的程序，或可被其他单位使用的程序。

（4）正式文档（4 级文档），适合那些要正式发行供普遍使用的软件产品。关键性程序或具有重复管理应用性质（如工资计算）的程序需要 4 级文档。4 级文档遵守 GB 8567 的有关规定。

15.1.2 信息系统项目相关信息（文档）管理的规则和方法

信息系统文档的规范化管理主要体现在文档书写规范、图表编号规则、文档目录编写标准和文档管理制度等几个方面。

1）文档书写规范

管理信息系统的文档资料涉及文本、图形和表格等多种类型，无论是哪种类型的文档都应该遵循统一的书写规范，包括符号的使用、图标的含义、程序中注释行的使用、注明文档书写人及书写日期等。例如，在程序的开始要用统一的格式包含程序名称、程序功能、调用和被调用的程序、程序设计人等。

2）图表编号规则

在管理信息系统的开发过程中用到很多的图表，对这些图表进行有规则的编号，可以方便图表的查找。图表的编号一般采用分类结构。根据生命周期法的 5 个阶段，可以给出如图 15-1 所示的分类编号规则。根据该规则，就可以通过图表编号判断该图表处于系统开发周期的哪一个阶段，属于哪一个文档，文档中的哪一部分内容及第几张图表。

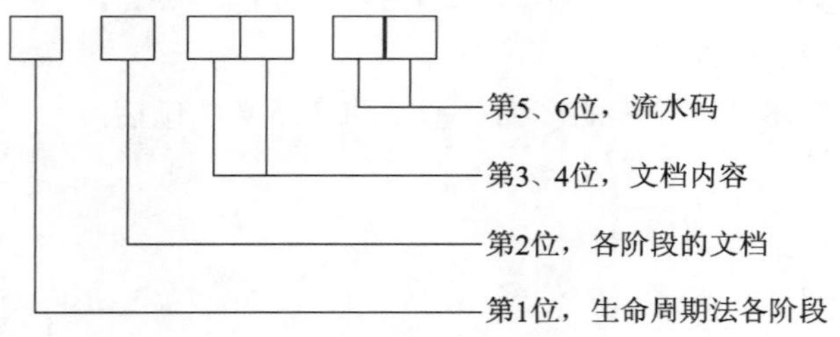

图 15-1 图表编号规则

3）文档目录编写标准

为了存档及未来使用的方便，应该编写文档目录。管理信息系统的文档目录中应包含文档编号、文档名称、格式或载体、份数、每份页数或件数、存储地点、存档时间、保管人等。文档编号一般为分类结构，可以采用同图表编号类似的编号规则。文档名称要完整规范。格式或载体指的是原始单据或报表、磁盘文件、磁盘文件打印件、大型图表、重要文件原件、光盘存档等。

4）文档管理制度

为了更好地进行信息系统文档的管理，应该建立相应的文档管理制度。文档的管理制度需根据组织实体的具体情况而定，主要包括建立文档的相关规范、文档借阅记录的登记制度、文档使用权限控制规则等。建立文档的相关规范是指文档书写规范、图表编号规则和文档目录编写标准等。文档的借阅应该进行详细的记录，并且需要考虑借阅人是否有使用权限。在文档中存在商业秘密或技术秘密的情况下，还应注意保密。特别要注意的是，项目干系人签字确认后的文档要与相关联的电子文档一一对应，这些电子文档还应设置为只读。

15.2　配置管理

配置管理是为了系统地控制配置变更，在系统的整个生命周期中维持配置的完整性和可跟踪性，而标识系统在不同时间点上配置的学科。在 GB/T 11457-2006 中，将“配置管理”正式定义为：“应用技术的和管理的指导和监控方法以标识和说明配置项的功能和物理特征，控制这些特征的变更，记录和报告变更处理和实现状态并验证与规定的需求的遵循性。”

尽管硬件配置管理和软件配置管理的实现有所不同，配置管理的概念可以应用于各种信息系统集成项目。

配置管理包括 6 个主要活动：制定配置管理计划、配置标识、配置控制、配置状态报告、配置审计、发布管理和交付。

15.2.1　配置管理的概念

1．配置项

GB/T 11457-2006 对配置项的定义为：“为配置管理设计的硬件、软件或二者的集合，在配置管理过程中作为一个单个实体来对待。”

以下内容都可以作为配置项进行管理：外部交付的软件产品和数据、指定的内部软件工作产品和数据、指定的用于创建或支持软件产品的支持工具、供方/供应商提供的软件和客户提供的设备/软件。典型配置项包括项目计划书、需求文档、设计文档、源代码、可执行代码、测试用例、运行软件所需的各种数据，它们经评审和检查通过后进入配置管理。

所有配置项都应按照相关规定统一编号，按照相应的模板生成，并在文档中的规定章节（部分）记录对象的标识信息。在引入配置管理工具进行管理后，这些配置项都应以一定的目录结构保存在配置库中。

在信息系统的开发流程中需加以控制的配置项可以分为基线配置项和非基线配置项两类，例如，基线配置项可能包括所有的设计文档和源程序等；非基线配置项可能包括项目的各类计划和报告等。

所有配置项的操作权限应由 CMO（配置管理员）严格管理，基本原则是：基线配置项向开发人员开放读取的权限；非基线配置项向 PM、CCB 及相关人员开放。

2．配置项状态

配置项的状态可分为“草稿”“正式”和“修改”三种。配置项刚建立时，其状态为“草稿”。配置项通过评审后，其状态变为“正式”。此后若更改配置项，则其状态变为“修改”。当配置项修改完毕并重新通过评审时，其状态又变为“正式”。

配置项状态变化如图 15-2 所示。

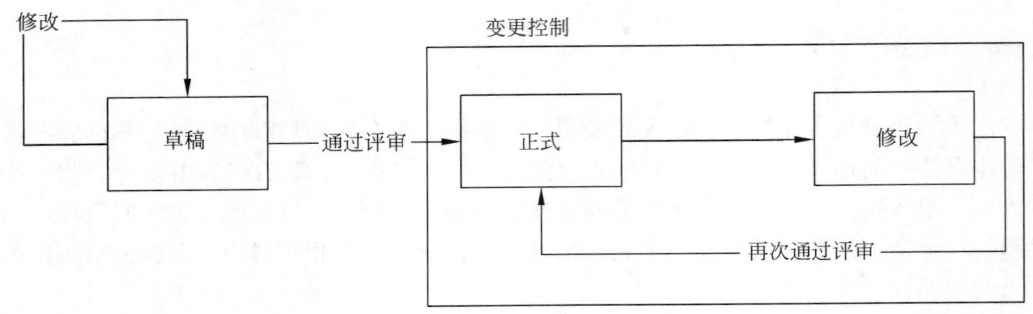

图 15-2　配置项状态变化

3．配置项版本号

配置项的版本号规则与配置项的状态相关。

（1）处于“草稿”状态的配置项的版本号格式为 0.YZ，YZ 的数字范围为 01～99。随着草稿的修正，YZ 的取值应递增。YZ 的初值和增幅由用户自己把握。

（2）处于“正式”状态的配置项的版本号格式为 X.Y，X 为主版本号，取值范围为 1～9。Y 为次版本号，取值范围为 0～9。

配置项第一次成为“正式”文件时，版本号为 1.0。

如果配置项升级幅度比较小，可以将变动部分制作成配置项的附件，附件版本依次为 1.0，1.1，……。当附件的变动积累到一定程度时，配置项的 Y 值可适量增加，Y 值增加一定程度时，X 值将适量增加。当配置项升级幅度比较大时，才允许直接增大 X 值。

（3）处于“修改”状态的配置项的版本号格式为 X.YZ。配置项正在修改时，一般只增大 Z 值，X.Y 值保持不变。当配置项修改完毕，状态成为“正式”时，将 Z 值设置为 0，增加 X.Y 值。参见上述规则（2）。

4．配置项版本管理

配置项的版本管理作用于多个配置管理活动之中，如配置标识、配置控制和配置审计、发布和交付等。在项目开发过程中，绝大部分的配置项都要经过多次的修改才能最终确定下来。对配置项的任何修改都将产生新的版本。由于我们不能保证新版本一定比旧版本“好”，所以不能抛弃旧版本。版本管理的目的是按照一定的规则保存配置项的所有版本，避免发生版本丢失或混淆等现象，并且可以快速准确地查找到配置项的任何版本。

5．配置基线

信息系统的开发过程是一个不断变化着的过程，为了在不严重阻碍合理变化的情况下来控制变化，配置管理引入了“配置基线（Configuration Baseline）”这一概念。

配置基线（常简称为基线）由一组配置项组成，这些配置项构成一个相对稳定的逻辑实体。基线中的配置项被“冻结”了，不能再被任何人随意修改。对基线的变更必须遵循正式的变更控制程序。

一组拥有唯一标识号的需求、设计、源代码文卷以及相应的可执行代码、构造文卷和用户文档构成一条基线。产品的一个测试版本（可能包括需求分析说明书、概要设计说明书、详细设计说明书、已编译的可执行代码、测试大纲、测试用例、使用手册等）是基线的一个例子。

基线通常对应于开发过程中的里程碑（Milestone），一个产品可以有多个基线，也可以只有一个基线。交付给外部顾客的基线一般称为发行基线（Release Baseline），内部开发使用的基线一般称为构造基线（Build Baseline）。

对于每一个基线，要定义下列内容：建立基线的事件、受控的配置项、建立和变更基线的程序、批准变更基线所需的权限。在项目实施过程中，每个基线都要纳入配置控制，对这些基线的更新只能采用正式的变更控制程序。

建立基线还可以有如下好处：

（1）基线为开发工作提供了一个定点和快照。

（2）新项目可以在基线提供的定点上建立。新项目作为一个单独分支，将与随后对原始项目（在主要分支上）所进行的变更进行隔离。

（3）当认为更新不稳定或不可信时，基线为团队提供一种取消变更的方法。

（4）可以利用基线重新建立基于某个特定发布版本的配置，以重现已报告的错误。

6．配置库

配置库（Configuration Library）存放配置项并记录与配置项相关的所有信息，是配置管理的有力工具，利用库中的信息可回答许多配置管理的问题，例如：

- 哪些客户已提取了某个特定的系统版本；
- 运行一个给定的系统版本需要什么硬件和系统软件；
- 一个系统到目前已生成了多少个版本，何时生成的；
- 如果某一特定的构件变更了，会影响到系统的哪些版本；
- 一个特定的版本曾提出过哪几个变更请求；

- 一个特定的版本有多少已报告的错误。

使用配置库可以帮助配置管理员把信息系统开发过程的各种工作产品，包括半成品或阶段产品和最终产品管理得井井有条，使其不致管乱、管混、管丢。

配置库可以分为开发库、受控库、产品库 3 种类型。

（1）开发库（Development Library），也称为动态库、程序员库或工作库，用于保存开发人员当前正在开发的配置实体，如：新模块、文档、数据元素或进行修改的已有元素。动态中的配置项被置于版本管理之下。动态库是开发人员的个人工作区，由开发人员自行控制。库中的信息可能有较为频繁的修改，只要开发库的使用者认为有必要，无需对其进行配置控制，因为这通常不会影响到项目的其他部分。

（2）受控库（Controlled Library），也称为主库，包含当前的基线加上对基线的变更。受控库中的配置项被置于完全的配置管理之下。在信息系统开发的某个阶段工作结束时，将当前的工作产品存入受控库。

（3）产品库（Product Library），也称为静态库、发行库、软件仓库，包含已发布使用的各种基线的存档，被置于完全的配置管理之下。在开发的信息系统产品完成系统测试之后，作为最终产品存入产品库内，等待交付用户或现场安装。

配置库的建库模式有两种：按配置项类型建库和按任务建库。

（1）按配置项的类型分类建库，适用于通用软件的开发组织。在这样的组织内，产品的继承性往往较强，工具比较统一，对并行开发有一定的需求。使用这样的库结构有利于对配置项的统一管理和控制，同时也能提高编译和发布的效率。但由于这样的库结构并不是面向各个开发团队的开发任务的，所以可能会造成开发人员的工作目录结构过于复杂，带来一些不必要的麻烦。

（2）按开发任务建立相应的配置库，适用于专业软件的开发组织。在这样的组织内，使用的开发工具种类繁多，开发模式以线性发展为主，所以就没有必要把配置项严格地分类存储，人为增加目录的复杂性。对于研发性的软件组织来说，采用这种设置策略比较灵活。

7. 配置库权限设置

配置库的权限设置主要是解决库内存放的配置项什么人可以“看”、什么人可以“取”、什么人可以“改”、什么人可以“销毁”等问题。

配置管理员负责为每个项目成员分配对配置库的操作权限，如表 15-1 所示。

表 15-1 配置库的操作权限

权　限	内　容
Read	可以读取文件内容，但不能对文件进行变更
Check	可使用[check in]等命令，对文件内容进行变更
Add	可使用[文件追加]，[文件重命名]，[删除]等命令
Destroy	有权进行文件不可逆毁坏，清除，[rollback]等命令

针对受控库，项目相关人员的操作权限通常设定如表 15-2 所示。

表 15-2　受控库的权限设置

权限＼人员		项目经理	项目成员	QA	测试人员	配置管理员
文档	Read	√	√	√	√	√
	Check	√	√	√	√	√
	Add	√	√	√	√	√
	Destroy	×	×	×	×	√
代码	Read	√	√	√	√	√
	Check	√	√	×	×	√
	Add	√	√	×	×	√
	Destroy	×	×	×	×	√

说明：√ 表示该人员具有相应权限，×表示该人员没有相应权限

针对产品库，项目相关人员的操作权限通常设定如表 15-3 所示。

表 15-3　产品库的权限设置

Release（产品库）					
权限＼人员	项目经理	项目成员	QA	测试人员	配置管理员
Read	√	√	√	√	√
Check	×	×	×	×	√
Add	×	×	×	×	√
Destroy	×	×	×	×	√

说明：√ 表示该人员具有相应权限，×表示该人员没有相应权限

8．配置控制委员会

配置控制委员会（Configuration Control Board，CCB），负责对配置变更做出评估、审批以及监督已批准变更的实施。

CCB 建立在项目级，其成员可以包括项目经理、用户代表、产品经理、开发工程师、测试工程师、质量控制人员、配置管理员等。CCB 不必是常设机构，完全可以根据工作的需要组成，例如按变更内容和变更请求的不同，组成不同的 CCB。小的项目 CCB 可以只有一个人，甚至只是兼职人员。

通常，CCB 不只是控制配置变更，而是负有更多的配置管理任务，例如：配置管理计划审批、基线设立审批、产品发布审批等。

9．配置管理员

配置管理员（Configuration Management Officer，CMO），负责在项目的整个生命周

期中进行配置管理活动，具体有：

- 编写配置管理计划；
- 建立和维护配置管理系统；
- 建立和维护配置库；
- 配置项识别；
- 建立和管理基线；
- 版本管理和配置控制；
- 配置状态报告；
- 配置审计；
- 发布管理和交付；
- 对项目成员进行配置管理培训。

10．配置管理系统

配置管理系统是用来进行配置管理的软件系统，其目的是通过确定配置管理细则和提供规范的配置管理软件，加强信息系统开发过程的质量控制，增强信息系统开发过程的可控性，确保配置项（包括各种文档、数据和程序）的完备、清晰、一致和可追踪性，以及配置项状态的可控制性。

15.2.2 制定配置管理计划

配置管理计划是对如何开展项目配置管理工作的规划，是配置管理过程的基础，应该形成文件并在整个项目生命周期内处于受控状态。配置控制委员会负责审批该计划。

配置管理计划的主要内容为：

（1）配置管理活动，覆盖的主要活动包括配置标识、配置控制、配置状态报告、配置审计、发布管理与交付；

（2）实施这些活动的规范和流程；

（3）实施这些活动的进度安排；

（4）负责实施这些活动的人员或组织，以及他们和其他组织的关系。

15.2.3 配置标识

配置标识（Configuration Identification）也称配置识别，包括为系统选择配置项并在技术文档中记录配置项的功能和物理特征。

配置标识是配置管理员的职能，基本步骤如下：

（1）识别需要受控的配置项；

（2）为每个配置项指定唯一性的标识号；

（3）定义每个配置项的重要特征；

（4）确定每个配置项的所有者及其责任；

（5）确定配置项进入配置管理的时间和条件；

（6）建立和控制基线；

（7）维护文档和组件的修订与产品版本之间的关系。

15.2.4　配置控制

配置控制即配置项和基线的变更控制，包括下述任务：标识和记录变更申请，分析和评价变更，批准或否决申请，实现、验证和发布已修改的配置项。

1．变更申请

变更申请主要就是陈述：要做什么变更，为什么要做，以及打算怎么做变更。

相关人员如项目经理填写变更申请表，说明要变更的内容、变更的原因、受变更影响的关联配置项和有关基线、变更实施方案、工作量和变更实施人等，并提交给CCB。

2．变更评估

CCB 负责组织对变更申请进行评估并确定以下内容。

（1）变更对项目的影响。

（2）变更的内容是否必要。

（3）变更的范围是否考虑周全。

（4）变更的实施方案是否可行。

（5）变更工作量估计是否合理。

CCB 决定是否接受变更，并将决定通知相关人员。

3．通告评估结果

CCB 把关于每个变更申请的批准、否决或推迟的决定通知受此处置意见影响的每个干系人。

如果变更申请得到批准，应该及时把变更批准信息和变更实施方案通知给那些正在使用受影响的配置项和基线的干系人。

如果变更申请被否决，宜通知有关干系人放弃该变更申请。

4．变更实施

项目经理组织修改相关的配置项，并在相应的文档或程序代码中记录变更信息。

5．变更验证与确认

项目经理指定人员对变更后的配置项进行测试或验证。

项目经理应将变更与验证的结果提交CCB，由其确认变更是否已经按要求完成。

6．变更的发布

配置管理员将变更后的配置项纳入基线。

配置管理员将变更内容和结果通知相关人员，并做好记录。

7．基于配置库的变更控制

信息系统在一处出现了变更，经常会连锁引起多处变更，会涉及到参与开发工作的许多人员。例如，测试引发了需求的修改，那么很可能要涉及到需求规格说明、概要设计、详细设计和代码等相关文档，甚至会使测试计划随之改变。

如果是多个开发人员对信息系统的同一部件做修改，情况会更加复杂。例如，在软件测试时发现了两个故障。项目经理最初以为两故障是无关的，就分别指定甲和乙去解决这两个故障。但碰巧，引起这两个故障的错误代码都在同一个软件部件中。甲和乙各自对故障定位后，先后从库中取出该部件，各自做了修改，又先后送回库中。结果，甲放入库中的版本只有甲的修改，乙放入库中的版本只有乙的修改，没有一个版本同时解决了两个故障。

基于配置库的变更控制可以完美地解决上述问题，如图15-3所示。

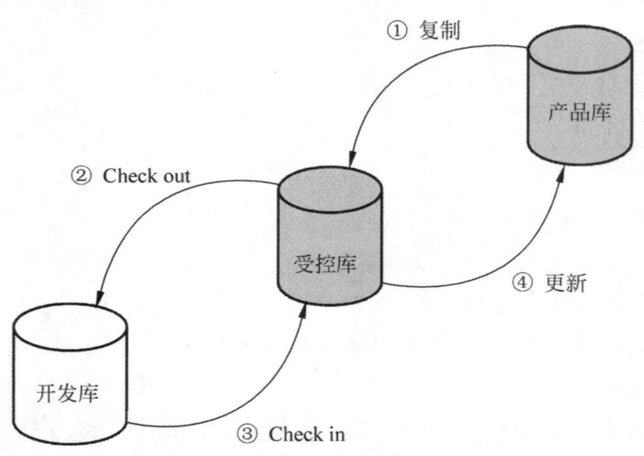

图15-3　基于配置库的变更控制

现以某软件产品升级为例，简述其流程。

（1）将待升级的基线（假设版本号为V2.1）从产品库中取出，放入受控库。

（2）程序员将欲修改的代码段从受控库中检出（Check out），放入自己的开发库中进行修改。代码被Check out后即被“锁定”，以保证同一段代码只能同时被一个程序员修改，如果甲正对其修改，乙就无法Check out。

（3）程序员将开发库中修改好的代码段检入（Check in）受控库。Check in后，代码的“锁定”被解除，其他程序员可以 Check out 该段代码了。

（4）软件产品的升级修改工作全部完成后，将受控库中的新基线存入产品库中（软件产品的版本号更新为 V2.2，旧的 V2.1 版并不删除，继续在产品库中保存）。

15.2.5　配置状态报告

配置状态报告（Configuration Status Reporting）也称配置状态统计（Configuration Status Accounting），其任务是有效地记录和报告管理配置所需要的信息，目的是及时、准确地给出配置项的当前状况，供相关人员了解，以加强配置管理工作。

在信息系统项目开发过程中，配置项在不停地演化着。配置状态报告就是要在某个特定的时刻观察当时的配置状态，也就是要对动态演化着的配置项取某个瞬时的“照片”，以利于在状态报告信息分析的基础上，更好地进行控制。

配置状态报告应该包含以下内容：

（1）每个受控配置项的标识和状态。一旦配置项被置于配置控制下，就应该记录和保存它的每个后继进展的版本和状态。

（2）每个变更申请的状态和已批准的修改的实施状态。

（3）每个基线的当前和过去版本的状态以及各版本的比较。

（4）其他配置管理过程活动的记录。

配置状态报告应着重反映当前基线配置项的状态，以向管理者报告系统开发活动的进展情况。配置状态报告应定期进行，并尽量通过 CASE 工具自动生成，用数据库中的客观数据来真实地反映各配置项的情况。

配置状态报告中提供了许多有用的信息，可以用来回答如下问题：

（1）程序 P13 的 1.6 版在哪个备份中可以使用？

（2）在发行基线 5.1 和发行基线 5.2 之间实现了哪些变更请求？

（3）在发行基线 5.2 中哪些程序更改过了？

（4）在变更请求 671 中要对哪些配置项进行更改？在变更前和变更后，这些程序单元的版本是什么？是否所有的变更都完成并入库了？

配置状态报告还可供项目经理和 CCB 追踪变更的情况，可以用来回答如下问题：

（1）某个变更请求是否已被批准？

（2）某个已批准的变更请求目前处于什么状态？

（3）某个已完成的变更投入了多少时间和工作量？

（4）某个配置项与哪几个变更请求有关？

15.2.6　配置审计

配置审计（Configuration Audit）也称配置审核或配置评价，包括功能配置审计和物理配置审计，分别用以验证当前配置项的一致性和完整性。

配置审计的实施是为了确保项目配置管理的有效性，体现了配置管理的最根本要求——不允许出现任何混乱现象，例如：

- 防止向用户提交不适合的产品，如交付了用户手册的不正确版本；
- 发现不完善的实现，如开发出不符合初始规格说明或未按变更请求实施变更；
- 找出各配置项间不匹配或不相容的现象；
- 确认配置项已在所要求的质量控制审核之后纳入基线并入库保存；
- 确认记录和文档保持着可追溯性。

1．功能配置审计

功能配置审计（Functional Configuration Audit）是审计配置项的一致性（配置项的实际功效是否与其需求一致），具体验证以下几个方面。

（1）配置项的开发已圆满完成。

（2）配置项已达到配置标识中规定的性能和功能特征。

（3）配置项的操作和支持文档已完成并且是符合要求的。

2．物理配置审计

物理配置审计（Physical Configuration Audit）是审计配置项的完整性（配置项的物理存在是否与预期一致），具体验证如下几个方面。

（1）要交付的配置项是否存在。

（2）配置项中是否包含了所有必需的项目。

15.2.7 发布管理和交付

发布管理和交付活动的主要任务是：有效控制软件产品和文档的发行和交付，在软件产品的生存期内妥善保存代码和文档的母拷贝。

1．存储

应通过下述方式确保存储的配置项的完整性：

（1）选择存储介质使再生差错或损坏降至最低限度；

（2）根据媒体的存储期，以一定频次运行或刷新已存档的配置项；

（3）将副本存储在不同的受控场所，以减少丢失的风险。

2．复制

复制是用拷贝方式制造软件的阶段。

应建立规程以确保复制的一致性和完整性。

应确保发布用的介质不含无关项（如软件病毒或不适合演示的测试数据）。

应使用适合的介质以确保软件产品符合复制要求，确保其在整个交付期中内容的完整性。

3．打包

应确保按批准的规程制备交付的介质。

应在需方容易辨认的地方清楚地标出发布标识。

4．交付

供方应按合同中的规定交付产品或服务。

5．重建

应能重建软件环境，以确保发布的配置项在所保留的先前版本要求的未来一段时间里是可重新配置的。

第 16 章　变 更 管 理

变更管理的大致作用与基本操作原则，已在整体管理（第 6 章）、范围管理（第 7 章）等相关章节中介绍。鉴于变更管理在项目管理中的重要性，本章对此专门进行论述。

变更在信息系统工程建设过程中经常发生，许多项目失败的原因就是由于对变更的处理不当。有些变更是积极的，有些则是消极的，做好变更管理可以使项目的质量、进度和成本管理更有效。

16.1　项目变更的基本概念

项目变更是指在信息系统项目的实施过程中，由于项目环境或者其他原因而对项目产品的功能、性能、架构、技术指标、集成方法、项目的范围基准、进度基准和成本基准等方面做出的改变。

变更管理的实质，是根据项目推进过程中越来越丰富的项目认知，不断调整项目努力方向和资源配置，最大程度地满足客户等相关干系人的需求，提升项目价值。

16.1.1　项目变更的含义

变更管理是为了使项目实际执行情况和项目基准相一致而对项目变更进行管理，其可能的结果是拒绝变更或调整基准。

从资源增值视角看，变更的实质是在项目过程中，按一定流程、根据变化了的情况更新方案、调整资源的配置方式或将储备资源运用于项目中，以满足客户等相关干系人的需求。

16.1.2　项目变更的分类

项目变更有多种分类方式，如：

（1）按变更性质分为重大变更、重要变更和一般变更，可通过不同审批权限控制。

（2）按变更的迫切性分为紧急变更和非紧急变更，可通过不同的变更处理流程进行控制。

（3）按变更所发生的领域和阶段，可分为进度变更、成本变更、质量变更、设计变更、实施变更和工作（产品）范围变更等。

（4）按变更来源可分为内部变更和外部变更等。

16.1.3　项目变更产生的原因

项目具有逐渐完善的基本特征，这就意味着早期的共识会随着对项目的逐步细化，在实施过程不可避免地发生变化。

与其他传统行业项目相比，系统集成项目往往涉及到软件系统，由于软件项目业务可见性比较差，用户在项目前期难以给出明确、具体的业务内容；另外，软件系统的修改更容易，所以，包含软件系统的系统集成项目所面临的变更往往更为频繁。而不加控制的变更也常常是项目失败的重要原因，正因如此，变更管理在系统集成项目中就显得尤为重要。

项目变更可能是产品范围发生了变化，即对交付物的需求发生了变化；也可能是项目范围发生了变化，或者是项目的资源、进度等执行过程发生了变化。

项目变更的原因很多，常见的有：

（1）产品范围（成果）定义的过失或者疏忽；

（2）项目范围（工作）定义的过失或者疏忽；

（3）客户提出新需求；

（4）应对风险的紧急措施或规避措施；

（5）项目执行过程与项目基准要求不一致带来的被动调整（如进度、质量、成本等）；

（6）项目团队人员调整；

（7）技术革新的要求；

（8）外部事件（例如政策变动或自然环境变化等）。

16.2　变更管理的基本原则

变更管理的基本原则是首先建立项目基准、变更流程和变更控制委员会（也叫变更管理委员会）。

1）基准管理

基准是变更的依据。在项目实施过程中，制定基准计划并经过评审后即建立初始基准，此后应针对每次批准的变更重新确定基准。

2）建立变更控制流程

建立或选用符合项目需要的变更管理流程后，所有变更都必须遵循这个流程进行控制。流程的作用在于将变更的原因、专业能力、资源运用方案、决策权、干系人的共识和信息流转等元素有效地综合起来，按科学的顺序进行变更。

3）建立变更控制委员会

建立变更控制委员会并明确其职责，明确变更流程中相关工作的角色及其职责。

4）完整体现变更的影响

变更的来源是多样的，既包括客户可见的工作成果、交付期等的变更，又包括客户不可见的项目内部工作的变更，如实施方的人员变更、内部管理变更等。各种来源的变更都可能会对项目的进度、成本、质量等产生影响，变更管理过程中需要全面完整地分析变更可能产生的影响，为变更控制提供依据。

5）变更产生的相关文档应纳入配置管理中

可以使用手工或自动化工具进行配置管理，目前常用的配置管理工具有 Rational ClearCase、Perforce、CA CCC/Havest、Merant PVCS、Microsoft VSS、CVS 等，常用的开源免费的配置管理工具有 SVN、GIT、CVS 等。

16.3 变更管理角色职责与工作程序

变更管理的一般流程如图 16-1 所示，变更管理贯穿整个项目，其过程涉及到多种角色，下面说明变更管理涉及到的角色及其职责，以及变更管理的工作程序。

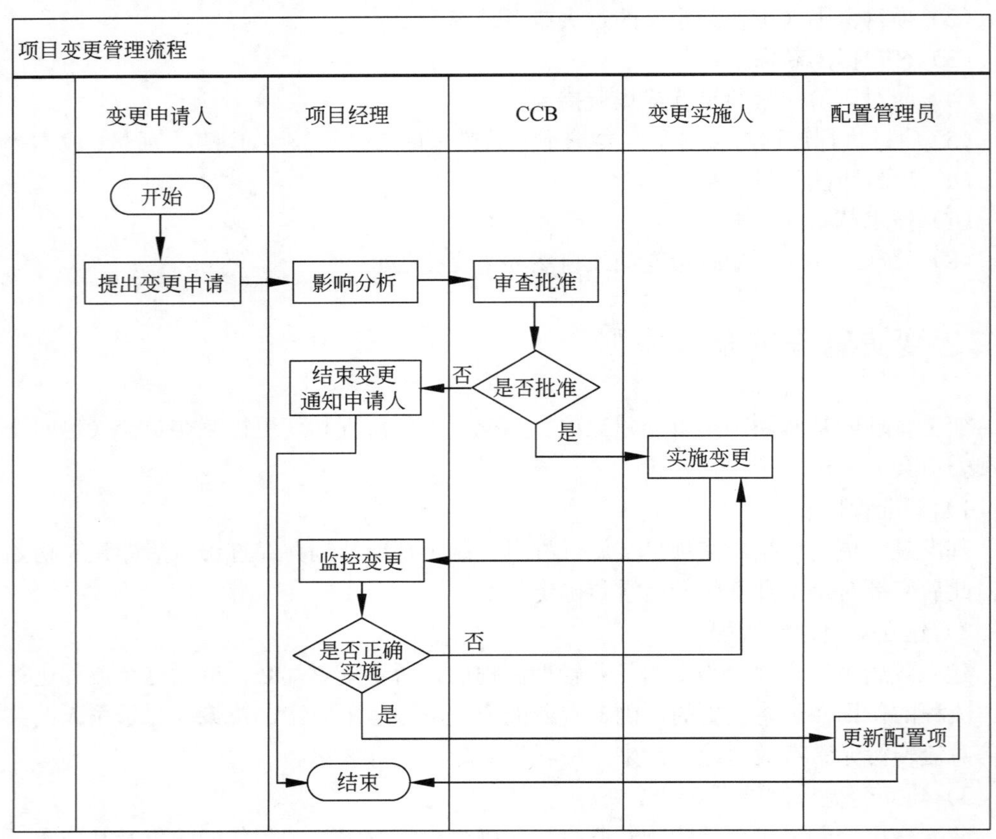

图 16-1 变更管理流程

16.3.1　角色职责

变更管理过程涉及到的角色主要包括项目经理、变更控制委员会、变更申请人、变更执行人以及配置管理员等。

1）变更申请人

变更申请人是提出变更申请的相关人员，项目的任何干系人都可以提出变更申请，在系统集成项目中，项目变更申请人多是甲方项目负责人，变更申请多为项目范围变更、项目需求变更等，也有乙方项目经理在项目执行和监控过程中提出的变更申请。

变更申请人负责提交变更申请，必要时需要参与影响分析及变更方案制定，在变更结束后需要参与确认变更的正确性。

2）项目经理

项目经理对项目负责，也对整个项目变更管理过程负责。

项目经理负责变更申请的影响分析，负责召开变更控制委员会会议，负责监控变更及已批准变更的正确实施等。

3）变更控制委员会

变更控制委员会（Configuration Control Board，CCB）是一个正式的组织，负责审查、评价、批准、推迟或否决项目变更。CCB 由项目所涉及的多方人员共同组成，通常包括甲方和乙方的决策人员。

作为决策机构，CCB 在变更管理过程中负责对提交的变更申请进行审查，并对变更申请做出批准、否决或其他决定。

4）变更实施人

变更实施人是实施已批准的变更的相关人员，变更申请内容不同，相应的变更实施人员也不同。

变更实施人负责执行已批准的变更，也要参与变更正确性的确认工作。

5）配置管理员

变更过程的相关产物应纳入配置管理系统中。配置管理员负责把变更后的基准纳入整个项目基准中，变更过程中的其他记录文件也应纳入配置管理系统。

16.3.2　工作程序

如图 16-1 所示，变更管理的一般工作程序如下。

1）提出变更申请

变更申请是关于修改文档、可交付物或基准的正式提议。变更申请被批准之后将会引起对相关文档、可交付物或基准的修改，也可能导致对项目管理计划其他相关部分的更新。

如果在项目工作的实施过程中发现问题，就需要提出变更申请，对项目政策或程序、项目范围、项目成本或预算、项目进度计划或项目质量进行修改。其他变更申请包括必要的预防措施或纠正措施，用来防止以后的不利后果。变更申请可以是直接的或间接的，可以由外部或内部提出，可能是主动要求的或由法律/合同所强制的。

变更申请可能是：

（1）纠正措施。为了使项目工作绩效与项目管理计划保持一致而进行的变更申请。

（2）预防措施。为了确保项目工作的未来绩效符合项目管理计划而进行的变更申请。

（3）缺陷补救。为了修正不一致的产品或产品组件而进行的变更申请。

（4）更新。对正式受控的项目文件或计划等进行的变更申请，以便反映修改或增加的意见或内容。

所有变更申请都必须以书面形式记录，并纳入配置管理系统中。表 16-1 是一个软件需求变更申请表的例子，该需求变更申请表不仅包含了需求变更的内容，也反映了需求变更的工作程序，比如表中包含了变更影响分析、CCB 审批等。用表 16-1 提交变更申请则需要填写完整基本信息部分及变更申请内容部分。

表 16-1　需求变更申请表

<table>
<tr><td colspan="2">需求变更申请表</td></tr>
<tr><td colspan="2">基本信息</td></tr>
<tr><td colspan="2">项目名称：　　　　　　变更申请编号：
子系统名称：　　　　　要求完成日期：　年　月　日
有无附件：□会议纪要　□业务需求　□其它　□无
阶段：　□需求　□设计　□编码　□测试
变更申请人：　　　　申请人所属部门及职位：
变更申请日期：　年　月　日</td></tr>
<tr><td colspan="2">1 变更申请内容</td></tr>
<tr><td>1.1 变更内容描述</td><td>1.2 变更规模评价（功能点 FP）</td></tr>
<tr><td>1.3 变更类型选择
□新增功能
□修改原有功能
□删除现有功能</td><td>1.4 业务变更必要性评价
□必须修改
□强烈建议修改
□最好修改</td></tr>
<tr><td>1.5 结合所选择的业务变更必要性评价，具体陈述修改对业务可能产生的正面影响</td><td>1.6 结合所选择的业务变更必要性评价，具体陈述如果不能实施建议的修改对业务可能产生的负面影响</td></tr>
<tr><td colspan="2">2 技术可行性分析</td></tr>
<tr><td>2.1 技术可行性评审意见
□可行　□不可行</td><td>2.2 技术实施方案简单描述（可选）：</td></tr>
</table>

续表

<table>
<tr><th colspan="2">需求变更申请表</th></tr>
<tr><td colspan="2">基本信息</td></tr>
<tr><td colspan="2">项目名称：　　　　　　　　变更申请编号：
子系统名称：　　　　　　　要求完成日期：　　年　　月　　日
有无附件：□会议纪要　□业务需求　□其它　□无
阶段：　　□需求　　□设计　　□编码　□测试
变更申请人：　　　　　　申请人所属部门及职位：
变更申请日期：　　　　年　　月　　日</td></tr>
<tr><td colspan="2">3. 变更对进度的影响（天）</td></tr>
<tr><td>3.1 列出实施需求变更所需额外的活动及其对应的预估时间（天数）</td><td>3.2 变更导致项目额外活动的工期总和（天数）</td></tr>
<tr><td>3.3 如有活动位于关键路径上，描述变更对于关键路径的影响（天数）</td><td></td></tr>
<tr><td colspan="2">4. 变更对成本的影响（元）</td></tr>
<tr><td>4.1 项目组需要额外的人员数目</td><td>4.2 直接人力成本（人时）</td></tr>
<tr><td>4.3 人时工资率（元）</td><td>4.4 人力成本分摊系数（一般介于 2~3）</td></tr>
<tr><td>4.5 费用合计（元）</td><td></td></tr>
<tr><td colspan="2">5.变更对质量的影响</td></tr>
<tr><td>5.1 变更对质量的影响级别
□质量严重下降，系统不稳定等
□质量明显下降，功能使用受到影响或者性能明显下降
□质量可能下降，对功能和性能有一定影响，可能出现质量问题</td><td>5.2 变更可能造成的质量问题的具体描述
质量问题 1：
质量问题 2：
质量问题 3：</td></tr>
<tr><td>5.3 变更导致受影响的需求百分比例：
变更导致的需求缺陷个数：</td><td>5.4 变更导致受影响的设计百分比例：
变更导致的设计缺陷个数：</td></tr>
<tr><td>5.5 变更导致受影响的代码百分比例：
变更导致的代码缺陷个数：</td><td>5.6 变更导致受影响的测试用例百分比例：
变更导致的测试缺陷个数：</td></tr>
<tr><td>5.7 变更导致的试运行阶段缺陷个数：</td><td></td></tr>
<tr><td colspan="2">6 变更引起的风险</td></tr>
<tr><td>6.1 变更引起的风险级别
□高级别风险
□中等级别风险
□低级别风险</td><td>6.2 风险的具体描述以及可能造成的负面后果</td></tr>
<tr><td colspan="2">7 CCB 审核</td></tr>
<tr><td>7.1 CCB 对变更的意见
□批准　　□否决　□搁置</td><td>7.2 意见补充：</td></tr>
<tr><td colspan="2">7.3 CCB 签字
CCB 组长签字：
CCB 成员签字：
日期：　　年　　月　　日</td></tr>
</table>

2）变更影响分析

项目经理在接到变更申请以后，首先要检查变更申请中需要填写的内容是否完备，然后对变更申请进行影响分析。变更影响分析由项目经理负责，项目经理可以自己或指定人员完成，也可以召集相关人员讨论完成。

对于表 16-1 的需求变更申请，变更影响分析部分包括 2、3、4、5、6，分析内容包括技术可行性、对进度的影响、对成本的影响、对质量的影响以及变更风险分析，经过全面分析并记录相关信息，作为 CCB 决策的参考依据。

3）CCB 审查批准

变更申请人提交的每个变更申请都必须由一位责任人批准或否决，这个责任人通常是项目发起人或项目经理。必要时，应由变更控制委员会（CCB）进行审查批准。

CCB 对变更申请内容及其相关影响分析进行审查，并作出最后决策。CCB 审查可以通过文档会签的形式，也可以召开正式会议。CCB 对变更申请的决策可以是批准、否决或延期，也可以要求补充材料。

对于表 16-1 中的需求变更申请，需要 CCB 填写审核意见，并签字确认。

若 CCB 批准变更申请，则进入下一工作程序，即实施变更。

4）实施变更

实施变更即执行变更申请中的变更内容。项目经理负责整合变更所需资源，合理安排变更，对于不同的变更申请，涉及到的变更实施人员也不同。

表 16-1 的需求变更申请，若是在需求基准刚建立的阶段提出的变更，则需求变更的实施人员就是需求分析人员，需要修改需求文档，若此变更涉及到进度、成本等其他基准的变更，也需要做相关修改。若需求变更申请在编码阶段提出来并获得了批准，那么实施变更时涉及的人员就比较广，包括需求人员、设计人员、编码人员等。

5）监控变更实施

批准的变更进入实施阶段后，需要对它们的执行情况进行确认，以保证批准的变更都得到正确的落实，即需要对变更实施进行监控。

监控过程中除了对调整过的项目基准中所涉及的变更内容进行监控外，还应当对项目的整体基准是否反映项目实施情况进行监控。

通过对变更实施的监控，确认变更是否正确完成，对于正确完成的变更，需纳入配置管理系统中，没有正确实施的变更则继续进行变更实施。

6）结束变更

变更申请被否决时变更结束，项目经理通知相关变更申请人。

批准的变更被正确完成后，成果纳入配置管理系统中并通知相关受影响人员，变更结束。

16.4　变更管理相关事项

16.4.1　变更管理操作要点

变更的实际情况千差万别，可能简单，也可能相当复杂。越是大型的项目，调整项目基准的边际成本越高，随意调整可能带来的麻烦也越多，可能导致基准失效、项目干系人冲突、资源浪费和项目执行情况混乱等。

在项目整体压力较大的情况下，更需强调变更管理的规范化，可以使用分批处理、分优先级处理等方式提高效率，如同繁忙的交通道口，如果红绿灯变化频繁，其结果不是灵活高效，而是整体通过能力的降低。

项目规模小、与其他项目的关联度小时，变更的提出与处理过程可在操作上力求简便、高效，但仍应注意以下几点：

（1）对变更产生的因素施加影响，防止不必要的变更，减少无谓的评估，提高必要变更的通过效率。

（2）变更的操作过程应当规范化。

（3）对变更的确认应当正式化。

16.4.2　变更管理和整体管理及配置管理的关系

1．变更管理与整体管理

变更管理是项目整体管理的一部分，属于项目整体变更控制的范畴。因变更管理涉及范围、进度、成本、质量、人力资源和合同管理等多个方面，且其重要性不可忽视，故在本章单独说明。

2．变更管理与配置管理

配置管理重点关注可交付产品（包括中间产品）及各过程文档，而变更管理则着眼于识别、记录、批准或否决对项目文件、可交付产品或基准的变更。

变更管理过程中包含的部分配置管理活动如下。

（1）配置项识别。识别与选择配置项，从而为核实产品配置、标记产品和文件、管理变更和明确责任提供基础。

（2）配置状态记录。为了能及时提供关于配置项的准确数据，应记录和报告配置项的相关信息。此类信息包括变更控制中的已批准的配置项清单、变更申请的状态和已批准变更的实施状态。

（3）配置确认与审计。通过配置确认与配置审计，可以保证项目各配置项组成的正确性，以及相应的变更都被登记、评估、批准、跟踪和正确实施，从而确保配置文件所规定的功能要求都已实现。

第 17 章　信息系统安全管理

17.1　信息安全管理

17.1.1　信息安全含义及目标

1．信息安全定义

现代社会已经进入了信息时代，其突出的特点表现为信息的价值在很多方面超过其信息处理设施包括信息载体本身的价值，例如一台计算机上存储和处理的信息价值往往超过计算机本身的价值。另外，现代社会的各类组织，包括政府、企业，对信息以及信息处理设施的依赖也越来越大，一旦信息丢失或泄密、信息处理设施中断，很多政府及企事业单位的业务也就无法运营了。

现代信息社会对于信息的安全提出了更高的要求，对信息安全的内涵也不断进行延伸和拓展。国际标准 ISO/IEC 27001：2013《信息技术-安全技术-信息安全管理体系-要求》标准中给出目前国际上的一个公认的信息安全的定义："保护信息的保密性、完整性、可用性；另外也包括其他属性，如：真实性、可核查性、不可抵赖性和可靠性。"

2．信息安全属性及目标

（1）保密性（Confidentiality），是指"信息不被泄露给未授权的个人、实体和过程或不被其使用的特性。"简单地说，就是确保所传输的数据只被其预定的接收者读取。保密性的破坏有多种可能，例如，信息的故意泄露或松懈的安全管理。数据的保密性可以通过下列技术来实现：

- 网络安全协议；
- 身份认证服务；
- 数据加密。

（2）完整性（Integrity），是指"保护资产的正确和完整的特性。"简单地说，就是确保接收到的数据就是发送的数据。数据不应该被改变，这需要某种方法去进行验证。确保数据完整性的技术包括：

- CA 认证；
- 数字签名；
- 防火墙系统；
- 传输安全（通信安全）；

- 入侵检测系统。

（3）可用性（Availability），是指“需要时，授权实体可以访问和使用的特性。”可用性确保数据在需要时可以使用。尽管传统上认为可用性并不属于信息安全的范畴，但随着拒绝服务攻击的逐渐盛行，要求数据总能保持可用性就显得十分关键了。一些确保可用性的技术如以下几个方面：

- 磁盘和系统的容错；
- 可接受的登录及进程性能；
- 可靠的功能性的安全进程和机制；
- 数据冗余及备份。

保密性、完整性和可用性是信息安全最为关注的三个属性，因此这三个特性也经常被称为信息安全三元组，这也是信息安全通常所强调的目标。

（4）其他属性及目标。另外，信息安全也关注一些其他特性：真实性一般是指对信息的来源进行判断，能对伪造来源的信息予以鉴别；可核查性是指系统实体的行为可以被独一无二地追溯到该实体的特性，这个特性就是要求该实体对其行为负责，可核查性也为探测和调查安全违规事件提供了可能性；不可抵赖性是指建立有效的责任机制，防止用户否认其行为，这一点在电子商务中是极其重要的；而可靠性是指系统在规定的时间和给定的条件下，无故障地完成规定功能的概率，通常用平均故障间隔时间（Mean Time Between Failure，MTBF）来度量。

信息安全已经成为一门涉及计算机科学、网络技术、通信技术、密码技术、信息安全技术、应用数学、数论和信息论等多种学科的综合性学科。从广义上来说，凡是涉及网络上信息的保密性、完整性、可用性、真实性和可核查性的相关技术和理论都属于信息安全的研究领域。

17.1.2 信息安全管理的内容

ISO/IEC 27000 系列标准是由国际标准组织与国际电工委员会共同发布的国际公认的信息安全管理系列标准，它包括 ISO/IEC 27001《信息技术-安全技术-信息安全管理体系-要求》、ISO/IEC 27002《信息技术-安全技术-信息安全管理体系-实践准则》等系列标准。ISO/IEC 27000 系列标准是当前全球业界信息安全管理实践的最新总结，为各种类型的组织引进、实施、维护和改进信息安全管理提供了最佳实践和评价规范。

在 ISO/IEC 27000 系列标准中，它将信息安全管理的内容主要概括为如下 14 个方面。

1．信息安全方针与策略

为信息安全提供管理指导和支持，并与业务要求和相关的法律法规保持一致。管理者应根据业务目标制定清晰的方针和策略，并通过在整个组织中颁发和维护信息安全方针来表明对信息安全的支持和承诺。

2．组织信息安全

要建立管理框架，以启动和控制组织范围内的信息安全的实施。

管理者应批准整个组织内的信息安全方针、分配安全角色并协调和评审安全的实施。需要时，在组织范围内建立信息安全专家库，发展与外部安全专家或组织（包括相关政府机构）的联系，以便跟上行业发展趋势、跟踪标准和评估方法，并在处理信息安全事件时，提供合适的联络渠道，并鼓励多学科的信息安全方法。

同时要保持被外部组织访问、处理、通信或受其管理的组织信息及信息处理设施的安全。组织的信息处理设施和信息资产的安全不应由于引入外部各方的产品或服务而降低。任何外部各方对组织信息处理设施的访问、对信息资产的处理和通信都应予以控制。若业务上需要与外部各方一起工作从而要求访问组织的信息和信息处理设施，或从外部各方获得产品或服务、或向外部各方提供产品和服务时，就需要进行风险评估，以确定安全隐患和控制要求。在与外部各方签订的合同中要定义和商定控制措施。

对于所有项目，无论其特征是什么，例如核心业务过程、IT、设施管理和其他支持过程等方面的项目。信息安全应整合到组织的项目管理方法中，以确保识别并处理了信息安全风险。

应确保在使用移动计算和远程工作设施时的信息安全。所要求的保护应与那些特定工作方法引起的风险相匹配。当使用移动计算时，应考虑不受保护的环境中的工作风险，并且要应用合适的保护。在远程工作的情况下，组织要把保护应用于远程工作场地，并且对这种工作方式提供合适的安排。

3．人力资源安全

要确保员工、合同方和第三方用户了解他们的责任并适合其岗位，从而减少盗窃、滥用或设施误用的风险。应在雇佣前就在岗位描述、雇用条款和条件中明确安全职责。所有的应聘人员，包括员工、合同方和第三方用户，特别是敏感岗位的人员，应进行充分的筛查。员工、合同方和信息处理设施的第三方用户均应就其安全角色和职责签署协议。

应确保所有的员工、合同方和第三方用户了解信息安全威胁和关注点，以及他们的责任和义务，并能够在他们的日常工作中支持组织的信息安全方针，减少人为错误的风险。应确定管理职责来确保安全应用于组织内个人的整个雇佣期。为尽可能减小安全风险，应对所有雇员、合同方和第三方用户提供关于安全程序以及正确使用信息处理设施的意识、教育和培训。并针对信息安全违规事件建立正式的处罚过程。

最后，要确保员工、合同方和第三方用户以一种有序的方式离开组织或工作变更。应建立职责确保员工、合同方和第三方用户的离开组织是受控的，并确保他们已归还所有设备并删除所有的访问权限。对于组织内的职责或工作变更也应参照上述做法实行类似管理。

4．资产管理

要对组织资产实现并维持适当的保护。

所有资产均应有人负责，并有指定的所有者。对于所有资产均要识别所有者，并且要赋予维护相应控制的职责。具体控制的实施可以由所有者委派适当的人员承担，但所有者仍拥有对资产提供适当保护的责任。

要确保信息可以得到适当程度的保护。

应对信息进行分类，以便在信息处理时指明保护的需求、优先级和期望程度。信息的敏感度和关键度是可变的。某些信息可能需要额外的保护或特别的处理。应使用信息分类机制来定义适宜的保护水准和沟通特别处理措施的需求。

5．访问控制

对信息、信息处理设施和业务过程的访问应基于业务和安全需求进行控制。访问控制规则应考虑到信息分发和授权的策略。

应确保授权用户对信息系统的访问，并防止非授权访问。应有正式的程序来控制对信息系统和服务的访问权限的分配和注销。这些程序应覆盖用户访问生命周期内的所有阶段，从新用户注册到不再要求访问信息系统和服务的用户的最终注销。适宜时，应特别注意对有特权的访问权限的分配的控制需求，这种权限允许用户超越系统控制。

应防止未授权的用户访问，以及信息和信息处理设施的破坏或被盗。授权用户的合作是有效安全的基础。用户应清楚其对维护有效的访问控制的职责，特别是关于口令使用和用户设备安全的职责。应实施桌面清空和屏幕清空策略以减少对纸质文件、介质和信息处理设施的未授权访问或破坏的风险。

防止对网络服务未经授权的访问。对内部和外部网络服务的访问均应加以控制。访问网络和网络服务的用户不应损害网络服务的安全，应确保：

（1）在本组织的网络和其他组织拥有的网络或公共网络之间有合适的分界。

（2）对用户和设备采用合适的认证机制。

（3）对用户访问信息服务的控制。

应防止对操作系统的未授权访问。应采用安全设施来限制授权用户访问操作系统。这些设施应能：

（1）按照确定的访问控制策略认证授权用户。

（2）记录成功和失败的系统认证尝试。

（3）记录专用系统特权的使用。

（4）当违背系统安全策略时发布警报。

（5）提供合适的认证手段。

（6）适宜时可限制用户的连接时间。

应防止对应用系统中信息的未授权访问。应采用安全设施限制对应用系统的访问以及应用系统内部的访问。对应用软件和信息的逻辑访问应只限于授权的用户。应用系统应限于：

（1）按照定义的访问控制策略，控制用户访问信息和应用系统功能。

（2）防止能够越过系统控制或应用控制的任何实用程序、操作系统软件和恶意软件进行未授权访问。

（3）不损坏与其共享信息资源的其他系统的安全。

应确保系统文档的安全。要控制对系统文档和程序源代码的访问，并且 IT 项目和支持活动应以安全的方式进行。应注意不能泄露测试环境中的敏感数据。

6．密码

应通过加密手段来保护信息的保密性、真实性或完整性。应该制定使用密码的策略。应有密钥管理以支持密码技术的使用。

7．物理和环境安全

应防止对组织办公场所和信息的非授权物理访问、破坏和干扰。关键或敏感的信息处理设施要放置在安全区域内，并受到确定的安全边界的保护，包括采用适当的安全屏障和入口控制。这些设施要在物理上避免未授权的访问、损坏和干扰。所提供的保护要与所识别的风险相匹配。

应防止资产的丢失、损坏、被盗和破坏，以及对组织业务活动的中断。应保护设备免受物理和环境的威胁。要对设备（包括非公司现场的设备和迁出的设备）进行保护以减少未授权访问信息的风险并防止丢失或损坏，同时要考虑设备安置和处置。可能需要专门的控制措施来防止物理威胁以及保护支持性设施，诸如电源供应和电缆基础设施。

8．运行安全

确保信息处理设施的正确和安全操作。应建立所有信息处理设施的管理和操作的职责与程序，包括建立适宜的操作程序。适宜时，应实施职责分离，以减少疏忽或故意误用系统的风险。

应最小化系统失效的风险。为确保有足够能力和足够的资源的可用性提供给所需的系统性能，需要预先的策划和准备。应做出对于未来容量需求的规划，以减少系统过载的风险。在新系统验收和使用之前，要建立该新系统的运行要求，并形成文件，进行测试。

应保护软件和信息的完整性。要求有预防措施，以防范和探测恶意代码和未授权的移动代码的引入。软件和信息处理设施容易受到恶意代码（例如计算机病毒、网络蠕虫、特洛伊木马和逻辑炸弹）的攻击。要让用户意识到恶意代码的危险。适用时，管理者要引入控制，以防范、探测并删除恶意代码，控制移动代码。

应保持信息和信息处理设施的完整性和可用性。应建立例行程序来执行商定的针对数据备份以及及时恢复演练的备份策略和战略。

应探测未经授权的信息处理活动。应监视系统并记录信息安全事件。应使用操作员日志和故障日志以确保识别出信息系统的问题。一个组织的监视和日志记录活动应遵守所有相关法律的要求。应通过监视系统来检查所采用控制措施的有效性，并验证与访问策略模型的一致性。

应维护应用系统软件和信息的安全。应严格控制项目和支持环境。负责应用系统的管理人员也应负责项目和支持环境的安全。他们应确保评审所有提出的系统变更，以检验这些变更既不损坏该系统也不损害操作环境的安全。

应减少由利用已发布的技术漏洞带来的风险。应该以一种有效的、系统的、可重复的方式进行技术漏洞管理，同时采取测量以确定其有效性。这些考虑应包括在用的操作系统和应用系统。

涉及运行系统验证的审计要求和活动，应谨慎地加以规划并取得批准，以便最小化业务过程的中断。

9．通信安全

应确保网络中的信息和支持性基础设施得到保护。网络安全管理可能会跨越组织边界，需要仔细考虑数据流动、法律要求、监视和保护。在数据通过公共网络进行传输时要提供额外的保护。

应防止对资产的未授权泄露、修改、移动或损坏，及对业务活动的中断。应控制介质，并对其实施物理保护。应建立适当的操作程序以保护文件、计算机介质（如磁带、磁盘）、输入输出数据和系统文档免遭未授权的泄露、修改、删除或破坏。

应维持组织内部或组织与外部组织之间交换信息和软件的安全。组织间信息和软件的交换应基于一个正式的交换策略，按照交换协议执行，还应服从相关的法律。应建立程序和标准，以保护传输中的信息和包含信息的物理介质。

10．信息系统的获取、开发和保持

应确保安全成为信息系统的一部分。信息系统包括操作系统、基础设施、业务应用、非定制的产品、服务和用户开发的应用软件。支持业务过程的信息系统的设计和实施对安全来说是至关重要的。在信息系统开发或实施之前应识别并商定安全要求。所有安全需求应在项目的需求阶段予以识别，证实其合理性，达成一致，并形成文档，作为信息系统整个业务案例的一部分。

应防止应用系统中信息的错误、丢失、未授权的修改或误用。应用系统（包括用户开发的应用）内应设计合适的控制以确保处理的正确性。这些控制应包括输入数据、内部处理和输出数据的确认。对于处理敏感的、有价值的或关键的信息的系统或对上述信息有影响的系统可以要求附加控制。应基于安全需求和风险评估来确定这些控制措施。

应为系统开发全生命周期的开发和集成活动建立安全开发环境，并予以适当保护。安全的开发环境包括与系统开发和集成相关的人员、过程和技术。

应保护在公共网络上应用服务传输的信息，以防止遭受欺诈、合同纠纷以及未经授权的泄露和修改。

应确保电子商务的安全及其安全使用。应考虑与使用电子商务服务包括在线交易相关的安全要求和控制措施要求。还应考虑通过公开可用系统以电子方式发布的信息的完整性和可用性。

11．供应商关系

为降低供应商访问组织资产的相关风险，应与供应商就信息安全要求达成一致，并形成文件。供应商协议应包括信息与通信技术服务以及产品供应链相关的信息安全风险处理要求。应按照第三方服务交付协议的要求实施并保持信息安全和服务交付的适宜水平。组织应检查协议的实施，监视协议执行的一致性，并管理变更，以确保交付的服务满足与第三方商定的所有要求。

12．信息安全事件管理

确保与信息系统有关的安全事件和弱点以一种能够及时采取纠正措施的方式进行沟通。应具有正式的事件报告和升级程序，所有的员工、合同方和第三方用户都应该知道这套报告不同类别的事件和弱点的程序，而这些事件和弱点对组织的资产安全可能具有影响。应要求他们尽可能快地将信息安全事件和弱点报告给指定的联系点。联系点应根据商定的信息安全事态和事件分级准则评估每个信息安全事态，并决定该事态是否该归为信息安全事件。

应确保使用一致、有效的方法管理信息安全事件。应建立职责和程序以有效地处理报告的信息安全事件和弱点。对信息安全事件的响应、监视、评估和总体管理应进行持续的改进。需要证据时，证据的收集应符合法律的要求。

13．业务持续性管理

应防止业务活动的中断，保护关键业务流程不会受到重大的信息系统失效或灾难的影响并确保它们的及时恢复。应实施业务持续性管理过程以减少对组织的影响，并通过预防和恢复控制措施的结合将信息资产的损失（例如，它们可能是灾难、事故、设备故障和故意行动的结果）恢复到可接受的程度。这个过程需要识别关键的业务过程，并将业务持续性的信息安全管理要求与其他的诸如运营、员工安置、材料、运输和设施等持续性要求予以整合。灾难、安全失效服务丢失和服务可用性的后果应取决于业务影响分析。应建立和实施业务持续性计划，以确保基本运营能及时恢复。信息安全应该是整体业务持续性过程和组织内其他管理过程的一个不可或缺的部分。除了通用的风险评估过程外，业务连续性管理应包括识别和减少风险的控制措施、降低有害事件的影响以及确保业务过程需要的信息能够随时得到。

14．符合性

应避免违反法律、法规、规章、合同要求和其他的安全要求。信息系统的设计、运行、使用和管理都要受到法律法规要求的限制，以及合同安全要求的限制。应从组织的法律顾问或者合格的法律从业人员处获得关于特定的法律要求方面的建议。法律要求因国家而异，而且对于在一个国家所产生的信息发送到另一国家（即越境的数据流）的法律要求也不相同。

确保系统符合组织安全策略和标准。应定期评审信息系统的安全。这种评审应根据相应的安全策略和技术平台进行，而对信息系统也应进行审核，看其是否符合安全实施标准和形成文件的安全控制要求。

应最大化信息系统审核的有效性，并最小化来自信息系统审核带来的干扰。在审核过程中应有控制措施作用于操作系统和审核工具。也要保护审计工具的完整性并防止其被误用。

上面 14 个方面是 ISO/IEC 27000 系列标准中提出的信息安全管理的主要内容，当然，信息安全风险管理也是信息安全管理的重要基础，不管对于哪个方面控制措施的选择和评价，都应基于风险评价的结果进行。随着多学科的应用和相互融合，信息安全管理的内容也更加广泛和深入。

17.2　信息系统安全

17.2.1　信息系统安全概念

信息系统是指由计算机及其相关和配套的设备、设施构成的，按照一定的应用目标和规则对信息进行存储、传输、处理的系统或者网络。

而信息系统安全是指信息系统及其所存储、传输和处理的信息的保密性、完整性和可用性的表征，一般包括保障计算机及其相关的和配套的设备、设施（含网络）的安全，运行环境的安全，保障信息的安全，以保障信息系统功能的正常发挥，以维护信息系统的安全运行。

信息系统安全的侧重点会随着信息系统使用者的需求不同而发生变化。

个人用户最为关心的信息系统安全问题是如何保证涉及个人隐私的问题。企业用户看重的是如何保证涉及商业利益的数据的安全。这些个人数据或企业的信息在传输过程中要保证其受到保密性、完整性和可用性的保护，避免其他人，特别是竞争对手利用窃听、冒充、篡改和抵赖等手段，对其利益和隐私造成损害和侵犯，同时用户也希望其保存在某个网络信息系统中的数据，不会受其他非授权用户的访问和破坏。

从网络运行和管理者角度说，最为关心的信息系统安全问题是如何保护和控制其他人对本地网络信息进行访问、读写等操作。例如，避免出现漏洞陷阱、病毒、非法存取、拒绝服务及网络资源被非法占用和非法控制等现象，制止和防御网络黑客的攻击。

对安全保密部门和国家行政部门来说，最为关心的信息系统安全问题是如何对非法的、有害的或涉及国家机密的信息进行有效过滤和防堵，避免非法泄露。机密敏感的信息被泄密后将会对社会的安定产生危害，给国家造成巨大的经济损失和政治损失。

从社会教育和意识形态角度来说，最为关心的信息系统安全问题则是如何杜绝和控制网络上的不健康内容。有害的黄色内容会对社会的稳定和人类的发展造成不良影响。

目前，信息系统工程在企业和政府组织中得到了广泛应用。许多组织对其信息系统的依赖性不断增长，使得信息和信息安全也越来越受到重视。由于信息化成本的限制，用户应该根据自己信息化的具体应用，制定相应的安全策略和安全管理措施。

17.2.2 信息系统安全属性

1．保密性

保密性是应用系统的信息不被泄露给非授权的用户、实体或过程，或供其利用的特性。即防止信息泄漏给非授权个人或实体，信息只为授权用户使用的特性。保密性是在可用性基础之上，是保障应用系统信息安全的重要手段。

应用系统常用的保密技术如下。

（1）最小授权原则：对信息的访问权限仅授权给需要从事业务的用户使用。

（2）防暴露：防止有用信息以各种途径暴露或传播出去。

（3）信息加密：用加密算法对信息进行加密处理，非法用户无法对信息进行解密从而无法读懂有效信息。

（4）物理保密：利用各种物理方法，如限制、隔离、掩蔽和控制等措施，保护信息不被泄露。

2．完整性

完整性是信息未经授权不能进行改变的特性。即应用系统的信息在存储或传输过程中保持不被偶然或蓄意地删除、修改、伪造、乱序、重放和插入等破坏和丢失的特性。完整性是一种面向信息的安全性，它要求保持信息的原样，即信息的正确生成及正确存储和传输。

完整性与保密性不同，保密性要求信息不被泄露给未授权的人，而完整性则要求信息不致受到各种原因的破坏。影响信息完整性的主要因素有设备故障、误码（传输、处理和存储过程中产生的误码，定时的稳定度和精度降低造成的误码，各种干扰源造成的误码）、人为攻击和计算机病毒等。

保障应用系统完整性的主要方法如下。

（1）协议：通过各种安全协议可以有效地检测出被复制的信息、被删除的字段、失效的字段和被修改的字段。

（2）纠错编码方法：由此完成检错和纠错功能。最简单和常用的纠错编码方法是奇偶校验法。

（3）密码校验和方法：它是抗篡改和传输失败的重要手段。

（4）数字签名：保障信息的真实性。

（5）公证：请求系统管理或中介机构证明信息的真实性。

3．可用性

可用性是应用系统信息可被授权实体访问并按需求使用的特性。即信息服务在需要时，允许授权用户或实体使用的特性，或者是网络部分受损或需要降级使用时，仍能为授权用户提供有效服务的特性。可用性是应用系统面向用户的安全性能。应用系统最基本的功能是向用户提供服务，而用户的需求是随机的、多方面的、有时还有时间要求。可用性一般用系统正常使用时间和整个工作时间之比来度量。

可用性还应该满足以下要求：身份识别与确认、访问控制（对用户的权限进行控制，只能访问相应权限的资源，防止或限制经隐蔽通道的非法访问。包括自主访问控制和强制访问控制）、业务流控制（利用均分负荷方法，防止业务流量过度集中而引起网络阻塞）、路由选择控制（选择那些稳定可靠的子网、中继线或链路等）、审计跟踪（把应用系统中发生的所有安全事件情况存储在安全审计跟踪之中，以便分析原因，分清责任，及时采取相应的措施。审计跟踪的信息主要包括事件类型、被管信息等级、事件时间、事件信息、事件回答以及事件统计等方面的信息）。

4．不可抵赖性

不可抵赖性也称作不可否认性，在应用系统的信息交互过程中，确信参与者的真实同一性。即所有参与者都不可能否认或抵赖曾经完成的操作和承诺。利用信息源证据可以防止发信方不真实地否认已发送信息，利用递交接收证据可以防止收信方事后否认已经接收的信息。

17.2.3 信息系统安全管理体系

1．信息系统安全管理概念

信息系统安全管理是对一个组织机构中信息系统的生存周期全过程实施符合安全等级责任要求的管理，包括如下方面。

（1）落实安全管理机构及安全管理人员，明确角色与职责，制定安全规划。

（2）开发安全策略。

（3）实施风险管理。

（4）制定业务持续性计划和灾难恢复计划。

（5）选择与实施安全措施。

（6）保证配置、变更的正确与安全。

（7）进行安全审计。

（8）保证维护支持。

（9）进行监控、检查，处理安全事件。

（10）安全意识与安全教育。

（11）人员安全管理等。

2．管理体系

在组织机构中应建立安全管理机构，不同安全等级的安全管理机构可按下列顺序逐步建立自己的信息系统安全组织机构管理体系。

（1）配备安全管理人员：管理层中应有一人分管信息系统安全工作，并为信息系统的安全管理配备专职或兼职的安全管理人员。

（2）建立安全职能部门：在（1）的基础上，应建立管理信息系统安全工作的职能部门，或者明确制定一个职能部门监管信息安全工作，作为该部门的关键职责之一。

（3）成立安全领导小组：在（2）的基础上，应在管理层成立信息系统安全管理委员会或信息系统安全领导小组，对覆盖全国或跨地区的组织机构，应在总部和下级单位建立各级信息系统安全领导小组，在基层至少要有一位专职的安全管理人员负责信息系统安全工作。

（4）主要负责人出任领导：在（3）的基础上，应由组织机构的主要负责人出任信息系统安全领导小组负责人。

（5）建立信息安全保密管理部门：在（4）的基础上，应建立信息系统安全保密监督管理的职能部门，或对原有保密部门明确信息安全保密管理责任，加强对信息系统安全管理重要过程和管理人员的保密监督管理。

GB/T 20269-2006《信息安全技术信息系统安全管理要求》提出了信息系统安全管理体系的要求，其信息安全系统管理要素如表 17-1 所示。

表 17-1 信息系统安全管理要素一览表

类	族	管理要素
1 政策和制度	1.1 信息安全管理策略	1.1.1 安全管理目标与范围
		1.1.2 总体安全管理策略
		1.1.3 安全管理策略的制定
		1.1.4 安全管理策略的发布
	1.2 安全管理规章制度	1.2.1 安全管理规章制度内容
		1.2.2 安全管理规章制度的制定
	1.3 策略与制度文档管理	1.3.1 策略与制度文档的评审和修订
		1.3.2 策略与制度文档的保管
2 机构和人员管理	2.1 安全管理机构	2.1.1 建立安全管理机构
		2.1.2 信息安全领导小组
		2.1.3 信息安全职能部门
	2.2 安全机制集中管理机构	2.2.1 设置集中管理机构
		2.2.2 集中管理机构职能
	2.3 人员管理	2.3.1 安全管理人员配备
		2.3.2 关键岗位人员管理
		2.3.3 人员录用管理
		2.3.4 人员离岗
		2.3.5 人员考核与审查
		2.3.6 第三方人员管理
	2.4 教育和培训	2.4.1 信息安全教育
		2.4.2 信息安全专家

续表

类	族	管理要素
3 风险管理	3.1 风险管理要求和策略	3.1.1 风险管理要求
		3.1.2 风险管理策略
	3.2 风险分析和评估	3.2.1 资产识别和分析
		3.2.2 威胁识别和分析
		3.2.3 脆弱性识别和分析
		3.2.4 风险分析和评估要求
	3.3 风险控制	3.3.1 选择和实施风险控制措施
	3.4 基于风险的决策	3.4.1 安全确认
		3.4.2 信息系统运行的决策
	3.5 风险评估的管理	3.5.1 评估机构的选择
		3.5.2 评估机构保密要求
		3.5.3 评估信息的管理
		3.5.4 技术测试过程管理
4 环境和资源管理	4.1 环境安全管理	4.1.1 环境安全管理要求
		4.1.2 机房安全管理要求
		4.1.3 办公环境安全管理要求
	4.2 资源管理	4.2.1 资产清单管理
		4.2.2 资产的分类与标识要求
		4.2.3 介质管理
		4.2.4 设备管理要求
5 运行和维护管理	5.1 用户管理	5.1.1 用户分类管理
		5.1.2 系统用户要求
		5.1.3 普通用户要求
		5.1.4 机构外部用户要求
		5.1.5 临时用户要求
	5.2 运行操作管理	5.2.1 服务器操作管理
		5.2.2 终端计算机操作管理
		5.2.3 便携机操作管理
		5.2.4 网络及安全设备操作管理
		5.2.5 业务应用操作管理
		5.2.6 变更控制和重用管理
		5.2.7 信息交换管理
	5.3 运行维护管理	5.3.1 日常运行安全管理
		5.3.2 运行状况监控
		5.3.3 软件硬件维护管理
		5.3.4 外部服务方访问管理
	5.4 外包服务管理	5.4.1 外包服务管理

续表

类	族	管理要素
5 运行和维护管理	5.4 外包服务管理	5.4.2 外包服务商
		5.4.3 外包服务的运行管理
	5.5 有关安全机制保障	5.5.1 身份鉴别机制管理要求
		5.5.2 访问控制机制管理要求
		5.5.3 系统安全管理要求
		5.5.4 网络安全管理要求
		5.5.5 应用系统安全管理要求
		5.5.6 病毒防护管理要求
		5.5.7 密码管理要求
	5.6 安全集中管理	5.6.1 安全机制集中控管
		5.6.2 安全信息集中管理
		5.6.3 安全机制整合要求
		5.6.4 安全机制整合的处理方式
6 业务持续性管理	6.1 备份与恢复	6.1.1 数据备份和恢复
		6.1.2 设备和系统的备份和冗余
	6.2 安全事件处理	6.2.1 安全事件划分
		6.2.2 安全事件报告和响应
	6.3 应急处理	6.3.1 应急处理和灾难恢复
		6.3.2 应急计划
		6.3.3 应急计划的实施保障
7 监督和检查管理	7.1 符合法律要求	7.1.1 知晓适用的法律
		7.1.2 知识产权管理
		7.1.3 保护证据记录
	7.2 依从性管理	7.2.1 检查和改进
		7.2.2 安全策略依从性检查
		7.2.3 技术依从性检查
	7.3 审计及监管控制	7.3.1 审计控制
		7.3.2 监管控制
	7.4 责任认定	7.4.1 审计结果的责任认定
		7.4.2 审计及监管者责任的认定
8 生存周期管理	8.1 规划和立项管理	8.1.1 系统规划要求
		8.1.2 系统需求的提出
		8.1.3 系统开发的立项
	8.2 建设过程管理	8.2.1 建设项目准备
		8.2.2 工程项目外包要求
		8.2.3 自行开发环境控制
		8.2.4 安全产品使用要求
		8.2.5 建设项目测试验收
	8.3 系统启用和终止管理	8.3.1 新系统启用管理
		8.3.2 终止运行管理

3. 技术体系

从安全角度，组成信息系统各个部分的硬件和软件都应有相应的安全功能，确保在其所管辖范围内的信息安全和提供确定的服务。这些安全功能分别是：确保硬件系统安全的物理安全，确保数据网上传输、交换安全的网络安全，确保操作系统和数据库管理系统安全的系统安全（含系统安全运行和数据安全保护），确保应用软件安全运行的应用系统安全（含应用系统安全运行和数据安全保护）。这 4 个层面的安全，再加上为保证其安全功能达到应有的安全性而必须采取的管理措施，构成了实现信息系统安全的 5 个层面的安全。其实，在这 5 个层面中，许多安全功能和实现机制都是相同的。例如，身份鉴别、审计、访问控制、保密性保护和完整性保护等，在每一层都有体现，并有相应的安全要求。在 GB/T 20271-2006《信息安全技术 信息系统通用安全技术要求》中将信息系统安全技术体系具体描述如下。

1）物理安全

（1）环境安全。主要指中心机房的安全保护，包括：

- 机房场地选择；
- 机房内部安全防护；
- 机房防火；
- 机房供、配电；
- 机房空调、降温；
- 机房防水与防潮；
- 机房防静电；
- 机房接地与防雷击；
- 机房电磁防护。

（2）设备安全。

- 设备的防盗和防毁；
- 设备的安全可用。

（3）记录介质安全。

2）运行安全

（1）风险分析。

（2）信息系统安全性检测分析。

（3）信息系统安全监控。

（4）安全审计。

（5）信息系统边界安全防护。

（6）备份与故障恢复。

（7）恶意代码防护。

（8）信息系统的应急处理。

（9）可信计算和可信连接技术。

3）数据安全

（1）身份鉴别

（2）用户标识与鉴别

（3）用于主体绑定

- 隐秘；
- 设备标识和鉴别。

（4）抗抵赖

- 抗原发抵赖；
- 抗接收抵赖。

（5）自主访问控制

- 访问控制策略；
- 访问控制功能；
- 访问控制范围；
- 访问控制粒度。

（6）标记

- 主体标记；
- 客体标记；
- 标记的输出；
- 标记的输入。

（7）强制访问控制

- 访问控制策略；
- 访问控制功能；
- 访问控制范围；
- 访问控制粒度；
- 访问控制环境。

（8）数据完整性保护

- 存储数据的完整性；
- 传输数据的完整性；
- 处理数据的完整性。

（9）用户数据保密性保护

- 存储数据保密性保护；
- 传输数据保密性保护；
- 客体安全重用。

（10）数据流控制
（11）可信路径
（12）密码支持

17.3　物理安全管理

安全对每一个公司及其基础设施都是很重要的，而物理安全也不例外。黑客也不是信息及其相关系统遭到破坏的唯一途径，物理安全还面临着大量不同的威胁、弱点以及风险。物理安全管理包括安全区域的管理、设备设施的安全管理、对环境威胁的防范以及电磁辐射的管理等。

17.3.1　计算机机房与设施安全

1．计算机机房

对计算机机房的安全保护包括机房场地选择、机房防火、机房空调、降温、机房防水与防潮、机房防静电、机房接地与防雷击、机房电磁防护等。

1）机房场地选择

根据对机房安全保护的不同要求，机房场地选择分为如下几种。

（1）基本要求：按一般建筑物的要求进行机房场地选择。

（2）防火要求：避开易发生火灾和危险程度高的地区，如油库和其他易燃物附近的区域。

（3）防污染要求：避开尘埃、有毒气体、腐蚀性气体和盐雾腐蚀等环境污染的区域。

（4）防潮及防雷要求：避开低洼、潮湿及落雷区域。

（5）防震动和噪声要求：避开强震动源和强噪声源区域。

（6）防强电场、磁场要求：避开强电场和强磁场区域。

（7）防地震、水灾要求：避开有地震、水灾危害的区域。

（8）位置要求：避免在建筑物的高层以及用水设备的下层或隔壁。

（9）防公众干扰要求：避免靠近公开区域，如运输通道、停车场或餐厅等。

2）机房空调、降温

根据对机房安全保护的不同要求，机房空调、降温分为如下几种。

（1）基本温度要求：应有必要的空调设备，使机房温度达到所需的温度要求。

（2）较完备空调系统：应有较完备的中央空调系统，保证机房温度的变化在计算机系统运行所允许的范围内。

（3）完备空调系统：应有完备的中央空调系统，保证机房各个区域的温度变化能满足计算机系统运行、任意活动和其他辅助设备的要求。

3）机房防水与防潮

根据对机房安全保护的不同要求，机房防静电分为如下几种。

（1）接地与屏蔽：采用必要的措施，使计算机系统有一套合理的防静电接地与屏蔽系统。

（2）服装防静电：人员服装采用不易产生静电的衣料，工作鞋采用低阻值材料制作。

（3）温、湿度防静电：控制机房温、湿度，使其保持在不易产生静电的范围内。

（4）地板防静电：机房地板从表面到接地系统的阻值，应控制在不易产生静电的范围内。

（5）材料防静电：机房中使用的各种家具，如工作台、柜等，应选择产生静电小的材料。

（6）维修 MOS 电路保护：在硬件维修时，应采用金属板台面的专用维修台，以保护 MOS 电路。

（7）静电消除要求：在机房中使用静电消除剂等，以进一步减少静电的产生。

4）机房接地与防雷击

根据对机房安全保护的不同要求，机房接地与防雷击分为如下几种。

（1）接地要求：采用地桩、水平栅网、金属板、建筑物基础钢筋构建接地系统等，确保接地体的良好接地。

（2）去耦、滤波要求：设置信号地与直流电源地，并注意不造成额外耦合，保证去耦、滤波等的良好效果。

（3）避雷要求：设置避雷地，以深埋地下，与大地良好相通的金属板作为接地点。至避雷针的引线则应采用粗大的紫铜条，或使整个建筑的钢筋自地基以下焊连成钢筋网作为“大地”与避雷针相连。

（4）防护地与屏蔽地要求：设置安全防护地与屏蔽地，采用阻抗尽可能小的良导体的粗线，以减少各种地之间的电位差。应采用焊接方法，并经常检查接地是否良好，检测接地电阻，确保人身、设备和运行的安全。

2．电源

根据对机房安全保护的不同要求，机房供、配电分为如下几种。

（1）分开供电：机房供电系统应将计算机系统供电与其他供电分开，并配备应急照明装置。

（2）紧急供电：配置抗电压不足的基本设备、改进设备或更强设备，如基本 UPS、改进的 UPS、多级 UPS 和应急电源（发电机组）等。

（3）备用供电：建立备用的供电系统，以备常用供电系统停电时启用，完成对运行系统必要的保留。

（4）稳压供电：采用线路稳压器，防止电压波动对计算机系统的影响。

（5）电源保护：设置电源保护装置，如金属氧化物可变电阻、二极管、气体放电管、滤波器、电压调整变压器和浪涌滤波器等，防止/减少电源发生故障。

（6）不间断供电：采用不间断供电电源，防止电压波动、电器干扰和断电等对计算机系统的不良影响。

（7）电器噪声防护：采取有效措施，减少机房中电器噪声干扰，保证计算机系统正常运行。

（8）突然事件防护：采取有效措施，防止/减少供电中断、异常状态供电（指连续电压过载或低电压）、电压瞬变、噪声（电磁干扰）以及由于雷击等引起的设备突然失效事件的发生。

3．计算机设备

计算机设备的安全保护包括设备的防盗和防毁以及确保设备的安全可用。

1）设备的防盗和防毁

根据对设备安全的不同要求，设备的防盗和防毁分为如下几种。

（1）设备标记要求：计算机系统的设备和部件应有明显的无法去除的标记，以防更换和方便查找赃物。

（2）计算中心防盗

① 计算中心应安装防盗报警装置，防止从门窗进入的盗窃行为。

② 计算中心应利用光、电、无源红外等技术设置机房报警系统，并由专人值守，防止从门窗进入的盗窃行为。

③ 利用闭路电视系统对计算中心的各重要部位进行监视，并有专人值守，防止从门窗进入的盗窃行为。

（3）机房外部设备防盗：机房外部的设备，应采取加固防护等措施，必要时安排专人看管，以防止盗窃和破坏。

2）设备的安全可用。

根据对设备安全的不同要求，设备的安全可用分为如下几种。

（1）基本运行支持：信息系统的所有设备应提供基本的运行支持，并有必要的容错和故障恢复能力。

（2）设备安全可用：支持信息系统运行的所有设备，包括计算机主机、外部设备、网络设备及其他辅助设备等均应安全可用。

（3）设备不间断运行：提供可靠的运行支持，并通过容错和故障恢复等措施，支持信息系统实现不间断运行。

4．通信线路

根据对通信线路安全的不同要求，通信线路安全防护分为如下几种。

（1）确保线路畅通：采取必要措施，保证通信线路畅通。

（2）发现线路截获：采取必要措施，发现线路截获事件并报警。

（3）及时发现线路截获：采取必要措施，及时发现线路截获事件并报警。

（4）防止线路截获：采取必要措施，防止线路截获事件发生。

17.3.2 技术控制

1．检测监视系统

应建立门禁控制手段，任何进出机房的人员应经过门禁设施的监控和记录，应有防止绕过门禁设施的手段；门禁系统的电子记录应妥善保存以备查；进入机房的人员应佩戴相应证件；未经批准，禁止任何物理访问；未经批准，禁止任何人将移动计算机或相关设备带离机房。

机房所在地应有专设警卫，通道和入口处应设置视频监控点，24小时值班监视；所有来访人员的登记记录、门禁系统的电子记录以及监视录像记录应妥善保存以备查；禁止携带移动电话、电子记事本等具有移动互联功能的个人物品进入机房。

2．人员进出机房和操作权限范围控制

应明确机房安全管理的责任人，机房出入应由指定人员负责，未经允许的人员不准进入机房；获准进入机房的来访人员，其活动范围应受限制，并有接待人员陪同；机房钥匙由专人管理，未经批准，不准任何人私自复制机房钥匙或服务器开机钥匙；没有指定管理人员的明确准许，任何记录介质、文件材料及各种被保护品均不准带出机房，与工作无关的物品均不准带入机房；机房内严禁吸烟及带入火种和水源。

所有来访人员需经过正式批准，登记记录应妥善保存以备查；获准进入机房的人员，一般应禁止携带个人计算机等电子设备进入机房，其活动范围和操作行为应受到限制，并有机房接待人员负责和陪同。

17.3.3 环境与人身安全

环境与人身安全主要是防火、防漏水和水灾、防静电、防自然灾害以及防物理安全威胁等。

1．防火

根据对机房安全保护的不同要求，机房防火分为如下几种。

（1）机房和重要的记录介质存放间，其建筑材料的耐火等级，应符合GBJ 45-1982中规定的二级耐火等级；机房相关的其余基本工作房间和辅助房，其建筑材料的耐火等级应不低于TJ 16-1974中规定的二级防火等级。

（2）设置火灾报警系统，由人来操作灭火设备，并对灭火设备的效率、毒性、用量和损害性有一定的要求。

（3）设置火灾自动报警系统，包括火灾自动探测器、区域报警器、集中报警器和控制器等，能对火灾发生的部位以声、光或电的形式发出报警信号，并启动自动灭火设备，切断电源、关闭空调设备等。

（4）设置火灾自动消防系统，能自动检测火情、自动报警，并自动切断电源和其他应急开关，自动启动固定安装好的灭火设备进行自动灭火。

（5）机房布局应将脆弱区和危险区进行隔离，防止外部火灾进入机房，特别是重要设备地区，应安装防火门、机房装修使用阻燃材料等。

（6）计算机机房应设火灾自动报警系统，主机房、基本工作间应设卤代烷灭火系统，并应按有关规范的要求执行。报警系统与自动灭火系统应与空调、通风系统联锁。空调系统所采用的电加热器，应设置无风断电保护。

（7）凡设置卤代烷固定灭火系统及火灾探测器的计算机机房，其吊顶的上、下及活动地板下，均应设置探测器和喷嘴。

（8）吊顶上和活动地板下设置火灾自动探测器，通常有两种方式。一种方式是均匀布置，但密度要提高，每个探测器的保护面积为 10～15m^2。另一种方式是在易燃物附近或有可能引起火灾的部位以及回风口等处设置探测器。

（9）主机房宜采用感烟探测器。当没有固定灭火系统时，应采用感烟、感温两种探测器的组合。可以在主机柜、磁盘机和宽行打印机等重要设备附近安装探测器。在有空调设备的房间，应考虑在回风口附近安装探测器。

2．防漏水和水灾

由于计算机系统使用电源，因此水对计算机的威胁也是致命的，它可以导致计算机设备短路，从而损害设备。所以，对机房必须采取防水措施。机房的防水措施应考虑如下几个方面。

（1）与主机房无关的给排水管道不得穿过主机房。

（2）主机房内如设有地漏，地漏下应加设水封装置，并有防止水封破坏的措施。

（3）机房内的设备需要用水时，其给排水干管应暗敷，引入支管宜暗装。管道穿过主机房墙壁和楼板处，应设置套管，管道与套管之间应采取可靠的密封措施。

（4）机房不宜设置在用水设备的下层。

（5）机房房顶和吊顶应有防渗水措施。

（6）安装排水地漏处的楼地面应低于机房内的其他楼地面。

3．防静电

机房的防静电应考虑以下防范措施。

（1）接地系统良好与否是衡量一个机房建设质量的关键性问题之一，因此接地系统应满足《电子计算机机房设计规范》（GB 50174-93）的规定。

（2）主机房地面及工作台面的静电泄漏电阻，应符合现行国家标准《计算机机房用活动地板技术条件》的规定。

（3）主机房内绝缘体的静电电位不应大于 1kV。

4．防自然灾害

自然界存在着种种不可预测或者虽可预料却不能避免的灾害，例如洪水、地震、大风和火山爆发等。对此，应积极应对，制定一套完善的应对措施，建立合适的检测方法和手段，以期尽可能早地发现这些灾害的发生，采取一定的预防措施。例如，采用避雷措施以规避雷击，加强建筑的抗震等级以尽量对抗地震造成的危害。因此，应当预先制定好相应的对策，包括在灾害来临时采取行动的步骤和灾害发生后的恢复工作等。通过对不可避免的自然灾害事件制定完善的计划和预防措施，使系统受到损失的程度降到最小。同时，对于重要的信息系统，应当考虑在异地建立适当的备份和灾难恢复系统。

5．防物理安全威胁

在实际生活中，除了自然灾害外，还存在种种其他的情况威胁着计算机系统的物理安全。例如，通信线路被盗窃者割断，就可以导致网络中断。如果周围有化工厂，若是化工厂发生有毒气体泄露，就会腐蚀和污染计算机系统。再如，2001年9月11日美国发生的纽约世贸大楼被撞恐怖事件，导致大楼起火倒塌，不仅许多无辜生命死亡，里面的计算机系统也不可避免地遭受破坏。对于种种威胁，计算机安全管理部门都应该有一个清晰的认识。

17.3.4 电磁兼容

1．计算机设备防泄露

对需要防止电磁泄露的计算机设备应配备电磁干扰设备，在被保护的计算机设备工作时电磁干扰设备不准关机；必要时可以采用屏蔽机房。屏蔽机房应随时关闭屏蔽门；不得在屏蔽墙上打钉钻孔，不得在波导管以外或不经过过滤器对屏蔽机房内外连接任何线缆；应经常测试屏蔽机房的泄露情况并进行必要的维护。

2．计算机设备的电磁辐射标准和电磁兼容标准

计算机设备的电磁辐射标准和电磁兼容标准很多，主要列举如下。

（1）GB 17625.2-1999 电磁兼容限值对额定电流不大于16A的设备在低压供电系统中产生的电压波动和闪烁的限制。

（2）GB/T 17625.3-2000 电磁兼容限值对额定电流大于16A的设备在低压供电系统中产生的电压波动和闪烁的限制。

（3）GB/T 17626.11-1999 电磁兼容试验和测量技术电压暂降、短时中断和电压变化的抗扰度试验。

（4）GB 4943-1995 信息技术设备（包括电气事务设备）的安全。

（5）GB 9254-1988 信息技术设备的无线电干扰极限值和测量方法。

（6）GB/T 17618-1998 信息技术设备抗扰度限值和测量方法。

（7）GB/T 17625.1-1998 低压电气及电子设备发出的谐波电流限值（设备每相输入电流6A）。

（8）GB/T 2887-2000 计算机场地通用规范。

（9）GB 50174-1993 电子计算机房设计规范。

（10）GA 173-98 计算机信息系统防雷保安器。

（11）GGBB 1-1999 计算机信息系统设备电磁泄漏发射限值。

（12）GGBB 2-1999 计算机信息系统设备电磁泄漏发射测试方法。

（13）BMB 1-94 电话机电磁泄漏发射限值及测试方法。

（14）BMB 2-1998 使用现场的信息设备电磁泄漏发射测试方法和安全判据。

（15）BMB 3-1999 处理涉密信息的电磁屏蔽室的技术要求和测试方法。

（16）BMB 4-2000 电磁干扰器技术要求和测试方法。

（17）BMB 5-2000 涉密信息设备使用现场的电磁泄漏发射防护要求。

（18）BMB 6-2001 密码设备电磁泄漏发射限值。

（19）BMB 7-2001 密码设备电磁泄漏发射测试方法（总则）。

（20）BMB 7.1-2001 电话机电磁泄漏发射测试方法。

（21）GGB 1-1999 信息设备电磁泄漏发射限值。

（22）GGBB 2-1999 信息设备电磁泄漏发射测试方法。

17.4　人员安全管理

17.4.1　安全组织

安全组织的目的在于通过建立管理框架，以启动和控制组织范围内的信息安全的实施。

管理者应通过清晰的方向、说明性承诺、明确的信息安全职责分配和确认，来积极地支持组织内的安全。管理者并应批准整个组织内的信息安全方针、分配安全角色并协调和评审安全的实施。

组织可建立信息安全领导小组，负责本组织机构的信息系统安全工作，并至少履行以下职能。

（1）安全管理的领导职能：根据国家和行业有关信息安全的政策、法律和法规，批准机构信息系统的安全策略和发展规划；确定各有关部门在信息系统安全中的职责，领导安全工作的实施；监督安全措施的执行，并对重要安全事件的处理进行决策；指导和检查信息系统安全职能部门和应急处理小组的各项工作；建设和完善信息系统安全的集中控管的组织体系和管理机制。

（2）保密监督的管理职能：在上述基础上，对保密管理部门进行有关信息系统安全保密监督管理方面的指导和检查。

组织可建立信息安全职能部门，在信息安全领导小组监管下，负责本组织机构信息系统安全的具体工作，至少履行以下管理职能之一。

（1）基本的安全管理职能：根据国家和行业有关信息安全的政策法规，起草组织机构信息系统的安全策略和发展规划；管理机构信息系统安全日常事务，检查和指导下级单位信息系统安全工作；负责安全措施的实施或组织实施，组织并参加对安全重要事件的处理；监控信息系统安全总体状况，提出安全分析报告；指导和检查各部门和下级单位信息系统安全人员及要害岗位人员的信息系统安全工作；应与有关部门共同组成应急处理小组或协助有关部门建立应急处理小组，并实施相关应急处理工作。

（2）集中的安全管理职能：在上述基础上，管理信息系统安全机制集中管理机构的各项工作，实现信息系统安全的集中控制管理；完成信息系统安全领导小组交办的工作，并向领导小组报告机构的信息系统安全工作。

如果需要，要在组织范围内建立信息安全专家建议的资料源，并在整个组织内均可获得该资料。要发展与外部安全专家或组织（包括相关权威人士）的联系，以便跟上行业发展趋势、跟踪标准和评估方法，并且当处理信息安全事故时，提供合适的联络地点。应鼓励构建信息安全的多学科交叉途径。

17.4.2 岗位安全考核与培训

对信息系统岗位人员的管理，应根据其关键程度建立相应的管理要求。

（1）对安全管理员、系统管理员、数据库管理员、网络管理员、重要业务开发人员、系统维护人员和重要业务应用操作人员等信息系统关键岗位人员进行统一管理；允许一人多岗，但业务应用操作人员不能由其他关键岗位人员兼任；关键岗位人员应定期接受安全培训，加强安全意识和风险防范意识。

（2）兼职和轮岗要求：业务开发人员和系统维护人员不能兼任或担负安全管理员、系统管理员、数据库管理员、网络管理员和重要业务应用操作人员等岗位或工作；必要时关键岗位人员应采取定期轮岗制度。

（3）权限分散要求：在上述基础上，应坚持关键岗位“权限分散、不得交叉覆盖”的原则，系统管理员、数据库管理员、网络管理员不能相互兼任岗位或工作。

（4）多人共管要求：在上述基础上，关键岗位人员处理重要事务或操作时，应保持二人同时在场，关键事务应多人共管。

（5）全面控制要求：在上述基础上，应采取对内部人员全面控制的安全保证措施，对所有岗位工作人员实施全面安全管理。

17.4.3 离岗人员安全管理

对人员离岗的管理，可以根据离岗人员的关键程度，采取下列控制措施。

（1）基本要求：立即中止被解雇的、退休的、辞职的或其他原因离开的人员的所有访问权限；收回所有相关证件、徽章、密钥和访问控制标记等；收回机构提供的设备等。

（2）调离后的保密要求：在上述基础上，管理层和信息系统关键岗位人员调离岗位，必须经单位人事部门严格办理调离手续，承诺其调离后的保密要求。

（3）离岗的审计要求：在上述基础上，涉及组织机构管理层和信息系统关键岗位的人员调离单位，必须进行离岗安全审查，在规定的脱密期限后，方可调离。

（4）关键部位人员的离岗要求：在上述基础上，关键部位的信息系统安全管理人员离岗，应按照机要人员管理办法办理。

17.5　应用系统安全管理

17.5.1　应用系统安全管理的实施

1．建立应用系统的安全需求管理

安全控制需求规范应考虑在系统中所包含的自动化控制以及人工控制的需要。在评价应用系统的开发或购买时，需要进行安全控制的考虑。安全要求和控制反映出所涉及信息资产的业务价值和潜在的业务损坏，这可能是由于安全功能失败或缺少安全功能引起的。信息安全系统需求与实施安全的过程应该在信息安全工程的早期阶段集成。在设计阶段引入控制其实施和维护的费用明显低于实现期间或实现后所包含的控制费用。

2．严格应用系统的安全检测与验收

对软件的安全检测与验收主要可依据 GB/T 18336.1-2008《信息技术 安全技术 信息技术安全性评估准则 第 1 部分：简介和一般模型》、GB/T 18336.2-2008《信息技术 安全技术 信息技术安全性评估准则第 2 部分：安全功能要求》以及 GB/T 18336.3-2008《信息技术 安全技术 信息技术安全性评估准则第 3 部分：安全保证要求进行》。

在安全功能要求方面，可以对软件的安全审计功能、通信功能（包括原发抗抵赖和接收抗抵赖）、密码支持功能、用户数据保护功能、标识和鉴别功能、安全管理功能、隐私功能、TSF 保护功能、资源利用功能、TOE 访问功能、可信路径/信道功能等 11 个方面进行检测和验收。

3．加强应用系统的操作安全控制

应用系统内设计合适的控制以确保处理的正确性。这些控制包括输入数据的验证、内部处理控制和输出数据的确认。对于处理敏感的、有价值的或关键的组织资产的系统或对组织资产有影响的系统可以要求附加控制。这样的控制应在安全要求和风险评估的基础上加以确定。

4．规范变更管理

为使信息系统的损坏程度减到最小，应实施正式的变更控制规程。变更的实施要确保不损坏安全和控制规程，并将变更控制规程文档化，引进新的系统和对已有系统进行大的变更要按照从文档、规范、测试、质量管理到实施管理这个过程进行。

变更管理过程应包括风险评估、变更效果分析和安全控制。确保变更不损坏安全和控制规程，确保支持性程序员仅能访问其工作所需的系统的某些部分，确保对任何变更要获得正式协商和批准。

5．防止信息泄露

为了限制信息泄露的风险，如通过应用隐蔽通道泄露信息，可以考虑扫描隐藏信息的外部介质和通信，掩盖和调整系统和通信的行为，以减少第三方访问信息或推断信息的能力；使用可信赖的应用系统和软件进行信息处理；在法律和法规允许的前提下，定期监视个人系统的行为，监视计算机系统的源码使用。

6．严格访问控制

严格控制对应用系统的访问，包括如下方面。

（1）建立访问控制策略，并根据对访问的业务和安全要求进行评审，访问策略清晰地叙述每个用户或一组用户的访问控制规则和权利，访问控制既有逻辑的也是物理的控制方法。

（2）建立正式的授权程序来控制对应用系统和服务的访问权力的分配，确保授权用户的访问，并预防对信息系统的非授权访问。程序应涵盖用户访问生存周期内的各个阶段，从新用户注册到不再要求访问信息系统和用户的最终注销。应特别注意对有特权的访问权力的分配的控制需要，因为这种特殊权限可导致用户超越系统控制而进行系统操作。

（3）避免未授权用户的信息访问和信息处理设施，要让用户了解他对维护有效的访问控制的职责，特别是关于口令的使用和用户设备的安全的职责。

（4）如果具有合适的安全设计和控制并且符合组织的安全策略，组织才能授权远程工作活动。远程工作场地的合适保护应到位，以防止偷窃设备和信息、未授权泄露信息、未授权远程访问组织内部系统或滥用设施等。远程工作要由管理层授权和控制以及对远程工作方法要有充分的安排。

7．信息备份

制定应用系统的备份策略，根据策略对信息和软件进行备份并定期测试。提供足够的备份设施，保持信息和信息处理设施的完整性和可用性，确保所有必要的信息和软件能在灾难或介质故障后进行恢复。建立例行程序来执行针对数据备份以及恢复演练的策略和战略。

8．应用系统的使用监视

检测未经授权的信息处理活动，记录用户活动、异常和信息安全事件的日志，并按照约定的期限进行保留，以支持将来的调查和访问控制监视。记录系统管理员和系统操作者的活动，并对系统管理员和操作员的活动日志定期评审。记录并分析错误日志，并采取适当的措施改正错误。

17.5.2 应用系统运行中的安全管理

1．组织管理层在系统运行安全管理中的职责

管理层对应用系统的安全负有全部责任。安全管理包括：

（1）资源分配：管理层负责为计划内的应用系统的安全活动提供必要的资源。

（2）标准和程序：管理层负责为所有运行建立必要的符合总体业务战略和政策的标准和程序，并符合组织业务的安全规定。

（3）应用系统的过程监控：应用系统管理人员要负责监控和测量应用系统运行过程的效率与效果，以保证过程的持续完善。

2．系统运行安全的审查目标

系统运行安全的审查目标如下。

（1）保证应用系统运行交接过程均有详尽的安排。

（2）精心计划以确保运行资源得到最有效的使用。

（3）对运行日程的变更进行授权。

（4）监控系统运行以确保其符合标准。

（5）监控环境和设施的安全，为设备的正常运行保持适当的条件。

（6）检查操作员日志以识别预定的和实际的活动之间的差异。

（7）监控系统性能和资源情况，以实现计算机资源的最佳使用。

（8）预测设备或应用系统的容量，以保证当前作业流量的最大化并为未来需求制定战略计划。

3．系统运行安全与保密的层次构成

应用系统运行中涉及的安全和保密层次包括系统级安全、资源访问安全、功能性安全和数据域安全。这 4 个层次的安全，按粒度从大到小的排序是：系统级安全、资源访问安全、功能性安全、数据域安全。程序资源访问控制安全的粒度大小界于系统级安全和功能性安全两者之间，是最常见的应用系统安全问题，几乎所有的应用系统都会涉及这个安全问题。

1）系统级安全

企业应用系统越来越复杂，因此制定得力的系统级安全策略才是从根本上解决问题的基础。应通过对现行系统安全技术的分析，制定系统级安全策略，策略包括敏感系统的隔离、访问 IP 地址段的限制、登录时间段的限制、会话时间的限制、连接数的限制、特定时间段内登录次数的限制以及远程访问控制等，系统级安全是应用系统的第一道防护大门。

2）资源访问安全

对程序资源的访问进行安全控制，在客户端上，为用户提供与其权限相关的用户界面，仅出现与其权限相符的菜单和操作按钮；在服务端则对 URL 程序资源和业务服务类方法的调用进行访问控制。

3）功能性安全

功能性安全会对程序流程产生影响，如用户在操作业务记录时，是否需要审核，上传附件不能超过指定大小等。这些安全限制已经不是入口级的限制，而是程序流程内的限制，在一定程度上影响程序流程的运行。

4）数据域安全

数据域安全包括两个层次，其一，是行级数据域安全，即用户可以访问哪些业务记录，一般以用户所在单位为条件进行过滤；其二，是字段级数据域安全，即用户可以访问业务记录的哪些字段。不同的应用系统数据域安全的需求存在很大的差别，业务相关性比较高。对于行级的数据域安全，大致可以分为以下几种情况：

（1）应用组织机构模型允许用户访问其所在单位及下级管辖单位的数据。

（2）通过数据域配置表配置用户有权访问的同级单位及其他行政分支下的单位的数据。

（3）按用户进行数据安全控制，只允许用户访问自己录入或参与协办的业务数据。

（4）除进行按单位过滤之外，比较数据行安全级别和用户级别，只有用户的级别大于等于行级安全级别，才能访问到该行数据。

4．系统运行安全检查与记录

系统运行的安全检查是安全管理的常用工作方法，也是预防事故、发现隐患、指导整改的必要工作手段。系统运行安全检查要形成制度，对促进系统运行管理、实现信息安全起到积极的推动和保障作用。对检查的内容、检查的方法、检查的计划安排、检查的结果应进行及时的记录、分析和评审。系统运行安全检查和记录的范围如下。

（1）应用系统的访问控制检查，包括物理和逻辑访问控制，是否按照规定的策略和程序进行访问权限的增加、变更和取消，用户权限的分配是否遵循“最小特权”原则。

（2）应用系统的日志检查，包括数据库日志、系统访问日志、系统处理日志、错误日志及异常日志。

（3）应用系统可用性检查，包括系统中断时间、系统正常服务时间和系统恢复时间等。

（4）应用系统能力检查，包括系统资源消耗情况、系统交易速度和系统吞吐量等。

（5）应用系统的安全操作检查。用户对应用系统的使用是否按照信息安全的相关策略和程序进行访问和使用。

（6）应用系统维护检查。维护性问题是否在规定的时间内解决，是否正确地解决问题，解决问题的过程是否有效等。

（7）应用系统的配置检查。检查应用系统的配置是否合理和适当，各配置组件是否发挥其应有的功能。

（8）恶意代码的检查。是否存在恶意代码，如病毒、木马、隐蔽通道导致应用系统数据的丢失、损坏、非法修改、信息泄露等。

企业要加强对应用系统安全运行管理工作的领导，每年至少组织有关部门对系统运行工作进行一次检查。部门每季度进行一次自查。要加强对所辖范围内应用系统运行工作的监督检查。检查可采取普查、抽查、专项检查的方式定期或不定期地进行。

有关部门检查时要事先拟定检查提纲，检查项目的指标要量化。检查后要进行总结，检查结果要及时通报，对检查中发现的问题，要限期改进。

5．系统运行安全管理制度

系统运行安全管理制度是系统管理的一个重要内容。它是确保系统按照预定目标运行并充分发挥其效益的必要条件、运行机制和保障措施。通常它应该包括如下内容。

1）系统运行的安全管理组织

它包括各类人员的构成、各自职责、主要任务和管理内部组织结构。建立系统运行的安全管理组织，安全组织由单位主要领导人领导，不能隶属于计算机运行或应用部门。安全组织由管理、系统分析、软件、硬件、保卫、审计、人事和通信等有关方面人员组成。安全负责人负责安全组织的具体工作，安全组织的任务是根据本单位的实际情况定期做风险分析，提出相应的对策并监督实施。

2）系统运行的安全管理

制定有关的政策、制度、程序或采用适当的硬件手段、软件程序和技术工具，保证信息系统不被未经授权进入和使用、修改、盗窃等造成损害的各种措施。

（1）系统安全等级管理

根据应用系统所处理数据的秘密性和重要性确定安全等级，并据此采用有关规范和制定相应管理制度。安全等级可分为保密等级和可靠性等级两种，系统的保密等级与可靠性等级可以不同。保密等级应按有关规定划为绝密、机密和秘密。可靠性等级可分为三级，对可靠性要求最高的为 A 级，系统运行所要求的最低限度可靠性为 C 级，介于中间的为 B 级。安全等级管理就是根据信息的保密性及可靠性要求采取相应的控制措施，以保证应用系统及数据在既定的约束条件下合理合法的使用。

（2）系统运行监视管理

重要应用系统投入运行前，可请公安机关的计算机监察部门进行安全检查。根据应用系统的重要程度，设立监视系统，分别监视设备的运行情况或工作人员及用户的操作情况，或安装自动录像等记录装置。

（3）系统运行文件管理制度

制定严格的技术文件管理制度，应用系统的技术文件如说明书、手册等应妥善保存，要有严格的借阅手续，不得损坏及丢失。系统运行维护时备有应用系统操作手册规定的文件。应用系统出现故障时可查询替代措施和恢复顺序所规定的文件。

（4）系统运行操作规程

通过制定规范的系统操作程序，用户严格按照操作规程使用应用系统。应用系统操作人员应为专职，关键操作步骤要有两名操作人员在场，必要时需要对操作的结果进行检查和复核。对系统开发人员和系统操作人员要进行职责分离。制定系统运行记录编写制度，系统运行记录包括系统名称、姓名、操作时间、处理业务名称、故障记录及处理情况等。

（5）用户管理制度

建立用户身份识别与验证机制，防止非授权用户进入应用系统。对用户及其权限的设定应进行严格管理，用户权限的分配必须遵循“最小特权”原则。用户密码应严格保密，并及时更新。重要用户密码应密封交安全管理员保管，人员调离时应及时修改相关密码和口令。

（6）系统运行维护制度

必须制定有关电源设备、空调设备和防水防盗消防等防范设备的管理规章制度，确定专人负责设备维护和制度实施。对系统进行维护时，应采取数据保护措施。如数据转贮、抹除、卸下磁盘磁带，维护时安全人员必须在场等待。运程维护时，应事先通知。对系统进行预防维护或故障维护时，必须记录故障原因、维护对象、维护内容和维护前后状况等。

（7）系统运行灾备制度

系统重要的信息和数据应定期备份，针对系统运行过程中可能发生的故障和灾难，制定恢复运行的措施、方法，并成立应急计划实施小组，负责应急计划的实施和管理。在保证系统正常运行的前提下，对可模拟的故障和灾难每年至少进行一次实施应急计划的演习。应急计划的实施必须按规定由有关领导批准，实施后，有关部门必须认真分析和总结事故原因，制定相应的补救和整改措施。

（8）系统运行审计制度

定期对应用系统的安全审计跟踪记录及应用系统的日志进行检查和审计，检查非授权访问及应用系统的异常处理日志。根据系统的配置信息和运行状况，分析系统可能存在的安全隐患和漏洞，对发现的隐患和漏洞要及时研究补救措施，并报相关部门领导审批后实施。

3）系统运行的安全监督

应用系统的使用单位，通过建立应用系统安全保护领导组织或配备专兼职管理人员，落实安全保护责任制度，对管理人员和应用操作人员组织岗位培训；制定防治计算机病毒和其他有害数据的方案，必要时协助公安机关查处危害计算机信息系统安全的违法犯罪案件。

根据应用系统的运行特点，制定系统运行安全监督制度，包括：

（1）对应用系统安全保护工作实施监督、检查、指导。

（2）监督检查用户是否按照规定的程序和方法使用应用系统和处理信息。

（3）开展应用系统运行安全保护的宣传教育工作。

（4）查处危害应用系统安全的信息安全事件。

（5）对应用系统的设计、变更、扩建工程进行安全指导。

（6）管理计算机病毒和其他有害数据的防治工作。

（7）按有关规定审核计算机信息系统安全等级，并对信息系统的合法使用进行检查。

（8）根据有关规定，履行应用系统安全保护工作的其他监督职责。

4）系统运行的安全教育

根据应用系统所设计的业务范围，对管理层、系统管理员和操作人员等用户进行信息安全的教育培训，培训包括：

（1）管理层信息安全忧患意识的培养；

（2）正确合法地使用应用系统的程序培训；

（3）员工上岗信息安全知识培训；

（4）各岗位人员计算机安全意识和法律意识教育情况；

（5）安全从业人员安全防护知识的培训。

制定系统运行安全的培训管理程序和安全培训计划，程序规定培训的范围、启动、制定培训计划、培训计划的实施、培训效果的考核、评审和验证等。培训计划的内容包括培训对象、培训内容、日程安排、培训要求和考核方法等要素。

17.6　信息安全等级保护

为规范信息安全等级保护管理，提高信息安全保障能力和水平，维护国家安全、社会稳定和公共利益，保障和促进信息化建设，根据《中华人民共和国计算机信息系统安全保护条例》等有关法律法规，公安部、国家保密局、国家密码管理局、国务院信息化工作办公室于 2007 年 6 月制定了《信息安全等级保护管理办法》。

国家信息安全等级保护坚持自主定级、自主保护的原则。信息系统的安全保护等级应当根据信息系统在国家安全、经济建设、社会生活中的重要程度，信息系统遭到破坏后对国家安全、社会秩序、公共利益以及公民、法人和其他组织的合法权益的危害程度等因素确定。

《信息安全等级保护管理办法》将信息系统的安全保护等级分为以下五级。

第一级，信息系统受到破坏后，会对公民、法人和其他组织的合法权益造成损害，但不损害国家安全、社会秩序和公共利益。第一级信息系统运营、使用单位应当依据国家有关管理规范和技术标准进行保护。

第二级，信息系统受到破坏后，会对公民、法人和其他组织的合法权益产生严重损害，或者对社会秩序和公共利益造成损害，但不损害国家安全。第二级信息系统运营、使用单位应当依据国家有关管理规范和技术标准进行保护。国家信息安全监管部门对该级信息系统信息安全等级保护工作进行指导。

第三级，信息系统受到破坏后，会对社会秩序和公共利益造成严重损害，或者对国家安全造成损害。第三级信息系统运营、使用单位应当依据国家有关管理规范和技术标准进行保护。国家信息安全监管部门对该级信息系统信息安全等级保护工作进行监督、检查。

第四级，信息系统受到破坏后，会对社会秩序和公共利益造成特别严重损害，或者对国家安全造成严重损害。第四级信息系统运营、使用单位应当依据国家有关管理规范、技术标准和业务专门需求进行保护。国家信息安全监管部门对该级信息系统信息安全等级保护工作进行强制监督、检查。

第五级，信息系统受到破坏后，会对国家安全造成特别严重损害。第五级信息系统运营、使用单位应当依据国家管理规范、技术标准和业务特殊安全需求进行保护。国家指定专门部门对该级信息系统信息安全等级保护工作进行专门监督、检查。

《信息安全等级保护管理办法》明确规定，在信息系统建设过程中，运营、使用单位应当按照《计算机信息系统安全保护等级划分准则》（GB 17859-1999）、《信息系统安全等级保护基本要求》等技术标准，参照《信息安全技术信息系统通用安全技术要求》（GB/T 20271-2006）、《信息安全技术网络基础安全技术要求》（GB/T 20270-2006）、《信息安全技术操作系统安全技术要求》（GB/T 20272-2006）、《信息安全技术数据库管理系统安全技术要求》（GB/T 20273-2006）、《信息安全技术服务器技术要求》、《信息安全技术终端计算机系统安全等级技术要求》（GA/T 671-2006）等技术标准同步建设符合该等级要求的信息安全设施。

GB 17859-1999 标准是计算机信息系统安全等级保护系列标准的核心，是施行计算机信息系统安全等级保护制度建设的重要基础。GB 17859-1999 标准规定了计算机系统安全保护能力的五个等级，即：用户自主保护级、系统审计保护级、安全标记保护级、结构化保护级、访问验证保护级。

第 18 章　项目风险管理

18.1　风险概述

18.1.1　风险的定义

风险的定义有广义、狭义之分。狭义的风险定义为损失的不确定性，而广义的风险定义为带来损失的可能性，也指可能获利的机会。狭义的风险表现为负面的影响，而广义的风险是一个中性词，表示在损失、获益之间的任意一种可能。本书采用广义的风险概念：风险是一种不确定的事件或条件，一旦发生，就会产生积极或消极的影响。在企业管理中我们所说的风险通常是指由于激烈竞争的环境以及技术条件的改变，企业经营管理面临的不确定性。

当风险发生时，不同的企业被影响的程度不同，比如当索尼的 WalkMan 出现后，传统的唱片制造业承受了巨大的打击，从历史舞台的中央逐渐边缘化。当数码相机出现后，拒绝改变或者改变迟缓的企业纷纷倒闭，而那些新兴的企业或者转型快速的企业抓住机会获利颇丰。

风险可以用概率表示（在这里用 p 表示）其发生的可能性，我们认为当概率等于 0%时，这个风险肯定不会发生，反之当概率等于 100%时，我们认为它一定会发生。风险的发生是不确定的，在本书中，风险的发生的概率在 0%到 100%这个开区间内。

18.1.2　风险的分类

风险可以根据性质、标的、行为、产生的环境以及产生的原因进行分类，在不同的行业、不同的时间段（和点）、不同的人根据自己的实际需要对风险进行分类并加以区分。

1．按照性质划分

1）纯粹风险

纯粹风险是指只有损失可能性而无获利可能性的风险。比如房屋所有者面临的火灾风险、汽车主人面临的碰撞风险等。当火灾碰撞事故这样的纯粹风险发生时，他们便会遭受经济利益上的损失。

2）投机风险

投机风险是相对于纯粹风险而言的，是指既有损失的可能又有获利机会的风险。投机风险的后果一般有三种：一是没有损失；二是有损失；三是收益。比如在股票市场上买卖股票，就存在赚钱、赔钱、不赔不赚三种后果，因而属于投机风险。

2．按照产生原因划分

1）自然风险

自然风险是指因自然力的不规则变化使社会生产和社会生活等遭受威胁的风险。如地震、风灾、水灾、火灾以及各种瘟疫等自然现象是经常的、大量发生的。在各类风险中，自然风险是保险人承保最多的风险。

自然风险的特征有：

（1）不可控性。比如地震、火山爆发是目前人类所不能进行控制的。

（2）周期性。如活火山的活跃周期是有规律可循的。

（3）共沾性。即自然风险事故一旦发生，其涉及的对象往往很广。

2）社会风险

社会风险是指由于个人或团体的行为（包括过失行为、不当行为以及故意行为）或不作为使社会生产以及人们生活遭受损失的风险。如盗窃、抢劫、玩忽职守及故意破坏等行为将可能对他人财产造成损失或人身造成伤害。

3）政治风险（国家风险）

政治风险是指在对外投资和贸易过程中，因政治原因或订立双方所不能控制的原因，使债权人可能遭受损失的风险。如因进口国发生战争、内乱而中止货物进口，因进口国实施进口或外汇管制等等。

4）经济风险

经济风险是指在生产和销售等经营活动中由于受各种市场供求关系、经济贸易条件等因素变化的影响或经营者决策失误，对前景预期出现偏差等导致经营失败的风险。比如企业生产规模的增减、价格的涨落和经营的盈亏等。

5）技术风险

技术风险是指伴随着科学技术的发展、生产方式的改变而产生的威胁人们生产与生活的风险。如核辐射、空气污染和噪音等。

对于风险的分类，有的时候还可以按照标的物划分，如：财产风险、人身风险、责任风险、信用风险；有的时候按照行为划分，如：特定风险和基本风险；有的时候按照环境划分，如：静态风险和动态风险等。

18.1.3 风险的性质

风险具有以下特性。

1）客观性

风险是一种不以人的意志为转移，独立于人的意识之外的客观存在。因为无论是自然界的物质运动，还是社会发展的规律，都由事物的内部因素所决定。由超过人们主观意识所存在的客观规律所决定。

2）偶然性

由于信息的不对称，未来风险事件发生与否难以预测。

3）相对性

风险性质会因时空各种因素变化而有所变化。

4）社会性

风险的后果与人类社会的相关性决定了风险的社会性，具有很大的社会影响力。

5）不确定性

发生时间的不确定性。从总体上看，有些风险是必然要发生的，但何时发生却是不确定性的。例如，生命风险中，死亡是必然发生的，这是人生的必然现象，但是具体到某一个人何时死亡，在其健康时却是不能确定的。

风险管理不是一蹴而就的，不能简单地认为管理好一个风险就能达到目标。因为在管理的过程中，各种各样的因素同时发生作用，比如时间、社会、政治、经济等因素，都在发挥着各自的作用。管理者需要认真的考察、分析，并做出最终的结论。有的时候，一个风险被管理后，可能会引发更大更多的风险，导致更多的不确定性发生。管理者是否需要和是否有能力对风险进行管理，需要在认真分析风险的基础上做出准确的判断后再进行决断。

有的时候，人们会对风险进行一定的管理，对风险发生的几率进行判断，同时为可能出现的风险导致的损失和收益进行准备。如每年政府有关部门会从气象部门获取未来一段时间的气象预测。即便没有证据表明当年的气象肯定会出现大的灾害，也应当提前提出预案进行准备，同时划拨一定的资金为灾害处理时使用。如果当年气象条件可能没有大的灾害发生，则有关部门需要制定如何增加粮食收购和存储的人员，以及仓库、运输等计划。

18.2　项目风险管理

传统的风险关注的是负面的影响，也就是“损失”发生的可能性。在本书中，我们提到的风险是广义风险，除非特别指明，狭义的风险会以“损失”代替，而且风险影响的范围限定在企业和项目内部。

IT 领域中的项目风险管理直接关系到项目的成功和失败。风险管理常常被管理者忽视，导致项目的实施过程中经常充满不确定性，使项目的成功率下降。Ibbs，C. Williams 和 Young Hoon Kwak 在 2000 年 3 月发表的文章中（“Assessing Project Management” Project Management Journal (March 2000)）提到，他们调查了 38 个组织，这些组织按照工程/建设、电信、信息系统和高科技制造分为四个组别。调查方式采用问卷方式，每个组织需要回答 148 个多项选择题，评估组织在项目管理各知识领域的成熟度，比如范围、时间、成本、质量、人力资源、沟通、风险和采购等。分数从 1 至 5，5 代表最高成熟度。

根据调查的结果，发现风险管理是唯一所有等级分数小于3的知识领域，而且信息系统（包括软件开发）行业，得分最低，为2.75。

知识领域	工程/建筑	电信	信息系统	高科技制造
范围	3.52	3.45	3.25	3.37
时间	3.55	3.41	3.03	3.50
成本	3.74	3.22	3.20	3.97
质量	2.91	3.22	2.88	3.26
人力资源	3.18	3.20	2.93	3.18
沟通	3.53	3.53	3.21	3.48
风险	2.93	2.87	2.75	2.76
采购	3.33	3.01	2.91	3.33

对于带来负面损失的风险进行管理就是为了减轻对项目实施的不利影响而采取的活动，对于带来机会收益的风险进行管理就是为了更好的完成项目的目标而采取的活动。

在进行项目风险管理的时候，会发生一定的成本，而风险管理所花费的成本不能超过所管理的风险事件的预期货币价值。如一个风险发生时如果可能对项目造成20000元的损失，进行相应的管理后，该风险的损失会减少到5000元，而我们花费的成本如果超过15000元，在不考虑其他因素的前提下，就应该考虑任其发生而不进行管理。如果一个风险发生时，给项目带来成本减少20000元，而制造这个正面的风险如果需要花费超过20000元的成本，则这个风险所创造的机会也不值得进行管理。在后面小节中对于项目风险进行识别、定性分析以及定量分析中会利用各种方法和工具为项目经理提供依据。

项目风险管理包括规划风险管理、识别风险、实施风险分析、规划风险应对和控制风险等各个过程。项目风险管理的目标在于提高项目中积极事件的概率和影响，降低项目中消极事件的概率和影响。

1．规划风险管理

它是定义如何实施项目风险管理活动的过程。

2．识别风险

它是判断哪些风险可能影响项目并记录其特征的过程。

3．实施定性风险分析

它是评估并综合分析风险的发生概率和影响，对风险进行优先排序，从而为后续分析或行动提供基础的过程。

4．实施定量风险分析

它是就已识别风险对项目整体目标的影响进行定量分析的过程。

5．规划风险应对

它是针对项目目标，制定提高机会、降低威胁的方案和措施的过程。

6．控制风险

它是在整个项目中实施风险应对计划、跟踪已识别风险、监督残余风险、识别新风险，以及评估风险过程有效性的过程。

进行项目风险管理的多个过程不仅彼此相互作用，而且还与其他知识领域中的过程相互作用。

项目风险是一种不确定的事件或条件，一旦发生，就会对一个或多个项目目标造成积极或消极的影响，如对范围、进度、成本和质量等造成影响。风险的发生可能由多种因素引起，一旦发生就可能造成一项或多项影响。风险的起因可以是已知或潜在的需求、假设条件、制约因素或某种状况，可能引起消极或积极结果。例如，项目需要先申请环境许可证，是否能够在不影响进度的前提下拿到许可就是一种风险，或者分配给项目的设计人员有限，而在项目实施中是否能够保证有足够的设计人员或者设计人员的水平超过预期，都可能成为风险起因。上述两个不确定性事件中，无论发生哪一个，都可能对项目的范围、成本、进度、质量或绩效产生影响。风险条件则是可能引发项目风险的各种项目或组织环境因素，如不成熟的项目管理实践、缺乏综合管理系统、多项目并行实施，或依赖不可控的外部参与者等。

任何项目中都存在不确定性。一般我们将已经识别并分析过的风险定义为已知风险，可对这些风险规划应对措施。对于那些已知但又无法主动管理的风险，要分配一定的应急储备。将在项目中没有被识别和分析过，但也有发生可能的风险定义为未知风险，未知风险是无法被主动管理的，因此需要分配一定的管理储备。已知风险和未知风险可以发生在项目生命周期中项目经理可控的因素内部，也可以是外部引发的各种因素，如项目团队成员突然决定离开项目组，而该成员的离开并没有在项目实施计划中被识别，或者政府部门突然颁布一个涉及到环境保护的法规。项目实施中已发生的消极的项目风险被视为问题，是一种损失如图 18-1 所示。

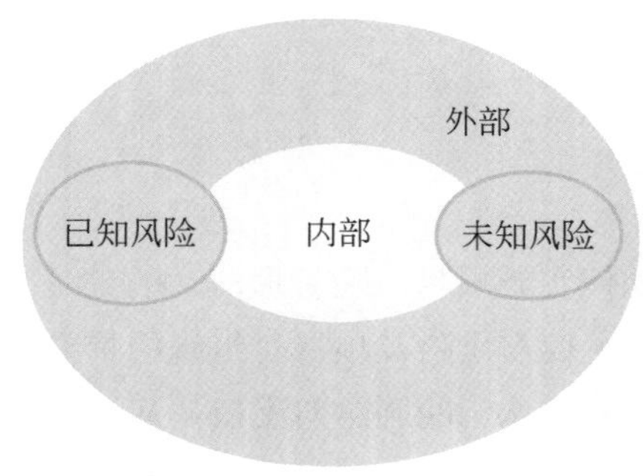

图 18-1　风险类别

单个项目风险不同于整体项目风险。整体项目风险代表不确定性对一个整体的项目的影响，它大于项目中单个风险之和，因为它包含了项目不确定性的所有来源。它代表了项目成果的变化可能给干系人造成的潜在影响，包括积极和消极的影响。

组织把风险看作不确定性给项目和组织目标造成的影响，基于不同的风险态度，组织和干系人愿意接受不同程度的风险。组织和干系人的风险态度受多种因素影响，这些因素大体可分为以下三类。

（1）风险偏好。为了预期的回报，一个实体愿意承受不确定性的程度。

（2）风险承受力。组织或个人能承受的风险程度、数量或容量。

（3）风险临界值。干系人特别关注的特定的不确定性程度或影响程度。低于风险临界值，组织会接受风险；高于风险临界值，组织将不能承受风险。

例如，组织的风险态度可包括组织对不确定性的偏好程度、不可接受的风险级别的临界值、或者组织的风险承受力。组织会基于风险承受力而采取不同的风险应对措施。如果风险在组织可承受范围之内，并且与冒这些风险可能得到的回报相平衡，那么项目就是可接受的。在风险承受力允许的范围内，组织为了增加价值，追求那些能带来利益（机会）的积极风险，避免那些能够带来损失的消极风险。例如，为了减少资源使用量而采取激进的资源优化技术，或者为了减少政府罚款而改进空气净化设备。

个人和团体的风险态度影响其应对风险的方式。不同的个人和团体由于认知、承受力和各种成见的不同，对于风险的态度也不同。进行风险管理时，应该尽可能弄清楚他们的认知、承受力和成见。在制定项目管理计划时，项目经理应该为每个项目制定统一的风险管理方法，并开诚布公地就风险及其应对措施进行沟通。风险应对措施可以反映组织在冒险与避险之间的权衡。

要想取得成功，组织应致力于在整个项目期间积极、持续地开展风险管理。在整个项目的生命周期中，组织的各个层级都应该有意地积极识别并有效管理风险。项目从启动那一刻起，就存在风险。在项目推进过程中，如果不积极进行风险管理，那些未得到管理的威胁将引发更多问题。

18.3 规划风险管理

规划风险管理是定义如何实施项目风险管理活动的过程。本过程的主要作用是确保风险管理的程度、类型和可见度与风险及项目对组织的重要性相匹配。风险管理计划对促进与所有干系人的沟通，获得他们的同意与支持，从而确保风险管理过程在整个项目生命周期中有效实施是至关重要的。规划风险管理过程如图 18-2 所示。

认真地规划将提高项目风险管理其他过程的成功率，进而促进项目的成功。规划风险管理的重要性还在于为风险管理活动安排充足的资源和时间，并为评估风险奠定一个共同认可的基础。规划风险管理过程在项目构思阶段就应开始，在前面介绍项目整体管理中，如果已经在项目前期计划中设立的事项不会引起不必要的项目实施的不确定性，不会增加额外的成本，也不会延缓项目进度等，但是风险的不确定性在很大程度影响着项目的成败，所以，在项目规划的早期能够制定清晰、周密、完整的风险管理计划对于项目的成功有很大的帮助。

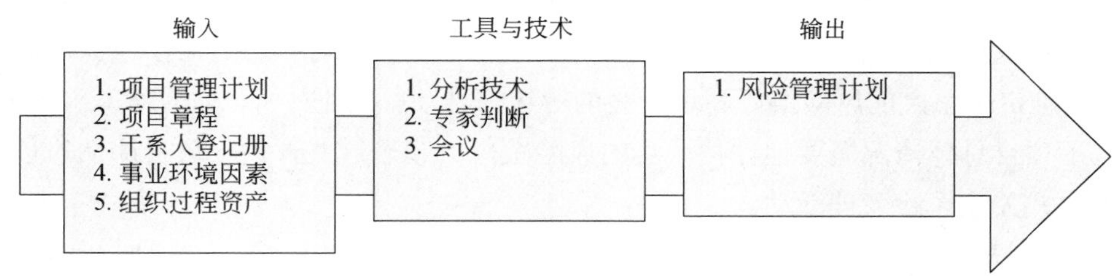

图 18-2　规划风险管理：输入、工具与技术和输出

18.3.1　规划风险管理的输入

1．项目管理计划

在规划风险管理时，应该考虑所有已批准的子管理计划和基准，使风险管理计划与之相协调。风险管理计划也是项目管理计划的组成部分，项目管理计划提供了会受风险影响的范围、进度和成本的基准或当前状态。

2．项目章程

项目章程可提供各种输入，如高层级风险、项目描述和需求。

3．干系人登记册

干系人登记册包含了项目干系人的详细信息及角色概述。

4．事业环境因素

能够影响规划风险管理过程的事业环境因素包括（但不限于）组织的风险态度、临界值和承受力，它们描述了组织愿意并能够承受的风险程度。

5．组织过程资产

能够影响规划风险管理过程的组织过程资产包括（但不限于）：

（1）风险类别。

（2）概念和术语的通用定义。

（3）风险描述的格式。

（4）标准模板。

（5）角色和职责。

（6）决策所需的职权级别。

（7）经验教训。

18.3.2 规划风险管理的工具与技术

1．分析技术

分析技术用来理解和定义项目的总体风险管理环境。风险管理环境是基于项目总体情况的干系人风险态度和项目战略风险敞口的组合。例如，可以通过对干系人风险资料的分析，确定干系人的风险偏好和承受力的等级与性质。其他技术，如战略风险计分表，用来基于项目总体情况概要地评估项目的风险敞口。基于这些评估，项目团队可以调配合适资源并关注风险管理活动。

2．专家判断

为了编制全面的风险管理计划，应该征求那些具备特定培训经历或专业知识的小组或个人的意见，例如：

（1）高层管理者。

（2）项目干系人。

（3）曾在相同领域项目上工作的项目经理（直接或间接的经验教训）。

（4）特定业务或项目领域的主题专家。

（5）行业团体和顾问。

（6）专业技术协会。

3．会议

项目团队举行规划会议，来制定风险管理计划。参会者可包括项目经理、选定的项目团队成员和干系人、组织中负责管理风险规划和应对活动的任何人员，以及需要参加的其他人员。

会议确定实施风险管理活动的内容包括：

（1）总体计划。

（2）管理成本和进度活动，分别将其纳入项目预算和进度计划中。

（3）建立或评审风险应急储备使用方法。

（4）分配风险管理职责。

（5）制定模板和术语，裁剪组织中有关风险类别和术语定义等通用模板，如风险级别、不同风险的概率、对不同目标的影响，以及概率和影响矩阵。

这些活动的输出将汇总在风险管理计划中。

18.3.3 规划风险管理的输出

风险管理计划是项目管理计划的组成部分，描述将如何安排与实施风险管理活动。风险管理计划包括以下内容。

1）方法论

确定项目风险管理将使用的方法、工具及数据来源。

2）角色与职责

确定风险管理计划中每个活动的责任者和支持者，以及风险管理团队的成员，并明确其职责。

3）预算

根据分配的资源估算所需资金，并将其纳入成本基准，制定应急储备和管理储备的使用方案。

4）时间安排

确定在项目生命周期中实施风险管理过程的时间和频率，制定进度应急储备的使用方案，确定风险管理活动并纳入项目进度计划中。

5）风险类别

规定对潜在风险成因的分类方法。有多种方法可以使用，常用的方法一般是基于项目目标的分类方法。风险分解结构（ Risk Breakdown Structure，RBS）有助于项目团队在识别风险的过程中发现有可能引起风险的多种原因，不同的 RBS 适用于不同类型的项目。组织可使用预先准备好的分类框架，可以是简易的分类清单或结构化的风险分解结构。RBS 是按风险类别排列的一种层级结构，示例如图 18-3 所示。

6）风险概率和影响的定义

为了确保风险分析的质量和可信度，项目经理需要对项目环境中特定的风险概率和影响的不同层次进行定义。在规划风险管理过程中，应根据具体项目的需要，裁剪通用的风险概率和影响定义，供后续过程使用。表 18-1 是关于消极影响的例子，可用于评估风险对 4 个项目目标的影响（可对积极影响编制类似的表格）。表 18-1 用相对量表和数字量表（在本例中是非线性的）两种方法来表示影响。

7）概率和影响矩阵

概率和影响矩阵是把每个风险发生的概率和一旦发生对项目目标的影响映射起来的表格。根据风险可能对项目目标产生的影响，对风险进行优先排序。进行排序的典型方法是使用查询表或概率和影响矩阵。通常由组织来设定概率和影响的各种组合，并据此设定高、中、低风险级别。

8）修订的干系人承受力

可在规划风险管理过程中对干系人的承受力进行修订，以适应具体项目的情况。

9）报告格式

规定将如何记录、分析和沟通风险管理过程的结果，规定风险登记册及其他风险报告的内容和格式。

10）跟踪

规定将如何记录风险活动，促进当前项目的开展，以及将如何审计风险管理过程。

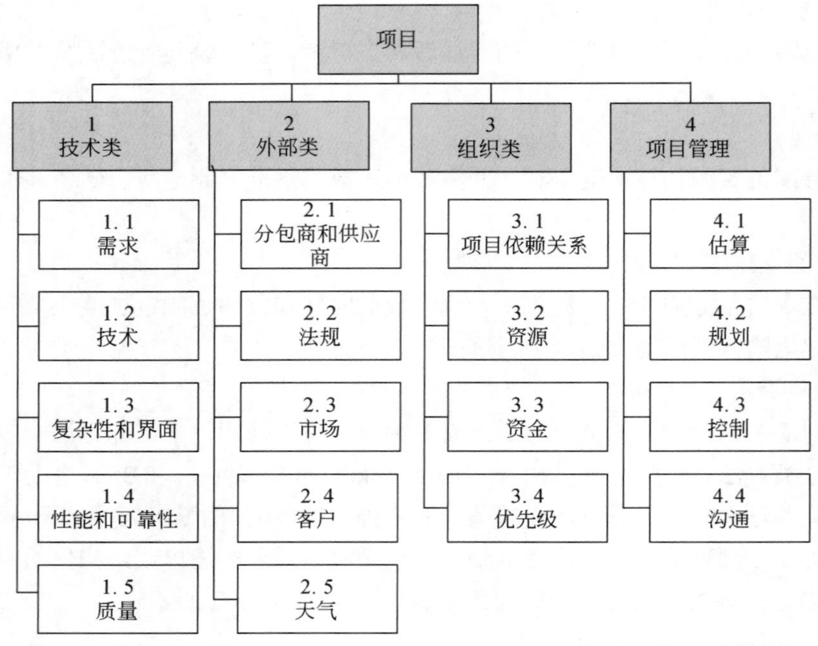

图 18-3　风险分解结构（RBS）示例

表 18-1　风险对 4 个项目目标的影响量表

风险对主要项目目标的影响量表 （仅反映消极影响）					
项目目标	相对量表或数字量表				
	很低 0.05	低 0.10	中等 0.20	高 0.40	很高 0.80
成本	成本增加不显著	成本增加小于 10%	成本增加 10%-20%	成本增加 20%-40%	成本增加大于 40%
进度	进度拖延不显著	进度拖延小于 5%	进度拖延 5%-10%	进度拖延 10%-20%	进度拖延大于 20%
范围	范围减小微不足道	范围的次要方面受到影响	范围的主要方面受到影响	范围缩小到发起人不能接受	项目最终结果没有实际用途
质量	质量下降微不足道	仅有要求极高的部分受到影响	质量下降需要发起人审批	质量降低到发起人不能接受	项目最终结果没有实际用途
本表示范性地定义了风险对 4 个项目目标的影响。在规划风险管理过程中，应根据具体项目的情况及组织的风险临界值对这些定义进行裁剪，可以用类似方法对机会进行影响定义					

18.4　识别风险

识别风险是判断哪些风险可能影响项目并记录其特征的过程。本过程的主要作用是，把识别出的风险记录在案，并为项目团队预测未来事件积累知识和技能。图 18-4 描述了本过程的输入、工具与技术和输出。

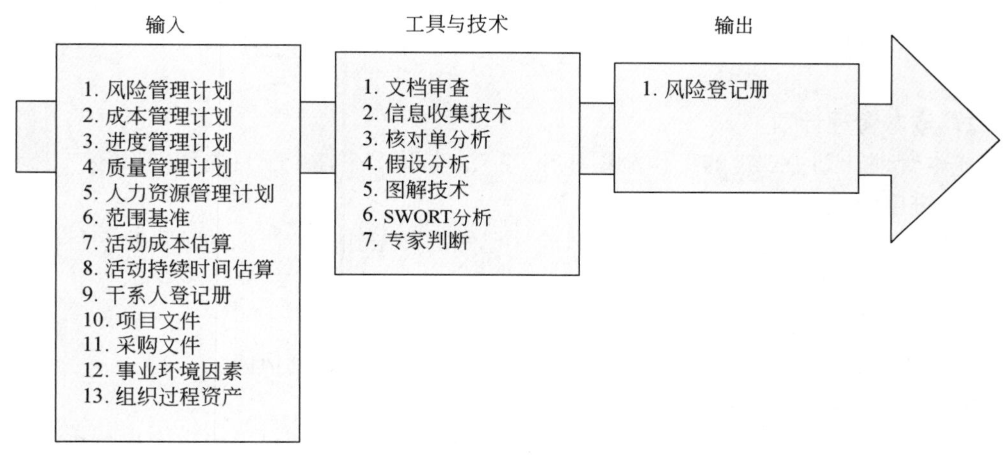

图 18-4　识别风险：输入、工具与技术和输出

风险识别活动的参与者可包括：项目经理、项目团队成员、风险管理团队、客户、项目团队之外的主题专家、最终用户、其他项目经理、干系人和风险管理专家。上述人员往往是风险识别过程的关键参与者，但是在进行风险识别的阶段，项目经理应鼓励全体项目人员参与潜在风险的识别工作，还可以创造并维持团队成员对风险及其应对措施的主人翁感和责任感。项目经理应该推进项目团队之外的干系人提供客观信息，帮助进行风险识别的工作。

我们需要对风险进行准确地识别和判断，作为将来可能采取的行动依据。

风险识别的原则包括：

（1）由粗及细，由细及粗。

（2）严格界定风险内涵并考虑风险因素之间的相关性。

（3）先怀疑，后排除。

（4）排除与确认并重。对于肯定不能排除但又不能肯定予以确认的风险按确认考虑。

（5）必要时，可作实验论证。

在项目生命周期中，随着项目的进展，新的风险可能产生或为人所知，所以，识别风险是一个反复进行的过程，每个项目进行风险识别的反复频率以及每轮的参与者因具体情况不同而异。在进行风险识别的不同轮次中，应该采用统一的格式对风险进行描述，确保对每个风险都有明确和清晰的理解，以便有效支持风险分析和应对，文档中对风险的描述应该便于比较项目中的某个风险与其他风险的相对后果。

18.4.1 识别风险的输入

1．风险管理计划

详见 18.3 节。风险管理计划为识别风险过程提供一些关键要素，包括角色和职责分配、已列入预算和进度计划的风险管理活动，以及可能以风险分解结构的形式呈现的风险类别。

2．成本管理计划

成本管理计划中规定的工作流程和控制方法有助于在整个项目内识别风险。

3．进度管理计划

进度管理计划有助于了解可能受风险（已知的和未知的）影响的项目时间目标及预期。

4．质量管理计划

质量管理计划中规定的质量测量和度量基准，可用于识别风险。

5．人力资源管理计划

人力资源管理计划为如何定义、配备、管理和最终遣散项目人力资源提供指南。其中也包括角色与职责、项目组织图和人员配备管理计划，它们是识别风险过程的重要输入。

6．范围基准

项目范围说明书中包括项目的假设条件，应该把项目假设条件中的不确定性作为项目风险的潜在原因加以评估。

WBS 是识别风险过程的关键输入，因为它方便人们同时从微观和宏观两个层面认识潜在风险。可以在总体、控制账户和工作包层级上识别并跟踪风险。

7．活动成本估算

对活动成本估算进行审查，有利于识别风险。活动成本估算是对完成进度活动可能需要成本的量化评估，最好用一个区间来表示，区间的宽度代表着风险的程度。通过审查，可以预知估算的成本是否足以完成某项活动（是否给项目带来风险）。

8．活动持续时间估算

对活动持续时间估算进行审查，有利于识别与活动或整个项目的应急储备时间有关的风险。类似地，估算区间的宽度代表着风险的相对程度。

9．干系人登记册

可以利用干系人的信息确保关键干系人，特别是发起人和客户，能以访谈或其他方式参与识别风险过程，为识别风险过程提供各种输入。

10．项目文件

项目文件能为项目团队更好地识别风险提供与决策有关的信息。项目文件有助于跨团队沟通和干系人之间的沟通。项目文件包括（但不限于）：

（1）项目章程；

（2）项目进度计划；

（3）进度网络图；

（4）问题日志；

（5）质量核对单；

（6）对识别风险有用的其他信息。

11．采购文件

如果项目需要采购外部资源，采购文件就成为识别风险过程的重要输入。采购文件的复杂程度和详细程度应与计划采购的价值及采购中的风险相匹配。

12．事业环境因素

能够影响识别风险过程的事业环境因素包括（但不限于）：

（1）公开发布的信息，包括商业数据库；

（2）学术研究资料；

（3）公开发布的核对单，标杆对照资料；

（4）行业研究资料；

（5）风险态度。

13．组织过程资产

能够影响识别风险过程的组织过程资产包括（但不限于）：

（1）项目文档，包括实际数据；

（2）组织和项目的过程控制资料；

（3）风险描述的格式或模板；

（4）经验教训。

18.4.2　识别风险的工具与技术

1．文档审查

对项目文档（包括各种计划、假设条件、以往的项目文档、协议和其他信息）进行结构化审查。项目计划的质量，以及这些计划与项目需求和假设之间的匹配程度，都可能是项目的风险指示器。

2．信息收集技术

可用于风险识别的信息收集技术如下。

1）头脑风暴

头脑风暴的目的是获得一份综合的项目风险清单。通常由项目团队开展头脑风暴，团队以外的多学科专家也经常参与其中。在主持人的引导下，参加者提出各种关于项目风险的主意。头脑风暴可采用畅所欲言的传统自由模式，也可采用结构化的集体访谈方式。可用风险类别（如风险分解结构中的）作为基础框架，然后依风险类别进行识别和分类，并进一步阐明风险的定义。

2）德尔菲技术

德尔菲技术是组织专家达成一致意见的一种方法。项目风险专家匿名参与其中。组织者使用调查问卷就重要的项目风险征询意见，然后对专家的答卷进行归纳，并把结果反馈给专家做进一步评论。这个过程反复几轮后，就可能达成一致意见。德尔菲技术有助于减轻数据的偏倚，防止任何个人对结果产生不恰当的影响。

3）访谈

访谈有经验的项目参与者、干系人或相关主题专家，有助于识别风险。

4）根本原因分析

根本原因分析是发现问题、找到其深层原因并制定预防措施的一种特定技术。

3．核对单分析

可以根据以往类似项目和其他来源的历史信息与知识编制风险识别核对单。也可用风险分解结构的底层作为风险核对单。核对单简单易用但无法穷尽所有事项。在使用中，项目经理应该注意不要用核对单取代必要的风险识别努力，团队应该注意考察未在核对单中列出的事项，对核对单要随时调整，以便增减相关条目。在项目收尾过程中，应对核对单进行审查，并根据新的经验教训改进核对单，供未来项目使用。

4．假设分析

每个项目及其计划都是基于一套假想、设想或假设而构建的。假设分析是检验假设条件在项目中的有效性，并识别因其中的不准确、不稳定、不一致或不完整而导致的项目风险。

5．图解技术

风险图解技术可包括：

（1）因果图，又称石川图或鱼骨图，用于识别风险的起因。

（2）系统或过程流程图，显示系统各要素之间的相互联系及因果传导机制。

（3）影响图，用图形方式表示变量与结果之间的因果关系、事件时间顺序及其他关系。如图 18-5 所示。

6．SWOT 分析

这种技术从项目的每个优势（Strength）、劣势（Weakness）、机会（Opportunity）和威胁（Threat）出发，对项目进行考察，把产生于内部的风险都包括在内，从而更全面地考虑风险。首先，从项目、组织或一般业务范围的角度识别组织的优势和劣势。然后，通过 SWOT 分析再识别出由组织优势带来的各种项目机会，以及由组织劣势引发的各种威胁。这一分析也可用于考察组织优势能够抵消威胁的程度，以及机会可以克服劣势的程度。

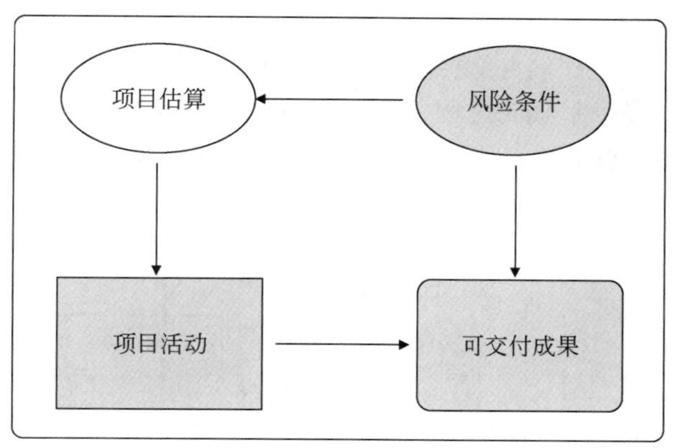

图 18-5　影响图

7．专家判断

拥有类似项目或业务领域经验的专家，可以直接识别风险。项目经理应该选择相关专家，邀请他们根据以往经验和专业知识客观地指出可能的风险。

18.4.3　识别风险的输出

1．风险登记册

识别风险过程的主要输出就是风险登记册中的最初内容。风险登记册还会记录风险分析和风险应对规划的结果，随着其他风险管理过程的实施，风险登记册中还将包括这些过程的输出，也就导致风险登记册中信息种类和数量的逐渐增加。风险登记册的编制始于识别风险过程，在项目实施过程中供其他风险管理过程和项目管理过程使用。最初的风险登记册包括如下信息。

1）已识别风险清单

对已识别风险进行尽可能详细的描述。可采用结构化的风险描述语句对风险进行描述。例如，某事件可能发生，从而造成什么影响。或者如果存在某个原因，某事件就可能发生，从而导致什么影响。在罗列出已识别风险之后，这些风险的根本原因可能更加明显。风险的根本原因就是造成一个或多个已识别风险的基本条件或事件，应记录在案，用于支持本项目和其他项目以后的风险识别工作。

2）潜在应对措施清单

在识别风险过程中，有时可以识别出风险的潜在应对措施。这些应对措施（如果已经识别出）应该作为规划风险应对过程的输入。

18.5 实施定性风险分析

实施定性风险分析是评估并综合分析风险的概率和影响，对风险进行优先排序，从而为后续分析或行动提供基础的过程。本过程的主要作用是，使项目经理能够降低项目的不确定性级别，并重点关注高优先级的风险。图 18-6 描述了本过程的输入、工具与技术和输出。

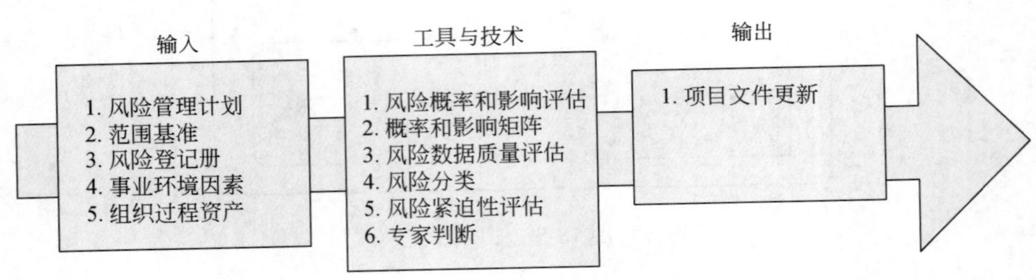

图 18-6 实施定性风险分析：输入、工具与技术和输出

实施定性风险分析根据风险发生的概率或可能性、风险发生后对项目目标的相应影响及其他因素（如应对时间要求，与项目成本、进度、范围和质量等制约因素相关的组织风险承受力），来评估已识别风险的优先级。这类评估会受项目团队和其他干系人的风险态度的影响，为了实现有效评估，就需要项目经理清晰地识别和管理定性风险分析过程的关键参与者的风险处理方式。如果他们的风险处理方式会导致风险评估中的偏颇，项目经理则应该注意对偏颇进行分析与纠正。

建立概率和影响层级的定义，有助于减少偏见的影响。风险行动的时间紧迫性可能会放大风险的重要性。对项目风险相关信息的质量进行评估，也有助于澄清关于风险重要性的评估结果。

实施定性风险分析通常可以快速且经济有效地为制订风险应对措施建立优先级，可以为实施定量风险分析（如果需要的话）奠定基础。需要根据项目风险管理计划的规定，在整个项目生命周期中定期开展定性风险分析过程。本过程完成后，可进入定量风险分析过程或直接进入制订风险应对措施的过程。

18.5.1 实施定性风险分析的输入

1. 风险管理计划

详见 18.3 节。风险管理计划中用于定性风险分析过程的主要部分包括风险管理的角色和职责、风险管理的预算和进度活动、风险类别、概率和影响的定义、概率和影响矩阵及修订的干系人风险承受力。在规划风险管理过程中通常已经将这些内容裁剪至适合某个具体项目。如果还没有这些内容，则可以在定性风险分析过程中加以开发。

2．范围基准

常规或反复性项目的风险往往比较容易理解，而采用创新或最新技术且极其复杂的项目，不确定性往往要大得多。可通过查阅范围基准来评估项目情况。

3．风险登记册

详见 18.4 节。风险登记册中包含了评估风险和划分风险优先级所需的信息。

4．事业环境因素

可以从事业环境因素中了解与风险评估有关的背景信息，例如：

（1）风险专家对类似项目的行业研究。

（2）可以从行业或专有渠道获得的风险数据库。

5．组织过程资产

能够影响定性风险分析过程的组织过程资产，包括以往已完成的类似项目的信息。

18.5.2　实施定性风险分析的工具与技术

1．风险概率和影响评估

风险概率评估旨在调查每个具体风险发生的可能性。风险影响评估旨在调查风险对项目目标（如进度、成本、质量或性能）的潜在影响，既包括威胁所造成的消极影响，也包括机会所产生的积极影响。

项目经理应该对已识别的每个风险都要进行概率和影响评估，可以选择熟悉相应风险类别的人员，以访谈或会议的形式进行风险评估。在进行项目风险评估时，应该包括项目团队成员和项目外部经验丰富的人员。

通过访谈或会议方式评估每个风险的概率级别及其对每个目标的影响，还应记录相应的说明性细节。例如，确定风险级别所依据的假设条件。根据风险管理计划中的定义，对风险概率和影响进行评级，具有低概率和影响的风险，将列入风险登记册中的观察清单，供将来监测。

2．概率和影响矩阵

项目经理应该在基于风险评级结果上，对风险进行优先级排序，以便进一步开展定量分析和制订风险应对措施。通过对风险概率和影响的评估而确定风险评级。通常用查询表或概率和影响矩阵来评估每个风险的重要性和所需的关注优先级。根据概率和影响的各种组合，概率和影响矩阵把风险划分为低、中、高风险。描述风险级别的具体术语和数值取决于组织的偏好。

根据风险发生的概率及发生后对目标的影响程度，对每个风险进行评级。组织应该规定怎样的概率和影响组合是高风险、中等风险和低风险。在黑白矩阵里，用不同的灰度表示不同的风险级别。如图 18-7 所示，深灰色（数值最大）区域代表高风险，中度灰色（数值最小）区域代表低风险，而浅灰色（数值介于最大和最小之间）区域代表中等风险。通常，在项目开始之前，组织就要制定风险评级规则，并将其纳入组织过程资产。在规划风险管理过程中，应该根据具体项目的实际，对风险评级规则进行裁剪。

概率和影响矩阵

概率	威胁					机会				
0.90	0.05	0.09	0.18	0.36	0.72	0.72	0.36	0.18	0.09	0.05
0.70	0.04	0.07	0.14	0.28	0.56	0.56	0.28	0.14	0.07	0.04
0.50	0.03	0.05	0.10	0.20	0.40	0.40	0.20	0.10	0.05	0.03
0.30	0.02	0.03	0.06	0.12	0.24	0.24	0.12	0.06	0.03	0.2
0.10	0.01	0.01	0.02	0.04	0.08	0.08	0.04	0.02	0.01	0.01
	0.05 非常低	0.10 低	0.20 中等	0.40 高	0.80 非常高	0.80 非常高	0.40 高	0.20 中等	0.10 低	0.05 非常低

对目标（如成本、时间、范围或质量）的影响（数字量表）

按发生概率及一旦发生所造成的影响 对每个风险进行评级。在矩阵中显示组织对低风险、中等风险与高风险所规定的临界值。根据这些临界值，把每个风险分别归入高风险、中等风险或低风险。

图 18-7 概率和影响矩阵

注：图 18-7 中，深色和中度灰色，应该对比明显！

如图 18-7 所示，组织可分别针对每个目标（如成本、时间和范围）评定风险等级。另外应该综合对项目各个目标的影响，用相关方法为每个风险确定一个对项目总体的、综合的等级。最后，可以在同一矩阵中，分别列出机会和威胁的影响水平定义，同时显示机会和威胁。

风险值=风险发生的概率*风险发生后的后果

风险值有助于指导风险应对。如果风险发生会对项目目标产生消极影响（威胁）并且处于矩阵高风险（深灰色）区域，就可能需要采取优先措施和激进的应对策略。而处于低风险（中度灰色）区域的威胁，可能只需要作为观察对象列入风险登记册，或为之增加应急储备，而不必采取主动管理措施。同样，处于高风险（深灰色）区域的机会，可能是最易实现且能够带来最大利益的，故应该首先抓住。对于低风险（中度灰色）区域的机会，则应加以监督。

3．风险数据质量评估

风险数据质量评估是评估风险数据对风险管理的有用程度的一种技术，用来考察人们对风险的理解程度，以及考察风险数据的准确性、质量、可靠性和完整性。

风险数据的质量，直接影响定性分析的结果。使用低质量的风险数据，可能导致定性风险分析起不到应有的作用。如果数据质量无法接受，就可能需要收集更好的数据。收集相关风险信息经常比较困难，要消耗比原计划更多的时间和资源。图 18-7 示例中的数值具有代表性。通常，随着对组织风险态度的确定，就能确定量表中的数值。

4．风险分类

可以按照风险来源（如使用风险分解结构）、受影响的项目工作（如使用工作分解结构）或其他有效分类标准（如项目阶段）对项目风险进行分类，以确定受不确定性影响最大的项目区域。也可以根据风险共同的根本原因进行分类，利用风险分类计数有助于为制定有效的风险应对措施而确定工作包、活动、项目阶段，甚至项目中的角色。

5．风险紧迫性评估

可以把近期需要应对的风险确定为更紧迫的风险。风险的可监测性、风险应对的时间要求、风险征兆和预警信号，以及风险等级等，都是确定风险优先级应考虑的指标。在某些定性分析中，可以综合考虑风险的紧迫性及从概率和影响矩阵中得到的风险等级，从而得到最终的风险严重性级别。

6．专家判断

为了确定风险在矩阵中的位置，组织需要使用专家判断来评估每个风险的概率和影响。专家通常是那些具有新近类似项目经验的人。专家判断经常可通过风险研讨会或访谈来获取。应该注意消除某个专家的偏见。

18.5.3　实施定性风险分析的输出

可能需要更新的项目文件包括（但不限于）：

（1）风险登记册。随着定性风险评估产生出新信息，而更新风险登记册。更新的内容包括对每个风险的概率和影响评估、风险评级和分值、风险紧迫性或风险分类，以及低概率风险的观察清单或需要进一步分析的风险。

（2）假设条件日志。随着定性风险评估产生出新信息，假设条件可能发生变化。需要根据这些新信息来调整假设条件日志。假设条件可包含在项目范围说明书中，也可记录在独立的假设条件日志中。

18.6　实施定量风险分析

实施定量风险分析是就已识别风险对项目整体目标的影响进行定量分析的过程。本过程的主要作用是，产生量化风险信息，来支持决策制定，降低项目的不确定性。图 18-8 描述了本过程的输入、工具与技术和输出。

实施定量风险分析的对象是在定性风险分析过程中被确定为对项目的竞争性需求存在重大潜在影响的风险。实施定量风险分析过程就是分析这些风险对项目目标的影响，主要用来评估所有风险对项目的总体影响。在进行定量分析时，也可以对单个风险分配优先级数值。

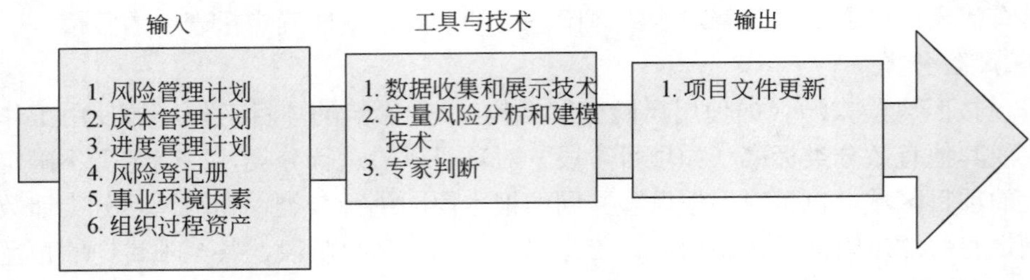

图 18-8 实施定量风险分析：输入、工具与技术和输出

通常情况下，实施定量风险分析一般在实施定性风险分析过程之后开展，在没有足够的数据建立模型的时候，定量风险分析可能无法实施。项目经理应该运用专家判断来确定定量风险分析的必要性和有效性。在特定的项目中，采用哪些方法进行风险分析，取决于可用的时间和预算，以及对风险及其后果进行定性或定量描述的需要。作为控制风险过程的一部分，应反复开展实施定量风险分析过程，以确定整体项目风险的降低程度是否令人满意。可以根据风险的发展趋势适当增减风险管理活动。

18.6.1 实施定量风险分析的输入

1. 风险管理计划

详见 18.3 节。风险管理计划为定量风险分析提供指南、方法和工具。

2. 成本管理计划

成本管理计划为建立和管理风险储备提供指南。

3. 进度管理计划

进度管理计划为建立和管理风险储备提供指南。

4. 风险登记册

详见 18.4 节。风险登记册为实施定量风险分析提供基础。

5. 事业环境因素

可以从事业环境因素中了解与风险分析有关的背景信息，例如：

（1）风险专家对类似项目的行业研究；

（2）可以从行业或专有渠道获得的风险数据库。

6. 组织过程资产

能够影响实施定量风险分析过程的组织过程资产包括以往已完成的类似项目的信息。

18.6.2 实施定量风险分析的工具与技术

1. 数据收集和展示技术

1）访谈

访谈技术利用经验和历史数据，对风险概率及其对项目目标的影响进行量化分析。

所需的信息取决于所用的概率分布类型。例如，有些常用分布要求收集最乐观、最悲观与最可能情况的信息。图 18-9 是用三点估算法估算成本的一个例子，在这个估算成本的例子里“低”表示最乐观，“高”表示最悲观。关于三点估算法的更多信息，见估算活动持续时间和估算成本。在风险访谈中，应该记录风险区间的合理性及其所依据的假设条件，以便洞察风险分析的可靠性和可信度。

项目成本估算的区间（单位：百万元）

WBS 要素	低	最可能	高
设计	4	6	10
建造	16	20	35
试验	11	15	23
整个项目	31	41	68

对有关干系人进行访谈，有助于确定每个WBS 要素的三大估计（用于三角分布、贝塔分布或其他分布）。在本例中，以等于或小于4100 万美元（最可能估计）完成项目的可能性很低，如图模拟结果所示（成本风险模拟结果）。

图 18-9　险访谈所得到的成本估算区间

2）概率分布

在建模和模拟中广泛使用的连续概率分布，代表着数值的不确定性，如进度活动的持续时间和项目组成部分成本的不确定性。不连续分布用于表示不确定性事件，如测试结果或决策树的某种可能情景等。图 18-10 显示了广为使用的两种连续概率分布。这些分布的形状与量化风险分析中得出的典型数值相符。如果在具体的最高值和最低值之间，没有哪个数值的可能性比其他数值更高，就可以使用均匀分布，如在早期的概念设计阶段。

2．定量风险分析和建模技术

常用的技术有面向事件和面向项目的分析方法，包括：

1）敏感性分析

敏感性分析有助于确定哪些风险对项目具有最大的潜在影响。它有助于理解项目目标的变化与各种不确定因素的变化之间存在怎样的关联。把所有其他不确定因素固定在基准值上，考察每个因素的变化会对目标产生多大程度的影响。敏感性分析的典型表现形式是龙卷风图（如图 18-11 所示），用于比较很不确定的变量与相对稳定的变量之间的相对重要性和相对影响。对于那些定量分析显示可能收益大于消极影响的特定风险，龙卷风图也有助于分析冒险情景。龙卷风图是在敏感性分析中用来比较不同变量的相对重要性的一种特殊形式的条形图。在龙卷风图中，Y轴代表处于基准值的各种不确定因素，X轴代表不确定因素与所研究的输出之间的相关性。图中每种不确定因素各有一根水平条形，从基准值开始向两边延伸。这些条形按延伸长度递减垂直排列。

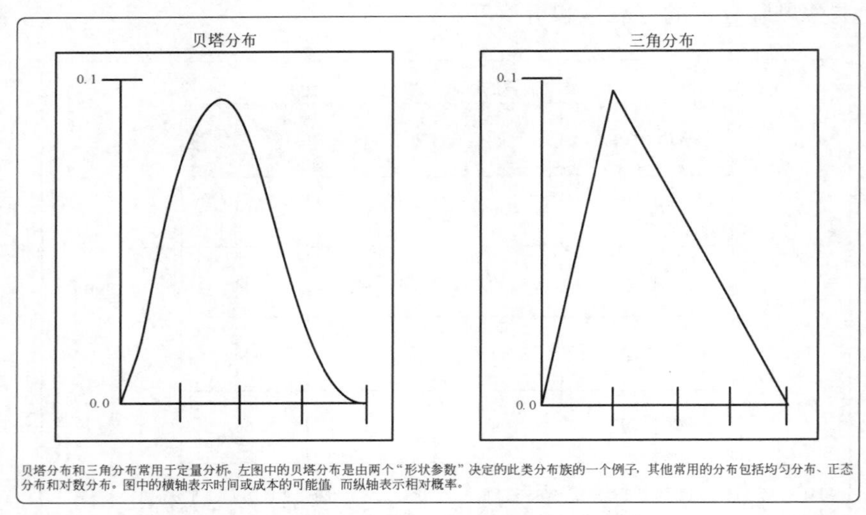

图 18-10 常用概率分布示例

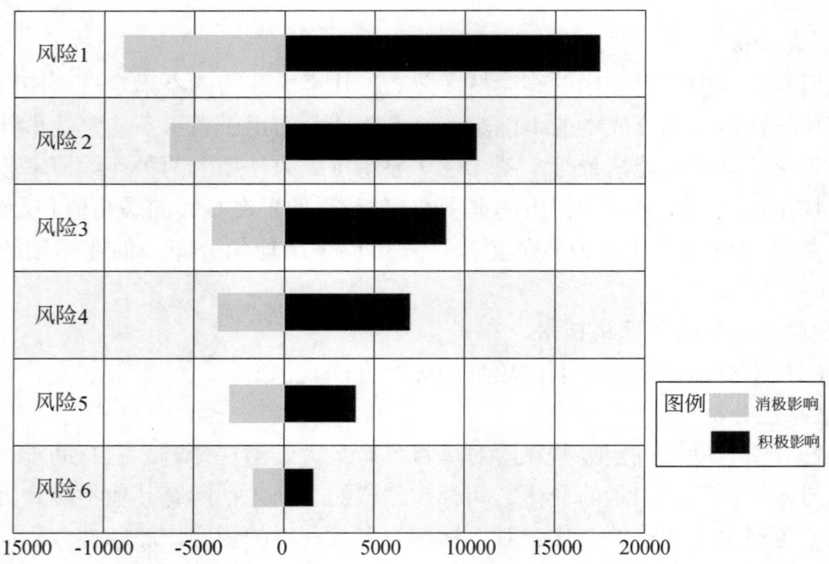

图 18-11 龙卷风图示例

2）预期货币价值分析

预期货币价值（EMV）分析是当某些情况在未来可能发生或不发生时，计算平均结果的一种统计方法（不确定性下的分析）。机会的 EMV 通常表示为正值，而威胁的 EMV 则表示为负值。EMV 是建立在风险中立的假设之上的，既不避险，也不冒险。把每个可能结果的数值与其发生的概率相乘，再把所有乘积相加，就可以计算出项目的 EMV。这种技术经常在决策树分析中使用（如图 18-12 所示）。

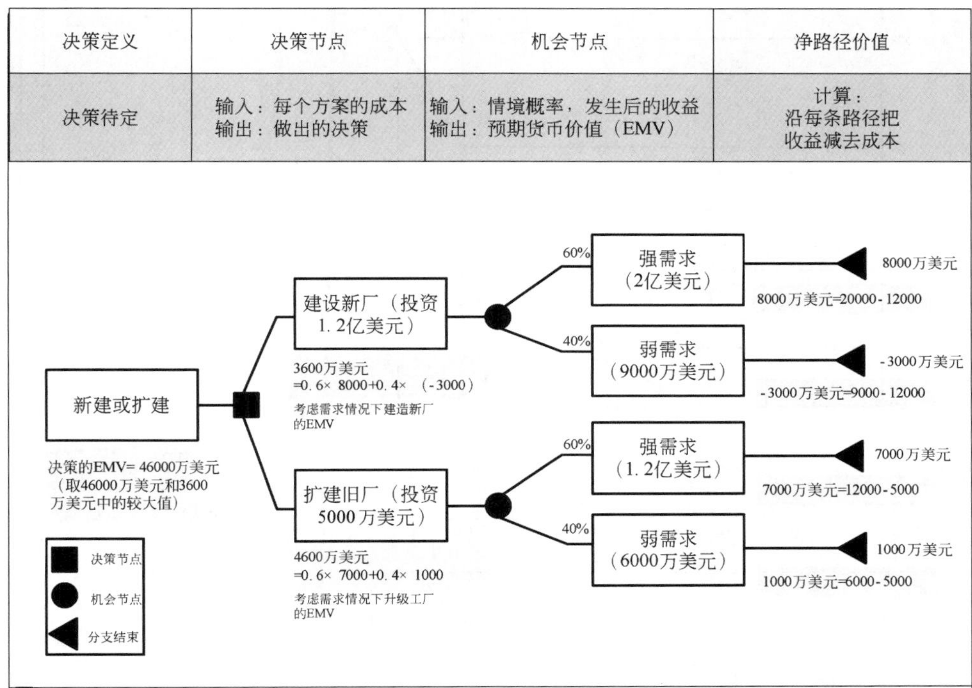

注 1：此决策树反映了在环境中存在不确定性因素（机会节点）时，如何在各种可选投资方案中进行选择（决策节点）。

注 2：在例中，需要就投资1. 2亿美元建设新厂或投资5000万美元扩建旧厂进行决策。进行决策时，必须考虑需求（因具有不确定 性，所以是“机会节点”）。例如，在强需求情况下，建设新厂可得到 2 亿美元收入，而扩建旧厂只能得到1. 2亿美元收入（可能因为生产能力有限）。每个分支的末端列出了收益减去成本后的净值。对于每条决策分支，把每种情况的净值与其概率相乘 然后再相加，就得到该方案的整体EMV(见阴影区域）。计算时要记得考虑投资成本。从阴影区域的计算结果看，扩建旧厂方案的EMV较高，即4600万美元 --也是整个决策的EMV （选择扩建旧厂，也代表选择了风险最低的方案 避免了可能损失3000万美元的最坏结果）

图 18-12　决策树分析示例

3）建模和模拟

项目模拟旨在使用一个模型，计算项目各细节方面的不确定性对项目目标的潜在影响。模拟通常采用蒙特卡洛技术。在模拟中，要利用项目模型进行多次（反复）计算。每次计算时，都从这些变量的概率分布中随机抽取数值（如成本估算或活动持续时间）作为输入。通过多次计算，得出一个概率分布直方图（如总成本或完成日期）。对于成本风险分析，需要使用成本估算进行模拟。对于进度风险分析，需要使用进度网络图和持续时间估算进行模拟。图 18-13 是用三元模型和风险区间得出的成本风险模拟结果，它表明了实现各个特定成本目标的可能性。对其他项目目标也能画出类似曲线。

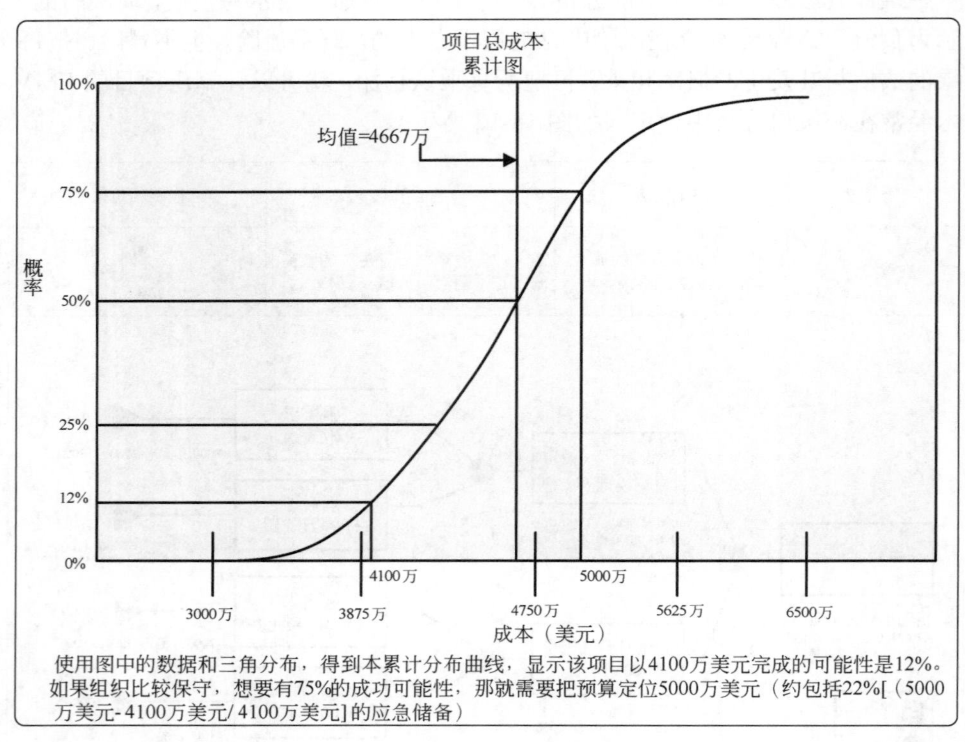

图 18-13 成本风险模拟结果

3．专家判断

专家判断（最好来自具有近期相关经验的专家）用于识别风险对成本和进度的潜在影响，估算概率及定义各种分析工具所需的输入，如概率分布。

专家判断还可在数据解释中发挥作用。专家应该能够识别各种分析工具的劣势与优势。根据组织的能力和文化，专家可以决定某个特定工具应该或不应该在何时使用。

18.6.3 实施定量风险分析的输出

项目文件要随着定量风险分析产生的信息而更新。例如，风险登记册更新包括：

1．项目的概率分析

对项目可能的进度与成本结果进行估算，列出可能的完工日期和完工成本及其相应的置信水平。分析的结果通常表现为累积频率分布。可以综合考虑分析的结果与干系人的风险承受力，来量化所需的成本和时间应急储备。应急储备旨在把不能实现成本和时间目标的风险降低到组织可接受的水平。

2．实现成本和时间目标的概率

当项目面临风险时，可根据定量风险分析的结果来估算在现行计划下实现项目目标的概率。

3．量化风险优先级清单

此风险清单中包括对项目造成最大威胁或提供最大机会的风险。它们是对成本应急储备影响最大的风险，以及最可能影响关键路径的风险。在某些情况下，可使用敏感性分析中生成的龙卷风图来评估这些风险。

4．定量风险分析结果的趋势

随着分析的反复进行，风险可能呈现某种明显的趋势。可以从这种趋势中得到某些结论，并据此调整风险应对措施。从实施定量风险分析过程中知悉的新信息，应该成为组织中项目进度、成本、质量和性能历史信息的组成部分。这些新信息可能以定量风险分析报告的形式呈现。该报告可以独立于风险登记册，也可以与风险登记册合并在一起。

18.7　规划风险应对

规划风险应对是针对项目目标，制订提高机会、降低威胁的方案和措施的过程。本过程也叫“制订风险应对措施，或者叫制订风险应对计划”，其主要作用是，根据风险的优先级来制定应对措施，并把风险应对所需的资源和活动加进项目的预算、进度计划和项目管理计划中。图 18-14 描述了本过程的输入、工具与技术和输出。

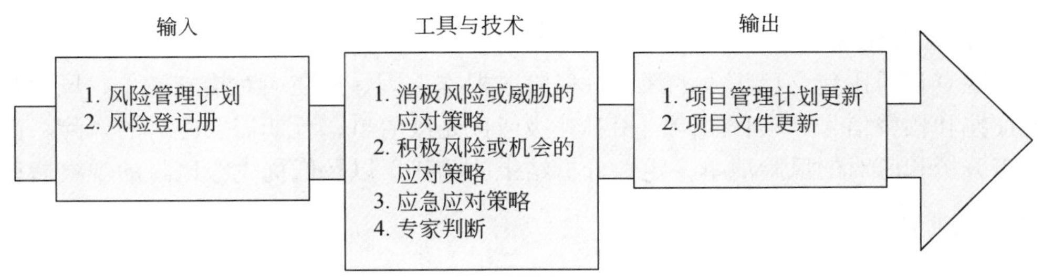

图 18-14　规划风险应对：输入、工具与技术和成果

在实施定量风险分析（如已使用）之后开展规划风险应对过程。制定风险应对措施需要理解风险处理机制，这是一种可据此分析风险应对计划是否正在发挥应有作用的机制。其中包括确定和分配某个人（风险应对责任人）来实施已获同意和资金支持的风险应对措施。风险应对措施必须与风险的重要性相匹配，能经济有效地应对挑战。在当前项目背景下现实可行，能获得全体相关方的同意，并由一名责任人具体负责。经常需要从几个备选方案中选择最佳的风险应对措施。

当风险出现时，不同的人会持有不同的态度，如：

1．厌恶型

对风险的发生持否定态度。当风险出现时，往往采取消极、回避、甚至面对事实也采取拒不承认的态度，往往采取消极行动或者是敷衍。

2．促进型

面对风险的发生持积极态度。当风险出现时，往往采取积极、争取、促进风险进一步发挥作用的态度，往往采取积极行动或者直接参与。

3．中间型

面对风险的发生持中间态度。当风险未发生时，不进行促进发生等活动，但是随时保持警戒状态。当风险发生时，积极面对，不回避不逃避，采用有效的行动对风险本身和风险有可能引起的后果进行管理和控制。

在进行项目风险应对管理时，在可能的情况下，应根据风险的种类、特点、影响，面对风险的不同态度等方面确定不同的风险应对策略。

规划风险应对过程介绍常用的风险应对措施规划方法。由于风险包括能影响项目成功的威胁和机会，本节将分别讨论威胁和机会的应对措施。

18.7.1 规划风险应对的输入

1．风险管理计划

风险管理计划的重要内容包括角色和职责、风险分析定义、审查时间安排（以及经审查而删去风险的时间安排）以及关于低、中、高风险的风险临界值。风险临界值有助于识别需要特定应对措施的风险。

2．风险登记册

风险登记册中包含已识别的风险、风险的根本原因、潜在应对措施清单、风险责任人、征兆和预警信号、项目风险的相对评级或优先级清单、近期需要应对的风险、需要进一步分析和应对的风险清单、定性分析结果的趋势，以及低优先级风险的观察清单。

18.7.2 规划风险应对的工具与技术

有若干种风险应对策略可供使用。应该为每个风险选择最可能有效的策略或策略组合。可利用风险分析工具（如决策树分析）来选择最适当的应对策略。然后，应制定具体行动去实施该策略，包括主要策略和备用策略（如果必要的话）。可以制定弹回计划，以便在所选策略无效或发生已接受的风险时加以实施。还应该对次生风险进行审查。次生风险是实施风险应对措施的直接结果。经常要为时间或成本分配应急储备，并可能需要说明动用应急储备的条件。

1．消极风险或威胁的应对策略

通常用规避、转移、减轻这三种策略来应对威胁或可能给项目目标带来消极影响的风险。第四种策略，即接受，既可用来应对消极风险或威胁，也可用来应对积极风险或机会。每种风险应对策略对风险状况都有不同且独特的影响。要根据风险的发生概率和对项目总体目标的影响选择不同的策略。规避和减轻策略通常适用于高影响的严重风险，而转移和接受则更适用于低影响的不太严重威胁。

1）规避

风险规避是指项目团队采取行动来消除威胁，或保护项目免受风险影响的风险应对策略。通常包括改变项目管理计划，以完全消除威胁。项目经理也可以把项目目标从风险的影响中分离出来，或者改变受到威胁的目标，如延长进度、改变策略或缩小范围等。最极端的规避策略是关闭整个项目。在项目早期出现的某些风险，可以通过澄清需求、获取信息、改善沟通或取得专有技能来加以规避。

2）转移

风险转移是指项目团队把威胁造成的影响连同应对责任一起转移给第三方的风险应对策略。转移风险是把风险管理责任简单地推给另一方，而并非消除风险。转移并不是把风险推给后续的项目，也不是未经他人知晓或同意就把风险推给他人。采用风险转移策略，几乎总是需要向风险承担者支付风险费用。风险转移策略对处理风险的财务后果最有效。风险转移可采用多种工具，包括（但不限于）保险、履约保函、担保书和保证书等。可以利用合同或协议把某些具体风险转移给另一方。例如，如果买方具备卖方所不具备的某种能力，为谨慎起见，可通过合同规定把部分工作及其风险再转移给买方。在许多情况下，成本补偿合同可把成本风险转移给买方，而总价合同可把风险转移给卖方。

3）减轻

风险减轻是指项目团队采取行动降低风险发生的概率或造成的影响的风险应对策略。它意味着把不利风险的概率和影响降低到可接受的临界值范围内。提前采取行动来降低风险发生的概率和可能给项目造成的影响，比风险发生后再设法补救会更加有效。减轻措施的例子包括采用不太复杂的流程，进行更多的测试，或者选用更可靠的供应商。它可能需要开发原型，以降低从实验台模型放大到实际工艺或产品过程中的风险。如果无法降低风险概率，也许可以从决定风险严重性的关联点入手，针对风险影响来采取减轻措施。例如，在一个系统中加入冗余部件，可以减轻主部件故障所造成的影响。

4）接受

风险接受是指项目团队决定接受风险的存在，该策略可以是被动或主动的。

被动接受策略不采取任何措施，只需要记录本策略，而无需任何其他行动，待风险发生时再由项目团队处理。不过，需要定期复查，以确保威胁没有太大的变化。

如果采取主动接受的策略，则要在风险发生前制定应急计划。最常见的主动接受策略是建立应急储备，安排一定的时间、资金或资源来应对风险。

无论被动接受还是主动接受，风险的接受策略在不可能采取其他方法时使用，或者在其他方法不具经济有效性时使用。该策略表明，项目团队已决定不为处理某风险而变更项目管理计划，或者无法找到任何其他的合理应对策略。

2．积极风险或机会的应对策略

以下四种策略中，前三种是专为对项目目标有潜在积极影响的风险而设计的。第四种策略，即接受，既可用来应对消极风险或威胁，也可用来应对积极风险或机会。

1）开拓

如果组织想要确保机会得以实现，就可对具有积极影响的风险采取本策略。本策略旨在消除与某个特定积极风险相关的不确定性，确保机会肯定出现。直接开拓包括把组织中最有能力的资源分配给项目来缩短完成时间，或者采用全新或改进的技术来节约成本，缩短实现项目目标的持续时间。

2）提高

本策略旨在提高机会的发生概率和积极影响。识别那些会影响积极风险发生的关键因素，并使这些因素最大化，以提高机会发生的概率。提高机会的例子包括为尽早完成活动而增加资源。

3）分享

分享积极风险是指把应对机会的部分或全部责任分配给最能为项目利益抓住该机会的第三方。分享的例子包括建立风险共担的合作关系和团队，以及为特殊目的成立公司或联营体，以便充分利用机会，使各方都从中受益。

4）接受

接受机会是指当机会发生时乐于利用，但不主动追求机会。

3．应急应对策略

可以针对某些特定事件，专门设计一些应对措施。对于有些风险，项目团队可以制定应急应对策略，即只有在某些预定条件发生时才能实施的应对计划。如果确信风险的发生会有充分的预警信号，就应该制定应急应对策略。应该对触发应急策略的事件进行定义和跟踪，例如，未实现阶段性里程碑，或者获得供应商更高程度的重视。采用这一技术制定的风险应对方案，通常称为应急计划或弹回计划，其中包括已识别的、用于启动计划的触发事件。

4．专家判断

由具有相关知识者为每个具体的、已定义的风险的应对措施做出专家判断。专家判断可以来自具有特定教育、知识、技能、经验或培训背景的任何小组或个人。

18.7.3 规划风险应对的输出

1．项目管理计划更新

开展本过程可能导致项目管理计划更新。更新的内容包括（但不限于）：

1）进度管理计划

更新进度管理计划，反映风险应对措施所带来的变更。可能包括与资源负荷和资源平衡相关的容忍度变更或行为变更，以及进度策略更新。

2）成本管理计划

更新成本管理计划，反映风险应对措施所带来的变更。可能包括与成本会计、跟踪和报告有关的容忍度变更或行为变更，以及预算策略更新和应急储备使用方法更新。

3）质量管理计划

更新质量管理计划，反映风险应对措施所带来的变更。可能包括与需求、质量保证或质量控制有关的容忍度变更或行为变更，以及需求文件更新。

4）采购管理计划

更新采购管理计划，反映风险应对措施所带来的策略变更，如自制或外购决策的变化，或者由风险应对措施所带来的合同类型的变化。

5）人力资源管理计划

更新人力资源管理计划中的人员配备管理计划，反映风险应对措施所带来的项目组织结构变更和资源使用变更。可能包括与人员分配有关的容忍度变更或行为变更，以及资源负荷更新。

6）范围基准

更新范围基准，反映因应对风险而产生的新工作、工作变更或工作取消。

7）进度基准

更新进度基准，反映因应对风险而产生的新工作（或取消的工作）。

8）成本基准

更新成本基准，反映因应对风险而产生的新工作（或取消的工作）。

2．项目文件更新

在规划风险应对过程中，应该根据需要更新若干项目文件。例如，选择和商定的风险应对措施应该列入风险登记册。风险登记册的详细程度应与风险的优先级和将要采取的应对措施相适应。通常，应该详细说明高风险和中风险，而把低优先级的风险列入观察清单，以便定期监测。风险登记册的更新应该包括（但不限于）：

（1）风险责任人及其职责；

（2）商定的应对策略；

（3）实施所选应对策略所需要的具体行动；

（4）风险发生的触发条件、征兆和预警信号；

（5）实施所选应对策略所需要的预算和进度活动；

（6）应急计划及启动应急计划的触发因素；

（7）弹回计划，以便在风险发生并且主要应对措施无效时使用；

（8）在采取预定应对措施之后仍然存在的残余风险，以及已经有意接受的风险；

（9）实施风险应对措施直接导致的次生风险；

（10）根据项目的定量风险分析及组织的风险临界值，计算出来的应急储备。

18.8 控制风险

控制风险是在整个项目中实施风险应对计划、跟踪已识别风险、监督残余风险、识别新风险，以及评估风险过程有效性的过程。本过程的主要作用是，在整个项目生命周期中提高应对风险的效率，不断优化风险应对措施。图 18-15 描述了本过程的输入、工具与技术和输出。

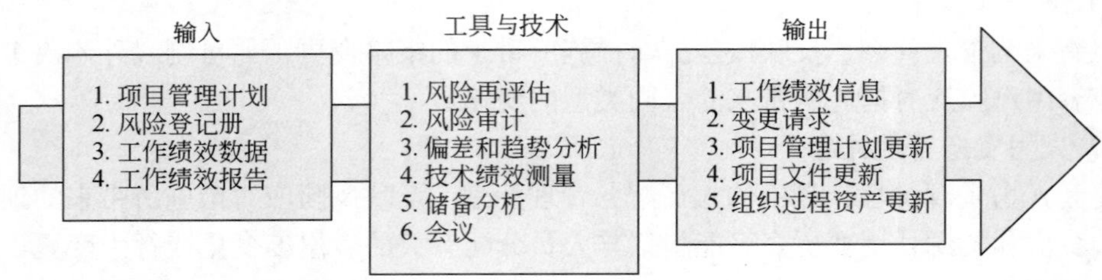

图 18-15 控制风险：输入、工具与技术和输出

应该在项目生命周期中，实施风险登记册中所列的风险应对措施，还应该持续监督项目工作，以便发现新风险、风险变化和过时风险。

控制风险过程需要基于项目执行中生成的绩效数据，采用诸如偏差和趋势分析的各种技术。控制风险过程的其他目的在于确定：

① 项目假设条件是否仍然成立；

② 某个已评估过的风险是否已发生变化或消失；

③ 风险管理政策和程序是否已得到遵守；

④ 根据当前的风险评估，是否需要调整成本或进度应急储备。

控制风险会涉及选择替代策略、实施应急或弹回计划、采取纠正措施，以及修订项目管理计划。风险应对责任人应定期向项目经理汇报计划的有效性、未曾预料到的后果，以及为合理应对风险而需要采取的纠正措施。在控制风险过程中，还应更新组织过程资产（如项目经验教训数据库和风险管理模板），以使未来的项目受益。

18.8.1 控制风险的输入

1．项目管理计划

项目管理计划包括风险管理计划，为风险监控提供指南。

2．风险登记册

风险登记册中包括已识别的风险、风险责任人、商定的风险应对措施、评估应对计划有效性的控制行动、风险应对措施、具体的实施行动、风险征兆和预警信号、残余风险和次生风险、低优先级风险观察清单，以及时间和成本应急储备。观察清单包括在风险登记册中，是低优先级风险的清单。

3．工作绩效数据

与可能受风险影响的工作相关的工作绩效数据包括（但不限于）：

（1）可交付成果的状态；

（2）进度进展情况；

（3）已经发生的成本。

4．工作绩效报告

工作绩效报告是从绩效测量值中提取信息并进行分析的结果，提供关于项目工作绩效的信息，包括偏差分析结果、挣值数据和预测数据等。这些数据有助于控制与绩效有关的风险。

18.8.2　控制风险的工具与技术

1．风险再评估

在控制风险中，经常需要识别新风险，对现有风险进行再评估，以及删去已过时的风险。应该定期进行项目风险再评估。反复进行再评估的次数和详细程度，应该根据相对于项目目标的项目进展情况而定。

2．风险审计

风险审计是检查并记录风险应对措施在处理已识别风险及其根源方面的有效性，以及风险管理过程的有效性。项目经理要确保按项目风险管理计划所规定的频率实施风险审计。既可以在日常的项目审查会中进行风险审计，也可单独召开风险审计会议。在实施审计前，要明确定义审计的格式和目标。

3．偏差和趋势分析

很多控制过程都会借助偏差分析来比较计划结果与实际结果。为了控制风险，应该利用绩效信息对项目执行的趋势进行审查。可使用挣值分析，以及项目偏差与趋势分析的其他方法，对项目总体绩效进行监控。这些分析的结果可以揭示项目在完成时可能偏离成本和进度目标的程度。与基准计划的偏差可能表明威胁或机会的潜在影响。

4．技术绩效测量

技术绩效测量是把项目执行期间所取得的技术成果与计划取得的技术成果进行比较。它要求定义关于技术绩效的客观的、量化的测量指标，以便据此比较实际结果与计划要求。这些技术绩效测量指标可包括重量、处理时间、缺陷数量和存储容量等。偏差值（如在某里程碑实现了比计划更多或更少的功能）有助于预测项目范围方面的成功程度。

5．储备分析

在项目实施过程中，可能发生一些对预算或进度应急储备有积极或消极影响的风险。储备分析是指在项目的任何时间点比较剩余应急储备与剩余风险量，从而确定剩余储备是否仍然合理。

6．会议

项目风险管理应该是定期状态审查会中的一项议程。该议程所占用的会议时间长短取决于已识别的风险及其优先级和应对难度。越经常开展风险管理，风险管理就会变得越容易。经常讨论风险，可以促使人们识别风险和机会。

18.8.3 控制风险的输出

1．工作绩效信息

作为控制风险的输出，工作绩效信息提供了沟通和支持项目决策的机制。

2．变更请求

有时，实施应急计划或权变措施会导致变更请求。变更请求要提交给实施整体变更控制过程审批。变更请求也可包括推荐的纠正措施和预防措施。

1）推荐的纠正措施

为了使项目工作绩效重新符合项目管理计划而开展的活动，包括应急计划和权变措施。后者是针对以往未曾识别或被动接受的、目前正在发生的风险而采取的、未经事先计划的应对措施。

2）推荐的预防措施

为确保未来的项目工作绩效符合项目管理计划而开展的活动。

3．项目管理计划更新

如果经批准的变更请求对风险管理过程有影响，则应修改并重新发布项目管理计划中的相应组成部分，以反映这些经批准的变更。项目管理计划中可能需要更新的内容与规划风险应对过程相同。

4．项目文件更新

作为控制风险过程的结果，可能需要更新的项目文件包括（但不限于）风险登记册。风险登记册更新包括：

1）风险再评估、风险审计和定期风险审查的结果

这些结果可能包括新识别的风险，以及对风险概率、影响、优先级、应对计划、责任人和风险登记册其他要素的更新。还可能包括删掉不再存在的风险，并释放相应的储备。

2）项目风险及其应对的实际结果

这些信息有助于项目经理们横跨整个组织进行风险规划，也有助于他们改进未来项目的风险规划。

5．组织过程资产更新

在风险管理过程中生成的、可供未来项目借鉴的各种信息应收入组织过程资产中。可能需要更新的组织过程资产包括（但不限于）：

（1）风险管理计划的模板，包括概率和影响矩阵、风险登记册；

（2）风险分解结构；

（3）从项目风险管理活动中得到的经验教训。

应该在需要时和项目收尾时，对上述文件进行更新。风险登记册和风险管理计划模板的最终版本、核对单和风险分解结构都应该包括在组织过程资产中。

第 19 章　项目收尾管理

项目收尾管理是系统集成项目管理中一个特殊的阶段，从字面上很容易理解收尾管理的工作内容，但在实际操作中却存在较多的困难。尤其是软件类型的系统集成项目往往容易受到业务、技术、人员等多方面因素的影响，导致项目在最终完成时与项目前期所规划的内容存在较大的差异。另外，系统集成项目所交付的最终产品缺乏标准型，因而对其衡量和评价也存在一定的困难。此外，项目收尾还因为涉及到不同角色的部门和人员，而这些部门和人员对于系统集成项目关注的目标又各有差异。在实际工作中，广义的系统集成项目收尾管理工作通常包含了四类典型的工作，即项目验收工作、项目总结工作、系统维护工作以及项目后评价工作，此外项目团队成员的后续工作也应在收尾管理时妥善安排；狭义的系统集成项目收尾管理工作则主要指项目验收工作。收尾管理属于项目整体管理中项目结束阶段的主要过程（参见第 6 章）。

19.1　项目验收

项目验收是项目收尾管理中的首要环节，只有完成项目验收工作后，才能进入后续的项目总结、系统维护以及项目后评价等工作阶段。

项目的正式验收包括验收项目产品、文档及已经完成的交付成果。对系统集成项目进行验收时需要根据项目前期所签署的合同内容以及对应的技术工作内容，如果在项目执行过程中发生了合同变更，还应将变更内容也作为项目验收的评价依据。对于软件类型的系统集成项目而言，除了依据项目前期的合同内容，通常还需要将甲乙双方签署或认可的软件需求规格说明书作为验收依据。在执行软件项目验收测试时，验收测试用例应该覆盖软件需求规格说明书中所有的功能性需求和非功能性需求。

项目验收工作需要完成正式的验收报告，验收报告包含了验收的主要内容以及相应的验收结论，参与验收的各方应该对验收结论进行签字确认，对验收结果承担相应的责任。对于系统集成项目，一般需要执行正式的验收测试工作。验收测试工作可以由业主和承建单位共同进行，也可以由第三方公司进行，但无论哪种方式都需要以项目前期所签署的合同以及相关的支持附件作为依据进行验收测试，而不得随意变更验收测试的依据。对于那些发生了重大变更的系统集成项目，则应以变更后的合同及其附件作为验收测试的主要依据。

具体而言，系统集成项目在验收阶段主要包含以下四方面的工作内容，分别是验收测试、系统试运行、系统文档验收以及项目终验。

1．验收测试

验收测试是对信息系统进行全面的测试，依照双方合同约定的系统环境，以确保系统的功能和技术设计满足建设方的功能需求和非功能需求，并能正常运行。验收测试阶段应包括编写验收测试用例，建立验收测试环境，全面执行验收测试，出具验收测试报告以及验收测试报告的签署。

2．系统试运行

信息系统通过验收测试环节以后，可以开通系统试运行。系统试运行期间主要包括数据迁移、日常维护以及缺陷跟踪和修复等方面的工作内容。为了检验系统的试运行情况，客户可将部分数据或配置信息加载到信息系统上进行正常操作。在试运行期间，甲乙双方可以进一步确定具体的工作内容并完成相应的交接工作。对于在试运行期间系统发生的问题，根据其性质判断是否是系统缺陷，如果是系统缺陷，应该及时更正系统的功能；如果不是系统自身缺陷，而是额外的信息系统新需求，此时可以遵循项目变更流程进行变更，也可以将其暂时搁置，作为后续升级项目工作内容的一部分。

3．系统文档验收

系统经过验收测试后，系统的文档应当逐步、全面地移交给客户。客户也可按照合同或者项目工作说明书的规定，对所交付的文档加以检查和评价；对不清晰的地方可以提出修改要求。在最终交付系统前，系统的所有文档都应当验收合格并经双方签字认可。

对于系统集成项目，所涉及的文档应该包括如下部分：

（1）系统集成项目介绍；

（2）系统集成项目最终报告；

（3）信息系统说明手册；

（4）信息系统维护手册；

（5）软硬件产品说明书、质量保证书等。

4．项目终验

在系统经过试运行以后的约定时间，例如三个月或者六个月，双方可以启动项目的最终验收工作。通常情况下，大型项目都分为试运行和最终验收两个步骤。对于一般项目而言，可以将系统测试和最终验收合并进行，但需要对最终验收的过程加以确认。

最终验收报告就是业主方认可承建方项目工作的最主要文件之一，这是确认项目工作结束的重要标志。对于信息系统而言，最终验收标志着项目的结束和售后服务的开始。

最终验收的工作包括双方对验收测试文件的认可和接受、双方对系统试运行期间的工作状况的认可和接受、双方对系统文档的认可和接受、双方对结束项目工作的认可和接受。

项目最终验收合格后，应该由双方的项目组撰写验收报告提请双方工作主管认可。这标志着项目组开发工作的结束和项目后续活动的开始。

19.2 项目总结

项目总结属于项目收尾的管理收尾。而管理收尾有时又被称为行政收尾，就是检查项目团队成员及相关干系人是否按规定履行了所有职责。实施行政结尾过程还包括收集项目记录、分析项目成败、收集应吸取的教训，以及将项目信息存档供本组织将来使用等活动。

1．项目总结的意义

项目总结的主要意义如下。

（1）了解项目全过程的工作情况及相关的团队或成员的绩效状况。

（2）了解出现的问题并进行改进措施总结。

（3）了解项目全过程中出现的值得吸取的经验并进行总结。

（4）对总结后的文档进行讨论，通过后即存入公司的知识库，从而纳入企业的过程资产。

2．项目总结会的准备工作

1）收集整理项目过程文档和经验教训

这需要全体项目人员共同进行，而非项目经理一人的工作。项目经理可将此项工作列入项目的收尾工作中，作为参与项目人员和团队的必要工作。项目经理还可以根据项目的实际情况对项目过程文档进行收集，对所有的文档进行归类和整理，给出具体的文档模板并加以指导和要求。

2）经验教训的收集和形成项目总结会议的讨论稿

在此初始讨论稿中，项目经理有必要列出项目执行过程中的若干主要优点和若干主要缺点，以利于讨论的时候加以重点呈现。

3．项目总结会

项目总结会需要全体参与项目的成员都参加，并由全体讨论形成文件。项目总结会议所形成的文件一定要通过所有人的确认，任何有违此项原则的文件都不能作为项目总结会议的结果。

项目总结会议还应对项目进行自我评价，有利于后面的项目评估和审计的工作开展。

一般的项目总结会应讨论如下内容。

（1）项目绩效：包括项目的完成情况、具体的项目计划完成率、项目目标的完成情况等，作为全体参与项目成员的共同成绩。

（2）技术绩效：最终的工作范围与项目初期的工作范围的比较结果是什么，工作范围上有什么变更，项目的相关变更是否合理，处理是否有效，变更是否对项目质量、进度和成本等有重大影响，项目的各项工作是否符合预计的质量标准，是否达到客户满意。

（3）成本绩效：最终的项目成本与原始的项目预算费用，包括项目范围的有关变更增加的预算是否存在大的差距，项目盈利状况如何。这牵扯到项目组成员的绩效和奖金的分配。

（4）进度计划绩效：最终的项目进度与原始的项目进度计划比较结果是什么，进度为何提前或者延后，是什么原因造成这样的影响。

（5）项目的沟通：是否建立了完善并有效利用的沟通体系；是否让客户参与过项目决策和执行的工作；是否要求让客户定期检查项目的状况；与客户是否有定期的沟通和阶段总结会议，是否及时通知客户潜在的问题，并邀请客户参与问题的解决等；项目沟通计划完成情况如何；项目内部会议记录资料是否完备等。

（6）识别问题和解决问题：项目中发生的问题是否解决，问题的原因是否可以避免，如何改进项目的管理和执行等。

（7）意见和建议：项目成员对项目管理本身和项目执行计划是否有合理化建议和意见，这些建议和意见是否得到大多数参与项目成员的认可，是否能在未来项目中予以改进。

19.3　系统维护

系统集成项目完成验收工作之后，信息系统就由前期的建设阶段转变为相应的运营维护阶段。通常情况下系统集成项目不同于其他项目，其特点在于后续的工作比较复杂，而且随着 IT 服务业的发展对信息系统不再是简单的交钥匙工程。越来越多的客户方要求承包方提供较为完备的后续工作支持和服务，而承包方将逐渐发现其中蕴含的商机，从而为后续的工作开展提供双赢的机会。

有越来越多的信息系统建设方倾向于在完成信息系统建设阶段的工作之后，继续向客户提供信息系统的运营维护方面的支持服务工作。对于信息系统的承建方而言，能够在完成信息系统的开发建设合同之后，继续与客户签署信息系统的运维服务合同，从商业方面来讲具有足够的吸引力。相比于信息系统的开发建设而言，信息系统的运营维护服务更具备持续性和长久性。另一方面，对于那些缺乏信息系统运维能力的客户来说，将信息系统的运维服务继续外包给相同的信息系统承建方，可以尽量缩短维护团队的学习期，保证信息系统建设与信息系统运维工作的顺利过渡。

不同类型的信息系统对后续工作的要求是不同的，软件系统对后续工作的支持要求程度最高，尤其是客户化定制的软件更是如此。对于那些偏重硬件设备内容的系统集成项目，其相应的维护支持服务要求则相对较低。

19.3.1　软件项目的后续工作

1．软件 bug 的修改

软件很难做到没有 bug，但大多数 bug 已经在测试和验收阶段发现，对于这些 bug

在系统移交的时候已经处理完毕。而对于移交以后的系统，如果出现 bug 将采用双方约定的方式进行处理。例如在免费的维护期限内，大多数 bug 是免费处理的，但如果在免费的维护期限之外发生问题，双方还需要就 bug 处理方式及相关费用做出约定。

2．软件升级

每一个应用软件都有自己的生命周期，如果双方未能就软件是否升级，以及升级哪些内容，将很可能造成软件后续工作的矛盾。通常情况下软件会有比较固定的升级周期，例如每年一次升级或者每两年一次升级。但现实中不一定客户每次都要求升级，因为升级或者更换新的系统往往会要求客户支付相应的费用以及投入一定的人力成本。在软件维护期限内，应该由客户和服务方根据客户业务需求的具体特点、软件升级的难易程度、软件升级的费用和期限，以及软件升级可能带来的相关影响等进行全面评价，然后再做出是否升级的结论。如果需要对软件进行升级，则软件的维护方应该提交完整的升级方案，得到客户的认可和批准之后，执行相应的软件升级程序。

3．后续技术支持

软件系统的技术支持工作是软件维护工作的主要内容，对于技术支持工作的内容应该在软件维护服务合同中予以规定，例如如何为软件系统提供相应的软件更正维护服务、软件完善预防维护、软件适应预防维护服务等不同类型的支持服务。

19.3.2 系统集成项目的后续工作

1．信息系统日常维护工作

偏硬件的系统集成项目的日常维护工作表现出一定的复杂性，例如对于承建方服务部门来讲，系统集成项目的维护服务工作可能涉及到很多不同的供货商和设备厂商。但在信息系统的维护服务期内，很难确保所有的设备提供商还能够给予充分的支持和合作，经常出现某些设备厂商不再供货或者不再提供支持服务等情形。因此，系统集成商应该在项目维护期限内考虑如何确保第三方技术支持的连续性，例如如何为某些重点设备选用备用的厂商或者服务方。

2．硬件产品更新

大部分情形下，硬件产品不同于软件产品的更新换代。在大多数信息系统正常运行后，在三五年内一般不会更换主要的硬件产品。如果要对硬件进行必要的更新，可由客户和服务方共同制定硬件产品的升级方案，然后共同实施。

3．满足信息系统的新需求

对于信息系统的服务方而言，其在维护阶段的重点工作之一是收集和识别客户对于信息系统新的要求和建议。信息系统的服务商通过对这些来自客户的要求和建议进行认真地梳理和分析后，可以为客户提供相应的信息系统开发建设方面的项目建议书，如果这些项目建议书得到客户的认可批准后，对于双方均意味着满足了新的需求，从而达到双赢的局面。

19.4 项目后评价

信息系统后评价是一个综合性的管理学科，涉及到信息技术、市场分析、统计调研、统计分析、经济管理、过程管理、项目管理等多个学科。信息系统后评价通过对已经建成的信息系统进行全面综合的调研、分析、总结，对信息系统目标是否实现，信息系统的前期论证过程、开发建设过程以及运营维护过程是否符合要求，信息系统是否实现了预期的经济效益、管理效益以及社会效益，信息系统是否能够持续稳定地运行等方面的工作内容做出独立、客观的评价。信息系统后评价的主要内容一般包括信息系统的目标评价、信息系统过程评价、信息系统效益评价和信息系统可持续性评价四个方面的工作内容。

1．信息系统目标评价

信息系统目标评价是信息系统后评价的重点所在，评价信息系统是否成功的重要依据就是信息系统是否实现了信息系统规划之初所设置的各种目标。进行信息系统目标评价时要分析和评价项目预设目标的正确性、合理性以及可行性，同时判断信息系统项目立项时设定的各项目标的满足程度。假如信息系统在项目之初所设置的目标就明显不合理，例如预算明显不足或者工期明显不够等，则信息系统目标的合理性和可行性就存在一定的问题，需要在对信息系统进行后评价时对于目标的合理性进行相应的说明。

2．信息系统过程评价

信息系统过程评价是从过程分析和审查的角度来评价过程的符合性以及合理性。要确保信息系统的论证充分、开发规范和运维平稳，就要求相应的工作团队必须遵循相应的规范和流程。与信息系统相关的工作流程合理、工作规范全面是信息系统过程管理的基本要求。

信息系统过程评价重点关注信息系统的全过程管理是否按照计划进行，是否针对过程管理中出现的重大偏差进行了及时应对和原因分析，例如在项目范围出现重大变动或者项目工期出现较大的调整时是否完整地执行了信息系统的变更管理流程；是否完整地分析和预见了信息系统过程中产生的重大偏差对信息系统开发和运维工作所产生的实质性影响等。信息系统过程评价还要对过程管理水平以及过程质量做出相应的评价，例如对信息系统的计划和监督过程、项目质量管理过程、项目测试过程、项目配置管理过程、项目风险管理过程等做出全面的过程绩效评价。

根据信息系统的生命周期特点，信息系统过程评价主要包括信息系统前期论证阶段、信息系统招投标阶段、信息系统开发建设阶段以及信息系统运营维护四个阶段的过程评价。

3．信息系统效益评价

信息系统的效益评价是信息系统后评价的主要内容，它对信息系统的运行效果做出评价，并为信息系统的可持续性评价提供判断依据。一般而言，信息系统效益评价包括信息系统技术评价、信息系统经济效益评价、信息系统管理效益评价、信息系统社会效益评价以及信息系统环境影响评价等。

1）信息系统技术评价

信息系统技术评价的主要内容包括信息系统的技术路线选择是否正确，是否具备较好的兼容性和可扩展性，信息系统功能目标的实现程度，信息系统项目资源的使用效果，信息系统中的技术创新或对新技术的应用等。

2）信息系统经济效益评价

信息系统的经济效益评价主要集中于经济方面的分析。对于那些经营性的信息系统，经济效益包括项目财务分析和相关的经济分析；对于那些非经营性的信息系统包括投资分析、成本分析和相关的经济分析。例如对于那些电子商务类的系统平台进行经济效益评价时，其重点将集中于财务分析，如投资回报率、投资回收期、内部投资回报率等指标的分析；例如对于电子政务类的系统平台进行经济效益评价时，其重点则主要集中于投资分析和成本分析，集中于项目的投资额、项目的总成本和阶段成本等指标的分析。

3）信息系统管理效益评价

一般而言，信息系统都是为了支持传统的业务而开发出的支持性系统，它可以视为传统手工业务的扩展和延伸。与传统的手工作业方式相比，基于信息系统的业务管理具备传统业务模式所不具备的很多优点，例如可以大量减少重复性的工作、提高信息和资料的准确性和完备性、减少人工劳动等。与传统的业务模式相比，信息系统所具备的这些优点最终表现为基于信息系统支持的工作模式效率更高、响应时间更快、所对应的管理效率更高、管理效益更好等。例如企业的资源管理计划平台（ERP 平台）、银行的网上银行应用等信息平台均可以给企业和银行等组织节省大量人力成本投入的同时，还提升了业务的办理效率和办理数量，这就说明信息系统的应用为组织创造了明显的管理效益。

4）信息系统社会效益评价

信息系统的社会效益评价主要集中于评价信息系统在促进社会经济发展和改善人民生活等方面所产生的积极作用，评价内容主要包括信息系统的社会效益和社会影响。其中，信息系统的社会效益包括信息系统对区域经济发展和社会和谐的贡献，信息系统对当地居民生活质量的改善和信息系统对创造就业机会的贡献等，例如我国各地气象预报部门所提供的天气信息发布平台就能创造明显的社会效益，对于与天气有关的各行各业的工作安排、人们的出行计划等都可以产生积极的引导作用。信息系统的社会影响则包括信息系统可能产生的国际、国内影响，信息系统对国际交流、行业内交流的促进作用等。例如我国各级政府机构的信息发布网站、各个行业协会的信息发布网站等都能够起到积极的、正面的社会影响，对人们的工作、生活、学习等活动都可以起到正面的、积极的引导作用。

5）信息系统环境影响评价

相对于传统行业的项目而言，信息系统在一般情况下对自然环境产生的影响几乎可以忽略。某些类型的信息系统通过间接的方式对环境产生影响。例如各种大气环境监测信息平台、水环境检测信息平台、自然灾害预警信息平台等均通过间接的方式有助于提升和改善我们的自然环境和生态环境等。信息系统环境影响评价应体现信息系统可能给区域自然环境、生态环境、自然资源等带来的实际影响，对于那些在立项论证阶段认为可能产生重大环境影响的信息系统项目，还应将信息系统项目产生的实际环境影响与立项报告的环境影响报告进行对比分析，对可能产生的环境影响差异做出进一步的原因分析。

4．信息系统可持续性评价

信息系统的可持续性评价主要评价信息系统持续运营和发展的可能性，分析信息系统的既定目标是否能够持续实现，评价信息系统在未来是否能够持续稳定地不断升级，以及在组织范围内，未来是否能以相似的方式实施同类信息系统项目。

信息系统的可持续性评价应结合信息系统的项目类型、项目规模和复杂程度、项目的技术特征和业务特征等选择合适的评价指标，综合评价信息系统的在经济效益、管理效益、社会效益等方面可持续性，以及信息系统在资金预算、人员配备、管理支持等方面的可持续性。

对信息系统可持续性评价的内容主要包括信息系统的运营维护管理水平、技术水平、人员的经验和能力、财务支持等内部因素，以及组织的战略规划、管理策略、市场前景、行业竞争等外部因素，信息系统可持续评价应基于对信息系统内外部因素的评价充分展开。

第 20 章　知识产权管理

随着知识经济的兴起，知识产权已成为市场竞争力的核心要素。企业是自主创新的主体，更是知识产权创造、运用、管理和保护的主体，提高企业的知识产权管理工作水平是增强自主创新能力的重要保证，是对整个信息系统集成行业的有序化、规范化发展的有益补充。信息技术包括软件、硬件和技术标准等，不仅包括算法、模型，还包括工艺和专有技术，凝聚着专业技术人员和管理人员的心智，信息产业又是经济高速增长的引擎和动力，知识产权保护就显得更加重要，从业人员在掌握专业知识和专业技能的同时，对知识产权相关知识也应该有一定程度的掌握。

20.1　知识产权概念

20.1.1　知识产权的基本概念与范围

知识产权是指对智力劳动成果所享有的占有、使用、处分和收益的权益。广义的知识产权包括著作权、邻接权、专利权、商标权及商业秘密权、防止不正当竞争权、植物新品种权、集成电路布图设计权和地理标志权等[①]。狭义的知识产权就是传统意义上的知识产权，包括著作权（含邻接权）、专利权、商标权三个主要组成部分。

20.1.2　知识产权的特性

知识产权的特性是从它的本质属性即无体性派生出来的，具体包括无体性、专有性、地域性和时间性。

1）无体性

知识产权的对象是没有具体形体，不能用五官触觉去认识、不占任何空间但能以一定形式为人们感知的智力创造成果，是一种抽象的财富。

2）专有性

知识产权的专有性是指除权利人同意或法律规定外，权利人以外的任何人不得享有或使用该项权利。除非通过“强制许可”“合理使用”或者“征用”等法律程序，否则权利人独占或垄断的专有权利受到严格保护，他人不得侵犯。

3）地域性

① 《知识产权协定》第一部分第一条规定。

知识产权所有人对其智力成果享有的知识产权在空间上的效力要受到地域的限制，这种地域性特征，是它与有形财产权的一个核心区别。知识产权的地域性是指知识产权只在授予其权利的国家或确认其权利的国家产生，并且只能在该国范围内受法律保护，而其他国家则对其没有必须给予法律保护的义务。

4）时间性

知识产权时间性的特点表明，这种权利仅在法律规定的期限内受到保护，一旦超过法律规定的有效期限，这一权利就自行消灭，相关知识产品即成为整个社会的共同财富，为全人类所共同使用。

20.2　知识产权的内容

20.2.1　著作权及邻接权

著作权也称版权，是指基于文学、艺术和科学作品依法产生的权利。文学、艺术和科学作品是著作权产生的前提和基础，是由著作权法律关系得以发生的法律事实构成。没有作品就没有著作权，脱离具体作品的著作权是不存在的。

邻接权是与著作权相关的、类似的权利，通常指作品传播者在作品的传播过程中依法享有的权利，如：艺术表演者、录音录像制品制作者、广播电视节目制作者依法享有的权利等。著作权和邻接权的共同点是它们同属知识产权范畴，保护期为 50 年，即截止到作品首次发表后第 50 年的 12 月 31 日。不同点如表 20-1 所示。

表 20-1　著作权和邻接权的不同点

	著　作　权	邻　接　权
主体不同	是智力作品的创作者	是出版者、表演者、录音录像制作者、广播电视组织等
保护对象不同	保护对象是文学、艺术和科学作品	保护对象是传播者艺术加工后的作品
内容不同	作者对作品享有的人身权和财产权	出版者权、表演者权、录音录像制作者权、广播组织权等
受保护的前提不同	只要符合法定条件，一经产生就受保护	著作权是邻接权产生的基础，即邻接权的取得须以著作权人的授权及对作品的再利用为前提

著作权由三个要素构成，即著作权主体、著作权客体和著作权内容。著作权主体或称著作权人，是指依法对文学、艺术和科学作品享有著作权的人，我国《著作权法》规定：著作权主体包括自然人、法人和其他组织，在一定条件下，国家也可以成为著作权的主体；著作权内容是著作人身权和著作财产权；著作权客体是指作品和作品的传播形式。

1. 著作权的主体和客体

1）著作权的主体

著作权的主体分为一般意义上的著作权主体和特殊类型的著作权主体。

（1）一般意义上的著作权主体

著作权的主体即著作权人，是作品的所有人。著作权人有两类，一类是作者，一类是作者以外的人。作者的著作权基于完成创作这一法律事实，我国《著作权法》第十一条规定，判定作者的方法是“如无相反证明，在作品上署名的公民、法人或其他组织为作者”。作者以外的人则可基于其他法律事实而获得著作权，在一定条件下，国家也可能成为著作权主体。

（2）特殊类型的著作权主体

① 演绎作品的著作权人

演绎作品基于已有作品进行再创作而产生的新作品统称为演绎作品。演绎作品主要有改编、译文、注释、评论和整理等。

我国著作权法规定演绎作品的著作权归属于演绎人，但是演绎人在利用演绎作品时要受到一定的限制：

- 除法律另有规定的情况，演绎他人的原创作品应该事先得到原创作者的许可并支付相应的报酬；
- 演绎作品的著作权人在行使其著作权时，不能侵犯原作者作品的著作权；
- 第三人在对演绎作品进行利用或进行再演绎时，应征得原创作者和演绎作者的双重许可。

② 合作作品的著作权人

根据《著作权法》第十三条的规定，合作作品的作者共同享有著作权。其中，无法分割的合作作品的著作权，由合作作者共同共有。对著作权的行使，有规定的按照规定，有约定的依从约定。约定不得违反《著作权法》，既无规定又无约定的，则按财产共有原则处理。合作作品可以分割使用的，作者对自己创作的部分可以单独行使著作权。但是，行使该权利时，不得构成对合作作品整体著作权的侵害。

③ 汇编作品的著作权人

汇编作品的著作权由汇编人享有。汇编人可以是自然人，也可以是法人或其他组织。同时，汇编作品的著作权人在行使汇编作品著作权时，不得侵犯原作品作者的著作权。常见的汇编作品如辞书、选集、期刊、杂志和数据库等。

④ 职务作品的著作权归属

我国《著作权法》规定，公民为完成法人或者其他组织工作任务所创作的作品是职务作品。职务作品的著作权归属可以分为两种情况：

一、职务作品的著作权由单位享有，作者享有署名权。有下列情形之一的职务作品，作者享有署名权，著作权的其他权利由法人或者非法人单位享有，法人或者非法人单位可以给予作者奖励：

- 主要是利用法人或者非法人单位的物质技术条件创作，并由法人或者非法人单位承担责任的工程设计、产品设计图纸及其说明、计算机软件、地图等职务作品；
- 法律、行政法规或者合同约定著作权由法人或者非法人单位享有的职务作品。

二、著作权由作者享有，单位享有优先使用作品的权利，除上述情况的职务作品著作权归法人或者非法人单位所有外，一般职务作品的著作权仍归作者享有，但法人或者非法人单位有权在其业务范围内优先使用。

2）著作权的客体

著作权的客体是作品及其传播的形式。作品指文学、艺术和科学领域内具有独创性并能以某种形式复制的智力创作成果。它具有的法律特征如下：

（1）独创性。作品必须是作者创造性的独立完成的成果，例如是自己创作不是抄袭或剽窃的作品。

（2）可复制性。它是指能够以一定的物质形式表现或固定下来，供他人利用。《著作权法》第五十二条规定："本法所称的复制，指印刷、复印、临摹、拓印、录音、录像、翻录、翻拍等方式将作品制成一份或多份的行为。"。

2．著作权的内容

著作权的内容包括著作人身权和财产权。

著作人身权是指作者享有的与其作品有关的以人格利益为内容的权利，包括如下内容。

（1）发表权。即决定作品是否公之于众的权利。发表权的具体内容包括决定作品何时、何地和以何种方式公诸于众。

（2）署名权。即表明作者身份，在作品上署名的权利。

（3）修改权。即修改或者授权他人修改作品的权利。

（4）保护作品完整权。即保护作品不受歪曲、篡改的权利。

著作财产权是著作权人基于作品的利用给他带来的财产收益权，包括复制权、发行权、出租权、展览权、表演权、放映权、广播权、信息网络传播权、设置权、改编权、翻译权、汇编权和其他权利。

3．著作权的获得

我国在著作权的获得上遵循的是著作权自动取得原则。目前世界各国对于著作权的获得主要有注册取得、自动取得和其他取得等三种制度。

1）注册取得制度

注册取得制度是指以登记注册作为取得著作权的条件，作品只有经登记注册之后才能产生著作权。注册取得制度的出现，在历史上起过积极的作用。

实行注册取得制度，可以明确有效地证明著作权人的身份，有利于及时处理著作权纠纷，保护著作权人的合法权益。但是，注册取得制度并不能充分保护那些未及时登记的作品，也不能保护那些来自未实行著作权注册取得制度国家的作品。因此，现在世界上大多数国家不采用这一制度。

2）自动取得制度

自动取得制度是指著作权以作品创作完成这一法律事实的存在而自然取得，无需履行任何手续。这一制度所依据的原则也称为著作权自动取得原则或自动保护原则。这是《伯尔尼公约》所确立的原则，也是世界上大多数国家著作权法确立的著作权取得原则。自动取得制度的优点在于，作品一经创作完成即可及时获得保护，可以有效地制止侵犯著作权的行为，保护水平较高。但缺点在于，未经登记的作品在发生著作权纠纷时取证困难，所以有些国家的著作权法通过设立自愿登记制度作为补充。

我国《著作权法》在著作权取得上采取自动取得制度。《著作权法》第二条规定，中国公民、法人或者其他组织的作品，不论是否发表，依照本法享有著作权。即著作权自作品完成创作之日起产生，并受《著作权法》的保护。

3）其他取得制度

参照各国不同规定，其他取得制度主要包括以下3类。

（1）作品必须以有形物固定之后，才能获得著作权。美国的版权法即采用此制度。

（2）版权标记取得制度。《世界版权公约》即采用此制度，该公约规定，一切已发表的作品均应加注版权标记。

（3）出版取得制度。即依据属地原则，以作品在一国境内的首次出版作为取得著作权的标准。例如，我国《著作权法》第二条第三款规定，外国人、无国籍人的作品首先在中国境内出版的，依本法享有著作权。

4．著作权的保护和限制

1）著作权保护

著作权法保护的作品类型包括：文字作品；口述作品；音乐、戏剧、曲艺、舞蹈、杂技艺术作品；美术、建筑作品；摄影作品；电影作品和以类似摄影的方式创作的作品；工程设计图、产品设计图、地图、示意图等图形作品和模型作品；计算机软件和法律法规规定的其他作品。

对于系统集成企业而言，在著作权法保护的作品类型中，尤其应该关注计算机软件著作权的保护。计算机软件著作权是指软件的开发者或者其他权利人依据有关著作权法律的规定，对于软件作品所享有的各项专有权利。软件经过登记后，软件著作权人享有发表权、开发者身份权、使用权、使用许可权和获得报酬权。

计算机软件著作权保护的客体（或称对象）是指计算机软件，即计算机程序及其有关文档，计算机程序包括程序设计语言编写的源程序、机器语言编译的目标程序，同一计算机程序的源程序和目标程序为同一作品。文档是指用来描述程序的内容、组成、设计、功能规格、开发情况、测试结果及使用方法的文字资料和图表等，如程序说明、流程图、用户手册等。

著作权法保护的作品类型应符合以下三个要素，才能得到著作权法的保护。

（1）须有文学、艺术或者科学的内容；

（2）须有独创性；

（3）须能以物质的形式固定下来。

2）著作权的限制

著作权法在保护著作权人和传播者利益的同时，还兼顾社会公共利益，防止权利被滥用，阻碍和束缚科学技术的进步和文化的繁荣。从法律保护而言，著作权已受到时间和地域上的限制，此外，还受到合理使用、法定许可、强制许可等制度的限制。

合理使用限制是指在特定条件下，法律允许他人自由使用享有著作权的作品而不必征得著作权人的同意，也不必向著作权人支付报酬的制度。

法定许可使用限制是指依著作权法的规定，使用者在使用他人已经发表的作品时，可以不经著作权人的许可，但应向其支付报酬，并尊重著作权人其他权利的制度。

强制许可使用限制是指在一定条件下，作品的使用者基于某种正当理由需要使用他人已发表的作品时，经申请由著作权行政管理部门授权，即可使用该作品，无须征得著作权人同意，但应当向其支付报酬的制度。

5．著作权典型案例

2005 年 1 月广州某公司因非法复制、使用奥多比（Adobe）公司的图形处理软件，被广州天河工商所责令删除盗版软件，处罚款 15000 元的行政处罚决定。此后奥多比（Adobe）公司向法院提起侵权诉讼，法院审理后认为，被告公司未经著作权人许可，以营利为目的，非法复制、使用奥多比公司享有著作权的这些软件，属于商业性使用行为，构成对奥多比公司依法享有的计算机软件著作权的侵犯，依法应当承担相应的法律责任。判决被告公司赔偿奥多比公司经济损失 110000 元，并赔偿奥多比公司为制止侵权行为支出的合理费用 30000 元。

根据著作权法中本节描述的内容，未经许可复制、使用他人软件，不仅要承担行政责任——行政处罚，还要承担民事责任——赔偿经济损失及合理费用。

20.2.2　专利权

专利权是国家按专利法授予申请人在一定时间内对其发明创造成果所享有的独占、使用和处分的权利。

1．专利权的主体和客体

1）专利权的主体

专利权的主体即专利权人，是指有权提出专利申请并取得专利权的人，专利权的主体可以是下面几种情况：

（1）发明人或设计人

发明人或设计人是直接参加发明创造活动的自然人，不能是单位或者集体。如果是数人共同做出的，应当将所有人的名字都写上。在完成发明创造的过程中，只负责组织工作的人、为物质技术条件的利用提供方便的人或者从事其他辅助工作的人，这三类人不应当被认为是发明人或者设计人。

（2）发明人或者设计人所在单位

如果发明创造属于职务发明，则专利权的主体应当是发明人或者设计人所在单位。

（3）合法受让人

合法受让人，是指依法转让、继承方式取得专利权的人。专利权经合法受让后，受让人就成为专利权的主体。

（4）外国发明人或设计人

在中国有经常居所或者营业所的外国人在中国申请专利的，根据《巴黎公约》规定，享受与我国国民同等待遇。此种情况的外国人，在中国申请专利和办理其他专利事务的，应当委托依法设立的专利代理机构办理。

2）专利权的客体

专利保护的客体也称专利保护的对象，亦指可以取得专利保护的发明创造。中国专利法所说的发明创造是指发明、实用新型、外观设计，其典型区别如表 20-2 所示。

表 20-2　发明、实用新型、外观设计的典型区别

	发 明 专 利	实用新型专利	外观设计专利
概念	对产品、方法或者其改进所提出的技术方案。对于自然定律的发现、抽象的智力活动规则等不属于发明	对产品的形状、构造或者其组合所提出的适于使用的新的技术方案。它要求必须具备两点特征，即必须是一种产品，必须具有一定形状和构造的产品	对产品的形状、图案、色彩或者组合做出的富有美感的并适用于工业上应用的新设计
保护客体	产品和方法的技术方案	产品的形状、构造的技术方案	产品的形状、图案、色彩新设计
审查制度	现公开后进行实质审查	形式审查＋明显实质性缺陷审查	形式审查＋明显实质性缺陷审查
创造性标准	突出的知识性特点和显著的进步	实质性特点和进步	不相近似
保护期限	20 年	10 年	10 年
审查费用	申请费用＋实际审查费用＋年费	申请费用＋年费	申请费用＋年费

2．专利权的获取

专利权的获取，必须经过专利申请和依法审批的全过程。取得专利权的发明创造，必须将发明创造的内容在权利要求书和说明书或图片、照片中充分公开，划定保护范围。而这些公开的内容是支持其权利存在的唯一依据。记载发明创造内容的说明书、权利要求书或图片、照片是专利申请文件的重要组成部分，当其被国务院专利行政部门依法公告之后，就成为了专利文献。

在下列情形下将不能获得专利权：

（1）科学发现，如发现新星、牛顿万有吸引定律；

（2）质量活动的规则和方法，如新棋种的玩法；

（3）疾病的诊断和治疗方法；

（4）动物和植物品种，但产品的生产方式可以授予专利权；

（5）用原子核变换方法获得的物质。

另外，对违反国家法律、社会公德、妨害公共利益或者违背科学规律的发明创造，如永动机、吸毒工具等也不能获得专权。

3．专利权的权利和期限

1）专利权人的权利

（1）独占实施权。发明或实用新型专利权被授予后，任何单位或个人未经专利权人许可，都不得实施其专利。

（2）转让权。转让是指专利权人将其专利权转移给他人所有。专利权转让的方式有出卖、赠与、继承和投资入股等。

（3）实施许可权。实施许可是指专利权人许可他人实施专利并收取专利使用费。

专利权人的权利还包括标记权、署名权、获得奖励与报酬的权利等。

2）专利权人的义务

依据专利法和相关国际条约的规定，专利权人应履行的义务如下。

（1）按规定缴纳专利年费的义务

专利年费也称专利维持费。专利法规定，专利权人应当自被授予专利权的当年开始交纳年费。

（2）不得滥用专利权的义务

不得滥用专利权是指专利权人应当在法律所允许的范围内选择其利用专利权的方式并适度行使自己的权利，不得损害他人的知识产权和其他合法权益。

3）专利权的期限、终止和无效

发明专利权的期限为 20 年，实用新型专利权、外观设计专利权的期限为 10 年，均自申请日起计算。申请日是指向国务院专利行政主管部门提出专利申请之日。

4．专利的保护和侵权行为

一般来讲，专利因其被公开（保密专利除外）而不能被称为技术秘密。为有效的保护专利，可以采取专利加技术秘密的双重保护形式，远比单纯专利或技术秘密的单项保护效果要好，常见的两种双重保护形式如下。

（1）以专利加技术秘密的方式保护自身的发明创造，有助于发明创造的保护。

（2）将易于公开的技术申请专利，而同时又将不易公开的技术以技术秘密方式保留。

在保护专利的同时，也不容忽视对专利的侵权。专利的侵权行为是指未经专利权人许可实施其专利的行为，通常可分为如下几种行为：

（1）未经许可实施他人专利行为；

（2）假冒他人专利行为；

（3）以非专利产品冒充专利产品、以非专利方法冒充专利方法。

除法律明确规定之外，在实践中还存在两种侵权行为，即过失假冒和反向假冒。过失假冒即指行为人本意不是冒充专利，随意杜撰一个专利号，而碰巧与某人获得的某项专利的专利号相同。反向假冒即指行为人将合法取得的他人专利产品，注上自己的专利号予以出售。

专利的侵权是知识产权滥用最典型的违法形式，各个国家给予高度重视，并采取了一系列的有效措施，比如加强专利技术开发中的开发档案管理，防止因技术资料失密被非法申请专利；职务发明创造、委托开发、合作开发中明确约定专利申请权的归属等。当发生实际侵权行为之后，专利侵权人应当承担的法律责任包括：

（1）停止侵权；

（2）公开道歉；

（3）赔偿损失。

5．专利权典型案例

“一种熨烫机的蒸汽喷头”实用新型专利权，属海南市麦尔电器有限公司所有。上海域桥电器有限公司生产销售的J2豪华型、J2强力型、T2000三温型蒸汽熨烫机蒸汽喷头，在技术结构上均落入了该专利的保护范围，但是侵权行为并没有对专利权人及其产品造成名誉上的损害。专利权人提起诉讼，要求被告停止侵权，赔偿经济损失并赔礼道歉消除影响。经法院审理，一审判决被告上海域桥公司停止对原告麦尔公司专利权的侵害，赔偿原告经济损失人民币7万元，并在报刊上赔礼道歉、消除影响。被告不服提出上诉。经过二审，撤销了要求赔礼道歉和消除影响的判决，其余维持原判。

通过上述案例的叙述，结合专利权的相关知识可以发现上海域桥公司的行为侵犯了麦尔公司的专利权，由此给后者造成财产上的损失，应做出相应赔偿。法院根据专利权的类别，侵权行为的性质、情节、手段、后果及主观过错程度等因素酌情确定。但上海域桥公司的侵权行为并不涉及麦尔公司的商业信誉，不会造成相应损害，无需向麦尔公司赔礼道歉、消除影响。

20.2.3 商标权

1．商标和商标权的概念

商标是指能够将不同的经营者所提供的商品或者服务区别开来，并可被视觉所感知的标记。

商标权也称品牌，是指商标注册人在法定期限内对其注册商标所享有的受国家法律保护的各种权利，注册商标和非注册商标具有不同的法律地位。

2．商标权的主体和客体

1）商标权主体的概念

商标权的主体是指依法享有商标权的人。在我国，只有依照法定程序注册商标才能取得商标权，所以，商标权人也称为注册商标所有人。商标权主体可以是自然人、法人和其他组织。

2）商标权的客体

商标权的客体就是商标权人所拥有的商标。在我国只有注册商标的所有人才能成为商标权的主体，也只有注册商标才能是商标权的客体。未注册的商标，其使用人不享有商标权，因此，也不能成为商标权的客体。

下列标志不得作为商标注册：

（1）仅有本商品的通用名称、图形、型号的；

（2）直接表示商品的质量、主要原料、功能、用途、重量、数量及其他特点的。

3．商标权的内容

商标权从内容上看，包括使用权、禁止权、许可权、转让权、续展权等，其中使用权是最重要的权利，其他权利都是由该权利派生出来的。

（1）使用权。是指注册商标所有人在核定使用的商品上使用核准注册的商标的权利。商标的使用方式主要是直接使用于商品、商品包装、商品容器，也可以是间接地将商标使用于商品交易文书、商品广告宣传、展览及其他业务活动中。

（2）禁止权。禁止他人使用其注册商标。

（3）许可权。是注册商标所有人许可他人使用其注册商标的权利。商标使用许可关系中，许可人应当提供合法的被许可使用的注册商标，监督被许可人使用其注册商标的商品质量。被许可人应在合同约定的范围内使用被许可商标，保证被许可使用商标的商品质量，以及在生产的商品或包装上应标明自己的名称和商品产地。

（4）转让权。商标所有人对注册商标的处分。

（5）续展权。续展权是指商标权人在其注册商标有效期届满前，依法享有申请续展注册，从而延长其注册商标保护期的权利。注册商标的有效期为 10 年，自核准注册之日起计算。注册商标有效期满，需要继续使用的，应当在期满前 6 个月内申请续展注册；在此期间未能提出申请的，可以给予 6 个月的宽展期。每次续展注册的有效期为 10 年，自该商标上一届有效期满次日起计算。宽展期满仍未提出申请的，注销其注册商标。

4．商标权的侵权和保护

规范商标权归属，明确各自权利来防止商标权被侵权，特别是注册联合商标、委托作品、合作作品尤为如此。

1）商标侵权行为的表现形式

（1）未经注册商标所有人许可，在同一种商品或者类似商品上使用与其注册商标相同或近似的商标；

（2）销售侵犯商标权的商品。《商标法》对这种行为的认定作了修改，只要有销售侵权商标的行为即属于侵权，但不一定承担赔偿责任；

（3）伪造、擅自制造他人注册商标标识或者销售此类标识；

（4）未经商标注册人同意，更换其注册商标并将该更换商标的商品又投入市场；

（5）在同一种商品或者类似商品上，将他人注册商标相同或近似的文字、图形作为商品名称或者商品装潢使用，并足以造成误认；

（6）故意为侵犯他人注册商标专用权的行为提供仓储、运输、邮寄和隐匿等便利条件。

2）驰名商标的特殊保护

对驰名商标的特殊保护，主要体现在商标注册程序中的保护和商标使用中的保护两方面。

3）与商标有关的其他违法行为

与商标有关的其他违法行为包括：

（1）违法注册商标；

（2）违法使用注册商标，包括：

- 自行改变注册商标的；
- 自行改变注册商标的注册人名义、地址或其他注册事项的；
- 自行转让注册商标的；
- 连续三年停止使用的。

（3）违法许可使用注册商标；

（4）违法使用未注册商标；

（5）非法印制或买卖商标标识；

（6）其他涉及犯罪的违法行为。

5．商标权典型案例及分析

2014 年 1 月 21 日，独山子区工商局执法人员发现准南市场二楼某鞋店所销售的"NIKE（耐克）"和"CONVERSE（匡威）"鞋商标模糊、做工粗糙，业主赵某不能提供该商品的来源。

执法人员在现场抽样后将样品邮寄上述商标品牌所有权人耐克体育（中国）有限公司和康沃斯公司进行鉴定。经鉴定，赵某所售均系假冒商品。

独山子区工商局依据《中华人民共和国商标法》第五十三条及《中华人民共和国商标法实施条例》第五十二条的规定对赵某销售假冒侵权商品做出责令立即停止侵权行为

并罚款 20000 元的行政处罚。

20.3　知识产权的保护和滥用

20.3.1　知识产权的保护

加强知识产权保护，加大知识产权的执法力度对于鼓励系统集成行业的企业创新，维护系统集成行业的公平竞争环境十分必要。知识产权的保护就是对人们在科学、技术、文化等知识形态领域中所创造的知识产品的保护，知识产品具有发明创造、文学艺术创作等各种表现形式，它是与物质产品相区别而独立存在的客体范畴。

知识产权的保护对象是知识产品，包括如图 20-1 所示的内容。

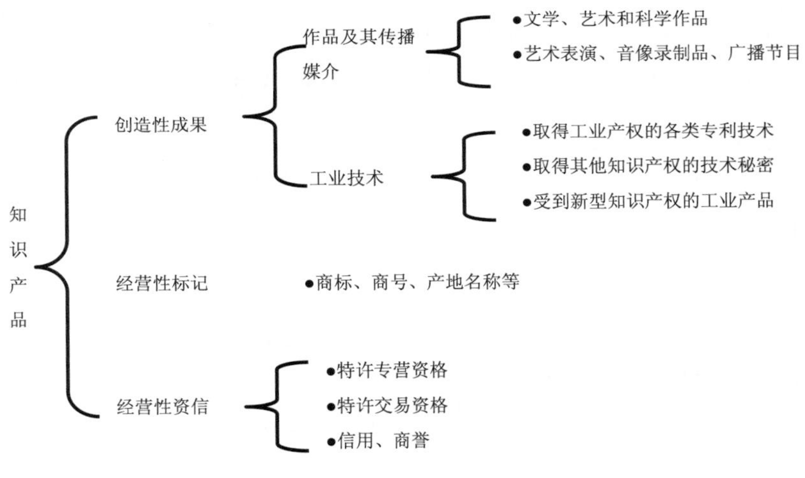

图 20-1　知识产品的内容

20.3.2　知识产权的滥用

知识产权的滥用是相对于知识产权的正当行使而言的，通常是指知识产权权利人在行使其权利时超出了法律所允许的范围或者正当的界限，导致对权利的不正当使用，损害他人利益和社会公共利益的情形。在具体实践中，既要防止自己的知识产权被侵犯，同时也要树立知识产权的意识，避免侵害他人的知识产权。

1）防止自己的知识产权被侵犯

为防止自己的知识产权被侵犯，可从著作权、专利权、商标权和商业秘密等几个方面考虑。

2）避免侵害他人知识产权

为避免侵害他人知识产权或引起知识产权的滥用，可采取如下措施：

（1）重视培养尊重知识产权意识，努力避免侵害他人知识产权；

（2）技术开发、商标注册、作品创作中，一定要对相关文献进行充分检索，避免侵害本领域内的在先权利，避免与他人权利冲突；

（3）通过转让、许可等方式获得他人知识产权时，进行充分考察，确保让权利行使的合法性，在相关协议中明确约定转让方、许可方关于知识产权合法性的保证责任；

（4）专利方面，对于他人核心专利，可运用“包围”专利战略，进行交叉许可，结成合作伙伴关系。

20.4 知识产权相关法律法规

知识产权相关法律体系是指因调整智力成果归属、利用和保护而产生的各种社会关系的法律规范的总称。我国的知识产权法法律体系由以下法律制度组成，如图20-2所示。

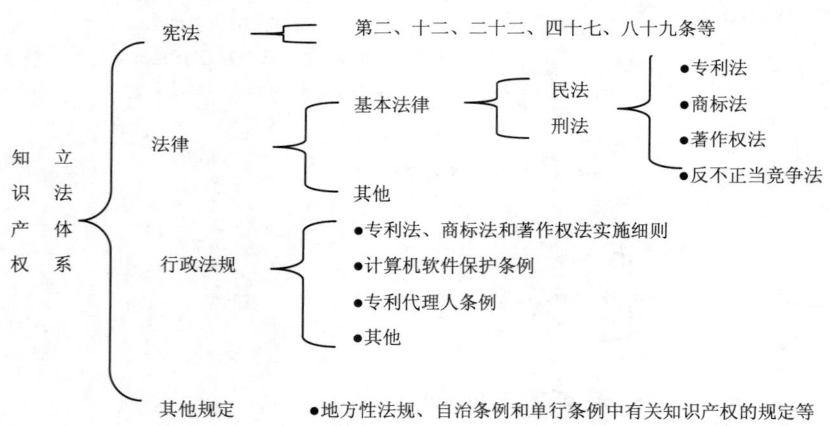

图20-2 知识产权法法律体系

1）著作权法

以保护著作权人的权利为宗旨，保护范围主要包括文字作品，口述作品，音乐、戏剧、曲艺、舞蹈和杂技等艺术作品，美术、建筑作品，摄影作品，电影作品和以类似摄制电影的方法创作的作品，工程设计图、产品设计图、地图和示意图等图形作品和模型作品，计算机软件和法律、行政法规规定的其他作品。

2）专利权法

以保护发明创造专利权为宗旨，保护客体的发明、实用新型和外观设计。

3）商标权法

保护客体为工商业活动创造的商品商标和服务商标，保护注册商标所有人对标记的独占性权利。

4）对知识产权保护的其他法律

我国已制定了《植物新品种保护条例》、《集成电路布图设计保护条例》等保护知识产权的相关条例。《反不正当竞争法》、《合同法》等法律适用于对地理标记、商业秘密的保护。另外，我国也加入了多个知识产权国际公约，特别是《保护工业产权巴黎公约》和《保护文学艺术作品伯尔尼公约》，这些公约条款包括保护范围、基本原则及最低保护标准等方面的内容，而其中关于基本原则的规定是构成公约最基本的、也是最重要的内容。

第 21 章　法律法规和标准规范

法律是强制约束，标准是对技术工作的规范和约束。在我们开展信息系统工程集成服务需要遵循法律、法规和相应的标准规范的要求，以合同为依据，法律为准绳，在依法治国的大环境下，遵循要求，规避法律风险，是我们需要认真对待和思考的。

21.1　法和法律、法律体系

法是调整人们行为规范的一种强制性社会规范。道德不是强制性的行为规范，是公民自己约束自我行为的一组规范。

法律通常规定社会政治、经济以及其他社会生活中最基本的社会关系或行为准则。一般地说，法律的效力仅低于宪法，其他一切行政法规和地方性法规都不得与法律相抵触，凡有抵触，均属无效。

中国特色社会主义法律体系是以宪法为统帅，法律为主干，辅之以行政法规、地方性法规、自治条例和单行条例等规范性文件，由 7 个法律部分、三个层次的法律规范组成的协调统一的整体。7 个法律部分是：宪法及宪法相关法、民法商法、行政法、经济法、社会法、刑法、诉讼与非诉讼程序法；关于三个层次是指法律、行政法规、地方性法规及自治条例和单行条例三个层次的规范性文件。

21.2　大陆法系与英美法系

英美法系和大陆法系是当代世界上两大主要的法律体系。这两种法系涉及历史、文化、信仰立场、社会背景等，从本质到理念上均有较大差别。

大陆法系（Civil Law），又名欧陆法系，罗马法系，民法法系。

大陆法系与罗马法在精神上一脉相承。十二世纪，查士丁尼的《国法大全》在意大利被重新发现，由于其法律体系较之当时欧洲诸领主国家的习惯法更加完备，于是罗马法在欧洲大陆上被纷纷效法，史称“罗马法复兴”，在与基督教文明与商业文明等渐渐融合后，形成了今天大陆法系的雏形。此为大陆法系的由来，故大陆法系又称罗马法系。

大陆法系沿袭罗马法，具有悠久的法典编纂传统，重视编写法典，具有详尽的成文法，强调法典必须完整，以致每一个法律范畴的每一个细节，都在法典里有明文规定。大陆法系崇尚法理上的逻辑推理，并以此为依据实行司法审判，要求法官严格按照法条审判。

英美法系（Common Law）又称普通法系，海洋法系。英美法系因其起源，又称之为不成文法系。同大陆法系偏重于法典相比，英美法系在司法审判原则上更遵循先例，即作为判例的先例对其后的案件具有法律约束力，成为日后法官审判的基本原则。而这种以个案判例的形式表现出法律规范的判例法（Case Law）是不被实行大陆法系的国家承认的，最多只具有辅助参考价值。好像法律是被逐渐累积起来，而无须经过立法机关。

英美法是判例之法，而非制定之法，法官在地方习惯法的基础上，归纳总结形成一套适用于整个社会的法律体系，具有适应性和开放性的特点。在审判时，更注重采取当事人进行主义和陪审团制度。下级法庭必须遵从上级法庭以往的判例，同级的法官判例没有必然约束力，但一般会互相参考。

在实行英美法系的国家中，法律制度与理论的发展实质上靠的是一个个案例的推动。因此，我们看英美等地的判决，法官、陪审团、律师之间的博弈都极为精彩，而往往一个史无先例的判决产生后，都为后世相同情况的判决提供了依据。

由于欧陆法系在形式上具有体系化、概念化的特点，便于模仿和移植，因此容易成为中国、日本等后进国家效仿的对象。我国目前的法律体系主要师于德国，属于大陆体系，大陆体系的诸多特征看我国的法律体系就能略知一二。在实行大陆法系的国家中，法律的进步与完善的标志是一部部新法律的出台与实施。比如我国近年来《物权法》等法律的出台。

大陆法系与英美法系作为当今世界最重要的两大法系，并不是对立的，现在也多有交流和融合。

21.3　诉讼时效

诉讼时效是指民事权利受到侵害的权利人在法定的时效期间内不行使权利，当时效期间届满时，权利人将失去胜诉权利，即胜诉权利归于消灭。在法律规定的诉讼时效期间内，权利人提出请求的，人民法院就强制义务人履行所承担的义务。而在法定的诉讼时效期间届满之后，权利人行使请求权的，人民法院就不再予以保护。值得注意的是，诉讼时效届满后，义务人虽可拒绝履行其义务，权利人请求权的行使仅发生障碍，权利本身及请求权并不消灭。当事人超过诉讼时效后起诉的，人民法院应当受理。受理后，如另一方当事人提出诉讼时效抗辩且查明无中止、中断、延长事由的，判决驳回其诉讼请求。如果另一方当事人未提出诉讼时效抗辩，则视为其自动放弃该权利，法院不得依照职权主动适用诉讼时效，应当受理支持其诉讼请求。

21.3.1　民事诉讼时效

民事诉讼时效分一般诉讼时效和特殊诉讼时效。一般诉讼时效是在一般情况下普遍适用的诉讼时效。根据民法通则第一百三十五条的规定，享有民事权利的人在知道自己权利受到侵害的两年之内，就应当向人民法院提起诉讼，逾期后，其民事权利将不受法律保护。特殊诉讼时效是针对某些特殊的民事法律关系所规定的时效期间，分短期诉讼时效、长期诉讼时效和最长诉讼时效。

民法通则第一百三十七条规定了最长诉讼时效期间为 20 年。最长诉讼时效的期间是从权利被侵害时开始计算，即使权利人不知道自己的权利被侵犯，人民法院也只在 20 年的期限内予以保护。

21.3.2 刑事追诉时效

我国《刑法》第八十七条规定，犯罪经过下列期限不再追究：

（1）法定最高刑不满 5 年有期徒刑的，经过 5 年；

（2）法定最高刑为 5 年以上不满 10 年有期徒刑的，经过 10 年；

（3）法定最高刑为 10 年以上有期徒刑的，经过 15 年；

（4）法定最高刑为无期徒刑、死刑的，经过 20 年。如果 20 年以后认为必须追诉的，要报请最高人民检察院核准。

21.3.3 行政诉讼追诉时效

行政诉讼起诉期限是指公民、法人或其他组织认为自己的合法权益受到具有国家行政职权的机关、机构、组织及其工作人员具体行政行为的侵害，依法向人民法院提起行政诉讼请求保护其合法权益的法定期限。《行政诉讼法》第三十九条规定：公民、法人或其他组织直接向人民法院提起诉讼的，应当在知道做出具体行政行为之日起 3 个月内提出。法律另有规定的除外。

21.4 我国的法律法规体系

在我国，按照法律的制定形式可以将法分为法律、法规、规章和规范性文件等。

（1）法律。全国人民代表大会及其全国人民代表大会常务委员会制定颁布的规范性法律文件，并由主席令的形式向社会颁布。一般以法、决议、决定、条例、办法、规定等为名称。如《中华人民共和国宪法》、《中华人民共和国招标投标法》、《政府采购法》、《合同法》、《民法通则》等。其中《宪法》是具有最高效力的根本法，任何法律、法规、规章、规范性文件都不能与宪法相抵触。

（2）法规。包括行政法规和地方性法规。行政法规由国务院制定，总理签署国务院令形式。一般以条例、规定、办法、实施细则。如招标投标法实施条例。地方性法规由省自治区直辖市及较大的市的人大及其常委会制定，通常以地方人大公告方式公布。使用条例、实施办法等。

（3）规章。包括国务院部门规章和地方政府规章。国务院部门规章如《工程建设项目勘察设计招标投标办法》、《工程建设项目招标代理机构资格认定办法》。

（4）行政规范性文件。如《国务院办公厅印发国务院有关部门实施招标投标活动行政监督的职责分工意见的通知》、《国务院办公厅关于进一步规范招标投标活动的若干意见》等。

21.5　法律法规体系的效力层级

法律法规的效力层级是指法律体系中的各种法的形式，由于制定的主题、程序、时间、使用范围等的不同，具有不同的效力，形成法律法规的效力等级体系。

纵向效力层级。宪法具有最高的法律效力，随后依次是法律、行政法规、地方性法规、规章。按制定机关来说，全国人大及其常委会制定的法律高于国务院、国务院各部门、各地人大及政府制定的法规和规章；国务院制定的行政法规效力高于国务院各部门制定的规章以及各地制定的地方性法规、地方性规章；地方人大及其常委会制定的地方性法规效力高于当地政府的制定的规章。

横向效力层级。主要指同一机关制定的法律、行政法规、地方性法规、规章，特别规定与一般规定不一致的，适用特别规定。如《招标投标法》中对合同订立的规定，相对与《合同法》中关于合同的订立的规定就属于特殊规定，在签订中标合同时就应该按《招标投标法》的规定执行。

时间序列效力层级。同一机关制定的法律、行政法规、地方性法规、规章，新的规定效力高于旧规定，也就是我们平常说的“新法优于旧法”。

特殊情况处理有以下处理原则：

（1）法律之间对同一事项新的一般规定与旧的特别规定不一致由全国人大常委会裁决。

（2）地方性法规、规章新的一般规定与旧的特殊规定不一致时，由制定机构裁决。

（3）地方性法规与部门规章之间对同一事项规定不一致，不能确定如何适用时，由国务院提出意见。国务院认为适用地方性法规的应当决定在该地方适用地方性法规的规定，认为适用部门规章的，应当提请全国人大常委会裁决。

（4）部门规章之间、部门规章与地方政府规章之间对同一事项的规定不一致时，由国务院裁决。

21.6　标准和标准化常识

21.6.1　标准和标准化常识

标准是对重复性事物和概念所做的统一规定，它以科学、技术和实践经验的综合成果为基础，经有关方面协商一致，由主管机构批准，以特定形式发布，作为共同遵守的准则和依据。标准应以科学、技术和经验的综合成果为基础，以促进最佳社会效益为目的。标准一般以文件形式发布和存在。

国家标准 GB/T 3951-83 对标准化的定义是："在科学、技术、科学及管理等社会实践中，对重复性事物和概念，通过制定、发布和实施标准，达到统一，以获得最佳秩序和社会效益"。标准化的工作任务是制定标准、组织实施标准和对标准的实施进行监督。标准化的重要意义是改进产品、过程和服务的适用性，促进技术合作。

21.6.2 标准化机构

1．国际标准化组织（International Organization Standardization，ISO）

ISO 是目前世界上最大、最有权威性的国际标准化专门机构，宗旨是在全世界范围内促进标准化工作的发展，以便于国际物资交流和服务，并扩大在知识、科学、技术和经济方面合作。

2．国际电工委员会（International Electro technical Commission，IEC）

IEC 是世界上最早成立的国际性电工标准化机构，负责有关电气工程和电子工程领域中的国际标准化工作，宗旨是促进电气、电子工程领域中标准化及有关问题的国际合作，增进国际间的相互了解。

3．国际电信联盟（International Telecommunication Union，ITU）

ITU 是联合国的一个专门机构，也是联合国机构中历史最长的一个国际组织，分为国际电信联盟标准化部门（ITU-T）、国际电信联盟无线电通信部门和国际电信联盟电信发展部门，其中标准化部门主要职责是完成国际电信联盟有关电信标准化的目标，使全世界的电信标准化。

4．电气电子工程师学会（Institute Electrical and Electronics Engineers，IEEE ）

这是世界最大的专业性学会。

5．Internet 协会

这是一个非营利性的国际间专业协会，负责管理制定 Internet 基础标准，最重要的组织有理事会（IAB）、工程常务组（IESG）、工程任务组（IETF）；

6．国际 Web 联盟（W3C）

一个国际性行业联盟，可以为全球的开发商和用户提供重点关于万维网（World Wide Web）规范方面的信息，主要集中在如下几个领域：用户接口领域，主要包括文档对象模型（DOM）、图形（SVG、Web、CGM）、超文本标志语言（HTML）、数学、移动访问、样式单（CSS、XSL）、同步多媒体、电视和 Web、音频浏览器；技术和社会领域，主要包括电子商务、元数据、隐私、xml 数字签名；文档领域，超文本传输协议、Web 特征、xml 语言；Web 访问领域，主要开展通过技术、指南和工具实现 Web 上的资源可访问性研究。

7．国家标准化管理委员会（Standardization Administration of China，SAC）

8．全国信息技术标准化技术委员会，简称信标委

21.6.3　标准分级与标准类型

1．国际标准、国家标准、行业标准、区域/地方标准和企业标准

对需要在全国范围内统一要求的技术要求，应当制定国家标准。

对没有国家标准而又需要在全国某一行业范围内统一的技术要求，可以制定行业标准，在公布国家标准之后，该项行业标准即行废止。

对没有国家标准和行业标准而又需要在省、自治区、直辖市范围内统一的工业产品的安全、卫生要求，可以制定地方标准，在公布国家标准或行业标准之后，该项地方标准即行废止。

企业生产的产品没有国家标准和行业标准的，应当制定企业标准，作为组织生产的依据，已有国家标准或行业标准的，国家鼓励企业制定严于国家标准或行业标准的企业标准在企业内部使用。

国家鼓励积极采用国际标准，按照国际惯例，当一国产品在另一国销售时，应当优先适用销售地的国家标准。

2．强制性标准与推荐性标准

1）标示

（1）GB：强制性国家标准；

（2）GB/T：推荐性国家标准；

（3）CB/Z：指南类标准。

2）强制性标准的形式

全文强制和条文强制。

3）强制性内容的范围

（1）有关国家安全的技术要求；

（2）人体健康和人身、财产安全的要求；

（3）产品及产品生产、储运和使用中的安全、卫生、环境保护、电磁兼容等技术要求；

（4）工程建设的质量、安全、卫生、环境保护要求及国家需要控制的工程建设的其他要求；

（5）污染物排放限值和环境质量要求；

（6）保护动植物生命安全和健康的要求；

（7）防止欺骗、保护消费者利益的要求；

（8）国家需要控制的重要产品的技术要求。

4）强制性标准的表述方式

对于全文强制形式的标准在“前言”的第一段以黑体字写明：“本标准的全部技术内容为强制性。”

对于条文强制形式的标准，应根据具体情况，在标准“前言”的第一段以黑体字并采用下列方式之一写明当标准中强制性条文比推荐性条文多时，写明：“本标准的第×章、第×条、第×条……为推荐性的，其余为强制性的”；当标准中强制性条文比推荐性条文少时，写明：“本标准的第×章、第×条、第×条……为强制性的，其余为推荐性的”；当标准中强制性条文与推荐性条文在数量上大致相同时，写明：“本标准的第×章、第×条、第×条……为强制性的，其余为推荐性的。”

标准的表格中有部分强制性技术指标时，在“前言”中只说明“表×的部分指标强制”，并在该表内采用黑体字，用“表注”的方式具体说明。

21.6.4 我国标准的代号和名称

强制性国家标准代号为 GB，推荐性国家标准代号为 GB/T，国家标准指导性技术文件代号为 GB/Z，国军标代号为 GJB，例如：GJB/Z 9001-2001（国防科工委发布）。

1. 标准名称的构成

标准名称由几个尽可能短的独立要素，即引导要素、主体要素、补充要素和 4 位数的年代 4 个要素构成。

（1）引导要素（肩标题）：表示标准隶属的专业技术领域或类别，即标准化对象所属的技术领域范围。

（2）主体要素（主标题）：表示在特定的专业技术领域内所讨论的主题，即标准化的对象。

（3）补充要素（副标题）：表示标准化对象具体的技术特征。

（4）年代：4 位数表示该标准发布的年代。

构成标准名称的四要素，是按从一般到具体排列的。各要素间既相互独立和补充，而内容又不重复和交叉。例如：

GB/T 17451-1998 技术制图图样画法视图

其中，GB/T 17451 为标准代号，“技术制图”为引导要素（肩标题），“图样画法”为主体要素（主标题），“视图”为补充要素（副标题），1998 为发布的年代。

每个标准必须有主体要素，即标准的主标题不能省略。

21.6.5 我国各级标准的制定以及标准的有效期

我国的国家标准由国务院标准化行政主管部门制定；行业标准由国务院有关行政主管部门制定；地方标准由省、自治区和直辖市标准化行政主管部门制定；企业标准由企业自己制定。

国家标准的制定有一套正常程序，每一个过程都要按部就班地完成，这个过程分为前期准备、立项、起草、征求意见、审查、批准、出版、复审和废止 9 个阶段。

自标准实施之内起，至标准复审重新确认、修订或废止的时间，称为标准的有效期，又称标龄。由于我国情况不同，标准有效期也不同。以 ISO 标准为例，该标准每 5 年复审一次。我国在国家标准管理办法中规定国家标准实施 5 年内要进行复审，即国家标准有效期一般为 5 年。

21.7　信息系统集成项目管理中常用的法律、技术标准和规范

信息化政策法规和标准规范用于规范和协调信息化体系各要素之间的关系，是国家信息化快速、持续、有序、健康发展的根本保障。标准主要是规范技术工作，为项目的技术工作提供依据和准绳。标准是一个行业技术成熟到某个阶段的标志，它是一个行业发展到某个阶段时的经验与智慧的结晶。项目经理在管理项目的过程中，应善于运用标准，使之成为自己管理项目的助推器。本篇仅介绍与系统集成项目管理有关的标准规范。

21.7.1　法律法规

1．合同法

合同法是《中华人民共和国合同法》的简称，是调整平等主体之间的交易关系的法律，它主要规范合同的订立、合同的效力、合同的履行、变更、转让、终止、违反合同的责任及各类有名合同等问题。在我国，合同法是我国民法的重要组成部分。

《合同法》中合同的定义：“本法所称合同是平等主体的自然人、法人、其他组织之间设立、变更、终止民事权利义务关系的协议。”

2．招投标法

《中华人民共和国招标投标法实施条例》已经 2011 年 11 月 30 日国务院第一百八十三次常务会议通过，自 2012 年 2 月 1 日起施行。为了规范招标投标活动，保护国家利益、社会公共利益和招标投标活动当事人的合法权益，提高经济效益，保证项目质量，制定本法。中华人民共和国境内进行招标投标活动，适用本法。它规范了招标、投标、开标、评标和中标活动。《招标投标法》规定招标投标活动应当遵循公开、公平、公正和诚实信用的原则。

3．政府采购法

《中华人民共和国政府采购法》已由中华人民共和国第九届全国人民代表大会常务委员会第二十八次会议于 2002 年 6 月 29 日通过，自 2003 年 1 月 1 日起施行。为了规范政府采购行为，提高政府采购资金的使用效益，维护国家利益和社会公共利益，保护政府采购当事人的合法权益，促进廉政建设，制定本法。在中华人民共和国境内进行的政府采购适用本法。本法所称政府采购，是指各级国家机关、事业单位和团体组织，使用财政性资金采购依法制定的集中采购目录以内的或者采购限额标准以上的货物、工程和服务的行为。该法明确了政府采购当事人、政府采购方式、政府采购程序、政府采购合同、质疑与投诉、监督检查以及法律责任。

4．著作权法

为保护文学、艺术和科学作品作者的著作权，以及与著作权有关的权益，鼓励有益于社会主义精神文明、物质文明建设的作品的创作和传播，促进社会主义文化和科学事业的发展与繁荣，根据宪法制定《中华人民共和国著作权法》。著作权法明确了作品、适用范围、著作权、著作权许可使用和转让合同。著作权法也规范了涉及著作权的出版、表演、录音录像和播放活动，还规定了相关的法律责任和执法措施。

21.7.2 信息系统集成项目管理常用的技术标准

1．基础标准

（1）《GB/T 11457-2006 信息技术 软件工程术语》，本标准定义软件工程领域中通用的术语，适用于软件开发、使用维护、科研、教学和出版等方面。

（2）《GB/T 1526-1989 信息处理数据流程图 程序流程图 系统流程图 程序网络图和系统资源图的文件编辑符号及规定》，本标准等同采用国际标准 ISO 5807-1985。

（3）《GB/T 14085-1993 信息处理系统 计算机系统配置图符号及约定》，本标准规定了计算机系统包括自动数据处理系统的配置图中所使用的图形符号及其约定。本标准中包含的图形符号是用来表示计算机系统配置的主要硬件部件。

2．开发标准

（1）《GB/T 8566-2007 信息技术 软件生存周期过程》。本标准给出了软件完整生存周期中所涉及的各个过程的一个完整集合，并允许读者根据自己项目的实际对这些过程进行剪裁，本标准提供了一个公共框架，该框架涵盖软件生存周期：从概念形成直到退役，并包括用于获取和供应软件产品及服务的各个过程。此外，该框架可用来控制和改进这些工程。本标准替代 GB/T 8566-2001，修改采用国际标准 ISO/IEC 12207：1995《信息技术 软件生存周期过程》和 ISO/IEC 12207：1995/Amd.1:2002 以及 ISO/IEC 12207：1995/Amd.2：2004（英文版）。

（2）《GB/T 15853-1995 软件支持环境》。本标准规定了软件支持环境的基本要求，软件开发支持环境的内容及实现方法，以及对支持部门支持能力的具体要求。本标准适用于软件支持环境的设计、建立、管理和评价。

（3）《GB/T 14079-1993 软件维护指南》。本标准描述软件维护的内容和类型、维护过程及维护的控制和改进。

3．文档标准

（1）《GB/T 16680-1996 信息技术 软件文档管理指南》。在软件的整个生命期都要求编制文档，文档是管理项目和软件的基础，本标准描述如何编制文档，文档编制有哪些编制和指南，如何制定文档编制计划，如何确定文档管理的各个过程，以及文档管理需要哪些资源。

（2）《GB/T 8567-2006 计算机软件文档编制规范》。本标准给出了软件项目开发过程中典型的文件的编制指导。

（3）《 GB/T 9385-2008 计算机软件需求规格说明书规范》。本标准给出了软件项目开发过程中编制软件需求说明书的详细指导。替代 GB/T 9385-1988。

4．管理标准

（1）《GB/T 12505-1990 计算机软件配置管理计划规范》。本规范规定了在制定软件配置管理计划时应该遵循的统一的基本要求。本规范适用于软件特别是重要软件的配置管理计划的制订工作。对于非重要软件或已开发好的软件，可以采用本规范规定的要求的子集。

（2）《GB/T 12504-1990 计算机软件质量保证计划规范》。本规范规定了在制定软件质量保证计划时应该遵循的统一的基本要求。

（3）《GB/T 14394-2008 计算机软件可靠性与可维护性管理》。本标准于 2008 年 7 月 18 日发布，2008 年 12 月 1 日正式实施。本标准规定了软件产品在其生存周期内如何选择适当的软件可靠性和可维护性管理要素，并指导软件可靠性和可维护性大纲的制订与实施。

（4）《GB/T 16260.1-2006 软件工程产品质量》。它包括如下部分。

- GB/T 16260.1-2006 软件工程产品质量 第一部分：质量模型。
- GB/T 16260.2-2006 软件工程产品质量 第二部分：外部度量。
- GB/T 16260.3-2006 软件工程产品质量 第三部分：内部度量。
- GB/T 16260.4-2006 软件工程产品质量 第四部分：使用质量的度量。

本系列标准描述了如何使用质量特性来评价软件质量，替代 GB/T 16260-2002。

5．信息系统集成行业涉及的其他标准

一个完整的信息系统不仅包括软件，还包括数据库、网络、设备和机房等。除上述国家标准之外，还有事实上的技术标准等。信息系统集成项目管理工程师还应该熟悉和了解机房建设标准和综合布线标准等相应的标准。

第 22 章　职业道德规范

我们生活和工作的外部世界是一个复杂的、多元的和动态的系统。就项目管理工程师（项目经理）管理一个项目而言，要涉及到很多项目干系人，也有很多的因素制约着项目的成功，其中就包括项目管理工程师自己的日常行为和职业行为，这些行为受我们内心世界的控制。要管理好项目，仅有信息系统方面的知识和技能是不够的，还需要有一个积极的态度和职业化的行为来处理个人与外界的关系。

职业道德是所有从业人员在职业活动中应该遵循的行为准则，涵盖了从业人员与服务对象、职业与职工、职业与职业之间的关系。随着现代社会分工的发展和专业化程度的增强，市场竞争日趋激烈，整个社会对从业人员职业观念、职业态度、职业技能、职业纪律和职业作风的要求越来越高。

处理个人与组织或者个人与他人的关系时，项目管理工程师首先要遵循相关的法律法规、工程标准规范来管理项目，例如项目管理工程师应该在工作过程中严格遵守我国的《合同法》、《招投标法》、《政府采购法》以及《著作权法》等相关的法规制度。在遵循法律法规的前提下，项目管理工程师还应该积极主动地提高自己的职业道德水平、恪守职业道德规范，以主动积极、认真负责的态度完成系统集成项目管理方面的工作。

在一些公共事业领域，例如法律、医疗、教育等行业，人们是否能够诚实地遵循职业道德尤其重要。系统集成项目工程师所建设和维护的集成系统通常都属于为公众提供信息服务的公共系统，因而项目管理工程师是否能够全面、诚实地遵循职业道德也同样重要。

本章内容主要包括与系统集成项目管理工程师职业道德规范相关的内容，包括职业道德的基本概念、项目管理工程师职业道德规范、项目管理工程师岗位职责、项目管理工程师的团队管理职责以及项目管理工程师如何不断提升个人的道德修养水平。

22.1　基本概念

1．道德

道德通常与法律相对应，具有非强制性。道德是指人们依靠社会舆论、各种形式的教育、内心信念和风俗习惯等力量，来协调人与人、人与社会之间关系的一种行为规范，以及人们之间以善恶标准进行相互评价的意识和行为活动。

通俗地讲，道德就是自己管自己的一组规矩。每一种文化都有自己的一种全民接受的公认的道德规范。但是落实到每一个公民，每个公民的道德水平不一样。道德的具体含义如下：

（1）道德的主要功能是规范人们的思想和行为。

（2）道德是依靠舆论、信念和习俗等非强制性手段起作用的。

（3）道德以善恶观念为标准来评价人们的思想和行为。

2．职业道德

人们在从事职业活动时应该遵循的行为准则，职业道德涵盖了从业人员与服务对象、职业与人员、职业与职业之间的关系。

职业道德的主要内容包括爱岗敬业、诚实守信、办事公道、服务群众和奉献社会。职业道德在不同的行业中有不同的表现，例如：

（1）"唱收唱付、明码标价、服务热情周到"是商业从业人员的最基本职业道德规范。

（2）出院时，不对已痊愈的危重病人说"欢迎再来"是医护行业的基本要求。

（3）足球比赛时，假摔的运动员一经发现，要面临黄牌处罚，严重的或面临红牌处罚。在其他运动场上，吃兴奋剂的运动员一经发现，要面临停赛、禁赛几年甚至终身禁赛的处罚。

（4）在与客户、用户、领导、团队成员和供应商等项目干系人交往时，不说"怎么你连这个都不懂"，也不在口头或书面交往中使用晦涩难懂的专业词汇，与客户沟通时对客户表示应有的尊重，这些都是对项目管理工程师在职业道德方面的基本要求。

一般来说，项目管理工程师在工作时要着装整洁、举止得体、行为规范，表现出应有的专业素养以及专业形象，赢得客户和合作方人员的信任和尊重，从而为项目管理工程师在人际交往和团队合作方面营造和谐融洽的有利局面。

22.2　项目管理工程师职业道德规范

项目管理工程师应遵守的职业行为准则和岗位职责可以用"职业道德规范"来简要地概括如下。

（1）爱岗敬业、遵纪守法、诚实守信、办事公道、与时俱进。

（2）梳理流程、建立体系、量化管理、优化改进、不断积累。

（3）对项目负管理责任、计划指挥有方、全面全程监控、善于解决问题、沟通及时到位。

（4）为客户创造价值、为雇主创造利润、为组员创造机会、合作多赢。

（5）积极进行团队建设，公平、公正、无私地对待每位项目团队成员。

（6）平等与客户相处，与客户协同工作时，注重礼仪，公务消费应合理并遵守有关标准。

22.3 项目管理工程师岗位职责

项目管理工程师是项目团队的领导者，其所肩负的责任就是领导他的团队准时、优质地完成项目的全部工作，从而实现项目目标。项目管理工程师的工作是对项目进行计划、组织和控制，从而为项目团队完成项目目标提供领导和管理作用。同时，项目管理工程师应当激励项目团队，按期完成项目以赢得客户和用户的信任。

1．项目管理工程师的职责

（1）不断提高个人的项目管理能力。

① 在工作中表现出诚实正直的态度。

② 在工作中主动采用项目管理理念和方法。

③ 提升个人的项目管理能力。

④ 平衡项目干系人的利益。

⑤ 以合作和职业化方式与团队和项目干系人打交道。

（2）贯彻执行国家和项目所在地政府的有关法律、法规和政策，执行所在单位的各项管理制度和有关技术规范标准。

（3）对信息系统项目的全生命期进行有效控制，确保项目质量和工期，努力提高经济效益。

（4）严格执行财务制度，加强财务管理，严格控制项目成本。

（5）执行所在单位规定的应由项目管理工程师负责履行的各项条款。

2．项目管理工程师的权利

（1）组织项目团队。

（2）组织制订信息系统项目计划，协调管理信息系统项目相关的人力、设备等资源。

（3）协调信息系统项目内外部关系，受委托签署有关合同、协议或其他文件。

22.4 项目管理工程师对项目团队的责任

项目管理工程师的主要职责之一是建设高效项目团队，该团队通常表现出下列特征。

（1）建立了明确的项目目标。

（2）建立了清晰的团队规章制度。

（3）建立了学习型团队。

（4）培养团队成员养成严谨细致的工作作风。

（5）团队成员分工明确。

（6）建立和培养了勇于承担责任、和谐协作的团队文化。

（7）善于利用项目团队中的非正式组织来提高团队的凝聚力。

项目管理工程师还应该引领团队形成积极向上的团队价值观，这些价值观主要包含如下内容。

（1）信任。

（2）遵守纪律。

（3）良好的、方便的沟通机制与氛围。

（4）尊重差异，求同存异。

（5）经验交流与共享。

（6）结果导向。

（7）勇于创新。

22.5　提升个人道德修养水平

我国是世界上唯一一个绵延至今的传统文明古国，其核心原因就在于我国传统文化中对道德的重视和提倡。在我国传统文化的源头——《易经》中明确提出，“天行健，君子以自强不息”（乾卦）、“地势坤，君子以厚德载物”（坤卦），充分认识到德行对于个人、对于社会的重要性和必要性。儒家代表人物曾子的名言“吾日三省吾身——为人谋而不忠乎？与朋友交而不信乎？传不习乎”《论语•学而》，要求人们必须持续地对自己的行为进行审视、做出反省，从而才能不断地提升个人修养。儒家经典《礼记》更是提出了明确的要求“身修而后家齐，家齐而后国治”，将培养和提升个人的道德修养作为人们实现各种远大抱负和理想的前提条件。

即便是在今天，道德修养对于人们的工作和生活依然同样重要。那些经验丰富的领导和前辈经常会语重心长地告诫我们“做事先做人”，其核心也在于强调个人道德修养在工作中的重要性。与其他工作相比，从事系统集成项目管理工作面临着一系列特点，包括：项目干系人多、需求复杂，项目复杂多变、人员普遍年轻、加班成为家常便饭等。在这样一些特殊的工作环境中，项目管理工程师更应该重视个人道德修养的培养和提升，树立积极向上的、健康的价值取向。项目管理工程师应该在项目中以身作则，公平、公正，乐观、自信，为团队成员起到表率和榜样的作用，为所属公司树立良好的企业形象。榜样的力量是无穷的，“撼山易、撼岳家军难”，项目管理工程师要求别人做到的事情，自己首先要做到，自己不想做的事情也不要强迫别人去做，所谓“己之不欲，勿施予人”。项目管理工程师还应该在项目中积极主动地领导团队、承担责任，表现出“舍我其谁”的工作气魄，避免在工作中一味地消极被动，贻误时机。

项目管理工程师只有在工作过程中善于学习，不断提升自身的道德修养水平、提高自身认识世界、认识自我的能力，才会在当前各行各业都充分竞争的大环境下，更好地坚守服务于客户的信念、维护公平和公正的原则，为我国系统集成行业的健康发展贡献自己的一份力量。

第 23 章　案例分析

本章收集了实际项目中的大量案例，每个案例侧重点各不相同，是对前 22 章所述知识的综合运用。

23.1　整体管理案例

23.1.1　整体管理案例一

1．案例场景

老陆是某系统集成公司的资深项目经理，在项目建设初期带领项目团队确定了项目范围。后因工作安排太忙，无暇顾及本项目，于是他要求：

（1）本项目各小组组长分别制定组成项目管理计划的子计划；

（2）本项目各小组组长各自监督其团队成员在整个项目建设过程中子计划的执行情况；

（3）项目组成员坚决执行子计划，且原则上不允许修改。

在执行了三个月以后，项目经常出现各子项目间无法顺利衔接，需要大量工时进行返工等问题，目前项目进度已经远远滞后于预定计划。

【问题 1】请简要分析造成项目目前状况的原因。

【问题 2】为了完成该项目，请从整体管理的角度，说明老陆和公司可采取哪些补救措施？

2．案例解析

【问题 1】

（1）项目缺少整体计划。本案例中的做法只完成了项目管理计划中的子计划，并没有形成真正的项目整体管理计划，即确定、综合与协调所有子计划所需要的活动，并形成文件。

（2）项目缺少整体的报告和监控机制，各项目小组各自为政。

（3）项目缺少整体变更控制流程和机制。管理计划本身是通过变更控制过程进行不断更新和修订的，不允许修改是不切合实际的。

【问题 2】

（1）建立整体管理机制。老陆应分配更多的精力来进行项目管理，或由其他合适的人员来承担整体管理的工作。

（2）理清各子项目组目前的工作状态。例如其工作进度、成本、资源配置等。

（3）重新定义项目的整体管理计划，并与各子项目计划建立明确关联。

（4）按照计划要求，重新进行资源平衡。

（5）建立或加强项目的沟通、报告和监控机制。

（6）加强项目的整体变更控制。

23.1.2 整体管理案例二

1．案例场景

某工业企业的生产管理系统项目委托系统集成商 Simple 公司进行开发和实施，由 Simple 公司的高级项目经理李某全权负责。按照双方制定的项目计划，目前时间已经到达最后的交付阶段，李某对整体进度情况进行了检查。检查结果是：生产管理系统软件基本开发完成，目前处于系统测试阶段，仍然不断发现缺陷，正在一边测试一边修复；硬件系统已经在客户现场安装完毕，设备正常运行。为了不延误进度，李某决定将目前发现的缺陷再集中修改两天，然后所有开发人员一同去现场进行整体安装联调。

两天后，项目组进入现场，对软件系统进行了部署。李某与客户代表确定了参加验收测试的工作人员，然后开始进行项目验收。在验收过程中，客户认为软件的部分功能不能满足实际工作需要，要求项目组修改。项目组经过讨论后认为对软件进行适当的修改便能够满足客户的要求，便在现场对软件进行了修改。

验收测试过程中还发现了部分小缺陷。客户方认为这些小缺陷不影响系统的正常使用。为此双方签署了备忘录，约定系统交付使用后再修复这些缺陷。按照双方的约定，项目组应在试运行前将系统安装手册、使用和维护说明等全套文档移交给客户，但是由于刚刚对软件进行了现场修改，一些文档还未及时更新，因此客户未接受这些文档。由于客户最关心的是试运行，因此李某组织所有力量开展试运行工作。系统上线后，客户发现了一些新问题，同时还有以前遗留的问题未解决。经双方协商，这些问题解决之后再签署验收报告和付款。

回到公司后，公司领导高度重视该项目。项目经理在第一时间撰写了项目总结报告，对整个项目实施过程进行了认真的总结和分析。该报告的结论是项目整体进展状况良好，未出现明显问题，本项目可以正常结项。

【问题】请简要叙述该项目在收尾环节存在的主要问题。

2．案例解析

（1）没有充分做好验收前的准备，或软件系统没有达到验收前的标准，或软件还存在计划修复的缺陷。这些缺陷未经修复和确认便进入正式验收环节。

（2）在验收过程中未根据变更控制流程对软件进行修改，导致文档与软件不一致。

（3）软件更新后没有对文档进行更新便交付给客户。

（4）项目验收未正式完成，未签署验收报告便进行了项目总结。

（5）项目收尾过程不完整，缺少正式的项目总结环节，不能只编写总结报告。

（6）项目总结报告未能反映项目的实际情况。

（7）缺少项目评估或审计环节。

23.1.3 整体管理案例三

1．案例场景

F公司拥有800多名员工，近两年因业务快速发展人员急剧增加，人力资源部总监樊某越来越觉得需要一套人力资源管理系统。樊某向F公司总经理反映了这种需求，F公司总经理主持相关部门的联席会议，专门讨论此问题。该会议最终决定满足人力资源部的要求，并估算了大致的资金需求，其所需资金由总经理基金支持，由人力资源部提出业务需求，由信息中心提出解决方案。

信息中心主任乐某接到这个任务后，认为F公司的信息中心为公司开发过部门级系统如市场营销管理系统，并把该系统集成到了公司的MRPII系统，有较强的开发能力，同时认为信息中心比较了解公司的人力资源管理需求。尽管在开发市场营销管理系统过程中，整个信息中心全年没有休息过节假日，但毕竟该系统已投入使用，所以他仍颇有成就感并对自己和自己的团队充满信心，因此他决定采用自主开发人力资源管理系统的实施方案，并亲自担任该项目的项目经理。

信息中心的日常工作除维护现有系统之外，还正在开发公司的办公自动化系统。随着人力资源管理系统项目的开展，信息中心的员工纷纷抱怨工作量太大、压力过高，因而士气低落，进度拖延。最后信息中心的其他业务也受到该项目的拖累。无奈乐某只得申请暂停人力资源项目。

【问题1】请从项目管理角度指出造成人力资源管理系统项目暂停的主要原因是什么？

【问题2】为了继续完成人力资源管理系统，需要对该项目实施整体变更，而实施方案的调整是变更的重要内容。针对案例中F公司人力资源部关于建立人力资源管理系统的需求，为获得这种系统，有哪几种项目实施方案可供选择？结合F公司现状，简要分析每种方案分别有哪些优缺点。

2．案例解析

本题考查项目立项中的可行性分析及项目暂停后如何继续的方案，并要求结合案例中的实际情况对可能的方案进行分析和选取。根据案例中的背景描述可知，乐某对项目的可行性分析是凭借其主观判断进行的，因此在技术、管理、人力资源和风险方面没有进行必要的分析和论证，对项目能够顺利完成抱有过分乐观的态度，导致项目开始后因各种问题的出现而不得不暂停。

由于乐某的项目组具备的资源不充分，因此项目暂停之后再重新启动需要消耗过多的资源，此时可以考虑将部分工作或全部工作外包，或直接购买成熟产品来规避项目的风险，这些方案各有利弊，要求考生结合实际情况进行分析。

【问题 1】

乐某没有充分分析采用自主开发方案的技术可行性（或管理可行性，或可行性），对自主进行项目开发的风险 、人力资源的有效性估计不足。

【问题 2】

可供选择的方案如下：

（1）自主开发方案；

（2）部分任务外包方案；

（3）外购方案。

可供选择方案的优缺点如下：

（1）自主开发方案的优点是较易了解人力资源管理的需求，容易与 F 公司现有信息系统集成。缺点是目前人手不够。

（2）部分任务外包方案指的是信息中心负责获取需求，制订总体设计方案，其他业务外包。部分任务外包方案的优点也是较易了解人力资源管理的需求，容易与 F 公司现有信息系统集成。缺点是可能选择的外包服务商不合适、交付不及时、提供的产品或服务不合格。

（3）外购方案的优点是能快速获得，产品性能较稳定。缺点是与 F 公司现有信息系统不易集成。

23.2　范围管理案例

23.2.1　范围管理案例一

1．案例场景

Simple 公司承担了某大学图书馆存储及管理系统的开发任务，项目周期 4 个月。

小陈是 Simple 公司的员工，半年前入职。在校期间，小陈跟随导师做过两年的软件开发，具有很好的软件开发基础。领导对小陈很信任，本次任命小陈担任该项目的项目经理。项目立项前，小陈参与了用户前期沟通会议，并承担了需求分析工作。

会议后，相关部门按照要求整理会议所形成的决议和共识，并发给客户等待确认。为了节约时间，小陈根据自己在沟通会议上记录的结果，当晚组织相关人员撰写了软件需求规格说明。次日便要求设计人员开始进行系统设计，并指出项目组成员必须严格按照进度计划执行，以不辜负领导的期望与嘱托。

项目进行了两个月后，校方主管此业务的新领导到任，并提出了新的信息化管理要求。小陈进行变更代价分析，认为成本超支严重，于是小陈准备不进行范围变更，并将结果通知客户，引起客户不满。

项目进入测试阶段后，Simple 公司开展内部管理审查活动，此项目作为在建项目接受了抽查，项目审查员给该项目提出了多个问题，范围管理方面的问题尤为突出。

【问题 1】结合本案例，分析小陈在此项目中范围管理方面可能存在的不足。

【问题 2】创建 WBS 时要遵循哪些原则？

A．在各层次上保持项目的完整性，避免遗漏必要的组成部分

B．一个工作单元可从属于某些上层单元

C．WBS 不包括分包出去的工作

D．工作单元应能分开不同责任者和不同工作内容

E．便于项目管理进行计划、控制的管理需要

F．最低层工作应该具有可比性，是可管理的，可定量检查的

G．分解到统一颗粒度的工作包

2．案例解析

【问题 1】

（1）没有制定项目管理计划（或范围管理计划）；

（2）没有进行项目范围定义（软件需求规格说明书只是项目范围定义输出的一个组成部分，没有形成项目范围说明书）；

（3）在与干系人形成统一意见之前，就开始设计工作（范围没有确认）；

（4）项目范围是否变更，应遵循正式变更流程，不由项目经理单独决定；

（5）项目范围管理过程中与干系人的沟通存在问题（范围变更没有与客户取得统一意见）；

（6）软件需求规格说明没有经过评审就付诸实行。

【问题 2】

A，D，E，F

提示：

B 错：一个工作单元只能从属于某个上层单元，避免交叉从属。

C 错：WBS 应该包括分包出去的工作。

G 错：WBS 工作包的分解粒度不要求统一，回忆一下滚动式规划（Rolling Wave Planning）。

23.2.2 范围管理案例二

1．案例场景

2007 年 3 月系统集成商 Simple 公司承担了某市电子政务三期工程，合同额为 5000 万元，全部工期预计 6 个月。

该项目由 Simple 公司执行总裁涂总主管，小刘作为项目经理具体负责项目的管理，Simple 公司总工程师老方负责项目的技术工作，新毕业的大学生小吕负责项目的质量保证。项目团队的其他 12 个成员分别来自公司的软件产品研发部、网络工程部。来自研发

部的人员负责项目的办公自动化软件平台的开发，来自网络工程部的人员负责机房、综合布线和网络集成。

总工程师老方把原来类似项目的解决方案直接拿来交给了小刘，而 WBS 则由小刘自己依据以往的经验进行分解。小刘依据公司的计划模板，填写了项目计划。因为项目的验收日期是合同里规定的，人员是公司配备的，所以进度里程碑计划是从验收日期倒推到启动日期分阶段制定的。在该项目计划的评审会上，大家是第一次看到该计划，在改了若干错别字后，就匆忙通过了该计划。该项目计划交到负责质量保证的小吕那里，小吕看到计划的内容，该填的都填了，格式也符合要求，就签了字。

在需求分析时，他们制作的需求分析报告的内容比合同的技术规格要求更为具体和细致。小刘把需求文档提交给了甲方联系人审阅，该联系人也没提什么意见。

在项目启动后的第二个月月底，甲方高层领导来到开发现场听取项目团队的汇报并观看系统演示，看完后甲方领导很不满意，具体意见如下：

- 系统演示出的功能与合同的技术规格要求不一致，最后的验收应以合同的技术规格要求为准。
- 进度比要求落后两周，应加快进度赶上计划。
- ……

【问题 1】你认为造成该项目的上面所述问题的原因是什么？

【问题 2】判断下列选项的正误。

（1）项目范围控制需要按照项目整体变更控制过程来处理。

（2）项目范围说明书通过了评审，标志着完成了项目范围确认工作。

（3）变更不可避免，因而不必强制实施某种形式的变更控制过程。

（4）项目范围确认可以针对一个项目整体的范围进行确认，也可以针对某一个项目阶段的范围进行确认。

（5）项目范围是指为了成功地实现项目目标所必须完成的最少的工作。

2．案例解析

【问题 1】

（1）项目经理小刘和负责质量保证的小吕的问题：无论需求确认、对项目计划的评审还是质量保证人员的把关，都存在走过场问题，没有深入地评审。

（2）Simple 公司的问题：项目管理流程形同虚设，没有深入切实的检查。

（3）Simple 公司的问题：用人不当，不应选新毕业生做质量保证。

（4）项目经理小刘的问题：需求分析闭门造车、项目计划一手包办。

（5）项目经理小刘的问题：没有进行干系人分析，没有请对确认需求分析说明书的项目干系人。

【问题 2】

（1）√　（2）×　（3）×　（4）√　（5）√

提示：

（2）错，范围确认是对可交付物的验收。

（3）错，因为变更不可避免，所以必须实施某种形式的变更控制过程。

23.2.3 范围管理案例三

1．案例场景

M公司承担了某大学图书馆存储及管理系统的开发任务，项目周期为4个月。

小陈是M公司的员工，半年前入职。在校期间，小陈跟随导师做过两年的软件开发，具有很好的软件开发基础。领导对小陈很信任，任命小陈担任该项目的项目经理。项目立项前，小陈参与了用户前期沟通会议，并承担了需求分析工作。

会议后，相关部门按照要求整理会议所形成的决议和共识，并发给客户等待确认。为了节约时间，小陈根据自己在沟通会议上记录的结果，当晚组织相关人员撰写了软件需求规格说明。次日便要求设计人员开始进行系统设计，并指出项目组成员必须严格按照进度计划执行，以不辜负领导的期望与嘱托。

项目进行了两个月后，校方主管此业务的新领导到任，并提出了新的信息化管理要求。小陈进行变更代价分析，认为成本超支严重，于是小陈准备不进行范围变更，并将结果通知客户，引起客户不满。

项目进入测试阶段后，M公司开展内部管理审查活动。此项目作为在建项目接受了抽查，项目审查员给该项目提出了多个问题，范围管理方面的问题尤为突出。

【问题1】分析小陈在此项目中项目范围管理方面可能存在的不足。

【问题2】小陈组织人员撰写的项目WBS如下：

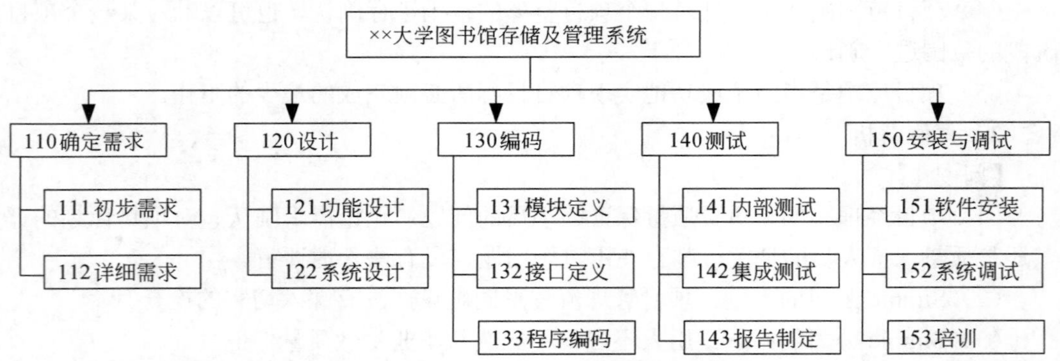

（1）请说明上述WBS结构作为第一层进行分解的是什么？除了上述方法，还可以采用哪些方式进行分解？

（2）从上图来看，完整的WBS中除了实现最终产品或服务所必须进行的技术工作外，还需要包括什么？

【问题3】请指出案例中引起范围变更的原因。

2．案例解析

本题考查范围管理的过程和创建工作分解结构的方法和原则。范围管理确定在项目内包括什么工作和不包括什么工作，由此界定的项目范围在项目的全生命周期内可能因种种原因而变化，项目范围管理要管理项目范围的这种变化。项目的范围变化也叫变更。对项目范围的管理，是通过 5 个管理过程来实现的，即编制范围管理计划、范围定义、创建工作分解结构、范围确认和范围控制。

创建工作分解结构是一个把项目可交付物和项目工作逐步分层为更小的、更容易管理的项目单元的过程。创建工作分解结构要把握一些重要的原则，以保证对范围的合理管理和控制。

范围控制是监控项目状态如项目的工作范围状态和产品范围状态的过程，也是控制变更的过程。变更是不可避免的，因此需要某种类型的变更控制过程。

【问题 1】

本问题要求考生分析案例背景中关于范围管理存在的不足之处，考生应紧密围绕范围管理的 5 个管理过程来分析问题，包括这些过程在案例的描述中是否有缺失、每个过程中的重要活动是否得到了执行，以及这些过程所采用的方法和工具是否得当。

【问题 2】

本问题考查创建工作分解结构的方法和原则。分解 WBS 结构的方法至少有三种：

（1）使用项目生命周期的阶段作为分解的第一层，而把可交付物安排在第二层；

（2）把项目重要的可交付物作为分解的第一层；

（3）把子项目安排在第一层，再分解子项目的 WBS。

此外，分解工作结构应把握如下一些原则：

（1）在各层次上保持项目的完整性，避免遗漏必要的组成部分；

（2）一个工作单元只能从属于某个上层单元，避免交叉从属；

（3）相同层次的工作单元应有相同性质；

（4）工作单元应能分开不同的责任者和不同工作内容；

（5）便于项目管理进行计划和控制的管理需要；

（6）最低层工作应该具有可比性，是可管理的，可定量检查的；

（7）应包括项目管理工作，包括分包出去的工作；

（8）WBS 的最低层次的工作单元是工作包。

【问题 3】

本问题考查范围变更的原因。造成项目范围变更的主要原因包括项目外部环境发生变化，项目范围计划编制不详细周密，市场上出现了或是设计人员提出了新技术、新手段或新方案，项目实施组织本身发生变化，客户对项目、项目产品或服务的要求发生变化等。

23.3 进度管理案例

23.3.1 进度管理案例一

1．案例场景

M 公司是从事了多年铁路领域系统集成业务的企业，刚刚中标了一个项目，该项目是开发新建铁路的动车控制系统，而公司已有多款较成熟的列车控制系统产品。M 公司与客户签订的合同中规定：自签订合同之日起，项目周期为 9 个月。在项目开始后不久，客户方接到上级的通知，要求该铁路提前开通，因此，客户要求 M 公司提前两个月交付项目。

项目经理将此事汇报给公司高层领导，高层领导详细询问了项目情况，项目经理认为，公司的控制系统软件是比较成熟的产品，虽然需要按项目需求进行二次开发，但应该能够提前完成，但列车控制设备需要协调外包生产，比原计划提前两个月没有把握。公司领导认为，从铁路行业的项目特点来考虑，提前开通铁路是必须完成的任务，因此客户的要求不能拒绝。于是他要求项目经理无论如何也要想办法满足客户提出的提前交付的需求。

【问题 1】请分析进度提前对项目管理可能造成哪些方面的变更？

【问题 2】为了满足客户提出的进度方面“提前两个月交付”的要求，项目经理可以采取的措施有哪些？

【问题 3】在采取了上述措施之后，项目在执行过程中还可能面对哪些问题？

2．案例解析

本题主要考查的是项目进度管理的相关知识。

【问题 1】

考查的是进度提前对项目管理可能造成的变更。进度提前就意味着整个项目工期的缩短，提前的幅度越大，则其造成的影响范围越大。在本案例中，进度需要提前两个月，这样大幅度的进度调整将导致项目的所有管理过程都要随之发生变更。

首先涉及整体管理过程，需要对该项目的整体计划进行重新规划和调整；其次涉及的是进度管理过程，需要重新制定新的进度计划；再次，涉及人力资源管理过程，由于软件控制系统需要提前开发完成，必然需要增加额外的资源；接着涉及成本管理过程，由于软件控制系统开发及控制设备的外包生产均需要提前完成，可能需要增加额外的成本；然后是采购管理过程，需要与控制设备的生产方进行沟通协调，相应的外包合同条款和合同价格需要变更，与客户方的合同内容和价格也可能需要变更；再就是涉及沟通管理过程，需要按照新的进度，调整各方的沟通管理要求；再就是涉及风险管理过程，由于工期缩短造成大范围的变更调整，需要重新识别并管理此次变更可所带来的风险因素；还涉及范围管理过程，应该识别此次进度变更可能造成的范围影响并对之进行管理；最后是涉及质量管理过程，应该识别调整进度所造成的质量的影响并对之进行管理。

【问题 2】

本问题实际考查的是进度压缩的技术和方法。进度压缩指在不改变项目范围、进度制约条件、强加日期或其他进度目标的前提下缩短项目的进度时间。进度压缩的技术有以下几种。

（1）赶进度。对费用和进度进行权衡，确定如何在尽量少增加费用的前提下最大限度地缩短项目所需时间。赶进度并非总能产生可行的方案，反而常常增加费用。

（2）快速跟进。这种进度压缩技术通常同时进行按先后顺序的阶段或活动。例如，建筑物在所有建筑设计图纸完成之前就开始基础施工。快速跟进往往造成返工，并通常会增加风险。这种办法可能要求在取得完整、详细的信息之前就开始进行，如工程设计图纸。其结果是以增加费用为代价换取时间，并因缩短项目进度时间而增加风险。

【问题 3】

本问题考查的是在采取进度压缩技术后可能面临的风险。进度压缩技术是一种以增加额外的资源或成本为代价，来换取时间的技术，因此，一旦所需要的资源不能及时到位，那么进度压缩技术必然无法取得实效。再有，由于控制设备的生产加工需要一定时间，这属于客观条件的约束，因此即使采取相应的措施后也无法保证就一定能够按时交付。所以在时间方面依然存在一定风险。另外，由于采用了赶工、并行施工等方式压缩进度，有可能给项目带来质量方面的隐患。最后，由于进度被压缩，那么必然需要付出额外的资源成本，所以项目可能会发生成本超支。

23.3.2　进度管理案例二

1．案例场景

Perfect 项目的建设方要求必须按合同规定的期限交付系统，承建方项目经理李某决定严格执行项目进度管理，以保证项目按期完成。他决定使用关键路径法来编制项目进度网络图。在对工作分解结构进行认真分析后，李某得到一张包含了活动先后关系和每项活动持续时间初步估计的工作列表，如下表所示：

【问题 1】绘制网络图并求出关键路径和项目工期。

活 动 代 号	紧 前 活 动	活动持续时间（天）
A	-	5
B	A	3
C	A	6
D	A	4
E	B、C	8
F	C、D	5
G	D	6
H	E、F、G	9

【问题 2】

（1）计算活动 B、C、D 的总浮动时间。

（2）计算活动 B、C、D 的自由浮动时间。

（3）计算活动 D、G 的最迟开始时间。

【问题 3】如果活动 B 拖延了 4 天，则该项目的工期会拖延几天？请说明理由。

2．案例解析

【问题 1】

（1）网络图如下：

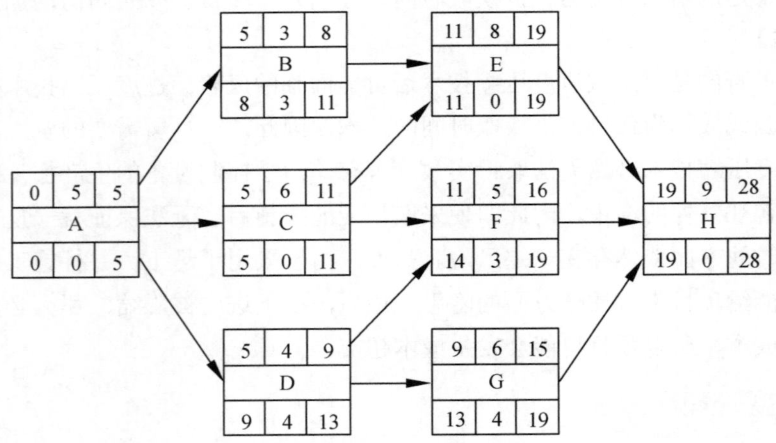

（2）关键路径为 ACEH

（3）项目工期=5+6+8+9=28 天

【问题 2】

（1）B、C、D 的总浮动时间分别为 3 天、0 天、4 天。

（2）B、C、D 的自由浮动时间分别为 3 天、0 天、0 天。

（3）D、G 的最迟开始时间分别为第 9 天、13 天。

【问题 3】

结果拖延了 1 天，理由：

（1）原关键路径为 ACEH

（2）原工期=5+6+8+9=28 天

（3）如果 B 拖延了 4 天，则新关键路径为 ABEH

（4）新工期=5+7+8+9=29 天

此时的新网络图如下：

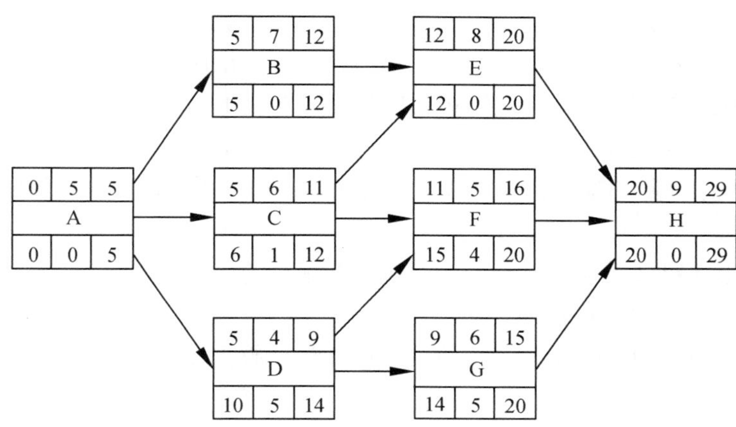

23.3.3 进度管理案例三

1．案例场景

张某是 Simple 公司的项目经理，有着丰富的项目管理经验，最近某电子商务系统开发的项目管理工作。该项目经过工作分解后，范围已经明确。为了更好地对其他项目的开发过程进行监控，保证项目顺利完成，张某拟采用网络计划技术对项目进度进行管理。经过分析，张某得到了一张工作计划表，如下所示：

工作代号	紧前工作	计划工作历时（天）	最短工作历时（天）	每缩短一天所需增加的费用（万元）
A	-	5	4	5
B	A	2	2	
C	A	8	7	3
D	B、C	10	9	2
E	C	5	4	1
F	D	10	8	2
G	D、E	11	8	5
H	F、G	10	9	8
每天的间接费用 1 万元				

事件 1：为了表明各活动之间的逻辑关系，计算工期，张某将任务及有关属性用以下图表示，然后根据工作计划表，绘制单代号网络图。

ES	DU	EF
ID		
LS		LF

其中，ES 表示最早开始时间；EF 表示最早结束时间；LS 表示最迟开始时间；LF 表示最迟完成时间；DU 表示工作持续时间；ID 表示工作代号。

事件 2：张某的工作计划得到了公司的认可，但是项目建设方（甲方）提出，因该项目涉及融资，希望建设工期能够提前 2 天，并可额外支付 8 万元的项目款。

事件 3：张某将新的项目计划上报给了公司，公司请财务部估算项目的利润。

【问题 1】

（1）请按照事件 1 的要求，帮助张某完成此项目的单代号网络图。

（2）指出项目的关键路径和工期。

【问题 2】在事件 2 中，请简要分析张某应如何调整工作计划，才能既满足建设方的工期要求，又尽量节省费用。

【问题 3】请指出事件 3 中，财务部估算的项目利润因工期提前变化了多少，为什么？

2．案例解析

【问题 1】

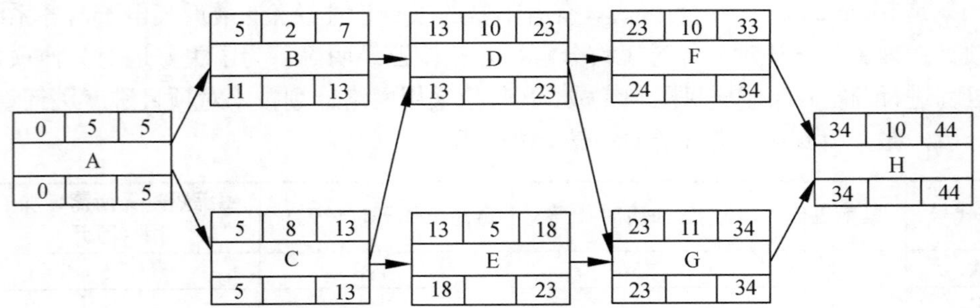

关键路径：ACDGH，工期 44 天。

【问题 2】

为使工期缩短 2 天，且节约支出，应将 C 压缩 1 天，D 压缩 1 天。

【问题 3】

利润增加 5 万元。

缩短 C、D 工期各 1 天会增加 5 万元的费用（2 万+3 万），但节约了间接费用 2 万元，而客户为此增加 8 万元的项目款，因此项目利润增加 5 万元。

23.4　成本管理案例

23.4.1　挣值管理案例一

1．案例场景

Perfect 大楼布线工程基本情况为：一层到四层，必须在低层完成后才能进行高层布线。每层工作量完全相同。项目经理根据现有人员和工作任务，预计每层需要一天完成。项目经理编制了该项目的布线进度计划，并在 3 月 18 号工作时间结束后对工作完成情况进行了绩效评估，如下表所示。

		2011-3-17	2011-3-18	2011-3-19	2011-3-20
计划	计划进度任务	完成第一层布线	完成第二层布线	完成第三层布线	完成第四层布线
	预算（元）	10000	10000	10000	10000
实际绩效	实际进度	完成第一层布线			
	实际花费（元）	8000			

【问题 1】请计算 2011 年 3 月 18 日时对应的 PV、EV、AC、CPI 和 SPI。

【问题 2】根据当前绩效，在下图中划出 AC 和 EV 曲线。

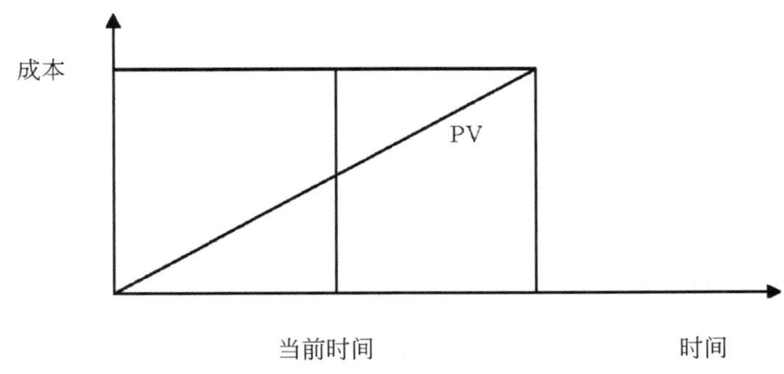

【问题 3】分析当前的绩效。

【问题 4】

（1）如果在 2011 年 3 月 18 日绩效评估后，找到了影响绩效的原因，并纠正了项目偏差，请计算 ETC 和 EAC，并预测此种情况下的完工日期。

（2）如果在 2011 年 3 月 18 日绩效评估后，未进行原因分析和采取相关措施，仍按目前状态开展工作，请计算 ETC 和 EAC，并预测此种情况下的完工日期。

2．案例解析

【问题 1】

PV= 20000 元；EV=10000 元；AC=8000 元；

CPI=EV/AC=10000/8000=1.25；

SPI=EV/PV=10000/20000=0.50

【问题 2】

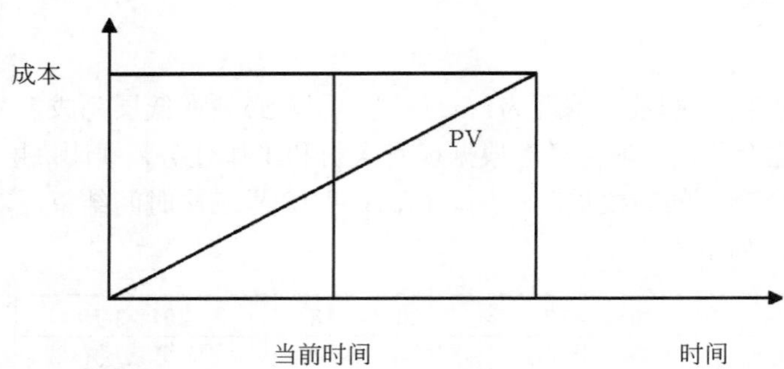

提示：PV 是直线，则 EV 和 AC 通常也画成直线，代表工作量和费用均匀分布。

【问题 3】

目前的绩效：成本节省；进度滞后。

【问题 4】

（1）ETC= BAC−EV =40000−10000 =30000 元，EAC=AC+ETC=8000+30000=38000 元，预测的完工日期：2011 年 3 月 21 日。

（2）ETC= （BAC−EV）/CPI =（40000−10000）/1.25=24000 元，EAC=AC+ETC =8000+24000 =32000 元，预测的完工日期：2011 年 3 月 24 日。

23.4.2 挣值管理案例二

1．案例场景

Perfect 项目 6 个月的预算如下表所示。表中按照月份和活动给出了相应的 PV 值，当项目进行到 3 月底时，项目经理组织相关人员对项目进行了绩效考评，考评结果是完成计划进度的 90%。

单位：元

活动	1 月	2 月	3 月	4 月	5 月	6 月	活动 PV	活动 EV
编制计划	4000	4000					8000	①
需求调研		6000	6000				12000	
概要设计			4000	4000			8000	②
数据库设计				8000	4000		12000	
详细设计					8000	2000	10000	

续表

活动	1 月	2 月	3 月	4 月	5 月	6 月	活动 PV	活动 EV
……								
……								
月度 PV	4000	10000	10000	12000	12000	2000		
月度 AC	4000	11000	11000					

注：（表中活动之间的关系为 F-S 关系，即前一个活动结束，后一个活动才能开始）

【问题 1】请计算 3 月底时项目的 SPI、CPI、CV、SV 值，以及表中①、②处的值。

【问题 2】如果项目按照当前的绩效继续进行，请预测项目的 ETC（完成时尚需估算）和 EAC（完成时估算）。

【问题 3】请评价项目前 3 个月的进度和成本绩效。

【问题 4】假设项目按照当前的绩效进行直至项目结束，请在下图中画出从项目开始直到结束时的 EV 和 AC 的曲线，并在图中用相应的线段表明项目完成时间与计划时间的差（用“t”标注）、计划成本与实际成本的差（用“c”标注）。

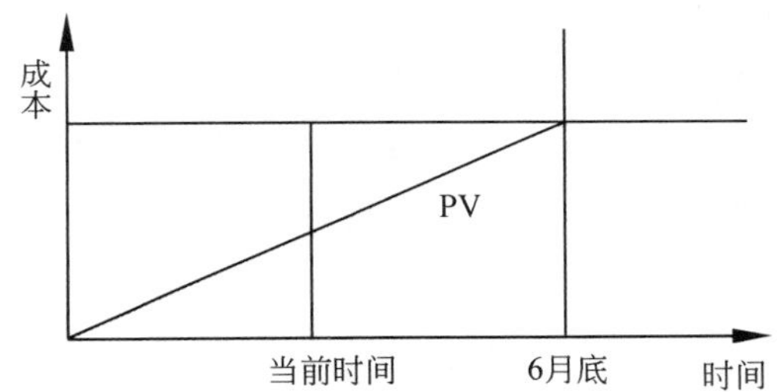

2．案例解析

【问题 1】

3 月底时：

PV＝4000+10000+10000＝24000 元

AC=4000+11000+11000=26000 元

SPI＝90%

SPI＝EV/PV

EV＝SPI*PV＝0.9*24000＝21600 元

CPI＝EV/AC＝21600/26000＝83%

CV＝EV−AC＝21600−26000＝−4400 元

SV＝EV−PV＝21600−24000＝−2400 元

①＝4000+4000＝8000

②＝21600−8000−12000=1600

【问题 2】

ETC=（BAC−EV）/CPI＝（50000−21600）/0.83＝34217 元

EAC=AC+ETC=26000+34217＝60217 元

【问题 3】

进度落后、成本超支。

【问题 4】

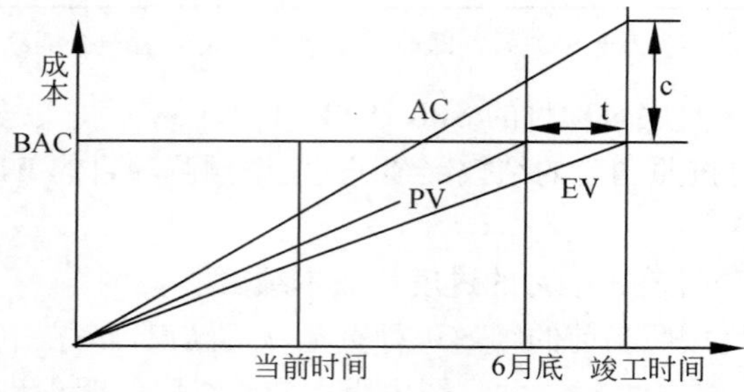

提示，绘图顺序为：

（1）先延长 EV，与 BAC 相交为止；

（2）交点即为竣工日期，画一垂直竖线；

（3）再延长 AC，与竣工日期竖线相交为止。

延伸思考题：如果 3 月底时找到了影响绩效的原因，并纠正了项目偏差，此时，EV 和 AC 曲线的形状有何变化，c 和 t 又应该如何画？

23.5 风险管理案例

23.5.1 风险管理案例一

1．案例场景

项目经理小明因公定期从北京到巴黎出差，财务部总是告诉他乘坐廉价航空公司的航班以节省费用，廉航从北京至巴黎的航班费用是 750 美元。但小明更喜欢乘坐中国航空公司的航班，因为该公司服务热情周到、座位宽大、食品可口且种类丰富，中国航空公司从北京到巴黎的航班费用是 1000 美元。

如果小明按时到达巴黎，就没有额外的费用发生。若小明晚到，公司将损失小明一天的时间，而小明一天的人工成本（包括出差补贴）是 1050 美元。

在学习项目风险管理之前，小明一直无法说服公司财务部门让他去坐贵的航班。直到有一天项目管理专家耿老师告诉他：考虑风险因素之后，很多问题的决策将完全不同。

小明通过在互联网上数据搜索，发现：廉价航空公司的北京至巴黎航线的正点率是 60%，而中国航空公司的正点率是 90%。

【问题】请使用预期货币值（EMV）和决策树工具帮助小明计算：坐哪个航班更符合公司的利益，平均每次出行能为公司节约多少钱？

2．案例解析

如下图所示，乘坐中国航空公司的航班更符合公司的利益，平均每次出行可为公司节约 65 美元。

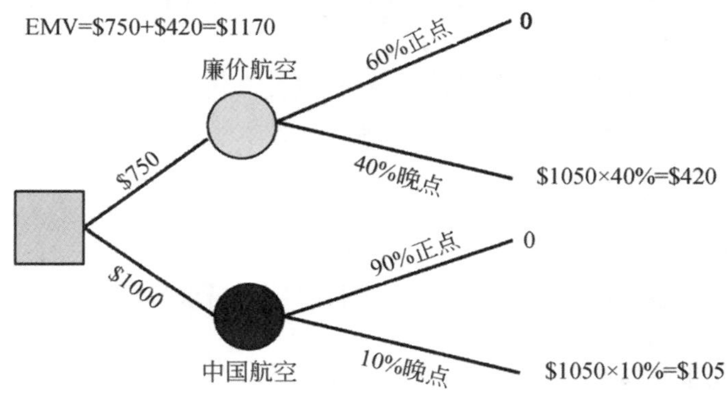

23.5.2　风险管理案例二

1．案例场景

某市石油销售公司计划实施全市的加油卡联网收费系统项目。该石油销售公司选择了系统集成商 Simple 公司作为项目的承包方，Simple 公司经石油销售公司同意，将系统中加油机具改造控制模块的设计和生产分包给专业从事自动控制设备生产的 Perfect 公司。同时，Simple 公司任命了有过项目管理经验的小刘作为此项目的项目经理。

小刘经过详细的需求调研，开始着手制定项目计划，在此过程中，他仔细考虑了项目中可能遇到的风险，整理出一张风险列表。经过分析整理，得到排在前三位的风险如下：

（1）项目进度要求严格，现有人员的技能可能无法实现进度要求；

（2）现有项目人员中有人员流动的风险；

（3）分包商可能不能按期交付机具控制模块，从而造成项目进度延误。

针对发现的风险，小刘在做进度计划的时候特意留出了 20%的提前量，以防上述风险发生，并且将风险管理作为一项内容写进了项目管理计划。项目管理计划制定完成后，小刘通知了项目组成员，召开了第一次项目会议，将任务布置给大家。随后，大家按分配给自己的任务开展了工作。

第四个月底，项目经理小刘发现 Perfect 公司尚未生产出联调所需要的机具样品。Perfect 公司于 10 天后提交了样品，但在联调测试过程中发现了较多的问题，Perfect 公司不得不多次返工。项目还没有进入大规模的安装实施阶段，20%的进度提前量就已经被用掉了，此时，项目一旦发生任何问题就可能直接影响最终交工日期。

【问题1】请从整体管理和风险管理的角度指出该项目的管理存在哪些问题？

【问题2】项目经理小刘为了防范风险发生，预留了20%的进度提前量，在风险管理中这叫做______。

【问题3】针对“项目进度要求严格，现有人员的技能可能无法实现进度要求”这条风险，请提出你的应对措施。

【问题4】针对“分包商可能不能按期交付机具控制模块，从而造成项目进度延误”，这条风险，结合案例，分别按避免、转移、减轻三种策略提出具体应对措施。

2．案例解析

【问题1】

（1）项目计划不应该只由项目经理一个人完成；

（2）项目组成员参与项目太晚，应该在项目早期（需求阶段或立项阶段）就让他们加入；

（3）风险识别不应该由项目经理一人进行；

（4）风险应对措施（风险应对计划）不够有效；

（5）没有对风险的状态进行监控；

（6）没有定期地对风险进行再识别；

（7）项目的采购管理或合同管理工作没有做好。

【问题2】

风险储备（风险预留、风险预存、管理储备）

【问题3】

（1）分析项目组人员的技能需求，在项目前期有针对性地提供培训；

（2）根据项目组人员的技能及特长分配工作；

（3）从公司外部引进具有相应技能的人才。

【问题4】

（1）避免策略：此部分工作不分包，直接购买成熟产品。

（2）转移策略：签订分包合同，在合同中做出明确的约束，必要时可加入惩罚条款。

（3）减轻策略：提前启动分包商的相关工作，增加后期项目预留。

23.6 质量管理案例

23.6.1 质量管理案例一

1．案例场景

王某是Perfect管理平台开发项目的项目经理。王某在项目启动阶段确定了项目组的成员，并任命程序员李工兼任质量保证人员。李工认为项目工期较长，因此将项目的质量检查时间定为每月 1 次。项目在实施过程中不断遇到一些问题，具体如下：

事件 1：项目进入编码阶段，在编码工作进行了 1 个月的时候，李工按时进行了一次质量检查，发现某位开发人员负责的一个模块代码未按公司要求的编码规范编写，但是此时这个模块已基本开发完毕，如果重新修改势必影响下一阶段的测试工作。

事件 2：李工对这个开发人员开具了不符合项报告，但开发人员认为并不是自己的问题，而且修改代码会影响项目进度，双方一直未达成一致，因此代码也没有修改。

事件 3：在对此模块的代码走查过程中，由于可读性较差，不但耗费了很多的时间，还发现了大量的错误。开发人员不得不对此模块重新修改，并按公司要求的编码规范进行修正，结果导致开发阶段的进度延误。

【问题】请指出这个项目在质量管理方面可能存在哪些问题？

2．案例解析

（1）项目经理用人错误，小李没有质量保证经验。

（2）没有制定合理的质量管理计划，检查频率的设定有问题，一个月检查一次太过粗放。

（3）应加强项目过程中的质量控制或检查，不能等到工作产品完成后才检查。

（4）李工发现问题的处理方式不对。QA 发现问题应与当事人协商，如果无法达成一致要向项目经理或更高级别的领导汇报，而不能自作主张。

（5）在质量管理中，没有与合适的技术手段相结合。

（6）对程序员在质量意识和质量管理的培训不足。

23.6.2　质量管理案例二

1．案例场景

Simple 公司近期成功中标当地政府机构某信息中心的信息安全系统开发项目。公司任命小李为项目经理，配备了信息安全专家张工，负责项目的质量保证和关键技术。

小李为项目制定了整体进度计划，将项目分为需求、设计、实施和上线试运行四个阶段。项目开始后，张工凭借其丰富的经验使开发过程得到了较好的质量保证，需求和设计顺利通过了张工的把关。小李认为后续阶段不会有太大问题。

开发阶段过半时，公司领导通知小李发生了两件事：第一是公司承揽新项目，需要张工调离；第二是信息中心进行人事调整，更换了负责人。小李向公司领导季诺，一定做好配合工作，保质保量完成项目。

张工调离后，小李亲自负责质量保证和技术把关。项目实施阶段完成后，信息中心新领导对该系统相当重视，委派信息中心技术专家到现场调研和考察。小李为此专门组织技术人员与信息中心专家讨论软件开发技术，查看部分关键代码，并考察了部分程序的运行结果。现场考察后，信息中心专家认为 Simple 公司编写的代码不规范，安全性存在隐患，关键部分执行效率无法满足设备要求，不具备上线试运行的条件。

信息中心领导获悉上述情况后，决定邀请上级领导、业界有关专家并会同 Simple 公司主要负责人组织召开项目正式评审会。

【问题 1】请结合案例，分析小李在质量管理方面存在的问题？

【问题 2】简要分析信息中心组织的正式评审会可能产生的几种结论。

【问题 3】如经评审和协商后 Simple 公司同意实施返工，简要叙述小李在质量管理方面应采取的后续措施。

2．案例解析

【问题 1】

（1）未制定项目质量管理计划（未确立项目的技术规范和技术标准）。

（2）质量职责分配不合理（项目技术负责人不能兼任质量保证负责人，张工不能同时担任技术负责人和质量负责人）。

（3）质量职责分配不及时（张工调离后未及时任命或调入 QA 人员，项目经理不能同时作为技术负责人和质量负责人）。

（4）需求和设计未经过外部评审就付诸执行（需求和设计不能由张工把关，应组织外部评审）。

（5）进度计划中缺少测试阶段等质量控制环节（进度计划中无测试阶段）。

（6）轻视实施阶段的质量保证工作。

【问题 2】

（1）接受或有条件接受（组织上线试运行，加强后续质量控制）。

（2）返工（修复前一阶段发现的问题）。

（3）项目变更（按照变更流程调整项目的进度、成本和范围基准）。

（4）不接受或索赔。

【问题 3】

（1）沟通、确认本项目的质量要求和质量规范。

（2）科学制定项目后续的质量管理计划。

（3）合理分配质量职责（任命或调入独立于项目组的 QA 人员）。

（4）实施和加强测试、评审等质量控制环节。

（5）提前准备和启动返工后的上线试运行工作。

（6）加强与客户的沟通和交流。

23.7 配置管理案例

23.7.1 配置管理案例一

1．案例场景

Simple 公司的质量管理体系中的配置管理程序文件中有如下规定：

（1）由变更控制委员会（CCB）制定项目的配置管理计划；

（2）由配置管理员（CMO）创建配置管理环境；

（3）由 CCB 审核变更计划；

（4）项目中配置基线的变更经过变更申请、变更评估、变更实施后便可发布；

（5）CCB 组成人员不少于一人，主席由项目经理担任。

公司的项目均严格按照程序文件的规定执行。在项目经理的一次例行检查中，发现项目软件产品的一个基线版本（版本号 V1.3）的两个相关联的源代码文件仍有遗留错误，便向 CMO 提出变更申请。CMO 批准后，项目经理指定上述源代码文件的开发人员甲、乙修改错误。甲修改第一个文件后将版本号定为 V1.4，直接在项目组内发布；乙修改第二个文件后将版本号定为 V2.3，也在项目组内发布。

【问题 1】请结合案例，分析该公司的配置管理程序文件的规定及实际变更执行过程存在哪些问题？

【问题 2】请为案例中的每项工作职责指派一个你认为最合适的负责角色。

工作 负责人	编制配置管理计划	创建配置管理环境	审核变更计划	变更申请	变更实施	变更发布
CCB						
CMO						
项目经理						
开发人员						

【问题 3】请就配置管理，判断以下概念的正确性：

（1）软件配置管理的目的是建立和维护整个生存期中软件项目产品的完整性和可追溯性。

（2）CCB 必须是常设机构，实际工作中需要设定专职人员。

（3）在进行配置管理过程中，一定要采用高档的配置管理工具。

（4）动态配置库用于管理基线和控制基线的变更。

（5）版本管理是对项目中配置项基线的变更控制。

（6）配置项审计包括功能配置审计和物理配置审计。

2．案例解析

【问题 1】

规定中存在的问题：

（1）配置管理计划不应由 CCB 制定；

（2）基线变更流程缺少通告评估结果、变更验证与确认环节；

（3）CCB 成员的要求不以人数作为规定，而是以能否代表项目干系人利益为原则。

实际中存在的问题：

（1）甲乙修改完后应该进行变更验证（由其他人完成单元测试和代码走查）；

（2）该公司可能没有版本管理规定或甲乙没有统一执行版本规定；

（3）变更审查应该提交CCB审核；

（4）变更发布应交由CMO完成；

（5）甲乙两人不能同时修改错误，这样会导致 V2.3 只包含了乙的修改内容而没有甲的修改内容。

【问题2】

工作 / 负责人	编制配置管理计划	创建配置管理环境	审核变更计划	变更申请	变更实施	变更发布
CCB			√			
CMO	√	√		√		√
项目经理				√		
开发人员				√	√	

**变更申请可由CMO、项目经理或开发人员提出。

【问题3】

（1）√　（2）×　（3）×　（4）×　（5）×　（6）√

提示：

（2）错，CCB可以不常设，可以是兼职人员。

（3）错，应该选择最适合该组织的配置管理工具，而不是最高档的。如果没有专用工具，用手工方式也可以进行配置管理。

（4）错，受控库，也称为主库，用于管理当前基线和控制对基线的变更。

（5）错，版本管理和配置项基线的变更控制是两个不同的概念。

23.7.2 配置管理案例二

1．案例场景

小张被任命为公司的文档与配置管理员，在了解了公司现有的文档及配置管理现状和问题之后，他做出如下工作计划：

（1）整理公司所有文档，并进行归类管理，小张在整理公司文档时，根据 GB/T 16680-1996《软件文档管理指南》，从项目生命周期角度将文档划分为开发文档，产品文档和管理文档，并对公司目前的文档进行了如下分类。

① 开发文档：可行性研究报告、需求规格说明书、概要设计说明书、数据设计说明书、数据字典。

② 管理文档：开发计划、配置管理计划、测试用例、测试计划、质量保证计划、开发进度报告、项目开发总结报告。

③ 产品文档：用户手册、操作手册。

（2）建立公司级配置管理系统，将配置库划分为受控库与产品库，并规定受控库用于存放正在开发过程中的阶段成果，产品库作为基线库存放评审后的正式成果。

（3）建立配置库权限机制，允许公司人员按照不同级别查看并管理公司文档，考虑到公司总经理权限最大、项目经理要查看并了解相关项目资料等额外因素，对产品库进行了下表的权限分配，（√表示允许，×表示不允许）：

角　　色	读　　取	修　　改	删　　除
总经理	√	√	√
项目经理	√	√	×
开发人员	√	√	×
测试人员	√	×	×
质量保证人员	√	×	×
配置管理员	√	√	√

进行了如上配置管理工作后，此时有一个项目A的项目经理告知小张，发现基线库中有一个重要的功能缺陷要修改，项目经理组织配置控制委员会进行了分析讨论后，同意修改，并指派了程序员小王进行修改，于是小张按照项目经理的要求在产品库中增加了小王的修改权，以便小王可以在产品库中直接修改该功能。

【问题1】依据GB/T 16680-1996《软件文档管理指南》，小张对公司项目文档的归类是否正确？

【问题2】本案例中当发现基线库中有一个重要的功能缺点需要修改时，你认为小张的做法存在哪些问题，并说明正确的做法。

【问题3】结合案例，请指出小张在整个产品库的权限分配方面存在哪些问题。

2．案例解析

【问题1】

不正确。开发计划、配置管理计划、测试用例、测试计划、质量保证计划都是开发文档。正确的文档分类如下：

① 开发文档：可行性研究报告、需求规格说明书、概要设计说明书、数据设计说明书、数据字典，开发计划、配置管理计划、测试用例、测试计划、质量保证计划

② 管理文档：开发进度报告、项目开发总结报告。

③ 产品文档：用户手册、操作手册。

【问题2】

存在问题：

（1）项目A的项目经理缺少书面变更申请；

（2）缺少通告评估结果环节，在变更实施前，要将变更决定和变更实施方案通知各有关的干系人，而不仅仅是小王；

（3）变更实施中权限修改做法有误；

（4）缺少变更验证和确认环节；

（5）缺少变更发布环节。

正确做法：

（1）由项目 A 项目经理就存在的缺陷修改提出书面变更申请；

（2）在变更获批后，将变更决定和变更实施方案通知影响到的各有关干系人；

（3）变更实施中，从基线库取出相关的配置项，放于受控库，分配权限给程序员小王进行修改；

（4）变更实施完成，对变更结果进行验证与确认；

（5）变更验证确认后，更新基线库中的相关配置项，并发布给各相关干系人。

【问题 3】

产品库对项目经理、开发人员和总经理只应开放读取权限，正确的权限分配如下表所示。

角　色	读　取	修　改	删　除
总经理	√	×	×
项目经理	√	×	×
开发人员	√	×	×
测试人员	√	×	×
质量保证人员	√	×	×
配置管理员	√	√	√

23.8 合同管理案例

23.8.1 合同管理案例一

1．案例场景

系统集成公司 A 于 2009 年 1 月中标某市政府 B 部门的信息系统集成项目。经过合同谈判，双方签订了建设合同，合同总金额 1150 万元，建设内容包括：搭建政府办公网络平台，改造中心机房，并采购所需的软硬件设备。

A 公司为了把项目做好，将中心机房的电力改造工程分包给专业施工单位 C 公司，并与其签订分包合同。

在项目实施了两个星期后，由于政府 B 部门为了更好满足业务需求，决定将一个机房分拆为两个，因此需要增加部分网络交换设备。B 参照原合同，委托 A 公司采购相同型号的网络交换设备，金额为 127 万元，双方签订了补充协议。

在机房电力改造施工过程中，由于 C 公司工作人员的失误，造成部分电力设备损毁，导致政府 B 部门两天无法正常办公，严重损害了政府 B 部门的社会形象，因此 B 部门就此施工事故向 A 公司提出索赔。

【问题 1】请指出 A 公司与政府 B 部门签订的补充协议有何不妥之处，并说明理由。

【问题 2】请简要说明针对政府 B 部门向 A 公司提出的索赔，A 公司应如何处理。

【问题 3】判断下列选项的正误：

（1）合同确定了信息系统实施的管理的主要目标，是签约双方在工程中各种经济活动的依据。

（2）合同开始生效以后，对于某些未约定或者约定不明确的内容，合同双方可以通过合同附件进行补充。

（3）如果承建方交付的工作成果经过了建设方的验收，但实际不符合质量要求，则应该由建设方承担采取补救措施所产生的全部费用。

（4）承包人通常愿意签订总价合同以便能够通过节约成本来提高利润。

（5）合同变更的基本处理原则是“公平合理”。

（6）反索赔是指承建单位向建设单位提出的索赔。

2．案例解析

【问题 1】

不妥之处为补充协议的合同金额超过了原合同总金额的 10%。

根据《中华人民共和国政府采购法》，政府采购合同履行中，采购人需追加与合同标的相同的货物、工程或者服务的，在不改变合同其他条款的前提下，可以与供应商协商签订补充合同，但所有补充合同的采购金额不得超过原合同采购金额的百分之十。

【问题 2】

A 公司在接到政府 B 部门的索赔要求及索赔材料后，应根据 A 公司与政府 B 部门签订的合同，进行认真分析和评估，给出索赔答复。

在双方对索赔认可达成一致的基础上，向政府 B 部门进行赔付；如双方不能协商一致，按照合同约定进行仲裁或诉讼。

同时 A 公司依据与 C 公司签订的合同，向 C 公司提出索赔要求。

【问题 3】

（1）√　（2）√　（3）×　（4）×　（5）√　（6）×

提示：

（3）错，如果承建方交付的工作成果不符合合同所规定的质量要求，应视之为合同违约，应该由承建方承担给对方造成的经济损失。

（4）错，能鼓励承包人通过提高工效等手段从成本节约中提高利润的是单价合同。

（6）错，反索赔是指建设单位向承建单位提出的索赔。

23.8.2 合同管理案例二

1．案例场景

系统集成商 Simple 公司与生产型企业 Perfect 集团签订了一份企业 MIS（管理信息系统）开发合同，合同已执行到设计和开发阶段，由于 Perfect 集团内部组织结构调整，可能会影响核心业务的流程。集成商 Simple 公司提出建议，合同暂停执行至新的组织机构确定之后，双方经过会议协商和沟通，同意上述建议，后续工作再另行协商确定。

6 个月后，Perfect 集团组织结构基本确定，要求继续执行合同，并表示可将工期延后 6 个月。但集成商 Simple 公司原来参与项目的部分人员离职，新的项目组成员对该项目部熟悉，通过仔细阅读原来的需求文件还是无法理解 MIS 系统的需求。同时，由于 Perfect 企业组织结构的调整导致原需求发生了较大变化，因此不得不重新进行所有的需求调研。

项目继续开展了 1 个月后，集成商 Simple 公司提出需要增加合同费用，理由是新的需求导致工作量增加，软件系统需要重新开发。但 Perfect 集团认为需求变更是正常的，集成商 Simple 公司之所以工作量增加也是由于原来的项目文档保留不完整，并且人员更换等原因造成的。双方未就合同变更达成一致，陷入僵局。随后，Perfect 集团考虑是否使用法律手段来解决纠纷，但发现整个合同执行过程的备忘录和会议记录都没有，无法提出直接的证据材料。

【问题 1】 请结合案例分析在合同管理和文档管理过程中集成商 Simple 公司和 Perfect 集团共同存在的问题。

【问题 2】请结合案例分析集成商 Simple 公司在项目管理方面存在的问题。

【问题 3】结合案例简要叙述为使项目继续执行双方应该做的工作。

2．案例解析

【问题 1】

（1）合同中缺少必要的项目需求描述及违约责任约定。

（2）合同执行过程中没有做好记录保存工作（合同档案管理不规范）。

（3）缺少事先约定的合同变更流程。

【问题 2】

（1）为项目制定的原需求文件不够清晰或完整（范围管理没有做好）。

（2）对人员流动给项目带来的风险，缺乏充分的分析和合理有效的应对措施。

（3）没有充分估计项目变更带来的影响（变更管理没有做好）。

（4）与 Perfect 企业的沟通管理没有做好或存在问题。

【问题 3】

（1）确定一个变更控制委员会，确定合同变更流程。

（2）对于需求变更带来的影响进行合理的评估，形成新的需求文件。

（3）双方协商对合同内容进行变更提交变更控制委员会批准。

（4）加强沟通，双方各自做出一定的让步（考虑再延长一定时间的工期，或补偿合理的项目费用）。

（5）集成商 Simple 公司要加强人员组织管理和团队建设。

23.9　综合案例：南方移动项目

23.9.1　案例背景

1. 项目背景

中国 Simple 集团公司地处华南，是这几年新兴的、专门服务国内电信营运商的集团公司。经过艰苦卓绝而又十分经典的一轮销售战役，Simple 公司赢得了一个富有市场战略意义的合同：为南方移动 21 个业务区开发并实施其网管系统。公司领导非常高兴，希望能乘胜追击，漂亮地执行好这个合同，然后顺势拿下受这个合同影响较大的华南其他 4 省的网管系统。

项目目标、任务：

- 本项目为南方移动直放站和室内覆盖网管系统一期工程，目标是建立一个能够同时监控各个厂家 GSM、CDMA 直放站、室内覆盖系统的网管系统平台，在 2003 年 2 月至 2003 年 6 月底的 4 个月的时间里，接入包括全省 21 个业务区所有在网运营的直放站及室内覆盖设备。
- 整个工程以全省现有直放站及室内覆盖统一网管系统和 2004 年工程目标的业务量为基础，并充分考虑将来的扩容需求。
- 网管项目实施过程中通过对网管中心功能的增强、对新设备网管功能的开通以及对旧设备进行整改或升级，达到 100%的接通率。

因为业务的需要，同时也是中国移动的要求，客户方非常重视这个项目。事前客户方就按中国移动的规范再加上自己的技术要求拿出了一份本项目的技术规范，要求 Simple 公司按该技术规范进行项目实现（该规范是合同的附件），同时也要求 Simple 公司对该项目配备足够的资源，做好项目管理，务必按约定的时间使新系统上线使用。客户方指派处长郭军负责协调这个项目。

Simple 公司委任了王东为项目经理，王东的部门经理张廷为项目总监。张廷是公司工程部的经理，也是公司的元老之一。工程部是负责合同实施的部门。项目组的初始成员由工程部的 5 位工程师和研发部的 3 名工程师组成。公司项目管理部派了一位 QA 负责质量方面的管理工作。按公司平常的工作规程，各部门跟本项目相关的责任如下。

- 工程部：总体负责合同执行、项目实施，包括软件部分和接入部分。
- 研发部：负责协助网管软件的定制。公司在电信网管方面有较好的积累，研发部是公司原网管解决方案的开发部门。

- 项目管理部：负责指导和监督各项目的项目管理工作。
- 销售部：负责销售及收款工作，在项目过程中需要一定程度配合项目实施小组的工作。
- 商务部：负责设备和外购软件的采购、发货以及外包服务的选择等商务运作。本合同在本项目中需要从国内外采购一批网络设备。

2．项目计划部分

被委任为这个项目的项目经理后，王东心理有点复杂。一方面是因为接了一个比较重要的项目、公司领导很重视所以比较兴奋；另一个方面，他对项目感觉没底，心里有点儿空荡荡的。王东对网络还算熟悉，但对软件编程不是很熟，自己觉得只能算还行。进公司快两年了，对公司的运作制度和项目管理制度也算比较熟悉，项目做过好几个，也算是有一定经验的项目经理了。

王东的回忆：

知道我负责这个项目后我比较关心的是项目的时间要求和人员问题。项目合同我大致看过，时间已经定死了，4 个月，6 月底要上线。人员方面给我派了本部门的 4 人和研发部的 3 人。我们需要完成什么工作呢？软件开发和 21 个业务区的接入，按《技术规范》做，4 个月的时间连我在内 8 个人能完成吗？说实话，这就是我心里最没底的地方。

这个项目的工作范围应该是明确的、固定的（《技术规范》我还没看过呢！）。但这么多工作 4 个月是否能完成可能谁也不清楚，这“4 个月”是销售部门跟甲方商定的，估计甲方有要求有压力，而销售部想起来觉得也差不多就定下来了，事前工程部一点儿都不了解；8 个人够还是不够呢？谁都不清楚，没有概念。我还是先做项目计划吧。

公司里有一套项目管理的制度，按照项目计划模板去填就可以了。

我花了差不多一天多按以下顺序填好了计划模板中的各主要部分。

- 项目概述和约束；
- 项目组织和报告渠道；
- 项目过程和方法；
- WBS;
- 项目规模、工作量估计；
- 进度计划。

（1）项目概述和约束

① 关于项目目标没有太多需要考虑的地方，这类东西我都是基本上照抄我上一个项目的相同内容。

② 关于软件总体功能描述在《技术规范》里都有，我只写了一句话概括了网管的功能。

③ 关于主要约束，我主要写了进度约束。

- 需求分析：2003.2.17—2003.3.7；
- 总体设计：2003.3.10—2003.3.31；
- 详细设计：2003.4.1—2003.4.30；
- 编码：2003.5.7—2003.5.31；
- 测试：2003.6.1—2003.6.30；
- 初验：2003.7.1；
- 终验：2003.9.20；
- 本项目不存在成本和资源约束。

④ 本项目与公司其他项目和部门没有依赖关系。

（2）项目组织和报告渠道

① 我分了两个组：软件组和网络组。软件组由李鹏负责，网络组由我负责。

② 我把以下各角色的责任都描述出来了。

- 项目总监（张廷）
- 项目经理（我）
- 软件组长（李鹏）
- 网络组长（王东）
- 项目支持（李克明，主要负责质量保证）

③ 报告渠道。

- 项目组周例会，项目组内每周召开；
- 给客户的双周报，向客户即甲方汇报项目情况；
- 项目报告，每双周向公司汇报项目情况。

（3）项目过程和方法

① 在软件方面，我们按常规的软件瀑布型过程进行开发，其他没有特殊的技术方法。

② 因为开发工作时间有限而且看起来不复杂，我裁剪了代码走查、弱化了总体设计、详细设计、单元测试和配置管理的工作。

（4）工作交付物及 WBS

① 项目的最终交付物是可正常运行的南方移动省级网管系统及相关文档，包括如下内容。

- 网络系统软件的可执行代码；
- 系统技术手册；
- 合同规定由我方提供的设备；
- 达到《技术规范》要求的网络系统。

② 按项目的时间顺序，按照想象中的一件件工作我基本上分解出项目的工作分解结构。每件工作我都标注上其输出，大部分工作都在三五天以内，少数是 10 天左右。软

件部分的工作基本上是按软件开发生命周期进行分解的，接入部分的工作基本上按各地区工作的时序进行分解。

（5）项目工作量估计

有了 WBS 估算项目规模和工作量就比较方便了。先为每一项子任务估算一个工期和占用的资源，然后可以很容易地累加出总工作量。不过，既然总工期已经定死了是 4 个月，那我定义的各任务的时间都是从这一最大的约束出发凑出来的。

（6）进度计划

按第一项的进度约束我定义了几个里程碑。

（7）其他

因为还有风险日志，所以我不需要在项目计划中针对风险作什么计划，等项目启动后，按风险日志的格式再处理也不迟。

有了计划模板，项目计划确实好做多了，不过对这个项目而言有不少地方我还不太有把握，例如 WBS、任务工期及进度安排、资源安排、项目工作量等。但因为有模板的格式，我还是按大致的估计填上了些内容，总不能空着。

王东把项目计划提交给部门经理张廷和公司项目管理部。

张廷拿到这份计划，他最关心的是能不能按公司领导的时间要求完成这个项目。从进度安排方面看，最后的完工日期是符合合同要求的，这份计划没问题。另外，从组织、责任、沟通渠道、工作交付物和 WBS 等方面基本上都是常规的一些内容，每个项目大体上都是写这些内容，也都看不出有什么问题。他问了一下王东："做好这个项目没什么问题吧？公司高层领导可是很重视的啊。"

王东也想不出有什么重要的问题，就说："现在项目还没开始，也没什么问题。时间方面现在心里没底，我努力争取吧。人员方面以后要是有什么需要还请老总您老人家多支持！"

张廷说："您千万别！现在每个项目都很紧张，能给你抽出 8 个人已经很不容易了，你知足吧！"

公司项目管理部小林问了张廷对这个计划有什么意见，张廷说没有。小林看看项目计划的格式、内容基本符合要求，而且部门经理也没意见，就批准了这份项目计划。

按项目计划，项目软件部分的第一大项工作是进行需求分析。这方面工作王东让软件组长李鹏全权负责。甲方这边的负责人郭处让他手底下的小凌负责跟李鹏来谈软件需求。小凌和另外两位甲方的人员针对未来的网管系统各个功能分别提出他们的想法，李鹏就跟他们谈并逐一作记录。虽然谈需求进行得不是很有规律，但是最后需求分析还是按时完成了，得到了一份关于该项目网管系统的需求说明书。该说明书对系统的各个功能、使用方法都提出了要求，有些要求非常具体。

李鹏告诉王东说这份需求文档的内容虽然有些方面提得比较细，但有不少地方跟《技术规范》不一致，想商量商量怎么处理。最后他们觉得这份需求有些地方是对《技术规范》的发展，有些地方是细化，体现了甲方现在对网管系统的实现要求，与其到测试或验收时再处理，还不如现在就考虑。王东把需求文档提交给了甲方请他们审阅。

设计、编码工作基本是以需求文档为基础而进行的。

项目工作铺开后，大家才发现项目的工作没有原来计划的那么简单，有些工作在原 WBS 中是没有的，还有不少工作是计划外的，这都占用了项目成员的很多精力。王东习惯性地感叹："意外太多了！怎么我们做的每一个项目都有这么多意外，原来做出来的计划就没有办法顺利地执行下去，计划没有变化快啊！"这样，项目计划就没办法按原来的进度要求走下去了，原来每个人的正常工作节奏全都被打乱了，每个人都很忙。

关于接入部分的工作，王东去了南方某省需要接入的好几个地方才发现甲方各地准备工作根本没准备好，这将会严重地影响整个项目的进度，而这些准备工作原本是 Simple 公司希望甲方在接入工作开始前就做好的，甲方也曾说他们将负责把各地所有的接入准备工作都做好。王东问各地的相关负责人这个项目的工作怎么安排，负责人的回答大同小异，基本上都说省局为这个项目召集他们开过会，具体的工作也都考虑过或做过一些工作，不过现在工作特别忙，有部分工作也没顾上，有些人还说曾想完整地规划好要做的所有准备工作，但也不清楚准备工作具体都需要做哪些。王东又打电话问负责这个合同的销售代表老杨："关于接入的准备工作当初跟甲方是怎么定的、怎么交待的？"老杨说："哎呀小李，你不找我我还想找你呢，签完合同就不知道这个项目怎么样了。你说各地市的接入准备工作吗？他们说是他们负责的呀，我就没多管，你是不是该督促他们一下啊？"

接入工作的进展也影响到了软件开发的工作，按原计划到 5 月中旬应该可以进行软件调试的网络环境没按时就绪。

按王东的项目计划研发部应该在 4 月初额外派 3 个人来三四天帮他们解决一个技术问题。时间到了 4 月初研发部却没动静，王东急了，打电话问人怎么还不过来，研发部经理诧异地问："你什么时候跟我说过这事？"王东说："我都写在计划里了！计划也发给过你了！"研发部经理说："每天文件这么多，我怎么可能把你的每一个字都细看呢？"

还有一件更麻烦的事：公司为甲方所订购的一批网络设备到货时间将会耽误项目的进度，国内供货部分还好一点，国外供货最晚的要到 7 月中旬左右才会到货。王东又感叹："天不助我啊！"

王东每两周都会跟郭处沟通一次项目的情况，郭处知道了设备到货时间的问题后问王东："你们公司没有去考虑过这个问题吗？"

5 月 22 日，甲方高层领导来到开发现场听项目组的汇报并观看系统演示，为了表示重视，公司领导和张廷也来了。当时系统并没有完全开发完毕，大家只看到了主要的功能模块。

看完后，甲方领导表达了意见。

（1）对项目的进度极不满意。

（2）系统演示出的功能与《技术规范》不一致，最后的验收将以《技术规范》为标准。

（3）从项目前阶段的工作过程可以看出 Simple 公司投入到项目中的资源不足，希望 Simple 公司领导充分重视该项目。

（4）为对项目的沟通和监督，从当天开始甲方将每 8 个工作日来现场听取项目汇报并观看演示。

公司领导对甲方的意见非常意外，立即让王东汇报项目情况。王东的汇报中提到了资源不足。领导问项目组的 8 个人他是怎么使用的，王东说从项目开始到现在他们都很忙。领导无话可说，又问王东要增加多少人，王东说估计 4 人左右。领导说虽然公司很重视这个项目，但现在公司资源非常紧张，需要王东详细规划出这 4 个人怎么使用的一个计划然后再审批。王东觉得这样很麻烦，本来项目工作就很多，还要把时间浪费在这种形式化的表面文章中，但俗话说胳膊不能跟大腿拧、好汉不要跟领导顶，还是简单写了为这 4 个人各分配哪个方向的工作作为计划交了上去。

在随后的几次汇报中，甲方领导在观看软件演示时多次提出了修改意见。对于这些意见李鹏提出这属于项目范围变更，要求按变更来处理。但郭处说这不是范围变更，软件功能本来就该做成这样子，是开发组理解错了，不存在变更不变更的问题。为了能够说服郭处，李鹏和王东详细查阅了《技术规范》，结果悲观地发现在很多地方《技术规范》并没有清楚描述要做成什么样，所以很难判定甲方的意见是不是属于变更。既然是这样，就只有满足甲方的要求了。

项目的麻烦开了头就刹不住，估计项目的时间目标是不可能实现的了，不知道客户的高层领导和公司的高层领导要怎么着急呢，唉……

现在回过头来看项目的计划，王东觉得这项目计划其实真的没什么用，项目是活的计划是死的能有用吗？还不如不做！只不过公司有制度，不做不行罢了。

3．项目执行保障部分

客户领导的意见让公司领导对这项目异常重视，几个人陆续派来了。

关于设备到货的问题，公司领导责成公司商务营运部门抓紧催货。没到货之前怎么办呢？张廷召集相关的人开会，大家出谋划策，决定从公司和客户两边先凑或借部分可用的设备，在佛山先建一个示范点，把示范点的做法制定为规范，等设备到货后再 COPY 到其余 20 个点，这样能大大地节省后期接入工作的时间。经与甲方商量，甲方很赞成，之后示范点设备的筹集很顺利，随后的示范点接入和调试工作也都很顺利。

王东又感叹了："还是客户的力量是无穷的呀！以前关于这些问题我也给张廷写过周报，我写过可能会有设备到货时间的问题，会有资源不足的问题，会有需求变更的问题，但都是石沉大海，现在客户领导一发话问题解决得真快！"

王东的回忆：

项目的气氛紧张了很多，由于巨大的进度压力，我规定全体人员每天都加班到晚上

9 点半以后，周末也不休息。连续加班一段时期之后大家好像非常疲惫，全组人员一起吃饭时话也不太多了，情绪变得不高了，积极性、工作效率等各方面都明显下降了。

以前项目组开周例会大家还挺积极，七嘴八舌地提出不少建议，而现在大家无精打采没什么话，除了王耕田偶尔发发牢骚或讲个段子。真是无可奈何：既然大家都这样，干脆以后周例会也别开了，我每周大致问一下大家的工作情况就算了，反正大家都忙，顶多是我一个人多辛苦点，我不怕辛苦。

我发现如果以各项目成员为节点画一张项目信息流动的示意图，有些人好像会成为信息的“梗阻”，个别人居然趋向于成为“孤岛”。不过，我觉得人的性格是很难说的，强求大家都像王耕田那样特爱说话也不可能。

管人真是麻烦！这些问题让我作为项目经理很难做工作，公司对项目的支持还是不够，公司应该把人管理好，这些人才能为项目服务好。

李鹏的回忆：

详细设计、编码和单元测试工作的结果让我不满意，客户也不太满意，项目进度也被拖延不少。王东和我一分析原因，觉得其中很大一部分原因是项目组里有几个成员不太熟悉项目所用到的开发技术，无论是测试还是编码问题都比较多，工作的反复比较多，表现也不专业，设计写出来五花八门、各有各路，编码更是天女散花，要多花有多花，急得我恨不能上去自己把所有工作全都做完。王东安慰我说公司派来的人也不可能所有的都是高手，这也是正常的，我们自己不能急，习惯了就好了。

来自公司研发部的人让王东觉得不好管理，他们中的部分人是身兼数职的，我们都能看到，有时候他们会回公司忙他们别的工作，有时候他们人在项目现场但不停地为了别的事情打电话。都是为了忙公司的事情，大家都能体谅。但有一次我觉得心里不舒服：软件的总体设计是请研发部的肖大跃做的，大跃是“大拿”，那段时间同样是特别忙，匆匆忙忙花两天时间做出总体设计来，文档中以前项目的“痕迹”都没删干净。本来我觉得在设计评审时 QA 和大家可能会找出不少问题来，但这个 QA 没经验，评审前没让大家认真阅读，我觉得参加评审的人员里阅读了一小时的都算不错的了。评审时因为有人马上要出差所以很快就过了一遍，两小时都不到！除了改了改笔误、删掉原来的一些不该出现的“痕迹”外没谈出什么大问题来。另外，大家有一个心态觉得这是大跃的东西应该没什么问题，大跃可是多大多复杂的系统都做过的“大拿”！但我怀疑这次大跃可能连《技术规范》都没细看。后来事实还真证明我的怀疑是对的，客户在测试的时候发现我们的功能跟《技术规范》不一致，我们追根溯源一查，原来是大跃的设计照着旧系统做的，没考虑这个项目的要求。唉，耽误我们一个多星期的时间啊。

说到这个 QA，我还觉得有点不明白，设了 QA 他就应该把项目质量方面的事情全都管理起来对吧？但他全都管得了吗？他还是要我来负一些责任，还说我没尽到责任！但我到现在也没整明白在质量方面有哪些责任是该我负的，我也不清楚我具体负责的需求、设计、编码、测试这些过程里质量该怎么管。他说他的项目质量计划里写到了，我怎么就觉得那玩意儿是个形式呢？没有用！

甲方的小凌对小周所做的模块不满意，王东本来就对小周不满意，于是详细了解了小周的工作情况，感觉小周虽然聪明但不踏实，有些工作该做但没做得很好，有些工作虽然不起眼但他该做没做。王东直截了当地对小周提出批评了。小周很不服，说："说我该干没干？可我从头到尾没有清楚地得到过指示要我去做哪几件事情，跟我交待过我要负责这一块，可是领导，这一'块'到底多大谁知道啊？您认为我该做什么最好跟我明确出来，要不然我很难猜。说我没干好？'好'到什么程度能不能也一起告诉我？再说了，那些做得慢的您怎么不去考核一下？要是大家都考核，我应该还算好的呢！"

小周还提到了让王东和李鹏不太好回应的一件事：正是因为他们俩决定把单元测试和系统测试的部分工作简化了才导致了后来出现的一些莫名其妙的问题。当时他们也是想赶进度，没想到现在省不了时间反而为了查找和排除这些问题费了几倍的时间。什么叫偷鸡不成蚀把米？嘿嘿！王东从小周的眼神里看出了这个意思。

对小周的批评最后也只能不了了之了。

让王东觉得比较麻烦的还有客户。客户是上帝，上帝是给钱的人，上帝随便咳嗽一声也绝对要注意听着；客户还是合作者，没有他们配合项目的工作不可能完成。不想不知道，一想就发现项目里有很多事情需要客户（或协调第三方厂家）去做而且他们能做得好的，例如：

① 提供各地的设备类型、数量、监控状况和监控协议；

② 对不符合统一协议的C网设备进行整改和升级；

③ 提供整改后的各地区需接入的站点信息；

④ 提供可联调的实际站点，提供联调配合计划；

⑤ 对被接入的设备进行接入联调，并提交联调报告；

⑥ 外挂监控站点的接入实施工作。

让王东头疼的是客户经常不做好他们该完成的工作。下面这些是郭处、小凌或客户的其他人让王东经常头疼的话。

(1)"最近太忙，上周说的事还没顾上。哎你们这边差不多了吧，给我看看！"

(2)"下周一要三个人配合测试？你怎么不早说？今天都周四了，我们怎么来得及安排人手出来啊？往后推一周吧？"

(3)"这种事也要我们做？你们这么熟，人又这么多，顺手一弄就完了，啊，就这么定了吧。"

(4)"这事我这种小兵管不了，我负不起这责任，你们还是找我们领导去吧!"

(5)"那是使用部门的事，跟我没关系，你找他们吧……"

……

对这些话，王东都不知道怎么对付才好。

项目的压力超乎寻常地大，客户每8个工作日的检查对项目组来说是个很大的负担，而不是能解决问题的帮助，部门经理张廷和公司项目管理部经常追着问项目进度。

每天都有新的问题涌来、每天都有新的压力，来自客户的、来自公司的、来自项目组成员的，进度方面的、资源方面的、技术方面的、乱七八糟方面的！面对这些铺天盖地的信息、问题、压力，王东觉得再下去就要崩溃了！

王东感叹的是为什么每一个项目都不顺、都这么麻烦，是自己运气不好？公司的问题？还是行业、客户的问题？

4．项目控制部分

项目一开始公司领导和部门领导就一直希望这个项目能按目标完成，目标显然不可能达到时又寄希望于修订后的目标能够达到。项目经理被要求努力地去控制好项目以达到各方面的目标。

王东的回忆：

一个事先没有预料到的情况严重地干扰了项目的进展：甲方领导每 8 个工作日的视察有时满意有时很不满意，但不管怎么样都会提出一堆意见和要求，这样好那样不好，要这样下次别让我看到那样等等。项目有项目原来的进度计划，每天干什么都有安排，而为了满足这些要求原来的安排全都被打乱了。甲方提出的这些意见有的跟《技术规范》一致、有时不一致，一开始我和李鹏还想部分顶住，但因为甲方领导层次较高，我觉得他要是震怒可能公司领导又会很紧张，同时也不希望因为我不同意满足甲方的要求让甲方向高层领导投诉，这样会让我很被动。

这种对修改要求的满足一旦开始就很难停止，这样项目就陷入了很被动的循环，刚把上次的要求改好了，想回复正常的开发节奏，新的一轮又开始了。这让我觉得就像转轮里的小白鼠，自己永远不知道什么时候是尽头，直到累死为止，而外人觉得你在干你该干的事情。

变化永远都在发生，这是极其讨厌的事情，说实话，我现在很怕听到这种坏消息，但这种消息从项目一开始到后来还是很多。

（1）网络设备到货比预期晚。

（2）甲方的接入准备工作没做好。

（3）甲方的开发配合工作没按计划做好。

（4）项目资源的可用性发生变化。

（5）技术难题的难度超乎意料。

……

这些变化只要一出现就让我们没办法按计划走下去。

公司要求我控制的两个最重要的方面是项目进度和项目成本。

关于项目成本，我也想控制，但我实在不知道除了控制项目报销费用外还有什么措施可用，反正项目费用预算的总额现在还没超，除了这一点其他的情况都无法判断，所以也就没办法控制。

关于项目进度控制，我现在觉得是一个很虚无缥缈的事情，讲得实在一点就是：如果项目没有意外，项目的进度你就能控制得住，有了意外你就控制不住，就这么回事！

另外，公司让我们每个月都要进行挣值分析，累死人又没有用，唉……

关于项目周例会：项目组一开始还开周例会，例会内容有如下两项。

（1）每人汇报上周的工作情况，有没有完成任务。

（2）确定下周工作的任务安排。

后来周例会也不开了，基本上都由王东依次问大家的工作情况再安排一下下周的工作。

张廷觉得这个项目各方面似乎都处于失控状态，问王东他对项目都有哪些控制措施，王东说了一堆，张廷觉得都没到点子上。他问王东："你觉得项目怎么样才能控制得住？"

王东觉得不好回答，想了一想说："第一要防止意外发生，第二要靠运气！"

这个项目确实基本处于失控状态。

在进度方面，原计划是 7 月 1 日初验，后来改成 8 月 10 日，然后再改成 10 月 8 日，然后……里程碑目标一拖再拖，眼看目标显然不可能达到就又把进度目标修改一次，每次都有客观原因（公司项目管理部事后总结发现，要求进度目标延期或项目预算增加的每一个项目都有绝对充分的理由、都有一大堆客观原因）。

在项目费用方面，报销的费用倒是不多，但整个公司里谁也没概念：这个项目现在已经花了多少钱，还允许项目可以再花多少钱。

在项目质量方面，一句话就可以概括：时间和资源换质量。各个环节都出了不少问题，大部分问题是用人和时间去换的，小部分问题就算了，以后再说了，顾不上了。

最后，项目在 12 月 5 日终于通过初验了。涉及到这个项目的所有人好像都舒了一口气，但没有人有多少笑容。本来所有人对这个项目的期望值都挺高的，但现在落差太大了。项目的成本远远超出了预算，无法不超，因为拖延了这么长时间、增加了这么多人。王东知道的只停留在超出预算的数字上，但公司领导考虑的是：这个项目我们赚到钱了吗？我们赔了多少钱？以后这种项目还能做吗？

各位项目成员也不开心，辛苦了这么长时间，项目没有一个值得大家高兴的结果，个人的长进提高也比较有限。

客户当然也不高兴，虽然他们知道项目延期跟他们是有关系的，但毕竟这不是他们想要的结果，也不好向领导交待，而且他们觉得 Simple 公司拿了这个钱就应该把这个事儿管好。经过销售人员和领导以商务手段进行运作，最终客户没有什么特别的反应，不过项目的影响不太好，影响了其他省份的销售工作。

项目的尾巴工作不少，李鹏在不断地应付着。

王东本来想做完这个项目一定要好好喘口气，但张廷刚才又找到他，说又有一个新的项目准备由他负责，客户要求项目经理马上要到位……

5．问题

在这个项目中，王东的做法都有哪些不妥之处，如果你是王东，应该怎么办？

23.9.2　案例解析

这是一个堪称经典的案例，整个案例中，王东的不妥之处甚多，下面以十大知识领域为脉络做一下系统梳理。

1．整体管理

1）制订项目章程过程，这个过程中最大的问题就是选择了王东作为项目经理，而王东在项目管理方面的经验、能力和知识背景显然不足以承担如此重要、复杂的项目，一将无能害死千军，这是之后一连串灾难的重要根源。

2）制订项目管理计划过程，王东缺乏现代项目管理的基本思想和概念，把这个对项目至关重要的过程当成儿戏，下面逐条做一下点评：

（1）项目管理计划不是走形式用的，而是真正要用来指导项目管理工作，瞎编的虚假计划只会使项目走向失败。

“公司里有一套项目管理的制度，按着项目计划模板去填就可以了”

“我花了差不多一天多按以下顺序填好了计划模板中的各主要部分”

“这类东西我都是基本上照抄我上一个项目的相同内容”

“有了计划模板项目计划确实好做多了，不过对这个项目而言有不少地方我还不太有把握，比如 WBS、任务工期及进度安排、资源安排、项目工作量等，但因为有模板的格式我还是按大致的估计填上了些内容，总不能空着”

（2）“本项目不存在成本和资源约束”——成本约束显然不存在，Simple 公司对项目就没有成本核算和控制。资源约束却很严重，项目经理申请增加人员颇费周折而且数量有限，此外，设备设施资源的到位也严重影响了项目的工期。

（3）“本项目与公司其他项目和部门没有依赖关系”。——显然，项目依赖研发部和商务部的配合以及项目总监张廷的支持，“研发部：负责协助网管软件的定制”，“商务部：负责设备和外购软件的采购、发货以及外包服务的选择等商务运作，按合同在本项目中需要从国内外采购一批网络设备”，但是，配合很不流畅、支持很不到位，比如：

按王东的项目计划研发部应该在 4 月初额外派 3 个人来三四天帮他们解决一个技术问题。时间到了研发部也没动静，王东急了，打电话问人怎么还不过来，研发部经理诧异地问：“你什么时候跟我说过这事？”王东说：“我都写在计划里了！计划也发给过你了！”研发部经理说：“每天文件这么多，我怎么可能把你的每一个字都细看呢？”

还有一件更麻烦的事：公司为局方所订购的一批网络设备到货时间将会耽误项目的进度，国内供货部分还好一点，国外供货最晚的要到 7 月中旬左右才会到货。王东又感叹：“天不助我啊！”

以前关于这些问题我也给张廷写过周报，我写过可能会有设备到货时间的问题，会

有资源不足的问题，会有需求变更的问题，但都是石沉大海

（4）“在软件方面，我们按常规的软件瀑布型过程进行开发，其他没有特殊的技术方法”——需求明确的项目才适合使用瀑布模型。这个项目，需求有很多不明确和模糊之处，应该用原型法、迭代或螺旋模型。项目实施阶段，局方领导每 8 个工作日的视察，恰好适用于迭代模型或敏捷方法，每 8 天一个迭代周期。

（5）“因为开发工作时间有限而且看起来不复杂，我裁剪了代码走查、弱化了总体设计、详细设计、单元测试和配置管理的工作”——欲速则不达，节省必要的支持活动和过程，反倒得不偿失。

“小周还提到了让王东和李鹏不太好回应的一件事：正是因为他们俩决定把单元测试和系统测试的部分工作简化了才导致了后来出现的一些莫名其妙的问题。当时他们也是想赶进度，没想到现在省不了时间反而为了查找和排除这些问题费了几倍的时间。什么叫偷鸡不成蚀把米？嘿嘿！王东从小周的眼神里看出了这个意思。”

（6）“但这么多工作 4 个月是否能完成可能谁也不清楚，这“4 个月”是销售部门跟局方商定的，估计局方有要求有压力、而销售部想起来觉得也差不多就定下来了，事前工程部一点儿都不了解；8 个人够还是不够呢？现有也都不清楚，没有概念。我还是先做项目计划吧。”——真是一个糊涂项目经理，时间和资源够不够都不知道，就盲目开工。

（7）“不过既然总工期已经定死了是 4 个月，那我定义的各任务的时间都是从这一最大的约束出发凑出来的”——应该认真估算每个任务的实际工期和资源需求，如果汇总之后超过了总工期和总资源限制，可考虑裁剪范围、优化资源、赶工、或变更工期、追加资源等措施。本案例中，王东理应据实估算工期报给张廷和客户。

（8）“因为还有风险日志，所以我不需要在项目计划中针对风险作什么计划，等项目启动后我们可以按风险日志的格式再处理也不迟”——风险管理计划、风险识别、分析、风险应对计划是必不可缺的过程。

（9）“现在回过头来看项目的计划，王东觉得这项目计划其实真的没什么用，项目是活的计划是死的能有用吗？还不如不做！只不过公司有制度不做不行罢了”——应付公司的虚假计划确实不如不做。

1）指导与管理项目工作过程，没有真实的项目管理计划，项目执行过程就好比盲人骑瞎马，走哪儿算哪儿。

2）监控项目工作过程，项目已经处于完全失控状态，无法回答：现在处于什么状态，距离完工还要多长时间、还要多少费用这类问题，

张廷觉得这个项目各方面似乎都处于失控状态，问王东他对项目都有哪些控制措施，王东说了一堆，张廷觉得都没到点子上。他问王东：“你觉得项目怎么样才能控制得住？”王东觉得不好回答，想了一想说：“第一要防止意外发生，第二要靠运气!”

3）实施整体变更控制过程，项目没有建立规范的变更控制程序，变更随意、失去控制，尤其体现在需求变更上。

4）结束项目或阶段过程，俗话说以终为始，《技术规范》是项目合同的附件，也是验收的依据，不严格依据其进行开发工作，局方领导视察或验收时必然会遇到困难。

2．范围管理

1）规划项目范围管理过程

“这个项目的工作范围应该是明确的、固定的（《技术规范》我还没看过呢）”——王东对范围管理没有给予应有的重视。

王东又打电话问负责这个合同的销售代表老杨：关于接入的准备工作当初跟局方是怎么定的、怎么交待的，老杨说：“哎呀小李，你不找我我还想找你呢，签完合同就不知道这个项目怎么样了。你说各地市的接入准备工作吗？他们说是他们负责的呀，我就没多管，你是不是该督促他们一下啊？”——实际上，项目的范围边界很不明确。

2）收集需求过程

“小凌和另外两位局方的人员针对未来的网管系统各个功能分别提出他们的想法，李鹏就跟他们谈并逐一作记录。虽然谈需求进行得不是很有规律，最后需求分析还是按时完成了，得到了一份关于该项目网管系统的需求说明。该说明对系统的各个功能、使用方法都提出了要求，有些要求非常具体”——需求不只是做记录，这是典型的被动式需求调研，或守株待兔式需求调研。

3）定义范围过程

“李鹏告诉王东说这份需求文档的内容虽然有些方面提得比较细，但有不少地方跟《技术规范》不一致，想商量商量怎么处理。最后他们觉得这份需求有些地方是对《技术规范》的发展，有些地方是细化，体现了局方现在对网管系统的实现要求，与其到测试或验收时再处理，还不如现在就考虑”——不符合《技术规范》的内容，怎么能纳入需求呢，如果用户坚持，应启动变更程序，变更合同附件《技术规范》。

4）创建 WBS 过程

“项目工作铺开后大家才发现项目的工作没有原来计划的那么简单，有些工作在原WBS 中是没有的，还有不少工作是计划外的，这都占用了项目成员的很多精力。王东习惯性地感叹：“意外太多了！怎么我们做的每一个项目都有这么多意外，原来做出来的计划就没有办法顺当地执行下去，计划没有变化快啊！”这样项目计划就没办法按原来的进度要求走下去了，原来每个人的正常工作节奏全都被打乱了，每个人都很忙”——WBS分解的一个重要原则就是不能遗漏任务，一个遗漏的任务会摧毁整个进度计划。项目中的意外通常有两个来源：一是遗漏的任务，二是未识别的风险。显然，案例中的意外主要来源于任务遗漏，比如：国外采购设备的到货时间问题，“郭处知道了设备到货时间的问题后问王东：你们公司没有去考虑过这个问题吗？”

5）确认范围过程

“系统演示出的功能与《技术规范》不一致，最后的验收将以《技术规范》为标准”——项目经理要尽早搞清楚：谁负责验收、验收标准是什么、谁有验收表决权或评判权。

6）控制范围过程

“局方领导在观看软件演示时多次提出了修改意见。对于这些意见李鹏提出这属于项目范围变更，要求按变更来处理。但郭处说这不是范围变更，软件功能本来就该做成这样子，是开发组理解错了，不存在变更不变更的问题。为了能够说服郭处，李鹏和王东详细查阅了《技术规范》，结果悲观地发现在很多地方《技术规范》并没有清楚描述要做成什么样，所以很难判定局方的意见是不是属于变更。既然是这样就只有满足局方的要求了。”——需求是《技术规范》的细化，查《技术规范》当然没用了；需求收集完成后，应要求用户进行确认（是否是他们想要的软件功能），确认后的需求成为需求基线，若要变更就需要走变更控制流程了。

“局方提出的这些意见有的跟《技术规范》一致、有时不一致，一开始我和李鹏还想部分顶住，但因为局方领导层次较高，我觉得他要是震怒可能公司领导一定又会很紧张，同时也不希望因为我不同意满足局方的要求让局方向高层领导投诉，这样会让我很被动”——这是因为局方领导不知道他们的要求与技术规范相违背，有必要提醒他们；《技术规范》是验收标准，最终项目验收还是要按照《技术规范》来。

“这种对修改要求的满足一旦开始就很难停止，这样项目就陷入了很被动的循环，刚把上次的要求改好了，想回复正常的开发节奏，新的一轮又开始了。这让我觉得就像转轮里的小白鼠，自己永远不知道什么时候是尽头，直到累死为止，而外人觉得你在干你该干的事情。”——使用迭代模型或敏捷方法，每 8 天一个迭代周期，先开发优先级高、稳定性强的需求。

3．进度管理

由于没有真实的进度计划（各种时间都是倒推和凑出来的），加之 WBS 严重漏项和没有进行风险分析，项目的进度完全失控，症状如下：

“关于项目进度控制我现在觉得是一个很虚无缥渺的事情，讲得实在一点就是：如果项目没有意外项目的进度你就能控制得住，有了意外你就控制不住，就这么回事！”

“在进度方面，原计划是 7 月 1 日初验，后来改成 8 月 10 日，然后再改成 10 月 8 日，然后…… 里程碑目标一拖再拖，眼看目标显然不可能达到就又把进度目标修改一次，每次都有客观原因。”

4．成本管理

项目没有成本核算，更不用说成本控制了，症状如下：

“关于项目成本我也想控制，但我实在不知道除了控制项目报销费用外还有什么措施可用，反正项目费用预算的总额现在还没超，除了这一点其他的情况都无法判断，所以也就没办法控制。”

“在项目费用方面，报销的费用倒是不多，但整个公司里谁也没概念：这个项目现在已经花了多少钱，还允许项目可以再花多少钱。”

“项目的成本远远超出了预算，无法不超，因为拖延了这么长时间、增加了这么多人。王东知道的只停留在超出预算的数字上，但公司领导考虑的是：这个项目我们赚到钱了吗？我们赔了多少钱？以后这种项目还能做吗？”

“另外公司让我们每个月都要进行 Earned Value 分析，累死人又没有用，唉……”

5．质量管理

质量管理形同虚设，通常的后果就是返工和验收不通过。比如，缺乏需求评审，与《技术规范》冲突的需求也被纳入其中，导致局方视察效果极差，只能返工。再比如，缺乏设计评审，肖大跃没细看《技术规范》，盲目照搬之前项目做出的设计，客户在测试的时候发现我们的功能跟《技术规范》不一致，只能返工。具体症状如下：

“说到这个 QA 我还觉得有点不明白，设了 QA 他就应该把项目质量方面的事情全都管理起来对吧？但他全都管得了吗？他还是要我来负一些责任，还说我没尽到责任！但我到现在也没整明白在质量方面有哪些责任是该我负的，我也不清楚我具体负责的需求、设计、编码、测试这些过程里质量该怎么管。他说他的项目质量计划里写到了，我怎么就觉得那玩儿是个形式呢？没有用！”

“在项目质量方面，一句话就可以概括：时间和资源换质量。各个环节都出了不少问题，大部分问题是用人和时间去换的，小部分问题就算了，以后再说了，顾不上了。”

“但我怀疑这次大跃可能连《技术规范》都没细看。后来事实还真证明我的怀疑是对的，客户在测试的时候发现我们的功能跟《技术规范》不一致，我们追根溯源一查，原来是大跃的设计照着老的系统做的，没考虑这个项目的要求。唉，耽误我们一个多星期的时间啊。”

6．人力资源管理

1）规划人力资源管理过程

“人员方面给我派了本部门的 4 人和研发部的 3 人”，“4 个月的时间和连我在内 8 个人能完成吗？说实话，这就是我心里最没底的地方。”——项目经理需要根据项目任务估算资源需求，如果公司给定的人力不足，则应在项目实施工作开始前申请补充，而不是等项目做了一半，进度严重落后了再去申请。

“领导无话可说，又问王东要增加多少人，王东说估计 4 人左右。领导说虽然公司很重视这个项目，但现在公司资源非常紧张，需要王东详细规划出这 4 个人怎么使用的一个计划然后再审批。王东觉得这样很麻烦，本来项目工作就很多，还要把时间浪费在这种形式化的表面文章中，但俗话说胳膊不能跟大腿拧、好汉不要跟领导顶，还是简单写了为这 4 个人各分配哪个方向的工作作为计划交了上去。”——公司的要求是合理的，资源日历中应列明每个项目组成员每天的任务安排。

2）组建项目团队过程

“详细设计、编码和单元测试工作的结果让我不满意，客户也不太满意，项目进度也被拖延不少。王东和我一分析原因，觉得其中很大一部分原因是项目组里有几个成员不太熟项目所用到的开发技术，无论是测试还是编码问题都比较多，工作的反复比较多，表现也不专业，设计写出来五花八门各有各路，编码更是天女散花要多花有多花，急得我恨不能上去自己把所有工作全都做完。王东安慰我说公司派来的人也不可能所有的都是高手，这也是正常的，我们自己不能急，习惯了就好了。”——项目每个专业需要多少人，需要什么技能水平的人，都应在人员配备管理计划中详细列明。公司送来的人员如果不符合要求，应退回并申请换人或予以必要的培训。

3）建设项目团队过程

“管人真是麻烦！这些问题让我作为项目经理很难做工作、公司对项目的支持还是不够，公司应该把人管理好，这些人才能为项目服务好。”——团队建设是项目经理的职责，没法推给公司和职能经理。

4）管理项目团队过程

“项目的气氛紧张了很多，由于巨大的进度压力，我规定全体人员每天都加班到晚上九点半以后，周末也不休息。连续加班一段时期之后大家好像非常疲惫，全组人员一起吃饭时话也不太多了，情绪变得不高了，积极性、工作效率等各方面都明显下降了。”——士气低落，难以取得好的绩效。

小周很不服，说：“说我该干没干？可我头到尾没有清楚地得到过指示要我去做哪几件事情，跟我交待过我要负责这一块，可是领导，这一‘块’到底多大谁知道啊？您认为我该做什么最好跟我明确出来，要不然我很难猜。说我没干好？‘好’到什么程度能不能也一起告诉我？再说了那些做得慢的您怎么不也去考核一下？要是大家都考核我应该还算好的呢！”——激励和考核是团队管理的重要任务，衡量团队成员绩效要尽可能的量化，不要用形容词，“好”无法测量，只能主观判断，不易服众。

7. 沟通管理

需要加强沟通管理，项目经理需要规划沟通管理、管理沟通、控制沟通：

“以前项目组开周例会大家还挺积极，七嘴八舌地谈出不少建议，而现在大家无精打采没什么话，除了王耕田偶尔发发牢骚或讲个段子。真是无可奈何：既然大家都这样，干脆以后周例会也别开了，我每周大致问一下大家的工作情况就算了。”

“我发现如果以各项目成员为节点画一张项目信息流动的示意图，有些人好像会成为信息的梗阻，个别人居然趋向于成为孤岛。”

8. 风险管理

“变化永远都在发生，这是极其讨厌事情，说实话我现在很怕听到这种坏消息，但这种消息从项目一开始到后来还是很多：

网络设备到货比预期晚

局方的接入准备工作没做好

局方的开发配合工作没按计划做好

项目资源的可用性发生变化

技术难题的难度超乎意料

……

这些变化只要一出现就让我们没办法按计划走下去了。”

点评：有经验的项目团队会识别出项目中的绝大多数风险，并为无法预料到的风险预留机动时间、机动资金、机动资源。王东根本就没有进行风险管理，遇到种种意外与变化自是正常。

9．干系人管理

让王东头疼的是客户经常不做好他们该完成的工作。下面这些是郭处、小凌或客户的其他人让王东经常头疼的话：

“最近太忙，上周说的事还没顾上。哎你们这边差不多了吧，给我看看！”

“下周一要三个人配合测试？你怎么不早说？今天都周四了，我们怎么来得及安排人手出来啊？往后推一周吧？”

“这种事也要我们做？你们这么熟，人又这么多顺手一弄就完了，啊，就这么定了吧。”

“这事我这种小兵管不了，我负不起这责任，你们还是找我们领导去吧！”

“那是使用部门的事跟我没关系，你找他们吧……”

……

对这些话王东都不知道怎么对付才好。

客户当然也不高兴，虽然他们知道项目延期跟他们是有关系的，但毕竟这不是他们想要的结果，也不好向领导交待，而且他们觉得 Simple 公司拿了这个钱就应该把这个事儿管好。经过销售人员和领导以商务手段进行运作，最终客户没有什么特别的反应，不过项目的影响不太好，影响了其他省份的销售工作。

点评：客户是项目的关键干系人，如何让客户减少负面作用、多为项目起正面作用是很多项目经理头疼的事情。干系人管理的一大原则就是利益驱动模式，当用户行为影响到项目成功时，项目经理需要与用户深入沟通其行为对项目的影响，通俗地说就是晓以利害。由于项目失败会严重损害用户的利益，所以当沟通清楚后，用户通常会认真配合项目团队的工作。

张廷拿到这份计划，他最关心的是能不能按公司领导的时间要求完成这个项目。从进度安排方面看，最后的完工日期是符合合同要求的，这份计划没问题；另外，从组织、责任、沟通渠道、工作交付物、WBS 等方面基本上都是常规的一些内容，每个项目大体上都是写这些内容，也都看不出有什么问题。

公司项目管理部小林问了张廷对这个计划有什么意见，张廷说没有。小林看看项目计划的格式、内容基本符合要求，而且部门经理也没意见，就批准了这份项目计划。

点评：同王东一样，项目总监张廷和公司项目管理部小林也明显不称职，形式主义严重，不能给予一线项目经理必要的帮助和指导，应尽快撤换。